化学核心课程习题精讲系列 · 新形态

无机化学学习指导

(第三版)

主　编　王曼娟　张寿春
副主编　张云怀　肖　亮

科学出版社
北京

内 容 简 介

本书为张寿春、刘又年主编的普通高等教育“十一五”国家级规划教材《无机化学》(第三版)的配套学习指导。全书共22章，编写顺序与主教材一致，可作为使用该教材教学和学习的参考书。每章包括四部分内容，第一部分为学习目标，指明了学习要求和本章重难点；第二部分为重难点解析；第三部分为教材章后习题的解析；第四部分为水平测试，测试题的参考答案附在后面，除了简答题和计算题有详细的解析外，对于较难理解的其他题型的题，以二维码的形式给出了详细解答。书后附有部分参编高校本科生期末考试模拟题和攻读硕士学位研究生入学考试模拟题及参考答案。

本书可作为高等学校化学类及相近专业无机化学和普通化学课程教学的参考书，也可作为考研复习参考资料使用。

图书在版编目（CIP）数据

无机化学学习指导 / 王曼娟，张寿春主编. -- 3 版. 北京 ：科学出版社，2025. 8. --（化学核心课程习题精讲系列）. -- ISBN 978-7-03-083075-3

Ⅰ. 061

中国国家版本馆 CIP 数据核字第 2025EM0997 号

责任编辑：侯晓敏　陈雅娴 / 责任校对：杨　赛

责任印制：张　伟 / 封面设计：无极书装

科学出版社 出版

北京东黄城根北街 16 号

邮政编码：100717

http://www.sciencep.com

天津市新科印刷有限公司印刷

科学出版社发行　各地新华书店经销

*

2009 年 9 月第　一　版　开本：787×1092　1/16

2013 年 9 月第　二　版　印张：22 3/4

2025 年 8 月第　三　版　2025 年 8 月第十六次印刷

字数：568 000

定价：69.00 元

（如有印装质量问题，我社负责调换）

第三版前言

本书第二版作为普通高等教育“十一五”国家级规划教材《无机化学》(刘又年主编，科学出版社，2013年)的配套学习指导，自2013年9月问世以来，受到多所高校师生的青睐，对无机化学学习和教学发挥了较大的帮助及指导作用，还被中南大学等高校指定为应用化学、无机化学等专业攻读硕士学位研究生入学考试的主要参考书。2024年6月由张寿春、刘又年担任主编的《无机化学》(第三版)出版，新版教材充分吸收了无机化学学科研究的最新成果，适应各参编高校新时代人才培养方案。为实施人才强国战略，加强基础学科教材建设，更好地服务教学实践，提高教学质效，编者组织编写了《无机化学学习指导》(第三版)。本书与教材第三版配套，在保持第二版体例、风格的基础上，进行了较大篇幅的修订和完善。主要特色如下：

(1) 进一步加强“重难点解析”对自学的指导，根据每章知识内容的特点介绍学习方法，注重发挥典型例题在思维训练、解题技巧等方面的作用。

(2) 将纸质教材与数字资源相融合，对“水平测试”中较难理解的问题，给出详细解答，以数字化资源形态呈现，读者扫描二维码即可快捷地阅读和观看。

(3) 将“水平测试”按题目难易程度分为基础题、提高题(题目前标记“*”)和挑战题(题目前标记“**”)，便于不同层次学习者根据自身情况进行测试。

(4) 更新了部分参编高校本科生期末考试和攻读硕士学位研究生入学考试模拟题等，将更加有利于学生的课程自学，方便教师在教学中使用。

本书由武汉理工大学、重庆大学、东北大学、北京科技大学、湖南科技大学和中南大学6校合编，主编单位为中南大学。王曼娟、张寿春担任主编，张云怀、肖亮担任副主编，由王曼娟负责全书的统筹协调。主要审稿工作由张寿春、王曼娟等完成。编写分工如下：中南大学王曼娟(第3、5、9、10、17章)、张寿春(第4、12、13、22章)、钱频(第20章)；湖南科技大学袁华(第6、7章)；北京科技大学王明文(第8、19章)；武汉理工大学肖亮(第21章)、汪辰(第14章)；重庆大学张云怀、周明(第15、16章)；东北大学桑晓光(第1、2、11、18章)。模拟题及参考答案分别由中南大学易小艺、张寿春、王曼娟，武汉理工大学肖亮及湖南科技大学袁华供稿。

在本书编写过程中，中南大学化学化工学院的教师、参编及使用本书的高校师生给予了支持和帮助，在此一并致谢！

由于编者水平有限，加之时间仓促，书中疏漏之处在所难免，望读者批评指正。

编　者

2024年4月

第二版前言

本书第一版作为普通高等教育“十一五”国家级规划教材《无机化学》(黄可龙主编，科学出版社，2007年)的配套教材于2009年9月问世，迄今已历时四年，整体反映良好，国内有多所院校使用，尤其是对于大一学生的无机化学学习具有较大的帮助及指导作用。此外，本书第一版还破指定为中南大学应用化学、无机化学等专业攻读硕士学位研究生入学考试的主要参考书。2013年8月《无机化学(第二版)》(刘又年主编，雷家珩、王林山副主编)出版，教材仍为中南大学、东北大学、北京科技大学、重庆大学、武汉理工大学、湖南科技大学、湘潭大学7校合编，新版教材反映无机化学学科的最新进展和适应各参编高校新的培养方案，同时将教材第一版使用过程中发现的问题进行完善。本书与教材第二版相配套，因此也做了相应的调整和改动，另外，本书也有诸多需要完善之处。

本次修订保持了第一版的体例风格，在化学热力学基础、酸碱质子理论运用、原子结构、氢和稀有气体、硼族元素、镧系元素和锕系元素等部分章节做了较大改动，进一步突出了“重难点解析”，并注重发挥“典型例题”在网络运用、思维训练、解题技巧等方面的作用，更新了部分参编高校最新本科生期末考试和攻读硕士学位研究生入学考试真题等，将更加有利于学生对课程自学和方便教师在教学中使用。

本书由东北大学、北京科技大学、重庆大学、武汉理工大学、湖南科技大学和中南大学6校合编，主编单位为中南大学。王一凡、古映莹担任主编，理论化学部分由王一凡统稿，元素化学部分由古映莹统稿；张云怀、杨光正担任副主编；湖南大学尹双凤教授和中南大学刘又年教授担任全书的主审。编者分工如下：中南大学王一凡副教授(第1、3章)、刘绍乾副教授(第2章)、古映莹教授(第6、7章)、关鲁雄教授(第9章、第12章第一作者)、张寿春副教授(第12、15章第二作者)、易小艺教授(第13、23章)、曾小玲副教授(第14、15章第一作者)、周建良副教授(第14章第二作者)、刘又年教授(第21、22章)；湖南科技大学蔡铁军教授(第4、8章)；北京科技大学王明文副教授(第5、20章)；武汉理工大学杨光正副教授、雷家珩教授(第10、11章)；重庆大学张云怀教授(第16章)、余丹梅副教授(第17章)；东北大学王林山教授(第18、19章)。前四套综合测试题及参考答案分别由中南大学古映莹、张寿春、王一凡和武汉理工大学雷家珩供稿；后四套综合测试题及参考答案由重庆大学余丹梅和张云怀、东北大学王林山、武汉理工大学雷家珩、中南大学古映莹和张寿春供稿。中南大学的全体编者和颜军博士承担了全书的校对工作。

在本书编写过程中，中南大学化学化工学院的老师们、参编及使用本书的许多兄弟院校的老师和学生给予了关心和帮助，在此表示感谢!

由于编者水平有限，加之时间仓促，书中错误在所难免，望同行和广大读者批评指正。

编　者

2013年7月

第一版前言

无机化学是为大学本科一年级学生开设的一门公共基础课和专业基础课，肩负着为这些学生打好牢固的化学基础和使之尽快适应大学学习生活的重任。2007 年 8 月，科学出版社出版了由中南大学、东北大学、北京科技大学、重庆大学、武汉理工大学、湘潭大学、湖南科技大学七校合编的普通高等教育“十一五”国家级规划教材《无机化学》(黄可龙主编)，主要面向应用化学专业，同时涵盖化工、制药、矿物、材料等专业。该教材在知识的深度和广度上都达到了一种新的水平。大学课程的教学进度相比于中学课程明显加快，而教材往往不可能对教学内容和学习方法同时详细解释。因此，有必要编写配套的学习指导对教材进行补充。目前，大部分学习指导虽对概念、重点与难点进行了阐述，但对解题方法归纳总结得不够，特别是对教材中所附的习题缺乏针对性的、具体的解答过程。为了适应广大读者的需要，同时方便使用《无机化学》的师生们更准确地把握无机化学的教学重点和掌握解题技巧，我们结合理工科教学实践编写了本书。

全书针对高等学校无机化学教学的基本内容，从了解、熟悉和掌握三个层次提出了具体的学习要求，简明扼要地论述解析了重点和难点问题。并且本书对《无机化学》的习题给出了详细解答，对重点练习题有题解或思路提示，每章附有一套自测题及参考答案，书中编有参编院校本科生期末考试试题、硕士研究生入学考试试题等综合测试题及参考答案共 7 套。全书主要内容包括：化学热力学和动力学、化学平衡、氧化还原与电化学、结构化学的基本原理以及元素化学的基本知识等，符合大学本科《无机化学》教学的基本要求。本书的主要特点是深化无机化学的基本理论，强调基本理论的应用能力，并注意与元素化学有机衔接。

本书是与普通高等教育“十一五”国家级规划教材《无机化学》配套的教学参考书由东北大学、北京科技大学、重庆大学、武汉理工大学、湖南科技大学和中南大学六校合编，主编单位为中南大学。王一凡、古映莹担任主编，理论化学部分由王一凡统稿，元素化学部分由古映莹统稿；张云怀、杨光正担任副主编；黄可龙担任主审，刘又年负责部分章节审稿。编者分工如下：中南大学黄可龙教授(第 1 章部分内容，第 23 章部分内容)、王一凡副教授(第 1 章部分内容，第 3 章)、刘绍乾副教授(第 2 章)、古映莹教授(第 6、7 章，第 23 章部分内容)、关鲁雄教授(第 9、12 章)、曾小玲副教授(第 13～15 章)、刘又年教授(第 21、22 章)；湖南科技大学蔡铁军教授(第 4、8 章)；北京科技大学王明文副教授(第 5、20 章)；武汉理工大学杨光正副教授、雷家珩教授(第 10、11 章)；重庆大学张云怀副教授(第 16 章)、余丹梅博士(第 17 章)；东北大学王林山教授(第 18、19 章)。此外，湘潭大学邓建成教授对本书第 13、14 章的前期工作予以了支持。前三套综合测试题及参考答案分别由中南大学古映堂和曾小玲、王一凡、周建良供稿；后四套综合测试题及参考答案分别由重庆大学余丹梅、张云怀，东北大学王林山，中南大学刘又年、古映莹，武汉理工大学雷家珩供稿。在编写过程中，科学出版社高等教育出版中心杨向萍、陈雅娴编辑提出了许多宝贵意见，此外还得到中南大学化学化工学院以及参编和使用《无机化学》的许多兄弟院校老师的关心和帮助，在此一并表示感谢！

由于编者水平所限，加之时间仓促，书中错误之处在所难免，望读者批评指正。

编　者

2009 年 6 月

目　录

第1章 原子结构

一、学习目标

(1) 描述微观粒子的量子化和波粒二象性等基本特征。

(2) 概述四个量子数的物理意义及其特定组合的取值规律。

(3) 描绘波函数(原子轨道)和电子云的图形，并阐明其意义。

(4) 归纳多电子原子核外电子的排布规律，书写基态原子核外电子排布式。

(5) 概括元素周期表的分区、周期、族与相近电子结构、能级组、价层电子构型的对应关系，描述元素性质在周期表中的变化规律。

二、重难点解析

本章主要内容为四个量子数等原子结构基本概念，以及元素的原子核外电子排布和元素周期律。在学习本章时，应注意与高中化学知识的联系。首先在理解四个量子数物理意义和核外电子排布三原则的基础上掌握基态多电子原子的核外电子排布；其次理解原子结构与元素周期表的关系，元素性质与原子结构的关系。若要熟练解答本章习题，应熟悉元素周期表，能写出元素的核外电子排布，在此基础上进一步比较元素性质。

(一) 原子的组成及微观粒子的基本特征

1. 原子的组成

原子由原子核与核外电子组成，原子核又由质子与中子组成。在化学反应中核外电子的结构(电子排布方式及能量状态)直接影响原子的性质。

2. 微观粒子的量子化特征

原子核外的电子等属于微观粒子，与宏观物体相比，其质量极微、运动范围极小而运动速度极快，具有完全不同于宏观物体的两大基本特征，即量子化和波粒二象性。

理解量子化特征时要把握两个必备条件：第一，微观粒子的物理量的变化是不连续的；第二，这种不连续的变化具有一个最小单位(量子)，并以这些量子作跳跃式的增减。例如，微观体系的能量是量子化的，能量变化的最小单位是一个光子的能量(称为光量子)。

玻尔在解释氢原子光谱实验时，大胆引入普朗克的量子化假说，并在爱因斯坦光子学说的基础上提出了著名的玻尔理论，这是人类探索原子结构历程中的一个重要里程碑。该理论包括了原子轨道的不连续性(定态假设)，轨道能量的不连续性，电子辐射能的不连续性，氢原子光谱的不连续性。

对于宏观体系，任何物理量的变化都是连续的，不存在这样的最小单位，所以说量子化特征是微观粒子独有的特性。

3. 微观粒子的波粒二象性特征

1924 年，德布罗意将爱因斯坦的光子学说(光的波粒二象性)推广到所有微观粒子而提出了德布罗意关系式，该关系式表达了微观粒子的波粒二象性特征：

$$\lambda = h/mv = h/P$$

式中，质量 m、速度 v、动量 P 代表物质波的粒子性；λ 代表物质波的波动性。在德布罗意关系式中，通过普朗克常量 h，将粒子性和波动性这两个在宏观体系完全不相容的概念联系在一起。只要知道微粒的质量和运动速度，就可以通过德布罗意关系式计算微粒运动所产生的物质波的波长。

对于宏观物体的运动(如子弹的运动)，虽然套用德布罗意关系式也可求出飞行子弹的物质波波长，但波长值与子弹的直径相比小得多，波的特性不明显，没有实际意义。所以说，波粒二象性特征也是微观粒子独有的特性。

(二) 核外电子运动状态的描述方法

1. 不确定性原理

微观粒子的运动状态不能使用牛顿力学的方法进行描述，在客观上不可能同时具有确定的坐标及动量。海森伯提出不确定性原理，微观粒子运动坐标的不确定量(Δx)与该方向的动量的不确定量(ΔP_x)之间存在一种互相制约的关系：

$$\Delta x \Delta P_x \geqslant \frac{h}{4\pi}$$

玻尔理论认为氢原子中电子的位置和速度都可精确计算，这违反了不确定性原理，原子结构现代理论中虽然沿用了玻尔的“轨道”的名称，但已经赋予原子轨道全新的含义。

2. 薛定谔方程

量子力学用波函数 ψ 描述电子等微观粒子的运动状态。1926 年，薛定谔运用物质波的观点，提出了求解波函数 ψ 的薛定谔方程：

$$\frac{\partial^2\psi}{\partial x^2}+\frac{\partial^2\psi}{\partial y^2}+\frac{\partial^2\psi}{\partial z^2}+\frac{8\pi^2 m}{h^2}(E-V)\psi=0$$

波函数 $\psi(x,y,z)$ 是一个函数式，体现了电子的波动性。波函数又称为原子轨道，这种轨道不再是经典意义上的轨道，而是一种概率轨道，或者说，波函数所描述的波动性是一种统计性规律(也称概率波)；式中的 E(电子总能量)、V(电子势能)、m(电子质量)，体现了电子的粒子性；电子的波粒二象性通过普朗克常量 h 统一在同一方程中。

薛定谔方程无法通过牛顿力学方程加以推导，因为在牛顿力学范畴内，波动性和粒子性是对立的。因此，不能纠结于方程的推导，而要关注其意义。

薛定谔方程的数学形式具有多种复杂的表达形式，其求解过程已超出本课程范围。需要说明的是，在求解薛定谔方程时，为了方便，通常将直角坐标表示的$\psi(x,y,z)$变换为球坐标表示的$\psi(r,\theta,\varphi)$，再通过变量分离等方法，将$\psi(r,\theta,\varphi)$变换为径向波函数$R(r)$与角度波函数$Y(\theta,\varphi)$两部分的乘积，即

$$\psi(r,\theta,\varphi)=R(r)\cdot Y(\theta,\varphi)$$

(三) 波函数(原子轨道)及电子云

1. 波函数的形式

$\psi(r,\theta,\varphi)$是薛定谔方程的解，但它不是一个具体的值，而是一个函数关系式。核外电子的每一种能量状态都对应于一个特定的波函数。

波函数的三种表达形式如下。

(1) 空间波函数$\psi(r,\theta,\varphi)$：描述核外电子能量状态在核外空间(r,θ,φ)分布情况的函数关系式。

(2) 径向波函数$R(r)$：描述核外电子能量状态随径向(r)的分布情况的函数关系式。

(3) 角度波函数$Y(\theta,\varphi)$：描述核外电子能量状态随方位角度(θ,φ)的分布情况的函数关系式。

2. 电子云

ψ本身缺乏明确的物理意义，但ψ^2意义明确，ψ^2表示原子核外空间某一点附近电子出现的概率密度，即单位体积内电子出现的概率，简称电子云。

因此，$|\psi(r,\theta,\varphi)|^2$表示电子云的空间分布；$R^2(r)$表示电子云的径向分布；而$Y^2(\theta,\varphi)$表示电子云的角度分布。

3. 核外电子的概率分布

电子在核外某一空间范围内出现的概率等于该处的概率密度与该空间体积的乘积，即$|\psi_{n,l,m}(r,\theta,\varphi)|^2\,\mathrm{d}\tau$。

$R^2(r)\mathrm{d}\tau=R^2(r)\cdot 4\pi r^2\mathrm{d}r$，表示电子在以原子核为球心、半径为$r$、厚度为$\mathrm{d}r$的极薄的球壳夹层内电子出现的概率。定义$D(r)=R^2(r)\cdot 4\pi r^2$，$D(r)$称为径向分布函数，因此$R^2(r)\mathrm{d}\tau=R^2(r)\cdot 4\pi r^2\mathrm{d}r=D(r)\mathrm{d}r$。

$Y^2(\theta,\varphi)\mathrm{d}\tau$表示电子在核外某方位$(\theta,\varphi)$上出现的概率。

4. 波函数(原子轨道)与电子云的图形

波函数(原子轨道)以及电子云的一个计算值仅能表示电子在核外某空间的一种能量状态，使用波函数(原子轨道)和电子云的图形，可以直观全面地反映核外电子能量状态的全貌。

对应于波函数(原子轨道)及电子云的不同形式，主要有角度分布图、径向分布图以及空间分布图三大类图形。

(1) 角度分布图。包括波函数(原子轨道)的角度分布图[$Y(\theta,\varphi)$对(θ,φ)作图]和电子云

的角度分布图[$Y^2(\theta,\varphi)$对(θ,φ)作图]。注意识别图中最大值出现的位置。

(2) 径向分布图。包括波函数(原子轨道)的径向分布图[$R(r)$对(r)作图]、电子云的径向分布图[$R^2(r)$对(r)作图]和电子概率的径向分布图，又称径向分布函数图[即径向分布函数$D(r)$对半径(r)作图]，该图代表电子在核外某距离(r)上出现的概率。注意掌握最大概率半径的概念和图中峰的个数规律。

(3) 空间分布图。包括波函数(原子轨道)的空间分布图[$\psi(r,\theta,\varphi)$对(r,θ,φ)作图]和电子云的空间分布图[$|\psi_{n,l,m}(r,\theta,\varphi)|^2$对$(r,\theta,\varphi)$作图]。

(4) 波函数(原子轨道)与电子云的图形比较。波函数(原子轨道)的角度分布图和空间分布图上标有正负号，电子云的角度分布图和空间分布图上没有正负号标志；电子云的图形比相应的波函数(原子轨道)的图形“瘦”些。

(5) 角度分布图与空间分布图比较。角度分布图只与角度(θ,φ)有关，而与半径(r)无关，所以量子数 l、m 相同而 n 不同的角度分布图是同一个图，如 1s、2s、3s 的角度分布图相同；空间分布图与整个空间(r,θ,φ)都有关系，所以空间分布图的尺寸 3s>2s>1s；由于 n、l、m 相同的角度分布图与空间分布图的形状相同(仅尺寸不同)，因此在讨论问题时，可借用角度分布图代替空间分布图。

(四) 四个量子数

1. 量子数的意义

微观粒子的量子化特征决定了核外电子的能量状态是不连续的，求解能量状态的薛定谔方程只有在某些特定的条件下才能得到合理的解(波函数)，作为能量状态限制条件的量子数取值也不是任意的。不同量子数的值的特定组合对应核外电子的不同能量状态。

2. 量子数的种类

量子数包括两大类，第一类与电子的轨道运动状态有关，统称为轨道量子数，包括与离核远近相关的主量子数(n)、与轨道形状相关的角量子数(l)和与轨道伸展方向相关的磁量子数(m)，这三个量子数是在解薛定谔方程的过程中引入的；第二类与电子的自旋运动状态有关，称为自旋量子数(m_s)，是根据氢光谱的精细结构和电子自旋实验提出的。

3. 量子数的取值

轨道量子数的取值存在严格的相互制约和依存关系。

(1) 主量子数(n)的取值为：$n = 1, 2, 3, 4, \cdots$正整数。

(2) 角量子数(l)的取值为：$l = 0, 1, 2, 3, \cdots, (n-1)$，受到 n 的限制，其最大值为 $n-1$，共有 n 个值。

(3) 磁量子数(m)的取值为：$m = 0, \pm1, \pm2, \cdots, \pm l$，受 l 的限制，最大值为 $\pm l$，共有 $2l+1$ 个值。

(4) 自旋量子数(m_s)的取值为：$\pm1/2$，分别代表电子的两种自旋运动状态。

4. 量子数与电子能量状态的关系

核外电子有可能处于不同的能量状态(包括基态和各种激发态)，表现为不同的轨道运动方式与自旋运动方式，这些不同的运动状态可以用四个量子数的特定组合来表征。

(1) 轨道的表示方法。可用带有三个量子数下标的波函数 $\psi_{n,l,m}$ 表示一个原子轨道，如 $\psi_{2,1,0}$ 表示 $2p_z$ 轨道。

(2) 电子的表示方法。可用四个量子数的组合表示某一能量状态下的一个电子，如(3, 0, 0, +1/2)或(3, 0, 0, −1/2)可以代表 $3s^1$ 电子；反之，$5p_z{}^1$ 电子可表示为(5, 1, 0, +1/2)或(5, 1, 0, −1/2)。

(五) 多电子原子核外电子排布

1. 多电子体系能量的影响因素

多电子体系电子的能量状态要用多电子体系的薛定谔方程求解，通过屏蔽效应和钻穿效应的近似处理，多电子原子轨道能量的近似计算公式如下：

$$E_i = -\frac{Z^{*2}}{n^2}\times 2.18\times 10^{-18}\,\text{J} = -\frac{(Z-\sigma)^2}{n^2}\times 2.18\times 10^{-18}\,\text{J}$$

式中，n 为主量子数；Z^*为有效核电荷数；Z 为核电荷数；σ 为屏蔽常数[按斯莱特(Slater)经验规则取值]。

由上式容易理解：屏蔽效应使有效核电荷数 Z^*变小，使 E_i 负值变小，即能量升高；钻穿效应使有效核电荷数 Z^*变大，使 E_i 负值变大，即能量下降。屏蔽效应与钻穿效应的共同作用可能造成核外电子的能级交错和能级分裂现象。

2. 多电子原子轨道的能级

(1) 鲍林近似能级图。鲍林根据大量光谱实验数据及理论计算的结果，提出了多电子原子中轨道的近似能级图。通常空轨道的能量排列与此图符合，但是各轨道填充电子的真实原子中，原子轨道的能量与此相差较大。

(2) 科顿原子轨道能级图。科顿根据原子结构的理论研究与实验结果提出的科顿能级图，说明原子核外电子能量高低的顺序随着原子序数的增加会进一步发生变化。科顿原子轨道能级图更适用于填充电子后的能量高低，能够解释原子失去电子的顺序。

(3) 徐光宪近似能级公式。徐光宪提出了用主量子数和角量子数计算原子轨道能量的计算公式。

3. 核外电子的排布原则

(1) 能量最低原理。核外电子在各原子轨道中的排布方式应使整个原子的能量处于最低状态。因此，应按照轨道能量从低到高的顺序填充电子。

(2) 泡利不相容原理。同一原子轨道只能容纳两个自旋相反的电子。

(3) 洪德规则。在能量相同的等价轨道上排布电子时，总是以自旋相同的方向优先分占不同的轨道；当等价轨道处于半充满(如 p^3、d^5、f^7)或全充满状态(如 p^6、d^{10}、f^{14})时，原子核外电子的电荷在空间的分布呈球形对称，有利于降低原子的能量。

4. 基态原子电子构型的表示方法

基态原子的电子构型用核外电子排布式表示。

首先，按照鲍林近似能级图能量由低到高依次写出各原子轨道名称(可利用斜线规则)；然后，根据电子填充的基本原则依次向原子轨道内填充电子；最后，按主量子数由小到大的顺序依次排列各原子轨道。

为了简化起见，可用原子实符号表示已填满的内层轨道。原子实符号就是加上方括号的相应稀有气体的元素符号。

根据三个基本原则书写的原子核外电子排布式与大多数基态原子的核外电子排布光谱实验结果一致，但也有少量元素的基态原子的核外电子排布式不符合，要以光谱实验结果为准。

(六) 元素周期表

元素周期表可分为 7 个横行、18 个纵列和 5 个区域，分别对应 7 个周期、16 个族和 5 个区，它们与原子电子构型的内在联系如下。

1. 周期

鲍林近似能级图将原子轨道分成 7 个能级组，每一个能级组对应一个周期，每个能级组中能容纳的电子数目最大值即是该周期中所含元素的数目。周期数即为电子层层数。

2. 族

元素周期表中将具有相似的价层电子构型的元素归为一族，因而同一族元素性质相似，每一个纵列通常对应一个族(Ⅷ族包含 3 个纵列)。

(1) 主族：内层电子已全充满，最后一个电子填在最外层轨道上。主族元素族数 = 最外层电子数。

(2) 副族：按电子填充顺序，最后一个电子填在价电子层的次外层 $(n-1)$d 轨道或外数第三层 $(n-2)$f 轨道上。副族元素族数 = 最外层电子数 + 次外层 d 电子数(ⅠB、ⅡB 和Ⅷ族例外)。

3. 区

将基态原子价层电子构型相近的族归为同一个区，周期表中共划分成 5 个区。

(1) s 区。价层电子构型为 $ns^{1\sim2}$ 的元素。

(2) p 区。价层电子构型为 $ns^2np^{1\sim6}$ 的元素。

(3) d 区。价层电子构型为 $(n-1)d^{1\sim9}ns^{1\sim2}$(Pd 为 $4d^{10}5s^0$)的元素。

(4) ds 区。价层电子构型为 $(n-1)d^{10}ns^{1\sim2}$ 的元素。

(5) f 区。价层电子构型为 $(n-2)f^{0\sim14}(n-1)d^{0\sim2}ns^2$ 的元素。

根据元素原子的核外电子排布式，可以确定其在元素周期表中的位置。

(七) 元素性质的周期性

元素性质的周期性变化规律称为元素周期律，反映各元素原子核外电子层结构的周期性变化，元素周期表为其表格形式。元素基本性质的变化规律概括如下。

1. 原子半径

电子云没有明确的边界，因此原子半径只是相对概念。原子半径分为共价半径、金属半径和范德华半径。

(1) 同周期元素，原子半径从左至右递减。但主族元素原子半径的递减幅度远大于副族元素的递减幅度。由于 d^{10} 有较大屏蔽效应，ⅠB 和ⅡB 族的原子半径大于左边相邻元素。镧系和锕系元素中也有类似的情况。

(2) 同族元素，原子半径从上至下递增。主族元素变化明显，副族元素增幅较小。由于存在“镧系收缩”，第六周期镧系后面的元素与第五周期同族元素的半径几乎相等，性质相似。

2. 电离能

基态气态原子失去最外层的一个电子成为气态 +1 氧化态离子所需的最低能量称为第一电离能。基态气态原子有第一、第二、第三、……电离能(I_1、I_2、I_3、…)之分，同一元素的逐级电离能总是递增的，即 $I_1< I_2< I_3$…。电离能越小，表示该元素原子失电子的能力越强，金属性越强。

(1) 同一周期元素第一电离能变化的趋势，通常从左至右递增；但中间会出现一些反常(如“半充满”和“全充满”时，第一电离能会“反常”增大)。

(2) 同族元素第一电离能变化的趋势，从上至下，第一电离能下降。

第六周期副族元素第一电离能多数高于第五周期同族元素，这种反常现象可用“镧系收缩”加以解释。

3. 电子亲和能

某元素基态气态原子获得一个电子成为气态 −1 氧化态阴离子时所放出的能量称为第一电子亲和能。元素有第一、第二、第三、……电子亲和能(A_1、A_2、A_3、…)之分。电子亲和能越大，表示该元素原子得电子的能力越强，非金属性越强。

大部分元素原子在获得第 1 个电子形成阴离子时，总是放热的，故元素 A_1 多为负值。而元素的 −1 价阴离子再获得 1 个电子形成 −2 价阴离子时，总是吸热的，故元素 A_2 总是正值。同族元素原子的第一电子亲和能，从上至下，随着电子层数的增加而下降；同一周期元素原子的第一电子亲和能，随着原子序数的增加而递增。

电子亲和能数据较难测准，在不同的参考文献中可能有不同的数据。第二周期元素得到第一个电子放出的能量低于第三周期同族元素，这是由于第二周期元素半径很小，电子云密度大，对获得的电子排斥力大。“半充满”和“全充满”时，第一电子亲和能也会出现“反常”。

4. 电负性

元素电负性(χ)表示分子中的原子对电子的吸引能力。电负性越大，对电子的吸引越大。有关电负性的计算方法和规定很多，其中使用最广的是鲍林的电负性(χ_P)。

电负性的周期性变化规律：同一周期自左至右增大；同一族自上而下减小。

另外，同一元素所处的氧化态不同，其电负性数值并不相同。例如，Fe(Ⅱ)和 Fe(Ⅲ)的 χ_P 分别是 1.7 和 1.8；Cr(Ⅲ)和 Cr(Ⅵ)的 χ_P 分别是 1.6 和 2.4。一般电负性表中所列数值是该元素最稳定的氧化态的电负性数据。

三、习题解析

1-1 计算氢原子核外电子由 $n = 4$ 能级跃迁到 $n = 3$ 能级时发射光的频率和波长。

解 $$E_{辐射} = \Delta E = E_{高} - E_{低} = E_4 - E_3 = 2.18\times10^{-18}\times\left[\left(\frac{1}{3}\right)^2-\left(\frac{1}{4}\right)^2\right]=1.06\times10^{-19}\ (\mathrm{J})$$

根据 $$E = h\nu = \frac{hc}{\lambda}$$

频率 $$\nu = \frac{E}{h} = \frac{1.06\times10^{-19}}{6.626\times10^{-34}} = 1.60\times10^{14}\ (\mathrm{s^{-1}})$$

波长 $$\lambda = \frac{hc}{E} = \frac{6.626\times10^{-34}\times3\times10^{8}}{1.06\times10^{-19}} = 1.88\times10^{-6}\ (\mathrm{m})$$

1-2 已知电子质量为 9.1×10^{-31} kg，试计算下列粒子的德布罗意波的波长。

(1) 质量为 10^{-10} kg，运动速度为 0.01 $\mathrm{m\cdot s^{-1}}$ 的尘埃；

(2) 动能为 300 eV 的自由电子。

解 (1) $$\lambda = \frac{h}{mv} = \frac{6.626\times10^{-34}}{10^{-10}\times0.01} = 6.626\times10^{-22}\ (\mathrm{m})$$

(2) 因 300 eV = $300\times1.60\times10^{-19}$ J = 4.80×10^{-17} J，故

$$\lambda = \frac{h}{P} = \frac{h}{mv}$$

$$\lambda^2 = \frac{h^2}{m^2v^2} = \frac{h^2}{2m\left(\frac{1}{2}mv^2\right)} = \frac{h^2}{2mE_\mathrm{k}}$$

$$\lambda = \frac{h}{\sqrt{2mE_\mathrm{k}}} = \frac{6.626\times10^{-34}}{\sqrt{2\times9.1\times10^{-31}\times4.80\times10^{-17}}} = 7.09\times10^{-11}\ (\mathrm{m})$$

1-3 子弹(质量 0.01 kg，速度 1000 $\mathrm{m\cdot s^{-1}}$)、原子中的电子(质量为 9.1×10^{-31} kg，速度为 1.0×10^{6} $\mathrm{m\cdot s^{-1}}$)等，若速度的不确定度均为速度的 10%，判断在确定这些质点的位置时，不确定性原理是否有实际意义。

解 根据 $\Delta x\Delta P_x \geqslant \dfrac{h}{4\pi}$，有

$$\Delta x \geqslant \frac{h}{4\pi\Delta P_x} = \frac{h}{4\pi\Delta(mv)} = \frac{h}{4\pi m\Delta v}$$

(1) 对子弹：质量 $m = 0.01$ kg，速度 $v = 1000\ \text{m·s}^{-1}$，则

$$\Delta v = 10\% \times 1000\ \text{m·s}^{-1} = 100\ \text{m·s}^{-1}$$

$$\Delta x \geqslant \frac{h}{4\pi m \Delta v} = \frac{6.626\times10^{-34}}{4\times3.1416\times0.01\times100} = 5.27\times10^{-35}\ \text{(m)}$$

讨论： 子弹的射程可达 1×10^3 m，而其位置的不确定量为 5.27×10^{-35} m，不确定性原理对子弹的运动没有实际意义。

(2) 对电子：质量 $m = 9.1\times10^{-31}$ kg，速度 $v = 1.0\times10^6\ \text{m·s}^{-1}$，则

$$\Delta v = 10\% \times 1.0\times10^6\ \text{m·s}^{-1} = 1.0\times10^5\ \text{m·s}^{-1}$$

$$\Delta x \geqslant \frac{h}{4\pi m \Delta v} = \frac{6.626\times10^{-34}}{4\times3.1416\times9.1\times10^{-31}\times1.0\times10^5} = 5.79\times10^{-10}\ \text{(m)}$$

讨论： 原子核外电子的运动范围(原子半径)为 1×10^{-10} m，可是电子运动位置的不确定量为 5.79×10^{-10} m，大于原子的半径，故不确定性原理对电子运动有实际意义。

1-4 指出符号 $3p_x$ 所表示的意义及该轨道电子的最大容量。

答 符号 $3p_x$ 表示主量子数 $n = 3$、角量子数 $l = 1$(符号为 p)、其空间取向的极大值沿 x 轴方向的原子轨道，该轨道中最多可容纳 2 个自旋方式相反的电子。

1-5 下列说法是否正确？说明理由。

(1) s 轨道为球形，表示 s 电子在球形轨道上运动；

(2) p 电子的原子轨道角度分布图呈“8”字形，所以 p 电子是沿着一个“8”字形的轨道在运动。

答 (1) 错误；(2) 错误。

轨道形状仅表示电子在该空间范围出现的概率较大，不是电子运动轨迹。

1-6 在下列电子构型中哪些属于原子的基态？哪些属于原子的激发态？哪些是错误的？

(1) $1s2s^32p^1$；(2) $1s^22p^2$；(3) $1s^22s^22p^2$；(4) $1s^22s^22p^63s^13d^1$；(5) $1s^22s^22p^54f^1$。

答 基态：(3)。

激发态：(2)、(4)、(5)。

错误的：(1)。

1-7 已知某元素的最外层有 4 个价层电子，它们的 4 个量子数(n、l、m、m_s)分别是：(4, 0, 0, +1/2)，(4, 0, 0, –1/2)，(3, 2, 0, +1/2)，(3, 2, 1, +1/2)，则元素原子的电子排布式是什么？它是什么元素？

答 $[Ar]3d^24s^2$；Ti。

1-8 对于多电子原子，在下列轨道中：3s、$3p_x$、$3p_y$、$3p_z$、$3d_{xy}$、$3d_{xz}$、$3d_{yz}$，哪些是等价轨道？

答 $3p_x$、$3p_y$、$3p_z$ 是 3p 组等价轨道，$3d_{xy}$、$3d_{xz}$、$3d_{yz}$ 是 3d 组等价轨道。

1-9 某基态原子有 6 个电子处于 $n = 3$、$l = 2$ 的能级，其未成对的电子数是多少？

答 $n = 3$、$l = 2$ 为 3d 能级，根据洪德规则，未成对电子数为 4。

1-10 满足下列条件的是什么元素？写出元素名称和元素符号。

(1) 属 0 族，但没有 p 电子；

(2) 在 4p 能级上有 1 个电子；

(3) 开始填充 4d 能级；

(4) 价层电子构型为 $3d^{10}4s^1$。

答 (1) 氦、He；(2) 镓、Ga；(3) 钇、Y；(4) 铜、Cu。

1-11 已知元素在周期表中的位置，写出它们的价层电子构型和元素符号。

(1) 第四周期ⅣB 族；

(2) 第四周期ⅦB 族；

(3) 第五周期ⅦA 族；

(4) 第六周期ⅢA 族。

答 (1) Ti，$3d^24s^2$；(2) Mn，$3d^54s^2$；(3) I，$5s^25p^5$；(4) Tl，$6s^26p^1$。

1-12 以下各"亚层"哪些可能存在？包含多少轨道？哪些不存在？为什么？

(1) 2s；(2) 3f；(3) 4p；(4) 2d；(5) 5d。

答 因为角量子数的取值为 0, 1, …, $n-1$，对应的符号分别为 s, p, d, …，所以可能存在的亚层为 2s、4p、5d，不存在的亚层为 3f、2d。

1-13 价层电子构型满足下列条件之一是哪一类或哪一种元素？

(1) 具有 2 个 p 电子；

(2) 有 2 个 $n=4$、$l=0$ 的电子，6 个 $n=3$、$l=2$ 的电子；

(3) 3d 全充满，4s 只有 1 个电子的元素。

答 (1) ns^2np^2，ⅣA 族元素；(2) $3d^64s^2$，Fe 元素；(3) $3d^{10}4s^1$，Cu 元素。

1-14 判断符合下列条件的元素。

(1) 某元素 +2 氧化态离子和 Ar 的电子排布式相同；

(2) 某元素 +3 氧化态离子和 F^- 的电子排布式相同；

(3) 某元素 +2 氧化态离子的 3d 电子数为 7 个。

答 (1) Ca；(2) Al；(3) Co。

1-15 某元素的价层电子构型是 $4d^{10}5s^2$，试写出它的核外电子排布式，它的原子序数是多少？它在周期表中哪个周期？哪个族？哪个区？写出元素符号。

答 该元素原子的核外电子排布式为 $1s^22s^22p^63s^23p^63d^{10}4s^24p^64d^{10}5s^2$ 或[Kr]$4d^{10}5s^2$，原子序数为 48，属于第五周期，ⅡB 族，ds 区。元素符号 Cd。

1-16 说明下列等电子离子的半径在数值上为什么有差别：

Na^+(98 pm)、Mg^{2+}(74 pm)与 Al^{3+}(57 pm)。

答 Na、Mg 与 Al 同属第三周期的元素，n 相同，核电荷数 Z 依次增大，有效核电荷数 Z^* 也依次增大，故 r(Na) > r(Mg) > r(Al)；中性原子失电子变成正离子，半径减小，且正电荷数越大半径越小，因此进一步使 $r(Na^+) > r(Mg^{2+}) > r(Al^{3+})$。

1-17 比较下列各对原子半径的相对大小并简要说明理由：

(1) Ca 和 Sc；(2) Ni 和 Cu；(3) Cs 和 Sr。

答 (1) r(Ca) > r(Sc)，同一周期相邻元素，原子序数 Sc > Ca，Sc 的有效核电荷数较高。

(2) r(Ni) < r(Cu)，同一周期相邻元素，原子序数 Ni < Cu，Cu 的次外层 d 轨道全满，对外层电子屏蔽作用较大，导致有效核电荷数较低，半径有所增大。

(3) r(Cs) > r(Sr)，因为 r(Cs) > r(Rb) (同一族)，而 r(Rb) > r(Sr) (同一周期相邻元素)。

1-18 将 Mg、Al、P、S 四种元素按照第一电离能从小到大的顺序排列，并说明理由。

答 第一电离能：P > S > Mg > Al。它们是同一周期元素，P 和 S 的有效核电荷数 Z^* 高于 Mg 和 Al。P 的电子构型 p 轨道半满，比较稳定，第一电离能偏高，而 S 失去一个电子后变成较稳定的 p 轨道半满构型，第一电离能偏低；Mg 的 s 轨道全满，第一电离能偏高，Al 失去一个电子后 s 轨道全满，第一电离能偏低。

1-19 为什么电子亲和能绝对值最大(放出能量最多)的不是第二周期的 O 和 F，而是第三周期的 S 和 Cl?

答 因为 O 和 F 的原子半径在同族元素中特别小，电子云密度大，对外来电子的排斥作用力也特别大，所以加合电子所放的能量部分用于克服电子间的排斥作用力，最终总的能量降低。

1-20 ⅠA 族元素与ⅠB 族元素原子的最外层都只有一个 s 电子，但前者单质的活泼性明显强于后者，从它们的原子结构特征加以解释。

答 ⅠA 族元素最外层和次外层电子结构是$(n-1)s^2(n-1)p^6ns^1$。

ⅠB 族元素最外层和次外层电子结构是$(n-1)s^2(n-1)p^6(n-1)d^{10}ns^1$。

两者的差别是在ⅠB 族原子次外层多了 10 个 d 电子，同时也增加了 10 个核电荷。d 电子的屏蔽作用不足以完全抵消增加的核电荷对外层电子的吸引力。因此，ⅠB 族原子的有效核电荷较ⅠA 族原子多，对最外层 s 电子的束缚强，故ⅠB 族元素不如ⅠA 族元素活泼。

四、水平测试

1. 填空题(每空 1 分，共 20 分)

(1) 微观粒子具有__________和__________两个基本特征，它不能用牛顿力学方法处理，而只能用__________方法处理。

(2) $Y(\theta,\varphi)$对(θ,φ)所作图形称为__________；$\psi^2_{n,l,m}(r,\theta,\varphi)$对$(r,\theta,\varphi)$所作图形称为__________；$D(r)$对半径 r 作图称为__________。

(3) 只要__________、__________和__________三个量子数确定，就可以确定一个原子轨道；因此，原子轨道的符号可以表示为__________。

(4) *基态原子的电子排布为$[Ar]3d^74s^2$ 的元素属__________区__________周期__________族；从价电子结构判断稳定性，其 +2 氧化态的简单化合物比 +3 氧化态的更__________；它是__________元素。

(5) *$Z=42$ 元素基态原子的电子排布式为__________，属__________周期__________族；其金属性比同一周期最外层电子结构相同的主族元素__________；该元素为__________。

2. 是非题(用“√”、“×”表示对、错并填入括号中，每小题 1 分，共 10 分)

(　　) (1) 某元素的电负性越大，它的非金属性就越大，金属性就越弱。

(　　) (2) $l=0$ 的 s 轨道呈球形分布，所以 s 电子仅在球面轨道上运动。

(　　) (3) 基态原子电子排布式为$[Xe]4f^{14}5d^{10}6s^26p^2$ 的元素属于第六周期ⅣA 族。

(　　) (4) 最外层电子构型为 $3s^23p^6$ 的 +1 氧化态阳离子是 K^+、−2 氧化态阴离子是 S^{2-}。

(　　) (5) 电子排布与 F^-相同的 +2 氧化态离子为 Mg^{2+}、+3 氧化态离子为 Ti^{3+}。

(　　) (6) $n=2$ 的轨道数为 4，$l=3$ 的轨道数为 5。

(　　) (7) n 相同，l 越小的电子在核附近出现的概率越大，受其他电子的屏蔽越小。

(　　) (8) 元素在周期表中所属族数，不一定等于该元素原子的最外层电子数。

(　　) (9) *氢原子的 1s 电子云图中，小黑点密度越大，表示电子出现的机会越多。

(　　) (10) *“镧系收缩”使同族副族元素的原子半径从上至下的变化规律与主族不同。

3. 选择题[每小题 2 分，共 22 分，其中第(9)、(11)小题为多选，其余为单选]

(1) 波函数的角度分布图(　　)。

A. 与(θ,φ)有关　　B. 与(θ,φ)无关　　C. 与 r 有关　　D. 与(r,θ,φ)无关

(2) 下列关于电子亚层的说法正确的是(　　)。

A. p 亚层有一个轨道　　B. 同一亚层电子的运动状态相同

C. 同一亚层的各轨道等价(简并)　　D. s 亚层电子的能量低于 p 亚层电子

(3) 下列说法不正确的是(　　)。

A. 电子在原子轨道中的排布应使整个基态原子的能量处于最低

B. 在同一原子中，不可能出现四个量子数完全相同的两个电子

C. 在能量简并的轨道上，电子先分占不同的轨道，且自旋平行

D. 各元素原子核外电子的能量大小均由主量子数 n 决定

(4) 表示核外某一电子运动状态的下列各组量子数(n, l, m, m_s)中合理的是(　　)。

A.3, 2, 2, −1/2　　B.3, 0, −1, +1/2　　C.2, 2, 2, −1/2　　D.2, −1, 0, +1/2

(5) 基态 ^{19}K 原子最外层电子的四个量子数(n, l, m, m_s)正确的是(　　)。

A.4, 0, 1, +1/2　　B.4, 0, 0, −1/2　　C.3, 0, 0, +1/2　　D.3, 1, 0, −1/2

(6) *在一多电子原子中具有如下量子数(n,l,m,m_s)的电子，其中能量最高的是(　　)。

A.2, 1, 1, +1/2　　B.3, 0, 0, −1/2　　C.3, 1, 1, +1/2　　D.3, 2, 0, −1/2

(7) *下列各元素中，符合下表前五个电离能($kJ \cdot mol^{-1}$)的是(　　)。

I_1	I_2	I_3	I_4	I_5
737.7	1450.7	7732.7	10542.5	13630

A.Na　　B.Mg　　C.Al　　D.Si

(8) *在具有下列价层电子结构的原子中，电负性最小的是(　　)。

A. $3s^1$　　B. $4s^1$　　C. $3d^54s^1$　　D. $4d^{10}5s^1$

(9) *下列原子和离子中，原子轨道能量与角量子数无关的是(　　)。

A. He　　B. H　　C. Li　　D. Be^{3+}

(10) *电子排布式为$[Ar]3d^8$可以表示(　　)。

A. Mn^{2+}　　B. Cr^{3+}　　C. Co^{3+}　　D. Ni^{2+}

(11) *元素周期表中，原子最外层只有 1 个 $l = 0$ 的电子的元素所在的区为(　　)。

A. s 区　　B .p 区　　C. d 区　　D. ds 区

4. 简答题(每小题 8 分，共 40 分)

(1) 原子核外电子的填充顺序应当遵循什么原则？最后填充的电子是否一定最先被电离？解释原因。

(2) 核外电子的能量大小有什么规律？为什么会出现能级交错现象？

(3) *同周期元素的原子半径有什么递变规律？为什么主族元素原子半径的变化幅度比副族元素原子半径的变化幅度要大得多？

(4) *试解释：$I_1(B) < I_1(Be)$，而 $I_2(B) > I_2(Be)$。

(5) **试从原子结构的观点说明为什么周期表中绝大部分的元素是金属元素。

5. 计算题(8 分)

*若子弹飞行速度为 1000 $m\cdot s^{-1}$，电子在 100 V 电场加速时的运动速率为 5.93×10^6 $m\cdot s^{-1}$；试分别计算电子运动和子弹飞行的德布罗意波的波长，并讨论它们的波动性(已知电子的直径为 2.8×10^{-15} m，质量为 9.1×10^{-31} kg，子弹的直径为 10^{-2} m，质量为 10^{-2} kg)。

参考答案

1. 填空题(每空 1 分，共 20 分)

(1) 量子化，波粒二象性，量子力学。

(2) 波函数(原子轨道)的角度分布图；电子云的空间分布图；电子概率的径向分布函数图。

(3) 主量子数 n，角量子数 l，磁量子数 m，$\psi_{n,l,m}$。

(4) d，四，Ⅷ，稳定，钴 Co。

(5) [Kr]$4d^55s^1$，五，ⅥB，弱，钼 Mo。

2. 是非题(用"√"、"×"表示对、错并填入括号中，每小题 1 分，共 10 分)

(1) (√) (2) (×) (3) (√) (4) (√) (5) (×) (6) (×) (7) (√) (8) (√) (9) (×) (10) (√)

3. 选择题[每小题 2 分，共 22 分，其中第(9)、(11)小题为多选，其余为单选]

(1) (A) (2) (C) (3) (D) (4) (A) (5) (B) (6) (D) (7) (B) (8) (B) (9) (BD) (10) (D) (11) (ACD)

4. 简答题(每小题 8 分，共 40 分)

(1) 原子核外电子的填充顺序应当遵循：泡利不相容原理、能量最低原理和洪德规则。最后填充的电子不一定最先被电离，原因是电子填充与电离的情况不同：电子填充时，每增加 1 个电子相应地增加 1 个核电荷，而电离过程中核电荷不变。

(2) ①核外电子的能量大小取决于主量子数(n)和有效核电荷数(Z^*)，因此 n 相同，l 越大能量越高；l 相同，n 越大能量越高。②屏蔽效应使电子的能量升高，而钻穿效应使电子的能量下降，因此当 n 和 l 都不相同时，可能会出现能级交错现象。

(3) ①根据原子理论半径的计算公式可知，原子半径随着主量子数(电子层)的增加而增大，随着有效核电荷数的增加而减小：

$$r_0=(n^2/Z^*)a_0$$

同周期元素的主量子数相同，从左至右核电荷数递增，有效核电荷数也递增，因此原子半径递减。②对于主族元素，随着核电荷数增加，新增加的电子排入最外层，与最外层电子属于同层电子，其产生的屏蔽常数为 0.35。对于副族元素，随着核电荷数增加，新增加的电子排入次外层的 d 轨道，对最外层电子所产生的屏蔽常数为 0.85。因此相邻两个元素之间有效核电荷数的增量，对主族元素增加了 0.65，对副族元素只增加了 0.15，使得主族元素原子半径的变化幅度比副族元素原子半径的变化幅度要大得多。

(4) 铍和硼的第一级、第二级电离过程如下式所示。

$$Be：1s^22s^2\rightarrow1s^22s^1\rightarrow1s^2$$

$$B：1s^22s^22p^1\rightarrow1s^22s^2\rightarrow1s^22s^1$$

硼的第一级电离失去 $2p^1$ 电子而出现全充满的稳定结构，比较容易；铍的第一级电离失去 $2s^2$ 上的 1 个电子，破坏了全充满的稳定结构，比较困难，所以 $I_1(B) < I_1(Be)$。

硼的第二级电离失去 $2s^2$ 上的 1 个电子，破坏了全充满的稳定结构，比较困难；铍的第二级电离失去 $2s^1$ 电子而出现全充满的稳定结构，比较容易，所以 $I_2(B) > I_2(Be)$。

(5) 周期表 118 种元素中属于非金属元素的只有 24 种，其余绝大部分的元素是金属元素，可以从以下几方面说明原因：①金属或非金属主要取决于原子的电子层结构：最外层电子数较少(通常为 1～3 个)的元素容易失去电子，成为金属元素；最外层电子数较多(通常为 4～8 个)的元素容易获得电子(0 族很不易得失电子)，成为非金属元素。②由于非金属元素最外层电子数≥4，最后的电子是进入 p 亚层，只能位于周期表右半部的ⅢA～ⅦA 和 0 族。而金属元素原子最外层多数为 s 电子，由于能级交错，周期表中部的许多元素最后的电子进入$(n-1)$d 亚层和$(n-2)$f 亚层，可供填充的轨道很多，相应的金属元素也就多。③在周期表中，同族元素从上至下金属性增强而非金属性减弱，所以即使在 p 区元素中，靠下部的元素有些也是金属，非金属仅是 p 区元素的右上角部分。

5. 计算题(8 分)

解

$$\lambda(\text{子弹}) = \frac{h}{mv} = \frac{6.626\times10^{-34}}{10^{-2}\times1000} = 6.6\times10^{-35}\ (\text{m})$$

$$\lambda(\text{电子}) = \frac{h}{mv} = \frac{6.626\times10^{-34}}{5.93\times10^{6}\times9.1\times10^{-31}} = 1.2\times10^{-10}\ (\text{m})$$

电子运动的德布罗意波长为 1.2×10^{-10} m，远大于电子的直径(2.8×10^{-15} m)，因此电子运动具有显著的波动性；飞行子弹的德布罗意波长为 6.6×10^{-35}m，远小于其直径(10^{-2} m)，因此子弹的运动几乎显示不出波动性。

(东北大学　桑晓光)

第2章 分子结构

一、学习目标

(1) 描述现代价键理论的要点和共价键的特点，对比分析几类重要的共价键。

(2) 概述杂化轨道理论的要点，并运用该理论解释分子的成键情况及空间构型等问题。

(3) 概述价层电子对互斥理论的要点，并运用该理论推测分子的空间构型。

(4) 描述形成分子轨道的基本原则，描绘第二周期同核双原子分子的能级图，并由此推测一些分子或离子的磁性和稳定性(键级)。

(5) 阐述离域 π 键的形成，并据此解释一些分子的成键情况。

二、重难点解析

本章在原子结构的基础上，讨论原子间的强相互作用力(化学键)和原子在空间的排列方式(分子结构)。人们对原子之间强相互作用力的认识是随着科技的发展逐渐加深的，发展了不同的共价键理论，包括路易斯理论、现代价键理论、杂化轨道理论、价层电子对互斥理论和分子轨道理论等。在学习本章内容时，应着重理解每个共价键理论的基本要点和适用范围。解题时注意共价键理论的综合运用，如可以利用价层电子对互斥理论判断分子的空间构型，然后利用杂化轨道理论对分子的空间构型进行解释；当遇到现代价键理论无法解释的问题，如多电子键等问题时，可以利用分子轨道理论。

(一) 路易斯理论

路易斯理论认为当两元素电负性相差不大时，可以通过共用电子对的形式，达到稀有气体电子构型，形成共价键。可以利用路易斯结构式描述分子结构，以小黑点表示电子(或用短线表示共用电子对)。

路易斯理论可以较好地解释一些简单分子的组成，特别是第二周期元素化合物的键合情况。路易斯理论的局限性在于：不能说明共价键的本质；不能解释 BCl_3、PCl_5 等非八隅体分子的稳定存在；不能说明 O_2 的顺磁性等。因此，路易斯理论只是一个经验规则。

(二) 现代价键理论

现代价键理论建立在量子力学的基础上，是用量子力学方法处理氢分子问题的推广。

1. 现代价键理论的要点

1) 电子配对成键原理

当两原子各有一个未成对电子，且自旋相反，则可相互配对，共用电子形成稳定的共价单键。原子可提供的单电子个数有限，因此可以形成的共价键的数目有限，这就是共价键的饱和性。

2) 原子轨道最大重叠原理

自旋相反的两个单电子相互接近时，如果原子轨道的对称性匹配，核间的电子云密集，体系的能量最低，能够形成稳定的共价键。如果原子轨道对称性不匹配，两原子核间的排斥力占优，体系能量升高，不能形成共价键。

原子轨道重叠时，轨道重叠越多，电子在两核间出现的概率越大，体系的能量越低，形成的共价键也越稳定。因此，共价键应尽可能地沿着原子轨道最大重叠的方向形成，称为最大重叠原理，也就是共价键的方向性。

2. 共价键的特点

共价键具有饱和性和方向性两个特点。电子配对成键原理对应饱和性，原子轨道最大重叠原理对应方向性。

3. 共价键的类型

共价键有几种分类方法。按轨道重叠方式不同可分为σ键(“头碰头”重叠)、π键(“肩并肩”重叠)、δ键(“面对面”重叠)、离域π键(n个原子、m个电子形成的π键)；按共用电子对来源不同又可分为正常共价键(双方各提供一个电子)、配位键(单方提供电子对)；此外，还有极性共价键、非极性共价键之分，单键、双键、三键之分等。

4. 键参数

描述共价键性质的键参数有键能、键长、键角、键的极性等。

键能是衡量共价键强度的物理量，其数值越大，表明共价键越牢固。与其相关的还有键解离能。对于双原子分子，键能等于键解离能。对于气态多原子分子AB_n，键能等于同类键的各键解离能的平均值。

键长是成键原子的核间距。同核双原子分子的核间距的一半为该原子的共价半径。异核双原子分子的键长近似等于两种原子的共价半径之和；但对于电负性较大的两种原子形成的分子，这样计算误差较大。

键长和键能可以判断化学键的相对强弱，在确定分子的空间构型时还必须知道键角。

键的极性大小可以利用电负性差值说明，可以将典型的共价键看成是极性为零的离子键，典型的离子键看成是极性最强的共价键，第3章中谈到的离子极化作用和离子变形性将使某些化合物中的离子键向共价键过渡。

(三) 杂化轨道理论

杂化轨道理论认为，在同一原子中能量相近的不同类型的几个原子轨道混杂起来，重新组成同等数目的能量完全相同的杂化原子轨道。

常见的杂化轨道有 sp 杂化、sp^2 杂化、sp^3 杂化、dsp^2 杂化、sp^3d 杂化、sp^3d^2 杂化等情况(表 2-1)。同类型的杂化轨道可分为等性杂化和不等性杂化两种。如果原子轨道杂化后形成的杂化轨道是等同的，这种杂化称为等性杂化，如 CH_4、CCl_4 分子中的 C 原子的杂化。如果原子轨道杂化后形成的杂化轨道中有一个或几个被孤对电子所占据，使得杂化轨道之间的夹角改变，这种由于孤对电子的存在而造成杂化轨道不完全等同的杂化，称为不等性杂化，如 NH_3、H_2O 等。

表 2-1 等性杂化轨道与分子空间构型的关系

杂化类型	sp	sp^2	sp^3	sp^3d	sp^3d^2
分子或离子空间构型	直线形	平面三角形	四面体	三角双锥	八面体
实例	$BeCl_2$、$HgCl_2$	BF_3、NO_3^-	CH_4、NH_4^+	PCl_5、AsF_5	SF_6、$[SiF_6]^{2-}$

必须注意，对于单个共价键，杂化轨道的能量不一定最低。因为键能的大小不仅与轨道重叠程度有关，而且与轨道本身能量高低有关。例如，sp 型杂化轨道与 s、p 轨道相比，各种轨道键能的大小顺序为 $s > sp > sp^2 > sp^3 > p$。

杂化轨道理论是在已知分子空间构型的基础上，解释分子的构型。但是对于未知构型的分子，判断杂化轨道类型非常困难。

(四) 价层电子对互斥理论

在只判断分子的空间构型时，价层电子对互斥理论比较方便实用。

1. 价层电子对互斥理论的要点

(1) 分子或离子的空间构型取决于其中心原子的价层电子对数目(简称价电子对数)以及价电子对之间的斥力。价电子对包括成键电子对和孤电子对(又称孤对电子)。

(2) 电子对间应尽量相互远离，以减小价层电子对间的斥力，使系统能量降低。

(3) 不同价电子对间的排斥作用顺序为：孤对-孤对 > 孤对-键对 > 键对-键对。另外，电子对间的斥力还与其夹角有关，斥力大小顺序是 90° > 120° > 180°。

(4) 成键电子对只包括形成 σ 键的电子对，不包括形成 π 键的电子对，即分子中的多重键如双键、三键按单键处理。π 键虽然不改变分子的基本构型，但对键角有一定影响，一般是单键间的键角小，单-双键间及双-双键间键角较大。这是由于成键电子对中单键、双键与三键之间的斥力存在一定差异：三键斥力 > 双键斥力 > 单键斥力。

2. 推测 AB_n 型分子或离子的空间构型

根据价层电子对互斥理论，可按以下步骤判断分子或复杂离子的空间构型。

(1) 确定中心原子价层电子对数。

$$\text{价层电子对数} = \frac{\text{中心原子价电子数} + \text{配体提供的价电子数} \pm \text{离子所带电荷数}}{2}$$

中心原子提供所有的价电子，配位原子提供单电子(O、S 作为配位原子时，提供单电子数为 0)；正离子取减号，负离子取加号；价层电子对不是整数时，按进位计算。

(2) 根据中心原子的价电子对数，找出电子对间斥力最小的电子排布方式。

(3) 价层中无孤对电子时，分子的空间构型与价层电子对的空间排布相同。价层中有孤对电子时，分子的最稳定结构(即分子的实际空间构型)应满足价层电子对之间斥力最小的原则。

价层电子对互斥理论可以简单有效地预测 AB_n 型共价分子或离子的空间构型(表 2-2)。但是该理论的简单性也带来了预测的不严格性和应用局限性。例如，其不适用于具有强极性的分子、具有离域 π 键的分子或离子、过渡金属配合物等。

表 2-2 价层电子对数与电子对空间排列方式、分子空间构型的关系

A 的价层电子对数	成键电子对数	孤对电子对数	价层电子对的几何构型	分子的空间构型	实例
2	2	0	直线形	直线形	$BeCl_2$、CO_2
3	3	0	平面三角形	平面三角形	BF_3、NO_3^-
	2	1		V 形	NO_2、$PbCl_2$
4	4	0	四面体	正四面体	CH_4、SO_4^{2-}
	3	1		三角锥形	NH_3、NF_3
	2	2		V 形	H_2O、H_2S
5	5	0	三角双锥	三角双锥	PCl_5、AsF_5
	4	1		变形四面体	SF_4、$TeCl_4$
	3	2		T 形	ClF_3、BrF_3
	2	3		直线形	XeF_2、I_3^-
6	6	0	八面体	八面体形	SF_6、$[SiF_6]^{2-}$
	5	1		四方锥形	IF_5、ClF_5
	4	2		平面正方形	XeF_4、ICl_4^-

(五) 分子轨道理论

价键理论可以说明共价键的本质，但是对许多分子的结构和性质难以解释，如 O_2 的顺磁性、H_2^+ 的稳定存在。分子轨道理论可以成功解释 O_2 的磁性和一些特殊物质的稳定存在。

1. 分子轨道理论的基本要点

(1) 分子轨道理论是将分子看作一个整体，电子不再从属于某一个原子，而是在整个分子的势场范围内运动。分子中每个电子的运动状态也可用相应的波函数来描述，简称分子轨道。

(2) 分子轨道是由分子中原子的原子轨道线性组合而成。分子轨道数与组合前的原子轨道数相等。例如，两个原子轨道 ψ_a 和 ψ_b 组合后形成两个分子轨道 ψ_{I} 和 ψ_{II}：

$$\psi_{\text{I}} = c_1\psi_a + c_2\psi_b \qquad \psi_{\text{II}} = c_1\psi_a - c_2\psi_b$$

这种组合与杂化轨道不同，杂化轨道是同一原子内部能量相近的不同类型的轨道重新组合，而分子轨道却是由不同原子提供的原子轨道的线性组合。原子轨道用 s、p、d、f、…表示，分子轨道用 σ、π、δ、…表示。

(3) 原子轨道线性组合成分子轨道后，分子轨道中能量高于原来的原子轨道的称为反键轨道，如 σ^*轨道，能量低于原来的原子轨道的称为成键轨道，如 σ 轨道。

(4) 原子轨道要有效地线性组合成分子轨道，必须满足三个条件：对称性匹配原则、能量相近原则、最大重叠原则。在对称性匹配的条件下，原子轨道线性组合可得不同种类的分子轨道，其组合方式主要有：s-s 重叠、s-p 重叠、p-p 重叠、p-d 重叠、d-d 重叠。

2. 键级

分子轨道理论提出了键级的概念，用来表示分子或离子的稳定性。键级越大，分子越稳定。

$$\text{键级} = \frac{\text{成键轨道电子数} - \text{反键轨道电子数}}{2} = \frac{\text{净成键电子数}}{2}$$

3. 分子轨道的表示

电子在分子轨道中的排布可以用分子轨道能级图表示，也可以用分子轨道式表示，前者较为直观，后者较为简便。

同核双原子分子的轨道能级图有两种类型，一种为 O_2 型[图 2-1(a)]，一种为 N_2 型[图 2-1(b)]。前者适用于原子序数大于或等于 8 的 O_2、F_2 等分子，后者适用于原子序数小的 B_2、C_2、N_2 等分子。

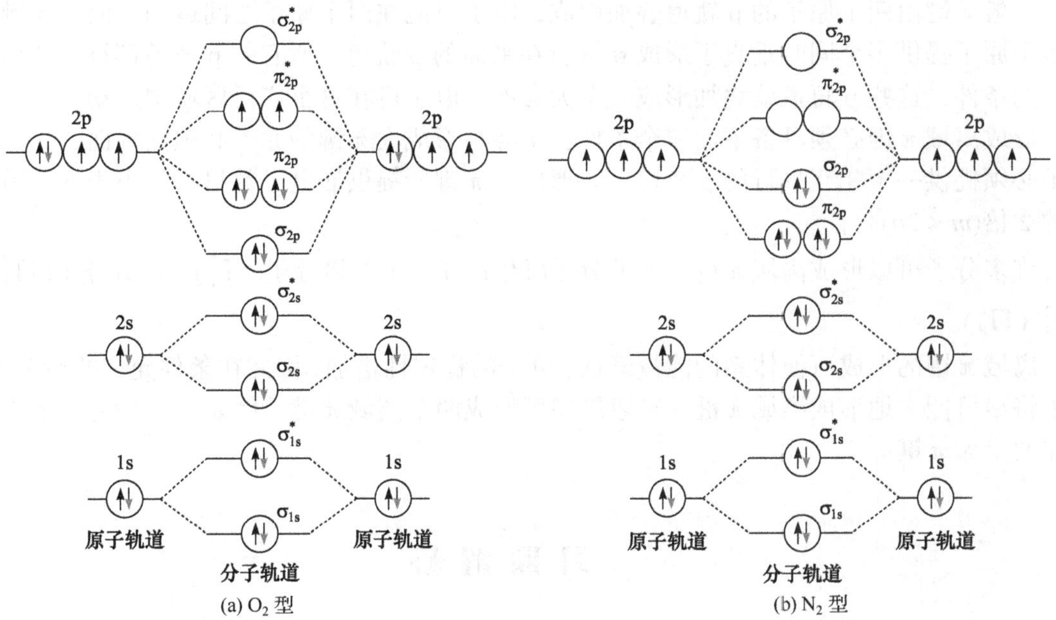

图 2-1 同核双原子分子的轨道能级图

N_2 的分子轨道式为：$(\sigma_{1s})^2(\sigma_{1s}^*)^2(\sigma_{2s})^2(\sigma_{2s}^*)^2(\pi_{2p_y})^2(\pi_{2p_z})^2(\sigma_{2p_x})^2$，为书写方便，内层分子

轨道可用 KK 表示，即得 $KK(\sigma_{2s})^2(\sigma_{2s}^*)^2(\pi_{2p_y})^2(\pi_{2p_z})^2(\sigma_{2p_x})^2$。

O_2 的分子轨道式为：$(\sigma_{1s})^2(\sigma_{1s}^*)^2(\sigma_{2s})^2(\sigma_{2s}^*)^2(\sigma_{2p_x})^2(\pi_{2p_y})^2(\pi_{2p_z})^2(\pi_{2p_y}^*)^1(\pi_{2p_z}^*)^1$，或者 $KK(\sigma_{2s})^2(\sigma_{2s}^*)^2(\sigma_{2p_x})^2(\pi_{2p_y})^2(\pi_{2p_z})^2(\pi_{2p_y}^*)^1(\pi_{2p_z}^*)^1$。

N_2 的键级 = (10 − 4)/2 = 3，共形成三个键，从图 2-1(b)中可以看出，另外实验也已表明，分子中 π 轨道的能级较低，比较稳定，这可能是 N_2 具有惰性的一个重要原因。

O_2 的键级 = (10 − 6)/2 = 2，实验测得键能为 498 $kJ\cdot mol^{-1}$，相当于双键。可以认为 O_2 分子中形成两个三电子 π 键，每个三电子 π 键有 2 个电子在成键轨道上，一个电子在反键轨道上，因此相当于半个键。由于 O_2 分子中有 2 个单电子在反键轨道上，也解释了 O_2 分子具有顺磁性。

对于异核双原子分子的分子轨道能级图，两个不同原子结合成分子时，用分子轨道法处理在原则上与同核双原子分子相同，如 CO 分子结构。C 原子的电子构型为 $1s^22s^22p^2$；O 氧原子的电子构型为 $1s^22s^22p^4$，CO 分子中共有 14 个电子，与 N_2 分子的电子数相同，称为等电子体。等电子体的分子轨道结构相似，性质也非常相似。所以，CO 分子轨道电子排布式为$(1\sigma)^2(2\sigma)^2(3\sigma)^2(4\sigma)^2(1\pi)^4(5\sigma)^2$。由于这些分子轨道组成的复杂性，因此不再使用 σ_{2s}、σ_{2s}^*、π_{2p_y}、$\pi_{2p_y}^*$ 等名称，而简称为 3σ、4σ、1π、2π 等。

(六) 离域 π 键

由两个以上的轨道以“肩并肩”的方式重叠形成的键称为离域 π 键或大 π 键。离域 π 键是 π 键中的一种特殊情况。

一般 π 键由两个原子的 p 轨道叠加而成，电子只能在两个原子之间运动。而大 π 键是由多个原子提供多个同时垂直于形成 σ 键所在平面的 p 轨道，所有的 p 轨道都符合“肩并肩”的条件，这些 p 轨道就叠加形成一个大 π 键，电子可在这个广泛区域中运动。

形成离域 π 键必须具备下面三个条件：①参与形成大 π 键的原子必须共平面；②每个原子必须提供一个相互平行的 p 轨道；③形成大 π 键所提供 p 电子数目必须小于 p 轨道数目的 2 倍($m < 2n$)。

许多分子可以形成离域 π 键，如苯分子(Π_6^6)、1,3-丁二烯分子(Π_4^4)、CO_2 分子(Π_3^4)、CO_3^{2-}(Π_4^6)。

离域 π 键的形成可使体系的能量降低，分子的稳定性增加，因此在条件允许的情况下，分子将尽可能多地形成离域 π 键，一般最多可形成两个离域 π 键。例如，在 CO_2 分子中就存在两个大 π 键。

三、习题解析

2-1 写出下列物质的路易斯结构式并说明每个原子如何达到八电子结构。

HF，H_2Se，$H_2C_2O_4$(草酸)，CH_3OCH_3(甲醚)，H_2CO_3，HClO，H_2SO_4，H_3PO_4

答

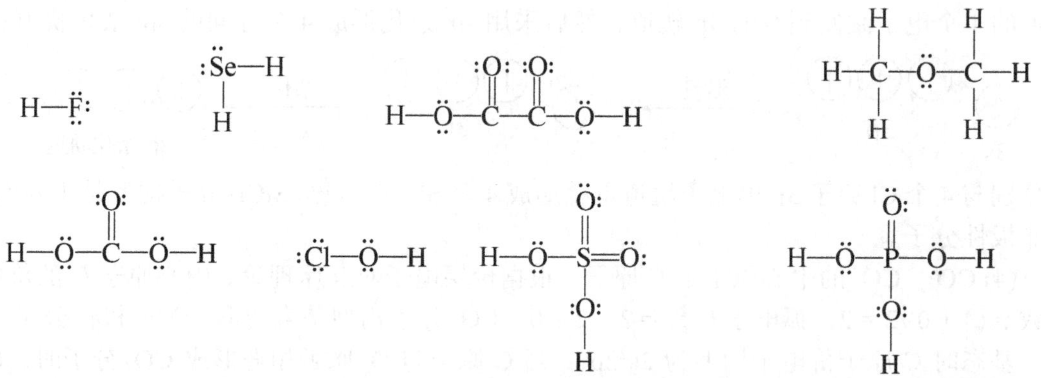

上述分子中的原子除 H 原子外，其他原子通过所形成的共价键共有电子和价电子层孤对电子共同构成 8 电子结构。

2-2 结合杂化轨道理论和价层电子对互斥理论说明下列化合物由基态原子形成分子的过程(图示法)并判断分子的空间构型和分子极性：

$HgCl_2$，BF_3，$SiCl_4$，CO_2，$COCl_2$，NCl_3，H_2S，PCl_5

答 (1) $HgCl_2$。$HgCl_2$ 分子的中心原子是 Hg 原子。根据价层电子对互斥理论，中心原子 Hg 的价电子对数 = (2 + 2)/2 = 2，孤电子对数 = 2 − 2 = 0，气态 $HgCl_2$ 分子构型是直线形，为非极性分子。

基态时 Hg 原子的价电子构型为 $6s^2$。当 Hg 原子与 Cl 原子相遇形成 $HgCl_2$ 时，Hg 的 6s 轨道中的 1 个电子激发到 1 个 6p 轨道，然后 6s 轨道和该 6p 轨道采用 sp 杂化形成 2 个等同的 sp 杂化轨道：

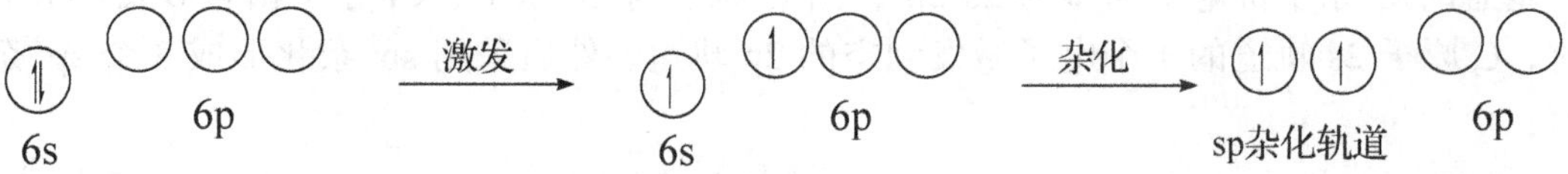

并分别与两个 Cl 原子的 3p 单电子轨道重叠形成 2 个 Hg—Cl σ 键。因此，气态 $HgCl_2$ 分子构型是直线形，为非极性分子。

(2) BF_3。BF_3 分子的中心原子是 B 原子。根据价层电子对互斥理论，中心原子 B 的价电子对数 = (3 + 3)/2 = 3，孤电子对数 = 3 − 3 = 0，BF_3 分子构型是平面三角形，为非极性分子。

基态时 B 原子的价电子构型为 $2s^22p^1$。当 B 原子与 F 原子相遇形成 BF_3 分子时，B 原子 2s 轨道中的 1 个电子激发到 1 个空的 2p 轨道，然后采用 sp^2 杂化形成 3 个等同的 sp^2 杂化轨道：

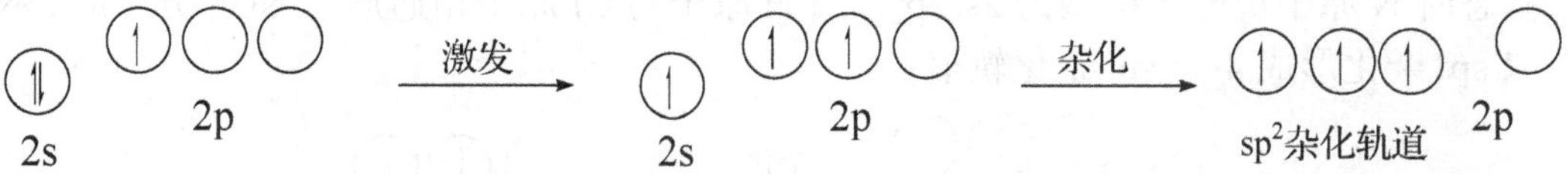

并分别与 3 个 F 原子 2p 单电子轨道重叠形成 3 个 B—F σ 键。BF_3 分子构型是平面三角形，为非极性分子。

(3) $SiCl_4$。$SiCl_4$ 的中心原子是 Si 原子。根据价层电子对互斥理论，中心原子 Si 的价电子对数 = (4 + 4)/2 = 4，孤电子对数 = 4 − 4 = 0，$SiCl_4$ 分子构型是正四面体，为非极性分子。

基态时价电子构型为 $3s^23p^2$，当 Si 原子与 Cl 原子相遇形成 $SiCl_4$ 分子时，Si 原子 3s 轨道的 1 个电子激发到空的 3p 轨道，然后采用 sp^3 杂化形成 4 个等同的 sp^3 杂化轨道：

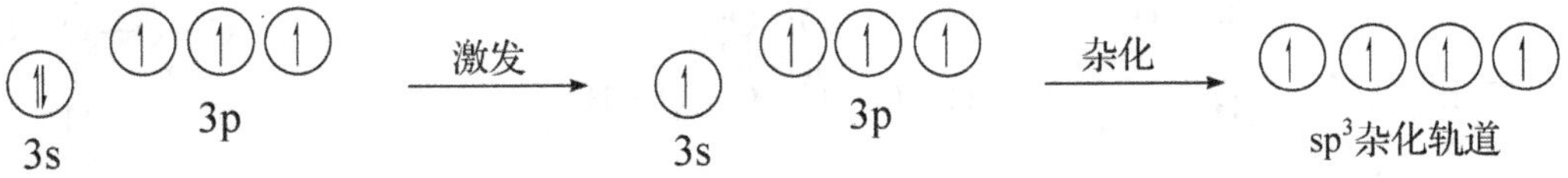

并分别与 4 个 Cl 原子 3p 单电子轨道重叠形成 4 个 Si—Cl σ 键。$SiCl_4$ 分子构型是正四面体，为非极性分子。

(4) CO_2。CO_2 的中心原子是 C 原子。根据价层电子对互斥理论，中心原子 C 的价电子对数 = (4 + 0)/2 = 2，孤电子对数 = 2 – 2 = 0，CO_2 分子构型是直线形，为非极性分子。

基态时 C 原子价电子构型为 $2s^22p^2$，当 C 原子与 O 原子相遇形成 CO_2 分子时，C 原子 2s 轨道的 1 个电子激发到空的 2p 轨道，然后采用 sp 杂化形成 2 个等同的 sp 杂化轨道：

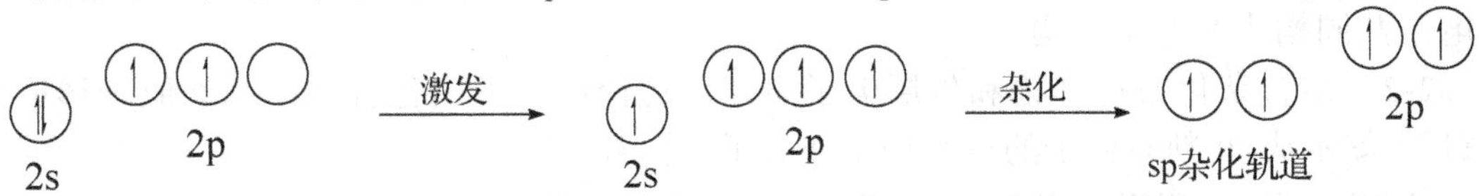

并分别与 2 个 O 原子的 2p 单电子轨道重叠形成 2 个 σ 键，两个 O 原子的一个 2p 单电子轨道与 C 原子未参与杂化的两个 2p 轨道分别与一个 O 原子的 2p 单电子轨道和另一个 O 原子的 2p 孤对电子轨道"肩并肩"重叠形成 2 个 Π_3^4 键。CO_2 分子构型是直线形，为非极性分子。

(5) $COCl_2$。$COCl_2$ 的中心原子是 C 原子。根据价层电子对互斥理论，中心原子 C 的价电子对数 = (4 + 0 + 2)/2 = 3，孤电子对数 = 3 – 3 = 0，$COCl_2$ 分子构型是三角形，为极性分子。

基态时 C 原子价电子构型为 $2s^22p^2$，当 C 原子与 O 原子、Cl 原子相遇形成 $COCl_2$ 分子时，C 原子 2s 轨道的 1 个电子激发到空的 2p 轨道，然后采用 sp^2 杂化形成 3 个 sp^2 杂化轨道：

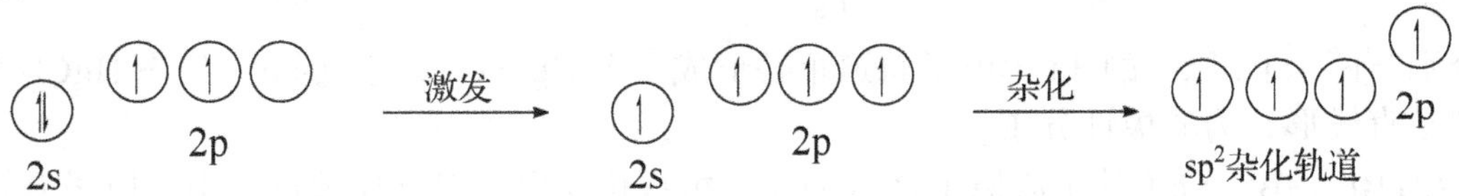

其中 2 个 sp^2 杂化轨道分别与 2 个 Cl 原子的 3p 单电子轨道重叠形成 2 个 C—Cl σ 键，另一个 sp^2 杂化轨道和 O 原子的 2p 单电子轨道形成 C—O σ 键，O 原子另一个 2p 单电子轨道与 C 原子未参加杂化的 2p 轨道"肩并肩"重叠形成 π 键。$COCl_2$ 分子构型是三角形，为极性分子。

(6) NCl_3。NCl_3 的中心原子是 N 原子。根据价层电子对互斥理论，中心原子 N 的价电子对数 = (5 + 3)/2 = 4，孤电子对数 = 4 – 3 = 1，NCl_3 分子构型是三角锥形，为极性分子。

基态时 N 原子价电子构型为 $2s^22p^3$，当 N 原子与 Cl 原子相遇形成 NCl_3 分子时，N 原子采取 sp^3 杂化形成 4 个 sp^3 杂化轨道：

其中 3 个 sp^3 杂化轨道分别与 3 个 Cl 原子的 3p 单电子轨道重叠形成 3 个 C—Cl σ 键，另一个 sp^3 杂化轨道被孤对电子占据。NCl_3 分子构型是三角锥形，为极性分子。

(7) H_2S。H_2S 的中心原子是 S 原子。根据价层电子对互斥理论，中心原子 S 的价电子

对数 = (6 + 2)/2 = 4，孤电子对数 = 4 − 2 = 2，H_2S 分子构型是 V 形，为极性分子。

基态时 S 原子价电子构型为 $3s^23p^4$，当 S 原子与 H 原子相遇形成 H_2S 分子时，S 原子采取 sp^3 杂化形成 4 个 sp^3 杂化轨道：

其中 2 个 sp^3 杂化轨道分别与 2 个 H 原子的 1s 单电子轨道重叠形成 2 个 H—S σ 键，另外 2 个 sp^3 杂化轨道被孤对电子占据。H_2S 分子构型是 V 形，为极性分子。

(8) PCl_5。PCl_5 的中心原子是 P 原子。根据价层电子对互斥理论，中心原子 P 的价电子对数 = (5 + 5)/2 = 5，孤电子对数 = 5 − 5 = 0，PCl_5 分子构型是三角双锥，为非极性分子。

基态时 P 原子价电子构型为 $3s^23p^33d^0$，当 P 原子与 Cl 原子相遇形成 PCl_5 分子时，P 原子 3s 轨道的 1 个电子激发到空的 3d 轨道，然后采取 sp^3d 杂化形成 5 个 sp^3d 杂化轨道：

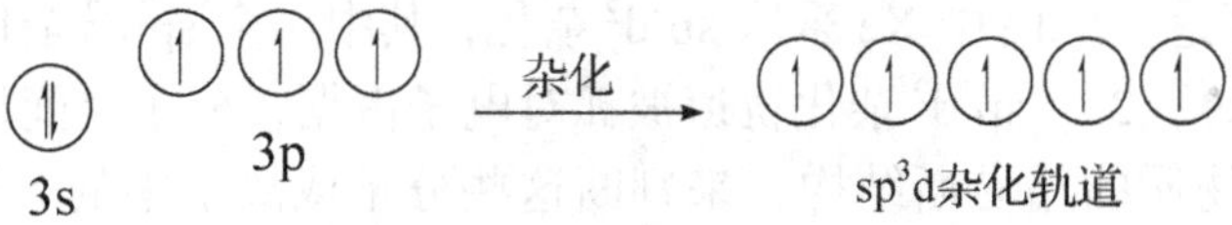

并分别与 5 个 Cl 的 3p 单电子轨道重叠，形成 5 个 P—Cl σ 键，PCl_5 分子构型是三角双锥，为非极性分子。

2-3 用杂化轨道理论和价层电子对互斥理论分别说明下列分子或离子的空间构型：

(1) PCl_4^+；(2) HCN；(3) H_2Te；(4) Br_3^-。

答 (1) 根据杂化轨道理论，PCl_4^+ 的中心原子 P 的成键方式可以理解为 P^+ 的价轨道采用 sp^3 杂化与 4 个 Cl 原子分别形成 4 个 σ 键，其分子的空间构型为正四面体。

根据价层电子对互斥理论，PCl_4^+ 的中心原子 P 的价层电子对数 = (5 + 4 − 1)/2 = 4，孤对电子数 = 4 − 4 = 0，所以 PCl_4^+ 为正四面体。

(2) 根据杂化轨道理论，HCN 分子的中心原子 C 的成键方式可以理解为 C 原子的价轨道采用 sp 杂化与 1 个 H 原子和 1 个 N 原子分别形成 2 个 σ 键，C 原子未参与杂化的 2 个 2p 轨道与 N 原子的 2p 轨道“肩并肩”重叠形成 2 个 π 键，其分子的空间构型为直线形。

根据价层电子对互斥理论，HCN 分子的中心原子 C 的价层电子对数 = (4 + 1 − 1)/2 = 2，孤对电子数 = 2 − 2 = 0，所以 HCN 分子为直线形。

(3) 根据杂化轨道理论，H_2Te 分子的中心原子 Te 的成键方式可理解为 Te 原子的价轨道采用 sp^3 杂化与 2 个 H 原子分别形成 2 个 σ 键，另外 2 个 sp^3 杂化轨道被孤对电子占据，其分子的空间构型为 V 形。

根据价层电子对互斥理论，H_2Te 分子的中心原子 Te 的价层电子对数 = (6 + 2)/2 = 4，孤对电子数 = 4 − 2 = 2，所以 H_2Te 分子为 V 形。

(4) Br_3^- 可以写作 $BrBr_2^-$，根据杂化轨道理论，中心原子为 Br，成键方式可以理解为 Br^- 的价轨道采用 sp^3d 杂化与 2 个 Br 原子形成 2 个 σ 键，另外 3 个 sp^3d 杂化轨道被孤对电子占据，其分子的空间构型为直线形。

根据价层电子对互斥理论，Br_3^- 的中心原子 Br 的价层电子对数 = (7 + 2 + 1)/2 = 5，孤对电子数 = 5 − 2 = 3，所以 Br_3^- 为直线形。

2-4 SiF_4、SF_4、XeF_4 都具有 AF_4 的分子组成，但它们的分子几何构型都不同，试用杂化轨道理论和价层电子对互斥理论说明每种分子构型并解释其原因。

答 (1) 根据价层电子对互斥理论，SiF_4 分子中心原子 Si 的价层电子对数 = (4 + 4)/2 = 4，孤对电子数为 0，分子的空间构型为正四面体。

根据杂化轨道理论，SiF_4 分子中 Si 采用 sp^3 杂化，Si 的 4 个 sp^3 杂化轨道分别与 4 个 F 原子的 2p 单电子轨道重叠，分子的空间构型为正四面体。

(2) 根据价层电子对互斥理论，SF_4 分子中心原子 S 的价层电子对数 = (6 + 4)/2 = 5，孤对电子数为 1，分子的空间构型为变形四面体。

根据杂化轨道理论，SF_4 分子中 S 采用 sp^3d 杂化，S 的 4 个 sp^3d 杂化轨道与 4 个 F 原子的 2p 单电子轨道重叠，1 个 sp^3d 杂化轨道被孤对电子占据，分子的空间构型为变形四面体。

(3) 根据价层电子对互斥理论，XeF_4 中心原子 Xe 的价层电子对数 = (8 + 4)/2 = 6，孤对电子数为 2，分子的空间构型为平面四边形。

根据杂化轨道理论，XeF_4 中 Xe 采取 sp^3d^2 杂化，其中 4 个 sp^3d^2 杂化轨道与 4 个 F 原子的 2p 单电子轨道重叠，2 个 sp^3d^2 杂化轨道被孤对电子占据，分子空间构型为平面四边形。

2-5 根据下列物质的路易斯结构，来判断这些分子或离子中的 σ 键和 π 键的数目。

(1) CO_2；(2) NCS^-；(3) HCHO；(4) HCOOH，其中碳原子连接了一个氢原子和两个氧原子。

答 (1) :Ö═C═Ö:，分子中有 2 个 σ 键，2 个 π 键。

(2) [:N≡C—S̤̈:]⁻，分子中有 2 个 σ 键，2 个 π 键。

(3) 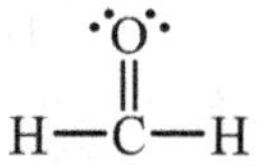，分子中有 3 个 σ 键，1 个 π 键。

(4) 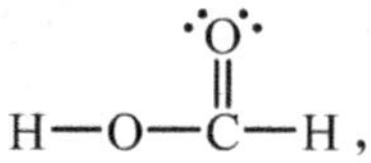，分子中有 4 个 σ 键，1 个 π 键。

2-6 按键的极性从大到小的顺序排列下列每组化学键：

(1) C—F、O—F、Be—F；(2) N—Br、P—Br、O—Br；(3) C—S、B—F、N—O。

答 可根据电负性差值判断题中各组化合物化学键的极性，电负性差值越大，则化学键极性越大，所以有：

(1)

C—F	$\Delta\chi = 3.98 - 2.55 = 1.43$	键的极性由大到小顺序为：Be—F, C—F, O—F
O—F	$\Delta\chi = 3.98 - 3.44 = 0.54$	
Be—F	$\Delta\chi = 3.98 - 1.57 = 2.41$	

(2)

N—Br	$\Delta\chi = 3.04 - 2.96 = 0.08$	键的极性由大到小顺序为：P—Br, O—Br, N—Br
P—Br	$\Delta\chi = 2.96 - 2.19 = 0.77$	
O—Br	$\Delta\chi = 3.44 - 2.96 = 0.48$	

(3)

C—S	$\Delta\chi = 2.58 - 2.55 = 0.03$	键的极性由大到小顺序为：B—F, N—O, C—S
B—F	$\Delta\chi = 3.98 - 2.04 = 1.94$	
N—O	$\Delta\chi = 3.44 - 3.04 = 0.40$	

2-7 预测 CO、CO_2 和 CO_3^{2-} 中 C—O 键的键长大小顺序。

答 CO 分子中的 C—O 键是三键；CO_2 分子中的 C—O 键是双键；CO_3^{2-} 中 C—O 键包含 1 个 σ 键与 1 个三中心四电子大 π 键。所以其键长大小顺序为：$CO < CO_2 < CO_3^{2-}$。

2-8 已知键能 D(C—Cl)、D(C—O)、D(C═O)和 D(C≡O)分别为 397 kJ · mol^{-1}、749 kJ · mol^{-1}、745 kJ · mol^{-1} 和 1081 kJ · mol^{-1}，其他相关键能数据查教材表 2-3，计算下列各气相反应的焓变 ΔH。

(1) 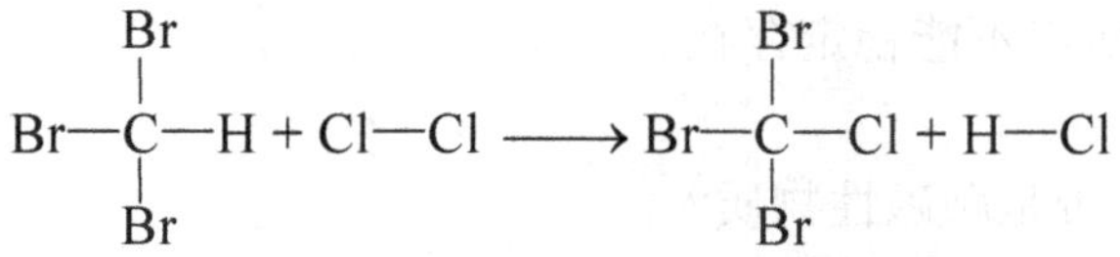

(2) $C \equiv O + H—O—H \longrightarrow O = C = O + H—H$

解 一个气相反应可分成键的解离和形成两步进行。第一步键解离需要能量，反应焓变应为反应物所有键能之和；第二步键形成放出能量，反应焓变应为产物所有键能之和的负值。所以总的气相反应的焓变为

$$\Delta_r H_m^\ominus = \sum D\,(\text{断键}) - \sum D\,(\text{成键}) = (\sum D)_{\text{反应物}} - (\sum D)_{\text{产物}}$$

(1) $\Delta_r H_m^\ominus = D(\text{C—H}) + D(\text{Cl—Cl}) - D(\text{C—Cl}) - D(\text{H—Cl})$

$= 411 + 242 - 397 - 431$

$= -175\ (\text{kJ·mol}^{-1})$

(2) $\Delta_r H_m^\ominus = D(\text{C}\equiv\text{O}) + 2D(\text{O—H}) - 2D(\text{C}=\text{O}) - D(\text{H—H})$

$= 1081 + 2 \times 467 - 2 \times 745 - 436$

$= 89\ (\text{kJ·mol}^{-1})$

2-9 考虑 H_2^+ 和 H_2^-。

(1) 画出其分子轨道能级图；

(2) 写出它们的分子轨道电子排布式；

(3) 它们的键级各是多少？

(4) 假设 H_2^+ 被光激发，使其电子由低能级轨道跃迁到高能级轨道，猜测激发态的 H_2^+ 是否将消失，并解释。

答 (1) H_2^+：

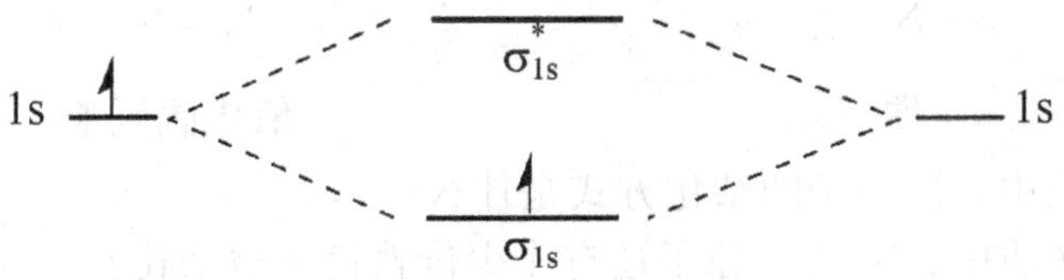

H原子轨道　　H_2^+分子轨道　　H原子轨道

H_2^-:

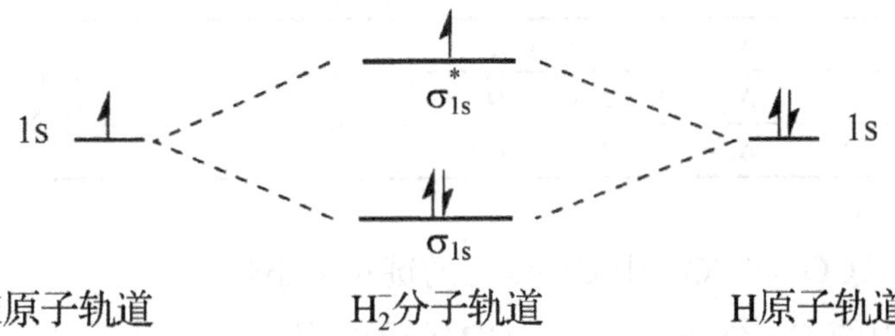

(2) $H_2^+(\sigma_{1s})^1$； $H_2^-(\sigma_{1s})^2(\sigma_{1s}^*)^1$。

(3) H_2^+的键级 = 1/2 = 0.5；

H_2^-的键级 = (2 − 1)/2 = 0.5。

(4) H_2^+将分解。因为当H_2^+中的$(\sigma_{1s})^1$电子被光激发到反键轨道(σ_{1s}^*)中时，体系的能量比键合前基态 H 原子的能量还高，所以不能稳定存在。

2-10 (1) 如何理解顺磁性？

(2) 如何通过实验判断某物质是否是顺磁性物质？

(3) 下面哪些离子具有顺磁性：O_2^+，N_2^{2-}，Li_2^+，O_2^{2-}？

答 (1) 分子或离子中存在未成对电子，且顺时针方向自旋的未成对电子数与逆时针方向自旋的未成对电子数不能完全抵消，分子表现为顺磁性。

(2) 最简单的方法是通过磁天平测量其磁矩，磁矩不为零的物质为顺磁性物质。

(3) O_2^+：$(\sigma_{1s})^2(\sigma_{1s}^*)^2(\sigma_{2s})^2(\sigma_{2s}^*)^2(\sigma_{2p})^2(\pi_{2p})^4(\pi_{2p}^*)^1$

O_2^{2-}：$(\sigma_{1s})^2(\sigma_{1s}^*)^2(\sigma_{2s})^2(\sigma_{2s}^*)^2(\sigma_{2p})^2(\pi_{2p})^4(\pi_{2p}^*)^4$

N_2^{2-}：$(\sigma_{1s})^2(\sigma_{1s}^*)^2(\sigma_{2s})^2(\sigma_{2s}^*)^2(\pi_{2p})^4(\sigma_{2p})^2(\pi_{2p}^*)^2$

Li_2^+：$(\sigma_{1s})^2(\sigma_{1s}^*)^2(\sigma_{2s})^1$

因此具有顺磁性的离子是O_2^+、N_2^{2-}、Li_2^+。

2-11 写出下面阳离子的分子轨道的电子排布式：(1) B_2^+；(2) Li_2^+；(3) N_2^+；(4) Ne_2^{2+}。

答 阳离子的分子轨道的电子排布式依次为：

(1) B_2^+ $(\sigma_{1s})^2(\sigma_{1s}^*)^2(\sigma_{2s})^2(\sigma_{2s}^*)^2(\pi_{2p})^1$；

(2) Li_2^+ $(\sigma_{1s})^2(\sigma_{1s}^*)^2(\sigma_{2s})^1$；

(3) N_2^+ $(\sigma_{1s})^2(\sigma_{1s}^*)^2(\sigma_{2s})^2(\sigma_{2s}^*)^2(\pi_{2p})^4(\sigma_{2p})^1$；

(4) Ne_2^{2+} $(\sigma_{1s})^2(\sigma_{1s}^*)^2(\sigma_{2s})^2(\sigma_{2s}^*)^2(\sigma_{2p})^2(\pi_{2p})^4(\pi_{2p}^*)^4$。

2-12 偶氮染料有许多用途，如染布的有机染料，许多染料是由有机物质$C_{12}H_{10}N_2$衍生的，一个很近的相关物质是$C_{12}H_{12}N_2$，这两种物质的路易斯结构如下：

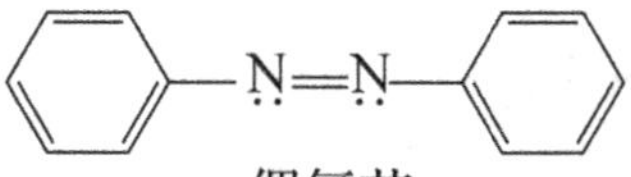

偶氮苯

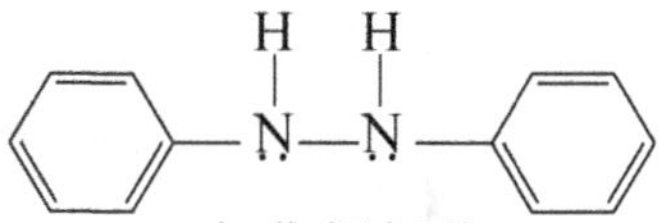

氢化偶氮苯

(1) 在每种物质中，N 原子的杂化方式是什么？

(2) 在每一种物质中，N 和 C 原子还有多少价轨道未被杂化？

(3) 预测每一种物质中 N—N—C 的键角。

(4) 据说 $C_{12}H_{10}N_2$ 的 π 电子比 $C_{12}H_{12}N_2$ 有更大程度的重叠，讨论这种观点，并判断正误。

(5) $C_{12}H_{10}N_2$ 的所有原子在同一个平面，而 $C_{12}H_{12}N_2$ 不是。这种现象是否与(4)中的观点一致？

(6) $C_{12}H_{10}N_2$ 为深橘红色，而 $C_{12}H_{12}N_2$ 几乎无色，试讨论这种现象并参考有关书籍证明。

答 (1) 在偶氮苯中，氮原子的杂化方式是 sp^2；氢化偶氮苯中氮原子的杂化方式是 sp^3。

(2) 偶氮苯中，2 个 N 原子的价轨道中各有 1 个 p 轨道未参与杂化，12 个 C 原子各有 1 个 p 轨道未参与杂化；氢化偶氮苯中，N 原子的杂化方式是 sp^3，12 个 C 原子各有 1 个 p 轨道未参与杂化。

(3) 偶氮苯中，N—N—C 的键角稍小于 120°；氢化偶氮苯中 N—N—C 的键角稍小于 109°28′。

(4) $C_{12}H_{10}N_2$ 中的所有原子在同一个平面，所以比 $C_{12}H_{12}N_2$ 的 π 电子有更大程度的重叠。

(5) 这种现象与(4)中观点一致。

(6) $C_{12}H_{10}N_2$ 中同一平面的 14 个原子形成大 π 键，体系能量降低，吸收波长向长波移动，所以出现深橘红色。

2-13 讨论有关 H_2CO_3 分子中碳原子杂化轨道的问题：

(1) 从 C 原子的电子构型开始，说明 H_2CO_3 分子是怎样通过杂化形成 σ 键的；

(2) 通过(1)中的图示，说明 π 键的形成过程。

答 (1) H_2CO_3 分子中 C 原子基态时价电子构型为 $2s^22p^2$，成键时有 1 个 2s 电子跃迁至空 2p 轨道进行 sp^2 杂化：

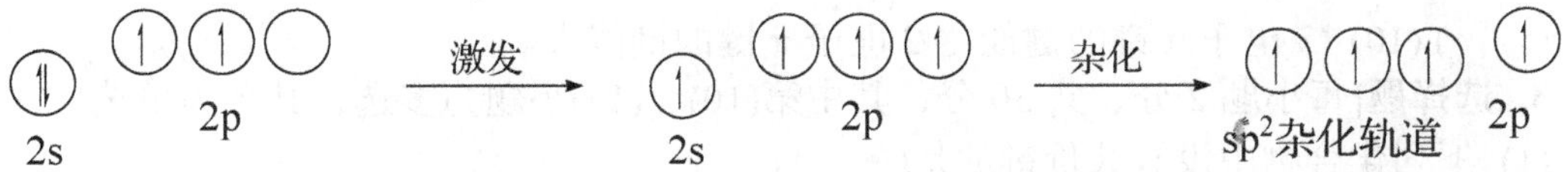

形成的 3 个 sp^2 杂化轨道分别与 3 个 O 原子的 2p 单电子轨道重叠，形成 3 个 C—O σ 键。其中 2 个 O 原子中的另外 1 个 2p 单电子轨道与 H 原子的 1s 轨道重叠，形成 2 个 O—H σ 键。

(2) C 原子中一个未参加杂化的 2p 单电子与没有形成 O—H σ 键的另一个 O 原子的 2p 单电子轨道“肩并肩”重叠形成一个 π 键。

四、水平测试

1. 填空题(每空 1 分，共 20 分)

(1) 杂化轨道理论首先是由__________提出的，该理论能较好地解释一些多原子分子(或离子)的__________。

(2) O_3 的中心原子的价层电子对数为__________，其杂化方式为__________，孤对电子数为__________。O_3 的空间构型为__________。

(3) 分子中的电子在分子轨道中的排布应遵循__________、__________、__________三原则。对 π_{2p} 轨道来说，其等价(简并)轨道数为__________个。

(4) 成键原子轨道重叠部分沿键轴方向的共价键称为__________键。成键原子轨道重叠部分垂直于键轴所形成的共价键称为__________键。

(5) *若 AB_2 型分子的空间形状为直线形，则其中心原子的价层电子对中孤对电子数可为___________对和___________对。

(6) *O_2、O_2^+、O_2^-、O_2^{2-}的稳定性从大到小的顺序是___________，它们在磁场中呈顺磁性的有___________，呈反磁性的有___________，这些分子或离子中氧原子核间距由大到小的顺序是___________。

(7) *在 AB_n 分子中，若 A 原子既可以 p 原子轨道与 B 原子成键，也可以 sp 杂化轨道成键，两者中在键轴方向上电子云密度较高的是___________轨道，有利于形成σ键的是___________轨道。

2. 是非题(用“√”、“×”表示对、错并填入括号中，每小题 1 分，共 10 分)

(　　) (1) 键的极性越大，键就越强。

(　　) (2) NH_2^-的空间构型为 V 形，则 N 原子的轨道杂化方式为 sp^2 杂化。

(　　) (3) $PCl_5(g)$的空间构型为三角双锥，P 原子以 sp^3d 杂化轨道与 Cl 成键。

(　　) (4) 中心原子采用 sp^3 杂化的分子，其空间构型都是四面体。

(　　) (5) *按照分子轨道理论，N_2^+和N_2^-的键级相等。

(　　) (6) *杂化轨道的成键能力大小顺序是：$sp > sp^2 > sp^3$。

(　　) (7) *由分子轨道理论可推知 O_2、O_2^-、O_2^{2-}键能的大小顺序为 $O_2 > O_2^- > O_2^{2-}$。

(　　) (8) *根据价层电子对互斥理论，孤对电子的存在只能使键角变小。

(　　) (9) *分子中的 π 键基本上不影响分子的空间构型，只能在一定程度上影响键角的大小。

(　　) (10) *3 电子 π 键的键能比 2 电子 π 键的键能大。

3. 选择题[每小题 2 分，共 30 分，其中第(10)、(15)小题为多选，其余为单选]

(1) 下列化合物中没有共价键的是(　　)。

A. PBr_3　　B. IBr　　C. HBr　　D. NaBr

(2) 用价层电子对互斥理论推测 ClO_2^-的空间构型为(　　)。

A. 直线形　　B. V 形　　C. T 形　　D. 三角形

(3) 下列分子或离子中，其中心原子不是采用 sp^2 杂化轨道成键，空间构型不是三角形的是(　　)。

A. $SO_3(g)$　　B. NH_3　　C. CO_3^{2-}　　D. NO_3^-

(4) 下列分子或离子中，含有配位共价键的是(　　)。

A. NH_4^+　　B. N_2　　C. CCl_4　　D. CO_2

(5) 下列分子或离子中，键角最小的是(　　)。

A. NH_4^+　　B. NH_3　　C. NO_3^-　　D. NO_2

(6) 下列分子或离子空间构型为平面四方形的是(　　)。

A. ClO_4^-　　B. XeF_4　　C. CH_3Cl　　D. PO_4^{3-}

(7) 用价层电子对互斥理论推测 $SnCl_2$ 的空间形状为(　　)。

A. 直线形　　B. 三角形　　C. V 形　　D. T 形

(8) 下列化合物中，既存在离子键和共价键，又存在配位键的是(　　)。

A. H_3PO_4　　B. $BaCl_2$　　C. NH_4F　　D. NaOH

(9) 下列分子中，键级为零的是(　　)。

A. O_2　　B. F_2　　C. N_2　　D. Ne

(10) 下列关于共价键的说法错误的是(　　)。

A. 两个原子间键长越短，键越牢固

B. 两个原子半径之和约等于所形成的共价键键长

C. 两个原子间键长越长，键越牢固

D. 键的强度与键长无关

(11) *已知 HF 键能为 565 $kJ \cdot mol^{-1}$，预计 HCl 的键能将是(　　)。

A. > 565 $kJ \cdot mol^{-1}$　　B. = 565 $kJ \cdot mol^{-1}$

C. < 565 $kJ \cdot mol^{-1}$　　D. 无法估计

(12) *按价层电子对互斥理论推测，下列各组分子或离子中，均具有直线形构型的是(　　)。

A. CO_2、HgI_2　　B. I_3^-、SCl_2　　C. I_3^-、$SnCl_2$　　D. SCl_2、CO_2

(13) *下列分子中，键的极性最弱的是(　　)。

A. $FeCl_2$　　B. $AlCl_3$　　C. PCl_5　　D. $SiCl_4$

(14) *下列各组分子或离子中，均含有三电子 π 键的是(　　)。

A. O_2、O_2^+、O_2^-　　B. N_2、O_2、O_2^-　　C. B_2、N_2、O_2^-　　D. O_2^+、Be_2^+、F_2

(15) *下列说法正确的是(　　)。

A. 杂化轨道只能形成 σ 键

B. 有几条原子轨道参与杂化，就形成几条杂化轨道

C. 杂化轨道的成键能力比未杂化的原子轨道强

D. sp^2 杂化是由 1s 轨道和 2p 轨道混合形成的

4. 简答题(每小题 10 分，共 40 分)

(1) 试从以下几个方面简要比较 σ 键和 π 键：

① 原子轨道的重叠方式；

② 成键电子的电子云分布；

③ 原子轨道的重叠程度；

④ 常见成键原子轨道类型(各举一例)。

(2) *试用分子轨道理论，写出第一、第二周期各元素中能稳定存在的同核双原子分子，并按其键级推测其稳定性大小顺序。

(3) *N_2 和 N_2^+ 相比、O_2 和 O_2^+ 相比以及 N_2 和 O_2 相比，其中哪一个解离能较大？试用分子轨道理论解释(需分别写出有关分子和离子的分子轨道电子排布式)。

(4) **为什么存在 OH_3^+ 和 NH_4^+，而不存在 CH_5^+ 和 OF_6？

参考答案

1. 填空题(每空 1 分，共 20 分)

(1) 鲍林(Pauling)，空间构型。

(2) 3，sp^2，1，V 形。

(3) 能量最低原理，泡利不相容原理，洪德规则；2。

(4) σ，π。

(5) 0，3。

(6) $O_2^+ > O_2 > O_2^- > O_2^{2-}$，$O_2^+$、$O_2$、$O_2^-$，$O_2^{2-}$，$O_2^{2-} > O_2^- > O_2 > O_2^+$。

(7) sp 杂化，sp 杂化。

2. 是非题[每小题 2 分，共 30 分，其中第(10)、(15)小题为多选，其余为单选]

(1)(×) (2)(×) (3)(√) (4)(×) (5)(√) (6)(√) (7) (√) (8)(√) (9)(√) (10)(×)

3. 选择题[每小题 2 分，共 30 分，其中第(10)、(15)小题为多选，其余为单选]

(1) (D) (2)(B) (3)(B) (4)(A) (5)(B) (6)(B) (7)(C) (8)(C) (9) (D) (10)(CD) (11)(C) (12)(A) (13)(C) (14)(A) (15)(ABC)

4. 简答题(每小题 10 分，共 40 分)

(1) ① σ 键：沿键轴方向重叠；π 键在垂直键轴方向重叠。

② σ 键：键轴方向电子云密度大；π 键：键轴两侧电子云密度大。

③ σ 键：重叠程度较大；π 键：重叠程度较小。

④ σ 键：s-p_x 或 s-s；π 键：p_y-p_y 或 p_z-p_z 等。

(2) 可稳定存在：H_2、Li_2、B_2、C_2、N_2、O_2、F_2。

不能稳定存在：He_2、Be_2、Ne_2。

能存在的稳定性顺序：$N_2 > C_2 \approx O_2 > F_2 \approx B_2 \approx Li_2 \approx H_2$。

其键级分别为：N_2 为 3，C_2、O_2 为 2，F_2、B_2、Li_2、H_2 均为 1。

(3) N_2 和 N_2^+ 相比，它们的分子轨道电子排布式和键级分别为：

N_2：$[KK(\sigma_{2s})^2(\sigma_{2s}^*)^2(\pi_{2p})^4(\sigma_{2p})^2]$，键级为 3；

N_2^+：$[KK(\sigma_{2s})^2(\sigma_{2s}^*)^2(\pi_{2p})^4(\sigma_{2p})^1]$，键级为 2.5。

由于 N_2 键级较大，解离能也较大。

O_2：$[KK(\sigma_{2s})^2(\sigma_{2s}^*)^2(\sigma_{2p})^2(\pi_{2p})^4(\pi_{2p}^*)^2]$，键级为 2；

O_2^+：$[KK(\sigma_{2s})^2(\sigma_{2s}^*)^2(\sigma_{2p})^2(\pi_{2p})^4(\pi_{2p}^*)^1]$，键级为 2.5。

O_2^+解离能较大；N_2 键级为 3，O_2 的键级为 2，前者解离能较大。

(4) 根据现代价键理论，共价键具有饱和性，原子的成键数目主要与该原子能提供的符合成键条件的原子轨道数目有关。C、N、O 都是第二周期元素，价层只有 4 个轨道，最多可以与 4 个配位原子形成 4 个共价单键。因此存在 OH_3^+ 和 NH_4^+，而不存在 CH_5^+ 和 OF_6。

(东北大学　桑晓光)

第3章 固体结构

一、学习目标

(1) 描述晶体的特征及晶格理论的一些基本概念(如晶胞、晶胞参数、晶系等)。

(2) 对比分析金属晶体的三种密堆积结构的特征及区别。

(3) 对比分析几类典型离子晶体的结构，阐述晶格能对离子晶体的熔点、硬度等性质的影响。

(4) 阐述离子极化观点及其对晶体的键型、溶解性、熔沸点和热稳定性等性质的影响。

(5) 描述键极性与分子极性的关系，描述范德华力和氢键的特点及其对物质性质的影响。

(6) 描述原子晶体和混合型晶体的特点。

(7) 通过对准晶体及其发现者的学习和了解，树立不怕艰难、不畏权威、坚持真理并为此执着追求的精神。

二、重难点解析

本章的主要内容是各种晶体的结构理论，重在金属键理论、金属晶体的密堆积结构、3种典型的离子晶体结构、晶格能、离子极化、分子间作用力及其对物质性质的影响。需要借助图像、动画等多种形式，充分发挥空间想象，理解各种晶体的空间结构。

(一) 晶格理论

晶体内部粒子周期性重复排列，将晶体的结构基元抽象成点阵点，晶体即可简化为由点阵点构成的点阵。在空间点阵中划分出的规则的平行六面体空间格子称为晶格。晶格中能代表空间点阵一切特征的最小重复单元称为晶胞。

晶胞是实际晶体的代表，不仅代表晶体的化学组成，也代表晶体的对称性。数量巨大的晶胞在空间平移、无间隙地堆积或并置，即可得到整个晶体。由于晶胞的化学组成和对称性各不相同，自然界的晶体种类繁多，但根据晶胞的特征，可将晶体分为7个晶系：立方晶系、四方晶系、正交晶系、三方晶系、六方晶系、单斜晶系、三斜晶系，根据晶胞内部粒子(点阵点)的种类和分布位置不同，又可将7个晶系分为14种空间点阵型式。

(二) 金属键理论

金属键是一种特殊的多中心多电子共价化学键。金属原子的价电子比较容易脱离原子核的束缚，成为整个晶体中的原子或离子所共有的自由电子，在晶体中相对自由地运动。这种自由电子的不停运动把金属离子吸引并连接在一起的结合力称为金属键。金属可以看成金属正离子在自由电子海洋中的规则排列，这一理论称为自由电子理论。金属键的自由电子理论可以定性地解释金属的一些物理性质。

金属键理论的量子力学模型称为能带理论，它是在分子轨道理论的基础上发展起来的现代金属键理论。能带理论把金属晶体看成一个大分子，分子内所有原子的原子轨道通过相互作用线性组合成一系列相应的分子轨道，其数目与形成它的原子轨道数目相同。由于金属晶体中原子数目极大，因此这些分子轨道之间的能级间隔极小，几乎连成一片形成能带，由已充满电子的原子轨道所形成的低能量能带称为满带；由未充满电子的能级所组成的高能量能带称为导带；满带与导带之间的能量相差很大，电子不易逾越，因此又称为禁带。

金属键的能带理论可以很好地说明导体、半导体和绝缘体之间的区别。金属导体的价电子能带是半满的(如 Li、Na)或价电子能带虽全满，但可与能量间隔不大的空带发生部分重叠，当外电场存在时，价电子可跃迁到相邻的空轨道，因而能导电。绝缘体中的价电子都处于满带，满带与相邻空带之间存在禁带，能量间隔大($E_g \geqslant 5$ eV)，因此不能导电(如金刚石)。半导体的价电子也处于满带(如 Si、Ge)，其与相邻的空带间距小，能量相差也小($E_g < 3$ eV)，低温时是电子的绝缘体，高温时电子能激发跃过禁带而导电，因此半导体的导电性随温度的升高而升高。而金属因升高温度，原子振动加剧，电子运动受阻等原因，金属导电性下降。

(三) 金属晶体的密堆积结构

在金属单质晶体中，由于金属原子间的金属键是各向同性的，金属原子的排列可以近似地看作是等径圆球的紧密堆积。在一个平面上金属原子的排列只有两种方式：第一种是“行列对齐”的排列方式，每个球被邻近的 4 个球包围，球间的空隙较大，称为非密置层；第二种是“行列相错”的排列方式，每个球被 6 个最邻近的球包围，球间的空隙较小，称为密置层。

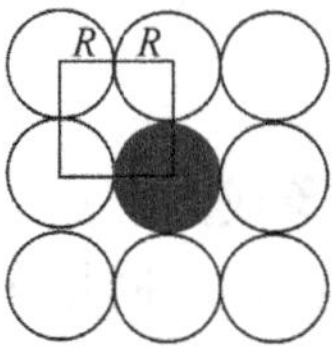

等径圆球的非密置层

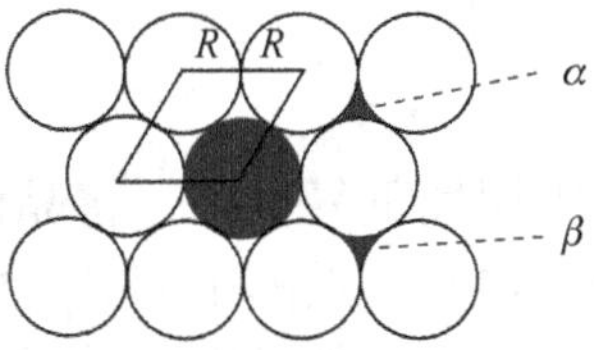

等径圆球的密置层

在金属晶体中金属原子有三种常见的堆积方式，即面心立方最密堆积、六方最密堆积和体心立方密堆积。将密置层的金属原子以上下相错的方式层层堆砌时，只能利用半数的空隙。由于空隙利用情况不同，产生两种不同的最密堆积方式，即面心立方最密堆积和六方最密堆积。面心立方最密堆积中，每一层的堆砌都轮流使用不同类的空隙，空置另外一半的空隙，于是出现第二层(B)的每个球正好对准第一层(A)的半数空隙，第三层(C)的小球正好对准第一层另一半的空隙。这样，按 ABCABC…方式重复地堆积下去，即得面心立方最密堆积结构，其晶胞为面心立方，原子的配位数为 12，堆积系数(空间利用率)为 0.74。六方最密堆积中，每一层的堆砌都使用同类的半数空隙，于是出现第二层(B)的小球与第一层(A)相错，而第三层的小球与第一层对齐(重复第一层)的堆积。如此ABAB…重复堆积下去，即为六方最密堆积，其晶胞为六方晶胞，原子的配位数也为12，堆积系数为0.74。体心立方密堆积中，由非密置层的金属原子按各层之间以上下相错的方式堆砌，就可得到体心立方晶胞，原子的配位数为8，堆积系数为0.68，小于最密堆积。

(四) 离子键理论

在一定的条件下，当电负性相差比较大的活泼非金属原子与活泼金属原子相互接近时，分别形成具有稀有气体原子稳定电子构型的阳离子和阴离子，阴、阳离子通过静电引力结合形成离子键。离子键的本质是静电引力。形成离子键时，只有当阴、阳离子间达到平衡距离时，才能靠静电引力形成稳定的离子键。离子键没有方向性和饱和性。

离子键的键能是指1 mol气态离子化合物解离成气态原子时所吸收的能量。但离子晶体中离子间的化学作用力并不限于两个阴、阳离子之间，而是遍及整个晶体的所有离子，常用晶格能的大小来衡量离子键的强弱。晶格能是指在标准状态下，将1 mol离子晶体中的阴、阳离子完全气化，使之成为气态阴、阳离子所需要吸收的能量，用U表示，常用单位为$kJ\cdot mol^{-1}$。晶格能不能直接测定，但可以利用玻恩-哈伯循环(Born-Haber cycle)法间接测定，或者利用玻恩-兰德方程(Born-Lande equation)计算得到。

$$U=\frac{138490\cdot A\cdot Z^{+}\cdot Z^{-}}{R_0}\left(1-\frac{1}{n}\right)$$

根据晶格能的大小，可判断离子键的强弱，解释和预言离子型化合物的某些物理化学性质。对于相同类型的离子晶体，离子电荷越高，阴、阳离子间的核间距越短，晶格能越大，离子键强度越大，熔融或破坏离子晶体时所需的能量越多，离子晶体的熔沸点越高、硬度越大。

(五) 离子晶体的三种典型结构

离子晶体的结构主要由正、负离子的半径比值和离子的电子层构型决定。AB型离子化合物的三种主要结构为：CsCl型、NaCl型和ZnS型。

1. CsCl型结构

点阵型式是Cs^+形成简单立方点阵，Cl^-形成另一个立方点阵，两个简单立方点阵平行交错，交错的方式是一个简单立方格子的结点位于另一个简单立方格子的体心。或者说，其晶胞由阴离子按简单立方堆积，阳离子填在立方体空隙中，属立方晶系，配位数为8∶8，即每个阳离子被8个阴离子包围，同时每个阴离子也被8个阳离子包围。

2. NaCl型结构

点阵型式是Na^+的面心立方点阵与Cl^-的面心立方点阵平面交错，交错的方式是一个面心立方格子的结点位于另一个面心立方格子的中央。或者说，其晶胞由阴离子按面心立方密堆积，阳离子填在八面体空隙中，属立方晶系，配位数为6∶6，即每个离子被6个相反电荷的离子包围。NaCl型的晶胞是面心立方，但质点分布与CsCl型不同。

3. 立方 ZnS 型结构

点阵型式是 Zn^{2+}形成面心立方点阵，S^{2-}也形成面心立方点阵。平行交错的方式比较复杂，是一个面心立方格子的结点位于另一个面心立方格子的体对角线的 1/4 处。或者说，其晶胞由阴离子按面心立方密堆积，阳离子则均匀地填在半数的四面体空隙中，属立方晶系，配位数为 4∶4，即每个 S^{2-}与周围 4 个相反电荷的 Zn^{2+}联成四面体，同样每个 Zn^{2+}也与周围的 4 个 S^{2-}联成四面体。

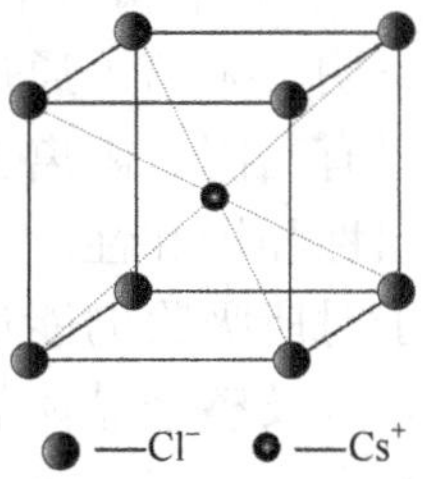

CsCl型结构

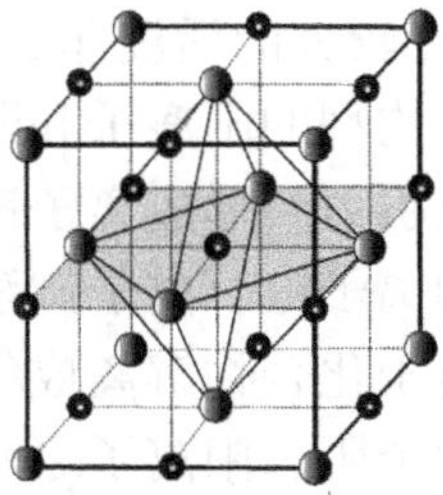

NaCl型结构

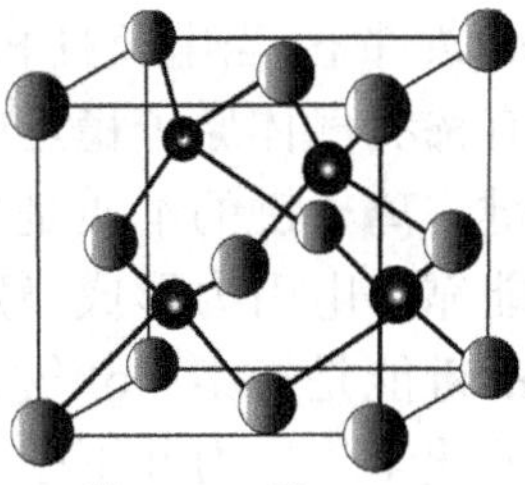

立方ZnS型结构

(六) 离子极化

离子间除静电引力外，诱导力也起着相当重要的作用。阳离子具有多余的正电荷，一般半径较小，对相邻的阴离子起诱导作用，这种作用称为离子的极化作用；而阴离子半径一般较大，容易变形，在被诱导过程中能产生暂时的诱导偶极，这种性质称为离子的变形性。阴离子产生的诱导偶极又会反过来诱导阳离子，使之变形[如 18 电子型、(18 + 2)电子型和半径大的离子]，同样产生偶极，这样使阳离子和阴离子之间发生额外的吸引力，称为附加极化。离子的极化作用使离子键向共价键过渡，缩短了离子间的距离，进而使晶体结构发生改变(配位数变小)。相应的物理性质，如熔点、溶解度、颜色等也会发生改变。

1. 极化作用的影响因素

(1) 阳离子的电荷越高，极化作用越强。

(2) 阳离子的电子层结构不同，极化作用大小也不同。一般规律是：18 或(18 + 2)电子构型的离子>(9～17)电子构型的离子>8 电子构型的离子。这是因为 18 电子构型的离子最外层中的 d 电子对原子核屏蔽作用较小。

(3) 电子层相似、电荷相等时，半径小的离子有较强的极化作用，如 $Mg^{2+}>Ba^{2+}$、$Al^{3+}>La^{3+}$、$F^{-}>Cl^{-}$等。

(4) 阴离子的极化作用较小，但电荷高的复杂阴离子也有较明显的极化作用，如 SO_4^{2-} 和 PO_4^{3-}。

2. 离子变形性的影响因素

(1) 对价电子层构型相同的阴离子，电子层数越多，半径越大，变形性越大，如 $F^{-}<Cl^{-}<Br^{-}<I^{-}$。

(2) 对结构相同的阴离子，负电荷数越高，变形性越大，如 $O^{2-}>F^{-}$。

(3) 复杂阴离子的变形性不大，而且复杂阴离子的中心原子氧化数越高，变形性越小，

如 ClO_4^- <F^-< NO_3^- <OH^- <CN^-<Cl^-<Br^-<I^-。

(4) 对半径相近的离子、18 电子构型和不规则电子构型的阳离子，其变形性比稀有气体型的阳离子大得多，如 Ag^+>K^+>Hg^{2+}>Ca^{2+}等。

总之，容易变形的离子是体积大的阴离子和 18 电子构型或不规则电子构型的少电荷阳离子。不容易变形的离子是半径小、电荷高的 8 电子构型的阳离子，如 Be^{2+}、Al^{3+}、Si^{4+}等。

离子极化使两原子核间的电子云密度增大，形成一定程度的共价结合，离子极化对物质的结构和性质将产生一系列的影响。

(1) 对化学键的影响：离子极化使离子的电子云变形并相互重叠，导致在原有的离子键上附加一些共价键成分，阴、阳离子的核间距缩短。随着离子极化作用的增强，离子键成分减少，共价键的成分增大。化学键的键型由离子键向共价键过渡，导致离子晶体向分子晶体转化。

(2) 对化合物性质的影响：离子极化使电子云相互重叠，键的共价成分增加，离子间距离缩短，配位数降低；离子极化还可引起化学键向共价键转化，离子晶体向分子晶体过渡，使晶体的溶解度降低，熔点、沸点下降；离子极化还可使电子云变形，导致离子的电子能级发生改变，吸收的光的能量产生变化，容易吸收可见光产生颜色或导致物质的颜色发生变化。在含氧酸盐中，存在金属离子与酸根中心离子对 O^{2-}的双重极化作用。极化作用强的金属离子倾向于与 O^{2-}形成共价键，其含氧酸盐不稳定，受热容易分解。

(七) 分子间作用力

分子间作用力即范德华力，包括色散力、诱导力、取向力。色散力主要与分子的变形性有关，取向力取决于分子的固有偶极矩，诱导力与分子的固有偶极矩和分子的变形性都有关。分子间力是决定物质沸点、熔点、溶解度等物性的主要因素。因分子间力较弱，分子晶体的熔沸点比原子晶体、离子晶体小得多。分子间作用力越强，物质的熔点、沸点越高。

氢键是一种特殊的分子间作用力，一般只出现在 F、O、N 等电负性较大的元素与 H 之间。它对物质的熔点、沸点、溶解度、密度、黏度等物性和分子结构都有很大影响。分子间氢键使物质的熔点、沸点升高，密度增大，在极性溶剂中的溶解度增大。

三、习题解析

3-1 指出下列物质哪些是金属晶体？哪些是离子晶体？哪些是原子晶体？哪些是分子晶体？

Au(s)、AlF_3(s)、Ag(s)、B_2O_3(s)、BCl_3(s)、$CaCl_2$(s)、H_2O(s)、BN(s)、C(石墨)、$H_2C_2O_4$(s)、Fe(s)、SiC(s)、CuC_2O_4(s)、KNO_3(s)、Al(s)、Si(s)。

答 金属晶体：Au(s)、Ag(s)、Fe(s)、Al(s)；

离子晶体：AlF_3(s)、$CaCl_2$(s)、CuC_2O_4(s)、KNO_3(s)；

原子晶体：BN(s)、C(石墨)、SiC(s)、Si(s)；

分子晶体：$B_2O_3(s)$、$BCl_3(s)$、$H_2O(s)$、$H_2C_2O_4(s)$。

3-2 画出金属 Na 和 Mg 单质的分子轨道能级图，并据此解释其导电性。

答 根据金属能带理论，金属 Na 和 Mg 基态时的电子填充情况如下图所示：

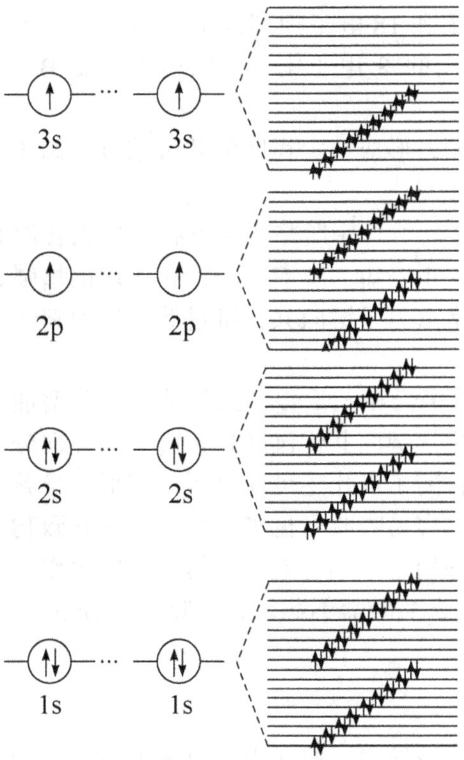

Na的能带

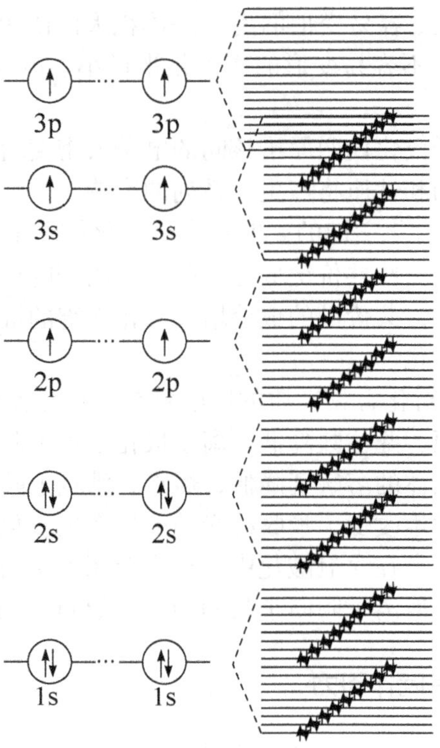

Mg的能带

Na 的 3s 能带半充满，在电场的作用下其电子获得能量可借助空轨道发生定向移动，因此能导电。Mg 的 3p 空带中没有电子，3s 能带全充满，似乎不具有导电性，但 Mg 原子的 3s 轨道与 3p 轨道的能级差很小，导致金属 Mg 的 3s 能带与 3p 能带部分重叠，3s 满带中的电子在电场的作用下可借助 3p 能带中的空轨道发生定向移动，因此金属 Mg 也可以导电。

3-3 画出等径圆球密堆积模型中的二维密置层，以及二维密置层叠加形成的四面体空隙和八面体空隙，并计算四面体空隙和八面体空隙可容纳的圆球半径(即原子半径)的大小。

答

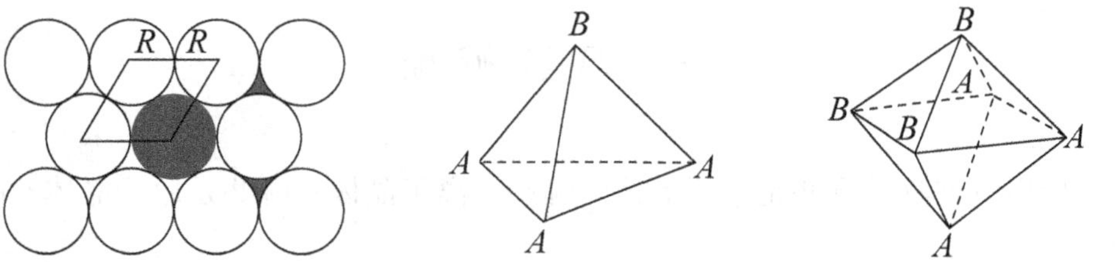

(1) 图中等径圆球所组成的四面体为正四面体，每条边长为 $2R$，四面体空隙可容纳的圆球半径为正四面体的中心到每个面的距离，根据立体几何知识计算可得

$$四面体空隙可容纳的圆球半径=\left(\frac{\sqrt{6}}{2}-1\right)R = 0.225R$$

(2) 图中等径圆球所组成的八面体为正八面体，每条边长为 $2R$，八面体的中截面为正方形，边长为 $2R$，此正方形中心到正方形顶点的距离为等径圆球的半径与八面体可容纳圆球的半径之和，所以有

$$\text{八面体空隙可容纳的圆球半径}=\sqrt{2}R-R=0.414R$$

3-4 判断下列各组化合物中哪一种化合物的化学键具有更强的极性。

(1) H_2O、H_2S　(2) CCl_4、$SiCl_4$　(3) NCl_3、PCl_3

(4) Na_2O、Ag_2O　(5) ZnO、ZnS　(6) $AlCl_3$、BF_3

解 可根据电负性差值判断题中各组化合物化学键的极性，电负性差值越大，则化学键极性越大。所以有：

(1) H_2O，$\Delta\chi = 3.44 - 2.18 = 1.26$；$H_2S$，$\Delta\chi = 2.58 - 2.18 = 0.40$。则化学键的极性为 $H_2O > H_2S$。

(2) CCl_4，$\Delta\chi = 3.16 - 2.55 = 0.61$；$SiCl_4$，$\Delta\chi = 3.16 - 1.90 = 1.26$。则化学键的极性为 $SiCl_4 > CCl_4$。

(3) NCl_3，$\Delta\chi = 3.16 - 3.04 = 0.12$；$PCl_3$，$\Delta\chi = 3.16 - 2.19 = 0.97$。则化学键的极性为 $PCl_3 > NCl_3$。

(4) Na_2O，$\Delta\chi = 3.44 - 0.93 = 2.51$；$Ag_2O$，$\Delta\chi = 3.44 - 1.93 = 1.51$。则化学键的极性为 $Na_2O > Ag_2O$。

(5) ZnO，$\Delta\chi = 3.44 - 1.65 = 1.79$；ZnS，$\Delta\chi = 2.58 - 1.65 = 0.93$。则化学键的极性为 ZnO > ZnS。

(6) $AlCl_3$，$\Delta\chi = 3.16 - 1.61 = 1.55$；$BF_3$，$\Delta\chi = 3.98 - 2.04 = 1.94$。则化学键的极性为 $BF_3 > AlCl_3$。

3-5 通过下列各AB型二元化合物中阴、阳离子的半径，推断其晶体的结构类型(NH_4^+的热化学半径为151 pm)：

(1) NaF、KF、RbF、CsF、KCl、RbCl

(2) CsBr、CsI、CsCl、TlCl、TlBr、NH_4Cl

(3) CuBr、CdS、MnS、BN、AlAs、AlP

解 根据离子晶体的半径比规则有

(1) NaF：$\dfrac{r(Na^+)}{r(F^-)}=\dfrac{95}{136}=0.70$，在0.414～0.732之间，晶体结构为NaCl型。

KF：$\dfrac{r(K^+)}{r(F^-)}=\dfrac{133}{136}=0.98$，在0.732～1.00之间，晶体结构为CsCl型。

RbF：$\dfrac{r(Rb^+)}{r(F^-)}=\dfrac{148}{136}=1.09$，实际晶体结构为NaCl型。

CsF：$\dfrac{r(Cs^+)}{r(F^-)}=\dfrac{169}{136}=1.24$，实际晶体结构为NaCl型。

KCl：$\dfrac{r(K^+)}{r(Cl^-)}=\dfrac{133}{181}=0.73$，在0.414～0.732之间，晶体结构为NaCl型。

RbCl：$\dfrac{r(Rb^+)}{r(Cl^-)}=\dfrac{148}{181}=0.82$，在0.732～1.00之间，晶体结构为CsCl型。

(2) CsBr：$\frac{r(Cs^+)}{r(Br^-)}=\frac{169}{195}=0.87$，在 0.732～1.00 之间，晶体结构为 CsCl 型。

CsI：$\frac{r(Cs^+)}{r(I^-)}=\frac{169}{216}=0.78$，在 0.732～1.00 之间，晶体结构为 CsCl 型。

CsCl：$\frac{r(Cs^+)}{r(Cl^-)}=\frac{169}{181}=0.93$，在 0.732～1.00 之间，晶体结构为 CsCl 型。

TlCl：$\frac{r(Tl^+)}{r(Cl^-)}=\frac{140}{181}=0.77$，在 0.732～1.00 之间，晶体结构为 CsCl 型。

TlBr：$\frac{r(Tl^+)}{r(Br^-)}=\frac{140}{195}=0.71$，在 0.414～0.732 之间，晶体结构为 NaCl 型。

NH_4Cl：$\frac{r(NH_4^+)}{r(Cl^-)}=\frac{151}{181}=0.83$，在 0.732～1.00 之间，晶体结构为 CsCl 型。

(3) CuBr：$\frac{r(Cu^+)}{r(Br^-)}=\frac{96}{195}=0.49$，在 0.414～0.732 之间，晶体结构为 NaCl 型。

CdS：$\frac{r(Cd^{2+})}{r(S^{2-})}=\frac{97}{184}=0.53$，在 0.414～0.732 之间，晶体结构为 NaCl 型。

MnS：$\frac{r(Mn^{2+})}{r(S^{2-})}=\frac{80}{184}=0.43$，在 0.414～0.732 之间，晶体结构为 NaCl 型。

BN：$\frac{r(B^{3+})}{r(N^{3-})}=\frac{20}{171}=0.12$，白石墨：层状，与石墨结构相似；立方 BN：原子晶体，与金刚石结构相似。

AlAs：$\frac{r(Al^{3+})}{r(As^{3-})}=\frac{50}{222}=0.225$，在 0.225～0.414 之间，晶体结构为 ZnS 型。

AlP：$\frac{r(Al^{3+})}{r(P^{3-})}=\frac{50}{212}=0.24$，在 0.225～0.414 之间，晶体结构为 ZnS 型。

3-6 写出下列各组离子的电子排布式，并指出它们的价层电子属哪种构型[$2e^-$、$8e^-$、$18e^-$、$(18+2)e^-$、$(9\sim17)e^-$]，判断各组离子极化力的大小：

(1) Na^+、Ca^{2+}　(2) Pb^{2+}、Bi^{3+}　(3) Ag^+、Hg^{2+}

(4) Ni^{2+}、Fe^{3+}　(5) Li^+、Be^{2+}

答　(1) Na^+：$1s^22s^22p^6$，属 $8e^-$构型；

Ca^{2+}：$1s^22s^22p^63s^23p^6$，属 $8e^-$构型。

离子的电子构型相同，但因 Ca^{2+}的电荷相对较高，所以极化力 $Ca^{2+} > Na^+$。

(2) Pb^{2+}：$1s^22s^22p^63s^23p^63d^{10}4s^24p^64d^{10}4f^{14}5s^25p^65d^{10}6s^2$，属 $(18+2)e^-$构型；

Bi^{3+}：$1s^22s^22p^63s^23p^63d^{10}4s^24p^64d^{10}4f^{14}5s^25p^65d^{10}6s^2$，属 $(18+2)e^-$构型。

离子的电子构型相同，因 Bi^{3+}的电荷高，所以极化力 $Bi^{3+} > Pb^{2+}$。

(3) Ag^+：$1s^22s^22p^63s^23p^63d^{10}4s^24p^64d^{10}$，属 $18e^-$构型；

Hg^{2+}：$1s^22s^22p^63s^23p^63d^{10}4s^24p^64d^{10}4f^{14}5s^25p^65d^{10}$，属 $18e^-$构型。

离子的电子构型相同，因 Hg^{2+}的电荷高，所以极化力 $Hg^{2+} > Ag^+$。

(4) Ni^{2+}：$1s^22s^22p^63s^23p^63d^8$，属(9～17)e^-构型；

Fe^{3+}：$1s^22s^22p^63s^23p^63d^5$，属(9～17)e^-构型。

离子的电子构型相同，因 Fe^{3+}的电荷高，所以极化力 $Fe^{3+} > Ni^{2+}$。

(5) Li^+：$1s^2$，属 $2e^-$构型；

Be^{2+}：$1s^2$，属 $2e^-$构型。

离子的电子构型相同，因 Be^{2+}的电荷高，故极化力 $Be^{2+} > Li^+$。

3-7 离子的极化可以使离子晶体中的共价键成分增多，键长缩短，晶体结构发生变化，并影响晶体的颜色、溶解性、熔点、沸点和导电性等。下表列出了一些 AB 型二元晶体的实际晶型，试根据阴、阳离子的半径比预测其理论晶型，并用离子极化理论解释两者的差别。

化合物	CuBr	CuI	AgCl	AgBr	AgI	CdS
实际晶型	ZnS 型	ZnS 型	NaCl 型	NaCl 型	ZnS 型	ZnS 型
颜色	白色	白色	白色	浅黄色	棕黄色	黄色
r_+/r_-	0.49	0.44	0.70	0.65	0.58	0.53
预测晶型						

答 Cu^+、Ag^+、Cd^{2+}三种离子都为 $18e^-$电子构型，离子的极化力强，与半径大、所带负电荷多的阴离子结合，其离子间的共价键成分增加，离子间距缩短，化学键表现出一定的共价性，晶体的构型向阳离子配位数较小的方向转变。因此理论上 CuBr、CuI、AgI、CdS 为 NaCl 型，但实际上却是四配位的 ZnS 型，且化合物的颜色一般也因离子极化而加深。

CuBr 的阴、阳离子半径比为 0.49，预测晶型为 NaCl 型，实际 ZnS 型，白色。

CuI 的阴、阳离子半径比为 0.44，预测晶型为 NaCl 型，实际 ZnS 型，白色。

AgCl 的阴、阳离子半径比为 0.70，预测晶型为 NaCl 型，实际 NaCl 型，白色。

AgBr 的阴、阳离子半径比为 0.65，预测晶型为 NaCl 型，实际 NaCl 型，浅黄色。

AgI 的阴、阳离子半径比为 0.58，预测晶型为 NaCl 型，实际 ZnS 型，棕黄色。

CdS 的阴、阳离子半径比为 0.53，预测晶型为 NaCl 型，实际 ZnS 型，黄色。

3-8 根据离子极化理论解释下列两组化合物的溶解度大小变化。

(1) CuCl>CuBr>CuI (2) AgF>AgCl>AgBr>AgI

答 (1) 在 CuCl、CuBr、CuI 三种化合物中，Cu^+的电子构型为 $18e^-$电子构型，极化能力强，随着阴离子的半径增大，阳离子对阴离子的极化作用增加，电子云重叠程度增大，化学键的共价成分增加，因此晶体在水中的溶解度相应降低。

(2) 与(1)类似，也是由于离子极化作用，晶体中的离子键向共价键转化，晶体在水中的溶解度降低。

3-9 试用离子极化理论讨论，虽然 Cu^+与 Na^+的离子半径相近，但 NaCl 在水中易溶(20℃时每 100 g 水中可以溶解 36.0 g NaCl)，而 CuCl 在水中难溶$\left[K_{sp}^{\ominus}(CuCl)=1.7\times10^{-7}\right]$。

答 虽然 Cu^+与 Na^+的离子半径相近，但 Cu^+为 $18e^-$电子构型，Na^+为 $8e^-$电子构型 Cu^+的极化作用比 Na^+的极化作用大，因此 NaCl 易溶于水，而 CuCl 难溶。

3-10 根据石墨的结构，说明利用石墨做电极和做润滑剂各与哪一部分晶体结构有关？

答 石墨是层状晶体，层与层之间以范德华力结合。同一层内，碳原子以 sp^2 形式杂化，彼此之间以 σ 键连接在一起，每个碳原子还有一个未参与杂化的 2p 轨道，轨道中有一个未成对电子，这些轨道相互平行，形成 m 个中心 m 个电子的大 π 键，垂直于 sp^2 杂化轨道的平面，即层的方向。所以石墨晶体中既有共价键，又有类似于金属键的大 π 键和分子间作用力，实际上是一种混合型晶体。石墨做电极与大 π 键有关，因为大 π 键中电子是非定域的，能起导电作用，又因石墨的化学性质较稳定，所以通常用作惰性电极材料；石墨做润滑剂是由于其层与层之间的范德华力较弱，层与层之间可以滑动。

3-11 下列物质处于凝聚态时分子间有哪几种作用力？

He(l)、I_2(s)、CO_2(s)、$CHCl_3$(l)、NH_3(l)、C_2H_5OH(l)、BCl_3(l)、H_2O(l)

答 He(l)：色散力；

I_2(s)：色散力；

CO_2(s)：色散力；

$CHCl_3$(l)：色散力，取向力，诱导力；

NH_3(l)：色散力，取向力，诱导力，氢键；

C_2H_5OH(l)：色散力，取向力，诱导力，氢键；

BCl_3(l)：色散力；

H_2O(l)：色散力，取向力，诱导力，氢键。

3-12 对下列各组物质的沸点差异给出合理解释。

(1) HF (20℃)与 HCl (−85℃)；

(2) $TiCl_4$ (136℃)与 LiCl (1360℃)；

(3) CH_3OCH_3 (25℃)与 CH_3CH_2OH (79℃)。

解 (1) HF 分子间除了范德华力外还存在氢键，所以沸点更高。

(2) $TiCl_4$ 是共价化合物，LiCl 是离子化合物，所以 LiCl 的沸点比 $TiCl_4$ 高得多。

(3) CH_3CH_2OH 分子间有氢键，而 CH_3OCH_3 没有，所以乙醇沸点更高。

3-13 对下列物质熔点的变化规律进行解释。

物质	NaCl	$MgCl_2$	$AlCl_3$	$SiCl_4$	PCl_3	SCl_2	Cl_2
熔点/℃	800.7	714	192.6	−68.74	−93	−122	−101.5

答 在 NaCl、$MgCl_2$、$AlCl_3$ 三种物质中，随着阳离子电荷的增多和半径的减小，离子极化作用依次增大，键的共价成分也增多。由于 Cl^-是−1 氧化态阴离子，离子极化作用的结果是 $MgCl_2$、$AlCl_3$ 倾向于形成小单元，特别是 $AlCl_3$ 明显倾向于形成分子晶体，分子内作用力增强，分子间作用力减弱。因此三种物质的熔点随键的共价成分增多而逐渐降低。

$SiCl_4$、PCl_3、SCl_2、Cl_2 是共价化合物，分子间的作用力为范德华力，因此其熔点较低，且范德华力一般以色散力为主，随相对分子质量的增大而增大，因此 $SiCl_4$ 的熔点最高，PCl_3 次之、SCl_2 再次之，Cl_2 的熔点最低。

SCl_2 的熔点比 Cl_2 的低，可能是由于 SCl_2 的分子结构为 V 形，Cl_2 的结构为线形，固态时后者分子间接触更紧密。但是 SCl_2 的沸点为 59℃，比 Cl_2 的沸点−34.01℃高得多，符合分子越大、分子间力越大的规律(SCl_2 液体在 25℃时密度为 1.622 g/cm^3，Cl_2 液体在−35℃时密度为 1.568 g/cm^3。

四、水平测试

1. 填空题(每空 1 分，共 10 分)

(1) 石墨为层状晶体，每一层中的碳原子采取__________杂化方式以共价键相连，未杂化的 p 轨道之间形成__________键。

(2) 在金属晶体中，金属原子配位数为 12，以 ABCABC…的方式堆积的是__________密堆积，以 ABAB…的方式堆积的是__________密堆积。

(3) 稀有气体的晶体都是由单个的原子堆积而成的，它们属于__________晶体，构成晶体的作用力为__________，它们的沸点高低顺序为__________。

(4) *NH_3、PH_3、AsH_3的极化率由大到小的顺序是__________，沸点由低到高的顺序是__________，原因是__________。

2. 是非题(用“√”、“×”表示对、错并填入括号中，每小题 1 分，共 10 分)

(　　)(1) 具有相同电子层结构的单原子离子，阳离子半径往往小于阴离子。

(　　)(2) 一般来说，离子晶体的晶格能越大，该晶体的热稳定性越低。

(　　)(3) MgO 的晶格能约为 NaCl 晶格能的 4 倍。

(　　)(4) 弱极性分子之间的分子间力均以色散力为主。

(　　)(5) 金属单质的光泽、传导性、密度、硬度等物理性质，都可以用金属晶体中存在自由电子来解释。

(　　)(6) 每个 NaCl 晶胞中含有 4 个 Na^+和 4 个 Cl^-。

(　　)(7) 共价化合物为固态时，均为分子晶体，因此熔、沸点都低。

(　　)(8) *阴、阳离子相互极化，导致键的极性增强，使离子键转化为共价键。

(　　)(9) *因为 Al^{3+}比 Mg^{2+}的极化力强，所以 $AlCl_3$的熔点低于 $MgCl_2$。

(　　)(10) *离子晶体的升华焓(热)在数值上与其晶格能相等。

3. 选择题[每小题 2 分，共 20 分，其中第(5)、(6)、(10)小题为多选，其余为单选]

(1) 根据能带理论，下列关于半导体的叙述正确的是(　　)。

A. 存在满带和空带，且禁带宽度较窄　　B. 存在导带

C. 存在满带和空带，且禁带宽度大　　D. 无法确定其能带情况

(2) 熔融下列晶体时需要破坏共价键的是(　　)。

A. CO_2　　B. SiO_2　　C. Hg　　D. $SiCl_4$

(3) 在分子晶体中，分子内原子之间的结合力是(　　)。

A. 共价键　　B. 离子键　　C. 金属键　　D. 范德华力

(4) 下列物质的晶体，其晶格结点上粒子间以分子间力结合的是(　　)。

A. KBr　　B. CCl_4　　C. MgF_2　　D. SiC

(5) *下列晶体属于原子晶体的是(　　)。

A. 石墨　　B. SiC　　C. SiO_2　　D. 干冰

(6) *下列表示物质性质高低顺序的描述错误的是(　　)。

A. 极化率：$O^{2-}<S^{2-}$　　B. 晶格能：NaCl>KCl

C. 极化力：$Fe^{3+}<Fe^{2+}$　　D. 熔点：$BeCl_2>MgCl_2$

(7) *CaF_2、$BaCl_2$、$CaCl_2$、MgO 四种晶体的熔点由高到低的顺序为(　　)。

A. $MgO>CaF_2>BaCl_2>CaCl_2$　　B. $MgO>CaF_2>CaCl_2>BaCl_2$

C. $CaF_2>MgO>BaCl_2>CaCl_2$　　D. $CaF_2>MgO>CaCl_2>BaCl_2$

(8) *下列化合物中颜色最深的是(　　)。

A. $HgCl_2$　　B. Hg_2Cl_2　　C. $HgBr_2$　　D. HgI_2

(9) *Ba 的相对原子质量为 137，金属 Ba 为体心立方结构，其单位晶胞相对质量为(　　)。

A. 137　　B. 274　　C. 411　　D. 548

(10) *下列密置层排列方式能形成最密堆积的是(　　)。

A. ABCABC　　B. ABAB　　C. ABBA　　D. ABCBC

4. 简答题(每小题 8 分，共 40 分)

(1) 用离子极化理论解释：卤化锂在非极性溶剂中的溶解度为 LiI>LiBr>LiCl>LiF。

(2) 取向力只存在于极性分子之间。色散力只存在于非极性分子之间。这两种说法是否正确？试解释。

(3) *温度升高时，金属和半导体的导电性将分别如何变化？为什么？

(4) *石墨的熔点很高，说明石墨晶体中各粒子间作用力很强。石墨的硬度很低，说明石墨晶体中各粒子间作用力很弱。以上两种说法看似都有道理，却又互相矛盾，试辨析。

(5) *已知 NaF、MgO、ScN 的晶体构型都是 NaCl 型，它们阴、阳离子核间距依次为 231 pm、210 pm、233 pm。试估计它们的熔点和硬度的大小顺序，并简述理由。

5. 计算题(每小题 10 分，共 20 分)

(1) *试由下列数据计算 NaF 的晶格能。

物质	NaCl(s)	KF(s)	NaF(s)	KCl(s)
$\Delta_f H_m^\ominus$ /(kJ · mol^{-1})	−411.1	−567.3	−573.7	−436.7
U /(kJ·mol^{-1})	788.1	802.5	?	703.5

[晶格能指定为反应：$AB(s) \longrightarrow A^+(g) + B^-(g)$的 $\Delta_r H_m^\ominus$]

(2) *金属钋的晶体结构为简单立方。已知钋的原子半径为 0.1673 nm，钋的相对原子质量为 210.0。求：①晶胞参数 a；②每个晶胞所含的原子数；③空间利用率；④金属钋的密度。

参考答案

1. 填空题(每空 1 分，共 10 分)

(1) sp^2，大 π。

(2) 面心立方，六方。

(3) 分子，范德华力，Xe>Kr>Ar>Ne>He。

(4) $AsH_3>PH_3>NH_3$，$NH_3>AsH_3>PH_3$，三者都是氮族元素的氢化物，都属于共价化合物，分子间的色散力随摩尔质量的增大而增大，此外，NH_3 分子间还存在氢键，所以 NH_3 的沸点最高，PH_3 的沸点最低。

2. 是非题(用“√”、“×”表示对、错并填入括号中，每小题 1 分，共 10 分)

(1) (√)　(2) (×)　(3) (√)　(4) (√)　(5) (×)　(6) (√)　(7) (×)　(8) (×)　(9) (√)　(10) (×)

3. 选择题[每小题 2 分，共 20 分，其中第(5)、(6)、(10)小题为多选，其余为单选]

(1) (A) (2) (B) (3) (A) (4) (B) (5) (BC) (6) (CD) (7) (B) (8) (D) (9) (B) (10) (ABD)

4. 简答题(每小题 8 分，共 40 分)

(1) 阴离子的变形性随离子半径的增加而增大，而离子半径 $I^- > Br^- > Cl^- > F^-$，所以极化率大小顺序为 $I^- > Br^- > Cl^- > F^-$；共价键成分按 LiF、LiCl、LiBr、LiI 顺序依次增加，分子的极性按 LiF、LiCl、LiBr、LiI 顺序依次减弱，根据相似相溶原理，LiF 在非极性溶剂中的溶解度最小，LiI 在非极性溶剂中的溶解度最大，各卤化锂在非极性溶剂中的溶解度顺序为：LiI>LiBr>LiCl>LiF。

(2) 第一种说法正确，因为取向力是由分子的固有偶极产生的，只有极性分子才有固有偶极，产生取向作用。第二种说法不正确，因为色散力是由瞬时偶极产生的，而所有分子都具有瞬时偶极。

(3) 金属导电是由于其价电子是自由电子，可以在晶体中自由迁移。温度升高时金属晶体中阳离子的振动增强，阻碍了自由电子的迁移，从而使导电性降低。

半导体导电性是由于其满带中的电子获得能量后跃迁至空带后产生的。温度升高时电子能量增加，更容易跃迁至空带，因此导电性提高。

(4) 石墨是一种混合型晶体，具有层状结构。其晶体中同层的碳原子以 sp^2 杂化形成共价键。每个 C 原子以 3 个共价键与相邻 3 个 C 原子相连，形成无限的正六角形的蜂巢状的片层结构，在同一平面的 C 原子还剩下一个 p 轨道和一个 p 电子，这些 p 轨道相互平行，且垂直于 C 原子 sp^2 杂化构成的平面，形成了离域 π 键。石墨中层与层之间相隔较远，以范德华力相结合。熔点和硬度的特征是这种特殊的层状结构在不同方面的表现形式：在同一平面层中的碳原子结合力很强，所以石墨的熔点高；层与层之间作用力较弱，所以石墨片层之间容易滑动，硬度很低。

(5) 构型相同的离子晶体，晶格能与核间距成反比，与阴、阳离子电荷数乘积成正比。ScN、MgO、NaF 三者核间距较为接近，则晶格能随离子电荷增大而增大，熔点、硬度也随之增大。因此熔点大小顺序为：ScN>MgO>NaF；硬度大小顺序为：ScN>MgO>NaF。

5. 计算题(每小题 10 分，共 20 分)

(1) 设反应：$NaCl(s) + KF(s) \longrightarrow NaF(s) + KCl(s)$，则

$$\Delta_r H_m^\ominus = \Delta_f H_m^\ominus(NaF,s) + \Delta_f H_m^\ominus(KCl,s) - \Delta_f H_m^\ominus(NaCl,s) - \Delta_f H_m^\ominus(KF,s)$$

$$= -573.7 + (-436.7) - (-411.1) - (-567.3) = -32.0\ (kJ\cdot mol^{-1})$$

$\Delta_r H_m^\ominus = U(NaCl,s) + U(KF,s) - U(NaF,s) - U(KCl,s)$，则

$$U(NaF,s) = U(NaCl,s) + U(KF,s) - U(KCl,s) - \Delta_r H_m^\ominus$$

$$= 788.1 + 802.5 - 703.5 - (-32.0) = 919.1\ (kJ\cdot mol^{-1})$$

(2) ① $a = 2r = 2\times0.1673\ nm = 0.3346\ nm$。

② 因 8 个顶点上每个原子为 8 个晶胞所共享，每个晶胞所含的原子数 = 8 × 1/8 = 1。

③ 空间利用率 $= \dfrac{1\times\frac{4}{3}\pi\times0.1673^3}{0.3346^3} = 52.36\%$。

④ $\rho = \dfrac{M/N_A}{V} = \dfrac{210.0/(6.02\times10^{23})}{(0.3346\times10^{-9})^3} = 9.31\times10^6\ (g\cdot m^{-3})$

(中南大学 王曼娟)

第4章 配位化学基础

一、学习目标

(1) 描述配合物的定义、组成、命名、结构与异构类型，能画出具有异构现象的配合物的异构体。

(2) 阐述配合物价键理论的基本要点、配合物的几何构型与中心离子杂化轨道的关系，能利用磁性并结合价键理论解释配合物的有关问题，如中心离子的杂化方式、配离子的空间构型等。

(3) 阐述配合物晶体场理论的基本要点、中心离子 d 轨道在八面体场中的分裂及 d 电子排布情况，学会计算晶体场稳定化能，能描述配合物的颜色与 d-d 跃迁的关系。

(4) 判断和比较配合物的稳定性。

(5) 描述并列举配合物的主要应用。

二、重难点解析

本章重点介绍了配合物的一些基础知识、异构现象及配合物的两种化学键理论。基础知识包括配合物的组成、命名、分类与空间构型等。配合物的异构现象包括立体异构与结构异构，配位数为 4 和 6 的两类配合物的顺反异构是本章的重点与难点。配合物的价键理论重点掌握中心离子杂化方式与配合物空间构型之间的关系，借助磁性判断中心离子杂化方式，进而推导配合物的构型，分析是属于内轨型或外轨型配合物。配合物的晶体场理论重点了解八面体配合物的中心离子 d 轨道的能级分裂情况及分裂能，中心离子在分裂后的 d 轨道上的排布及晶体场稳定化能的计算与应用。此外，判断配合物的稳定性也属于本章重点内容之一。

(一) 配合物的基础知识

1. 配合物的组成

大多数配合物是由内界和外界两部分组成，内界由中心离子(或原子)与配体两部分组成，平衡配离子电荷的离子称为外界。例如，$[Cu(NH_3)_4]SO_4$中，$[Cu(NH_3)_4]^{2+}$为内界，SO_4^{2-}为外界，内界与外界之间以离子键结合。

作为配合物的中心离子(或原子)通常为过渡金属元素，配体则是可以提供孤对电子的分子或离子。只有一个配位原子与中心金属结合的配体称为单齿配体，如 NH_3、H_2O、Cl^-、

CN^-等；有两个或两个以上的配位原子同时与中心金属结合的配体称为多齿配体，如乙二胺(en)、草酸根($C_2O_4^{2-}$)、邻菲咯啉(*o*-phen)、乙二胺四乙酸根($EDTA^{4-}$)等。配体中能提供孤对电子给中心金属的空轨道形成配位键的原子称为配位原子，一个配合物中形成的配位键数即为配位数，它是决定配合物空间构型的主要因素之一。

2. 配合物的命名

配合物的命名遵循以下原则。

对于含配位阴离子的配合物，将配位阴离子看作酸根，配合物看作盐，称为“某酸某”；对于含配位阳离子的配合物，将配位阳离子看作金属离子，配合物看作盐或碱，称为“某酸某”或“某化某”；对于内界为电中性的配合物，其命名与配合物内界的命名相同。

配合物内界的命名顺序为：配体数(汉字)→配体名称→合→中心离子(或原子)名称→氧化数(罗马数字)。

如果内界中含有多种配体，则各配体间用圆点(·)相隔，其命名次序遵循以下原则：①先无机配体，后有机配体；②先阴离子配体，后中性分子配体；③同类配体中，先后次序按配位原子元素符号的英文字母顺序排列；④若多种配体的配位原子相同，配体中原子数较少的在前；⑤若配位原子相同，且配体中原子数也相同，则按与配位原子相连的原子的元素符号的英文字母顺序排列。

3. 配合物的分类

配合物可分为简单配合物、螯合物和特殊配合物三大类。简单配合物由中心离子(或原子)与单齿配体形成，螯合物由中心离子(或原子)与多齿配体形成。对于相同中心离子(或原子)而言，与多齿配体形成的螯合物通常比与单齿配体形成的简单配合物更加稳定。特殊配合物包括羰基化合物、金属原子簇化合物、多核配合物、茂金属配合物等。

4. 配合物的空间构型

配合物的空间构型是指配体围绕中心离子(或原子)排布的几何构型，通过实验可以测定配合物的空间构型。配合物常见的空间构型有直线形、平面三角形、四面体形、平面四边形、四方锥形、三角双锥形及八面体形等。配合物的空间构型不仅与配位数有关，而且与中心离子(或原子)的杂化方式密切相关。

(二) 配合物的异构现象

配合物组成相同但结构与性质不同的现象称为配合物的异构现象。配合物的异构现象可以分为立体异构与结构异构两大类。

1. 立体异构

立体异构是指配体相同，内、外界也相同，但配体在中心离子(或原子)周围空间的排列方式不同而引起的异构现象。立体异构又包括几何异构和对映异构两类。

几何异构主要为顺反异构，相同配体处于邻位时为顺式异构体，处于对位时为反式异构体。对于配位数为 4 的配合物，若是四面体构型，不存在顺反异构现象；若是组成为

MA_2B_2 的平面四边形配合物，如$[Pt(NH_3)_2Cl_2]$，则有顺式和反式两种异构体。配位数为 6 的八面体配合物的几何异构比较复杂，组成为 MA_4B_2、MA_3B_3、MA_4BC 的各有 2 种几何异构体，MA_3B_2C 有 3 种几何异构体，$MA_2B_2C_2$ 有 5 种几何异构体。

若两个配合物互为镜像关系，二者不能重合，则称为对映异构体。判断一个配合物是否有对映异构体，通常是看该配合物的几何构型中有没有对称面或对称中心，如有则不存在对映异构体；反之，则存在对映异构体。

2. 结构异构

结构异构是指由于配合物中的内部结构不同而引起的异构现象，主要包括解离异构、配位异构和键合异构。

内、外界之间交换位置后得到的新配合物与原配合物之间的结构异构称为解离异构，如$[Co(NH_3)_5Br]SO_4$ 和$[Co(NH_3)_5SO_4]Br$ 互为解离异构。水分子作为配体时处于内界，作为结晶水则处于外界，这种由于水分子在内界和外界不同造成的解离异构又称为水合异构。例如，$[Cr(H_2O)_6]Cl_3$、$[Cr(H_2O)_5Cl]Cl_2 \cdot H_2O$ 和$[Cr(H_2O)_4Cl_2]Cl \cdot 2H_2O$ 均互为水合异构体。

由配位阴离子和配位阳离子构成的配合物中，阴离子和阳离子都是配位单元。配位单元之间交换配体得到的新配合物与原配合物互为配位异构体。例如，$[Co(NH_3)_6][Cr(C_2O_4)_3]$ 和$[Cr(NH_3)_6][Co(C_2O_4)_3]$互为配位异构体。

由两可配体形成的配合物中，由于配位原子的不同而引起的异构现象称为键合异构，如两可配体 NO_2^- (硝基)和 ONO^-(亚硝酸根)分别形成的两个配合物$[Co(NH_3)_5NO_2]^{2+}$和$[Co(NH_3)_5(ONO)]^{2+}$互为键合异构体。

(三) 配合物的价键理论

1. 基本要点

(1) 中心离子(或原子)与配体之间以配位键相结合。
(2) 由配位原子提供的孤对电子填入中心离子(或原子)空的价轨道而形成 σ 配位键。
(3) 中心离子(或原子)空的价轨道所采取的杂化方式决定了配离子的空间构型。

2. 配合物的空间构型与杂化方式的关系

根据价键理论，配体提供孤对电子填入中心离子(或原子)的空轨道，从而形成配位键。当配位数不同，或者配位数相同但配体不同时，中心离子(或原子)采取不同的杂化方式提供空轨道以接纳配体的孤对电子，从而形成各种不同空间构型的配合物。常见配合物的空间构型与杂化方式之间的关系见表 4-1。

表 4-1 配合物的空间构型与杂化方式的关系

配位数	杂化方式	空间构型	实例
2	sp	直线形	$[Ag(NH_3)_2]^+$、$[AuCl_2]^-$
3	sp^2	平面三角形	$[Cu(CN)_3]^{2-}$、$[HgI_3]^-$

续表

配位数	杂化方式	空间构型	实例
4	sp^3	四面体	$[NiCl_4]^{2-}$、$[Zn(NH_3)_4]^{2+}$
	dsp^2	平面四边形	$[Ni(CN)_4]^{2-}$、$[PtCl_4]^{2-}$
5	dsp^3	三角双锥	$[Ni(CN)_5]^{3-}$、$[Fe(CO)_5]$
6	sp^3d^2	八面体	$[FeF_6]^{3-}$、$[Mn(H_2O)_6]^{2+}$
	d^2sp^3		$[Fe(CN)_6]^{3-}$、$[Co(NH_3)_6]^{3+}$

3. 外轨型配合物和内轨型配合物

以外层空轨道进行杂化而形成的配合物称为外轨型配合物。外轨型配合物中参与杂化的通常是能量较高的外层轨道，常见的杂化方式包括 sp 杂化、sp^2 杂化、sp^3 杂化、sp^3d 杂化和 sp^3d^2 杂化等。外轨型配合物中心金属 d 轨道上的电子未发生重排。

有内层空轨道参与杂化而形成的配合物称为内轨型配合物，常见的杂化方式包括 dsp^2 杂化、dsp^3 杂化和 d^2sp^3 杂化。内轨型配合物中心金属 d 轨道上的电子一般将发生重排，成单电子数减少。由于参与杂化的内层轨道能量更低，因此相同中心金属形成的内轨型配合物比外轨型配合物更为稳定。表 4-2 是根据价键理论对两种配合物$[FeF_6]^{3-}$和$[Fe(CN)_6]^{3-}$的讨论比较。

表 4-2 $[FeF_6]^{3-}$和$[Fe(CN)_6]^{3-}$的讨论比较

配合物	$[FeF_6]^{3-}$	$[Fe(CN)_6]^{3-}$
磁矩 μ_m/μ_B	5.9	2.3
未成对电子数	5	1
Fe^{3+}的价电子排布	↑ ↑ ↑ ↑ ↑	↑↓ ↑↓ ↑ ○ ○
中心离子的杂化方式	sp^3d^2	d^2sp^3
配合物类型	外轨型	内轨型
稳定性	较低	较高

4. 配合物的磁性

配合物的磁性主要由电子运动来表现，与配离子中的未成对电子数直接相关，未成对电子数目越大，磁矩越大，并符合下列关系：

$$\mu_m = \sqrt{n(n+2)}\mu_B$$

式中，n 为体系中未成对电子数；μ_m 为磁矩；μ_B 为磁矩单位，称为玻尔磁子(缩写为 B.M)。通常将成单电子数为零的配合物称为反磁性物质，将成单电子数不为零的配合物称为顺磁性物质。

(四) 配合物的晶体场理论

晶体场理论将配合物的中心离子和配体之间的相互作用看作是静电作用，这是与价键理论的本质区别。

1. 晶体场中 d 轨道的能级分裂

在晶体场中，中心离子的 5 个 d 轨道在不同方向上受到配体电子云的排斥作用不同，因而发生能级分裂。在八面体场中，5 个 d 轨道的能级分裂为两组，一组为能量较高的 $d_{x^2-y^2}$ 和 d_{z^2} 轨道，称为 e_g 轨道(二重简并)；另一组为能量较低的 d_{xy}、d_{yz} 和 d_{xz} 轨道，称为 t_{2g} 轨道(三重简并)。e_g 轨道和 t_{2g} 轨道的能量差称为分裂能，用符号 Δ_o 或 10 Dq 表示。注意对不同的配合物，Dq 所代表的能量值是不同的。

$$E(e_g) - E(t_{2g}) = \Delta_o = 10\ Dq$$

$$E(e_g) = 6\ Dq,\ E(t_{2g}) = -4\ Dq$$

分裂能可以通过实验测定。四面体场分裂能用 Δ_t 表示，平面四边形场分裂能用 Δ_s 表示。

2. 影响分裂能大小的主要因素

分裂能的大小与如下多个因素有关。

(1) 配合物几何构型的影响：$\Delta_s > \Delta_o > \Delta_t$。

(2) 中心离子的影响：同一金属元素与相同配体形成配合物时，中心离子电荷数越高，Δ_o 越大；若配体相同，相同电荷数的同族中心离子所处周期数越大，Δ_o 越大。

(3) 配体的影响：按配体对同一中心金属离子的 d 轨道分裂能(Δ_o)大小排列，可得光谱化学序列：

$$I^- < Br^- < SCN^- < Cl^- < F^- < OH^- \sim ONO^- \sim HCOO^- < C_2O_4^{2-} < H_2O <$$

$$\text{吡啶} < NCS^- < NH_2CH_2COO^- < NH_3 < en < NO_2 < CO \sim CN^-$$

位于 H_2O 前面的配体为弱场配体，形成的配合物分裂能较小，其配位原子通常为电负性较大的卤素或 O 原子；位于 H_2O 后面的配体为强场配体，形成的配合物的分裂能较大，其配位原子通常为电负性相对较小的 N 或 C 原子。

3. 中心离子 d 电子的排布

在八面体场中，中心离子 d 电子在分裂后的 t_{2g} 和 e_g 轨道排布仍然遵循能量最低原理、泡利不相容原理和洪德规则，同时还要考虑分裂能的影响。

对于 $d^{1\sim3}$ 和 $d^{8\sim10}$ 构型的中心离子，d 电子在强场或弱场中的排列方式都相同。对于 $d^{4\sim7}$ 构型的中心离子，d 电子有两种排布方式：在强场($\Delta_o > P$)中，为低自旋排布，形成低自旋配合物(P 表示电子成对能)；在弱场($\Delta_o < P$)中，为高自旋排布，形成高自旋配合物。同种金属元素形成的低自旋配合物比高自旋配合物更稳定。

4. 晶体场稳定化能

晶体场理论认为，中心离子 d 轨道发生能级分裂，电子优先占据能量较低的轨道。d

电子进入分裂后的 d 轨道引起的总能量下降值称为晶体场稳定化能，用 CFSE 表示。晶体场稳定化能与中心离子的 d 电子数目、晶体场的强弱以及配合物的空间构型等因素有关。晶体场稳定化能越大，表明总能量下降越多，配合物越稳定。

例如，中心离子为 d^6 构型的八面体配合物，在强场和弱场中的 CFSE 分别为

$$\text{CFSE(强场)} = 6 \times (-4\ \text{Dq}) + 0 \times (+6\ \text{Dq}) + 2P = -24\ \text{Dq} + 2P$$

$$\text{CFSE(弱场)} = 4 \times (-4\ \text{Dq}) + 2 \times (+6\ \text{Dq}) = -4\ \text{Dq}$$

5. 晶体场理论的应用

晶体场理论可以很好地解释配合物的稳定性、磁性、过渡金属离子的水合热变化规律等许多性质，特别是对许多配合物显示颜色能做出很好的解释。

在自然光照射下，晶体场中 d 轨道上的电子吸收能量与分裂能相等或者相近的可见光后发生 d-d 跃迁，从能量低的 d 轨道跃迁至能量高的 d 轨道上。未被吸收的可见光(与被吸收的可见光的颜色之间为互补色)就会透过配合物发射出来，配合物的颜色即为被其吸收的可见光的互补色光颜色。若中心离子为全空的 d^0(如 Ca^{2+})或全满的 d^{10}(如 Zn^{2+})稳定构型，均不能发生 d-d 跃迁，因此它们的化合物一般显无色。而 $d^{1\sim9}$ 构型能够发生 d-d 跃迁，相应的化合物都显示一定颜色，如$[Ti(H_2O)_6]^{3+}$显紫红色，$[Cu(NH_3)_4]^{2+}$显深蓝色。

(五) 配合物的稳定性

影响配合物稳定性的主要因素包括中心离子、配体、中心离子与配体关系、螯合效应等。

(1) 中心离子。中心离子电荷数越高，配合物越稳定，如$[Co(NH_3)_6]^{3+}$的稳定性大于$[Co(NH_3)_6]^{2+}$；中心离子所处的周期数越大，其 d 轨道越伸展，配合物越稳定，如$[Hg(CN)_4]^{2-}$的稳定性大于$[Zn(CN)_4]^{2-}$。

(2) 配体。强场配体比弱场配体形成的配合物通常更稳定，如$[Co(NH_3)_6]^{2+}$的稳定性大于$[Co(H_2O)_6]^{2+}$，$[Fe(CN)_6]^{3-}$的稳定性大于$[FeF_6]^{3-}$。

(3) 中心离子与配体的关系。符合软硬酸碱规则，即软酸与软碱或硬酸与硬碱结合形成的配合物都比较稳定；反之，软酸与硬碱或硬酸与软碱结合形成的配合物不太稳定。

(4) 螯合效应。中心离子相同时，由多齿配体所形成的螯合物通常比单齿配体所形成的简单配合物更稳定，这种因形成螯环增加了配合物稳定性的效应称为螯合效应，如$[Ni(en)_3]^{2+}$的稳定性大于$[Ni(NH_3)_6]^{2+}$。

三、习题解析

4-1 命名以下配合物或配离子。

(1) $Na_3[Ag(S_2O_3)_2]$

(2) $NH_4[Cr(NCS)_4(NH_3)_2]$

(3) $[Cr(NH_3)_4(en)]Cl_3$

(4) $[Co(ONO)(NH_3)_5]SO_4$

(5) $[Ir(ONO)(NH_3)_5]Cl_2$

(6) $[Ru(NH_3)_5(N_2)](NO_3)_2$

(7) $[Co(NH_3)_3Cl_3]$

(8) $[Co(en)Cl_4]^-$

(9) $[Fe(CN)_5NO_2]^{3-}$

(10) $[Fe(C_2O_4)(en)Cl_2]^-$

答 (1) 二(硫代硫酸根)合银(Ⅰ)酸钠

(2) 四(异硫氰酸根)·二氨合铬(Ⅲ)酸铵

(3) 氯化四氨·乙二胺合铬(Ⅲ)

(4) 硫酸亚硝酸根·五氨合钴(Ⅲ)

(5) 氯化亚硝酸根·五氨合铱(Ⅲ)

(6) 硝酸双氮·五氨合钌(Ⅱ)

(7) 三氯·三氨合钴(Ⅲ)

(8) 四氯·乙二胺合钴(Ⅲ)离子

(9) 五氰·硝基合铁(Ⅲ)离子

(10) 二氯·草酸根·乙二胺合铁(Ⅲ)离子

4-2 判断下列说法是否正确，并解释原因。

(1) 配合物的中心离子(或原子)的配位数就等于配体的数目。

(2) 多齿配体与中心离子(或原子)形成的配合物称为螯合物。

(3) 空间结构为四面体的配合物没有几何异构和对映异构体。

(4) 根据价键理论，形成外轨型配合物时，中心离子用的都是外层轨道；形成内轨型配合物时，中心离子用的都是内层轨道。

(5) 中心离子都带正电荷，而配离子都带负电荷。

(6) 对同一中心离子所形成的配合物，低自旋型配合物的磁矩较小，高自旋型配合物的磁矩较大。

(7) 内轨型一定是低自旋型，强场配体一定形成低自旋型配合物。

(8) 凡 $\varDelta > P$，总是形成低自旋型配合物；而 $\varDelta < P$，总是形成高自旋型配合物。

答 (1) 错。对于单齿配体形成的简单配合物，配位数等于配体数；但对于多齿配体形成的螯合物，配位数大于配体数。

(2) 错。多齿配体只有与中心离子配位成环才能形成螯合物，如果多齿配体只有其中一个配位原子与中心离子形成配位键，形成的配合物还是简单配合物，而不是螯合物。

(3) 错。四面体配合物没有几何异构体，但当四个配体均不相同时，则有对映异构体。

(4) 错。形成内轨型配合物时，中心原子也有部分外层轨道参与杂化。例如，$[Ni(CN)_4]^{2-}$ 配合物为内轨型，中心 Ni^{2+} 的杂化方式为 dsp^2，外层的 s、p 轨道都参与杂化。

(5) 错。通常配合物的中心是带正电的金属离子，但也有少数配合物中心是原子，如 $Fe(CO)_5$；配离子也可以带负电，如 $[Ag(S_2O_3)_2]^{3-}$。

(6) 对。同一中心离子所形成的配合物，低自旋配合物与高自旋配合物相比，d 电子尽可能成对排列，所以成单电子数比较少，磁矩较小。

(7) 错。当中心离子为 $d^{1\sim3}$ 电子构型时，其单电子数与配体场强、弱无关。例如，Cr^{3+} 为 $3d^3$ 电子构型，形成 6 配位的八面体配合物时，无论配体是强场还是弱场，总是采取 d^2sp^3 杂化，形成内轨型配合物，$3d^3$ 电子构型只有一种排布，不区分高、低自旋型。

(8) 错。在八面体配合物中，只有 $d^{4\sim7}$ 电子构型才可能形成高自旋或低自旋两种排布方式，而对于 $d^{1\sim3}$ 和 $d^{8\sim10}$ 电子构型，无论 Δ 和 P 哪一个大，都只有一种排布方式。

4-3 下列物质有什么几何异构体？画出几何图形。

(1) $[Cr(NH_3)_4(H_2O)_2]^{3+}$　　(2) $[Co(NO_2)_3(NH_3)_3]$

(3) $[CrCl_2(en)_2]^+$　　(4) $[PtCl_2(en)]$ (平面四边形)

答 (1) $[Cr(NH_3)_4(H_2O)_2]^{3+}$有 2 个顺反异构体。

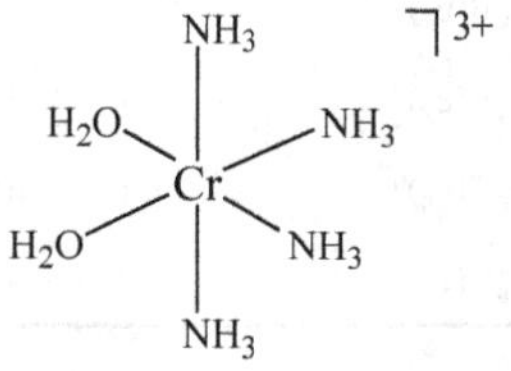

顺式

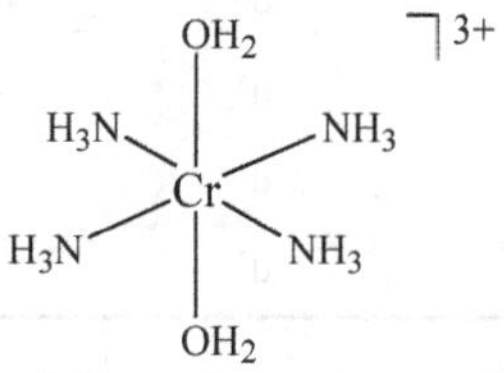

反式

(2) $[Co(NO_2)_3(NH_3)_3]$有 2 个面式和经式异构体。

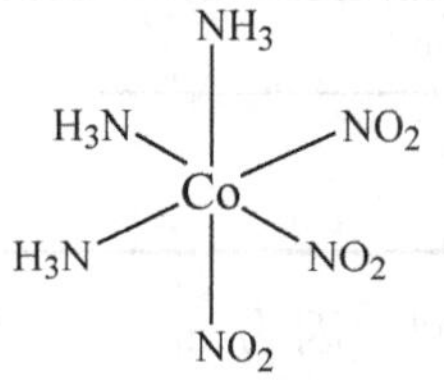

面式

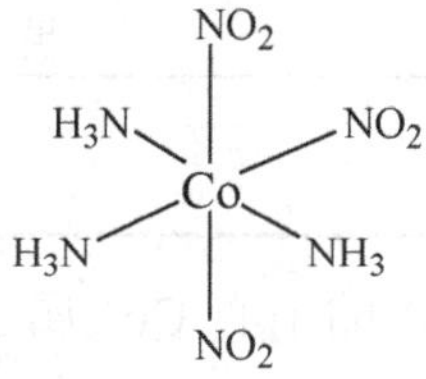

经式

(3) $[CrCl_2(en)_2]^+$有 2 个顺反异构体。

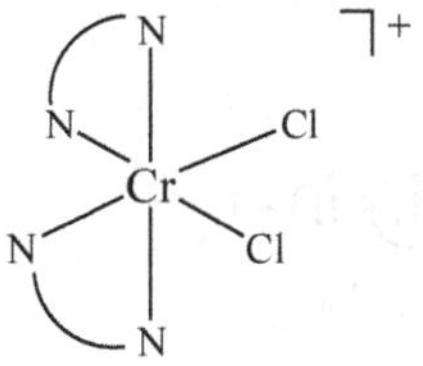

顺式

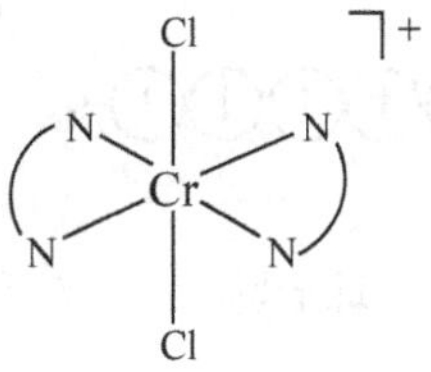

反式

乙二胺 (en)

(4) $[PtCl_2(en)]$(平面四边形)无几何异构体。

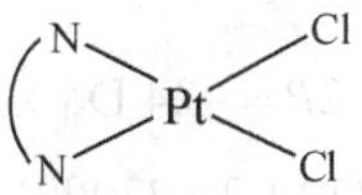

4-4 根据磁矩，判断下列配合物中心离子的杂化方式、几何构型，并指出它们属于哪一类配合物(内/外轨型)。

(1) $[Cd(NH_3)_4]^{2+}$, $\mu_m = 0$　　(2) $[Ni(CN)_4]^{2-}$, $\mu_m = 0$

(3) $[Co(NH_3)_6]^{3+}$, $\mu_m = 0$　　(4) $[FeF_6]^{3-}$, $\mu_m = 5.9\mu_B$

答

配合物	磁矩/μ_B	d 电子数	杂化方式	几何构型	内/外轨
$[Cd(NH_3)_4]^{2+}$	0	10	sp^3	正四面体	外轨型
$[Ni(CN)_4]^{2-}$	0	8	dsp^2	平面正方形	内轨型
$[Co(NH_3)_6]^{3+}$	0	6	d^2sp^3	正八面体	内轨型
$[FeF_6]^{3-}$	5.9	5	sp^3d^2	正八面体	外轨型

4-5 计算下列金属离子在形成八面体配合物时的 CFSE/Dq。

(1) Cr^{2+}，高自旋　　(2) Mn^{2+}，低自旋

(3) Fe^{2+}，强场　　(4) Co^{2+}，弱场

答 计算结果列于下表中。

金属离子	d 电子构型	d 电子排布	CFSE
Cr^{2+}，高自旋	d^4	$(t_{2g})^3(e_g)^1$	$(-4\times3+6\times1)Dq=-6Dq$
Mn^{2+}，低自旋	d^5	$(t_{2g})^5(e_g)^0$	$(-4\times5)Dq+2P=-20Dq+2P$
Fe^{2+}，强场	d^6	$(t_{2g})^6(e_g)^0$	$(-4\times6)Dq+2P=-24Dq+2P$
Co^{2+}，弱场	d^7	$(t_{2g})^5(e_g)^2$	$(-4\times5+6\times2)Dq=-8Dq$

4-6 根据晶体场理论和下面所列数据，分别写出两个配离子的 d 电子排布式，计算配合物的磁矩及晶体场稳定化能，并判断它们属于高自旋还是低自旋配合物。

	电子成对能 P/cm^{-1}	分裂能 Δ_o/cm^{-1}
$[Co(NH_3)_6]^{3+}$	22000	23000
$[Fe(H_2O)_6]^{3+}$	30000	13700

答 (1) $[Co(NH_3)_6]^{3+}$的中心 Co^{3+}属于 $3d^6$ 构型，因为 $\Delta_o > P$，所以 6 个 d 电子采取低自旋排布。

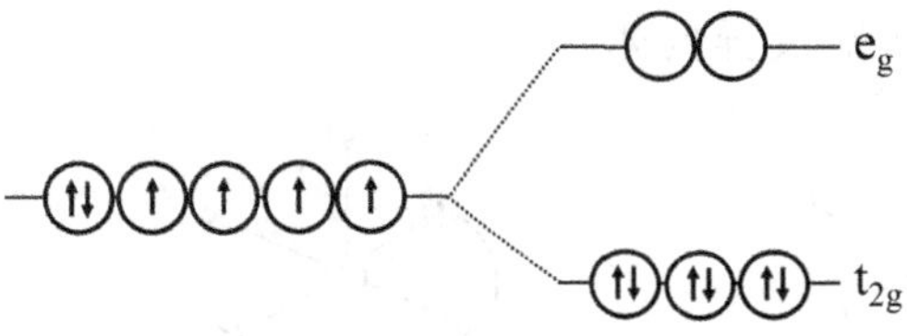

d 电子排布式为$(t_{2g})^6(e_g)^0$。

因为电子均已成对，即未成对电子数 $n=0$，所以磁矩为 $0\mu_B$。

晶体场稳定化能为

$$\begin{aligned}CFSE &= 6\times(-4\ Dq)+2P=-24\ Dq+2P=-24\times\Delta_o/10+2P\\ &=-24\times23000/10+2\times22000=-11200\ (cm^{-1})\end{aligned}$$

(2) $[Fe(H_2O)_6]^{3+}$的中心 Fe^{3+}属于 $3d^5$ 构型，因为 $\Delta_o < P$，所以 5 个 d 电子采取高自旋排布。

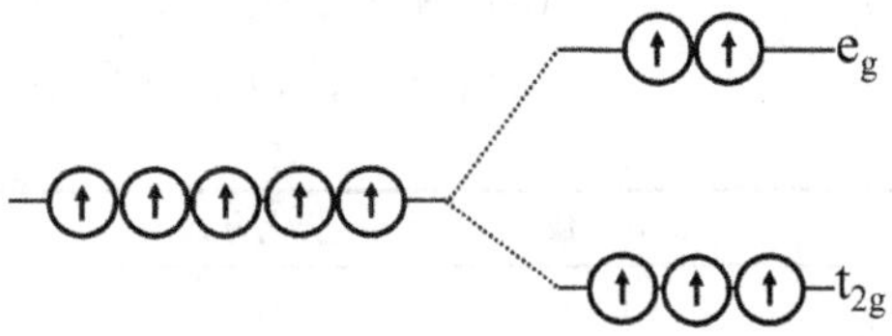

d 电子排布式为$(t_{2g})^3(e_g)^2$。

未成对电子数 $n=5$，所以磁矩为 5.92 μ_B。

晶体场稳定化能为

$$CFSE = 3\times(-4\ Dq) + 2\times6\ Dq = 0$$

4-7 判断下列各对配合物的稳定性大小，并简要说明理由。

(1) $[Cd(CN)_4]^{2-}$与$[Cd(NH_3)_4]^{2+}$ (2) $[Ag(en)]^+$与$[Ag(NH_3)_2]^+$

(3) $[Au(CN)_2]^-$与$[Ag(CN)_2]^-$ (4) $[Ni(en)_3]^{2+}$与$[Ni(NH_3)_6]^{2+}$

(5) $[Cu(NH_3)_4]^{2+}$与$[Cu(NH_3)_2]^+$

答 (1) $[Cd(CN)_4]^{2-} > [Cd(NH_3)_4]^{2+}$，中心金属相同，但$CN^-$是比$NH_3$更强的配体。

(2) $[Ag(en)]^+ < [Ag(NH_3)_2]^+$，$Ag^+$为$4d^{10}$电子构型，它只能以 sp 杂化轨道成键，特征配位数是 2，通常形成直线形配合物。en 作为双齿配体，可以配位在平面四边形或八面体两个相邻的位置上，而在直线形的 180°的两个相反位置上配位会产生很大的张力，很不稳定，作为单齿配体的NH_3则不存在上述张力问题，所以$[Ag(en)]^+$不如$[Ag(NH_3)_2]^+$稳定。

(3) $[Au(CN)_2]^- > [Ag(CN)_2]^-$，配体相同时，中心金属的半径越大，配合物的分裂能越大，通常稳定性越高。

(4) $[Ni(en)_3]^{2+} > [Ni(NH_3)_6]^{2+}$，en 为双齿配体，$NH_3$为单齿配体，所以 en 与$Ni^{2+}$形成的八面体螯合物比简单配合物更稳定。

(5) $[Cu(NH_3)_4]^{2+} > [Cu(NH_3)_2]^+$，$Cu^{2+}$的正电荷数比$Cu^+$高，正电荷高的中心离子与配体的静电作用大，分裂能大，形成的配合物更稳定。

4-8 已知两个配合物的磁矩分别为：① $[Cd(CN)_4]^{2-}$ ($\mu = 0\ \mu_B$)，②$[Co(en)_2Cl_2]Cl$ ($\mu = 0\ \mu_B$)。

(1) 分别给它们命名。

(2) 指出中心离子杂化轨道类型。

(3) 指出配离子的空间构型。

(4) 指出该配合物是内轨型还是外轨型。

答 对于$[Cd(CN)_4]^{2-}$：

(1) 四氰合镉(Ⅱ)离子。

(2) $[Cd(CN)_4]^{2-}$的中心Cd^{2+}属于$4d^{10}$的全充满构型，$\mu = 0\ \mu_B$，表明没有未成对 d 电子，所以Cd^{2+}采取sp^3杂化。

(3) 四面体形。

(4) 外轨型。

对于$[Co(en)_2Cl_2]Cl$：

(1) 氯化二氯·二(乙二胺)合钴(Ⅲ)。

(2) $[Co(en)_2Cl_2]Cl$ 的中心Co^{3+}属于$3d^6$构型，$\mu = 0\ \mu_B$，表明没有未成对 d 电子，6 个 d 电子发生重排，空出 2 个 d 轨道形成d^2sp^3杂化。

(3) 八面体形。

(4) 内轨型。

4-9 根据晶体场理论回答以下问题。

(1) 什么是分裂能？

(2) 影响分裂能大小的主要因素有哪些？

(3) 通常用什么方法测定分裂能？

(4) 在八面体场中，分裂能是一个固定值吗？

答 (1) 在晶体场作用下，中心离子 d 轨道的能级发生分裂。d 轨道能级分裂后，最高能量 d 轨道与最低能量 d 轨道之间的能量差称为分裂能。分裂能数值上相当于 1 个电子从最低能量 d 轨道跃迁至最高能量 d 轨道时所需吸收的能量。

(2) 影响分裂能大小的主要因素如下。

① 中心离子的影响。

(a) 中心离子电荷越多，与配体的静电作用越强，分裂能越大。

(b) 中心离子半径越大，d 轨道越伸展，受配体作用越大，分裂能越大。

(c) 配体相同、中心离子为不同过渡系的同族元素时，同族元素从上至下分裂能递增。

② 配体的影响。

对同一个中心离子，配体的场强越强，则引起的分裂能越大。一般而言，强的 σ 电子给予体和强的 π 电子接受体相结合的配体是场强很大的配体。配体场强的相对大小可由光谱化学序列表示。

③ 配离子几何构型的影响。

相同中心离子、相同配体时，分裂能大小是 $\Delta_s > \Delta_o > \Delta_t$ (即平面四边形 > 八面体形 > 四面体形)。

(3) 通常可在分光光度计上作配合物的吸收光谱图，最大吸收峰所对应的波数(以 cm^{-1} 表示)即分裂能值。例如，用不同波长(或波数)的光照射$[Ti(H_2O)_6]^{3+}$的溶液，并用分光光度计测定其吸收率。光的波长不同，它的吸收率也不同。以吸收率对波长(或波数)作图，即得吸收光谱图。$[Ti(H_2O)_6]^{3+}$吸收蓝绿色光，呈现紫红色。其最大吸收率对应的波数为 20300 cm^{-1}，即 d-d 跃迁所吸收的能量，这份能量与分裂能 Δ_o 相当。

(4) 在八面体场中，通常将分裂能 Δ_o 分为 10 等份，即 10Dq。但对于不同的八面体配合物，由于中心离子或配体不同，它们的 Δ_o 一般也不同，因而每一个 Dq 的数值并不同。例如，同为八面体构型的$[FeF_6]^{3-}$和$[Fe(CN)_6]^{3-}$，由于 F^-为弱场配体，CN^-为强场配体，因此前者为高自旋配合物，其分裂能 $\Delta_o = 13700\ cm^{-1}$ (此时 1 Dq = 1370 cm^{-1})；后者为低自旋配合物，其分裂能 $\Delta_o = 34250\ cm^{-1}$ (此时 1 Dq = 3425 cm^{-1})。

4-10 Co^{3+}和 Fe^{3+}两种离子所带电荷相同，半径也很相近(前者为 63 pm，后者为 64 pm)，但是 Co^{3+}的配合物比 Fe^{3+}相应的配合物更稳定。试以晶体场理论解释。

答 Co^{3+}的价电子构型为 $3d^6$，Fe^{3+}的价电子构型为 $3d^5$。可以分别计算它们在相同配体形成的八面体弱场、强场中的 CFSE 值。

配体场	离子	d 电子排布	CFSE 值
八面体弱场	Co^{3+}	$(t_{2g})^4(e_g)^2$	$4\times(-4)+2\times6=-4Dq$
	Fe^{3+}	$(t_{2g})^3(e_g)^2$	$3\times(-4)+2\times6=0$
八面体强场	Co^{3+}	$(t_{2g})^6(e_g)^0$	$6\times(-4)+0\times6=-24Dq$
	Fe^{3+}	$(t_{2g})^5(e_g)^0$	$5\times(-4)+0\times6=-20Dq$

因为 Co^{3+}和 Fe^{3+}两种离子主要是形成六配位的八面体形配合物，所以只计算八面体场的 CFSE 值。计算结果表明，无论是在弱场还是在强场中，Co^{3+}八面体配合物的晶体场稳定化能总比 Fe^{3+}的大。因此 Co^{3+}的配合物总是比 Fe^{3+}相应的配合物更稳定。

4-11 位于同一族的 Ni(Ⅱ)、Pd(Ⅱ)、Pt(Ⅱ)都是 d^8 电子构型，Ni(Ⅱ)四配位的配合物多数是四面体构型(sp^3 杂化)，少数为平面四边形构型(dsp^2 杂化)；而 Pd(Ⅱ)和 Pt(Ⅱ)的四配位的配合物基本上都是平面四边形构型(dsp^2 杂化)，根据配合物的相关理论解释。

答　因为 Ni(Ⅱ)是第一过渡系离子，原子半径较小，d 电子云比较紧缩，受配体场作用较小，只有在强场配体(如 CN^-)作用下的平面四边形场，分裂能才大于电子配对能，d 电子才采取低自旋型排布，这时的晶体场稳定化能才能弥补电子配对所需要的能量。所以，Ni(Ⅱ)四配位的配合物多数是四面体构型(sp^3 杂化)，此时配体间排斥作用力较小，也没有电子成对能。

Pd(Ⅱ)、Pt(Ⅱ)分别是第二、第三过渡系离子，d 电子云比较伸展，受配体场的作用容易发生变形，形成平面四边形场将有最大的分裂能，获得的晶体场稳定化能与其他构型稳定化能的差距也最大，完全可以弥补电子成对所需要的能量，所以 Pd(Ⅱ)和 Pt(Ⅱ)的四配位的配合物基本上都是平面四边形构型。

四、水平测试

1. 填空题(每空 1 分，共 20 分)

(1) 写出下列配合物的名称或化学式。

①$[Pt(NH_2)(NO_2)(NH_3)_2]$：________________________________；

②*cis*-$[Co(en)_2F_2]^+$：________________________________；

③四羰基合镍(0)：________________________________

④二水 · 草酸根 · 乙二胺合铬(Ⅲ)离子：________________________________。

(2) 配合物 $K_3[Fe(CN)_5(CO)]$中，中心离子的氧化数为__________，配位原子为__________，中心离子的配位数为__________，配离子的空间构型为__________，d 电子在 t_{2g} 和 e_g 轨道上的排布方式为__________，中心离子所采取的杂化轨道方式为__________，该配合物为__________磁性，属于__________轨型配合物，同时也属于__________自旋配合物。

(3) 根据价键理论判断，$[Ni(CN)_4]^{2-}$(平面正方形)的理论磁矩为__________μ_B，$[Co(H_2O)_6]^{2+}$(八面体)的理论磁矩为__________μ_B。

(4) $[Pt(NH_3)_2Cl_2]$ 为__________构型，它有__________种几何异构体，其中__________式结构具有抗癌活性。

(5) *水合钛离子$[Ti(H_2O)_6]^{3+}$在可见光区 20400 cm^{-1} 处有一最大吸收峰，则该配离子的分裂能 Δ_o = __________cm^{-1}，晶体场稳定化能 CFSE = __________cm^{-1}。

2. 是非题(用“√”、“×”表示对、错并填入括号中，每小题 1 分，共 8 分)

(　　) (1) NH_4Cl、K_3PO_4 中含有配位键，因此它们属于配合物。

(　　) (2) $[Co(NH_3)_5NO_2]^{2+}$与$[Co(NH_3)_5(ONO)]^{2+}$之间属于键合异构体。

(　　) (3) 根据晶体场理论，d 电子在强场和弱场中的排列方式一定不相同。

(　　) (4) 根据晶体场理论，形成低自旋配合物的理论判据是分裂能 < 成对能。

(　　) (5) 化合物显示出不同的颜色，均是由 d-d 跃迁引起的。

(　　) (6) $[NiCl_4]^{2-}$是顺磁性分子，则其几何构型为平面四边形。

(　　) (7) *内轨型配合物的中心离子发生 d 电子重排，因此没有未成对电子。

(　　) (8) *H_2O 属于弱场配体，因此$[Cr(H_2O)_6]^{3+}$属于外轨型配合物。

3. 选择题[每小题 2 分，共 30 分，其中第(10)、(11)小题为多选，其余为单选]

(1) 在配离子$[Co(C_2O_4)_2(en)]^-$中，中心离子的配位数为(　　)。

A. 6　　B. 4　　C. 2　　D. 8

(2) 已知$[Fe(CN)_6]^{4-}$的$\Delta_o > P$，它的 CFSE/Dq 正确的是(　　)。

A. $-4\ Dq + P$　　B. $-4\ Dq$　　C. $-24\ Dq + 2P$　　D. $-24\ Dq + 3P$

(3) 无论在八面体的强场还是弱场中，都是外轨型配合物的 d 电子构型为(　　)。

A. $d^{1\sim3}$　　B. $d^{7\sim10}$　　C. $d^{8\sim10}$　　D. $d^{1\sim10}$

(4) 八面体配合物中既可为高自旋又可为低自旋的金属离子的电子构型为(　　)。

A. $d^{1\sim3}$　　B. $d^{4\sim6}$　　C. $d^{8\sim10}$　　D. 没有限制

(5) 下列关于螯合物的叙述，不正确的是(　　)。

A. 螯合物的配体是多齿配体，与中心原子形成环状结构

B. 螯合剂中配位原子相隔越远，形成的环越大，螯合物越稳定

C. 大多数螯合物呈现特征颜色

D. 多齿配体与中心原子也可能形成简单配合物

(6) 下列配合物中心离子杂化方式与空间构型错误的是(　　)。

A. $[Zn(NH_3)_4]^{2+}$：sp^3 杂化、四面体形

B. $[Pt(CN)_4]^{2-}$：dsp^2 杂化、平面正方形

C. $[Fe(C_2O_4)_3]^{3-}$：d^2sp^3 杂化、八面体形

D. $[Cu(CN)_2]^-$：sp 杂化、直线形

(7) 在八面体强场中，晶体场稳定化能最大的中心离子 d 电子数为(　　)。

A. 9　　B. 6　　C.5　　D.3

(8) 在八面体场中，中心离子的 d 轨道在配体场作用下分裂的情况为(　　)。

A. 能量较高的 $d_{x^2-y^2}$、d_{xy} 和能量较低的 d_{z^2}、d_{xz}、d_{yz} 两组

B. 能量较高的 $d_{x^2-y^2}$、d_{z^2} 和能量较低的 d_{xy}、d_{xz}、d_{yz} 两组

C. 能量较高的 d_{z^2}、d_{xz}、d_{yz} 和能量较低的 $d_{x^2-y^2}$、d_{xy} 两组

D. 能量不等的四组轨道

(9) 实验测定配离子$[Co(H_2O)_6]^{2+}$的磁矩为 4.1 μ_B，下面说法中与实验事实相符的是(　　)。

A. 该配离子的晶体场分裂能 Δ_o 大于电子成对能 P

B. d 轨道电子排布式为$(t_{2g})^5(e_g)^2$

C. d 轨道电子排布式为$(t_{2g})^6(e_g)^1$

D. 该配离子有 4 个单电子

(10) 下列配离子中，溶液无色的是(　　)。

A. $[Ni(NH_3)_6]^{2+}$　　B. $[Cu(CN)_2]^-$　　C. $[Cd(NH_3)_4]^{2+}$　　D. $[CuCl_4]^{2-}$

(11) *下列配合物中，具有反磁性的是(　　)。

A. $[ZnF_4]^{2-}$　　B. $[Ni(CO)_4]$　　C. $[Fe(CN)_6]^{3-}$　　D. $[Fe(CN)_6]^{4-}$

(12) *已知$[PdCl_2(OH)_2]^{2-}$有两种几何异构体，则中心离子 Pd^{2+}的杂化轨道类型是(　　)。

A. sp^2　　B. sp^3　　C. d^2sp^3　　D. dsp^2

(13) *某金属离子生成两种不同配合物的磁矩分别为 4.90 μ_B和 0，该金属离子可能为(　　)。

A. Cr^{3+}　　B. Mn^{2+}　　C. Fe^{2+}　　D. Fe^{3+}

(14) *下列配合物的稳定性大小比较，不正确的是(　　)。

A. $[Co(en)_3]^{2+} > [Co(en)_3]^{3+}$

B. $[Co(CN)_6]^{3-} > [Co(SCN)_4]^{2-}$

C. $[Zn(EDTA)]^{2-} > [Ca(EDTA)]^{2-}$

D. $[Cu(NH_2CH_2CH_2NH_2)_2]^{2+} > [Cu(NH_2CH_2COO)_2]$

(15) *现有四种配合物：①$[Ni(CN)_4]^{2-}$，②$[Fe(CN)_6]^{4-}$，③$[MnCl_6]^{2-}$，④$[CoCl_4]^{2-}$，它们的分裂能从小到大的顺序正确的是(　　)。

A. ③ < ② < ① < ④　　B. ④ < ③ < ② < ①

C. ② < ① < ④ < ③　　D. ① < ④ < ③ < ②

4. 简答题(每小题 6 分，共 42 分)

(1) 价键理论将配合物区分为外轨型和内轨型，而晶体场理论将配合物区分为高自旋型和低自旋型。请举例说明：这两种划分是否等同？即外轨型一定是高自旋型、内轨型一定是低自旋型？

(2) 已知下列四种配离子的磁矩，指出它们的中心离子的未成对电子数，画出中心离子 d 轨道分裂后的能级图并写出相应的 d 电子排布式，求算各配离子的晶体场稳定化能。

① $[CoF_6]^{3-}$，$\mu = 4.9\ \mu_B$；　　② $[Co(NO_2)_6]^{4-}$，$\mu = 1.8\ \mu_B$；

③ $[Mn(SCN)_6]^{4-}$，$\mu = 6.1\ \mu_B$；　　④ $[Fe(CN)_6]^{3-}$，$\mu = 2.3\ \mu_B$。

(3) 画出配离子$[Pt(NH_3)_2(H_2O)_2Br_2]^{2+}$所有的几何异构体，并判断其中哪些具有旋光异构体。

(4) *利用配合物的有关知识解释下列几种铜化合物呈现出不同的颜色：无水 $CuSO_4$ 粉末为白色，$CuSO_4 \cdot 5H_2O$ 晶体为蓝色，$[Cu(NH_3)_4SO_4] \cdot H_2O$ 晶体为深蓝色。

(5) *某八面体铬配合物：①经元素分析得知其质量分数为 19.5% Cr、40.0% Cl、4.5% H 和 36.0% O；②取此化合物样品 0.533 g，溶解在 100 mL 水中，再加入 10 mL 的 2 $mol \cdot L^{-1}$ HNO_3，然后加入过量的 $AgNO_3$ 溶液，有沉淀生成。将沉淀过滤，洗涤，烘干并称量，其质量为 0.287 g；③当 1.06 g 该化合物样品在干燥的空气流中慢慢加热到 100℃时，有 0.144 g 的水被除去。根据上述数据完成下列问题。

(a) 写出该配合物的化学式并命名。

(b) 画出该配合物所有的几何异构体。

(6) *当$[Ni(NH_3)_4]^{2+}$用浓盐酸处理时，生成两种化学式为$[Ni(NH_3)_2Cl_2]$的化合物，分别指定为 A 和 B，利用稀盐酸煮沸，可以将 A 转变为 B，A 在溶液中与草酸反应生成$[Ni(NH_3)_2(C_2O_4)]$，B 不与草酸发生反应。根据上述实验结果推断 A 和 B 的几何构型。

(7) **某三乙基膦 $P(C_2H_5)_3$ 的镍(Ⅱ)配合物的化学式为 $Ni[P(C_2H_5)_3]_2Br_3$，该配合物为极性分子，难溶于水而易溶于苯，其苯溶液不导电。试画出该配合物所有可能的几何异构体。

参 考 答 案

1. 填空题(每空 1 分，共 20 分)

(1) ①氨基 · 硝基 · 二氨合铂(Ⅱ)；②顺式-二氟 · 二(乙二胺)合钴(Ⅲ)离子；③$[Ni(CO)_4]$；④$[Cr(H_2O)_2(en)(C_2O_4)]^+$。

(2) +2；C(或碳)；6；八面体；$(t_{2g})^6(e_g)^0$；d^2sp^3；反(或逆)；内；低。

(3) 0；3.87。

(4)平面四边形；2；顺。

(5) 20400；－24480。

2. 是非题(用“√”、“×”表示对、错并填入括号中，每小题 1 分，共 8 分)

(1)(×) (2)(√) (3)(×) (4)(×) (5)(×) (6)(×) (7)(×) (8)(×)

3. 选择题[每小题 2 分，共 30 分，其中第(10)、(11)小题为多选，其余为单选]

(1)(A) (2)(C) (3)(B) (4)(B) (5)(B) (6)(C) (7)(B) (8)(B) (9)(B) (10)(BC) (11)(ABD) (12)(D) (13)(C) (14)(A) (15)(B)

4. 简答题(每小题 6 分，共 42 分)

(1) 这两种划分在多数情况下是等同的，即外轨型也是高自旋型，内轨型也是低自旋型，但并不是完全一致。

以八面体配合为例进行说明。$d^{4\sim6}$ 电子构型可以形成内轨型或外轨型，而 $d^{4\sim7}$ 电子构型则可以形成高自旋型或低自旋型，因此对于 $d^{4\sim6}$ 电子构型而言，题中的两种划分是等同的。例如，Fe^{3+}为 $3d^5$ 电子构型，与弱场配体 F^-形成的配合物$[FeF_6]^{3-}$既属于外轨型也属于高自旋型，而与强场配体 CN^-形成的配合物$[Fe(CN)_6]^{3-}$既属于内轨型也属于低自旋型。d^7 电子构型较为特殊。若按照价键理论进行分析，5 个 3d 轨道中填充了 7 个电子，发生重排后也最多只能腾出 1 个空的 3d 轨道，即内层无法提供 2 个空的 3d 轨道参与形成 d^2sp^3 杂化，所以理论上只能利用外层轨道进行杂化(sp^3d^2 杂化)形成外轨型八面体配合物，此时配合物仍有 3 个成单的 d 电子。

但是，对于配合物$[Co(NO_2)_6]^{4-}$，Co^{2+}为 $3d^7$ 电子构型，实验测定该配离子的磁矩 $\mu = 1.8\ \mu_B$，表明只有 1 个单电子，这与上面分析的 d^7 电子构型理论上只能形成外轨型八面体配合物(仍有 3 个单电子)相矛盾。因此，若要用价键理论来解释，就只能按如下价层电子排布：

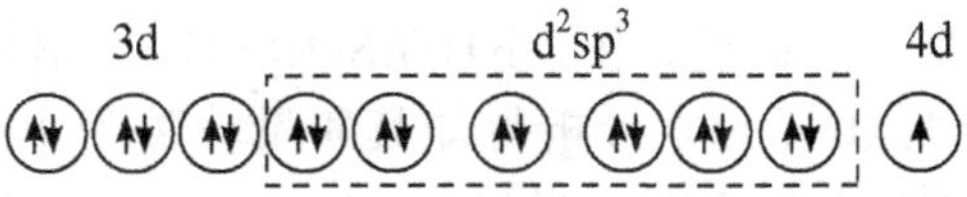

有 1 个 3d 电子激发到 4d 轨道上，然后空出 2 个 3d 轨道形成 d^2sp^3 杂化。激发到 4d 轨道上的这个电子的能量高而不稳定，容易失去，但实际上$[Co(NO_2)_6]^{4-}$是很稳定的，并不易失去电子。可见，对于 d^7 电子构型的配合物，利用价键理论进行解释有时候很勉强。若采用晶体场理论能很方便地进行解释，$[Co(NO_2)_6]^{4-}$中含有一个单电子，应是低自旋型排布，即$(t_{2g})^6(e_g)^1$。

(2) ①$[CoF_6]^{3-}$中，中心 Co^{3+}为 $3d^6$ 电子构型，结合磁矩为 4.9 μ_B 可以推算出该配离子中含有 4 个未成对电子，为高自旋排布，中心离子 d 轨道分裂后的能级图为

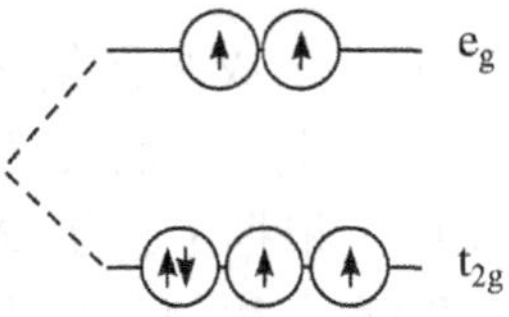

中心离子在分裂后的 d 轨道中的电子排布式为$(t_{2g})^4(e_g)^2$。

晶体场稳定化能为：$CFSE = 4\times(-4\ Dq) + 2\times6\ Dq = -4\ Dq$

②$[Co(NO_2)_6]^{4-}$中，中心 Co^{2+}为 $3d^7$ 电子构型，结合磁矩为 1.8 μ_B 可以推算出该配离子中含有 1 个未成对电子，为低自旋排布，中心离子 d 轨道分裂后的能级图为

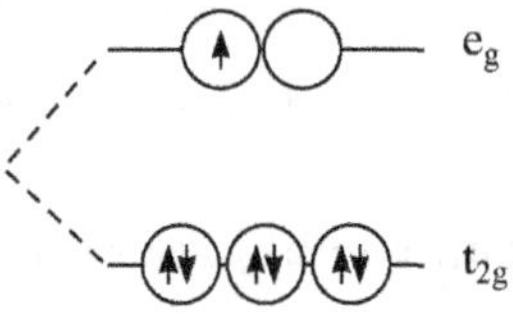

中心离子在分裂后的 d 轨道中的电子排布式为$(t_{2g})^6(e_g)^1$。

晶体场稳定化能为：CFSE = 6×(− 4 Dq) + 1×6 Dq + P = − 18 Dq + P

③$[Mn(SCN)_6]^{4-}$中，中心 Mn^{2+}为 $3d^5$ 电子构型，结合磁矩为 6.1 μ_B 可以推算出该配离子中含有 5 个未成对电子，为高自旋排布，中心离子 d 轨道分裂后的能级图为

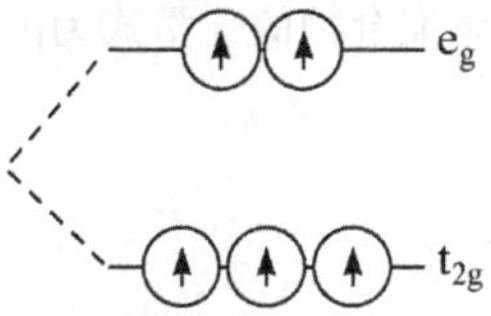

中心离子在分裂后的 d 轨道中的电子排布式为$(t_{2g})^3(e_g)^2$。

晶体场稳定化能为：CFSE = 3×(− 4 Dq) + 2×6 Dq = 0

④$[Fe(CN)_6]^{3-}$中，中心 Fe^{3+}为 $3d^5$ 电子构型，结合磁矩为 2.3 μ_B 可以推算出该配离子中含有 1 个未成对电子，为低自旋排布，中心离子 d 轨道分裂后的能级图为

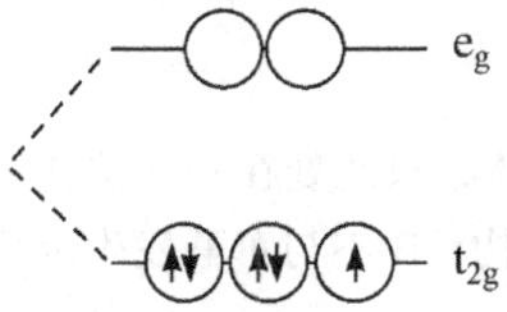

中心离子在分裂后的 d 轨道中的电子排布式为$(t_{2g})^5(e_g)^0$。

晶体场稳定化能为：CFSE = 5×(− 4 Dq) + 0×6 Dq + 2P = − 20 Dq + 2P

(3) $[Pt(NH_3)_2(H_2O)_2Br_2]^{2+}$一共有 5 种几何异构体(1～5)，其中全邻位的(5)具有旋光异构体。

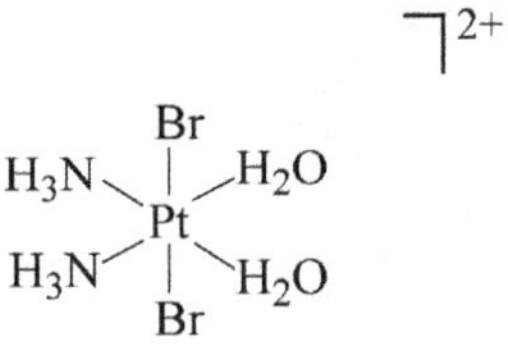

(1)

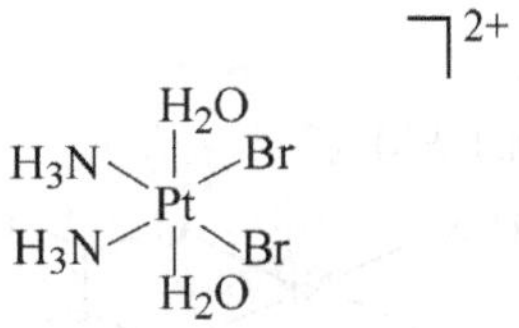

(2)

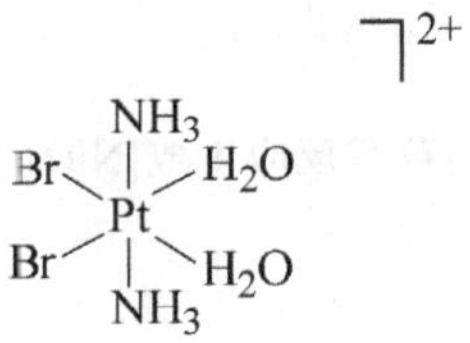

(3)

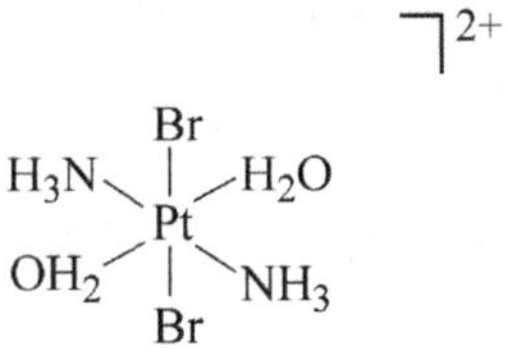

(4)

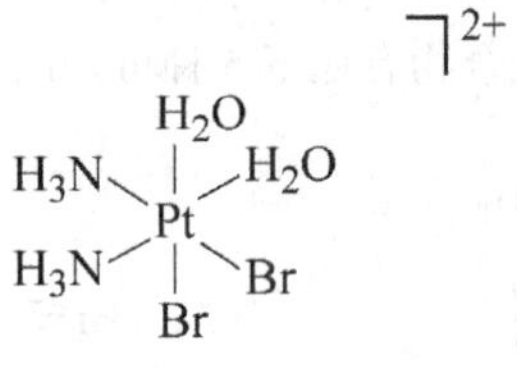

(5)

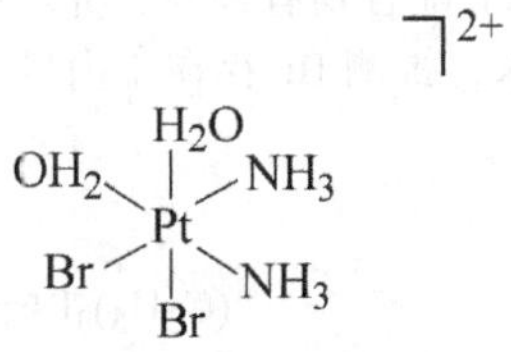

对映体

(4) 在无水 $CuSO_4$ 中，因为配体 SO_4^{2-} 的场强很弱，引起的分裂能很小，所以 d-d 跃迁时吸收的光的波长很长，位于红外区，在可见光区无吸收，因此显白色。

$CuSO_4\cdot 5H_2O$ 的结构式为$[Cu(H_2O)_4]SO_4\cdot H_2O$，$Cu^{2+}$与 4 个 H_2O 分子配位；而在$[Cu(NH_3)_4]SO_4\cdot H_2O$中，$Cu^{2+}$与 4 个 NH_3 分子配位。根据光谱化学序列，NH_3 的场强大于 H_2O，所以$[Cu(NH_3)_4]^{2+}$比$[Cu(H_2O)_4]^{2+}$的分裂能更大。当发生 d-d 跃迁时，$[Cu(NH_3)_4]^{2+}$吸收的光的波长比$[Cu(H_2O)_4]^{2+}$更短，$[Cu(NH_3)_4]^{2+}$吸收橙黄色的光(663 nm)，配合物颜色为深蓝色；$[Cu(H_2O)_4]^{2+}$吸收橙红色的光(794 nm)，颜色为较$[Cu(NH_3)_4]^{2+}$更浅的蓝色。

(5) ①配合物中各元素原子数之比为

$$n_{Cr} : n_{Cl} : n_H : n_O = \frac{19.5}{52.0} : \frac{40.0}{35.5} : \frac{4.5}{1} : \frac{36.0}{16} = 1 : 3 : 12 : 6$$

因此配合物的实验式为：$CrCl_3H_{12}O_6$。

根据题目已知条件，0.533 g 配合物样品(即 0.002 mol)与过量 $AgNO_3$ 溶液反应后生成 0.287 g AgCl

沉淀(即 0.002 mol)，说明 1 mol $CrCl_3H_{12}O_6$ 生成 1 mol AgCl，因此配合物中有一个 Cl 原子处于外界。

此外，1.06 g 配合物样品(即 0.004 mol)缓慢加热后有 0.144 g 的水(即 0.008 mol)被除去，说明 1 mol $CrCl_3H_{12}O_6$ 缓慢加热后有 2 mol 处于外界的结晶水被除去。

根据以上分析可知，1 mol $CrCl_3H_{12}O_6$ 中有 1 mol Cl^- 和 2 mol H_2O 在配合物外界，再结合该配合物为八面体构型，配位数应为 6，因此可推测该配合物的化学式为 $[CrCl_2(H_2O)_4]Cl \cdot 2H_2O$，名称为二水合一氯化二氯 · 四水合铬(Ⅲ)。

②该配合物有 2 个顺反异构体。

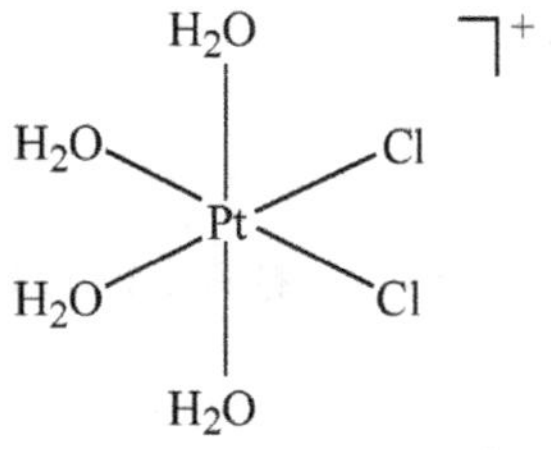

顺式

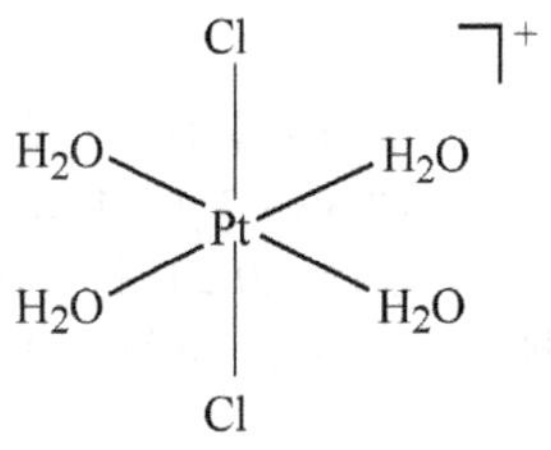

反式

(6) 草酸根 ($C_2O_4^{2-}$) 是典型的双齿配体，只能处在顺式位置形成螯合物，所以 A 在溶液中与草酸反应生成 $[Ni(NH_3)_2(C_2O_4)]$，说明 A 为顺式结构；B 不与草酸发生反应，说明 B 为反式结构。A 和 B 的几何构型分别为

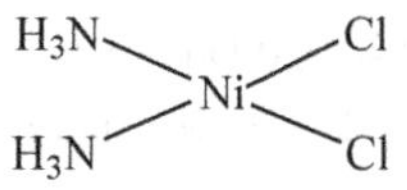

(A)

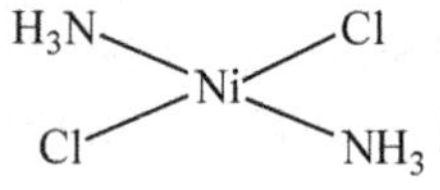

(B)

A 与草酸反应生成 $[Ni(NH_3)_2(C_2O_4)]$ 的结构为

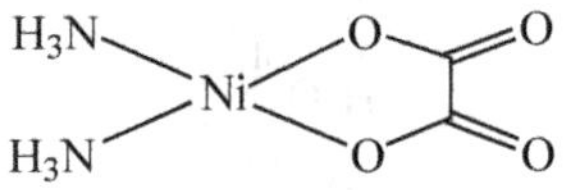

(7) 配合物有极性，所以对称元素交于一点的分子构型不存在，即配合物为非对称型结构。配合物难溶于水，推测 Br^- 存在于内界，因此该配合物有如下 5 种可能的几何异构体。

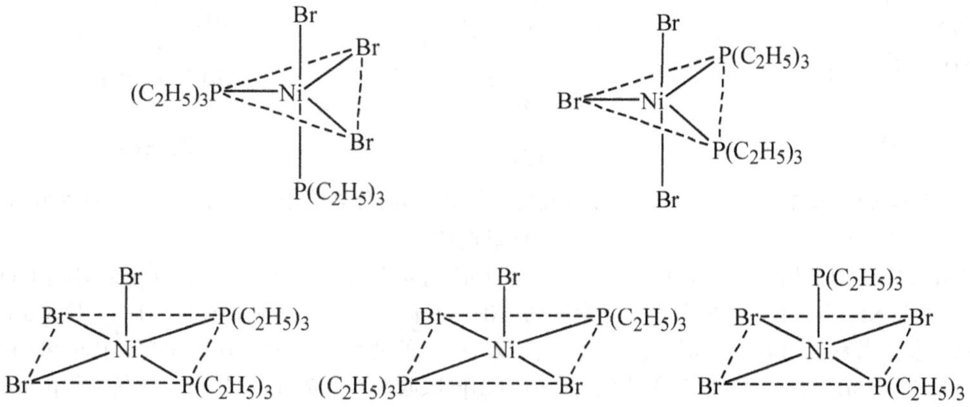

(中南大学　张寿春)

第5章 气　体

一、学 习 目 标

(1) 阐述气体的性质，描述理想气体的状态方程并能熟练掌握相关计算。

(2) 熟练运用道尔顿分压定律，描述分体积定律。

(3) 说明气体分子运动论、分子的速率分布和能量分布等。

(4) 阐述范德华气体状态方程以及实际气体与理想气体之间的偏差及其修正方法。

二、重难点解析

本章的主要内容包括理想气体状态方程及其应用、气体混合物、分压定律、分体积定律、气体分子运动论、真实气体和范德华气体状态方程。其中，理想气体状态方程、气体混合物和分压定律重在理解其内涵和意义并掌握相关的计算，如密度的计算、摩尔质量的计算、分压的计算等；真实气体和范德华气体状态方程重在理解其与理想气体状态方程的区别以及产生该区别的微观原因。

(一) 气体三定律与理想气体状态方程

波义耳定律：当温度(T)和气体的物质的量(n)不变时，气体的体积(V)与其压强(p)成反比。即

$$V \propto \frac{1}{p}$$

查尔斯定律：当压强(p)和气体的物质的量(n)不变时，气体的体积(V)与温度(T)成正比。即

$$V \propto T$$

阿伏伽德罗定律：当温度(T)和压强(p)不变时，气体的体积(V)与气体的物质的量(n)成正比。即

$$V \propto n$$

综合上述三个定律，可得到 p、T、n 与 V 之间的定量关系，即理想气体状态方程：

$$pV = nRT$$

严格地说，理想气体状态方程只适用于理想气体。实际上，理想气体并不存在。从低

压气体的性质，可以抽象出理想气体的微观模型，即：①气体分子的体积与气体占有体积相比可以忽略不计；②分子之间没有相互作用力；③分子之间及分子与器壁之间发生的碰撞是完全弹性碰撞。

在理想气体状态方程式中，若已知 p、V、T、n 四个物理量中的任意三个，即可计算余下的未知物理量；若已知温度、压强和气体的摩尔质量，即可计算气体的密度；若已知温度、压强和气体的密度，即可计算气体的摩尔质量。

(二) 道尔顿分压定律

道尔顿(Dalton)进行了大量实验，提出了混合气体的分压定律：混合气体的总压等于各组分气体的分压之和。其数学表达式为

$$p_{总}=p_1+p_2+p_3+\cdots \quad 或 \quad p_{总}=\sum p_i\ (T、V一定)$$

式中，$p_{总}$ 为混合气体的总压；p_1、p_2、p_3 …为各组分气体的分压。

理想气体混合时，由于分子间无相互作用，因此在容器中各种组分气体碰撞器壁分别产生的压强，与它们独立存在于同一容器中是相同的。相同温度下，若 A、B 两种气体分别占据同样体积的容器，则每一组分产生的压强(即分压)只取决于该组分的物质的量。

$$p_{\mathrm{A}}=\frac{n_{\mathrm{A}}RT}{V}; \qquad p_{\mathrm{B}}=\frac{n_{\mathrm{B}}RT}{V}$$

因此，理想气体混合后的总压等于两种组分的分压之和：

$$p_{总}=p_{\mathrm{A}}+p_{\mathrm{B}}=\frac{n_{\mathrm{A}}RT}{V}+\frac{n_{\mathrm{B}}RT}{V}=\frac{(n_{\mathrm{A}}+n_{\mathrm{B}})RT}{V}=\frac{n_{总}RT}{V}$$

经过数学处理可得：

$$p_{\mathrm{A}}=x_{\mathrm{A}}p_{总}; \quad p_{\mathrm{B}}=x_{\mathrm{B}}p_{总}$$

(三) 分体积定律

由互不反应的气体 A 和 B 组成的混合气体中，某组分气体的分体积等于该气体在与混合气体相同压强和温度条件下，其单独存在时占有的体积。即

$$V_{\mathrm{B}}=\frac{n_{\mathrm{B}}RT}{p_{总}}$$

在 T、p 相同时，混合气体的总体积等于各组分气体的分体积之和。这一规律称为分体积定律。分体积定律是理想气体性质的必然结果，在 T、p 恒定的条件下

$$V_{总}=\frac{n_{总}RT}{p_{总}}=\frac{n_1RT}{p_{总}}+\frac{n_2RT}{p_{总}}+\cdots=V_1+V_2+\cdots$$

$$\frac{p_{\mathrm{B}}}{p_{总}}=\frac{V_{\mathrm{B}}}{V_{总}}=x_{\mathrm{B}}=\varphi_{\mathrm{B}}$$

(四) 范德华气体状态方程

在高压低温下，气体的密度增大，分子间间距减小，分子间的相互作用及分子本身的体积不能忽略。因此，将理想气体状态方程应用于真实气体时，必须在理想气体的模型上进行修正。

1873 年范德华根据刚性球分子模型，对理想气体状态方程加以修正，建立了新的范德华方程：

$$\left(p+a\frac{n^2}{V^2}\right)(V-nb)=nRT$$

范德华方程较好地描绘了高温下实际气体的状态变化关系，揭示出相变临界温度的存在，推广后还可近似应用于液体。

三、习题解析

5-1 为什么湿空气比干燥的空气密度小?

答 根据阿伏伽德罗定律：在同温同压下，相同体积的任何气体含有的气体分子数相同。那么，同温同压下体积相同的潮湿空气和干燥空气相比，显然潮湿空气中含的水分子数比干燥空气的水分子数多，而水分子的摩尔质量小于氧气和氮气的摩尔质量，因此同温同压下同体积的潮湿空气的质量比干燥空气的质量小，所以潮湿空气的密度比干燥空气的密度低。

5-2 在标准状况下，多少摩尔的 AsH_3 气体占有 0.00400 L 的体积？此时该气体的密度是多少?

解 根据阿伏伽德罗定律可知，在 273.15 K 和 101.3 kPa 条件下，22.414 L 任何气体含有的气体分子数都为 N_A(阿伏伽德罗常量)个(即 1 mol)，则在标准状况下，0.00400 L AsH_3 气体的物质的量为 $\frac{0.00400}{22.414}=0.000178\ (\text{mol})$。

标准状况下，该气体的密度为

$$\rho=\frac{m}{V}=\frac{0.000178\times 77.92}{0.00400}=3.47\ (\text{g}\cdot\text{L}^{-1})$$

5-3 由 0.538 mol He(g)、0.315 mol Ne(g)和 0.103 mol Ar(g)组成的混合气体在 25℃时体积为 7.00 L，试计算：

(1) 各气体的分压。

(2) 混合气体的总压强。

解 根据理想气体状态方程和道尔顿分压定律：

$$p_i=\frac{n_iRT}{V}$$

$$p_{\text{He}}=\frac{n_{\text{He}}RT}{V}=\frac{0.538\times 8.314\times 298}{7.00}=190.4\ (\text{kPa})$$

$$p_{Ne}=\frac{n_{Ne}RT}{V}=\frac{0.315\times 8.314\times 298}{7.00}=111.5\ (kPa)$$

$$p_{Ar}=\frac{n_{Ar}RT}{V}=\frac{0.103\times 8.314\times 298}{7.00}=36.5\ (kPa)$$

$$p_{总}=p_{He}+p_{Ne}+p_{Ar}=190.4+111.5+36.5=338.4\ (kPa)$$

5-4 在 76 m 的水下，压强为 849.1 kPa，要使潜水员使用的潜水气瓶中氧气的分压保持为 21.3 kPa (这是氧气在总压强为 101.3 kPa 的空气中的分压)，潜水气瓶中氧气的摩尔分数是多少？

解 根据理想气体状态方程和道尔顿分压定律 $p_i=x_i p_{总}$，则

$$x_i=\frac{p_i}{p_{总}}=\frac{21.3}{849.1}=0.025$$

5-5 现有 1.00 mol CCl_4，体积为 28.0 L，温度为 40℃，分别计算：

(1) 服从理想气体方程时该气体的压强；

(2) 不服从理想气体方程时($a=20.4\times 10^{-1}\ Pa\cdot m^6\cdot mol^{-2}$，$b=0.1383\ L\cdot mol^{-1}$)该气体的压强。

解 (1) 根据理想气体状态方程：

$$p=\frac{nRT}{V}=\frac{1.00\times 8.314\times 313}{28.0}=92.94\ (kPa)$$

(2) 已知 $a=20.4\times 10^{-1}\ Pa\cdot m^6\cdot mol^{-2}=20.4\times 10^{-1}\ Pa\cdot (10^3L)^2\cdot mol^{-2}$，

$$b=0.1383\ L\cdot mol^{-1}$$

根据范德华实际气体状态方程 $\left(p+a\frac{n^2}{V^2}\right)(V-nb)=nRT$，得

$$p=\frac{nRT}{V-nb}-\frac{an^2}{V^2}=\frac{1.00\times 8.314\times 313}{28.0-1.00\times 0.1383}-\frac{20.4\times 10^{-1}\times 1.0^2}{28.0^2}$$
$$=93.4-2.6\ =\ 90.8\ (kPa)$$

5-6 试解释在以下两种情况下，分子间的作用力对气体性质的影响是增加了还是减弱了。

(1) 等温下压缩气体；

(2) 等压下升高气体的温度。

答 (1) 等温压缩气体时，分子的平均动能不变，但气体分子间的距离缩小。由于分子间的作用力随分子间距离的缩小而增加，因此，等温压缩气体时，分子间的作用力对气体性质的影响将增加。

(2) 等压下升高气体的温度时，虽然分子的平均动能增加，但气体体积增大，分子间的距离也增加。由于分子间的作用力随分子间距离的增加而缩小，因此，等压下升高气体的温度时，分子间的作用力对气体性质的影响将减小。

5-7 用加热氯酸钾($KClO_3$)的方法制备氧气，氧气用排水集气法收集，在 26℃、102 kPa 压强下收集到的气体体积为 0.250 L，计算：(1) 收集到多少摩尔氧气？(2) 有多少克 $KClO_3$ 发生分解？(已知：26℃时水的蒸气压为 3.33 kPa)

解 (1) $p_{O_2} = p_{总} - p_{H_2O} = 102 - 3.33 = 98.67\ (kPa)$

$$V = 0.250\ L, \quad T = 26 + 273 = 299\ (K)$$

根据理想气体状态方程，得

$$n_{O_2} = \frac{p_{O_2}V}{RT} = \frac{98.67 \times 0.250}{8.314 \times 299} = 0.00992\ (mol)$$

(2) 设分解的氯酸钾的质量为x。根据加热氯酸钾的方法制备氧气的反应方程式

$$2KClO_3(s) \xrightarrow{加热} 2KCl(s) + 3O_2(g)$$

则

$$x = \frac{0.00992 \times 2 \times 122.5}{3} = 0.81\ (g)$$

5-8 已知O_2的密度在标准状态下是1.43 $g \cdot L^{-1}$，计算O_2在17℃和207 kPa时的密度。

解 根据$\rho = \dfrac{pM}{RT}$，标准状态下氧气的摩尔质量为

$$M_{O_2} = \frac{\rho RT}{p} = \frac{1.43 \times 8.314 \times 273}{101.325} = 32.0\ (g \cdot mol^{-1})$$

在17℃和207 kPa时O_2的密度为

$$\rho_{O_2} = \frac{pM_{O_2}}{RT} = \frac{207 \times 32.0}{8.314 \times 290} = 2.75\ (g \cdot L^{-1})$$

5-9 某烃类气体在 27℃、100 kPa下为 10.0 L，完全燃烧后将生成物分离，并恢复到27℃、100 kPa，得到 20.0 L CO_2 和 14.44 g H_2O，通过计算确定此烃类的分子式。

解 根据理想气体状态方程，得

$$n_{烃} = \frac{pV}{RT} = \frac{100 \times 10.0}{8.314 \times 300} = 0.401\ (mol)$$

燃烧生成的二氧化碳的物质的量为

$$n_{CO_2} = \frac{pV}{RT} = \frac{100 \times 20.0}{8.314 \times 300} = 0.802\ (mol)$$

生成的水的物质的量为

$$14.44/18 = 0.802\ (mol)$$

设该烃的化学式为C_xH_y。其燃烧反应为

$$C_xH_y + (x + \frac{y}{4})O_2 \xrightarrow{燃烧} xCO_2 + \frac{y}{2}H_2O$$

根据计量关系得，$x = 0.802/0.401 = 2$，$y = 0.802 \times 2/0.401 = 4$，即该烃类的化学式为$C_2H_4$。

5-10 30℃时，在10.0 L容器中，O_2、N_2和CO_2混合气体的总压强为93.3 kPa，其中O_2的分压为26.7 kPa，CO_2的质量为5.00 g。计算CO_2和N_2的分压，以及O_2的摩尔分数。

解 混合气体中二氧化碳的物质的量为5.00/44.0 = 0.114 (mol)。

根据道尔顿分压定律，二氧化碳的分压为

$$p_{CO_2}=\frac{n_{CO_2}RT}{V}=\frac{0.114\times 8.314\times 303}{10.0}=28.7\ (kPa)$$

根据道尔顿分压定律，$p_{总}=p_{CO_2}+p_{O_2}+p_{N_2}$，所以，

$$p_{N_2}=p_{总}-p_{CO_2}-p_{O_2}=93.3-28.7-26.7=37.9(kPa)$$

$$x_{O_2}=\frac{p_{O_2}}{p_{总}}=\frac{26.7}{93.3}=0.286$$

5-11 在室温常压条件下，将 4.0 L N_2和 2.0 L H_2充入一个 8.0 L 的容器，混合均匀，则混合气体中 N_2和 H_2 的分体积分别是多少？

解 根据理想气体状态方程：

$$p=\frac{nRT}{V}\Rightarrow n=\frac{pV}{RT}$$

所以，同温同压下，$n_{N_2}=\frac{4p}{RT}$，$n_{H_2}=\frac{2p}{RT}$，则混合气体中氮气和氧气的摩尔分数分别为：$x_{N_2}=4/6$，$x_{H_2}=2/6$。

根据分体积定律

$$V_{N_2}=x_{N_2}V_{总}=(4/6)\times 8=5.3(L)$$

$$V_{H_2}=x_{H_2}V_{总}=(2/6)\times 8=2.7(L)$$

四、水 平 测 试

1. 填空题(每空 1 分，共 20 分)

(1) 严格地说，理想气体方程只适用于__________气体；或者说，理想气体方程只有在__________压强和__________温度时，才可以较好地适用于实际气体。

(2) 在国际单位制系统中，摩尔气体常量 R 的值为__________；在理想气体方程的应用中，如果方程式中压强单位为大气压(atm)，则 R 的数值为__________。

(3) 一定量 Ne 在 100℃时的体积为 400 mL，则相同压强下该气体在 0℃的体积为__________mL。

(4) 吹气球时，气体分子对气球内壁产生压力，而且在气球内壁各点产生的压力都__________。

(5) 理想气体混合时，混合气体中每一组分气体都能__________地充满整个容器的空间，且互不干扰。其中任一组分气体分子对器壁碰撞所产生的压强与它独占有整个容器时所产生的压强__________；混合气体中，各组分气体的摩尔分数之和为__________。

(6) *在相同温度与压强下，气态物质的量与其__________成正比，气态物质的密度与其__________成正比。

(7) *绝对意义上的理想气体并不存在，实际气体由于其__________和__________的影响，其行为会偏离理想气体状态方程。因此，当理想气体状态方程应用于实际气体时，必须对方程中的__________和__________进行修正，才能得到较满意的结果。

(8) *0℃和标准压强下，1 L 水能溶解 49.0 mL O_2 和 23.5 mL N_2，在相同的条件下，1 L 水约能溶解空气___________mL。

(9) *恒温下将 1.0 L 204.0 kPa N_2(g)及 2.0 L 303.0 kPa O_2(g)充入容积为 3.0 L 的真空容器中，则 N_2(g)的分压为___________kPa；O_2(g)的分压为___________kPa；容器的总压为___________kPa。

2. 是非题(用“√”、“×”表示对、错并填入括号中，每小题 1 分，共 10 分)

(　　) (1) 标准状态下，1 mol H_2 和 1 mol O_2 所含气体分子数相同，气体体积也相同。

(　　) (2) 理想气体状态方程可适用于温度不太低、压强不太高的实际气体。

(　　) (3) 某理想气体混合物由 A、B 两气体组成，则混合物中 A 气体的分压与 B 气体的量有关。

(　　) (4) 同温同压下，如果两种气体的质量相同，则它们的体积和密度都相同。

(　　) (5) 300 K 时，将 140.0 g 的 CO 和 20.0 g H_2 充入体积为 50.0 L 的容器中，则混合气体的总压为 499 kPa。

(　　) (6) 混合气体中各组分的摩尔分数相等，则各组分的物质的量必然相等。

(　　) (7) 减小压力气体可以膨胀，增大压力气体可以压缩，因此，气体分子可以看作一些小的弹性颗粒。

(　　) (8) *在 310℃、101 kPa 时，实验测定单质气态磷的密度为 2.64 $kg \cdot L^{-1}$，则磷的化学式为 P_4。

(　　) (9) *同温同压下，如果 n_A 摩尔的 A 气体所占体积为 V_A，n_B 摩尔的 B 气体所占体积为 V_B，当这两份气体在相同条件下混合后，则混合气体的总体积等于 V_A 与 V_B 之和。

(　　) (10) *范德华方程中，b 是实际气体分子自身的体积造成气体分子的自由运动的空间体积减小的校正项系数。

3. 选择题[每小题 2 分，共 20 分，其中第(3)、(5)小题为多选，其余为单选]

(1) 根据查尔斯定律，压强一定时，若气体温度升高，下列叙述正确的是(　　)。

A. 体积减小　　B. 体积增加　　C. 体积不变　　D. 不能确定气体体积变化

(2) 条件 0℃、101.325 kPa 称为气体的标准状况，甲烷在标准状况下的密度为(　　) $kg \cdot m^{-3}$。

A. 0.523　　B. 0.716　　C. 0.916　　D. 0.285

(3) 下列叙述中，错误的是(　　)。

A. 理想气体状态方程用于实际气体时，需要对 p 和 V 进行修正

B. 混合气体中，组分气体的分压越高，则该组分气体的摩尔质量越小

C. 分压定律适合于任意压强的气体体系

D. 同温同压下，相对分子质量越大的气体，密度不一定大

(4) 分别用理想气体状态方程和范德华方程计算，25℃时，0.60 mol NH_3 在一体积为 3.00 L 的容器中的压强分别为(　　)atm。(NH_3 的范德华常数 $a = 4.17\ L^2 \cdot atm \cdot mol^{-2}$，$b = 0.0371\ L \cdot mol^{-1}$)

A. 6.9，6.8　　B. 5.3，5.2　　C. 4.1，4.0　　D. 4.9，4.8

(5) 下列关于理想气体的描述，正确的是(　　)。

A. 理想气体是一种理想化的模型，并不真实存在

B. 低温低压的实际气体性质接近于理想气体

C. 低温高压的实际气体性质接近于理想气体

D. 理想气体粒子的体积可以忽略，但气体粒子间的相互作用力不能忽略

(6) 在标准状态下，加热 2.16 g HgO 可以制备的氧气体积为(　　)L。

A. 0.448　　B. 0.224　　C. 0.112　　D. 0.336

(7) 27℃时，将 2.0 g N_2、0.40 g H_2、9.0 g O_2 充入一容积为 1 L 的容器中，容器中气体的总压强为(　　)atm。

A. 21　　B. 14　　C. 25　　D. 11

(8) *用 MnO_2 作催化剂热分解 $KClO_3$ 制备氧气，若在 20℃、99 kPa 时用排水集气法收集 1.5 L 氧气，至少要取 $KClO_3$(　　)g。(已知在 20℃时水的蒸气压为 2.34 kPa)

A. 24.0　　B. 32.0　　C. 5.3　　D. 4.9

(9) *某碳氢化合物中 C 元素的含量为 92.24%，0.291 g 该化合物在标准状态时的体积为 250 mL，则该化合物的化学式是(　　)。

A. C_2H_2　　B. C_6H_6　　C. C_2H_4　　D. C_3H_6

(10) **用理想气体方程可以估算太阳中心的温度。如果假设太阳的中心是由平均摩尔质量为 2.0 的气体构成，且气体的密度和压强分别为 1.4×10^3 kg · m^{-3} 和 1.3×10^9 atm，则太阳中心的温度是(　　)K。

A. 5.4×10^8　　B. 2.3×10^7　　C. 2.9×10^8　　D. 3.4×10^7

4. 简答题(每小题 5 分，共 10 分)

(1) 试说明：同温同压下的任意两种气体的体积比等于它们混合之后的压强比。

(2) *比较 NH_3 和 N_2 在实际气体状态方程中的范德华常数值，解释为什么 NH_3 的 a 值(4.22 Pa · m^6 · mol^{-2})比 N_2 的 a 值(1.41 Pa · m^6 · mol^{-2})大，而 N_2 的 b 值(0.391 m^3 · mol^{-1})比 NH_3 的 b 值(0.371 m^3 · mol^{-1})大。

5. 计算题(每小题 10 分，共 40 分)

(1) 今有 20℃的乙烷和丁烷混合气体，充入一抽成真空的 200 cm^3 容器中，直到压强达到 101.325 kPa，测得容器中混合气体的质量为 0.3897 g。试求该混合气体中两种组分的摩尔分数及分压。

(2) 某学生在实验室中用金属锌与盐酸反应制取氢气。所得到的氢气用排水集气法在水面上收集。温度为 18℃时，室内气压计为 753.8 mmHg，湿氢气体积为 0.567 L。用分子筛除去水分，得到干氢气。计算同样温度、压强下干氢气的体积以及氢气的物质的量。已知 18℃下，水的饱和蒸气压 $p(H_2O) = 15.477$ mmHg。

(3) *现有 15.00 mol Ne，体积为 12.0 L，温度为 30℃，分别计算该气体于以下两种情况时的压强：①服从理想气体状态方程；②不服从理想气体状态方程($a = 0.2107$ L^2 · atm · mol^{-2}，$b = 0.0171$ L · mol^{-1})。

(4) *在潜水员自身携带的水下呼吸器中充有氧气和氦气(He 在血液中溶解度很小，而溶解度大的 N_2 可导致气栓病)。某潜水员潜至海水 30 m 深处作业，海水的密度为 1.03 g · cm^{-3}，温度为 20℃。在这种条件下，O_2、He 混合气中氧气的分压必须维持在 21 kPa 才能使人体正常代谢，则氧气的体积分数应为多少？以 1.00 L 混合气体为基准，计算 O_2 的分体积和 He 的质量。(重力加速度 g 取 9.807 m · s^{-2})

参考答案

1. 填空题(每空 1 分，共 20 分)

(1) 理想；较低；较高。

(2) 8.314 kPa · L · K^{-1} · mol^{-1}；0.0821 atm · L · K^{-1} · mol^{-1}

(3) 293。

(4) 相等。

(5) 均匀；相同；1。

(6) 体积；摩尔质量。

(7) 分子间作用力；气体分子本身的体积；压强；体积。

(8) 28.9。

(9) 68.0，202.0，270.0。

2. 是非题(用“√”、“×”表示对、错并填入括号中，每小题 1 分，共 10 分)

(1)(√) (2)(√) (3)(×) (4)(×) (5)(×) (6)(√) (7)(×) (8)(√) (9)(√) (10)(√)

3. 选择题[每小题 2 分，共 20 分，其中第(3)、(5)小题为多选，其余为单选]

(1)(B) (2)(B) (3)(BC) (4)(D) (5)(AC) (6)(C) (7)(B) (8)(D) (9)(A) (10)(B)

4. 简答题(每小题 5 分，共 10 分)

(1) 混合前，因为两种气体同温同压，根据理想气体方程，两种气体的体积比为

$$\frac{V_1}{V_2}=\frac{n_1RT/p}{n_2RT/p}=\frac{n_1}{n_2}$$

混合后，两种气体仍然同温同压，此时两种气体的压强比即它们在混合气体中的分压之比。根据理想气体方程可知，混合气体中这两种气体的分压之比为

$$\frac{p_1}{p_2}=\frac{n_1RT/V}{n_2RT/V}=\frac{n_1}{n_2}$$

所以，同温同压下的任意两种气体的体积比等于它们混合之后的压强比。

(2) 因为常数 a 与分子间的作用力相关，NH_3 间有氢键，其分子间的作用力显著大于 N_2 分子，故 NH_3 a 值更大。而常数 b 主要取决于分子的体积，NH_3 分子中的 H 原子是所有元素中体积最小的，使 NH_3 分子的实际体积比 N_2 分子小很多，因此 N_2 的 b 值比 NH_3 的 b 值大。

5. 计算题(每小题 10 分，共 40 分)

(1) $n = pV/RT = 8.314\times10^{-3}$ mol

$$[\chi_{乙烷}\times30 + (1-\chi_{乙烷})\times58]\times8.314\times10^{-3} = 0.3897\ (\text{g})$$

$$\chi_{乙烷} = 0.401 \qquad p_{乙烷} = 40.63\ \text{kPa}$$

$$\chi_{丁烷} = 0.599 \qquad p_{丁烷} = 60.69\ \text{kPa}$$

(2) 湿氢气中氢的分压为

$$p_1(H_2) = 753.8 - 15.477 = 738.3\ (\text{mmHg}) = 98.43\ (\text{kPa})$$

干氢气的 $p_2(H_2)$ = 753.8 mmHg = 100.5 kPa，体积为 $V_2(H_2)$。

$$V_2(H_2)=\frac{p_1V_1}{p_2}=\frac{98.43\times0.567}{100.5}=0.555\ (\text{L})$$

$$n(H_2)=\frac{p_1V_1}{RT}=\frac{98.43\times0.567}{8.314\times(273+18)}=2.31\times10^{-2}\ (\text{mol})$$

(3) ①
$$p=\frac{nRT}{V}=\frac{15.00\times8.314\times303}{12.0}=3150.43\ (\text{kPa})$$

② 根据 $p=\dfrac{nRT}{V-nb}-\dfrac{an^2}{V^2}$，则

$$p=\frac{15.00\times8.314\times303}{12.0-15.00\times0.0171}-\frac{15.00^2\times0.2107}{12.0^2}=3180.82\ (\text{kPa})$$

(4) 海水深 30 m 处的压强是由 30 m 高的海水和海面的大气共同产生。即

$$p=p_0+\rho gh=101+1.03\times10^3\times9.807\times30=404\ (\text{kPa})$$

$$\frac{p(O_2)}{p}=\frac{V(O_2)}{V}=x_i，\ 故\frac{V(O_2)}{V}=x_i=\frac{21}{404}\times100\%=5.2\%$$

若混合气体体积为 1.000 L，则 $V(O_2)=0.052$ L。

$$m(\text{He})=\frac{M_r(\text{He})pV(\text{He})}{RT}=\frac{4.0026\times404\times(1.000-0.052)}{8.314\times293}=0.63(\text{g})$$

(中南大学　王曼娟)

第6章 化学热力学基础

一、学习目标

(1) 阐明功、热、热力学能、焓、熵、吉布斯自由能等重要热力学物理量的物理意义，并熟练掌握这些热力学物理量的相关计算。

(2) 描述热力学三大定律的内容及意义，熟练掌握热力学第一定律的数学表达式及其应用。

(3) 理解等压反应热与等容反应热、内能变与焓变之间的关系，熟悉热化学方程式和热力学标准态；灵活运用赫斯定律进行化学反应热、吉布斯自由能变等热力学计算。

(4) 结合吉布斯自由能判据和吉布斯-亥姆霍兹公式判断化学反应的方向和转化温度。

(5) 从热力学原理上解释“永动机不可能实现”，领悟遵循科学规律的重要性。

二、重难点解析

本章的主要内容是化学热力学三大定律、化学反应热的计算、吉布斯自由能变的计算及化学反应方向的判断。其中，需重点掌握热力学第一定律的数学表达式及其应用，理解热力学能变、热和功之间的关系；正确理解热力学标准态的含义，熟练掌握化学反应热、熵变、吉布斯自由能变的计算方法，灵活运用赫斯定律、吉布斯-亥姆霍兹公式进行相关计算；注意化学反应热、熵变、吉布斯自由能变是广度性质，其值与化学方程式的写法有关；特别注意温度对吉布斯自由能变的影响不能忽略，在非 298.15 K 下进行的化学反应，其吉布斯自由能变不能直接由 298.15 K 下各物质的标准摩尔生成吉布斯自由能变来计算，而要根据吉布斯-亥姆霍兹公式计算；学会利用吉布斯自由能判据判断反应的自发性。

(一) 热力学、化学热力学与热力学方法

热力学是研究宏观体系热能与其他形式能量之间相互转换规律的一门科学。它是人们从生产实践中、在探索热能与其他形式能量之间相互关系本质的过程中形成的理论体系。其主要依据是具有高度普遍性和可靠性的热力学第一定律、第二定律和第三定律。

化学热力学是热力学原理在化学中的应用，它是专门研究化学反应的物质转变与能量变化规律的一门科学，其主要任务是解决化学反应的可能性、方向和限度等基本问题，或者说处理化学过程中热化学、相平衡和化学平衡的问题。

热力学方法是一种宏观的研究方法。其特点是无需知道系统内部的微观结构和个别微

粒的情况；不涉及过程是否实现、怎么实现及实现的快慢；往往只需知道体系的始、终态和外界条件，就能得到可靠的结论。

(二) 化学热力学基本概念

1. 体系与环境

热力学的研究对象称为体系，又称系统。体系以外的其余部分称为环境。

根据体系与环境之间有无物质和能量的交换，通常可以将体系分为以下三类。

(1) 敞开体系：体系与环境之间既有物质交换又有能量交换。

(2) 封闭体系：体系与环境之间只有能量交换而无物质交换。

(3) 孤立体系：体系与环境之间既无物质交换也无能量交换。

2. 状态与状态函数

(1) 状态：体系宏观物理和化学性质的综合表现。

(2) 状态函数：描述状态的宏观性质。

(3) 状态函数的特征：体系状态一定，状态函数就有一定值，而且是唯一值；状态变化时，状态函数的变化值只取决于始态和终态，与变化途径无关。

3. 过程与途径

(1) 过程：体系中发生的一切状态变化称为热力学过程，简称过程。

(2) 途径：体系由同一始态变到同一终态所经由的方式。

(3) 常见热力学过程：

等温过程：体系状态变化的始态与终态的温度相等，且等于环境温度的过程。

等压过程：体系状态变化的始态与终态的压强相等，且等于环境压强的过程。

等容过程：体系状态变化的始态与终态的体积相等的过程。

可逆过程：体系从状态 A 变化到状态 B，再从状态 B 沿原路返回到状态 A 时，不在环境中留下任何痕迹(体系和环境同时复原)的过程。同一始、终态条件下，可逆过程对外做的功最大。

4. 热(Q)和功(W)

热是因温度不同而在体系和环境之间传递的能量形式；功是除热以外，体系和环境之间传递的其他一切能量形式。

功分为体积功和非体积功。引起体系体积变化所做的功称为体积功，除体积功外，其他所有形式的功皆称为非体积功。

5. 热力学能(U)

热力学能又称内能，是体系内部能量的总和，其绝对值无法测定，但热力学能的变化值 ΔU 可以确定。热力学能是状态函数。

6. 焓(H)

定义：$H = U + pV$。焓是状态函数。对于理想气体，有 $H = U + nRT$。

7. 熵(S)

熵表示体系混乱度的大小。体系混乱度越大，熵值越大。熵是状态函数，属于广度性质，其常用单位是 $J \cdot K^{-1}$。

热力学证明，对于等温过程，体系的熵变 ΔS 等于该过程被设计为可逆过程时的热温商，即

$$\Delta S = \frac{Q_r}{T}$$

熵的物理意义可由它与混乱度的定量关系——玻尔兹曼关系式来阐明：

$$S = k\ln\Omega$$

8. 等容反应热(Q_V)与等压反应热(Q_p)

在不做非体积功的条件下，等容过程中体系与环境所交换的热称为等容热 Q_V，在数值上等于体系的热力学能变 ΔU。对于化学反应，Q_V 即为等容等温条件下的等容反应热，即 $\Delta U = Q_V$ 。

在不做非体积功的条件下，等压过程中体系与环境所交换的热称为等压热 Q_p，在数值上等于体系的焓变 ΔH。对于化学反应，Q_p 即为在等压等温条件下的等压反应热，即 $\Delta H = Q_p$。由于化学反应一般在仅做体积功的等压条件下进行，因此化学热力学常用 ΔH 直接表示等压反应热 Q_p。值得注意的是，Q_V 和 Q_p 只是在数值上分别等于 ΔU 和 ΔH，但它们的物理意义不同。

因为 $\Delta H = \Delta U + \Delta(pV) = \Delta U + \Delta n(RT) \approx \Delta U + \Delta n_g(RT)$，所以 Q_p 与 Q_V 的关系式为：$Q_p \approx Q_V + \Delta n_g(RT)$。

9. 热力学标准态

在某温度 T 和标准压强 $p^\ominus$(100 kPa)下该物质的状态，简称标准态或标态。值得注意的是，区分标准状况与标准态，标准状况明确指定温度(273.15 K)和压强(101.3 kPa)，而标准态明确指定了标准压强($p^\ominus$)为 100 kPa，但未限定温度，任何温度下都有热力学标准态。同一种物质，所处的状态不同，标准态的含义不同。

气体：纯气体的标准态是指其处于标准压强($p^\ominus$)下的状态，混合气体中某组分的标准态是指该组分气体的分压为 $p^\ominus$时的状态。

液体、固体：标准压强($p^\ominus$)下的纯液体、纯固体(纯净物)的状态。

溶液中的溶质：标准压强($p^\ominus$)下，溶质的浓度为 1 $mol \cdot L^{-1}$(严格来讲，是质量摩尔浓度 1 $mol \cdot kg^{-1}$)。

10. 自发过程

自发过程是在一定条件下无需任何外力帮助就能自动进行的过程。自发过程在热力学上又称为不可逆过程，即无论用什么方法都不能使体系和环境同时复原的过程。

自发过程具有的特征：①单向性，即自发过程绝不可能自动地逆向进行；②具有做非体积功的潜能；③具有一定的限度，平衡态即为自发过程的限度。

(三) 热力学第一定律

能量转化与守恒定律指出：自然界的一切物质都具有能量。能量既不能被消灭，也不能被创造。能量的各种形式之间可以相互转化，能量在不同的物体之间可相互传递，而在转化和传递过程中能量的总量保持不变。能量转化与守恒定律应用于宏观的热力学体系即为热力学第一定律。

热力学第一定律的数学表达式为：$\Delta U = Q + W$。利用该式，可以由体系与环境之间热和功的交换计算热力学能的变化值。

(四) 热力学第二定律

任何体系在没有外界影响时，总是单向地趋于热力学平衡态，而绝不可能自动地逆向进行。这一结论就是热力学第二定律。

(五) 热力学第三定律和规定熵

热力学第三定律：在绝对零度时，任何纯物质完整晶体的熵值 S_0 为零。

以此为相对标准求得的熵值称为物质的规定熵。$S_m^\ominus$ 是任意温度的标准规定熵，简称标准熵。

(六) 赫斯定律

赫斯定律：不做非体积功时，在等压或等容条件下，一个化学反应不管是一步完成还是分几步完成，它的反应热都相同。即此特殊条件下的反应热只取决于体系的始态和终态，与反应所经历的途径无关。换句话说，总反应的反应热等于各分步反应的反应热之和。赫斯定律所描述的这种关系适用于所有状态函数的变化值。

(七) $\Delta_r H_m^\ominus$ 的计算

标准摩尔反应热可以由各物质的标准摩尔生成热或标准摩尔燃烧热计算。

1. 标准摩尔生成热 ($\Delta_f H_m^\ominus$)

在标准状态下，由指定单质(也称稳定单质)一步生成 1 mol 该物质的反应的热效应称为标准摩尔生成热，符号为 $\Delta_f H_m^\ominus$，常用单位为 $kJ \cdot mol^{-1}$。

2. 标准摩尔燃烧热 ($\Delta_c H_m^\ominus$)

在标准状态下，1 mol 可燃物质完全燃烧(或完全氧化)所放出的热效应称为标准摩尔燃烧热，符号为 $\Delta_c H_m^\ominus$，常用单位为 $kJ \cdot mol^{-1}$。

3. $\Delta_c H_m^\ominus$ 的求算

$$\Delta_r H_m^\ominus = \sum \nu_B \Delta_f H_m^\ominus (B,T)$$

(八) $\Delta_r S_m^\ominus$ 的计算

$$\Delta_r S_m^\ominus = \sum \nu_B S_m^\ominus (B,T)$$

(九) 吉布斯-亥姆霍兹公式

$$\Delta_r G_m^\ominus (T) = \Delta_r H_m^\ominus (T) - T\Delta_r S_m^\ominus (T)$$

该公式将影响化学反应自发性的三个因素：能量变化($\Delta_r H_m^\ominus$)、混乱度变化($\Delta_r S_m^\ominus$)及温度结合起来考虑。因此，吉布斯-亥姆霍兹公式的运用有利于本章知识的前后贯通，是本章的重点内容。

(十) $\Delta_r G_m^\ominus$ 的计算

1. 标准摩尔生成吉布斯自由能($\Delta_f G_m^\ominus$)

在标准状态下，由指定单质生成 1 mol 物质的生成反应的吉布斯自由能变称为该物质的标准摩尔生成吉布斯自由能，常用符号 $\Delta_f G_m^\ominus$ 表示，常用单位为 $kJ \cdot mol^{-1}$。

2. 由 $\Delta_f G_m^\ominus$ 计算 $\Delta_r G_m^\ominus$

$$\Delta_r G_m^\ominus = \sum \nu_B \Delta_f G_m^\ominus (B,T)$$

值得注意的是：上述方法只能计算 298.15 K 下反应的标准吉布斯自由能变，如果不是在 298.15 K 下进行的反应，就只能根据吉布斯-亥姆霍兹公式计算 $\Delta_r G_m^\ominus$。

(十一) 吉布斯自由能判据

在等压等温、不做非体积功时，判断化学反应方向的吉布斯自由能判据为

$$\Delta_r G_{T,p} \begin{cases} <0, & \text{正向自发} \\ =0, & \text{平衡状态} \\ >0, & \text{正向非自发} \end{cases}$$

三、习题解析

6-1 状态函数的含义及其基本特征是什么？T、p、V、ΔU、ΔH、ΔG、S、G、Q_p、Q_V、Q、W、$W_{体}$中哪些是状态函数？状态函数中哪些属于广度性质，哪些属于强度性质？

答 状态函数是描述体系状态的宏观性质，如 T、p、V、n、m、ρ 等宏观物理量。体

系的宏观性质与体系的状态之间存在对应关系。状态函数的基本特征：① 在条件一定时，状态一定，状态函数就有一定值，而且是唯一值；② 条件变化时，状态也将变化，但状态函数的变化值只取决于始态和终态，与状态变化的途径无关；③ 状态函数的集合(和、差、积、商)也是状态函数。

T、p、V、S、G 是状态函数，T、p 属于强度性质，V、S、G 属于广度性质。

6-2 下列叙述是否正确？试解释。

(1) $Q_p = \Delta H$，H 是状态函数，所以 Q_p 也是状态函数。

(2) 化学计量数与化学反应计量方程式中各反应物和产物前面的配平系数相等。

(3) 标准状况与标准态是同一个概念。

(4) 所有生成反应和燃烧反应都是氧化还原反应。

(5) 标准摩尔生成热是生成反应的标准摩尔反应热。

(6) $H_2O(l)$的标准摩尔生成热等于 $H_2(g)$的标准摩尔燃烧热。

(7) 石墨和金刚石的燃烧热相等。

(8) 单质的标准摩尔生成热都为零。

(9) 稳定单质的 $\Delta_f H_m^\ominus$、$S_m^\ominus$、$\Delta_f G_m^\ominus$ 均为零。

(10) 当温度接近绝对零度时，所有放热反应均能自发进行。

(11) 若 $\Delta_r H_m$和 $\Delta_r S_m$都为正值，则当温度升高时反应自发进行的可能性增加。

(12) 冬天公路上撒盐以使冰融化，此时 $\Delta_r G_m$的符号为负，$\Delta_r S_m$的符号为正。

答 (1) 错。H 是状态函数，ΔH 是状态函数 H 的变化值，属于过程量，是非状态函数，其值只与始、终态有关，与变化途径无关。Q 属于过程量，其值与变化途径有关，是非状态函数。只有当体系经历等压过程时，Q_p 才在数值上等于 ΔH，但这并不意味着 Q_p 就是状态函数，它仍然是非状态函数。

(2) 错。二者有联系，它们的绝对值相等，但反应物的化学计量数为负，化学反应计量方程式中反应物前面的配平系数为正，两者互为相反数；对产物而言，两者相等。

(3) 错。气体标准状况是指 0℃和 101.325 kPa，而标准态对温度没有限定，只限定压强为 100 kPa。

(4) 错。例如，由石墨生成金刚石的生成反应就不是氧化还原反应。

(5) 对。两者都是指在标准状态下，由稳定单质生成单位物质的量的某物质的反应热。

(6) 对。因为 $H_2O(l)$的标准摩尔生成热即为 $H_2(g) + 1/2O_2(g) \xlongequal{\quad} H_2O(l)$的标准摩尔反应热，而 $H_2(g)$的标准摩尔燃烧热也是 $H_2(g) + 1/2O_2(g) \xlongequal{\quad} H_2O(l)$的标准摩尔反应热，因此 1 mol $H_2O(l)$的生成热与 1 mol $H_2(g)$的燃烧热是相等的。

(7) 错。因为石墨和金刚石的燃烧反应虽最终产物相同，但反应的始态不同。

(8) 错。因为只有稳定单质的标准摩尔生成热才为零。

(9) 错。因为只有稳定单质的 $\Delta_f H_m^\ominus$、$\Delta_f G_m^\ominus$ 为零，而稳定单质的 $S_m^\ominus$ 只有在 0 K 时才为零，一般条件下并不为零。

(10) 对。因为当温度接近绝对零度时，反应熵变趋近于零，反应热为影响反应自发的唯一因素。放热反应，体系能量降低，能自发进行。

(11) 对。因 $\Delta_r H_m$ 和 $\Delta_r S_m$ 都为正值，说明是吸热熵增反应，升温有利于平衡正向移动，也可以根据吉布斯-亥姆霍兹公式，$\Delta_r G_m(T) = \Delta_r H_m(T) - T\Delta_r S_m(T)$，温度升高，$\Delta_r G_m$ 越小，

反应自发进行的可能性越大。

(12) 对。因为冰融化成水是混乱度增大的自发过程，所以 $\Delta_r G_m$ 值为负，$\Delta_r S_m$ 值为正。

6-3　1 mol 气体从同一始态出发，分别进行等温可逆膨胀和等温不可逆膨胀达到同一终态，因等温可逆膨胀对外做功 W_r 大于等温不可逆膨胀对外做的功 W_{ir}，则 $Q_r > Q_{ir}$。这一说法是否正确？为什么？

答　对。因为从同一始态到同一终态，热力学能变相同。根据热力学第一定律，$\Delta U = Q + W$，因等温可逆膨胀对外做功 W_r 大于等温不可逆膨胀对外做功 W_{ir}，则等温可逆膨胀从环境吸收的热 Q 必大于等温不可逆膨胀从环境吸收的热 Q_{ir}。

6-4　有人认为，当体系从某一始态变至另一终态，无论其通过何种途径，ΔG 的值总是一定的，而且如果做非体积功，ΔG 总是等于 W'。这种说法对吗？

答　不对。因为从同一始态到同一终态，虽然 ΔG 的值总是一定的，但途径不同，故非体积功的大小不同，一般不可逆过程的非体积功 W' 小于 ΔG，只有可逆过程的非体积功 W' 才等于 ΔG。

6-5　不查表，直接判断一定温度下，下列反应中熵变值由大到小的顺序。

(1) $CO_2(g) = C(s) + O_2(g)$

(2) $2NH_3(g) = 3H_2(g) + N_2(g)$

(3) $2SO_3(g) = 2SO_2(g) + O_2(g)$

答　上述反应中熵变值由大到小的顺序为：(2) > (3) > (1)。因为气体的物质的量越大，在相同条件下所占有的体积越大，混乱度就越大，熵值也越大。因此反应前后气体的物质的量变化越大，熵变值就越大。反应(1)的气体物质的量变化值 $\Delta n = 0$，反应(2)的 $\Delta n = 2$，反应(3)的 $\Delta n = 1$，因此熵变值由大到小的顺序为：(2) > (3) > (1)。

6-6　一体系由 A 态到 B 态，沿途径 Ⅰ 放热 120 J，环境对体系做功 50 J。试计算：

(1) 体系由 A 态沿途径 Ⅱ 到 B 态，吸热 40 J，其 W 值为多少？

(2) 体系由 A 态沿途径 Ⅲ 到 B 态，对环境做功 80 J，其 Q 值为多少？

答　根据热力学第一定律：

$$\Delta U = Q + W = -120 + 50 = -70\ (\text{J})$$

(1) 途径 Ⅱ：$W = \Delta U - Q = -70 - 40 = -110\ (\text{J})$

(2) 途径 Ⅲ：$Q = \Delta U - W = -70 - (-80) = 10\ (\text{J})$

6-7　在 27℃ 时，反应 $CaCO_3(s) = CaO(s) + CO_2(g)$ 的摩尔等压热效应 $Q_p = 178.0\ \text{kJ} \cdot \text{mol}^{-1}$，在此温度下其摩尔等容热效应 Q_V 为多少？

答　当上述反应的 $\xi = 1$ mol 时，根据 Q_p 与 Q_V 的关系式：

$$Q_{p,m} = Q_{V,m} + \Delta n_g \cdot RT$$

则　$Q_{V,m} = Q_{p,m} - \Delta n_g \cdot RT = 178.0 - (1-0) \times 8.314 \times 300 \times 10^{-3} = 175.5\ (\text{kJ} \cdot \text{mol}^{-1})$

6-8　在一定温度下，4.0 mol $H_2(g)$ 与 2.0 mol $O_2(g)$ 混合，经一定时间反应后，生成了 0.6 mol $H_2O(l)$。请按下列两个不同反应式计算反应进度 ξ。

(1) $2H_2(g) + O_2(g) = 2H_2O(l)$；

(2) $H_2(g) + \frac{1}{2}O_2(g) = H_2O(l)$。

解 (1) $2H_2(g) + O_2(g) \Longrightarrow 2H_2O(l)$

$t=0$ 4.0 mol 2.0 mol 0 mol

$t=t$ (4.0 – 0.6) mol (2.0 – 0.3) mol 0.6 mol

$$\xi = \frac{\Delta n(H_2)}{\nu(H_2)} = \frac{\Delta n(O_2)}{\nu(O_2)} = \frac{(3.4-4.0)}{-2} = \frac{(1.7-2.0)}{-1} = \frac{(0.6-0)}{2} = 0.3\ (\text{mol})$$

(2) $H_2(g) + \frac{1}{2}O_2(g) \Longrightarrow H_2O(l)$

$t=0$ 4.0 mol 2.0 mol 0 mol

$t=t$ (4.0 – 0.6) mol (2.0 – 0.3) mol 0.6 mol

$$\xi = \frac{\Delta n(H_2)}{\nu(H_2)} = \frac{\Delta n(O_2)}{\nu(O_2)} = \frac{(3.4-4.0)}{-1} = \frac{(1.7-2.0)}{-1/2} = \frac{(0.6-0)}{1} = 0.6\ (\text{mol})$$

6-9 已知：

$$Cu_2O(s) + \frac{1}{2}O_2(g) \Longrightarrow 2CuO(s),\quad \Delta_r H_m^\ominus(1) = -143.7\ \text{kJ}\cdot\text{mol}^{-1} \tag{1}$$

$$CuO(s) + Cu(s) \Longrightarrow Cu_2O(s),\quad \Delta_r H_m^\ominus(2) = -11.5\ \text{kJ}\cdot\text{mol}^{-1} \tag{2}$$

求 $\Delta_f H_m^\ominus[CuO(s)]$。

解 式(1) + 式(2)得

$$Cu(s) + \frac{1}{2}O_2(g) \Longrightarrow CuO(s) \tag{3}$$

式(3)恰好是 CuO(s)的生成反应，其反应热即为 CuO(s)的生成热。

根据赫斯定律及其推论，有

$$\Delta_f H_m^\ominus[CuO(s)] = \Delta_r H_m^\ominus(1) + \Delta_r H_m^\ominus(2) = (-143.7) + (-11.5) = -155.2(\text{kJ}\cdot\text{mol}^{-1})$$

6-10 有一种甲虫，名为“投弹手”，它能用从尾部喷射出爆炸性排泄物的方法作为防卫措施，所涉及的化学反应是氢醌被过氧化氢氧化生成醌和水：

$$C_6H_4(OH)_2(aq) + H_2O_2(aq) \Longrightarrow C_6H_4O_2(aq) + 2H_2O(l)$$

根据下列热化学方程式计算该反应的 $\Delta_r H_m^\ominus$。

$$C_6H_4(OH)_2(aq) \Longrightarrow C_6H_4O_2(aq) + H_2(g),\quad \Delta_r H_m^\ominus(1) = 177.4\ \text{kJ}\cdot\text{mol}^{-1} \tag{1}$$

$$H_2(g) + O_2(g) \Longrightarrow H_2O_2(aq),\quad \Delta_r H_m^\ominus(2) = -191.2\ \text{kJ}\cdot\text{mol}^{-1} \tag{2}$$

$$H_2(g) + \frac{1}{2}O_2(g) \Longrightarrow H_2O(g),\quad \Delta_r H_m^\ominus(3) = -241.8\ \text{kJ}\cdot\text{mol}^{-1} \tag{3}$$

$$H_2O(g) \Longrightarrow H_2O(l),\quad \Delta_r H_m^\ominus(4) = -44.0\ \text{kJ}\cdot\text{mol}^{-1} \tag{4}$$

解 因式(1) – 式(2) + 2×[式(3) + 式(4)]为

$$C_6H_4(OH)_2(aq) + H_2O_2(aq) \Longrightarrow C_6H_4O_2(aq) + 2H_2O(1)$$

根据赫斯定律，该反应的标准反应热为

$$\Delta_r H_m^\ominus = \Delta_r H_m^\ominus(1) - \Delta_r H_m^\ominus(2) + 2\times[\Delta_r H_m^\ominus(3) + \Delta_r H_m^\ominus(4)]$$

$= 177.4 - (-191.2) + 2\times[(-241.8) + (-44.0)]$

$= -203.0\ (kJ \cdot mol^{-1})$

6-11 利用附表中 298.15 K 时有关物质的标准生成热数据，计算下列反应在 298.15 K 及标准态下的 $\Delta_r H_m^\ominus$。

(1) $Fe_3O_4(s) + CO(g) \xlongequal{\quad} 3FeO(s) + CO_2(g)$

(2) $4NH_3(g) + 5O_2(g) \xlongequal{\quad} 4NO(g) + 6H_2O(l)$

解 查教材附表二，将有关物质的标准生成热的数据代入反应热的计算公式

(1) $\Delta_r H_m^\ominus(298.15K)$

$= 3\,\Delta_f H_m^\ominus[FeO(s)] + \Delta_f H_m^\ominus[CO_2(g)] - \Delta_f H_m^\ominus[Fe_3O_4(s)] - \Delta_f H_m^\ominus[CO(g)]$

$= 3\times(-272.0) + (-393.51) - (-1118.4) - (-110.52) = 19.41\ (kJ \cdot mol^{-1})$

(2) $\Delta_r H_m^\ominus(298.15K)$

$= 4\,\Delta_f H_m^\ominus[NO(g)] + 6\,\Delta_f H_m^\ominus[H_2O(1)] - 4\,\Delta_f H_m^\ominus[NH_3(g)] - 5\,\Delta_f H_m^\ominus[O_2(g)]$

$= 4\times 90.25 + 6\times(-285.83) - 4\times(-46.11) - 5\times 0 = -1169.54\ (kJ \cdot mol^{-1})$

6-12 利用附表中 298.15 K 时有关物质的标准燃烧热数据，计算下列反应在 298.15 K 及标准态下的 $\Delta_r H_m^\ominus$。

(1) $CH_3COOH(l) + CH_3CH_2OH(l) \xlongequal{\quad} CH_3COOCH_2CH_3(l) + H_2O(l)$

(2) $C_2H_4(g) + H_2(g) \xlongequal{\quad} C_2H_6(g)$

解 查教材附表三，将有关物质的标准燃烧热的数据代入反应热的计算公式：

(1) $\Delta_r H_m^\ominus(298.15\ K) = \Delta_c H_m^\ominus[CH_3COOH(l)] + \Delta_c H_m^\ominus[CH_3CH_2OH(l)]$

$- \Delta_c H_m^\ominus[CH_3COOCH_2CH_3(l)] - \Delta_c H_m^\ominus[H_2O(l)]$

$= -874.2 + (-1366.82) - (-2254.2) - 0 = 13.18\ (kJ \cdot mol^{-1})$

(2) $\Delta_r H_m^\ominus(298.15\ K) = \Delta_c H_m^\ominus[C_2H_4(g)] + \Delta_c H_m^\ominus[H_2(g)] - \Delta_c H_m^\ominus[C_2H_6(g)]$

$= -1410.94 + (-285.83) - (-1559.83) = -136.94\ (kJ \cdot mol^{-1})$

6-13 人体所需能量大多来源于食物在体内的氧化反应，如葡萄糖在细胞中与氧发生氧化反应生成 $CO_2(g)$和 $H_2O(1)$，并释放出能量。通常用燃烧热估算人们对食物的需求量。已知葡萄糖的生成热为 $-1260\ kJ \cdot mol^{-1}$，$CO_2(g)$和 $H_2O(l)$的生成热分别为 $-393.51\ kJ \cdot mol^{-1}$ 和 $-285.83\ kJ \cdot mol^{-1}$，试计算葡萄糖的燃烧热。

解 葡萄糖的氧化反应为

$$C_6H_{12}O_6(s) + 6O_2(g) \xlongequal{\quad} 6CO_2(g) + 6H_2O(l)$$

葡萄糖的燃烧热为

$\Delta_c H_m^\ominus[C_6H_{12}O_6(s)]$

$= 6\,\Delta_f H_m^\ominus[CO_2(g)] + 6\,\Delta_f H_m^\ominus[H_2O(l)] - \Delta_f H_m^\ominus[C_6H_{12}O_6(s)] - 6\,\Delta_f H_m^\ominus[O_2(g)]$

$= 6\times(-393.51) + 6\times(-285.83) - (-1260) - 6\times 0 = -2816.04\ (kJ \cdot mol^{-1})$

故葡萄糖的燃烧热为 $-2816.04\ kJ \cdot mol^{-1}$。

6-14 已知乙醇在 298.15 K 和 101.325 kPa 下的蒸发热为 $42.55\ kJ \cdot mol^{-1}$，蒸发熵变为 $121.6\ J \cdot mol^{-1} \cdot K^{-1}$，估算乙醇的正常沸点(℃)。

解 因正常沸点时的相平衡相当于可逆过程，其吉布斯自由能变为零，根据吉布斯-亥姆霍兹公式：

$$\Delta_r G_m^\ominus(T) = \Delta_r H_m^\ominus(T) - T\Delta_r S_m^\ominus(T) \approx \Delta_r H_m^\ominus(298.15\text{ K}) - T\Delta_r S_m^\ominus(298.15\text{ K}) = 0$$

则 $$T \approx 42.55/(121.6\times10^{-3}) = 349.9\ (\text{K}) = 76.8\ (℃)$$

故乙醇的正常沸点约为 76.8℃。

6-15 对生命起源问题，有人提出最初植物或动物的复杂分子是由简单分子自动形成的。例如，尿素(NH_2CONH_2)的生成可用反应方程式表示如下：

$$CO_2(g) + 2NH_3(g) = (NH_2)_2CO(s) + H_2O(l)$$

(1) 利用教材附表二中 $\Delta_f G_m^\ominus$、$\Delta_f H_m^\ominus$、$S_m^\ominus$ 的数据计算 298.15 K 时的 $\Delta_r G_m^\ominus$，并说明该反应在此温度和标准态下能否自发进行。

(2) 在标准态下最高温度为多少时，反应不再自发进行？

解 (1) 方法一：对于 298.15 K 时反应自发性的判断可以直接查出 298.15 K 时各物质的 $\Delta_f G_m^\ominus$，然后根据 $\Delta_r G_m^\ominus(298.15\text{ K}) = \sum \nu_B \Delta_f G_m^\ominus(\text{B}, 298.15\text{ K})$计算 $\Delta_r G_m^\ominus(298.15\text{ K})$，再根据 $\Delta_r G_m^\ominus(298.15\text{ K})$是否小于 0 判断反应的自发性。

方法二：从教材附表二查得 298.15 K 时各物质的 $\Delta_r H_m^\ominus$ 和 $S_m^\ominus$ 数据，计算反应的 $\Delta_r H_m^\ominus$ 和 $\Delta_r S_m^\ominus$。

$$\begin{aligned}\Delta_r H_m^\ominus(298.15\text{ K}) &= \sum \nu_B \Delta_r H_m^\ominus(\text{B}, 298.15\text{ K})\\ &= \Delta_f H_m^\ominus[(NH_2)_2CO(s), 298.15\text{ K}] + \Delta_f H_m^\ominus[H_2O(l), 298.15\text{ K}]\\ &\quad -\Delta_f H_m^\ominus[CO_2(g), 298.15\text{ K}] - 2\Delta_f H_m^\ominus[NH_3(g), 298.15\text{ K}]\\ &= -333.19 + (-285.83) - (-393.51) - 2\times(-46.11)\\ &= -133.29\ (\text{kJ}\cdot\text{mol}^{-1})\end{aligned}$$

$$\begin{aligned}\Delta_r S_m^\ominus(298.15\text{ K}) &= \sum \nu_B S_m^\ominus(\text{B}, 298.15\text{ K})\\ &= S_m^\ominus[(NH_2)_2CO(s), 298.15\text{ K}] + S_m^\ominus[H_2O(l), 298.15\text{ K}]\\ &\quad -S_m^\ominus[CO_2(g), 298.15\text{ K}] - 2S_m^\ominus[NH_3(g), 298.15\text{ K}]\\ &= 104.60 + 69.91 - 213.74 - 2\times(192.45)\\ &= -424.13\ (\text{J}\cdot\text{K}^{-1}\cdot\text{mol}^{-1})\end{aligned}$$

根据吉布斯-亥姆霍兹公式：

$$\Delta_r G_m^\ominus(T) = \Delta_r H_m^\ominus(T) - T\Delta_r S_m^\ominus(T)$$

$$\begin{aligned}\Delta_r G_m^\ominus(298\text{K}.15\text{ K}) &= -133.29 - 298.15\times(-424.13)\times10^{-3}\\ &= -6.84\ \text{kJ}\cdot\text{mol}^{-1} < 0\end{aligned}$$

故 298.15 K、标准态下该反应正向自发。

(2) 若使 $\Delta_r G_m^\ominus(T) = \Delta_r H_m^\ominus(T) - \Delta_r S_m^\ominus(T) > 0$，则反应不再自发。

又因为 $\Delta_r H_m^\ominus$、$\Delta_r S_m^\ominus$ 随温度变化不大，即

$$\Delta_r G_m^\ominus(T) \approx \Delta_r H_m^\ominus(298.15\text{ K}) - T\Delta_r S_m^\ominus(298.15\text{ K}) > 0$$

则 $$T > -133.29/[(-424.13)\times10^{-3}] = 314.3\ (\mathrm{K})$$

故标准态下温度高于 314.3 K 时，该反应不再自发。

6-16 已知 298.15 K 时，$NH_4HCO_3(s) \rightleftharpoons NH_3(g) + CO_2(g) + H_2O(g)$的相关热力学数据如下：

	$NH_4HCO_3(s)$	$NH_3(g)$	$CO_2(g)$	$H_2O(g)$
$\Delta_f G_m^\ominus/(\mathrm{kJ\cdot mol^{-1}})$	−665.9	−16.45	−394.36	−228.57
$\Delta_f H_m^\ominus/(\mathrm{kJ\cdot mol^{-1}})$	−849.4	−46.11	−393.51	−241.82
$S_m^\ominus/(\mathrm{J\cdot mol^{-1}\cdot K^{-1}})$	120.9	192.45	213.74	188.82

试计算：(1) 298.15 K、标准态下 $NH_4HCO_3(s)$能否发生分解反应？

(2) 在标准态下 $NH_4HCO_3(s)$分解的最低温度。

解 NH_4HCO_3 的分解反应式为

$$NH_4HCO_3(s) \rightleftharpoons NH_3(g) + CO_2(g) + H_2O(g)$$

(1) $$\Delta_r G_m^\ominus(298.15\ \mathrm{K}) = \sum \nu_B \Delta_f G_m^\ominus(\mathrm{B}, 298.15\ \mathrm{K})$$
$$= -16.45 - 394.36 - 228.57 + 665.9$$
$$= 26.52\ (\mathrm{kJ\cdot mol^{-1}}) > 0$$

故 298.15K 标准态下 NH_4HCO_3 不能发生分解反应。

(2) $$\Delta_r H_m^\ominus(298.15\ \mathrm{K}) = \sum \nu_B \Delta_f H_m^\ominus(\mathrm{B}, 298.15\ \mathrm{K})$$
$$= -46.11 - 393.51 - 241.82 + 849.6$$
$$= 168.16\ (\mathrm{kJ\cdot mol^{-1}})$$

$$\Delta_r S_m^\ominus(298.15\ \mathrm{K}) = \sum \nu_B S_m^\ominus(\mathrm{B}, 298.15\ \mathrm{K})$$
$$= 192.45 + 213.74 + 188.82 - 120.9$$
$$= 474.11\ (\mathrm{J\cdot mol^{-1}\cdot K^{-1}})$$

根据吉布斯-亥姆霍兹公式：

$$\Delta_r G_m^\ominus(T) = \Delta_r H_m^\ominus(T) - T\Delta_r S_m^\ominus(T)$$
$$\approx \Delta_r H_m^\ominus(298.15\ \mathrm{K}) - T\Delta_r S_m^\ominus(298.15\ \mathrm{K})$$
$$= 168.16 - T\times474.11\times10^{-3} \leqslant 0$$

故 $$T \geqslant 354.68\ \mathrm{K}(\text{最低分解温度})$$

所以标准状态下 $NH_4HCO_3(s)$分解的最低温度为 354.68 K。

6-17 已知在 298.15 K、$p^\ominus$下，合成氨反应的$\Delta_r H_m^\ominus = -92.38\ \mathrm{kJ\cdot mol^{-1}}$，$\Delta_r G_m^\ominus = -33.26\ \mathrm{kJ\cdot mol^{-1}}$，求 500 K 下该反应的$\Delta_r G_m^\ominus$，并分析说明升温对反应有利还是不利。

解 根据吉布斯-亥姆霍兹公式：

$$\Delta_r G_m^\ominus(298.15\ \mathrm{K}) = \Delta_r H_m^\ominus(298.15\ \mathrm{K}) - T\Delta_r S_m^\ominus(298.15\ \mathrm{K})$$

则 $$\Delta_r S_m^\ominus(298.15\ \mathrm{K}) = [\Delta_r H_m^\ominus(298.15\ \mathrm{K}) - \Delta_r G_m^\ominus(298.15\ \mathrm{K})]/T$$
$$= [-92.38 - (-33.26)]\times10^3/298.15$$
$$= -198.3\ (\mathrm{J\cdot K^{-1}\cdot mol^{-1}})$$

因$\Delta_r H_m^\ominus$、$\Delta_r S_m^\ominus$随温度变化不大，故

$$\Delta_r G_m^\ominus(500\ \text{K}) \approx \Delta_r H_m^\ominus(298.15\ \text{K}) - T\Delta_r S_m^\ominus(298.15\ \text{K})$$
$$= -92.38 - 500\times(-198.3)\times10^{-3}$$
$$= 6.77\ (\text{kJ}\cdot\text{mol}^{-1}) > 0，\text{反应不自发}$$

所以该反应 500 K 时的 $\Delta_r G_m^\ominus$ 为 6.77 kJ · mol^{-1}，反应由 298.15 K 时的正向自发变成 500 K 时的正向不自发，说明升温对反应不利。

6-18 已知 $\Delta_f H_m^\ominus$[C_6H_6(l), 298.15 K] = 49.10 kJ · mol^{-1}，$\Delta_f H_m^\ominus$[C_2H_2(g), 298.15 K] = 226.73 kJ · mol^{-1}；$S_m^\ominus$[C_6H_6(l), 298.15 K] = 173.40 J · mol^{-1} · K^{-1}，$S_m^\ominus$[C_2H_2(g), 298.15 K] = 200.94 J · mol^{-1} · K^{-1}。试判断：$C_6H_6(l) \xlongequal{} 3C_2H_2(g)$ 在 298.15 K、标准状态下正向能否正向自发进行，并估算最低反应温度。

解 由给出的数据可以求得

$$\Delta_r H_m^\ominus(298.15\ \text{K}) = 3\,\Delta_f H_m^\ominus[C_2H_2(g), 298.15\ \text{K}] - \Delta_f H_m^\ominus[C_6H_6(l), 298.15\ \text{K}]$$
$$= 3\times226.73 - 49.10$$
$$= 631.09\ (\text{kJ}\cdot\text{mol}^{-1})$$

$$\Delta_r S_m^\ominus(298.15\ \text{K}) = 3\,S_m^\ominus[C_2H_2(g), 298.15\ \text{K}] - S_m^\ominus[C_6H_6(l), 298.15\ \text{K}]$$
$$= 3\times200.94 - 173.40$$
$$= 429.42\ (\text{J}\cdot\text{mol}^{-1}\cdot\text{K}^{-1})$$

根据吉布斯-亥姆霍兹公式：

$$\Delta_r G_m^\ominus(298.15\ \text{K}) = \Delta_r H_m^\ominus(298.15\ \text{K}) - T\Delta_r S_m^\ominus(298.15\ \text{K})$$

故
$$\Delta_r G_m^\ominus(298.15\ \text{K}) = 631.09 - 298.15\times429.42\times10^{-3}$$
$$= 503.06\ (\text{kJ}\cdot\text{mol}^{-1}) > 0$$

正向反应不自发。

若使 $\Delta_r G_m^\ominus = \Delta_r H_m^\ominus - T\Delta_r S_m^\ominus < 0$，则正向自发。

又因为 $\Delta_r H_m^\ominus$、$\Delta_r S_m^\ominus$ 随温度变化不大，即

$$\Delta_r G_m^\ominus(T) \approx \Delta_r H_m^\ominus(298.15\text{K}) - T\Delta_r S_m^\ominus(298.15\text{K})$$

则
$$631.09 - 429.42\times10^{-3}T < 0$$
$$T > 631.09/(429.42\times10^{-3}) = 1469.6\ (\text{K})$$

所以该反应在 298.15 K、标准状态下正向不自发，其最低反应温度为 1469.6 K。

四、水 平 测 试

1. 填空题(每空 1 分，共 20 分)

(1) 由于内能的变化值只与__________有关，与途径无关，因此内能是__________。

(2) 不论化学反应是一步完成还是分步完成，不同途径的总热效应__________，此定律称为__________。

(3) 已知 298.15 K 时金刚石的标准摩尔生成热 $\Delta_f H_m^\ominus$ = 1.9 kJ · mol^{-1}，则反应：C(石

墨) ⟶ C(金刚石)的 $\Delta_r H_m^\ominus$ = ____________。

(4) 对于任何物质，H 和 U 的相对大小为 H____________U，这是因为____________。

(5) 玻尔兹曼关系式为____________；熵变 ΔS 的定义为____________。

(6) 反应 $N_2(g) + 3H_2(g) \longequal 2NH_3(g)$，$\Delta H<0$，若在一定范围内升高温度，则 ΔH____________，ΔS____________，ΔG____________。

(7) 真正的孤立体系并不存在，但如果把____________加在一起，可看成一个大的孤立体系，因此其熵变 $\Delta S_{孤立}$ 也为这两部分的____________之和。

(8) 用吉布斯自由能变 $\Delta_r G_{T,p}$ 判断反应的方向，必须在____________条件下；当 $\Delta_r G_{T,p}<0$ 时，表示反应将____________进行。

(9) *25℃下在等容量热计中测得：1 mol 液态 C_6H_6 完全燃烧生成液态 H_2O 和气态 CO_2 时，放热 3263.9 kJ，则 ΔU 为____________，若在等压条件下，1 mol 液态 C_6H_6 完全燃烧时的热效应 $\Delta_r H_m^\ominus$ 为____________。

(10) *已知 $H_2O(l)$的标准生成热 $\Delta_r H_m^\ominus = -285.83\ kJ\cdot mol^{-1}$，则反应 $H_2O(l) \longequal H_2(g) + \frac{1}{2}O_2(g)$ 在标准状态下的反应热为____________，氢气的标准摩尔燃烧热为____________。

2. 是非题(用“√”、“×”表示对、错并填入括号中，每小题 1 分，共 10 分)

(　　) (1) 碳酸钙的生成热等于 $CaO(s) + CO_2(g) \longequal CaCO_3(s)$的反应热。

(　　) (2) 可逆过程的热温商才是状态变化的熵变值。

(　　) (3) 液态水在 100℃、101.325 kPa 下蒸发，$\Delta G = 0$。

(　　) (4) 凡是 $\Delta G^\ominus > 0$ 的过程都不能自发进行。

(　　) (5) 温度对 ΔH 和 ΔS 的影响较小，因此温度对 ΔG 也影响较小。

(　　) (6) 对实际化学反应，Q_p 与 Q_V 近似符合算式 $Q_p = Q_V + \Delta n_g(RT)$。

(　　) (7) 根据熵增加原理，凡 $\Delta S<0$ 的反应均不能自发进行。

(　　) (8) $H_2O(l)$和 $CO_2(g)$的 $\Delta_c H_m^\ominus$ 都等于零。

(　　) (9) 因 $Q_p = \Delta H$，所以只有等压反应才有焓变。

(　　) (10) *当 $\Delta H > 0$、$\Delta S<0$ 时，反应在任何温度下都不能自发进行。

3. 选择题[每小题 2 分，共 20 分，其中第(1)、(6)题为多选，其余为单选]

(1) 下列反应的 $\Delta_r H_m^\ominus$(298.15 K)恰为化合物标准摩尔生成热的是(　　)。

A. $H_2(g) + \frac{1}{2}O_2(g) \longequal H_2O(g)$　　B. $2H_2(g) + O_2(g) \longequal 2H_2O(l)$

C. $N_2(g) + 3H_2(g) \longequal 2NH_3(g)$　　D. $\frac{1}{2}N_2(g) + \frac{3}{2}H_2(g) \longequal NH_3(g)$

(2) 环境对体系做功 10 kJ，而体系放出 5 kJ 热给环境，则体系的内能变为(　　)kJ。

A. −15　　B. 5　　C. −5　　D. 15

(3) 表示 CO_2 生成热的反应是(　　)。

A. $CO(g) + \frac{1}{2}O_2(g) \longequal CO_2(g)$　　$\Delta_r H_m^\ominus = -238.0\ kJ\cdot mol^{-1}$

B. C(金刚石) + $O_2(g) \longequal CO_2(g)$　　$\Delta_r H_m^\ominus = -395.4\ kJ\cdot mol^{-1}$

C. 2C(金刚石) + $2O_2(g) \longequal 2CO_2(g)$　　$\Delta_r H_m^\ominus = -787.0\ kJ\cdot mol^{-1}$

D. C(石墨) + $O_2(g)$ ═══ $CO_2(g)$ $\Delta_r H_m^\ominus = -393.5\ kJ \cdot mol^{-1}$

(4) 下列反应中 $\Delta_r S_m^\ominus$ 值最大的是(　　)。

A. $PCl_5(g)$ ═══ $PCl_3(g) + Cl_2(g)$　　B. $2SO_2(g) + O_2(g)$ ═══ $2SO_3(g)$

C. $3H_2(g) + N_2(g)$ ═══ $2NH_3(g)$　　D. $C_2H_6(g) + 3.5O_2(g)$ ═══ $2CO_2(g) + 3H_2O(l)$

(5) 条件相同的同一反应可有两种不同写法，如

① $2H_2(g) + O_2(g)$ ═══ $2H_2O(l)$，　ΔG_1

② $H_2(g) + \frac{1}{2}O_2(g)$ ═══ $H_2O(l)$，　ΔG_2

那么，ΔG_1 和 ΔG_2 的关系正确的是(　　)。

A. $\Delta G_1 = \Delta G_2$　　B. $\Delta G_1 = \Delta G_2^2$　　C. $\Delta G_1 = \frac{1}{2}\Delta G_2$　　D. $\Delta G_1 = 2\Delta G_2$

(6) *在下列反应中，$Q_p \approx Q_V$ 的反应为(　　)。

A. $CaCO_3(s)$ ═══ $CaO(s) + CO_2(g)$　　B. $Cl_2(g) + H_2(g)$ ═══ $2HCl(g)$

C. $C(s) + O_2(g)$ ═══ $CO_2(g)$　　D. $2H_2(g) + O_2(g)$ ═══ $2H_2O(l)$

(7) *由下列数据确定 $CH_4(g)$的 $\Delta_f H_m^\ominus$ 为(　　)。

① C(石墨) + $O_2(g)$ ═══ $CO_2(g)$，　$\Delta_r H_{m,1}^\ominus = -393.5\ kJ \cdot mol^{-1}$

② $H_2(g) + \frac{1}{2}O_2(g)$ ═══ $H_2O(l)$，　$\Delta_r H_{m,2}^\ominus = -285.8\ kJ \cdot mol^{-1}$

③ $CH_4(g) + 2O_2(g)$ ═══ $CO_2(g) + 2H_2O(l)$，　$\Delta_r H_{m,3}^\ominus = -890.3\ kJ \cdot mol^{-1}$

A. $211\ kJ \cdot mol^{-1}$　　B. $-74.8\ kJ \cdot mol^{-1}$

C. $890.3\ kJ \cdot mol^{-1}$　　D. 缺条件，无法计算

(8) *某体系由 A 态沿途径 Ⅰ 到 B 态放热 100 J，同时得到 50 J 的功；当体系由 A 态沿途径 Ⅱ 到 B 态做功 80 J 时，Q 为(　　)J。

A. 70　　B. 30　　C. −30　　D. −70

(9) *在等压等温仅做体积功的条件下，达到平衡时体系的自由能(　　)。

A. 最大　　B. 最小　　C. 为零　　D. 小于零

(10) **已知：

① C(石墨) + $\frac{1}{2}O_2(g)$ ═══ $CO(g)$，$\Delta_r H_{m,1}^\ominus(298.15\ K) = -110.5\ kJ \cdot mol^{-1}$

② C(石墨) + $O_2(g)$ ═══ $CO_2(g)$，$\Delta_r H_{m,2}^\ominus(298.15\ K) = -393.5\ kJ \cdot mol^{-1}$

则在标准状态下 25℃时，1000 L 的 CO 完全燃烧的发热量是(　　) kJ。

A. 504　　B. 283　　C. 2.03×10^4　　D. 1.16×10^4

4. 简答题(每小题 5 分，共 10 分)

(1) *公式 $\Delta H = Q$ 和公式 $\Delta G = \Delta H - T\Delta S$ 成立的条件分别是什么？

(2) **什么过程体系的 ΔU、ΔH、ΔS、ΔG 都等于零？除了这类过程外，哪些过程 ΔU、ΔH、ΔS、ΔG 分别等于零？

5. 计算题(每小题 10 分，共 40 分)

(1) 已知 25℃时 $SO_2(g)$和 $SO_3(g)$的 $\Delta_f H_m^\ominus$ 分别为 $-296.83\ kJ \cdot mol^{-1}$ 和 $-395.72\ kJ \cdot mol^{-1}$，试计算反应 $2SO_2(g) + O_2(g)$ ═══ $2SO_3(g)$在标准态、25℃下的 $\Delta_r H_m^\ominus$ 和 ΔU。

(2) *已知下列热化学方程式：

①$C_6H_6(l) + 7\frac{1}{2}O_2(g) \longrightarrow 6CO_2(g) + 3H_2O(l)$ $\Delta_r H^{\ominus}_{m,1} = -3267.6\ kJ \cdot mol^{-1}$

②C(石墨) + $O_2(g) \longrightarrow CO_2(g)$ $\Delta_r H^{\ominus}_{m,2} = -393.5\ kJ \cdot mol^{-1}$

③$H_2(g) + \frac{1}{2}O_2(g) \longrightarrow H_2O(l)$ $\Delta_r H^{\ominus}_{m,3} = -285.8\ kJ \cdot mol^{-1}$

计算反应：6C(石墨) + $3H_2(g) \longrightarrow C_6H_6(l)$的$\Delta_r H^{\ominus}_m$。

(3) *二氧化氮的热分解反应为：$2NO_2(g) \longrightarrow 2NO(g) + O_2(g)$。已知 298.15 K 时，$\Delta_f H^{\ominus}_m[NO_2(g)]$、$\Delta_f H^{\ominus}_m[NO(g)]$分别为 33.18 $kJ \cdot mol^{-1}$、90.25 $kJ \cdot mol^{-1}$；$S^{\ominus}_m[NO_2(g)]$、$S^{\ominus}_m[NO(g)]$、$S^{\ominus}_m[O_2(g)]$分别为 240.06 $J \cdot mol^{-1} \cdot K^{-1}$、210.76 $J \cdot mol^{-1} \cdot K^{-1}$、205.14 $J \cdot mol^{-1} \cdot K^{-1}$。

①分别计算 298.15 K 和 1000 K 下的$\Delta_r G^{\ominus}_m$，并判断标准状态下在此两个温度时正向反应能否自发；②估算最低反应温度。

(4) **设有反应 $A(g) + B(g) \longrightarrow 2C(g)$，A、B、C 都是理想气体。在 25℃、100 kPa 下，分别经历下述两个过程：过程Ⅰ体系放热 41.8 $kJ \cdot mol^{-1}$，未做功；过程Ⅱ体系做最大功，放出 1.64 $kJ \cdot mol^{-1}$ 的热。那么变化过程的 Q、W、$\Delta_r U^{\ominus}_m$、$\Delta_r H^{\ominus}_m$、$\Delta_r S^{\ominus}_m$、$\Delta_r G^{\ominus}_m$ 各为多少？

参考答案

1. 填空题(每空 1 分，共 20 分)

(1) 始态和终态，状态函数。

(2) 总是相等，赫斯定律。

(3) 1.9 $kJ \cdot mol^{-1}$。

(4) >，$H = U + pV$ 且 $pV > 0$。

(5) $S = k\ln\Omega$，可逆过程的热温商。

(6) 基本不变，基本不变，增大。

(7) 体系和环境，熵变。

(8) 等温等压、不做非体积功，正向自发。

(9) −3263.9 kJ，−3267.6 kJ。

(10) 285.83 $kJ \cdot mol^{-1}$，−285.83 $kJ \cdot mol^{-1}$。

2. 是非题(用“√”、“×”表示对、错并填入括号中，每小题 1 分，共 10 分)

(1) (×) (2) (√) (3) (√) (4) (×) (5) (×) (6) (√) (7) (×) (8) (√) (9) (×) (10) (√)

3. 选择题[每小题 2 分，共 20 分，其中第(1)、(6)题为多选，其余为单选]

(1) (AD) (2) (B) (3) (D) (4) (A) (5) (D) (6) (BC) (7) (B) (8) (B) (9) (B) (10) (D)

4. 简答题(每小题 5 分，共 10 分)

(1) 公式 $\Delta H = Q$ 要在封闭体系不做非体积功的等压过程时才能成立；公式 $\Delta G = \Delta H - T\Delta S$ 在始终态温度相等时才能成立。

(2) 循环过程 ΔU、ΔH、ΔS、ΔG 都等于零；此外，孤立体系中的任意过程或封闭体系中理想气体的等温过程，$\Delta U = 0$；封闭体系中理想气体的等温过程，$\Delta H = 0$；封闭体系中的绝热可逆过程或孤立体系中的可逆过程，$\Delta S = 0$；封闭体系中等压等温不做非体积功的可逆过程，$\Delta G = 0$。

5. 计算题(每小题 10 分，共 40 分)

(1) $\Delta_r H^{\ominus}_m(298.15\ K) = \sum \nu_B \Delta_f H^{\ominus}_m(B, 298.15\ K)$

$$= 2\times(-395.72) - 2\times(-296.83)$$

$$= -197.78\ (kJ \cdot mol^{-1})$$

因 $\Delta H = \Delta U + \Delta(pV) = \Delta U + \Delta n_g(RT)$

则 $\Delta U = \Delta H - \Delta n_g(RT) = -197.78 - (2-2-1)\times 8.314\times 10^{-3}\times 298.15 = -195.30\ (kJ\cdot mol^{-1})$

因此 $\Delta_r H_m^\ominus$ 为 $-197.78\ kJ\cdot mol^{-1}$，$\Delta U$ 为 $-195.30\ kJ\cdot mol^{-1}$。

(2) 由题意知，6×② + 3×③ – ①可以得出待计算的反应式，因此根据赫斯定律

$\Delta_r H_m^\ominus = 6\Delta_r H_{m,2}^\ominus + 3\Delta_r H_{m,3}^\ominus - \Delta_r H_{m,1}^\ominus = 6\times(-393.5) + 3\times(-285.8) - (-3267.6) = 49.2\ (kJ\cdot mol^{-1})$

因此反应的 $\Delta_r H_m^\ominus$ 为 $49.2\ kJ\cdot mol^{-1}$。

(3) ① $\Delta_r H_m^\ominus(298.15\ K) = 2\times 90.25 - 2\times 33.18 = 114.14\ (kJ\cdot mol^{-1})$

$$\Delta_r S_m^\ominus(298.15\ K) = 2\times 210.76 + 205.14 - 2\times 240.06 = 146.54\ (J\cdot mol^{-1}\cdot K^{-1})$$

$$\begin{aligned}\Delta_r G_m^\ominus(298.15\ K) &= \Delta_r H_m^\ominus(298.15\ K) - T\Delta_r S_m^\ominus(298.15\ K)\\ &= 114.14 - 298.15\times 146.54\times 10^{-3}\\ &= 70.45\ (kJ\cdot mol^{-1}) > 0\end{aligned}$$

因此 298.15 K 时反应正向不自发。

$$\begin{aligned}\Delta_r G_m^\ominus(1000\ K) &\approx \Delta_r H_m^\ominus(298.15\ K) - T\Delta_r S_m^\ominus(298.15\ K)\\ &= 114.14 - 1000\times 146.54\times 10^{-3}\\ &= -32.40\ (kJ\cdot mol^{-1}) < 0\end{aligned}$$

因此 1000 K 时反应正向自发。

② 若要使反应自发，则必须满足 $\Delta_r G_m^\ominus = \Delta_r H_m^\ominus - T\Delta_r S_m^\ominus < 0$

$$T > \frac{\Delta_r H_m^\ominus}{\Delta_r S_m^\ominus} = \frac{114.14}{146.54\times 10^{-3}} = 778.9\ (K)$$

因此最低反应温度约为 778.9 K。

(4) 根据题意，体系所做的最大功即为可逆过程的功。

对于过程Ⅰ，有

$$Q = -41.8\ (kJ\cdot mol^{-1})$$

$$W = 0$$

$$\Delta_r U_m^\ominus = Q - W = -41.8\ (kJ\cdot mol^{-1})$$

$$\Delta_r H_m^\ominus = \Delta_r U_m^\ominus + \Delta nRT = \Delta_r U_m^\ominus = -41.8\ (kJ\cdot mol^{-1})$$

$$\Delta_r S_m^\ominus = \frac{Q_{可逆}}{T} = -\frac{1.64\times 10^3}{298} = -5.50\ (J\cdot mol^{-1}\cdot K^{-1})$$

$$\Delta_r G_m^\ominus = \Delta_r H_m^\ominus - T\Delta_r S_m^\ominus = -41.8 - 298\times(-5.50)\times 10^{-3} = -40.2\ (kJ\cdot mol^{-1})$$

对于过程Ⅱ，有

$$Q = -1.64\ (kJ\cdot mol^{-1})$$

$$W = Q - \Delta_r U_m^\ominus = -1.64 - (-41.8) = 40.16\ (kJ\cdot mol^{-1})$$

由于 U、H、S、G 均为状态函数，其变化值只与过程的始终状态有关，与变化的途径无关，所以过程Ⅱ $\Delta_r U_m^\ominus$、$\Delta_r H_m^\ominus$、$\Delta_r S_m^\ominus$、$\Delta_r G_m^\ominus$ 的数值与过程Ⅰ的数值相同。

(湖南科技大学　袁华)

第7章 化学动力学基础

一、学习目标

(1) 阐明基元反应、反应速率、反应级数、活化能等化学动力学基本概念及其物理意义。

(2) 描述质量作用定律的意义，并应用质量作用定律进行反应级数与速率常数的相关计算。

(3) 归纳总结浓度、温度、催化剂等因素对反应速率的影响规律。

(4) 描述反应速率理论的基本要点，阐明催化作用原理。

(5) 通过从动力学与热力学两个不同角度解释化学反应的不同表现，培养综合分析及辩证思维的能力。

二、重难点解析

本章的主要内容是浓度、温度和催化剂对反应速率的影响，需在理解化学反应速率概念的基础上分析理解浓度、温度和催化剂对反应速率的影响规律；其中，浓度对反应速率的影响重在具有简单级数反应的速率方程及其动力学特征；温度对反应速率的影响重在掌握阿伦尼乌斯公式，理解阿伦尼乌斯活化能的内涵；催化剂对反应速率的影响重在了解催化剂的作用原理及特征，理解催化剂改变反应速率的原因。

(一) 化学反应速率的表示

1. 平均速率

平均速率是反应进程中某时间间隔(Δt)内反应组分B的浓度变化Δc(B)的平均值，即

$$\bar{r}(\mathrm{B}) = \left|\frac{\Delta c(\mathrm{B})}{\Delta t}\right|$$

上式定义的平均速率与各组分的化学计量数有关，化学计量数(ν_{B})不同的组分，其平均速率也不同。为避免出现该问题，对于恒容密闭体系，可将平均速率定义如下：

$$\bar{r} = \frac{1}{V}\frac{\Delta \xi}{\Delta t}$$

因此，平均反应速率可以定义为单位体积反应体系中反应进度随时间的变化率。

2. 瞬时速率

若测定的时间间隔缩到无限小($\Delta t \to 0$)，则可以求得某一时刻的反应速率，即瞬时速率，

瞬时速率表达式如下：

$$r(\mathrm{B})=\left|\frac{\mathrm{d}c(\mathrm{B})}{\mathrm{d}t}\right| \text{或} r=\frac{1}{V}\frac{\mathrm{d}\xi}{\mathrm{d}t}$$

(二) 化学反应速率与浓度的关系

1. 化学反应速率方程

$$r=f[c(1), c(2), c(3),\cdots, c(\mathrm{B}),\cdots]$$

最常见、最方便动力学处理的速率方程形式为

$$r=kc(1)^{n_1}c(2)^{n_2}c(3)^{n_3}\cdots c(\mathrm{B})^{n_\mathrm{B}}=k\prod_\mathrm{B}c(\mathrm{B})^{n_\mathrm{B}}$$

这种表示浓度随时间变化关系的解析表达式称为化学反应动力学方程,又称经验速率方程。

2. 反应级数

反应级数 n 等于经验速率方程 $r=k\prod_\mathrm{B}c(\mathrm{B})^{n_\mathrm{B}}$ 中浓度因子的指数和：$n=\sum_\mathrm{B}n_\mathrm{B}$，其中 n_B 称为组分 B 的级数。反应级数可以是正整数、负整数、零甚至是分数。

3. 反应速率常数

化学反应动力学方程中的比例常数 k 称为反应速率常数或比速率，其物理意义是各反应物的浓度均等于单位浓度时的反应速率。k 的量纲是$[浓度]^{1-n}\cdot[时间]^{-1}$。k 不随浓度而变，但受温度影响，通常温度升高，k 增大。

(三) 基元反应和非基元反应

在宏观上能一步完成的反应称为基元反应，经由两个或两个以上的基元反应才能完成的反应称为非基元反应或复杂反应。基元反应是动力学研究中最简单的反应。

(四) 反应分子数

基元反应中参与反应的分子(包括原子、离子、自由基等)数目称为反应分子数。非基元反应不涉及反应分子数。

(五) 质量作用定律

对于基元反应：$a\mathrm{A}+b\mathrm{B}=\!=\!=g\mathrm{G}+h\mathrm{H}$，其反应速率与各反应物浓度(带有相应的指数)的乘积成正比，其中各浓度的指数就是反应方程式中各反应物的系数，即

$$r=kc(\mathrm{A})^a c(\mathrm{B})^b$$

基元反应的这个规律称为质量作用定律。

质量作用定律仅适用于基元反应。即使一个化学反应通过动力学实验得到的反应速率

方程与按质量作用定律写出的速率方程形式相同，也不能说明该反应一定是基元反应；但如果反应速率方程与按质量作用定律写出的速率方程形式不同，则一般可以判断该反应是非基元反应。

(六) 具有简单级数反应的速率方程及其特征

反应级数为 0、1、2 的反应是具有简单级数的典型反应。具有简单级数的反应并不一定是基元反应，但只要该反应具有简单级数，就具有该级数反应的所有特征。

常见简单级数反应的特征如下：

	零级反应	一级反应	二级反应
速率方程积分式	$c - c_0 = -kt$	$\ln c - \ln c_0 = -kt$	$\frac{1}{c} - \frac{1}{c_0} = kt$
直线关系	c 对 t 作图	$\ln c$ 对 t 作图	$1/c$ 对 t 作图
斜率	$-k$	$-k$	k
半衰期($t_{1/2}$)	$c_0/(2k)$	$\ln 2/k$	$1/(kc_0)$
k 的量纲	[浓度]·[时间]$^{-1}$	[时间]$^{-1}$	[浓度]$^{-1}$·[时间]$^{-1}$

在解题过程中，很多时候题目并未直接说明是几级反应，但是可以根据题目已知的速率常数的量纲来推算反应级数，然后再根据该级数反应的速率方程进行解题。

(七) 化学反应速率与温度的关系

1. 范特霍夫规则

温度每升高 10 K，反应速率增加 2～4 倍，即

$$\frac{k_{T+10}}{k_T} = 2\sim4$$

2. 阿伦尼乌斯公式

$$k = A\exp\left(-\frac{E_a}{RT}\right)$$

其对数形式为

$$\ln k = -\frac{E_a}{RT} + \ln A$$

设温度为 T_1、T_2 时速率常数分别为 k_1、k_2，则有

$$\ln\frac{k_2}{k_1} = \frac{E_a}{R}\left(\frac{1}{T_1} - \frac{1}{T_2}\right) = \frac{E_a}{R}\frac{T_2 - T_1}{T_1 T_2}$$

$$E_a = \frac{RT_1T_2}{T_2 - T_1}\ln\frac{k_2}{k_1}$$

根据上述关系，可以求出反应的活化能或者其他温度下的反应速率常数。

3. 阿伦尼乌斯活化能

阿伦尼乌斯公式表明温度对反应速率影响的大小主要取决于 E_a，E_a 的值越大，反应速率随温度的变化越显著。因此，E_a 是表征反应体系动力学特征的重要参数。

根据阿伦尼乌斯公式，以不同温度下的 $\ln k$ 对 $\frac{1}{T}$ 作图(即 $\ln k$-$\frac{1}{T}$ 图)应得一条直线，从该直线的斜率 $\left(-\frac{E_a}{R}\right)$ 和截距($\ln A$)可以求出活化能与指前系数。所以，$\ln k$-$\frac{1}{T}$ 图在分析温度对动力学行为的影响时特别有用。

4. 阿伦尼乌斯公式的适用范围

(1) 阿伦尼乌斯公式是对基元反应速率受温度影响行为的定量描述，在复杂反应动力学中使用该定律只是借用其形式描述反应速率与温度的关系，此时的 E_a 是各基元反应活化能的组合，没有明确的物理意义，这时的 E_a 称为该复杂反应的表观活化能，A 为表观指前系数。

(2) 因为阿伦尼乌斯公式用速率常数代替反应速率，所以要求在公式适用的温度范围内反应速率方程的形式不能改变(即质量作用定律有效)。

(3) 作为表述经验关系的阿伦尼乌斯公式并不是非常精确。理论和精密实验都表明指前系数 A 与温度有关，但在一般实验精度范围内将 A 视为与温度无关的常数不会引起大的偏差。

(八) 化学反应速率理论

1. 碰撞理论

1918 年，路易斯在气体分子运动论的基础上提出了反应速率的碰撞理论。该理论将参与反应的气体分子均视为无相互作用、无内部结构、完全弹性的硬球，并认为气体分子之间必须经过激烈碰撞才能发生反应。能够发生反应的碰撞称为有效碰撞。发生有效碰撞须满足两个条件：其一，碰撞时分子的相对平动能必须大于某能量阈值(E_c)；其二，分子必须按照一定的方向发生碰撞。只有同时满足这两个条件的碰撞才能引发反应。能够发生有效碰撞的分子称为活化分子。

在反应进程中，气体分子运动速率与能量保持玻尔兹曼平衡分布。大部分分子能量接近反应物分子的平均能量($\overline{E}$)，能量大于或小于 $\overline{E}$ 的分子只占少数或极少数。能量大于阈能(E_c)的分子为活化分子，活化分子的平均能量($\overline{E}^*$)与反应物分子的平均能量($\overline{E}$)的差称为反应的活化能(E_a)。

$$E_a = \overline{E}^* - \overline{E}$$

阈能 E_c 越高，活化分子百分数越小，有效碰撞所占比例越低，反应速率越慢。

2. 过渡态理论

过渡态理论是在统计力学和量子力学的基础上提出来的，其认为化学反应不是只通过简单碰撞就变成产物，而是要经过一个由反应物分子以一定构型存在、能量较高的过渡态，该过渡态又称为活化配合物。活化配合物能量高，很不稳定，既可分解为反应物，又可转变为产物。总反应的速率由活化配合物转化成产物的速率决定。

活化配合物分子的平均能量与反应物、产物分子的平均能量之差分别称为正、逆反应的活化能($E_{a正}$，$E_{a逆}$)。反应的热效应是产物平均能量与反应物平均能量的差，也等于正、逆反应活化能的差，即 $\Delta H = E_{a正} - E_{a逆}$。若 $E_{a正} < E_{a逆}$，则 $\Delta H < 0$，说明该反应的正反应是放热反应，逆反应是吸热反应。

反应物分子必须吸收足够的能量跨越能垒，反应才能进行。能垒的高低取决于活化能的大小。反应的活化能越大，活化分子百分数越小，反应速率越慢；反之，活化能越小的反应，其反应速率越快。因此，活化能是决定反应速率的内因。

(九) 反应机理

一个复杂反应要经历若干个基元反应才能完成，这些基元反应代表反应所经历的具体途径。动力学上将完成反应物到产物转变所经历的基元反应序列称为该反应的反应机理或反应历程。

(十) 催化概念及其特征

1. 催化剂与催化作用

可以改变反应速率，而本身在反应前后既没有数量上的变化又没有化学性质的改变的物质称为催化剂。催化剂改变反应速率的作用称为催化作用。加快反应速率的催化剂称为正催化剂，减慢反应速率的催化剂称为负催化剂或阻化剂。

2. 催化作用的原理

催化剂之所以能改变反应速率，归因于它改变了反应历程，改变了反应的活化能。

3. 催化剂的特征

(1) 催化剂在反应过程中参与了反应，在反应前后，其化学性质没有改变，但物理性状可能发生改变。

(2) 催化剂不影响化学平衡，只能改变达到平衡所需的时间。催化剂对正、逆两个反应方向都产生同样的影响，所以正反应的优良催化剂也应为逆反应的催化剂。

(3) 催化剂对反应具有特殊的选择性。不同的反应需要选择不同的催化剂。反应物相同，如果选择不同的催化剂，可能得到不同的产物。

(4) 在催化剂或反应体系中加入少量的其他物质，通常可以强烈地影响催化剂的作用。若加入的物质能使原催化剂作用加强，则该物质称为助催化剂；若反应产物能对该反应起加速作用，则这种作用称为自催化作用；若加入的物质使原催化剂的作用减弱，则这种物质称为催化剂毒物，该过程称为催化剂中毒。

三、习题解析

7-1 某基元反应 $A + 2B \xrightarrow{k} 2P$，试分别用各种物质浓度随时间的变化率表示反应的速率方程。

解
$$r = -\frac{dc(A)}{dt} = -\frac{1}{2}\frac{dc(B)}{dt} = \frac{1}{2}\frac{dc(P)}{dt}$$

7-2 某气相反应的速率方程分别用浓度和分压表示为 $r_c = k_c c(A)^n$ 和 $r_p = k_p p(A)^n$，试求 k_c 与 k_p 之间的关系。设气体为理想气体。

解 设气相反应 $aA \longrightarrow P$，其速率方程分别用浓度和分压表示为

$$r_c = -\frac{1}{a}\frac{dc(A)}{dt} = k_c c(A)^n \quad ①$$

$$r_p = -\frac{1}{a}\frac{dp(A)}{dt} = k_p p(A)^n \quad ②$$

若将所有气体看作理想气体，则有

$$p(A) = c(A)RT \quad ③$$

将式③代入式②等号左边，得

$$-\frac{1}{a}\frac{dp(A)}{dt} = -\frac{1}{a}\frac{dc(A)}{dt}RT = k_c c(A)^n RT \quad ④$$

将式③代入式②等号右边，得

$$k_p p(A)^n = k_p c(A)^n (RT)^n \quad ⑤$$

综合式④和式⑤，则有

$$k_c c(A)^n RT = k_p c(A)^n (RT)^n$$

所以
$$k_c = k_p (RT)^{n-1}$$

7-3 在 970 K 下，反应 $2N_2O(g) \xlongequal{} 2N_2(g) + O_2(g)$起始时 N_2O 的分压为 2.93×10^4 Pa，并测得反应过程中体系的总压变化如下：

t/s	300	900	2000	4000
p(总)/($\times10^4$ Pa)	3.33	3.63	3.93	4.14

求最初 900 s 和最后 2000 s 时间间隔内的平均速率。

解 设 t 时 N_2O 的分压为 p_t

	$2N_2O(g)$	$\xlongequal{}$ $2N_2(g)$	+ $O_2(g)$	总压
$t = 0$	p_0	0	0	$p(总) = p_0$
$t = t$	p_t	$p_0 - p_t$	$\frac{1}{2}(p_0 - p_t)$	$p(总) = \frac{3}{2}p_0 - \frac{1}{2}p_t$

据题意知，$p_0 = 2.93\times10^4$ Pa，$p_t = 3p_0 - 2p(总)$。

当 $t = 900$ s 时，p(总) = 3.63×10^4 Pa，则 900 s 时：

$$p_t = 3p_0 - 2p(\text{总}) = 3\times2.93\times10^4 - 2\times3.63\times10^4 = 1.53\times10^4\ (\text{Pa})$$

根据平均速率的定义：

$$\overline{r} = \frac{1}{\nu_B}\frac{\Delta p(\text{B})}{\Delta t}$$

则最初 900 s 内：

$$\overline{r} = \frac{1}{\nu_B}\frac{p_t - p_0}{\Delta t} = \frac{1}{-2}\times\frac{1.53\times10^4 - 2.93\times10^4}{900} = 7.78\ (\text{Pa}\cdot\text{s}^{-1})$$

当 $t = 2000$ s 时，p(总) = 3.93×10^4 Pa

$$p_{t(2000\ \text{s})} = 3p_0 - 2p(\text{总}) = 3\times2.93\times10^4 - 2\times3.93\times10^4 = 9.3\times10^3\ (\text{Pa})$$

当 $t = 4000$ s 时，p(总) = 4.14×10^4 Pa

$$p_{t(4000\ \text{s})} = 3p_0 - 2p(\text{总}) = 3\times2.93\times10^4 - 2\times4.14\times10^4 = 5.1\times10^3\ (\text{Pa})$$

最后 2000 s 内：

$$\overline{r} = \frac{1}{\nu_B}\frac{p_{t(4000\ \text{s})} - p_{t(2000\ \text{s})}}{\Delta t} = \frac{1}{-2}\times\frac{5.1\times10^3 - 9.3\times10^3}{2000} = 1.05\ (\text{Pa}\cdot\text{s}^{-1})$$

7-4　当矿物燃料燃烧时，空气中的 N_2 和 O_2 反应生成 NO，NO 再与 O_2 反应生成 NO_2：$2NO(g) + O_2(g) = 2NO_2(g)$。298 K 时，反应物浓度与反应速率的实验数据如下表所示。

	$c(NO)/(mol\cdot L^{-1})$	$c(O_2)/(mol\cdot L^{-1})$	$r/(mol\cdot L^{-1}\cdot s^{-1})$
1	0.0020	0.0010	2.8×10^{-5}
2	0.0020	0.0020	5.6×10^{-5}
3	0.0040	0.0010	1.1×10^{-4}

(1) 写出反应速率方程。

(2) 计算 298 K 时的速率常数。

(3) 当 $c_0(NO) = 0.0030\ mol\cdot L^{-1}$，$c_0(O_2) = 0.0015\ mol\cdot L^{-1}$ 时，反应的起始速率为多少？

解　(1) 设此反应的速率方程为

$$r = kc(NO)^m c(O_2)^n$$

由题意知：

$$2.8\times10^{-5} = k\times0.0020^m\times0.0010^n \quad ①$$

$$5.6\times10^{-5} = k\times0.0020^m\times0.0020^n \quad ②$$

$$1.1\times10^{-4} = k\times0.0040^m\times0.0010^n \quad ③$$

①/②，得

$$\frac{2.8\times10^{-5}}{5.6\times10^{-5}} = \frac{0.0010^n}{0.0020^n} = \left(\frac{1}{2}\right)^n$$

解得　　$n = 1$

①/③，得

$$\frac{2.8\times10^{-5}}{1.1\times10^{-4}}=\frac{0.0020^m}{0.0040^m}=\left(\frac{1}{2}\right)^m$$

解得 $$m=2$$

所以 $$r=kc(NO)^2c(O_2) \quad ④$$

(2) 298 K 时，将任意一组实验数据代入式④即可求得速率常数：

$$2.8\times10^{-5}=k\times0.0020^2\times0.0010$$

$$k=7.0\times10^3\ L^2\cdot mol^{-2}\cdot s^{-1}$$

(3) 当 $c_0(NO)=0.0030\ mol\cdot L^{-1}$，$c_0(O_2)=0.0015\ mol\cdot L^{-1}$ 时：

$$r=kc(NO)^2c(O_2)=7.0\times10^3\times0.0030^2\times0.0015=9.45\times10^{-5}\ (mol\cdot L^{-1}\cdot s^{-1})$$

7-5 研究表明，下列反应在一定温度范围内是基元反应：

$$2NO(g)+Cl_2(g) = 2NOCl(g)$$

(1) 写出该反应的速率方程，并指出该反应的总级数。

(2) 其他条件不变，若将容器的体积增加到原来的 2 倍，则反应起始速率将怎样变化？

(3) 若容器体积不变，将 NO 的浓度增加到原来的 3 倍，则反应起始速率将怎样变化？

(4) 若容器体积不变，向反应体系中加入一定量的 NOCl，则反应起始速率将怎样变化？

解 (1) 已知上述反应为基元反应，根据质量作用定律，该反应的速率方程为

$$r=kc(NO)^2c(Cl_2)$$

该反应的总级数 $n=2+1=3$。

(2) 其他条件不变，若将容器的体积增加到原来的 2 倍，则反应物浓度均变为原来的 1/2，此时：

$$r=k\left[\frac{1}{2}c(NO)\right]^2\frac{1}{2}c(Cl_2)=\frac{1}{8}kc(NO)^2c(Cl_2)=\frac{1}{8}r_0$$

反应起始速率变为原来的 1/8。

(3) 若容器体积不变，将 NO 的浓度增加到原来的 3 倍，则

$$r=k[3c(NO)]^2c(Cl_2)=9kc(NO)^2c(Cl_2)=9r_0$$

反应起始速率变为原来的 9 倍。

(4) 若容器体积不变，向反应体系中加入一定量的 NOCl，反应物浓度不变，反应起始速率不变。

7-6 基元反应 $2A(g)+B(g) = E(g)$，将 2 mol A 与 1 mol B 放入 1 L 容器中混合并反应，那么反应物消耗一半时的反应速率与反应起始速率的比值是多少？

解 基元反应 $2A(g)+B(g) = E(g)$的反应速率方程为

$$r=kc(A)^2c(B)$$

反应起始时，$c_0(A)=2\ mol\cdot L^{-1}$，$c_0(B)=1\ mol\cdot L^{-1}$：

$$r_0=kc_0(A)^2c_0(B)=k^2\times2^2\times1=4k$$

反应物消耗一半时，$c(\mathrm{A}) = 1\ \mathrm{mol\cdot L^{-1}}$，$c(\mathrm{B}) = 0.5\ \mathrm{mol\cdot L^{-1}}$：

$$r' = kc(\mathrm{A})^2c(\mathrm{B}) = k^2\times1^2\times0.5 = 0.5k$$

$$\frac{r'}{r_0} = \frac{0.5k}{4k} = \frac{1}{8}$$

反应物消耗一半时的反应速率与反应起始速率的比值是 1/8。

7-7　已知反应 C ══ P，当 C 反应掉 3/4 所需时间恰是它反应掉 1/2 所需时间的 1.5 倍时，该反应为几级？

解　该反应为零级反应。

因为对于零级反应　$$t_{1/2} = \frac{c_0(\mathrm{A})}{2k}$$

则　$$t_{3/4} = \frac{c_0(\mathrm{A})}{2k_0} + \frac{0.5c_0(\mathrm{A})}{2k_0} = 1.5\times\frac{c_0(\mathrm{A})}{2k_0} = 1.5t_{1/2}$$

所以零级反应正好符合题意。

7-8　试证明一级反应的转化率分别达 50%、75%和 87.5%时，所需时间分别是 $t_{1/2}$、$2t_{1/2}$、$3t_{1/2}$。

证明　对于一级反应，有 $\ln\frac{c_0(\mathrm{A})}{c(\mathrm{A})} = kt$，设转化率为 y，该式变换得

$$\ln\frac{c_0(\mathrm{A})}{c(\mathrm{A})} = \ln\frac{1}{c(\mathrm{A})/c_0(\mathrm{A})} = \ln\frac{1}{1-y} = kt$$

$$t = \frac{1}{k}\ln\frac{1}{1-y}$$

$$t_{1/2} = \frac{\ln 2}{k}$$

当 $y = 50\%$时，　$$t = \frac{1}{k}\ln\frac{1}{1-50\%} = \frac{\ln 2}{k} = t_{1/2}$$

当 $y = 75\%$时，　$$t = \frac{1}{k}\ln\frac{1}{1-75\%} = \frac{2\ln 2}{k} = 2t_{1/2}$$

当 $y = 87.5\%$时，　$$t = \frac{1}{k}\ln\frac{1}{1-87.5\%} = \frac{3\ln 2}{k} = 3t_{1/2}$$

证毕。

7-9　已知某药物按一级反应分解，在 25℃下分解，反应速率常数 $k = 2.09\times10^{-5}\ \mathrm{h^{-1}}$。该药物的起始浓度为 100 单位 · $\mathrm{cm^{-3}}$，若其浓度下降至 40 单位 · $\mathrm{cm^{-3}}$ 就无临床价值，不能继续使用。试求该药物的有效期应当定为多长。

解　已知该药物按一级反应分解：

$$t = \frac{1}{k}\ln\frac{c_0(\mathrm{A})}{c(\mathrm{A})} = \frac{1}{2.09\times10^{-5}}\ln\frac{100}{40} = 4.38\times10^4(\mathrm{h}) = 5(\mathrm{a})$$

该药物的有效期应当定为 5 年。

7-10　基元反应 A ══ P 的半衰期为 69.3 s，要使 80%的 A 反应生成 P，所需的时间

是多长？

解 由题意知该反应为一级反应，$t_{1/2} = 69.3\text{ s}$

$$k = \frac{\ln 2}{t_{1/2}} = \frac{0.693}{69.3} = 0.0100\ (\text{s}^{-1})$$

$$t = \frac{1}{k}\ln\frac{1}{1-y} = \frac{1}{0.0100}\ln\frac{1}{1-0.80} = 160.9(\text{s})$$

要使 80%的 A 反应生成 P，所需的时间是 160.9 s。

7-11 设反应的半衰期为$t_{1/2}$，反应 3/4 衰期为$t_{3/4}$。试证明：对于二级反应$t_{3/4}/t_{1/2} = 3$，并讨论反应掉 99%所需时间$t_{0.99}$与$t_{1/2}$之比为多少。

解 对于二级反应：

$$\frac{1}{c(\text{A})} - \frac{1}{c_0(\text{A})} = kt$$

$$t_{1/2} = \frac{1}{kc_0(\text{A})}$$

$$t_{3/4} = \frac{1}{k}\left[\frac{1}{c(\text{A})} - \frac{1}{c_0(\text{A})}\right] = \frac{1}{k}\left[\frac{1}{(1-0.75)c_0(\text{A})} - \frac{1}{c_0(\text{A})}\right] = \frac{3}{kc_0(\text{A})}$$

所以，$t_{3/4}/t_{1/2} = 3$。

反应掉 99%所需时间为

$$t_{0.99} = \frac{1}{k}\left[\frac{1}{c(\text{A})} - \frac{1}{c_0(\text{A})}\right] = \frac{1}{k}\left[\frac{1}{(1-0.99)c_0(\text{A})} - \frac{1}{c_0(\text{A})}\right] = \frac{99}{kc_0(\text{A})}$$

所以，$t_{0.99}/t_{1/2} = 99$。

7-12 某一级反应，在 298 K 及 308 K 时的速率常数分别为 $3.19\times10^{-4}\ \text{s}^{-1}$ 和 $9.86\times10^{-4}\ \text{s}^{-1}$。试根据阿伦尼乌斯定律计算该反应的活化能和指前系数。

解 已知 $T_1 = 298\text{ K}$，$T_2 = 308\text{ K}$，$k_1 = 3.19\times10^{-4}\ \text{s}^{-1}$，$k_2 = 9.86\times10^{-4}\ \text{s}^{-1}$，根据

$$\ln\frac{k_2}{k_1} = \frac{E_a}{R}\left(\frac{1}{T_1} - \frac{1}{T_2}\right)$$

$$\ln\frac{9.86\times10^{-4}}{3.19\times10^{-4}} = \frac{E_a}{8.314}\left(\frac{1}{298} - \frac{1}{308}\right)$$

解得

$$E_a = 8.611\times10^4\ \text{J}\cdot\text{mol}^{-1} = 86.11\ \text{kJ}\cdot\text{mol}^{-1}$$

又因为 $k = A\exp\left(-\frac{E_a}{RT}\right)$，所以指前系数 A 为

$$A = k\exp\left(\frac{E_a}{RT}\right) = 3.19\times10^{-4}\exp\left(\frac{8.61\times10^4}{8.314\times298}\right) = 3.96\times10^{11}\ (\text{s}^{-1})$$

该反应的活化能 E_a 为 $86.11\ \text{kJ}\cdot\text{mol}^{-1}$，指前系数 A 为 $3.96\times10^{11}\ \text{s}^{-1}$。

7-13 反应 $N_2O_5 \xlongequal{\quad} 2NO_2 + \frac{1}{2}O_2$，其温度与速率常数的数据列于下表。试用作图

法($\ln k$ - $\frac{1}{T}$)求出反应的表观活化能 E_a 和指前系数 A。

T/K	k/s^{-1}	T/K	k/s^{-1}
273	7.87×10^{-7}	318	4.98×10^{-4}
298	3.46×10^{-5}	328	1.50×10^{-3}
308	1.35×10^{-4}	338	4.87×10^{-3}

解 根据阿伦尼乌斯公式：

$$\ln k = -\frac{E_a}{RT} + \ln A$$

用 $\ln k$ 对 $\frac{1}{T}$ 作图，所得直线的斜率为 $-\frac{E_a}{R}$，截距为 $\ln A$。

根据已知数据得到下表：

T/K	$1/T$	$\ln k$
273	3.66×10^{-3}	−14.06
298	3.36×10^{-3}	−10.27
308	3.25×10^{-3}	−8.91
318	3.14×10^{-3}	−7.60
328	3.05×10^{-3}	−6.50
338	2.96×10^{-3}	−5.32

根据上表数据作 $\ln k$-$\frac{1}{T}$ 图如下：

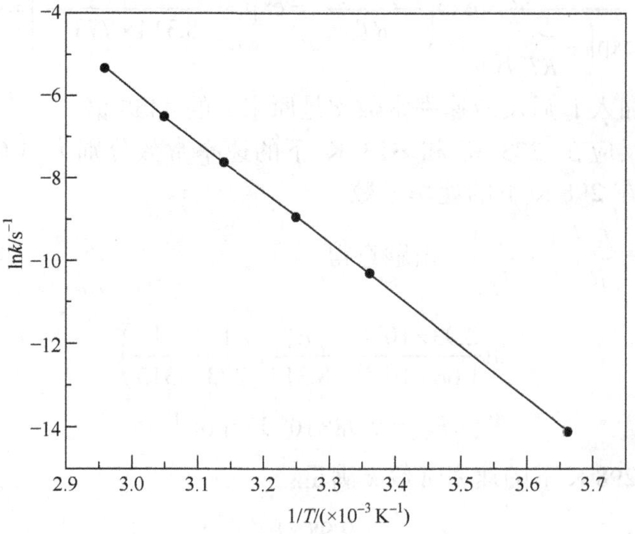

求出图中直线斜率为

$$-\frac{E_a}{R} = \frac{-5.32-(-14.06)}{2.96\times10^{-3}-3.66\times10^{-3}} = -1.25\times10^4$$

所以 $$E_a = 1.25\times10^4\times8.314 = 1.039\times10^5\ (\text{J}\cdot\text{mol}^{-1}) = 103.9\ (\text{kJ}\cdot\text{mol}^{-1})$$

根据 $A = k\exp\left(\dfrac{E_a}{RT}\right)$，由表中任意一组数据，即可求得指前系数 A，也可由每组数据计算出的 A 取平均值。

例如，$T_1 = 273$ K 时：

$$A_1 = 7.87\times10^{-7}\times\exp\left(\frac{103.9\times10^3}{8.314\times273}\right) = 5.98\times10^{13}\ (\mathrm{s}^{-1})$$

同理，求得 $T_2 = 298$ K 时，$A_2 = 5.65\times10^{13}\ \mathrm{s}^{-1}$；

$T_3 = 308$ K 时，$A_3 = 5.65\times10^{13}\ \mathrm{s}^{-1}$；

$T_4 = 318$ K 时，$A_4 = 5.81\times10^{13}\ \mathrm{s}^{-1}$；

$T_5 = 328$ K 时，$A_5 = 5.28\times10^{13}\ \mathrm{s}^{-1}$；

$T_6 = 338$ K 时，$A_6 = 5.56\times10^{13}\ \mathrm{s}^{-1}$。

对 A 取平均值得

$$A = (5.98+5.65+5.65+5.81+5.28+5.56)\times10^{13}/6 = 5.66\times10^{13}\ (\mathrm{s}^{-1})$$

反应的表观活化能 E_a 为 103.9 kJ · mol^{-1}，指前系数 A 为 $5.66\times10^{13}\ \mathrm{s}^{-1}$。

7-14 反应 $CH_3CHO \xlongequal{} CH_4 + CO$，其 E_a 值为 190 kJ · mol^{-1}，加入 I_2(g)(作催化剂)以后，活化能 E_a 降为 136 kJ · mol^{-1}。设加入催化剂前后指前系数 A 值保持不变，则在 773 K 时，加入 I_2(g)后反应速率常数 k'是原来 k 的多少倍？

解 因为 $k = A\exp\left(-\dfrac{E_a}{RT}\right)$，$k' = A\exp\left(-\dfrac{E_a'}{RT}\right)$

所以
$$\frac{k'}{k} = \frac{A\exp\left(-\dfrac{E_a'}{RT}\right)}{A\exp\left(-\dfrac{E_a}{RT}\right)} = \exp\left(\frac{E_a - E_a'}{RT}\right) = \exp\left[\frac{(190-136)\times10^3}{8.314\times773}\right] = 4458$$

在 773 K 时，加入 I_2 后反应速率常数 k'是原来 k 的 4458 倍。

7-15 测得某反应在 273 K 和 313 K 下的速率常数分别为 $1.06\times10^{-5}\ \mathrm{s}^{-1}$ 和 $2.93\times10^{-3}\ \mathrm{s}^{-1}$。求该反应在 298 K 下的速率常数。

解 根据 $\ln\dfrac{k_2}{k_1} = \dfrac{E_a}{R}\left(\dfrac{1}{T_1} - \dfrac{1}{T_2}\right)$，由题意得

$$\ln\frac{2.93\times10^{-3}}{1.06\times10^{-5}} = \frac{E_a}{8.314}\left(\frac{1}{273} - \frac{1}{313}\right)$$

求得
$$E_a = 9.98\times10^4\ \mathrm{J\cdot mol^{-1}}$$

所以该反应在 298 K 下的速率常数 k 满足：

$$\ln\frac{k}{1.06\times10^{-5}} = \frac{9.98\times10^4}{8.314}\left(\frac{1}{273} - \frac{1}{298}\right)$$

$$k = 4.24\times10^{-4}\ \mathrm{s}^{-1}$$

该反应在 298 K 下的速率常数为 $4.24\times10^{-4}\ \mathrm{s}^{-1}$。

7-16 乙烯转化反应 $C_2H_4 \xlongequal{} C_2H_2 + H_2$ 为一级反应。在 1073 K 时，要使 50%乙烯分

解需要 10 h。已知该反应的活化能 $E_a = 250.6\ kJ \cdot mol^{-1}$。要求在 30 min 内有 75%乙烯转化，反应温度应控制在多少?

解　设 $T_1 = 1073$ K 时的反应速率常数为 k_1，由题意知

$$k_1 = \frac{\ln 2}{t_{1/2}} = \frac{\ln 2}{10} = 0.0693\ (h^{-1})$$

设 T_2 时的速率常数为 k_2，据题意，对于一级反应有

$$\ln\frac{c_0(A)}{1-0.75c_0(A)} = 0.5k_2$$

$$k_2 = 2.7726\ h^{-1}$$

根据 $\ln\frac{k_2}{k_1} = \frac{E_a}{R}\left(\frac{T_2-T_1}{T_1T_2}\right)$，则

$$\ln\frac{2.7726}{0.0693} = \frac{250.6\times10^3}{8.314}\left(\frac{T_2-1073}{1073T_2}\right)$$

可得　$T_2 = 1235$ K

反应温度应控制在 1235 K。

7-17　^{14}C 半衰期为 5730 a，测得北京周口店山顶洞遗址出土的化石中的 $^{14}C/^{12}C$ 值是当今活着的生物的 0.120 倍，估算该化石距今时间。

解　^{14}C 的衰变为一级反应，有

$$k = \frac{\ln 2}{t_{1/2}} = \frac{\ln 2}{5730} = 1.21\times10^{-4}\ (a)$$

$$\ln\frac{c_0(A)}{c(A)} = \ln\frac{c_0(A)}{0.120c_0(A)} = 1.21\times10^{-4}t$$

解得　$t = 1.75\times10^4$ a

该化石距今 1.75×10^4 年。

四、水 平 测 试

1. 填空题(每空 1 分，共 20 分)

(1) A + B ══ C 为基元反应，该反应的速率方程可以写成__________，反应级数为__________。

(2) 一级反应的特征是__________；__________；__________。

(3) 某反应，无论反应物初始浓度为多少，在相同时间和温度下，反应物消耗的浓度为定值，此反应是__________级反应。

(4) 反应 A + B ══ C 的速率方程为 $r = kc(A)c(B)^{\frac{1}{2}}$，其反应速率的单位是__________，速率常数 k 的单位是__________。(注：浓度单位用 $mol \cdot L^{-1}$，时间单位用 s)。

(5) 二级反应的半衰期与反应物初始浓度的关系为__________。

(6) 任一基元反应，反应分子数与反应级数的关系是__________。

(7) 发生有效碰撞的两个条件是__________和__________。

(8) 催化剂的定义是__________。

(9) 催化剂的共同特征是：__________；__________；__________。

(10) 温度不变的情况下，向反应体系中加入正催化剂，反应的活化能__________，反应速率常数__________。(填“增大”或“减小”)

(11) *某反应的速率常数 $k = 4.20\times10^{-2}\ s^{-1}$，初始浓度为 0.1 $mol\cdot L^{-1}$，则该反应的半衰期 $t_{1/2}$ 为__________。

(12) *已知某反应的反应物无论其起始浓度 $c_0(A)$为多少，反应掉 $c_0(A)$的 3/4 所需的时间都相同，该反应为__________级反应。

2. 是非题(用“√”、“×”表示对、错并填入括号中，每小题 1 分，共 10 分)

(　　) (1) 凡是反应级数为分数的反应都是复杂反应，凡是反应级数为 1、2 和 3 的反应都是基元反应。

(　　) (2) 反应速率常数 k 与反应物 A 的浓度有关。

(　　) (3) 反应级数不可能为负值。

(　　) (4) 一级反应肯定是单分子反应。

(　　) (5) 质量作用定律仅适用于基元反应。

(　　) (6) 催化剂只能加快反应速率，而不能改变化学反应的标准平衡常数。

(　　) (7) 对于基元反应，反应速率常数总随着温度的升高而增大。

(　　) (8) 若反应 A $=\!=\!=$ Y 是零级反应，则其半衰期 $t_{1/2}=\dfrac{c_0(A)}{2k}$。

(　　) (9) 反应活化能越大，反应速率也越大。

(　　) (10) *对二级反应来说，当反应物转化率相同时，反应物的初始浓度越低，反应所需时间越短。

3. 选择题[每小题 2 分，共 20 分，其中第(4)、(5)小题为多选，其余为单选]

(1) 2 mol A 和 1 mol B 在 1 L 容器中混合，假定 A 与 B 反应的速率控制步骤是 $2A(g) + B(g) =\!=\!= C(g)$，其速率常数为 k，则 A 和 B 都用去 2/3 时的反应速率 r 是(　　)。

A. $\dfrac{4}{27}k$　　B. $\dfrac{8}{27}k$　　C. $\dfrac{1}{27}k$　　D. $27k$

(2) 增加反应物浓度，反应速率加快的原因是(　　)。

A. 降低了正反应的活化能　　B. 增加了活化分子的百分数

C. 增加了单位体积内活化分子总数　　D. 增加了正反应的活化能

(3) 某化学反应的速率常数为 2.0 $mol\cdot L^{-1}\cdot s^{-1}$，该化学反应的级数为(　　)。

A. 1　　B. 2　　C. 0　　D. −1

(4) 已知反应：$3KCN(aq) + 2KMnO_4(aq) + H_2O(l) =\!=\!= 3KCNO(aq) + 2KOH(aq) + 2MnO_2(s)$，下列表达式正确的是(　　)。

A. $\dfrac{-2\Delta c(KMnO_4)}{\Delta t}=\dfrac{3\Delta c(KCN)}{\Delta t}$　　B. $\dfrac{2\Delta c(KMnO_4)}{\Delta t}=\dfrac{3\Delta c(KCN)}{\Delta t}$

C. $\dfrac{3\Delta c(KMnO_4)}{\Delta t}=\dfrac{2\Delta c(KCN)}{\Delta t}$　　D. $\dfrac{-3\Delta c(KMnO_4)}{\Delta t}=\dfrac{2\Delta c(KCN)}{\Delta t}$

(5) *有关基元反应的论述，正确的是(　　)。

A. 反应的速率常数与反应物的浓度无关

B. 反应的级数等于反应的分子数

C. 反应活化能既可为正值，也可为负值

D. 速率方程与按质量作用定律写出来的形式相同，则该反应一定是基元反应

(6) *反应 $nA = mB$ 的速率方程可表述为 $-\dfrac{dc(A)}{dt} = k_1 c(A)^q$，也可表述为 $\dfrac{dc(B)}{dt} = k_2 c(A)^q$，则 k_1 和 k_2 的关系是(　　)。

A. $k_1 = k_2$　　B. $nk_1 = mk_2$　　C. $mk_1 = nk_2$　　D. $-nk_1 = mk_2$

(7) *在 300 K 时鲜牛奶约 4 h 变酸，但在 277 K 的冰中可保持 48 h，假定牛奶变酸的速率与时间成反比，则牛奶变酸反应的活化能是(　　)$kJ \cdot mol^{-1}$。

A. – 74.6　　B. 74.6　　C. 5.75　　D. –5.75

(8) *用锌粒与 6 $mol \cdot L^{-1}$ 硫酸在试管中反应制取氢气时，产生氢气的速率(　　)。

A. 先渐快，后渐慢　B. 越来越慢　C. 越来越快　D. 先渐快，后不变

(9) *放射性 ^{201}Pb 的半衰期为 8 h，1 g 放射性 ^{201}Pb 经 24 h 衰变后还剩(　　)g。

A. $\dfrac{1}{3}$　　B. $\dfrac{1}{8}$　　C. $\dfrac{1}{4}$　　D. 0

(10) *在一定温度下，液相反应 $A + B = E$ 的速率常数 $k = 30.0\ min^{-1}$，c_A 从 2.0 $mol \cdot L^{-1}$ 变到 0.50 $mol \cdot L^{-1}$ 所需的时间为 t_1，从 0.40 $mol \cdot L^{-1}$ 变到 0.10 $mol \cdot L^{-1}$ 所需的时间为 t_2，则 $t_2/t_1 =$ (　　)。

A. 0.5　　B. 1　　C. 1.5　　D. 2

4. 简答题(每小题 5 分，共 10 分)

(1) 反应①的活化能 $E_1 = 200\ kJ \cdot mol^{-1}$，反应②的活化能 $E_2 = 100\ kJ \cdot mol^{-1}$。当两反应的温度都从 300 K 升到 310 K 时，哪个反应的反应速率增大倍数更多？

(2) **试用活化分子观念解释浓度、温度、催化剂对化学反应速率的影响。

5. 计算题(每小题 10 分，共 40 分)

(1) *某反应在温度为 298 K 时的活化能为 75.24 $kJ \cdot mol^{-1}$，当加入 Cu^{2+} 作为催化剂时，其活化能变为 50.14 $kJ \cdot mol^{-1}$，加入催化剂后反应速率增大多少倍？

(2) *某一级反应，在 300 K 时反应完成 50%需 20 min，在 350 K 时反应完成 50%需 5 min，计算该反应的活化能。

(3) *气体 A 的分解反应 $A =$ 产物，当浓度等于 0.50 $mol \cdot L^{-1}$ 时，反应速率为 0.014 $mol \cdot L^{-1} \cdot s^{-1}$，如该反应分别为①零级反应；②一级反应；③二级反应，则 A 浓度为 1.0 $mol \cdot L^{-1}$ 时的反应速率分别是多少？

(4) *放射性同位素 $^{32}_{15}P$ 的蜕变反应为 $^{32}_{15}P \longrightarrow ^{32}_{16}S + \beta$，现有一批该同位素的样品，经测定其活性在 10 天后降低了 38.42%。求蜕变速率常数、半衰期及蜕变 99.0%所需的时间。

参考答案

1. 填空题(每空 1 分，共 20 分)

(1) $r = kc(A)c(B)$；二级。

(2) 以 $\ln c(A)$-t 作图为一直线；半衰期与反应物 A 初始浓度无关，即 $t_{1/2} = \dfrac{0.693}{k}$；速率常数的量纲为

[时间]$^{-1}$。

(3) 零。

(4) $mol \cdot L^{-1} \cdot s^{-1}$； $mol^{-\frac{1}{2}} \cdot L^{\frac{1}{2}} \cdot s^{-1}$。

(5) $t_{1/2} = \dfrac{1}{kc_0(A)}$。

(6) 反应级数等于反应分子数。

(7) 碰撞时分子的相对平动能必须大于某能量阈值(E_c)；必须按照一定的方向发生碰撞。

(8) 仅需较少的量就能显著改变反应速率而本身在数量和化学性质上都不发生改变的物质。

(9) 催化剂参与了反应，改变了活化能，但反应前后其数量和化学性质不发生改变；催化剂不改变化学平衡状态；催化剂具有选择性。

(10) 减小；增大。

(11) 16.5 s。

(12) 一。

2. 是非题(用“√”、“×”表示对、错并填入括号中，每小题 1 分，共 10 分)

(1) (×) (2) (×) (3) (×) (4) (×) (5) (√) (6) (√) (7) (√) (8) (√) (9) (×) (10) (×)

3. 选择题[每小题 2 分，共 20 分，其中第(4)、(5)小题为多选，其余为单选]

(1) (A) (2) (C) (3) (C) (4) (CD) (5) (AB) (6) (C) (7) (B) (8) (A) (9) (B) (10) (B)

4. 简答题(每小题 5 分，共 10 分)

(1) 设反应①在 300 K 和 310 K 的速率常数分别是 k_1 和 k_1'；反应②在 300 K 和 310 K 的速率常数分别是 k_2 和 k_2'，则

$$\ln\frac{k_1'}{k_1} = \frac{200\times10^3}{8.314}\left(\frac{10}{300\times310}\right) = 2.59, \quad \frac{k_1'}{k_1} = 13.3$$

$$\ln\frac{k_2'}{k_2} = \frac{100\times10^3}{8.314}\left(\frac{10}{300\times310}\right) = 1.29, \quad \frac{k_2'}{k_2} = 3.6$$

可见，升高同样温度，E_a 越大的反应的反应速率增大的倍数越多。

(2) 活化分子是能量大于阈能(E_c)的分子，是发生有效碰撞的必备条件之一。活化分子的平均能量($\bar{E}^*$)与反应物分子的平均能量($\bar{E}$)的差称为反应的活化能(E_a)。活化能是决定化学反应速率的内因，温度、浓度是影响反应速率的外因。当反应物浓度增大时，单位体积中分子总数增多，活化分子总数增加，单位时间内的有效碰撞次数增多，反应速率增大；升高温度时，分子热运动加剧，活化分子百分数升高，有效碰撞频率增大，反应速率增大；向反应体系中加入正催化剂时，改变了反应历程，降低了活化能，使活化分子百分数增加，单位时间内的有效碰撞次数增多，反应速率增大。

5. 计算题(每小题 10 分，共 40 分)

(1) 因为

$$\ln k = -\frac{E_a}{RT} + \ln A \quad ①$$

$$\ln k' = -\frac{E_a'}{RT} + \ln A \quad ②$$

所以，式② − 式①得

$$\ln\frac{k'}{k} = \frac{E_a - E_a'}{RT} = \frac{(75.24-50.14)\times10^3}{8.314\times298} = 10.13$$

$$\frac{k'}{k} = 2.51\times10^4$$

加入催化剂后反应速率增加为原来的 2.51×10^4 倍。

(2) 对于一级反应，$t_{1/2}=\dfrac{\ln 2}{k}$，因此 $k=\dfrac{\ln 2}{t_{1/2}}$。由题意知

$$\frac{k_2(350\ \text{K})}{k_1(300\ \text{K})}=\frac{k_{1/2}(300\ \text{K})}{k_{1/2}(350\ \text{K})}=\frac{20}{5}=4$$

根据 $\ln\dfrac{k_2}{k_1}=\dfrac{E_a}{R}\left(\dfrac{T_2-T_1}{T_1T_2}\right)$，得

$$E_a=\frac{RT_1T_2}{T_2-T_1}\ln\frac{k_2}{k_1}=\frac{8.314\times300\times350}{350-300}\times\ln4=24.2(\text{kJ}\cdot\text{mol}^{-1})$$

该反应的活化能为 24.2 $\text{kJ}\cdot\text{mol}^{-1}$。

(3) ① 零级反应：$r=k$，与浓度 c 无关，因此 $r=0.014\ \text{mol}\cdot\text{L}^{-1}\cdot\text{s}^{-1}$。

② 一级反应：$r=kc_A$，则 $k=r/c_A=0.014/0.50=0.028(\text{s}^{-1})$，因此

$$r=kc_A=0.028\times1.0=0.028(\text{mol}\cdot\text{L}^{-1}\cdot\text{s}^{-1})$$

③ 二级反应：$r=kc_A^2$，则 $k=r/c_A^2=0.014/0.50^2=0.056(\text{L}\cdot\text{mol}^{-1}\cdot\text{s}^{-1})$，因此

$$r=0.056\times1.0^2=0.056(\text{mol}^{-1}\cdot\text{L}\cdot\text{s}^{-1})$$

(4) 放射性同位素的蜕变为一级反应，采用一级反应速率方程积分式：

$$\ln\frac{c_0(\text{A})}{c(\text{A})}=kt$$

由题意知

$$t=10\ (\text{d})$$

$$c(\text{A})=(1-38.42\%)c_0(\text{A})=0.6158c_0(\text{A})$$

所以

$$\ln\frac{1}{0.6158}=10k$$

蜕变速率常数为

$$k=0.0485(\text{d}^{-1})$$

半衰期为

$$t_{1/2}=\frac{\ln 2}{k_1}=14.3\ (\text{d})$$

$^{32}_{15}\text{P}$ 蜕变 99.0%所需时间为

$$t=\frac{1}{k}\ln\frac{c_0(\text{A})}{c(\text{A})}=\frac{1}{0.0485}\ln\frac{1}{1-99.0\%}=95\ (\text{d})$$

蜕变速率常数为 0.0485 d^{-1}，半衰期为 14.3 d，经过 95 天蜕变 99.0%。

(湖南科技大学　袁华)

第8章 化学平衡原理

一、学 习 目 标

(1) 描述化学平衡的基本特征。

(2) 阐明标准平衡常数的意义及其与标准吉布斯自由能变之间的关系。

(3) 应用标准平衡常数预测反应方向和判断反应程度。

(4) 概括浓度、压强和温度三个重要因素对化学平衡移动的影响规律，并应用其解决一些生产生活中的实际问题。

二、重难点解析

本章从热力学出发，根据化学反应等温式和标准吉布斯自由能变直接引入标准平衡常数，跳过了经验平衡常数，这与中学不同，学习时需注意这一点。标准平衡常数既可以由热力学计算，又可以根据平衡组成获得。涉及平衡组成计算的关键点在于：各物质由初始量到平衡量的变化量符合化学计量比。据此可以建立平衡组成、平衡常数和转化率之间的关系。平衡移动的计算同样如此。反应自发方向的判据——最小自由能原理与 $J/K^\ominus$、J 和 $K^\ominus$的大小比较完全等价。

(一) 化学平衡和标准平衡常数

化学平衡是动态平衡，$r_{正} = r_{逆} \neq 0$，表现为平衡体系中各物种组成不再随时间而变化。

平衡常数(均指标准平衡常数)是某一反应在特定条件下能够进行的最大限度，确切地表征化学反应进行的程度，比转化率更深刻地揭示化学反应的本质。平衡常数的大小与反应本性、温度有关，同时还与计量方程式的书写有关，其量纲为 1。在平衡常数表达式中，气态物质以相对平衡分压 $p_i/p^\ominus$表示、溶液以相对平衡浓度 $c_i/c^\ominus$表示，$p^\ominus = 100\ \text{kPa}$，$c^\ominus = 1.0\ \text{mol} \cdot \text{L}^{-1}$。

平衡常数的获得有以下几种方法。

(1) 根据平衡组成计算：需要正确处理物种的变化量与方程式的对应关系，从始态推出平衡态组成；熟练运用分压定律处理恒容或恒压条件下的分压问题。

(2) 先由热力学函数计算 $\Delta_r G_m^\ominus(T)$，再由 $\Delta_r G_m^\ominus(T)$计算平衡常数。计算时需要注意 $\Delta_r G_m^\ominus$的常用单位 $\text{kJ} \cdot \text{mol}^{-1}$ 与 R 的常用单位 $\text{J} \cdot \text{mol}^{-1} \cdot \text{K}^{-1}$ 的换算问题。

(3) 不同温度下的平衡常数根据范特霍夫方程和 $\Delta_r H_m^\ominus$ 计算：

$$\ln\frac{K_2^{\ominus}(T_2)}{K_1^{\ominus}(T_1)}=\frac{\Delta_r H_m^{\ominus}}{R}\frac{T_2-T_1}{T_1T_2}$$

计算时需要注意 $\Delta_r H_m^{\ominus}$ 的常用单位 $kJ\cdot mol^{-1}$ 与 R 的常用单位 $J\cdot mol^{-1}\cdot K^{-1}$ 的换算问题。

(二) 标准平衡常数的表示

标准平衡常数 $K^{\ominus}$与反应商 J 的表示方法原则上相同，量纲也为1，只是前者为相对平衡浓度或相对平衡分压，后者为瞬时相对浓度或瞬时相对分压。

对于多相化学平衡，参加反应的纯固体、纯液体或稀溶液中的溶剂，其浓度可看作常数，不用写入标准平衡常数表达式。例如：

$$CaCO_3(s)+2H^+(aq)\rightleftharpoons Ca^{2+}(aq)+H_2O(l)+CO_2(g)$$

$$K^{\ominus}=\frac{[c_{eq}(Ca^{2+})/c^{\ominus}][p_{eq}(CO_2)/p^{\ominus}]}{[c_{eq}(H^+)/c^{\ominus}]^2}=\frac{c_{eq}(Ca^{2+})[p_{eq}(CO_2)/p^{\ominus}]}{[c_{eq}(H^+)]^2}$$

注：为简便起见，后面的表达式将忽略 eq 和 $c^{\ominus}$。

此外，溶液中发生的反应，应根据离子反应方程式进行表达式书写。例如：

$$Cl_2(g)+H_2O(l)\rightleftharpoons HCl(aq)+HClO(aq)$$

$$K^{\ominus}=\frac{c(H^+)c(Cl^-)c(HClO)}{p(Cl_2)/p^{\ominus}}$$

显然，在强电解质 HCl 溶液中，H^+和 Cl^-是独立的质点，$c(H^+)$和 $c(Cl^-)$不存在互相依存的关系，如果写作 $K^{\ominus}=\dfrac{c(HCl)c(HClO)}{p(Cl_2)/p^{\ominus}}$ 显然不合适，计算出来的结果也不正确。

(三) 化学反应等温方程式

一个化学反应在非标准状态(等压等温、不做非体积功)下吉布斯自由能变的计算公式为化学反应等温式，即

$$\Delta_r G_m(T)=\Delta_r G_m^{\ominus}(T)+RT\ln J=RT\ln\frac{J}{K^{\ominus}}$$

因此，一个化学反应在给定的条件下能否自发进行的绝对判断标准是 $\Delta_r G_m(T)$判据。与之等价的判据是 $J/K^{\ominus}$：

$\Delta_r G_m(T)<0$，$J/K^{\ominus}<1$，即 $J<K^{\ominus}$，正反应自发；

$\Delta_r G_m(T)>0$，$J/K^{\ominus}>1$，即 $J>K^{\ominus}$，正反应不自发，逆反应自发；

$\Delta_r G_m(T)=0$，$J/K^{\ominus}=1$，即 $J=K^{\ominus}$，处于平衡状态。

当 $\Delta_r G_m^{\ominus}(T)$较大时(一般≥40 $kJ\cdot mol^{-1}$)，可不考虑 J 的影响，直接采用$\Delta_r G_m^{\ominus}(T)$代替$\Delta_r G_m(T)$来粗略判断反应方向。

(四) 化学平衡的移动

化学平衡是一种动态平衡，系统内各物种的组成不随时间变化，但微观上反应仍在进行，

只是正逆反应速率相同。化学平衡是相对的，一旦维持平衡的条件发生变化，系统的宏观性质和物质的组成都将发生变化，原有的平衡将被打破，平衡发生移动，直至建立新的平衡。

在一定温度下，平衡时 $J = K^{\ominus}$。在此基础上，增加反应物的浓度或分压，或者从反应系统中取走某一生成物，J 减小，而 $K^{\ominus}$并未改变(因为 T 不变)，必然使 $J < K^{\ominus}$，从而使 $\Delta_r G_m(T) < 0$，化学反应就会向正反应方向自发地进行，即平衡向正反应方向移动。从反应速率角度考虑也是如此。平衡时，正反应速率与逆反应速率相等，当增加反应物的浓度或分压时，正反应速率增大，平衡被打破而正向移动。随着正反应的进行，反应物的浓度或分压逐渐降低，生成物的浓度或分压逐渐增加，直到 J 重新等于 $K^{\ominus}$，建立新的平衡。

对于有气相参加的平衡，J 的改变还可以通过总压的变化而实现。在一定温度下，增加平衡时的总压，化学平衡向气体总的化学计量数减少的方向即体积减小的方向移动；反之，降低总压，平衡向气体总的化学计量数增加的方向即体积增大的方向移动；若反应前后气体总的化学计量数相等，则压强对平衡移动不产生影响。

温度对平衡移动的影响，主要是影响平衡常数 $K^{\ominus}$的数值。根据范特霍夫方程 $\ln\frac{K_2^{\ominus}(T_2)}{K_1^{\ominus}(T_1)} = \frac{\Delta_r H_m^{\ominus}}{R}\frac{T_2 - T_1}{T_1 \cdot T_2}$，温度升高时，平衡向吸热方向移动；反之，降低温度，平衡向放热方向移动。

(五) 相变过程的平衡移动与蒸气压

相变过程可以看作一类特殊的化学反应，其变化仍然可以用化学平衡原理讨论。例如：

$$H_2O(l) \rightleftharpoons H_2O(g) \qquad \Delta_{vap}H_m = \Delta_r H_m^{\ominus} \qquad K^{\ominus} = p_{H_2O}/p^{\ominus}$$

则不同温度下水的饱和蒸气压可以用范特霍夫方程处理：

$$\ln\frac{p_2}{p_1} = \ln\frac{p_2/p^{\ominus}}{p_1/p^{\ominus}} = \ln\frac{K_2^{\ominus}}{K_1^{\ominus}} = \frac{\Delta_r H_m^{\ominus}}{R}\frac{T_2 - T_1}{T_1 T_2}$$

而处理水的饱和蒸气压随温度变化的方程历史上称为 Clapeyron-Clausius 方程，形式如下：

$$\lg\frac{p_2}{p_1} = \frac{\Delta_{vap}H_m}{2.303R}\frac{T_2 - T_1}{T_1 T_2}$$

可见二者是完全一致的。

(六) 勒夏特列原理

任何一个处于化学平衡的系统，当某一决定系统平衡的因素发生改变时，系统的平衡将发生移动。平衡移动的方向总是减弱外界因素的改变对系统影响的方向。

三、习 题 解 析

8-1 写出下列反应的标准平衡常数表达式。

(1) $CH_4(g) + 2O_2(g) \rightleftharpoons CO_2(g) + 2H_2O(l)$

(2) $PbI_2(s) \rightleftharpoons Pb^{2+}(aq) + 2I^-(aq)$

(3) $BaSO_4(s) + 2C(s) \rightleftharpoons BaS(s) + 2CO_2(g)$

(4) $Cl_2(g) + H_2O(l) \rightleftharpoons HCl(aq) + HClO(aq)$

(5) $ZnS(s) + 2H^+(aq) \rightleftharpoons Zn^{2+}(aq) + H_2S(g)$

(6) $CN^-(aq) + H_2O(l) \rightleftharpoons HCN(aq) + OH^-(aq)$

答 (1) $K^\ominus = \dfrac{p(CO_2)/p^\ominus}{[p(CH_4)/p^\ominus][p(O_2)/p^\ominus]^2}$

(2) $K^\ominus = c(Pb^{2+})[c(I^-)]^2$

(3) $K^\ominus = [p(CO_2)/p^\ominus]^2$

(4) $K^\ominus = \dfrac{c(H^+)c(Cl^-)c(HClO)}{p(Cl_2)/p^\ominus}$

(5) $K^\ominus = \dfrac{c(Zn^{2+})[p(H_2S)/p^\ominus]}{[c(H^+)]^2}$

(6) $K^\ominus = \dfrac{c(HCN)c(OH^-)}{c(CN^-)}$

8-2 氧化亚银遇热分解反应为 $Ag_2O(s) \rightleftharpoons 2Ag(s) + 1/2O_2(g)$。已知 Ag_2O 的 $\Delta_f H_m^\ominus = -31.1\ kJ{\cdot}mol^{-1}$，$\Delta_f G_m^\ominus = -11.2\ kJ \cdot mol^{-1}$。求：

(1) 在 298 K 时 Ag_2O-Ag 体系的 $p(O_2)$。

(2) Ag_2O 的热分解温度是多少？[在分解温度下，$p(O_2) = 100$ kPa]

(3) 若 $AgNO_3(s)$按 $4AgNO_3(s) \rightleftharpoons 2Ag_2O + 4NO_2 + O_2$ 分解，则当 $AgNO_3(s)$在热分解温度分解时，其分解产物是 Ag_2O 还是单质 Ag？[已知 $AgNO_3(s)$的热力学数据：$\Delta_f H_m^\ominus = -124.39\ kJ \cdot mol^{-1}$，$\Delta_f G_m^\ominus = -33.41\ kJ \cdot mol^{-1}$，$S_m^\ominus = 140.92\ J \cdot mol^{-1}{\cdot}K^{-1}$]

解 (1) $\Delta_r H_m^\ominus = \sum \nu_B \Delta_f H_m^\ominus = 62.2\ kJ \cdot mol^{-1}$，$\Delta_r G_m^\ominus = \sum \nu_B \Delta_f G_m^\ominus = 22.4\ kJ \cdot mol^{-1}$

$K^\ominus = p(O_2)/p^\ominus$，根据 $\ln K^\ominus = -\Delta_r G_m^\ominus(T)/RT$，当 $T = 298$ K 时：

$$\ln K^\ominus = -22.4\times10^3/(8.314\times298) = -9.04 \qquad K^\ominus = 1.2\times10^{-4}$$

$$p(O_2) = 1.2\times10^{-4}\times100 = 1.2\times10^{-2}\ (kPa) = 12\ (Pa)$$

(2) 在分解温度下，$p(O_2) = 100$ kPa，$K^\ominus = 1.0$，$\Delta_r G_m^\ominus(T) = 0$，根据吉布斯方程：

$$\Delta_r G_m^\ominus(T) = \Delta_r H_m^\ominus - T\Delta_r S_m^\ominus,\quad T = \Delta_r H_m^\ominus / \Delta_r S_m^\ominus$$

$\Delta_r H_m^\ominus$、$\Delta_r S_m^\ominus$ 随温度变化不大，因此：

$$\Delta_r H_m^\ominus(T) \approx \Delta_r H_m^\ominus(298\ K) = 62.2\ kJ \cdot mol^{-1}$$

$$\Delta_r S_m^\ominus(T) \approx \Delta_r S_m^\ominus(298\ K) = \frac{\Delta_r H_m^\ominus(298\ K) - \Delta_r G_m^\ominus(298\ K)}{298} = 0.134\ kJ \cdot mol^{-1} \cdot K^{-1}$$

$$T_{分解} = \Delta_r H_m^\ominus / \Delta_r S_m^\ominus = 465\ \text{K}$$

或者，根据范特霍夫方程：

$$\ln\frac{K_2^\ominus(T_2)}{K_1^\ominus(T_1)} = \frac{\Delta_r H_m^\ominus}{R}\frac{T_2 - T_1}{T_1 T_2},\quad K_1^\ominus(298\ \text{K}) = 1.2\times10^{-4},\quad K_2^\ominus(T_{分解}) = 1\ 解得$$

$$T_{分解} = 465\ \text{K}$$

(3) 对于 $AgNO_3$ 的分解反应，同样可以计算焓变、熵变和热分解温度如下：

	$2AgNO_3(s)$	═══	Ag_2O	+	$2NO_2$	+	$1/2O_2$
$\Delta_f H_m^\ominus$	−124.39		−31.1		33.18		0
$S_m^\ominus$	140.92		121.3		240.06		205.14

$\Delta_r H_m^\ominus = 284.04\ \text{kJ}\cdot\text{mol}^{-1}$，$\Delta_r S_m^\ominus = 422.15\ \text{J}\cdot\text{mol}^{-1}\cdot\text{K}^{-1}$，$T_{分解}(AgNO_3) = 673\ \text{K}$

此温度高于 Ag_2O 的热分解温度(465 K)，因此 $AgNO_3(s)$在热分解温度下分解时，其分解产物是单质 Ag。反应方程式如下：

$$2AgNO_3(s) = 2Ag(s) + 2NO_2(g) + O_2(g)$$

8-3 已知反应 $C(s) + CO_2(g) \rightleftharpoons 2CO(g)$ $K_1^\ominus = 4.6(1040\ \text{K})$，$K_2^\ominus = 0.50(940\ \text{K})$。

(1) 判断该反应是吸热还是放热反应并计算反应的 $\Delta_r H_m^\ominus$。

(2) 求 940 K 时的 $\Delta_r G_m^\ominus$ 和 $\Delta_r S_m^\ominus$。

解 (1) 温度降低，向放热方向移动，平衡常数减小，即向左移动，因此此反应为吸热反应。

根据范特霍夫方程 $\ln\dfrac{K_2^\ominus(T_2)}{K_1^\ominus(T_1)} = \dfrac{\Delta_r H_m^\ominus}{R}\dfrac{T_2 - T_1}{T_1 T_2}$，代入数据，得

$$\Delta_r H_m^\ominus = R\ln\frac{K_2^\ominus(T_2)}{K_1^\ominus(T_1)} / \frac{T_2 - T_1}{T_1 T_2} = 8.314\times\ln\frac{0.50}{4.6} / \frac{940-1040}{940\times1040}$$

$$= 1.80\times10^5\ (\text{J}\cdot\text{mol}^{-1}) = 1.80\times10^2\ (\text{kJ}\cdot\text{mol}^{-1})$$

(2) 根据：$\ln K^\ominus = -\Delta_r G_m^\ominus(T)/RT$，$T = 940\ \text{K}$ 时，$\Delta_r G_m^\ominus = 5.4\ \text{kJ}\cdot\text{mol}^{-1}$。

根据吉布斯方程 $\Delta_r G_m^\ominus(T) = \Delta_r H_m^\ominus - T\Delta_r S_m^\ominus$

$$\Delta_r S_m^\ominus = \frac{\Delta_r H_m^\ominus - \Delta_r G_m^\ominus}{T} = \frac{1.8\times10^2 - 5.4}{940} = 0.19\ (\text{kJ}\cdot\text{mol}^{-1}\cdot\text{K}^{-1}) = 1.9\times10^2\ (\text{J}\cdot\text{mol}^{-1}\cdot\text{K}^{-1})$$

8-4 已知 $\Delta_f G_m^\ominus(COCl_2) = -204.9\ \text{kJ}\cdot\text{mol}^{-1}$，$\Delta_f G_m^\ominus(CO) = -137.2\ \text{kJ}\cdot\text{mol}^{-1}$，试求：

(1) 下述反应在 25℃时的平衡常数 $K_1^\ominus$：$CO(g) + Cl_2(g) \rightleftharpoons COCl_2(g)$。

(2) 若 $\Delta_f H_m^\ominus(COCl_2) = -219.1\ \text{kJ}\cdot\text{mol}^{-1}$，$\Delta_f H_m^\ominus(CO) = -110.5\ \text{kJ}\cdot\text{mol}^{-1}$，以上反应在 373 K 时平衡常数是多少？

(3) 由此说明温度对平衡移动的影响。

解 (1) $\Delta_r G_m^\ominus = \sum \nu_B \Delta_f G_m^\ominus = -204.6 + (-1)\times(-137.2) = -67.4\ (\text{kJ}\cdot\text{mol}^{-1})$

根据

$$\ln K^\ominus = -\Delta_r G_m^\ominus(T)/RT$$

$$\ln K^\ominus = 27.2,\quad K^\ominus = 6.5\times10^{11}$$

(2) $\Delta_r H_m^\ominus = \sum \nu_B \Delta_f H_m^\ominus = -219.1 + (-1)\times(-110.5) = -108.6\ (kJ \cdot mol^{-1})$

$$\Delta_r S_m^\ominus = (\Delta_r H_m^\ominus - \Delta_r G_m^\ominus)/T = -0.138\ (kJ \cdot mol^{-1} \cdot K^{-1})$$

$$\Delta_r G_m^\ominus(373\ K) = \Delta_r H_m^\ominus - T\Delta_r S_m^\ominus = -57.0\ (kJ \cdot mol^{-1}),\ K^\ominus = 9.8\times10^7$$

(3) 可见温度升高，平衡向吸热即逆反应方向移动。对于此放热反应，平衡常数减小。

8-5 已知在 Br_2 和 NO 的混合物中，可能达成下列平衡(假定各种气体均不溶于液溴中)。

$$NO(g) + 1/2Br_2(l) \rightleftharpoons NOBr(g) \quad ①$$

$$Br_2(l) \rightleftharpoons Br_2(g) \quad ②$$

$$NO(g) + 1/2Br_2(g) \rightleftharpoons NOBr(g) \quad ③$$

(1) 若在密闭容器中有液态溴存在，当温度一定时，压缩容器时其体积减小，则①、②、③平衡是否移动？为什么？

(2) 若容器中没有液态溴存在，当体积缩小时仍无液溴出现，则③向哪个方向移动？①、②是否处于平衡状态？

答 (1) 当有液态溴存在，温度一定时，$Br_2(g)$的分压始终等于其饱和蒸气压，是不变的。因此，压缩容器时，对于反应①：NO(g)和 NOBr(g)的分压同步增加，反应商 J 不变，平衡不移动；对于反应②：$Br_2(g)$部分液化，平衡向左移动，但再次平衡时 $Br_2(g)$分压保持不变，也可以说，平衡没有移动；对于反应③：NO(g)和 NOBr(g)的分压同步增加，$Br_2(g)$分压不变，反应商 J 不变，平衡不移动。

(2) 如果容器中没有液态溴存在，当体积缩小时仍无液溴出现，则反应③为气体体积减小的反应，压缩时反应向着气体体积减小的方向即正反应方向移动。反应③在压缩后达到新的平衡的过程中，NO(g)和 $Br_2(g)$的分压减小，NOBr(g)的分压增大，可见反应①和②不处于平衡状态。

8-6 某温度下，Br_2 和 Cl_2 在 CCl_4 溶剂中发生下述反应：$Br_2 + Cl_2 \rightleftharpoons 2BrCl$，平衡建立时，$c_{eq}(Br_2) = c_{eq}(Cl_2) = 0.0043\ mol\cdot L^{-1}$，$c_{eq}(BrCl) = 0.0114\ mol\cdot L^{-1}$，试求：

(1) 反应的平衡常数 $K^\ominus$；

(2) 如果平衡建立后，再加入 $0.01\ mol\cdot L^{-1}\ Br_2$ 至系统中(体积变化可忽略)，计算平衡再次建立时，系统中各组分的浓度；

(3) 用以上结果说明浓度对化学平衡的影响。

解 (1)
$$K^\ominus = \frac{[c(BrCl)]^2}{c(Br_2)c(Cl_2)} = 7.0$$

(2) 设平衡再次建立时，Cl_2 的浓度为 x，则浓度关系为

	Br_2	+	Cl_2	$=$	$2BrCl$
$c_0/(mol \cdot L^{-1})$	0.0043		0.0043		0.0114
$\Delta c/(mol \cdot L^{-1})$	$0.0043 - x$		$0.0043 - x$		$2\times(0.0043 - x)$
$c_{eq}/(mol \cdot L^{-1})$	$0.01 + x$		x		$0.02-2x$

$$K^\ominus = \frac{(0.02-2x)^2}{x(0.01+x)} = 7.0$$

解得

$$x = 2.5\times10^{-3}\ \text{mol}\cdot\text{L}^{-1}$$

$$c(Cl_2) = 2.5\times10^{-3}\ \text{mol}\cdot\text{L}^{-1}$$

$$c(Br_2) = 1.25\times10^{-2}\ \text{mol}\cdot\text{L}^{-1}$$

$$c(BrCl) = 1.5\times10^{-2}\ \text{mol}\cdot\text{L}^{-1}$$

(3) 由以上结果可知，增加反应物浓度，平衡向正反应方向移动，被增加的物种 Br_2 的浓度比初次平衡浓度高，其转化率降低了，相应 Cl_2 的转化率提高了。

8-7 下列反应：$2SO_2(g) + O_2(g) \rightleftharpoons 2SO_3(g)$在 427℃和 527℃时的 $K^\ominus$分别为 1.0×10^5 和 1.1×10^2，计算在该温度范围内反应的 $\Delta_r H_m^\ominus$。

解 根据范特霍夫方程 $\ln\dfrac{K_2^\ominus(T_2)}{K_1^\ominus(T_1)} = \dfrac{\Delta_r H_m^\ominus}{R}\dfrac{T_2 - T_1}{T_1 T_2}$，代入数据，得

$$\Delta_r H_m^\ominus = 8.314\times\ln\frac{1.1\times10^2}{1.0\times10^5}\Bigg/\frac{527-427}{800\times700} = -3.17\times10^5\ (\text{J}\cdot\text{mol}^{-1}) = -317\ (\text{kJ}\cdot\text{mol}^{-1})$$

8-8 已知 1000 K 时，$CaCO_3$ 分解反应达平衡时 CO_2 的分压为 3.9 kPa，维持系统温度不变，在以上密闭容器中加入固体碳，则发生下述反应：(1) $C(s) + CO_2(g) \rightleftharpoons 2CO(g)$；(2) $CaCO_3(s) + C(s) \rightleftharpoons CaO(s) + 2CO(g)$，若反应(1)的平衡常数为 1.9，计算反应(2)的标准平衡常数及平衡时 CO 的分压。

解 (1) $C(s) + CO_2(g) \rightleftharpoons 2CO(g)$ $\qquad K_1^\ominus = 1.9$

(2) $CaCO_3(s) + C(s) \rightleftharpoons CaO(s) + 2CO(g)$ $\qquad K_2^\ominus = ?$

(3) $CaCO_3(s) \rightleftharpoons CaO(s) + CO_2(g)$ $\qquad K_3^\ominus = p(CO_2)/p^\ominus = 3.9/100 = 0.039$

可见，反应(2) = 反应(1) + 反应(3)，因此：

$$K_2^\ominus = K_1^\ominus K_3^\ominus = 0.074$$

根据标准平衡常数表达式：$K_2^\ominus = [p(CO)/p^\ominus]^2$，$p(CO) = 27$ kPa。

8-9 PCl_5 遇热按 $PCl_5(g) \rightleftharpoons PCl_3(g) + Cl_2(g)$分解。2.695 g PCl_5 装在 1.00 L 的密闭容器中，在 523 K 达平衡时总压强为 100 kPa。

(1) 求 PCl_5 的摩尔分解率及标准平衡常数 $K^\ominus$。

(2) 当总压强为 1000 kPa 时，PCl_5 的分解率是多少？

(3) 要使分解率低于 10%，总压强是多少？

解 (1) 设 Cl_2 平衡时物质的量为 x。

	$PCl_5(g)$	$\rightleftharpoons$	$PCl_3(g)$	+	$Cl_2(g)$
n_0/mol	2.695/208.2 = 0.0129		0		0
n_{eq}/mol	$0.0129 - x$		x		x

因 $p_{总} = 100$ kPa，根据理想气体状态方程 $pV = nRT$

$$n_{总} = \frac{pV}{RT} = \frac{100\times1.00}{8.314\times523} = 0.0230\ (\text{mol})$$

$$(0.0129 - x) + x + x = 0.0230$$

$$x = 0.0101 \text{ mol}$$

PCl_5 的摩尔分解率为

$$d = 0.0101/0.0230 \times 100\% = 78.3\%$$

$$p(PCl_3) = p(Cl_2) = p_{总} x_i = 100 \times \frac{0.0101}{0.0230} = 43.9 \text{ (kPa)}$$

$$p(PCl_5) = 100 \times \frac{0.0129 - 0.0101}{0.0230} = 12 \text{ (kPa)}$$

$$K^{\ominus} = \frac{[p_{eq}(PCl_3)/p^{\ominus}][p_{eq}(Cl_2)/p^{\ominus}]}{p_{eq}(PCl_5)/p^{\ominus}} = \frac{(43.9/100)^2}{12/100} = 1.6$$

(2) 因 $p_{总} = 1000$ kPa，根据理想气体状态方程：

$$n_{总} = \frac{pV}{RT} = \frac{100 \times 1.000}{8.314 \times 523} = 0.230 \text{ (mol)}$$

可见即使(1)中装入的 PCl_5 完全分解也是不够的，这表明此问可能装入了更多的 PCl_5 或者容器体积被大幅度压缩。题目是求 PCl_5 的分解率，因此可以假设起始装入 PCl_5 的量为 a，摩尔分解率为 x。

	$PCl_5(g)$	$\rightleftharpoons$	$PCl_3(g)$	+	$Cl_2(g)$
n_0/mol	a		0		0
n_{eq}/mol	$a(1-x)$		ax		ax

平衡时

$$n_{总} = a(1-x) + ax + ax = a(1+x)$$

$$p(PCl_3) = p(Cl_2) = p_{总} x_i = p_{总} \frac{x}{1+x} \qquad p(PCl_5) = p_{总} \frac{1-x}{1+x}$$

$$K^{\ominus} = \frac{[p_{eq}(PCl_3)/p^{\ominus}][p_{eq}(Cl_2)/p^{\ominus}]}{p_{eq}(PCl_5)/p^{\ominus}} = \frac{p_{总}}{p^{\ominus}} \frac{\left(\frac{x}{1+x}\right)^2}{\frac{1-x}{1+x}} = \frac{p_{总}}{p^{\ominus}} \frac{x^2}{1-x^2} = 1.6$$

解得

$$x = 0.37$$

即分解率为 37%。

(3) 当分解率 $x \leqslant 10\%$时，根据 $K^{\ominus} = \frac{p_{总}}{p^{\ominus}} \frac{x^2}{1-x^2} = 1.6$，解得

$$p_{总} = 1.6 \times 10^4 \text{ kPa}$$

即要使分解率低于 10%，总压力应大于 1.6×10^4 kPa。

8-10 已知血红蛋白(Hb)的氧化反应 $Hb(aq) + O_2(g) \rightleftharpoons HbO_2(aq)$的 $K_1^{\ominus}$ (292K) = 85.5。若在 292 K 时，空气中 $p(O_2) = 20.2$ kPa，O_2 在水中溶解度为 2.3×10^{-4} mol · L^{-1}，求反应 $Hb(aq) + O_2(aq) \rightleftharpoons HbO_2(aq)$的 $K_2^{\ominus}$ (292 K)和 $\Delta_r G_m^{\ominus}$ (292 K)。

解 $Hb(aq) + O_2(g) \rightleftharpoons HbO_2$ $K_1^{\ominus}$ (292 K) = 85.5 ①

$Hb(aq) + O_2(aq) \rightleftharpoons HbO_2(aq) \quad K_2^{\ominus}(292\ K) = ?$ ②

$O_2(g) \rightleftharpoons O_2(aq) \quad K_3^{\ominus}(292\ K) = \dfrac{c_{eq}(O_2)/c^{\ominus}}{p(O_2)/p^{\ominus}} = \dfrac{2.3\times10^{-4}/1.00}{20.2/100} = 1.14\times10^{-3}$ ③

可见，反应② = 反应① − 反应③，因此：

$$K_2^{\ominus} = K_1^{\ominus}/K_3^{\ominus} = \frac{85.5}{1.14\times10^{-3}} = 7.5\times10^4$$

$$\Delta_r G_m^{\ominus}(292\ K) = -RT\ln K^{\ominus} = -8.314\times10^3\times292\times\ln(7.5\times10^4) = -27.2\ (kJ\cdot mol^{-1})$$

8-11 已知：$CaCO_3(s) \rightleftharpoons CaO(s) + CO_2(g)$的 $K^{\ominus} = 62(1500\ K)$，在此温度下 CO_2 又有部分分解成 CO，即 $CO_2 \rightleftharpoons CO + 1/2O_2$。若将 1.0 mol $CaCO_3$ 装入 1.0 L 真空容器中，加热到 1500 K 达平衡时，气体混合物中 O_2 的摩尔分数为 0.15。计算容器中的 n_{CaO}。

思路 此题涉及多重平衡，注意在多重平衡系统中，每种组分具有唯一的平衡浓度或平衡分压。根据物料平衡，CaO 物质的量等于分解出的含碳物质的物质的量的和，即平衡时 CO_2 和 CO 的物质的量的和。CO_2 的物质的量根据平衡常数求出，而 CO 和 O_2 均由 CO_2 分解而来，二者符合计量比关系，因此可由 O_2 的摩尔分数计算。

解 $$CaCO_3(s) \rightleftharpoons CaO(s) + CO_2(g)$$

$$K^{\ominus} = p(CO_2)/p^{\ominus} = 62 \qquad p(CO_2) = 62\times10^3\ kPa$$

根据 $pV = nRT$，$n(CO_2) = 0.50$ mol，设平衡时 CO 的物质的量为 y，

	CO_2	$\rightleftharpoons$	CO	+	$1/2O_2$
n_{eq}/mol	0.50		y		$1/2y$

$$x(O_2) = \frac{n(O_2)}{n_{总}} = \frac{y/2}{0.50 + y + y/2} = 0.15$$

$$y = 0.27\ mol$$

$$n(CaO) = n(CO_2) + n(CO) = 0.77\ mol$$

8-12 已知反应 $CO(g) + H_2O(g) \rightleftharpoons H_2(g) + CO_2(g)$ 的 $\Delta_r H_m^{\ominus} = -41.2\ kJ\cdot mol^{-1}$，在总压为 100 kPa、温度为 373 K 时，将等物质的量的 CO 和 H_2O 反应。待反应达平衡后，测得 CO_2 的分压为 49.84 kPa，求该反应的标准摩尔熵变。

解 设起始反应时 CO 和 H_2O 的物质的量均为 n，平衡时生成 H_2 为 a，则

	CO(g)	+	$H_2O(g)$	$\rightleftharpoons$	$H_2(g)$	+	$CO_2(g)$
n_0/mol	n		n		0		0
n_{eq}/mol	$n-a$		$n-a$		a		a

$$n_{总} = 2n,\quad p(CO_2) = p_{总}x(CO_2) = p_{总}\frac{a}{2n} = 49.84\ kPa$$

解得

$$a = 0.9968n$$

$$p(CO) = p(H_2O) = p_{总}\frac{n-a}{2n} = 0.16\ \text{kPa}$$

$$K^\ominus = \frac{[p(H_2)/p^\ominus][p(CO_2)/p^\ominus]}{[p(CO)/p^\ominus][p(H_2O)/p^\ominus]} = 9.7\times 10^4$$

$$\Delta_r G_m^\ominus = -RT\ln K^\ominus = -35.6\ \text{kJ}\cdot\text{mol}^{-1}$$

$$\Delta_r S_m^\ominus = (\Delta_r H_m^\ominus - \Delta_r G_m^\ominus)/T = -0.015\ \text{kJ}\cdot\text{mol}^{-1}\cdot\text{K}^{-1} = -15\ \text{J}\cdot\text{mol}^{-1}\cdot\text{K}^{-1}$$

8-13 在一密闭容器中下列反应：$N_2O_4(g) \rightleftharpoons 2NO_2(g)$在 348 K 达平衡时，气体化合物的压强为 100 kPa，测得此时的密度$\rho = 1.84\ \text{g}\cdot\text{L}^{-1}$。求上述反应的标准平衡常数 $K^\ominus$。

解 根据 $pV = nRT$，$n = m/M$，$\rho = m/V$

$$\overline{M} = \rho RT/p = 1.84\times 8.314\times 348/100 = 53.2\ (\text{g}\cdot\text{mol}^{-1})$$

设 N_2O_4 的摩尔分数为 x，则

$$92x + 46(1-x) = 53.2$$

$$x = 0.157$$

$$p(N_2O_4) = p_{总}x(N_2O_4) = 15.7\ \text{kPa},\ p(NO_2) = p_{总}(1-x) = 84.3\ \text{kPa}$$

$$K^\ominus = \frac{[p(NO_2)/p^\ominus]^2}{p(N_2O_4)/p^\ominus} = 4.53$$

8-14 以白云石为原料，用 Si 作还原剂来冶炼 Mg，在 1450 K 下发生的主反应为

$$CaO(s) + 2MgO(s) + Si(s) = CaSiO_3(s) + 2Mg(g)$$

$\Delta_r G_m^\ominus = -126\ \text{kJ}\cdot\text{mol}^{-1}$，反应器内蒸气压升高到多少反应将不能自发进行？

解 根据 $\Delta_r G_m^\ominus = -RT\ln K^\ominus$，$K^\ominus(1450\ \text{K}) = 3.5\times 10^4$

$$K^\ominus(1450\ \text{K}) = \left[\frac{p_{eq}(Mg)}{p^\ominus}\right]^2 = 3.5\times 10^4$$

$$p_{eq}(Mg) = \sqrt{K^\ominus(1450\ \text{K})}\cdot p^\ominus = 1.9\times 10^4\ \text{kPa}$$

即反应器内气压升高到 1.9×10^4 kPa 时，反应将不能自发进行。

8-15 以含硫化镍的矿物为原料，经高炉熔炼得到含一定杂质的粗镍。粗镍经过 Mond 过程再转化为纯度可达 99.90%～99.99%的高纯镍，相应反应为：$Ni(s) + 4CO(g) \rightleftharpoons Ni(CO)_4(g)$。

(1) 不查数据，判断该反应是熵增还是熵减反应。

(2) 计算 25℃下该反应的 $\Delta_r H_m^\ominus$ 和 $\Delta_r S_m^\ominus$。已知 Ni(s)的 $S_m^\ominus = 29.87\ \text{J}\cdot\text{mol}^{-1}\cdot\text{K}^{-1}$，$Ni(CO)_4(g)$的 $\Delta_r H_m^\ominus = -602.91\ \text{kJ}\cdot\text{mol}^{-1}$，$\Delta_f G_m^\ominus = -587.23\ \text{kJ}\cdot\text{mol}^{-1}$，$S_m^\ominus = 410.6\ \text{J}\cdot\text{mol}^{-1}\cdot\text{K}^{-1}$。

(3) 当该反应的 $\Delta_r G_m^\ominus = 0$ 时，温度为多少？

(4) 在提纯 Ni 的 Mond 过程中，第一步是使粗镍与 CO 在 50℃的温度下生成 $Ni(CO)_4$(四羰基合镍)，这一步的标准平衡常数应尽可能大，使镍能充分变成气相化合物，计算 50℃时反应的标准平衡常数 $K^\ominus$。

(5) 在 Mond 过程的第二步，将气体混合物从反应器中除去，并加热到 230℃左右，使该反应反向发生，沉积出镍，需要前述反应的标准平衡常数应尽可能小。计算 230℃下该反应的标准平衡常数。

(6) Mond 过程的成功在于 $Ni(CO)_4$ 的挥发性，室温下 $Ni(CO)_4$ 为液体，42.2℃时沸腾，计算该化合物的气化熵 $\Delta_{vap}S_m^\ominus$，已知 $Ni(CO)_4(l)$的 $\Delta_f H_m^\ominus = -633.00\ kJ\cdot mol^{-1}$，沸腾时 $Ni(CO)_4$ 的饱和蒸气压近似为 100 kPa。

(7) 近来改进的 Mond 过程是在较高压强和 150℃下进行第一步反应，估算 150℃下，$Ni(CO)_4$ 将要液化之前所能达到的最大压强[即估算 $Ni(CO)_4(l)$在 150℃下的蒸气压]。

解 (1) 由于气体物质的量减少，因此该反应为熵减反应。

(2) $\Delta_r H_m^\ominus = \sum \nu_B \Delta_f H_m^\ominus = -602.91 + (-4)\times(-110.525) = -160.81\ (kJ\cdot mol^{-1})$

$$\Delta_r S_m^\ominus = \sum \nu_B S_m^\ominus = 410.6 + (-1)\times 29.87 + (-4)\times 197.674 = -410.0\ (J\cdot mol^{-1}\cdot K^{-1})$$

(3) 焓变和熵变随温度变化不大：

$$\Delta_r G_m^\ominus(T_{转}) = \Delta_r H_m^\ominus - T_{转}\Delta_r S_m^\ominus = 0$$

$$T_{转} = \Delta_r H_m^\ominus / \Delta_r S_m^\ominus = -160.81\times 10^3/(-410.0) = 392.2\ (K)$$

(4) 50℃时，$T = 323.15\ K$

$$\Delta_r G_m^\ominus(T) = \Delta_r H_m^\ominus - T\Delta_r S_m^\ominus = -160.81 - 323.15\times(-410.0\times 10^{-3}) = -28.32\ (kJ\cdot mol^{-1})$$

$$\ln K^\ominus = -\Delta_r G_m^\ominus(T)/RT = -(-28.32\times 10^3)/(8.314\times 323.15) = 10.54$$

$$K^\ominus = 3.8\times 10^4$$

(5) 230℃时，$T = 503.15\ K$

$$\Delta_r G_m^\ominus(T) = \Delta_r H_m^\ominus - T\Delta_r S_m^\ominus = -160.81 - 503.15\times(-410.0\times 10^{-3}) = 45.48\ (kJ\cdot mol^{-1})$$

$$\ln K^\ominus = -\Delta_r G_m^\ominus(T)/RT = -(-45.48\times 10^3)/(8.314\times 503.15) = -10.87$$

$$K^\ominus = 1.9\times 10^{-5}$$

(6) $$Ni(CO)_4(l) \rightleftharpoons Ni(CO)_4(g)$$

$$\Delta_{vap}H_m = \Delta_r H_m^\ominus = \sum \nu_B \Delta_f H_m^\ominus = -602.91 + 633.00 = 30.09\ (kJ\cdot mol^{-1})$$

$$T_b = 40.2 + 273.15 = 313.35\ (K)$$

$$\Delta_{vap}S_m = \Delta_r S_m^\ominus = (\Delta_r H_m^\ominus - \Delta_r G_m^\ominus)/T_b = (30.09\times 10^3 - 0)/313.35 = 96.03\ (J\cdot mol^{-1}\cdot K^{-1})$$

(7) $T_b = 313.35\ K$ 时，$\Delta_r G_m^\ominus(T_b) = 0$，$K^\ominus(T_b) = 1$，则

$$T_2 = 150 + 273.15 = 423.15\ (K)$$

$$\ln\frac{K_2^\ominus(T_2)}{K_1^\ominus(T_b)} = \frac{\Delta_r H_m^\ominus}{R}\frac{T_2 - T_b}{T_2 T_b} = \frac{30.09\times 10^3}{8.314}\frac{423.15 - 313.35}{423.15\times 313.35} = 2.997$$

$$K^\ominus(T_2) = 20.0$$

$$p[Ni(CO)_4, T_2] = p^\ominus K_2^\ominus = 2.00\times 10^3\ (kPa)$$

四、水平测试

1. 填空题(每空 1 分，共 20 分)

(1) 在下表变化方向栏内用箭头指示变化方向：

序号	可逆反应	$\Delta_r H_m^\ominus$	操作	变化方向
①	$2SO_2(g) + O_2(g) = 2SO_3(g)$	<0	加热	(　　)
②	$C(s) + H_2O(g) = CO(g) + H_2(g)$	>0	冷却	(　　)
③	$NH_4Cl(s) = NH_3(g) + HCl(g)$	>0	加压	(　　)
④	$N_2O_4(g) = 2NO_2(g)$	<0	减压	(　　)

(2) 已知 823 K 时反应①$CoO(s) + H_2(g) = Co(s) + H_2O(g)$，$K_1^\ominus = 67$；②$CoO(s) + CO(g) = Co(s) + CO_2(g)$，$K_2^\ominus = 490$，则反应③$CO_2(g) + H_2(g) = CO(g) + H_2O(g)$ $K_3^\ominus =$___________。

(3) 一定温度下，反应 $PCl_5(g) = PCl_3(g) + Cl_2(g)$达到平衡后，维持温度和体积不变，向容器中加入一定量的惰性气体，反应将___________移动。

(4) 反应 $N_2O_4(g) = 2NO_2(g)$中，因为 NO_2 是红褐色而 N_2O_4 是无色，NO_2 分压可利用光吸收来测定。如果 35℃平衡体系总压为 202 kPa，$p(NO_2) = 66$ kPa，则该温度下的 $K^\ominus$ 为___________。

(5) 298.15 K 时，反应 $N_2(g) + 3H_2(g) = 2NH_3(g)$的 $\Delta_r H_m^\ominus < 0$，若升高温度，则反应的 $\Delta_r G_m^\ominus$ 将___________，$K^\ominus$将___________。

(6) 427℃时，$CO(g) + H_2O(g) = H_2(g) + CO_2(g)$ 的 $K^\ominus = 9.0$，若反应开始时，$p(CO) = p(H_2O) = 100$ kPa，则平衡时，$p(H_2) =$___________kPa，CO 的转化率 $\alpha =$___________%。

(7) 可逆反应 $2A(g) + B(g) = 2C(g)$，$\Delta_r H_m^\ominus < 0$，反应达到平衡时，容器体积不变，增加 B 的分压，则 C 的分压___________，A 的分压___________；减小容器的体积，B 的分压___________，$K^\ominus$___________；升高温度，则 $K^\ominus$___________。

(8) *反应 $2A + B = 2D$ 的 $K_p = [p(D)]^2/p(B)$，升高温度和增大压强都使平衡逆向移动，则正反应是___________热反应，A 的存在状态为___________。

(9) *已知 25℃时 $Cl_2(l)$的 $\Delta_f G_m^\ominus = 4.79\ kJ \cdot mol^{-1}$，在该温度下反应 $Cl_2(g) = Cl_2(l)$的平衡常数 $K^\ominus =$___________；液态 Cl_2 在该温度下的饱和蒸气压为___________kPa。

2. 是非题(用"√"、"×"表示对、错并填入括号中，每小题 1 分，共 10 分)

(　　) (1) 在一定温度下，随着可逆反应 $2SO_2(g) + O_2(g) = 2SO_3(g)$的进行，$p(O_2)$、$p(SO_2)$不断减小，$p(SO_3)$不断增大，所以标准平衡常数 $K^\ominus$不断增大。

(　　) (2) 若 $H_2O(l) = H^+(aq) + OH^-(aq)$，$K_1^\ominus = 1.0\times10^{-14}$；$CH_3COOH(aq) = CH_3COO^-(aq) + H^+(aq)$，$K_2^\ominus = 1.8\times10^{-5}$；则 $CH_3COO^-(aq) + H_2O(l) = CH_3COOH(aq) + OH^-(aq)$，$K_3^\ominus = 5.6\times10^{-10}$。

(　　) (3) 某反应的标准平衡常数很大，$K^{\ominus} = 2.4\times10^{34}$，表明该反应在此温度可在极短时间内完成。

(　　) (4) 在给定条件下，正向自发进行的反应，其逆反应不可能进行。

(　　) (5) *已知反应 A + B ══ D，$\Delta_r H_m^{\ominus} < 0$。反应达到平衡后，如果升高温度，则生成物 D 的产量减少，反应速率减慢。

(　　) (6) *在一定的温度条件下进行反应 $2SO_2(g) + O_2(g) = 2SO_3(g)$，不论是否使用催化剂，只要达到平衡，产物的浓度总是相同的。

(　　) (7) *密闭容器中，A、B、C 三种气体建立平衡：A(g) + B(g) ══ C(g)，若保持温度不变，系统体积缩小至原体积的 2/3 时，则 $J = 1.5K^{\ominus}$。

(　　) (8) *已知常温下大多数金属氧化物的分解压都远小于 21 kPa (大气中氧气的分压约为 21 kPa)，因此大多数金属在空气中不能稳定存在。

(　　) (9) *对于任意化学反应 A(g) + 2B(g) ══ 2D(g)，可根据反应式写出

$$K^{\ominus} = [p(D)/p^{\ominus}]^2/\{[p(A)/p^{\ominus}][p(B)/p^{\ominus}]^2\} \text{及} r = kc(A)[c(B)]^2$$

(　　) (10) *由于反应 2C(s) + O_2(g) ══ 2CO(g)的 $\Delta_r H_m^{\ominus}(298.15\ K) < 0$，$\Delta_r S_m^{\ominus}(298.15\ K) > 0$，所以 $\Delta_r G_m^{\ominus}(T) < 0$。在任何温度下都可利用 CO(g)将 FeO(s)还原为 Fe(s)，常称碳为万能还原剂。

3. 选择题[每小题 2 分，共 24 分，其中第(10)、(12)小题为多选，其余为单选]

(1) 670 K 时，$H_2(g) + D_2(g) = 2HD(g)$的平衡常数 $K^{\ominus} = 3.78$，同温下反应 HD ══ $1/2H_2 + 1/2D_2$ 的 $K^{\ominus}$为(　　)。

A. 0.514　　B. 0.265　　C. 1.94　　D. 0.133

(2) 已知某反应的 $K^{\ominus} < 1$，则该反应的 $\Delta_r G_m^{\ominus}$ 值应是(　　)。

A. $\Delta_r G_m^{\ominus} = 0$　　B. $\Delta_r G_m^{\ominus} > 0$　　C. $\Delta_r G_m^{\ominus} < 0$　　D. $\Delta_r G_m^{\ominus} < -1$

(3) 反应 A + B ══ C，焓变小于零，若温度升高 10℃，其结果是(　　)。

A. 对反应没有影响　　B. 使平衡常数增大一倍

C. 不改变反应速率　　D. 使平衡常数减小

(4) *已知在 20℃，$H_2O(l) \rightleftharpoons H_2O(g)$，$\Delta_r G_m^{\ominus} = 9.2\ kJ \cdot mol^{-1}$，$H_2O$(l)的饱和蒸气压为 2.33 kPa，则(　　)。

A. $\Delta_r G_m^{\ominus} > 0$，$H_2O$(g)将全部变为液态

B. 20℃，H_2O(l)和 H_2O(g)不能达到平衡

C. 20℃时，$p_{H_2O} = 2.33$ kPa，体系的 $\Delta_r G_m = 0$

D. 水蒸气压为 100 kPa 时，平衡向形成 H_2O(g)的方向移动

(5) *$N_2(g) + 3H_2(g) = 2NH_3(g)$，反应达到平衡后，把 p_{NH_3}、p_{H_2} 各提高到原来的 2 倍，p_{N_2} 不变，则平衡将会(　　)。

A. 向正反应方向移动　　B. 向逆反应方向移动

C. 状态不变　　D. 无法确知

(6) *将 BaO_2 放在一个与 U 形压力管相连的抽空玻璃容器中，在固定温度下将容器加热，研究反应 $2BaO_2(s) = 2BaO(s) + O_2(g)$ 在体系达平衡时，下列论述中正确的是(　　)。

A. 氧的分压与 BaO_2 的质量成正比

B. 氧的相对分压等于 $K^{\ominus}$

C. 氧的分压与生成的 BaO 的质量成反比

D. 如果向该体系内导入氧，则氧与 BaO 反应，最终 O_2 的分压将增加

(7) *对于反应：$2C(s) + O_2(g) = 2CO(g)$　$\Delta_r G_m^{\ominus}(J \cdot mol^{-1}) = -232600 - 167.8T$ (K)，若升高温度则(　　)。

A. $\Delta_r G_m^{\ominus}$ 变负，反应不完全　　B. $K^{\ominus}$变大，反应更完全

C. $K^{\ominus}$变小，反应更不完全　　D. $K^{\ominus}$不变，反应更完全

(8) *$H_2O(g)$ 的正常沸点是 100℃，在 101.3 kPa 时下列过程 $\Delta G > 0$ 的是(　　)。

A. $H_2O(l, 120℃) = H_2O(g, 120℃)$　　B. $H_2O(l, 110℃) = H_2O(g, 110℃)$

C. $H_2O(l, 100℃) = H_2O(g, 100℃)$　　D. $H_2O(l, 80℃) = H_2O(g, 80℃)$

(9) *某温度时，下列反应已达平衡：$CO(g) + H_2O(g) = CO_2(g) + H_2(g)$，$\Delta_r H_m^{\ominus} = -41.2\ kJ \cdot mol^{-1}$，为提高 CO 转化率可采用(　　)。

A. 压缩容器体积，增大总压　　B. 扩大容器体积，减小总压

C. 升高温度　　D. 降低温度

(10) *暴露在常温空气中的碳并不燃烧，对于反应 $C(s) + O_2(g) = CO_2(g)$，下列说法正确的是(　　)。

A. $\Delta_r G_m^{\ominus} > 0$，不能自发进行　　B. $\Delta_r G_m^{\ominus} < 0$，但反应速率较缓慢

C. 逆反应速率大于正反应速率　　D. 正反应速率大于逆反应速率

(11) **苯甲酸在水中的溶解度为：10℃时，0.207 g / 100 g H_2O；30℃时，0.426 g/100 g H_2O，苯甲酸的平均溶解热约为(　　) $kJ \cdot mol^{-1}$。

A. 0.418　　B. 1.7　　C. 26　　D. 41.8

(12) **随温度升高而一定增大的量是(　　)。

A. $\Delta_r G_m^{\ominus}$　　B. 吸热反应的标准平衡常数 $K^{\ominus}$

C. 物质的标准摩尔熵 $S_m^{\ominus}$　　D. 化学反应速率常数 k

4. 简答题(每小题 5 分，共 10 分)

(1) 写出以下反应的反应商 J：

① $NH_4NO_3(s) = 2H_2O(g) + N_2O(g)$

② $N_2(g) + 3H_2(g) = 2NH_3(g)$

③ $Cu(s) + Cu^{2+}(aq) = 2Cu^{+}(aq)$

④ $2Fe^{3+}(aq) + 3I^{-}(aq) = 2Fe^{2+}(aq) + I_3^{-}(aq)$

⑤ $CaCO_3(s) + 2H^{+}(aq) = H_2O(l) + Ca^{2+}(aq) + CO_2(g)$

(2) *反应 $I_2(g) = 2I(g)$气体混合处于平衡时：

① 升温时，平衡常数增大还是减小？为什么？

② 压缩气体时，$I_2(g)$的解离度是增大还是减小？

③ 等容条件下充入 N_2 气时，$I_2(g)$的解离度是增大还是减小？

④ 等压条件下充入 N_2 气时，$I_2(g)$的解离度是增大还是减小？

5. 计算题[共 36 分，第 1 小题 6 分，第(2)、(3)、(4)小题 10 分]

(1) 将 Ag_2CO_3 置于 110℃的烘箱内干燥，已知反应 $Ag_2CO_3(s) = Ag_2O(s) + CO_2(g)$

在该温度下的 $K^\ominus = 9.51\times10^{-3}$，为了防止 Ag_2CO_3 的分解，在通入的空气(总压 101 kPa)中 CO_2 的体积分数应为多少?

(2) * 将 1.20 mol SO_2 和 2.00 mol O_2 的混合气体，在 800 K 和 100 kPa 的总压下，缓慢通过 V_2O_5 催化剂进行反应：$2SO_2(g) + O_2(g) = 2SO_3(g)$，在等温等压下达到平衡后，测得混合物中生成的 SO_3 为 1.10 mol。试求该温度下上述反应的 $K^\ominus$、$\Delta_r G_m^\ominus$ 及 SO_2 的转化率。

(3) * 300 K 时，反应 $2NO_2(g) = N_2O_4(g)$ 的 $K^\ominus = 6.06$，$\Delta_r H_m^\ominus = -57.5\ kJ\cdot mol^{-1}$。

① 300 K 时，若平衡总压为 100 kPa，求 NO_2 和 N_2O_4 的平衡分压及 NO_2 的转化率；

② 求 310 K 时，该反应的 $K^\ominus$ 和 $\Delta_r G_m^\ominus$。

(4) **已知反应 $CuO(s) = Cu(s) + (1/2)O_2(g)$。CuO 的 $\Delta_f H_m^\ominus$ 和 $\Delta_f G_m^\ominus$ 分别为 $-157.3\ kJ\cdot mol^{-1}$ 和 $-129.7\ kJ\cdot mol^{-1}$。试估算 1300℃时，氧气的平衡分压 $p(O_2)$，并判断在空气中此分解反应能否自发进行。

参考答案

1. 填空题(每空 1 分，共 20 分)

(1) ←；←；←；→。

(2) 0.14。

(3) 不。

(4) 0.32。

(5) 增大；减小。

(6) 75；75。

(7) 变大；减小；减小；不变；减小。

(8) 放；固体或液体。

(9) 0.145；690。

2. 是非题(用“√”、“×”表示对、错并填入括号中，每小题 1 分，共 10 分)

(1) (×) (2) (√) (3) (×) (4) (×) (5) (×) (6) (×) (7) (×) (8) (√) (9) (×) (10) (×)

3. 选择题[每小题 2 分，共 24 分，其中第(10)、(12)小题为多选，其余为单选]

(1) (A) (2) (B) (3) (D) (4) (C) (5) (A) (6) (B) (7) (C) (8) (D) (9) (D) (10) (BD) (11) (C) (12) (BC)

4. 简答题(每小题 5 分，共 10 分)

(1) ① $\dfrac{p(N_2O)}{p^\ominus}\left[\dfrac{p(H_2O)}{p^\ominus}\right]^2$ ② $\dfrac{[p(NH_3)/p^\ominus]^2}{[p(N_2)/p^\ominus][p(H_2)/p^\ominus]^3}$ ③ $\dfrac{[c(Cu^+)]^2}{c(Cu^{2+})}$

④ $\dfrac{[c(Fe^{2+})]^2 c(I_3^-)}{[c(Fe^{3+})]^2[c(I^-)]^3}$ ⑤ $\dfrac{[p(CO_2)/p^\ominus]c(Ca^{2+})}{[c(H^+)]^2}$

(2) ① 平衡常数增大，因 I_2 解离是吸热反应。

② 减小，因总体积减小，平衡左移。

③ 不变，因 $I_2(g)$ 和 $I(g)$ 的分压都不变。

④ 增大，因体系的体积增大，平衡右移。

5. 计算题[共 36 分，第 1 小题 6 分，第(2)、(3)、(4)小题 10 分]

(1) **解** 为防止 Ag_2CO_3 的分解，需要 $J > K^\ominus$，设 CO_2 的体积分数应大于 x，则

$$J = p_{总}\,x/p^\ominus > K^\ominus = 9.51\times10^{-3}$$

解得
$$x > 9.42\times10^{-1}\%$$

(2) **解** $$2SO_2(g) + O_2(g) = 2SO_3(g)$$

n_0/mol	1.20	2.00	0
n_{eq}/mol	0.10	1.45	1.10

$$n_{总} = 2.65\ \text{mol}$$

$$K^{\ominus} = \frac{[p_{总}x(SO_3)/p^{\ominus}]^2}{[p_{总}x(SO_2)/p^{\ominus}]^2[p_{总}x(O_2)/p^{\ominus}]} = \frac{[x(SO_3)]^2}{[x(SO_2)]^2x(O_2)} = \frac{(1.10/2.65)^2}{(0.10/2.65)^2(1.45/2.65)} = 221$$

$$\Delta_r G_m^{\ominus}(800\ \text{K}) = -RT\ln K^{\ominus} = -35.9\ \text{kJ}\cdot\text{mol}^{-1}$$

SO_2的转化率： $$\alpha(SO_2) = \frac{1.10}{1.20}\times 100\% = 91.7\%$$

(3) 解 ① 设 300 K 平衡时 NO_2的摩尔分数为 x，则 N_2O_4的摩尔分数为 $1-x$。

$$2NO_2(g) \rightleftharpoons N_2O_4(g)$$

$$K^{\ominus} = \frac{p(N_2O_4)/p^{\ominus}}{[p(NO_2)/p^{\ominus}]^2} = \frac{1-x}{x^2} = 6.06$$

解得

$$x = 0.332$$

$$p(NO_2) = p_{总}x = 33.2\ \text{kPa} \quad p(N_2O_4) = p_{总}(1-x) = 66.8\ \text{kPa}$$

设反应从 NO_2出发，初始物质的量为 n_0，平衡转化率为 α，则

$$\frac{\frac{1}{2}n_0\alpha}{n_0(1-\alpha+\frac{1}{2}\alpha)} = 0.668$$

解得

$$\alpha = 80.1\%$$

② 根据范特霍夫方程 $\ln\frac{K_2^{\ominus}}{K_1^{\ominus}} = \frac{\Delta_r H_m^{\ominus}}{R}\frac{T_2-T_1}{T_2T_1}$，$K_1^{\ominus}(300\ \text{K}) = 6.06$，$T_1 = 300\ \text{K}$，$T_2 = 310\ \text{K}$，$\Delta_r H_m^{\ominus} = -57.5\ \text{kJ}\cdot\text{mol}^{-1}$，$K_2^{\ominus}(310\ \text{K}) = 2.90$；

$$\Delta_r G_m^{\ominus}(310\ \text{K}) = -RT\ln K_2^{\ominus} = -2.7\ \text{kJ}\cdot\text{mol}^{-1}$$

(4) 解 ① $\Delta_r H_m^{\ominus}(298.15\ \text{K}) = \sum \nu_B\Delta_f H_m^{\ominus}(298.15\ \text{K}) = 157.3\ \text{kJ}\cdot\text{mol}^{-1}$

$$\Delta_r G_m^{\ominus}(298.15\ \text{K}) = \sum \nu_B\Delta_f G_m^{\ominus}(298.15\ \text{K}) = 129.7\ \text{kJ}\cdot\text{mol}^{-1}$$

$$\Delta_r S_m^{\ominus}(298.15\ \text{K}) = [\Delta_r H_m^{\ominus}(298.15\ \text{K}) - \Delta_r G_m^{\ominus}(298.15\ \text{K})]/T$$
$$= (157.3-129.7)/298.15 = \sum \nu_B S_m^{\ominus}(298.15\ \text{K}) = 0.0926\ \text{kJ}\cdot\text{mol}^{-1}\cdot\text{K}^{-1}$$

$$\Delta_r G_m^{\ominus}(1573\ \text{K}) = \Delta_r H_m^{\ominus}(298.15\text{K}) - T\Delta_r S_m^{\ominus}(298.15\ \text{K}) = 11.6\ \text{kJ}\cdot\text{mol}^{-1}$$

$$\ln K^{\ominus}(1573\ \text{K}) = -\Delta_r G_m^{\ominus}(1573\ \text{K})/(RT) = -0.887$$

$$K^{\ominus}(2300\ \text{K}) = 0.412$$

$$K^{\ominus} = [p_{eq}(O_2)/p^{\ominus}]^{1/2}$$

$$p_{eq}(O_2) = 17.0\ \text{kPa}$$

② 空气中氧气分压为

$$101.3\times 21\% = 21.3\ \text{kPa} > p_{eq}(O_2) = 17.0\ \text{kPa}$$

因此 1300℃时，此分解反应在空气中不能自发进行。

(北京科技大学 王明文)

第 9 章　酸碱平衡与配位平衡

一、学 习 目 标

(1) 描述酸碱质子理论的基本要点。
(2) 概括几类酸碱溶液体系的解离平衡，并熟练计算常见酸碱溶液的 pH。
(3) 阐述缓冲溶液的概念与缓冲作用原理，学会缓冲溶液的配制方法。
(4) 描述配位平衡的特点与影响配位平衡移动的主要因素。

二、重难点解析

本章的主要内容是酸碱理论、酸碱平衡和配位平衡，其中酸碱理论重在理解酸碱电离理论、酸碱质子理论、酸碱电子理论中酸碱概念的联系和区别；酸碱平衡和配位平衡是化学平衡原理在酸碱体系和配合物体系中的应用，重在分析影响平衡移动的因素，分清影响因素的主次，抓住主要影响因素，通过合理的近似处理，依据酸碱质子理论进行水溶液的 pH 计算，依据酸碱电子理论讨论配合物的配位反应。

(一) 酸碱质子理论的基本要点

凡是能给出质子(H^+)的物种都是(质子)酸；凡是能接受质子(H^+)的物种都是(质子)碱；既能给出质子又能接受质子的物种称为两性物质。即酸是质子给予体，碱是质子接受体。相差一个质子的酸和碱，互相称为共轭酸和共轭碱。例如，HAc 是质子酸，Ac^-是 HAc 的共轭碱；NH_3 是质子碱，NH_4^+是 NH_3 的共轭酸。

按照酸碱质子理论，酸和碱并不是孤立的，而是统一在对质子的共轭关系上，这种关系也称为酸与碱的共轭关系。

酸碱反应的实质是质子转移反应，水的解离、酸与碱的解离、盐的水解、中和反应等都是质子转移反应。

(二) 酸碱的相对强弱

酸(碱)的强度是指酸(碱)给出(接受)质子的能力强弱。酸碱的相对强弱不仅取决于酸碱本身给出或接受质子的能力，还取决于溶剂接受或给出质子的能力。同一物种在不同溶剂中的酸碱性不同，因此讨论酸碱的相对强弱应以同一溶剂为比较标准。

通常，在水溶液中，可根据水中弱酸、弱碱的解离常数 $K_a^\ominus$ 、$K_b^\ominus$ 的相对大小来比较它们的酸碱性的相对强弱，$K_a^\ominus$ 越大，酸性越强；$K_b^\ominus$ 越大，碱性越强。例如，HCl 是强酸，HAc 是弱酸，而 Cl^-是很弱的碱，Ac^-则是较强的碱。

(三) 酸碱电子理论的基本要点

凡是能接受电子对的物种都是酸；凡是能给出电子对的物种都是碱。即路易斯(Lewis)酸是电子对的接受体，具有可以接受电子对的空轨道；路易斯碱是电子对的给予体，具有未共享的孤对电子。

按照酸碱电子理论，酸碱反应的实质不再是质子的转移，而是电子对的转移，是路易斯酸和路易斯碱加合生成酸碱配合物的过程。

(四) 软硬酸碱规则

皮尔逊(R. G. Pearson)在路易斯酸碱理论的基础上，提出了软硬酸碱(hard and soft acid and base，HSAB)的概念。

路易斯酸中，若接受电子对的原子(或离子)正电荷高、半径小、极化率小、不易变形、对外层电子吸引力大，则这类路易斯酸属于硬酸(hard acid)；若接受电子对的原子(或离子)正电荷低、半径大、极化率大、易变形、对外层电子吸引力较小，则这类路易斯酸属于软酸(soft acid)；若接受电子对的原子(或离子)，其电子云的变形性介于硬酸和软酸之间，则这类路易斯酸属于交界酸。

路易斯碱中，若给出电子对的原子极化率小(难变形)、电负性大、对外层电子吸引力大、不易被氧化、难以失去电子或较紧密地保护它的价电子，则这类路易斯碱属于硬碱(hard base)；若给出电子对的原子极化率大(易极化变形)、电负性小、对外层电子吸引力较小、易被氧化、易于失去电子，则这类路易斯碱属于软碱(soft base)；若给出电子对的原子，其电子云的变形性介于硬碱和软碱之间，则这类路易斯碱属于交界碱。

皮尔逊在提出软硬酸碱概念的同时，提出了软硬酸碱规则(HSAB 规则)：软亲软，硬亲硬；软硬结合不稳定。根据 HSAB 规则不难判断：硬酸与硬碱、软酸与软碱形成的酸碱配合物更稳定，硬酸与软碱或软酸与硬碱形成的酸碱配合物比较不稳定，而交界酸碱之间，不论对象是软还是硬，形成的酸碱配合物稳定性差别不大。利用 HSAB 规则可以解释一些化合物的稳定性、自然界中矿物的存在形式、化合物的溶解度、判断化学反应的方向等。

(五) 溶液 pH 的计算

本章的重要内容是依据化学平衡原理计算各种类型水溶液的 pH，包括弱酸、弱碱、各种盐溶液、缓冲溶液等的 pH 的计算。

在各种酸、碱溶液中，在酸、碱解离平衡的同时存在水的解离平衡，H^+或 OH^-同时参与两(多)种解离平衡，在计算溶液 $c(H^+)$或 pH 时要抓住主导反应，依据生成 $c(H^+)$或 $c(OH^-)$大的解离平衡来计算。一般，当溶液浓度不太小时，可以不考虑水的解离平衡。下面讨论的均是忽略水的解离平衡的情况。

1. 一元弱酸、弱碱

一元弱酸 $HA(aq) + H_2O(l) \rightleftharpoons H_3O^+(aq) + A^-(aq)$

$$K_a^\ominus(HA) = \frac{c(H_3O^+)c(A^-)}{c(HA)}$$

若用 $c_0(HA)$表示弱酸的初始浓度，当 $c_0(HA)/K_a^\ominus(HA) \geqslant 500$ 时

$$c(H_3O^+) = \sqrt{K_a^\ominus c_0(HA)}$$

$$pH=\frac{1}{2}[-\lg K_a^\ominus - \lg c_0(HA)]$$

同理，对于一元弱碱：

$$B(aq) + H_2O(l) \rightleftharpoons BH^+(aq) + OH^-(aq)$$

若用 $c_0(B)$表示弱碱的初始浓度，当 $c_0(B)/K_b^\ominus \geqslant 500$ 时

$$c(OH^-) = \sqrt{K_b^\ominus c_0(B)}$$

$$pH=14-\frac{1}{2}[-\lg K_b^\ominus - \lg c_0(B)]$$

2. 多元弱酸、弱碱

多元弱酸的解离是分步进行的。进行多元弱酸溶液中的 $c(H^+)$或 pH 计算时，若 $K_{a1}^\ominus \gg K_{a2}^\ominus \gg K_{a3}^\ominus$，即 $K_{a1}^\ominus / K_{a2}^\ominus \geqslant 10^3$时，溶液中的 H^+主要来自弱酸的第一级解离，可忽略其第二、第三级解离产生的 H^+，因此可将多元弱酸看作一元弱酸，当 c_0(酸)/$K_{a1}^\ominus \geqslant 500$ 时，则有

$$c(H^+) = \sqrt{K_{a1}^\ominus c_0(\text{酸})}$$

$$pH=\frac{1}{2}[-\lg K_{a1}^\ominus - \lg c_0(\text{酸})]$$

二元弱酸中，存在两级解离：

第一级： $H_2A(aq) + H_2O(l) \rightleftharpoons H_3O^+(aq) + HA^-(aq)$

$$K_{a1}^\ominus(H_2A) = \frac{c(H_3O^+)c(HA^-)}{c(H_2A)}$$

第二级： $HA^-(aq) + H_2O(l) \rightleftharpoons H_3O^+(aq) + A^{2-}(aq)$

$$K_{a2}^\ominus(HA^-) = \frac{c(H_3O^+)c(A^{2-})}{c(HA^-)}$$

因为忽略了第二级解离，此时溶液中 $c(H_3O^+) \approx c(HA^-)$，将此代入第二级解离的平衡常数表达式中，可得 $c(A^{2-}) \approx K_{a2}^\ominus$，即二元弱酸溶液中的酸根浓度 $c(A^{2-})$近似等于该弱酸的 $K_{a2}^\ominus$，而与其初始浓度无关。

多元弱酸强碱盐溶液在水中完全解离产生的阴离子，如 CO_3^{2-}、PO_4^{3-} 等，可看作多元

离子碱。如同多元弱酸，这些阴离子与水之间的质子转移反应(水解)也是分步进行的，每一步都有相应的解离常数。共轭酸碱解离常数间的关系符合：

$$K_a^\ominus(HA)K_b^\ominus(A^-)=K_w^\ominus$$

多元弱碱溶液中的 $c(H^+)$或 pH 的计算方法，可参照多元弱酸的方法进行类似的处理，即若 $K_{b1}^\ominus \gg K_{b2}^\ominus$，则可按一元弱碱计算溶液中的 $c(H^+)$或 pH。

3. 弱电解质的解离度 α

$$\alpha=\frac{\text{已解离的浓度}}{\text{弱电解质的初始浓度}}\times 100\%=\frac{c_0-c_{eq}}{c_0}\times 100\%$$

4. 稀释定律

当 $c/K_i^\ominus \geqslant 500$，或者 $\alpha<5\%$时：

$$\alpha=\frac{c(H^+)}{c_0}\approx\frac{\sqrt{K_i^\ominus c_0}}{c_0}=\frac{\sqrt{K_i^\ominus}}{c_0}$$

可见，在一定温度下($K_i^\ominus$ 为定值)，弱电解质的解离度随溶液稀释而增大。

5. 两性物质溶液

多元弱酸的酸式盐或弱酸弱碱盐溶于水后完全解离产生的阴离子既能给出质子又能接受质子，是两性物质。其酸碱性取决于显两性的阴离子的解离与水解程度的相对大小。若解离大于水解，则溶液显酸性，反之，显碱性。

当 $cK_a^\ominus>20K_w^\ominus$，$c>20K_a^{\ominus\prime}$时，两性物质水溶液 $c(H^+)$的近似计算公式为

$$c(H_3O^+)=\sqrt{K_a^\ominus K_a^{\ominus\prime}}$$

或

$$pH=\frac{1}{2}(pK_a^\ominus+pK_a^{\ominus\prime})$$

例如，对于酸式盐 HCO_3^- 的溶液，式中的 $K_a^\ominus=K_{a2}^\ominus(H_2CO_3)$，$K_a^{\ominus\prime}=K_{a1}^\ominus(H_2CO_3)$；又如，对于弱酸弱碱盐 NH_4Ac 的溶液，式中的 $K_a^\ominus=K_a^\ominus(NH_4^+)$，$K_a^{\ominus\prime}=K_a^\ominus(HAc)$。

6. 同离子效应与盐效应

在弱电解质的溶液中，加入与其具有相同离子的易溶强电解质，将使弱电解质解离度降低，这种现象称为同离子效应(common ion effect)。例如，向 HAc 溶液中加入 NaAc 晶体，NaAc 在溶液中完全解离，溶液中 $c(Ac^-)$增大，使 HAc 的解离平衡向生成 HAc 的方向移动，从而降低了 HAc 的解离度。

在弱电解质溶液中加入含不同离子的易溶强电解质时，弱电解质的解离度将会略为增大，这种影响称为盐效应(salt effect)。例如，在 HAc 溶液中加入 NaCl 后，Na^+与 Cl^-的存在增大了离子之间的相互牵制作用，阻止了 H^+和 Ac^-的部分结合，相当于增大了 HAc 的解离度。

同离子效应产生的同时必伴有盐效应，一般情况下同离子效应的影响大于盐效应。

7. 缓冲溶液

缓冲溶液是可抵抗少量外来酸碱或稀释，本身的 pH 基本保持不变的溶液。缓冲溶液一般由共轭酸碱对构成。缓冲溶液 pH 的近似计算公式如下：

$$\mathrm{pH}=\mathrm{p}K_{\mathrm{a}}^{\ominus}(\mathrm{HA})+\lg\frac{c(\text{共轭碱})}{c(\text{共轭酸})}\quad \text{或}\quad \mathrm{pH}=14-\mathrm{p}K_{\mathrm{b}}^{\ominus}(\mathrm{A}^{-})+\lg\frac{c(\text{共轭碱})}{c(\text{共轭酸})}$$

可见，缓冲溶液的 pH 取决于 $K_{\mathrm{a}}^{\ominus}$ 或 $K_{\mathrm{b}}^{\ominus}$ 以及缓冲比 c(共轭碱)/c(共轭酸)。缓冲容量表示缓冲溶液的缓冲能力大小。当缓冲比一定时，缓冲溶液总浓度(共轭酸与共轭碱的浓度之和)越大，缓冲容量越大；当总浓度一定时，若缓冲比等于 1，则缓冲容量达到最大；若缓冲比为 1/10～10，则缓冲容量较大，即缓冲溶液的缓冲能力处于其有效缓冲范围内，缓冲范围一般为

$$\mathrm{pH}=\mathrm{p}K_{\mathrm{a}}^{\ominus}\pm 1$$

因此，在配制缓冲溶液时，一般选择 $\mathrm{p}K_{\mathrm{a}}^{\ominus}$ 与所要求 pH 尽量接近的缓冲对。

(六) 配位平衡

1. 配位平衡的表示

向 $CuSO_4$ 溶液中滴加过量的氨水，Cu^{2+}将与 NH_3 反应生成$[Cu(NH_3)_4]^{2+}$配离子，反应的平衡常数称为配合物的标准稳定常数。

$$\mathrm{Cu^{2+}(aq)}+4\mathrm{NH_3(aq)}\rightleftharpoons[\mathrm{Cu(NH_3)_4}]^{2+}\mathrm{(aq)}$$

$$K_{\mathrm{f}}^{\ominus}=\frac{c[\mathrm{Cu(NH_3)_4^{2+}}]}{c(\mathrm{Cu^{2+}})c(\mathrm{NH_3})^4}$$

2. 配位平衡的计算

配合物的溶液体系中物种繁多，包括游离金属离子、游离配体以及各级配离子，使配位平衡的精确计算有一定困难。根据配离子稳定常数很大的特点，可以对计算进行简化：当配体浓度大大过量时，可认为金属离子全部与配体结合形成最后一级配离子，由此可确定达到配位平衡时，体系中各物质的浓度。

3. 配位平衡与其他平衡的相互影响

(1) 配位平衡与酸碱平衡的关系。配离子的生成促使弱酸解离(弱酸根为配体)，使 pH 降低；溶液 pH 降低促使弱酸根(配体)与 H^+加合生成质子加合物，产生酸效应；溶液 pH 升高可促使中心离子与 OH^-结合，可能产生水解效应。

(2) 配位平衡与配位平衡之间的关系。两种不同的配体争夺同一种金属离子，或不同的金属离子争夺同一种配体，平衡向生成更稳定的配离子的方向移动。

三、习 题 解 析

9-1 下列各物质是质子酸还是质子碱？指出它们的共轭物质。

Ac^-，$[Al(H_2O)_6]^{3+}$，$[Al(H_2O)_4(OH)_2]^+$，$HC_2O_4^-$，HPO_4^{2-}

答 根据酸碱质子理论，能给出质子的是酸，能接受质子的是碱。所以上述物质中，属于质子酸的有 $HC_2O_4^-$、HPO_4^{2-}、$[Al(H_2O)_6]^{3+}$、$[Al(H_2O)_4(OH)_2]^+$，其共轭碱分别为 $C_2O_4^{2-}$、PO_4^{3-}、$[Al(H_2O)_5(OH)]^{2+}$、$[Al(H_2O)_3(OH)_3]$；属于质子碱的有 Ac^-、$[Al(H_2O)_4(OH)_2]^+$、$HC_2O_4^-$、HPO_4^{2-}，其共轭酸分别为 HAc、$[Al(H_2O)_5(OH)]^{2+}$、$H_2C_2O_4$、H_3PO_4。

9-2 根据软硬酸碱规则，比较下列各组物质中，不同配体与同一中心离子形成的配合物的相对稳定性大小，并简述理由。

(1) Cl^-、I^-与 Hg^{2+}；(2) Br^-、F^-与 Al^{3+}；(3) NH_3、CN^-与 Cd^{2+}。

答 软硬酸碱理论根据分子或者离子的可极化性高低或者变形性大小将路易斯酸、路易斯碱分为软酸、硬酸、交界酸、软碱、硬碱、交界碱。一般“硬”粒子的可极化性较低，变形性较小，而“软”粒子的可极化性较高，变形性也较大。在其他因素相互作用时，软酸易与软碱反应，形成较稳定的化合物；而硬酸易与硬碱反应，形成较稳定的化合物。因此，软硬酸碱理论提出了：“软亲软，硬亲硬；软硬结合不稳定”的一般性酸碱反应规律。根据该原理，可以判断下列各组中，不同配体与同一中心离子形成的配合物的相对稳定性大小。

(1) Cl^-、I^- 与 Hg^{2+}：$HgI_2 > HgCl_2$。因为 Hg^{2+}是软酸，而 I^-是比 Cl^-更软的碱。

(2) Br^-、F^-与 Al^{3+}：$AlF_3 > AlBr_3$。因为 Al^{3+}是硬酸，而 F^-是比 Br^-更硬的碱。

(3) NH_3、CN^-与 Cd^{2+}：$[Cd(CN)_4]^{2-} > [Cd(NH_3)_4]^{2+}$。因为 Cd^{2+}是软酸，而 CN^-是比 NH_3 更软的碱。

9-3 试解释解离常数与解离度的概念，并说明温度和浓度对它们的影响。

答 解离常数 $K^{\ominus}$：在一定条件下，某物质发生解离达到平衡时，平衡组成不随时间变化，各物种浓度幂的乘积是一常数。

解离度α：某物质解离达到平衡时，已解离部分所占的百分数。

温度对 $K^{\ominus}$和 α 均有影响，而浓度对 $K^{\ominus}$无影响，对 α 有影响。

9-4 解离度大的酸溶液中 $c(H_3O^+)$就一定大吗？为什么？

答 这个说法不正确。根据稀释定律，解离度与酸的解离常数成正比，与酸溶液的浓度成反比。对于同一种酸，解离常数一定，解离度越大的酸溶液 $c(H_3O^+)$越小。对于不同种酸，解离常数不同，解离度和解离常数都对酸溶液 $c(H_3O^+)$有影响。

9-5 计算下列溶液中的 $c(H_3O^+)$或 pH：

(1) $0.050\ mol \cdot L^{-1}$ $Ba(OH)_2$ 溶液。

(2) $0.050\ mol \cdot L^{-1}$ HAc 溶液。

(3) $0.50\ mol \cdot L^{-1}$ $NH_3 \cdot H_2O$ 溶液。

(4) $0.10\ mol \cdot L^{-1}$ NaAc 溶液。

(5) $0.010\ mol \cdot L^{-1}$ Na_2S 溶液。

解 (1) $Ba(OH)_2$ 为强电解质，在水溶液中完全解离，所以溶液中：

$$c(OH^-) = 2 \times 0.050 = 0.10(mol \cdot L^{-1})$$

$$c(H_3O^+)=K_w^{\ominus}/c(OH^-)=1.0\times10^{-14}/0.10=1.0\times10^{-13}(mol\cdot L^{-1})$$

$$pH = 13.00$$

(2) 在 HAc 溶液中存在下列解离平衡：

$$HAc + H_2O \rightleftharpoons H_3O^+ + Ac^-$$

平衡时 $c/(mol \cdot L^{-1})$ 　$0.050 - x$ 　　x 　　x

则 $$x^2/(0.050 - x) = K_a^\ominus(HAc) = 1.8 \times 10^{-5}$$

$$c(H_3O^+) = x = \sqrt{1.8 \times 10^{-5} \times 0.050} = \sqrt{0.9 \times 10^{-6}} = 9.5 \times 10^{-4}(mol \cdot L^{-1})$$

$$pH = 3.02$$

(3) 在 $NH_3 \cdot H_2O$ 溶液中存在下列解离平衡：

$$NH_3 + H_2O \rightleftharpoons NH_4^+ + OH^-$$

平衡时 $c/(mol \cdot L^{-1})$ 　$0.50 - x$ 　　x 　　x

则 $$\frac{x^2}{0.50 - x} = K_b^\ominus(NH_3) = 1.8 \times 10^{-5}$$

$$c(OH^-) = \sqrt{1.8 \times 10^{-5} \times 0.50} = 3.0 \times 10^{-3}(mol \cdot L^{-1})$$

$$c(H_3O^+) = \frac{K_w^\ominus}{3.0 \times 10^{-3}} = \frac{1.0 \times 10^{-14}}{3.0 \times 10^{-3}} = 3.3 \times 10^{-12}(mol \cdot L^{-1})$$

$$pH = 11.48$$

(4) 在 NaAc 溶液在中存在下列解离平衡：

$$Ac^- + H_2O \rightleftharpoons HAc + OH^-$$

平衡时 $c/(mol \cdot L^{-1})$ 　$0.10 - x$ 　　x 　　x

则 $$x^2/(0.10 - x) = K_w^\ominus / K_a^\ominus(HAc)$$

$$c(OH^-) = \sqrt{\frac{K_w^\ominus}{K_a^\ominus(HAc)} \times 0.10} = \sqrt{\frac{1.0 \times 10^{-14}}{1.8 \times 10^{-5}} \times 0.10} = 7.5 \times 10^{-6}(mol \cdot L^{-1})$$

$$c(H_3O^+) = K_w^\ominus / c(OH^-) = \frac{1.0 \times 10^{-14}}{7.5 \times 10^{-6}} = 1.3 \times 10^{-9}(mol \cdot L^{-1})$$

$$pH = 8.88$$

(5) Na_2S 只考虑 S^{2-}的一级水解：

$$S^{2-} + H_2O \rightleftharpoons HS^- + OH^-$$

平衡时 $c/(mol \cdot L^{-1})$ 　$0.010 - x$ 　　x 　　x

则 $$K^\ominus = \frac{x^2}{0.010 - x} = \frac{K_w^\ominus}{K_{a2}^\ominus(H_2S)} = \frac{1.0 \times 10^{-14}}{1.3 \times 10^{-13}} = 0.77$$

因为 $K^\ominus$值较大不能近似计算，必须解一元二次方程：

$$x^2 + 0.77x - 0.0077 = 0$$

$$c(OH^-) = x = \frac{-0.77 + \sqrt{0.77^2 - 4 \times (-0.0077)}}{2 \times 1} = 9.9 \times 10^{-3}(mol \cdot L^{-1})$$

$$c(H_3O^+)=\frac{1.0\times10^{-14}}{9.9\times10^{-3}}=1.0\times10^{-12}\ (mol\cdot L^{-1})$$

$$pH = 12.00$$

9-6 浓度相同的下列溶液，其 pH 由小到大的顺序如何？

(1) HAc；(2) NaAc；(3) NaCl；(4) NH_4Cl；

(5) Na_2CO_3；(6) NH_4Ac；(7) Na_3PO_4；(8) $(NH_4)_2CO_3$。

答 若要求不通过计算判断酸、碱、盐溶液的 pH 大小，可根据质子酸、碱的解离常数大小进行判断。

通过查表知，$K_a^\ominus(HAc) = 1.8\times10^{-5}$；$K_b^\ominus(NH_3) = 1.8\times10^{-5}$；$K_{a1}^\ominus(H_2CO_3) = 4.2\times10^{-7}$，$K_{a2}^\ominus(H_2CO_3) = 4.7\times10^{-11}$；$K_{a1}^\ominus(H_3PO_4) = 6.7\times10^{-3}$，$K_{a2}^\ominus(H_3PO_4) = 6.2\times10^{-8}$，$K_{a3}^\ominus(H_3PO_4) = 4.5\times10^{-13}$。

HA 为一元弱酸，显酸性；NH_4Cl 为强酸弱碱盐，其溶液也显酸性，但酸性比 HAc 弱；NaCl 是强酸强碱盐，其水溶液为中性；NH_4Ac 为弱酸弱碱盐，但 $K_a^\ominus(HAc) = K_b^\ominus(NH_3)$，因此其水溶液也为中性；$(NH_4)_2CO_3$ 为弱酸弱碱盐，但 $K_{b1}^\ominus(CO_3^{2-}) > K_a^\ominus(NH_4^+)$，因此其水溶液为弱碱性；$Na_2CO_3$ 与 Na_3PO_4 均为弱酸强碱盐，$K_{b1}^\ominus(CO_3^{2-}) < K_{b1}^\ominus(PO_4^{3-})$，所以 Na_2CO_3 溶液的碱性低于 Na_3PO_4。

因此，pH 由小到大的顺序为

$$HAc < NH_4Cl < NaCl = NH_4Ac < (NH_4)_2CO_3 < NaAc < Na_2CO_3 < Na_3PO_4$$

9-7 已知 H_2S 的 $pK_{a1}^\ominus = 6.88$，$pK_{a2}^\ominus = 14.15$，$NH_3\cdot H_2O$ 的 $pK_b^\ominus = 4.74$，试比较 S^{2-}、HS^-和 NH_3 的碱性强弱。

答 碱性：$S^{2-} > NH_3 > HS^-$。因为 $pK_b^\ominus(S^{2-}) = pK_w^\ominus - pK_{a2}^\ominus = -0.15$

$$pK_b^\ominus(HS^-) = pK_w^\ominus - pK_{a1}^\ominus = 7.12$$

9-8 已知 298 K 时某一元弱酸的浓度为 0.010 $mol\cdot L^{-1}$，测得其 pH 为 4.0，求其 $K_a^\ominus$ 和 α，以及稀释至体积变成 2 倍后的 $K_a^\ominus$、α 和 pH。

解 (1)

	HA + H_2O	$\rightleftharpoons$	A^- + H_3O^+
$c/(mol\cdot L^{-1})$	$0.010-10^{-4}$		10^{-4}　10^{-4}

$$K_a^\ominus = \frac{(10^{-4})^2}{0.010-10^{-4}} = 1.0\times10^{-6}$$

$$\alpha=\frac{10^{-4}}{0.01}\times100\% = 1\%$$

(2) 稀释后，$K_a^\ominus$ 不变：

	HA + H_2O	$\rightleftharpoons$	A^- + H_3O^+
$c/(mol\cdot L^{-1})$	$\frac{0.010}{2}-x$		x　x

$$\frac{x^2}{0.005-x} = 1.0\times10^{-6}$$

因 $c_0/K_a^\ominus > 500$，所以

$$c(H_3O^+) = x = \sqrt{0.005 \times 1.0 \times 10^{-6}} = 7.1 \times 10^{-5}$$

$$pH = 4.15$$

$$\alpha = \frac{7.1 \times 10^{-5}}{0.005} \times 100\% = 1.42\%$$

9-9 计算 0.20 mol · L^{-1} $H_2C_2O_4$ 水溶液中各离子的平衡浓度。

解 $K_{a1}^\ominus = 5.4\times10^{-2}$，$K_{a2}^\ominus = 5.3\times10^{-5}$，按一元弱酸处理计算溶液中的 $c(H_3O^+)$：

$$H_2C_2O_4 + H_2O \rightleftharpoons HC_2O_4^- + H_3O^+$$

c/(mol · L^{-1})　$0.20 - x$　　x　　x

$$\frac{x^2}{0.20 - x} = 5.4 \times 10^{-2} = K_{a_1}^\ominus$$

$$x^2 + 0.054x - 0.0108 = 0$$

$$x = \frac{-0.054 + \sqrt{0.054^2 - 4 \times (-0.0108)}}{2} = 0.080$$

$$c(H_3O^+) = c(HC_2O_4^-) = 0.080\ \text{mol} \cdot \text{L}^{-1}$$

$C_2O_4^{2-}$ 来自 $HC_2O_4^-$ 的解离：

$$HC_2O_4^- + H_2O \rightleftharpoons C_2O_4^{2-} + H_3O^+$$

c/(mol · L^{-1})　$0.080 - y$　　y　　$0.080 + y$

$$\frac{y(0.080 + y)}{0.080 - y} = K_{a2}^\ominus = 5.3 \times 10^{-5}$$

$$c(C_2O_4^{2-}) = y = 5.3 \times 10^{-5}\ (\text{mol} \cdot \text{L}^{-1})$$

$$c(OH^-) = \frac{K_w^\ominus}{c(H_3O^+)} = \frac{1.0 \times 10^{-14}}{0.080} = 1.25 \times 10^{-13}\ (\text{mol} \cdot \text{L}^{-1})$$

9-10 已知氨水的浓度为 0.10 mol · L^{-1}，试回答：

(1) 计算该溶液的 OH^- 浓度、pH 和氨的解离度。

(2) 若在该溶液中加入 NH_4Cl，使其在溶液中的浓度为 0.10 mol · L^{-1}，计算此溶液的 OH^- 浓度、pH 和氨的解离度。

(3) 比较上述结果，说明什么？

解 (1) 设氨水达到解离平衡时，解离产生的 OH^- 浓度为 x，则

$$NH_3 + H_2O \rightleftharpoons NH_4^+ + OH^-$$

c/(mol · L^{-1})　$0.10 - x$　　x　　x

则

$$x = \sqrt{K_b^\ominus(NH_3) \times 0.10} = \sqrt{1.8 \times 10^{-6}} = 1.34 \times 10^{-3}$$

$$c(OH^-) = x = 1.34 \times 10^{-3}\ \text{mol} \cdot \text{L}^{-1}$$

$$pH = 14 - pOH = 11.13$$

$$\alpha = \frac{1.34\times10^{-3}}{0.10} = 1.34\,\%$$

(2) $NH_3 + H_2O \rightleftharpoons NH_4^+ + OH^-$

$c/(\text{mol}\cdot\text{L}^{-1})$ $0.10 - x$ 0.10 x

$$\frac{0.10x}{0.10-x} = 1.8\times10^{-5}$$

$$x = 1.8\times10^{-5}$$

$$c(OH^-) = 1.8\times10^{-5}\,\text{mol}\cdot\text{L}^{-1}$$

$$pH = 9.26$$

$$\alpha = \frac{1.8\times10^{-5}}{0.10}\times100\% = 0.018\%$$

(3) 说明在弱电解质(NH_3)溶液中加入具有相同离子的强电解质(NH_4Cl)，将使弱电解质的解离度降低。

9-11 分别计算两性物质 $HCOONH_4$ 溶液和 $NaHCO_3$ 溶液的 pH，并解释为什么前者呈弱酸性，而后者呈弱碱性。

解 查表知：$K_a^\ominus(HCOOH) = 1.8\times10^{-4}$，$K_b^\ominus(NH_3) = 1.8\times10^{-5}$，$K_{a1}^\ominus(H_2CO_3) = 4.2\times10^{-7}$，$K_{a2}^\ominus(H_2CO_3) = 4.8\times10^{-11}$。

根据两性物质溶液 pH 的近似计算公式，在 $HCOONH_4$ 溶液中：

$$c_1(H_3O^+) = \sqrt{\frac{K_w^\ominus K_a^\ominus(HCOOH)}{K_b^\ominus(NH_3)}} = \sqrt{\frac{1\times10^{-14}\times1.8\times10^{-4}}{1.8\times10^{-5}}} = 3.2\times10^{-7}$$

$$pH = 6.50$$

在 $NaHCO_3$ 溶液中：

$$c_2(H_3O^+) = \sqrt{K_{a1}^\ominus(H_2CO_3)K_{a2}^\ominus(H_2CO_3)} = \sqrt{4.2\times10^{-7}\times4.8\times10^{-11}} = 4.5\times10^{-9}$$

$$pH = 8.35$$

由计算结果可知，$HCOONH_4$ 溶液呈弱酸性，$NaHCO_3$ 溶液呈弱碱性。这是因为 $K_a^\ominus(HCCOH) > K_b^\ominus(NH_3)$，使 $HCOONH_4$ 的酸式解离程度大于碱式解离程度，溶液呈弱酸性；而 $NaHCO_3$ 正好相反，$K_b^\ominus(NH_3) > K_{a1}^\ominus(H_2CO_3)$，使 $NaHCO_3$ 的碱式解离程度大于酸式解离程度，溶液呈弱碱性。

9-12 求 300 mL 0.50 mol · L^{-1} H_3PO_4 和 500 mL 0.50 mol · L^{-1} NaOH 的混合溶液的 pH。

解 当 H_3PO_4 和 NaOH 混合时，首先发生酸碱中和反应：

$$H_3PO_4 + NaOH = NaH_2PO_4 + H_2O$$

反应先生成 0.30 × 0.50 = 0.15 (mol) NaH_2PO_4，消耗 0.15 mol NaOH，剩余 NaOH 0.50 × 0.50 − 0.15 = 0.10 (mol)。

NaH_2PO_4 还可与 NaOH 继续发生中和反应：

$$NaH_2PO_4 + NaOH = Na_2HPO_4 + H_2O$$

0.10 mol NaOH 继续与 NaH_2PO_4 作用生成 0.10 mol Na_2HPO_4，剩余 NaH_2PO_4 0.050 mol，这是一个缓冲溶液，则

$$pH=pK_{a2}^{\ominus}+\lg\frac{n(HPO_4^{2-})}{n(H_2PO_4^-)}=7.21+\lg\frac{0.10}{0.050}=7.51$$

9-13 已知由弱酸 HA($K_a^{\ominus}=5.0\times10^{-6}$)及其共轭碱 A^-组成的缓冲溶液中，HA 的浓度为 0.25 $mol\cdot L^{-1}$，在 100 mL 此溶液中加入 0.20 g NaOH 固体(忽略体积变化)，所得溶液的 pH 为 5.60。计算加 NaOH 之前溶液的 pH。

解 加入的 NaOH 的浓度为 $\frac{0.20}{40\times0.1}=0.05\ mol\cdot L^{-1}$，设原溶液中 A^-浓度为 x，则加入 0.05 $mol\cdot L^{-1}$ NaOH 后：

$$HA + OH^- \rightleftharpoons A^- + H_2O$$

平衡时 $c/(mol\cdot L^{-1})$　　$0.25-0.05$　　　　$x+0.05$

$$pH=5.60=pK_a^{\ominus}+\lg\frac{c(A^-)}{c(HA)}=5.30+\lg\frac{x+0.05}{0.20}$$

解得　　$x=0.35$

因此原溶液：

$$pH=pK_a^{\ominus}+\lg\frac{c(A^-)}{c(HA)}=5.30+\lg\frac{0.35}{0.25}=5.45$$

9-14 选择缓冲系的依据是什么？试计算下列各缓冲溶液的缓冲范围。

(1) Na_2CO_3-$NaHCO_3$；　(2) HCOOH-NaOH；　(3) HAc-NaOH；

(4) NaH_2PO_4-Na_2HPO_4；　(5) Na_2HPO_4-Na_3PO_4；　(6) H_3PO_4-NaH_2PO_4。

欲配制 pH = 3.0 的缓冲溶液，选择哪种缓冲体系最好？

答 由于缓冲溶液的有效缓冲范围是 $pH=pK_a^{\ominus}\pm1$，因此所选择的缓冲系的 $pK_a^{\ominus}$ 应该落在 $pK_a^{\ominus}=pH\pm1$，并使 $pK_a^{\ominus}$ 尽可能接近 pH。

题目所给各缓冲体系的有效缓冲 pH 范围为

(1) 9.32～11.32；　(2) 2.74～4.74；　(3) 3.74～5.74；

(4) 6.20～8.20；　(5) 11.32～13.32；　(6) 1.15～3.15。

因此欲配制 pH = 3.0 的缓冲溶液选(2)HCOOH-NaOH 体系最好。

9-15 欲配制 250 mL pH 为 5.00 的缓冲溶液，在 125 mL 1.0 $mol\cdot L^{-1}$ NaAc 溶液中应加入多少毫升 6.0 $mol\cdot L^{-1}$ HAc 溶液？

解 pH = 5.00，$c(H^+)=1.0\times10^{-5}\ mol\cdot L^{-1}$，设应加入 x L 6.00 $mol\cdot L^{-1}$ HAc。

$$HAc + H_2O \rightleftharpoons H_3O^+ + Ac^-$$

平衡时 $c/(mmol\cdot L^{-1})$: $\frac{6.0x}{0.250}-1.0\times10^{-5}$　　1.0×10^{-5}　　$\frac{0.125\times1.0}{0.250}+1.0\times10^{-5}$

$$1.8\times10^{-5}=\frac{1.0\times10^{-5}\times0.50}{\frac{6.0x}{0.250}}$$

$$x=0.012$$

将 125 mL 1.0 mol · L^{-1} NaAc 与 12 mL 6.0 mol · L^{-1} HAc 混合，再加水稀释至 250 mL。

9-16 现有 2.0 L 0.50 mol · L^{-1} 氨水和 2.0 L 0.50 mol · L^{-1} HCl 溶液，若配制 pH = 9.00 的缓冲溶液，不允许再加水，最多能配制多少升缓冲溶液？其中，$c(NH_3 \cdot H_2O)$、$c(NH_4^+)$ 各为多少？

解 用 $NH_3 \cdot H_2O$ 溶液和 HCl 溶液可以配制 $NH_3 \cdot H_2O$-NH_4Cl 缓冲溶液。根据题意 2.0 L $NH_3 \cdot H_2O$ 要全部使用，而 HCl 溶液只需使用一部分。设所需 HCl 溶液的体积为 x，则缓冲溶液的总体积为 $(2.0 + x)$ L。已知 $K_b^{\ominus}(NH_3 \cdot H_2O) = 1.8\times10^{-5}$，酸碱中和后：

$$c(NH_3 \cdot H_2O)=\frac{0.50\times2.0-0.50x}{2.0+x}, \qquad c(NH_4^+)=\frac{0.50x}{2.0+x}$$

$$pH = 14.00 - pK_b^{\ominus}(B) + \lg\frac{c(B)}{c(BH^+)}$$

$$9.00 = 14.00 - 4.74 + \lg\frac{0.50\times2.0-0.50x}{0.50x}$$

$$x=1.3$$

最多可配制 2.0 + 1.3 = 3.3 (L) 缓冲溶液。其中：

$$c(NH_3 \cdot H_2O) = \frac{0.50\times2.0-0.50\times1.3}{3.3} = 0.11\,(mol\cdot L^{-1})$$

$$c(NH_4^+) = \frac{0.50\times1.3}{3.3} = 0.20\,(mol\cdot L^{-1})$$

9-17 现有 2.0 L 0.10 mol · L^{-1} Na_3PO_4 溶液和 2.0 L 0.10 mol · L^{-1} Na_2HPO_4 溶液，仅用这两种溶液(不可再加水)来配制 pH 为 12.50 的缓冲溶液，最多能配制这种缓冲溶液的体积是多少？需要 Na_3PO_4 和 Na_2HPO_4 溶液的体积各是多少？

解 查得 $K_{a3}^{\ominus}(H_3PO_4) = 4.8\times10^{-13}$，根据缓冲溶液 pH 的近似计算公式，则

$$pH=pK_{a3}^{\ominus} + \lg\frac{V(PO_4^{3-})}{V(HPO_4^{2-})}$$

$$12.50 = 12.32 + \lg\frac{V(PO_4^{3-})}{V(HPO_4^{2-})}$$

因此：
$$\frac{V(PO_4^{3-})}{V(HPO_4^{2-})} = 1.5$$

因为配制的缓冲溶液 pH = 12.50 > 12.32$\left[K_a^{\ominus}(HPO_4^{2-})\right]$，依据题意，2.0 L Na_3PO_4 须全部用完，而 Na_2HPO_4 用量须少于 2.0 L，基于上述计算可得：Na_2HPO_4 取 1.3 L，可配缓冲溶液体积为 3.3 L。

9-18 由热力学数据 $\Delta_f G_m^{\ominus}$ 计算$[Cu(NH_3)_4]^{2+}$的标准稳定常数，即计算反应 $Cu^{2+}(aq) + 4NH_3 \cdot H_2O(aq) \Longrightarrow [Cu(NH_3)_4]^{2+}(aq) + 4H_2O(l)$的 $K_f^{\ominus}$ 。

已知：298 K 时

	$Cu^{2+}(aq)$	$NH_3 \cdot H_2O(aq)$	$[Cu(NH_3)_4]^{2-}(aq)$	$H_2O(l)$
$\Delta_f G_m^{\ominus}$ / (kJ · mol^{-1})	65.52	−263.8	−111.3	−237.19

解 该生成反应的

$$\Delta_r G_m^\ominus = 4\times(-237.19) + (-111.3) - 4\times(-263.8) - 65.52 = -70.38\ (\text{kJ}\cdot\text{mol}^{-1})$$

$$-\lg K_f^\ominus = \frac{\Delta_r G_m^\ominus}{2.303RT} = \frac{70.38\times 10^3}{2.303\times 8.314\times 298} = 12.33$$

$$K_f^\ominus = 2.1\times 10^{12}$$

9-19 已知：$K_f^\ominus([Zn(NH_3)_4]^{2+}) = 2.9\times 10^9$，$K_f^\ominus([Zn(OH)_4]^{2-}) = 4.6\times 10^{17}$，$K_b^\ominus(NH_3) = 1.8\times 10^{-5}$，求：

(1) 反应$[Zn(NH_3)_4]^{2+} + 4OH^- \rightleftharpoons [Zn(OH)_4]^{2-} + 4NH_3$ 的平衡常数 $K^\ominus$。

(2) 1.0 mol · L^{-1} NH_3 溶液中 $c([Zn(NH_3)_4]^{2+})/c([Zn(OH)_4]^{2-})$ 的值。

解 (1) 配体的取代反应：

$$[Zn(NH_3)_4]^{2+} + 4OH^- \rightleftharpoons [Zn(OH)_4]^{2-} + 4NH_3$$

$$K^\ominus = \frac{c([Zn(OH)_4]^{2-})\,c(NH_3)^4}{c([Zn(NH_3)_4]^{2+})\,c(OH^-)^4} = \frac{K_f^\ominus([Zn(OH)_4]^{2-})}{K_f^\ominus([Zn(NH_3)_4]^{2+})} = \frac{4.6\times 10^{17}}{2.9\times 10^9} = 1.6\times 10^8$$

(2) 当 $c(NH_3) = 1.0\ \text{mol}\cdot\text{L}^{-1}$ 时

$$c(OH^-) = \sqrt{1.8\times 10^{-5}\times 1.0} = 4.2\times 10^{-3}\ (\text{mol}\cdot\text{L}^{-1})$$

$$\frac{c([Zn(NH_3)_4]^{2+})}{c([Zn(OH)_4]^{2-})} = \frac{1}{1.6\times 10^8}\times\frac{(1.0)^4}{(4.2\times 10^{-3})^4} = 20$$

9-20 已知 $K_f^\ominus([Ag(CN)_2]^-) = 1.3\times 10^{21}$，$K_f^\ominus([Ag(NH_3)_2]^+) = 1.1\times 10^7$。在 1.0 L 0.10 mol · L^{-1} $[Ag(NH_3)_2]^+$溶液中，加入 0.20 mol KCN 晶体(忽略因加入固体而引起的溶液体积的变化)，求溶液中$[Ag(NH_3)_2]^+$、$[Ag(CN)_2]^-$、NH_3 及 CN^- 的浓度。

解 由$[Ag(NH_3)_2]^+$转化为$[Ag(CN)_2]^-$的反应为

$$[Ag(NH_3)_2]^+ + 2CN^- \rightleftharpoons [Ag(CN)_2]^- + 2NH_3$$

该反应的平衡常数与$[Ag(NH_3)_2]^+$和$[Ag(CN)_2]^-$的标准稳定常数 $K_f^\ominus$ 有关，根据多重平衡原理，有

$$K^\ominus = \frac{c([Ag(CN)_2]^-)\,c(NH_3)^2}{c([Ag(NH_3)_2]^+)\,c(CN^-)^2} = \frac{K_f^\ominus([Ag(CN)_2]^-)}{K_f^\ominus([Ag(NH_3)_2]^+)} = \frac{1.3\times 10^{21}}{1.1\times 10^7} = 1.2\times 10^{14}$$

$K^\ominus$值很大，表明转化相当完全。

设$[Ag(NH_3)_2]^+$全部转化为$[Ag(CN)_2]^-$后，平衡时溶液中$[Ag(NH_3)_2]^+$的浓度为 x：

$$[Ag(NH_3)_2]^+ + 2CN^- \rightleftharpoons [Ag(CN)_2]^- + 2NH_3$$

$c/(\text{mol}\cdot\text{L}^{-1})$	x	$2x$	$0.10 - x$	$0.20 - 2x$

因 $K^\ominus$值很大，x 值很小，所以

$$0.10 - x \approx 0.10$$

$$0.20 - 2x \approx 0.20$$

$$K^{\ominus}=\frac{c([Ag(CN)_2]^-)c(NH_3)^2}{c([Ag(NH_3)_2]^+)c(CN^-)^2}=\frac{0.10\times0.20^2}{x(2x)^2}=\frac{4.0\times10^{-3}}{4x^3}=1.2\times10^{14}$$

$$x=2.0\times10^{-6}$$

所以溶液中各物质的浓度为

$$c([Ag(NH_3)_2]^+)=x=2.0\times10^{-6}\ mol\cdot L^{-1}$$

$$c(CN^-)=2x=4.0\times10^{-6}\ mol\cdot L^{-1}$$

$$c([Ag(CN)_2]^-)=0.10-x=0.10\ mol\cdot L^{-1}$$

$$c(NH_3)=0.20-2x=0.20\ mol\cdot L^{-1}$$

计算结果表明：由于$[Ag(CN)_2]^-$稳定性远大于$[Ag(NH_3)_2]^+$，加入足量的CN^-时，$[Ag(NH_3)_2]^+$几乎全部转化为$[Ag(CN)_2]^-$。

四、水平测试

1. 填空题(每空 1 分，共 20 分)

(1) 在 H_3BO_3、NH_4^+、$HC_2O_4^-$、Al^{3+}、S^{2-}、Na^+ 中，根据酸碱质子理论，属于酸的有__________，属于碱的有__________，属于两性物质的有__________；根据酸碱电子理论，能作为路易斯酸的有__________，能作为路易斯碱的有__________。

(2) 已知 298 K 时，0.01 $mol\cdot L^{-1}$ 某一元弱酸溶液的 pH = 4.00，则该酸的 $K_a^{\ominus}$ 为__________；将该溶液加水稀释时，则其 pH 将变__________；解离度将变__________；$K_a^{\ominus}$ 将__________。

(3) 在 0.10 $mol\cdot L^{-1}$ HAc 溶液中加入 NaAc 固体后，HAc 浓度变__________，解离度变__________，pH 变__________，解离常数__________。

(4) *0.10 $mol\cdot L^{-1}$ Na_3PO_4 溶液的 pH 约为__________，同浓度的 Na_2HPO_4 溶液的 pH 约为__________，将两者等体积混合后，溶液的 pH 约为__________(已知 H_3PO_4：$pK_{a1}^{\ominus}=2.15$，$pK_{a2}^{\ominus}=7.20$，$pK_{a3}^{\ominus}=12.32$)。

(5) *已知 $K_a^{\ominus}(HAc)=1.8\times10^{-5}$，pH 为 3.00 的下列溶液，用等体积的水稀释后，pH 分别为：HAc 溶液__________；HCl 溶液__________；HAc-NaAc 溶液__________。

(6) *欲使 300 mL 0.20 $mol\cdot L^{-1}$氨水的解离度增大一倍，须加入__________mL 水。

2. 是非题(用“√”、“×”表示对、错并填入括号中，每小题 1 分，共 10 分)

(　　)(1) H_2S 溶液中 $c(H^+)$是 $c(S^{2-})$的 2 倍。

(　　)(2) 在水溶液中可能解离的物质都能达到解离平衡。

(　　)(3) 在多元酸溶液中，同离子效应使其第二步、第三步的解离度降低。

(　　)(4) 根据稀释定律，乙酸溶液被水稀释后，其解离度和 pH 都增大。

(　　)(5) CO_3^{2-}、SO_3^{2-}、SO_4^{2-} 均可水解，其溶液均呈碱性。

(　　)(6) 升高配合物溶液的 pH，中心离子因水解而使配离子更稳定。

(　　)(7) 根据酸碱电子理论，配合物实际上是一种酸碱加合物。

(　　)(8) *阳离子水解总是显酸性，阴离子水解必定显碱性。

(　　)(9) 为使缓冲溶液 pH 计算值更接近测定值，需要考虑离子强度的影响。

(　　)(10) *反应 $NH_4^+ + OH^- \rightleftharpoons NH_3 + H_2O$ 的平衡常数 $K^{\ominus} = K_w^{\ominus} / K_b^{\ominus}(NH_3)$。

3. 选择题[每小题 2 分，共 20 分，其中第(2)、(4)、(10)小题为多选，其余为单选]

(1) pH = 1.0 和 pH = 3.0 的两种强酸溶液等体积混合后溶液的 pH 为(　　)。

A. 0.3　　B. 1.0　　C. 1.3　　D. 1.5

(2) 对于 H_2S 水溶液，能应用 $\dfrac{c(H^+)^2 c(S^{2-})}{c(H_2S)} = K_{a1}^{\ominus} K_{a2}^{\ominus}$ 的条件是(　　)。

A. 饱和 H_2S 溶液　　B. 与其他酸共存的 H_2S 溶液

C. 不饱和 H_2S 溶液　　D. 与其他盐共存的 H_2S 溶液

(3) 已知 $K_a^{\ominus}(HF) = 6.3\times10^{-4}$，$K_a^{\ominus}(HCN) = 6.2\times10^{-10}$，$K_a^{\ominus}(HAc) = 1.8\times10^{-5}$。可配成 pH = 9.00 的缓冲溶液的是(　　)。

A. HF 和 NaF　　B. HAc 和 NaAc　　C. HCN 和 NaCN　　D. 都可以

(4) 下列物质中，不是共轭酸碱对的物质是(　　)。

A. NH_3，NH_2^-　　B. NaOH，Na^+　　C. H_2S，S^{2-}　　D. H_2O，OH^-

(5) 已知相同浓度的盐 NaA、NaB、NaC、NaD 的水溶液 pH 依次增大，则相同浓度的下列稀酸中解离度最大的是(　　)。

A. HD　　B. HC　　C. HB　　D. HA

(6) 欲配制 pH = 9.00 的缓冲溶液，宜在下列体系中选用(　　)。

A. NH_4^+-NH_3 ($pK_b^{\ominus} = 4.74$)　　B. HAc-Ac^- ($pK_a^{\ominus} = 4.74$)

C. $H_2PO_4^-$ - HPO_4^{2-} ($pK_{a2}^{\ominus} = 7.20$)　　D. HCO_3^- - CO_3^{2-} ($pK_{a2}^{\ominus} = 10.32$)

(7) *在 HAc-NaAc 组成的缓冲溶液中，若 $c(HAc) > c(Ac^-)$，则缓冲溶液抵抗酸或碱的能力为(　　)。

A. 抗酸能力 > 抗碱能力　　B. 抗酸能力 < 抗碱能力

C. 抗酸碱能力相同　　D. 无法判断

(8) *已知 H_3PO_4 的 $pK_{a1}^{\ominus} = 2.15$，$pK_{a2}^{\ominus} = 7.20$，$pK_{a3}^{\ominus} = 12.32$，0.10 $mol \cdot L^{-1}$ NaH_2PO_4 溶液的 pH 约为(　　)。

A. 4.68　　B. 7.24　　C. 10.13　　D. 9.76

(9) *已知 $K_a^{\ominus}(HA) < 10^{-5}$，HA 是很弱的酸，现将 a $mol \cdot L^{-1}$ HA 溶液加水稀释，使溶液的体积为原来的 n 倍[设 $\alpha(HA) \ll 1$]，下列叙述正确的是 (　　)。

A. $c(H^+)$变为原来 $1/n$　　B. HA 溶液解离度增大为原来的 n 倍

C. $c(H^+)$变为原来的 a/n　　D. $c(H^+)$ 变为原来的$(1/n)^{1/2}$

(10) **下列各种物质中，既是路易斯酸又是路易斯碱的是(　　)。

A. PCl_3　　B. CCl_4　　C. H_2O　　D. $SOCl_2$

4. 简答题(每小题 5 分，共 10 分)

(1) 现有 HCl、HAc[$K_a^{\ominus}(HAc) = 1.8\times10^{-5}$]、NaOH、NaAc 四种浓度相同的溶液，欲配制 pH = 4.44 的缓冲溶液，共有几种配法，每种配法所用的两种溶液及其体积比分别为多少？如果向此缓冲溶液中外加相同浓度的一元强酸或一元强碱，缓冲能力的相对大小如何？

(2) *根据软硬酸碱规则，比较配合物$[Pt(NCS)_4]$和$[Pt(SCN)_4]$的相对稳定性大小，并说明原因。

5. 计算题(每小题 8 分，共 40 分)

(1) 已知乳酸($CH_3CHOHCOOH$)的 $K_a^{\ominus}=1.4\times10^{-4}$，试计算 0.100 $mol\cdot L^{-1}$ 乳酸钠($CH_3CHOHCOONa$)溶液的 pH。

(2) *已知某二元弱酸 H_2B 的 $K_{a1}^{\ominus}=4.2\times10^{-7}$，$K_{a2}^{\ominus}=5.0\times10^{-11}$。试计算：

① 浓度为 0.10 $mol\cdot L^{-1}$ 的 H_2B 溶液中，HB^-、B^{2-}及 H^+ 的平衡浓度；

② 若向 1.0 L 该溶液中加入 0.050 mol NaOH 固体(不考虑溶液体积变化)，溶液的 pH 将为多少？

(3) *已知氨水的 $K_b^{\ominus}=1.8\times10^{-5}$，有 1.0 L 0.10 $mol\cdot L^{-1}$ 氨水，计算：

① 该氨水溶液的 pH；

② 加入 5.35 g $NH_4Cl(s)$后(忽略体积变化)溶液的 pH。

(4) *欲配制 37℃时 pH 近似值为 7.40 的缓冲溶液，问在 Tris 和 Tris · HCl 均为 0.050 $mol\cdot L^{-1}$ 的 100 mL 溶液中，需加入 0.050 $mol\cdot L^{-1}$ HCl 多少毫升？(已知 Tris · HCl 在 37℃时的 $pK_a^{\ominus}=7.85$)

(5) *已知$[FeF_6]^{3-}$的 $K_f^{\ominus}=2.0\times10^{14}$，$[Fe(CN)_6]^{3-}$的 $K_f^{\ominus}=1.0\times10^{42}$。将 0.60 $mol\cdot L^{-1}$ KF、0.60 $mol\cdot L^{-1}$ KCN 和 0.030 $mol\cdot L^{-1}$ $FeCl_3$ 溶液等体积混合，试求：

① 反应 $[FeF_6]^{3-}+6CN^- \rightleftharpoons [Fe(CN)_6]^{3-}+6F^-$ 的标准平衡常数 $K^{\ominus}$；

② 平衡时上述反应中各组分的浓度。

参考答案

1. 填空题(每空 1 分，共 20 分)

(1) H_3BO_3、NH_4^+、$HC_2O_4^-$，$HC_2O_4^-$、S^{2-}，$HC_2O_4^-$；H_3BO_3、Al^{3+}、Na^+，$HC_2O_4^-$、S^{2-}。

(2) 1.0×10^{-6}；大；大；不变。

(3) 大，小，大，不变。

(4) 12.66，9.76，12.32。

(5) 3.15；3.30；3.00。

(6) 900。

2. 是非题(用“√”、“×”表示对、错并填入括号中，每小题 1 分，共 10 分)

(1) (×) (2)(×) (3)(√) (4)(√) (5)(×) (6)(×) (7) (√) (8)(×) (9) (√) (10)(×)

3. 选择题[每小题 2 分，共 20 分，其中第(2)、(4)、(10)小题为多选，其余为单选]

(1)(C) (2)(ABCD) (3)(C) (4)(BC) (5)(D) (6)(A) (7)(B) (8)(A) (9)(D) (10)(AD)

4. 简答题(每小题 5 分，共 10 分)

(1) 用 HCl、HAc、NaOH、NaAc 四种浓度相同的溶液配制 pH = 4.44 的缓冲溶液，有 3 种配制方法，分别是：HAc 和 NaAc 按 2∶1 的体积比配制；HCl 和 NaAc 按 2∶3 的体积比配制；HAc 和 NaOH 按 3∶1 的体积比配制。因为在此缓冲溶液的组成中，共轭酸的浓度更大，所以对碱的抵抗能力更强。

(2) 软硬酸碱规则指出：软亲软，硬亲硬；软硬结合不稳定。Pt(Ⅳ)为软酸，而 S 软性较大，N 则硬性较大，根据软硬酸碱规则，可以判断两配合物的稳定性大小关系为：$[Pt(NCS)_4]<[Pt(SCN)_4]$。

5. 计算题(每小题 8 分，共 40 分)

(1) 乳酸钠的 $K_b^{\ominus}=K_w^{\ominus}/K_a^{\ominus}=1.0\times10^{-14}/1.4\times10^{-4}=7.1\times10^{-11}$，$K_b^{\ominus}c=7.1\times10^{-11}\times0.100>20K_w^{\ominus}$，$c/K_b^{\ominus}=0.100/7.1\times10^{-11}>500$，则

$$c(OH^-)=\sqrt{K_b^\ominus c}=\sqrt{7.1\times10^{-11}\times0.100}=2.7\times10^{-6}(mol\cdot L^{-1})$$

$$pOH=-\lg 2.7\times10^{-6}=5.57，pH=14.00-5.57=8.43$$

(2) ① $K_{a1}^\ominus=4.2\times10^{-7}$，$K_{a2}^\ominus=5.0\times10^{-11}$，$c/K_{a1}^\ominus=0.10/4.2\times10^{-7}>500$

$$c(HB^-)=c(H^+)=\sqrt{K_{a1}^\ominus c}=2.0\times10^{-4}\ (mol\cdot L^{-1})$$

$$c(B^{2-})\approx K_{a2}^\ominus=5.0\times10^{-11}\ (mol\cdot L^{-1})$$

② 向 1.0 L 该溶液中加入 0.050 mol NaOH 固体后，得到缓冲比为 1 的缓冲溶液，$pH=pK_{a1}^\ominus=6.38$。

(3) ① 氨水的 $K_b^\ominus=1.8\times10^{-5}$，$c/K_b^\ominus=0.10/1.8\times10^{-5}>500$，则

$$c(OH^-)=\sqrt{K_b^\ominus c}=\sqrt{1.8\times10^{-5}\times0.10}=1.3\times10^{-3}(mol\cdot L^{-1})$$

$$pH=14.00+\lg1.3\times10^{-3}=11.12$$

② $n(NH_4Cl)=5.35/53.5=0.10\ (mol)$

$$c(NH_4^+)=0.10\ (mol\cdot L^{-1})$$

$$pH=pK_a^\ominus+\lg\frac{c(NH_3)}{c(NH_4^+)}=14-\lg1.8\times10^{-5}+\lg\frac{0.10}{0.10}=9.25$$

(4) 设需加 HCl 的体积为 x mL，则

$$n(B^-)=n(Tris)-n(HCl)=0.050\times100-0.050x=0.050(100-x)\ mmol$$

$$n(HB)=n(Tris\cdot HCl)+n(HCl)=0.050\times100+0.050x=0.050(100+x)\ mmol$$

$$7.40=7.85+\lg\frac{0.050(100-x)}{0.050(100+x)}$$

$$x=48$$

(5) ① $$K^\ominus=\frac{c([Fe(CN)_6]^{3-})c(F^-)^6}{c([FeF_6]^{3-})c(CN^-)^6}=\frac{K_f^\ominus([Fe(CN)_6]^{3-})}{K_f^\ominus([FeF_6]^{3-})}=\frac{1.0\times10^{42}}{2.0\times10^{14}}=5.0\times10^{27}$$

② 由于是三种溶液等体积混合，因此混合后各自浓度减为原来的 1/3：

$$c(F^-)=0.20\ mol\cdot L^{-1}$$

$$c(CN^-)=0.20\ mol\cdot L^{-1}$$

$$c(Fe^{3+})=0.010\ mol\cdot L^{-1}$$

$$c(Cl^-)=0.030\ mol\cdot L^{-1}$$

因为 Fe^{3+}浓度远小于配体浓度，且转化反应的平衡常数很大，所以金属离子的配位很完全，配离子的转化也很完全，可认为转化平衡时：

$$c([Fe(CN)_6]^{3-})=0.010\ mol\cdot L^{-1}$$

$$c(F^-)=0.20\ mol\cdot L^{-1}$$

$$c(Cl^-)=0.030\ mol\cdot L^{-1}$$

$$c(K^+)=0.20+0.20=0.40\ (mol\cdot L^{-1})$$

$$c(CN^-)=0.20-6\times0.010=0.14\ (mol\cdot L^{-1})$$

$$c([FeF_6]^{3-})=\frac{0.010\times0.20^6}{0.14^6\times5.0\times10^{27}}=1.7\times10^{-29}\ (mol\cdot L^{-1})$$

(中南大学　王曼娟)

第10章 沉淀溶解平衡

一、学习目标

(1) 概述溶度积与溶解度的区别与联系。

(2) 运用溶度积规则判断沉淀的生成和溶解。

(3) 描述分步沉淀与沉淀转化的原理，定量计算沉淀溶解反应的离子浓度。

(4) 概述沉淀溶解的几种主要方法，并阐述 pH 对难溶金属氢氧化物和金属硫化物沉淀溶解平衡的影响。

(5) 运用沉淀溶解平衡的知识解决工业生产中的重金属污染等问题，树立“学以致用”的观念。

二、重难点解析

本章的主要内容是难溶强电解质的沉淀溶解多相平衡，应分辨多相平衡与溶液中的均相平衡的联系和区别，理解溶度积规则。溶度积规则是沉淀溶解反应的反应商判据，是化学平衡原理在沉淀溶解平衡中的应用，分析影响沉淀溶解平衡的因素，抓住主要影响因素，依据溶度积规则讨论难溶强电解质水溶液的沉淀溶解反应。

(一) 溶度积

难溶电解质在溶液中达沉淀溶解平衡时，存在以下平衡：

$$A_mB_n(s) \rightleftharpoons mA^{n+}(aq) + nB^{m-}(aq)$$

$$K_{sp}^{\ominus} = c(A^{n+})^m\, c(B^{m-})^n$$

$K_{sp}^{\ominus}$ 又称为溶度积常数，简称溶度积。

$K_{sp}^{\ominus}$ 的大小反映了难溶电解质溶解能力的大小。对于同种类型的难溶电解质，$K_{sp}^{\ominus}$ 越大溶解度越大；不同类型的难溶电解质，则不能直接用 $K_{sp}^{\ominus}$ 的大小来比较其溶解能力的大小。

(二) 溶解度与溶度积之间的关系

对于反应：　$A_mB_n(s) \rightleftharpoons mA^{n+}(aq) + nB^{m-}(aq)$

平衡时 $c/(mol \cdot L^{-1})$　　mS　　nS

$$K_{sp}^{\ominus} = (mS)^m(nS)^n = m^m n^n S^{m+n}$$

$$S = \sqrt[m+n]{\frac{K_{sp}^{\ominus}}{m^m n^n}}$$

(三) 溶度积规则

沉淀溶解反应的反应商判据就是溶度积规则，即

$J > K_{sp}^{\ominus}$，过饱和溶液，沉淀从溶液中析出；

$J = K_{sp}^{\ominus}$，饱和溶液，处于平衡状态；

$J < K_{sp}^{\ominus}$，不饱和溶液，无沉淀析出，若原来有沉淀，则沉淀溶解。

利用溶度积规则可以判断沉淀溶解平衡的移动方向，讨论多种离子体系能否进行分离和转化等问题。

(四) 沉淀溶解平衡的移动

浓度是影响沉淀溶解平衡的最重要因素，通过改变溶液的 pH、发生氧化还原反应、生成配合物以及转化为另一种沉淀等方法，都可以改变离子的浓度，使沉淀溶解平衡发生移动。熟悉沉淀溶解平衡移动问题的关键是解决与沉淀反应有关的多重平衡问题。

同离子效应：向难溶电解质的饱和溶液中，加入含有相同离子的易溶强电解质，将使难溶电解质的溶解度降低，这种现象称为同离子效应。

盐效应：向难溶电解质的饱和溶液中，加入易溶强电解质而使难溶电解质的溶解度增大的现象称为盐效应。

一般，当难溶电解质的溶度积很小时，盐效应的影响很小，可忽略不计；但当难溶电解质的溶度积较大，溶液中各种离子的总浓度也较大时，就应该考虑盐效应的影响。

1. 酸碱平衡对沉淀溶解平衡的影响

难溶金属氢氧化物：利用金属氢氧化物在酸中的溶解度的差异，控制溶液的 pH，可以达到分离金属离子的目的。

在难溶金属氢氧化物 $M(OH)_n$ 的饱和溶液中，存在如下沉淀溶解平衡：

$$M(OH)_n(s) \rightleftharpoons M^{n+}(aq) + nOH^-(aq)$$

$$K_{sp}^{\ominus}[M(OH)_n] = c(M^{n+})\, c(OH^-)^n$$

金属氢氧化物 $M(OH)_n$ 的溶解度 S 等于溶液中金属离子的浓度 $c(M^{n+})$，即

$$S = c(M^{n+}) = \frac{K_{sp}^{\ominus}[M(OH)_n]}{c(OH^-)^n}$$

或

$$S = c(M^{n+}) = \frac{K_{sp}^{\ominus}[M(OH)_n]}{(K_w^{\ominus})^n} c(H^+)^n$$

利用上式可以计算氢氧化物开始沉淀和沉淀完全时溶液的 $c(OH^-)$，从而求出相应条件

的 pH。开始沉淀时：

$$c_{始}(OH^-) \geqslant \sqrt[n]{\frac{K_{sp}^{\ominus}[M(OH)_n]}{c_0(M^{n+})}}$$

式中，$c_0(M^{n+})$ 为溶液中 M^{n+} 的起始浓度。

沉淀完全时：

$$c_{终}(OH^-) \geqslant \sqrt[n]{\frac{K_{sp}^{\ominus}[M(OH)_n]}{1.0\times10^{-5}}}$$

可见，根据不同离子形成氢氧化物沉淀和沉淀完全时溶液的 pH 的差异，可能实现不同离子的分离。

难溶金属硫化物：在实际应用中，也常利用硫化物溶度积的差异来分离某些金属离子。

因为金属硫化物的分离通常在酸性溶液中进行，所以难溶金属硫化物在酸中的沉淀溶解平衡更有实际意义：

$$MS(s) + 2H_3O^+(aq) \rightleftharpoons M^{2+}(aq) + H_2S(aq) + 2H_2O(l)$$

$$K_{spa}^{\ominus} = \frac{c(M^{2+})c(H_2S)}{c(H_3O^+)}$$

或

$$K_{spa}^{\ominus} = \frac{K_{sp}^{\ominus}(MS)}{K_{a1}^{\ominus}(H_2S)K_{a2}^{\ominus}(H_2S)}$$

式中，$K_{spa}^{\ominus}$ 为难溶金属硫化物在酸中的溶度积常数。

设溶液中 M^{2+} 的初始浓度为 $c(M^{2+})$，通入 H_2S 气体达饱和时，$c(H_2S) = 0.10\ mol \cdot L^{-1}$，则产生 MS 沉淀的最高 H_3O^+ 浓度 $c(H_3O^+)$ 可由上式推得。

$$c(H_3O^+) = \sqrt{\frac{c(M^{2+})c(H_2S)K_{a1}^{\ominus}(H_2S)K_{a2}^{\ominus}(H_2S)}{K_{sp}^{\ominus}(MS)}} \quad 或 \quad c(H_3O^+) = \sqrt{\frac{c(M^{2+})c(H_2S)}{K_{spa}^{\ominus}(MS)}}$$

2. 配位平衡对沉淀溶解平衡的影响

有的难溶化合物能与相同的阴离子发生加合反应形成可溶的配合物，例如：

$$AgCl(s) + Cl^-(aq) \rightleftharpoons [AgCl_2]^-(aq)$$

$$HgI_2(s) + 2I^-(aq) \rightleftharpoons [HgI_4]^{2-}(aq)$$

有的难溶化合物能与其他阴离子(或分子)发生取代反应形成可溶的配合物，例如：

$$AgCl(s) + 2NH_3(aq) \rightleftharpoons [Ag(NH_3)_2]^+(aq) + Cl^-(aq)$$

$$CdS(s) + 2H^+(aq) + 4Cl^-(aq) \rightleftharpoons [CdCl_4]^{2-}(aq) + H_2S(aq)$$

一般来说，当难溶化合物的溶度积不是很小，且配合物的稳定常数比较大时，有利于配位溶解反应的发生。

3. 氧化还原平衡对沉淀溶解平衡的影响

某些难溶电解质在有氧化剂或还原剂存在的条件下，由于发生氧化还原反应，降低了溶液中其组分离子的浓度而溶解，例如：

$$3CuS(s) + 8H^+(aq) + 2NO_3^-(aq) \xlongequal{} 3Cu^{2+}(aq) + 3S(s) + 2NO(g) + 4H_2O(l)$$

$$3Ag_2S(s) + 8H^+(aq) + 2NO_3^-(aq) \xlongequal{} 6Ag^+(aq) + 3S(s) + 2NO(g) + 4H_2O(l)$$

(五) 分步沉淀与沉淀转化

溶液中含有几种离子，加入某沉淀剂均可生成沉淀，沉淀生成的先后顺序按离子积大于溶度积的先后顺序分步沉淀。一般，溶液中被沉淀的离子浓度小于 1.0×10^{-5} mol · L^{-1} 时，可认为已基本沉淀完全。

向难溶电解质溶液中加入其他沉淀剂时，溶解度较大的难溶电解质容易转化为溶解度较小的难溶电解质，例如：

$$CaSO_4(s) + CO_3^{2-}(aq) \rightleftharpoons CaCO_3(s) + SO_4^{2-}(aq)$$

当两种难溶电解质溶解度或溶度积相差不大，且有关离子浓度差别较大时，必须进行具体计算，才能确定转化反应进行的方向。

三、习题解析

10-1 下列叙述是否正确？请说明原因。

(1) 溶解度大的难溶电解质，其溶度积也一定大。

(2) 为了使某种离子沉淀得很完全，所加沉淀剂越多越好。

(3) 所谓沉淀完全，就是指溶液中这种离子的浓度为零。

(4) 对含有多种可被沉淀的离子的溶液来说，当逐滴慢慢加入沉淀剂时，一定是浓度大的离子首先被沉淀。

答 (1) 不对。只有同种类型的难溶电解质，溶度积越大，溶解度也越大；不同类型的难溶电解质，不能直接用溶度积的大小来比较其溶解度的大小。

(2) 不对。沉淀剂加得太多时，在产生同离子效应的同时，会有盐效应。同离子效应使溶解度降低，而盐效应则使溶解度增大。

(3) 不对。溶液中被沉淀的离子浓度小于 1.0×10^{-5} mol · L^{-1} 时，可认为已沉淀完全。

(4) 不对。对含有多种可被沉淀的离子的溶液来说，沉淀生成的先后顺序是按离子积达到或超过溶度积 $K_{sp}^{\ominus}$ 的先后顺序分步沉淀。

10-2 已知 25℃时，PbI_2 的 $K_{sp}^{\ominus} = 9.8\times10^{-9}$，计算：

(1) PbI_2 在水中的溶解度(mol · L^{-1})。

(2) PbI_2 饱和溶液中的 $c(Pb^{2+})$和 $c(I^-)$。

(3) PbI_2 在 0.10 mol · L^{-1} KI 溶液中的溶解度(mol · L^{-1})。

(4) PbI_2 在 0.20 mol · L^{-1} $Pb(NO_3)_2$ 溶液中的溶解度(mol · L^{-1})。

解 (1) $PbI_2 \rightleftharpoons Pb^{2+} + 2I^-$

平衡时 $c/(mol \cdot L^{-1})$ $\quad S \quad 2S$

$$S \cdot (2S)^2 = K_{sp}^{\ominus} = 9.8 \times 10^{-9}$$

$$S = \sqrt[3]{\frac{9.8\times10^{-9}}{4}} = 1.3\times10^{-3}\ (mol\cdot L^{-1})$$

(2) $c(Pb^{2+}) = S = 1.3 \times 10^{-3}\ (mol \cdot L^{-1})$，$c(I^-) = 2S = 2.6 \times 10^{-3}\ (mol \cdot L^{-1})$

(3) $PbI_2 \rightleftharpoons Pb^{2+} + 2I^-$

$$S \cdot 0.10^2 = K_{sp}^{\ominus} = 9.8 \times 10^{-9}$$

$$S = \frac{9.8\times10^{-9}}{0.10^2} = 9.8\times10^{-7}\ (mol\cdot L^{-1})$$

(4) $PbI_2 \rightleftharpoons Pb^{2+} + 2I^-$

$$(2S)^2 \cdot 0.20 = K_{sp}^{\ominus} = 9.8 \times 10^{-9}$$

$$S = \sqrt{\frac{9.8\times10^{-9}}{4\times0.20}} = 1.1\times10^{-4}\ (mol\cdot L^{-1})$$

10-3 已知室温时下列各物质的溶解度(括号内数值)，试求它们的 $K_{sp}^{\ominus}$。

(1) AgBr ($7.3 \times 10^{-7}\ mol \cdot L^{-1}$)。

(2) $Mg(NH_4)PO_4$ ($6.3 \times 10^{-5}\ mol \cdot L^{-1}$)。

(3) $Pb(IO_3)_2$ ($4.5 \times 10^{-5}\ mol \cdot L^{-1}$)。

解 (1) $K_{sp}^{\ominus} = S^2 = (7.3\times10^{-7})^2 = 5.3\times10^{-13}$

(2) $K_{sp}^{\ominus} = S^3 = (6.3\times10^{-5})^3 = 2.5\times10^{-13}$

(3) $K_{sp}^{\ominus} = S\times(2S)^2 = 4\times(4.5\times10^{-5})^3 = 3.6\times10^{-13}$

10-4 在 $Pb(NO_3)_2$ 与 NaCl 的混合溶液中，$Pb(NO_3)_2$ 的浓度为 0.20 $mol \cdot L^{-1}$，在此混合溶液中：

(1) Cl^-的浓度为 $5.0 \times 10^{-4}\ mol \cdot L^{-1}$ 时，能否产生 $PbCl_2$ 沉淀?

(2) Cl^-的浓度为多大时，开始生成 $PbCl_2$ 沉淀?

(3) 当 Cl^-的浓度为 $6.0 \times 10^{-2}\ mol \cdot L^{-1}$ 时，溶液中 Pb^{2+}的浓度为多少?

解 (1) $J = c(Pb^{2+})c(Cl^-)^2 = 0.20 \times (5.0 \times 10^{-4})^2 = 5.0 \times 10^{-8} < K_{sp}^{\ominus}(PbCl_2) = 1.7 \times 10^{-5}$

所以无 $PbCl_2$ 沉淀产生。

(2) 生成 $PbCl_2$ 沉淀的条件是 $J \geqslant K_{sp}^{\ominus}(PbCl_2)$，则当 $c(Cl^-) \geqslant \sqrt{\frac{K_{sp}^{\ominus}(PbCl_2)}{c(Pb^{2+})}} = \sqrt{\frac{1.7\times10^{-5}}{0.20}} = 9.2\times10^{-3}\ (mol\cdot L^{-1})$ 时，开始生成 $PbCl_2$ 沉淀。

(3) Cl^-浓度为 $6.0\times10^{-2}\ mol \cdot L^{-1}$ 时，溶液中

$$c(Pb^{2+})=\frac{K_{sp}^{\ominus}(PbCl_2)}{c(Cl^-)^2}=\frac{1.7\times10^{-5}}{(6.0\times10^{-2})^2}=4.7\times10^{-3}\ (mol\cdot L^{-1})$$

10-5 0.30 $mol\cdot L^{-1}$ HCl 溶液中含有一定数量的 Cd^{2+}，当不断通入 H_2S 气体并达到饱和[$c(H_2S)=0.10\ mol\cdot L^{-1}$]时，$Cd^{2+}$能否沉淀完全？

解 查表知 $K_{sp}^{\ominus}(CdS)=8.0\times10^{-27}$，$K_{a1}^{\ominus}(H_2S)=1.1\times10^{-7}$，$K_{a2}^{\ominus}(H_2S)=1.3\times10^{-13}$

在溶液中存在如下平衡：

$$Cd^{2+}+H_2S \rightleftharpoons CdS+2H^+$$

标准平衡常数：

$$K^{\ominus}=\frac{c(H^+)^2}{c(Cd^{2+})c(H_2S)}=\frac{K_{a1}^{\ominus}(H_2S)K_{a2}^{\ominus}(H_2S)}{K_{sp}^{\ominus}(CdS)}=\frac{1.4\times10^{-20}}{8.0\times10^{-27}}=1.8\times10^{6}$$

当体系中 H_2S 浓度达到饱和时：

$$c(Cd^{2+})=\frac{c(H^+)^2}{K^{\ominus}c(H_2S)}=\frac{0.30^2}{1.8\times10^6\times0.10}=5.0\times10^{-7}\ (mol\cdot L^{-1})$$

可见此时 Cd^{2+}已完全沉淀。

10-6 某溶液中含有 Fe^{3+}和 Zn^{2+}，浓度均为 0.050 $mol\cdot L^{-1}$，若欲将两者分离，应如何控制溶液的 pH?

解 查表知 $K_{sp}^{\ominus}[Zn(OH)_2]=3.2\times10^{-17}$，$K_{sp}^{\ominus}[Fe(OH)_3]=2.8\times10^{-39}$，当 Zn^{2+}浓度为 0.050 $mol\cdot L^{-1}$ 时，计算开始沉淀时的 pH：

$$c(OH^-)=\sqrt{\frac{K_{sp}^{\ominus}[Zn(OH)_2]}{c(Zn^{2+})}}=\sqrt{\frac{3.2\times10^{-17}}{0.050}}=2.5\times10^{-8}\ \ (mol\cdot L^{-1})$$

$$pH=6.40$$

Fe^{3+}沉淀完全时，$c(Fe^{3+})\leqslant1.0\times10^{-5}\ mol\cdot L^{-1}$，则

$$c(OH^-)=\sqrt[3]{\frac{K_{sp}^{\ominus}[Fe(OH)_3]}{c(Fe^{3+})}}=6.5\times10^{-12}\ (mol\cdot L^{-1})$$

$$pH=2.81$$

所以要分离此溶液中的 Fe^{3+}和 Zn^{2+}，应控制 pH 在 2.81～6.40。

10-7 向 500 mL 0.20 $mol\cdot L^{-1}$ $MgCl_2$ 溶液中，加入 500 mL 0.020 $mol\cdot L^{-1}$ $NH_3\cdot H_2O$，是否有 $Mg(OH)_2$ 沉淀产生？若再加入 0.10 mol NH_4Cl 固体，有无变化？

解 等体积混合，若不考虑混合引起的体积变化，各物种浓度减半：

$$c(Mg^{2+})=0.10\ mol\cdot L^{-1},\ c(NH_3\cdot H_2O)=0.010\ mol\cdot L^{-1}$$

溶液中的 OH^-主要由 $NH_3\cdot H_2O$ 解离产生，设达到平衡时 OH^-的浓度为 x，则

	$NH_3\cdot H_2O$	$\rightleftharpoons$	NH_4^+	+	OH^-
平衡时 $c/(mol\cdot L^{-1})$	$0.010-x$		x		x

$$\frac{x^2}{0.010-x}=K_b^{\ominus}(NH_3)=1.8\times10^{-5}$$

$$c(OH^-)=x=\sqrt{1.8\times10^{-5}\times0.010}=4.2\times10^{-4}\ (mol\cdot L^{-1})$$

查表知 $K_{sp}^{\ominus}[Mg(OH)_2] = 5.6 \times 10^{-12}$

$$J = c(OH^-)c(OH^-)^2 = 0.10 \times 1.8 \times 10^{-7} = 1.8 \times 10^{-8} > K_{sp}^{\ominus}[Mg(OH)_2]$$

所以有 $Mg(OH)_2$ 沉淀产生。

加入 NH_4Cl 后，设达到平衡时溶液中 OH^-的浓度为 y，则

$$NH_3\cdot H_2O \rightleftharpoons NH_4^+ + OH^-$$

平衡时 $c/(mol\cdot L^{-1})$　$0.010-y$　　$0.10+y$　　y

$$\frac{y(0.10+y)}{0.010-y}=K_b^{\ominus}(NH_3)=1.8\times10^{-5}$$

$$c(OH^-) = y = 1.8 \times 10^{-6}\ mol\cdot L^{-1}$$

$$J = c(OH^-)c(OH^-)^2 = 0.10 \times (1.8 \times 10^{-6})^2 = 3.2 \times 10^{-13} < K_{sp}^{\ominus}[Mg(OH)_2]$$

所以此时 $Mg(OH)_2$ 沉淀会溶解。

10-8 将 0.010 mol CuS 溶于 1.0 L 盐酸中，计算所需的盐酸的最低浓度。从计算结果说明盐酸能否溶解 CuS。

解 查表知 $K_{sp}^{\ominus}(CuS) = 6.3 \times 10^{-36}$，$K_{a1}^{\ominus}(H_2S) = 1.1 \times 10^{-7}$，$K_{a2}^{\ominus}(H_2S) = 1.3 \times 10^{-13}$

在溶液中存在如下平衡：

$$CuS + 2H^+ \rightleftharpoons Cu^{2+} + H_2S$$

$$K^{\ominus}=\frac{c(Cu^{2+})c(H_2S)}{c(H^+)^2}=\frac{K_{sp}^{\ominus}(CuS)}{K_{a1}^{\ominus}(H_2S)K_{a2}^{\ominus}(H_2S)}=\frac{6.3\times10^{-36}}{1.1\times10^{-7}\times1.3\times10^{-13}}=4.4\times10^{-16}$$

$$c(H^+)=\sqrt{\frac{c(Cu^{2+})c(H_2S)}{K^{\ominus}}}=\sqrt{\frac{0.010\times0.010}{4.4\times10^{-16}}}=4.8\times10^{5}\ (mol\cdot L^{-1})$$

所需 HCl 浓度如此大，所以 HCl 不能溶解 CuS。

10-9 分别计算下列各反应的标准平衡常数，并判断反应进行的方向(设各反应离子的浓度均为 $0.10\ mol\cdot L^{-1}$)。

(1) $PbS(s) + 2HAc \rightleftharpoons Pb^{2+} + H_2S + 2Ac^-$

(2) $Mg(OH)_2(s) + 2NH_4^+ \rightleftharpoons Mg^{2+} + 2NH_3\cdot H_2O$

(3) $Cu^{2+} + H_2S \rightleftharpoons CuS(s) + 2H^+$

(4) $PbCO_3(s) + S^{2-} \rightleftharpoons PbS(s) + CO_3^{2-}$

(5) $AgBr(s) + Cl^- \rightleftharpoons AgCl(s) + Br^-$

解 (1) $K^{\ominus}=\dfrac{c(\mathrm{Ac^-})^2c(\mathrm{H_2S})c(\mathrm{Pb^{2+}})}{c(\mathrm{HAc})^2}=\dfrac{K_{sp}^{\ominus}(\mathrm{PbS})K_a^{\ominus}(\mathrm{HAc})^2}{K_{a1}^{\ominus}(\mathrm{H_2S})K_{a2}^{\ominus}(\mathrm{H_2S})}=1.8\times10^{-17}$

$$J=\frac{c(\mathrm{Ac^-})^2c(\mathrm{H_2S})c(\mathrm{Pb^{2+}})}{c(\mathrm{HAc})^2}=\frac{0.010^2\times0.010\times0.010}{0.010^2}=1.0\times10^{-4}$$

$J>K^{\ominus}$，反应逆向自发。

(2)
$$K^{\ominus}=\frac{c(\mathrm{NH_3})^2c(\mathrm{Mg^{2+}})}{c(\mathrm{NH_4^+})^2}=\frac{K_{sp}^{\ominus}[\mathrm{Mg(OH)_2}]}{[K_b^{\ominus}(\mathrm{NH_3})]^2}=1.7\times10^{-2}$$

$$J=\frac{c(\mathrm{NH_3})^2c(\mathrm{Mg^{2+}})}{c(\mathrm{NH_4^+})^2}=\frac{0.10^2\times0.10}{0.10^2}=0.10$$

$J>K^{\ominus}$，反应逆向自发。

(3)
$$K^{\ominus}=\frac{c(\mathrm{H^+})^2}{c(\mathrm{Cu^{2+}})c(\mathrm{H_2S})}=\frac{K_{a1}^{\ominus}(\mathrm{H_2S})K_{a2}^{\ominus}(\mathrm{H_2S})}{K_{sp}^{\ominus}(\mathrm{CuS})}=2.3\times10^{15}$$

$$J=\frac{c(\mathrm{H^+})^2}{c(\mathrm{Cu^{2+}})c(\mathrm{H_2S})}=\frac{0.10^2}{0.10\times0.10}=1.0$$

$J<K^{\ominus}$，反应正向自发。

(4)
$$K^{\ominus}=\frac{c(\mathrm{CO_3^{2-}})}{c(\mathrm{S^{2-}})}=\frac{K_{sp}^{\ominus}(\mathrm{PbCO_3})}{K_{sp}^{\ominus}(\mathrm{PbS})}=\frac{7.4\times10^{-14}}{8.0\times10^{-28}}=9.2\times10^{13}$$

$$J=\frac{c(\mathrm{CO_3^{2-}})}{c(\mathrm{S^{2-}})}=\frac{0.10}{0.10}=1.0$$

$J<K^{\ominus}$，反应正向自发。

(5)
$$K^{\ominus}=\frac{c(\mathrm{Br^-})}{c(\mathrm{Cl^-})}=\frac{K_{sp}^{\ominus}(\mathrm{AgBr})}{K_{sp}^{\ominus}(\mathrm{AgCl})}=\frac{5.4\times10^{-13}}{1.8\times10^{-10}}=3.0\times10^{-3}$$

$$J=\frac{c(\mathrm{Br^-})}{c(\mathrm{Cl^-})}=\frac{0.10}{0.10}=1.0$$

$J>K^{\ominus}$，反应逆向自发。

10-10 向 0.10 $\mathrm{mol\cdot L^{-1}}$ $\mathrm{K[Ag(CN)_2]}$溶液中，加入固体 KCN，使 $\mathrm{CN^-}$的浓度为 0.10 $\mathrm{mol\cdot L^{-1}}$，然后再分别加入：

(1) KI 固体，使 $\mathrm{I^-}$的浓度为 0.10 $\mathrm{mol\cdot L^{-1}}$。

(2) $\mathrm{Na_2S}$ 固体，使 $\mathrm{S^{2-}}$的浓度为 0.10 $\mathrm{mol\cdot L^{-1}}$。

计算体系的 J 值并判断是否能产生沉淀(忽略体积变化)。

解 查表知 $K_f^{\ominus}([\mathrm{Ag(CN)_2}]^-)=1.3\times10^{21}$，$K_{sp}^{\ominus}(\mathrm{AgI})=8.5\times10^{-17}$，$K_{sp}^{\ominus}(\mathrm{Ag_2S})=6.3\times10^{-50}$。

(1) 计算 $c(\mathrm{Ag^+})$：设平衡时 $\mathrm{Ag^+}$的浓度为 x，则

$$[\mathrm{Ag(CN)_2}]^- \rightleftharpoons \mathrm{Ag^+} + 2\mathrm{CN^-}$$

平衡浓度/($\mathrm{mol\cdot L^{-1}}$)　　$0.10-x$　　　x　　$0.10+2x$

$$K_f^{\ominus}([Ag(CN)_2]^-)=\frac{c([Ag(CN)_2]^-)}{c(Ag^+)c(CN^-)^2}=\frac{0.10-x}{x(0.10+2x)^2}=1.3\times10^{21}$$

因 $K_f^{\ominus}([Ag(CN)_2]^-)$值很大，所以 $0.10-x\approx0.10$，$0.10+2x\approx0.10$，解得

$$c(Ag^+)=x=7.7\times10^{-21}\ (mol\cdot L^{-1})$$

计算 $c(I^-)$：加入 KI 固体，忽略体积变化，$c(I^-)=0.10\ mol\cdot L^{-1}$。

计算 J：$J=c(Ag^+)c(I^-)=7.7\times10^{-21}\times0.10=7.7\times10^{-22}$。

$J<K_{sp}^{\ominus}(AgI)$，因此不能产生 AgI 沉淀。

(2) 计算 $c(Ag^+)$：方法和结果同上，即 $c(Ag^+)=7.7\times10^{-21}\ mol\cdot L^{-1}$。

计算 $c(S^{2-})$：加入 Na_2S 固体，忽略体积变化，$c(S^{2-})=0.10\ mol\cdot L^{-1}$。

计算 J：$J=c(Ag^+)^2c(S^{2-})=(7.7\times10^{-21})^2\times0.10=5.9\times10^{-42}$。

$J>K_{sp}^{\ominus}(Ag_2S)$，所以会产生 Ag_2S 沉淀。

10-11　向 1.0 L 0.10 $mol\cdot L^{-1}$ $[Ag(NH_3)_2]^+$溶液中，加入 0.20 mol KCN 晶体(忽略加入固体引起的溶液体积变化)，求溶液中$[Ag(NH_3)_2]^+$、$[Ag(CN)_2]^-$、NH_3 及 CN^- 的浓度。

解　查表知 $K_f^{\ominus}([Ag(CN)_2]^-)=1.3\times10^{21}$，$K_f^{\ominus}([Ag(NH_3)_2]^+)=1.1\times10^{7}$。由$[Ag(NH_3)_2]^+$转化为$[Ag(CN)_2]^-$反应为

$$[Ag(NH_3)_2]^+ + 2CN^- \rightleftharpoons [Ag(CN)_2]^- + 2NH_3$$

该反应的平衡常数与$[Ag(NH_3)_2]^+$和$[Ag(CN)_2]^-$的稳定常数有关，根据同时平衡原则

$$K^{\ominus}=\frac{K_f^{\ominus}([Ag(CN)_2]^-)}{K_f^{\ominus}([Ag(NH_3)_2]^+)}=\frac{1.3\times10^{21}}{1.1\times10^{7}}=1.2\times10^{14}$$

$K^{\ominus}$值很大，表明转化相当完全。设 $[Ag(NH_3)_2]^+$全部转化为$[Ag(CN)_2]^-$后，平衡时溶液中$[Ag(NH_3)_2]^+$的浓度为 x，则

$$[Ag(NH_3)_2]^+ + 2CN^- \rightleftharpoons [Ag(CN)_2]^- + 2NH_3$$

平衡浓度/($mol\cdot L^{-1}$)　　x　　$2x$　　$0.10-x$　　$0.20-2x$

因 $K^{\ominus}$值很大，x 值很小，所以 $0.10-x\approx0.10$，$0.20-2x\approx0.20$，

$$K^{\ominus}=\frac{c([Ag(CN)_2]^-)c(NH_3)^2}{c([Ag(NH_3)_2]^+)c(CN^-)^2}=\frac{(0.10-x)(0.20-2x)^2}{x(2x)^2}=\frac{0.10\times0.20^2}{x(2x)^2}=1.2\times10^{14}$$

$$x=4.1\times10^{-6}$$

所以溶液中各物质的浓度为

$$c([Ag(NH_3)_2]^+)=x=4.1\times10^{-6}\ mol\cdot L^{-1}$$

$$c(CN^-)=2x=8.14\times10^{-6}\ mol\cdot L^{-1}$$

$$c([Ag(CN)_2]^-)=0.10-x=0.10\ mol\cdot L^{-1}$$

$$c(NH_3)=0.20-2x=0.20\ mol\cdot L^{-1}$$

计算结果表明：由于$[Ag(CN)_2]^-$稳定性远大于$[Ag(NH_3)_2^+]$，加入足量的 CN^-时，$[Ag(NH_3)_2]^+$ 几乎全部转化为$[Ag(CN)_2]^-$。

10-12　将 0.10 $mol\cdot L^{-1}$ $AgNO_3$ 与 0.10 $mol\cdot L^{-1}$ KCl 溶液以等体积混合，加入浓氨水(忽

略加入浓氨水引起的体积变化)使 AgCl 沉淀恰好溶解。试问：

(1) 混合溶液中游离的氨浓度是多少？

(2) 向混合溶液中加入固体 KBr，并使 KBr 浓度为 0.20 mol·L^{-1}，有无 AgBr 沉淀产生？

(3) 欲防止 AgBr 沉淀析出，氨水的浓度至少为多少？

解 查表知 $K_f^{\ominus}([Ag(NH_3)_2]^+) = 1.1 \times 10^7$，$K_{sp}^{\ominus}(AgCl) = 1.8 \times 10^{-10}$，$K_{sp}^{\ominus}(AgBr) = 5.4 \times 10^{-13}$。

(1) $AgNO_3$ 与 KCl 两种溶液等体积混合后，浓度为各自的一半。

$c(Ag^+) = c(Cl^-) = 0.050$ mol·L^{-1}，在 1 L 该溶液中产生 0.050 mol AgCl 沉淀。

根据题意，AgCl 沉淀恰好全部溶解形成$[Ag(NH_3)_2]^+$，$[Ag(NH_3)_2^+] = 0.050$ mol·L^{-1}，设$[Ag(NH_3)_2^+]$解离达到平衡时溶液中游离的 NH_3 浓度为 x，根据同时平衡规则：

$$AgCl + 2NH_3 \rightleftharpoons [Ag(NH_3)_2]^+ + Cl^-$$

平衡浓度/ (mol·L^{-1})　　x　　0.050　　0.050

$$K^{\ominus} = K_f^{\ominus}([Ag(NH_3)_2]^+)K_{sp}^{\ominus}(AgCl) = \frac{c([Ag(NH_3)_2]^+)c(Cl^-)}{c(NH_3)^2} = \frac{0.050 \times 0.050}{x^2} = 2.0 \times 10^{-3}$$

$$x = 1.1$$

即游离的氨浓度为 1.1 mol·L^{-1}。

(2) 设混合溶液中 Ag^+浓度为 y mol·L^{-1}。

$$Ag^+ + 2NH_3 \rightleftharpoons [Ag(NH_3)_2]^+$$

平衡浓度/ (mol·L^{-1})　y　$1.1 + 2y$　$0.050 - y$

因 $K_f^{\ominus}([Ag(NH_3)_2]^+)$很大，$y$ 很小，所以：$1.1 + 2y \approx 1.1$，$0.050 - y \approx 0.050$

$$K_f^{\ominus}([Ag(NH_3)_2]^+) = \frac{c([Ag(NH_3)_2]^+)}{c(Ag^+)c(NH_3)^2} = \frac{0.050 - y}{y(1.1 + 2y)^2} = \frac{0.050}{y \times 1.1^2} = 1.1 \times 10^7$$

$$y = 3.8 \times 10^{-9}$$

$$J = c(Ag^+)c(Br^-) = 3.8 \times 10^{-9} \times 0.2 = 7.6 \times 10^{-10}$$

因为 $J > K_{sp}^{\ominus}(AgBr)$，所以将会产生 AgBr 沉淀。

(3) 设欲防止 AgBr 沉淀，溶液中 NH_3 的浓度至少为 z mol · L^{-1}。

$$AgBr + 2NH_3 \rightleftharpoons [Ag(NH_3)_2]^+ + Br^-$$

平衡浓度/ (mol · L^{-1})　　z　　0.050　　0.20

$$K^{\ominus} = K_f^{\ominus}([Ag(NH_3)_2]^+)K_{sp}^{\ominus}(AgBr) = \frac{c([Ag(NH_3)_2]^+)c(Br^-)}{c(NH_3)^2} = \frac{0.050 \times 0.20}{z^2} = 5.9 \times 10^{-6}$$

$$z = 41$$

理论上氨水的浓度至少为 41 mol·L^{-1} 时，才能防止 AgBr 沉淀产生，但因市售氨水浓度最高仅为 17 mol·L^{-1}，所以加入氨水不能完全阻止 AgBr 沉淀的生成。

10-13 已知某溶液中含有 0.10 mol · L^{-1} Zn^{2+} 和 0.10 mol · L^{-1} Cd^{2+}，当向此溶液中通入 H_2S 达饱和时$[c(H_2S) = 0.10$ mol · L$^{-1}]$：

(1) 哪种离子先沉淀？

(2) 使 Zn^{2+}开始沉淀的 $c(H_3O^+)$为多少？

(3) 为了使 Cd^{2+}沉淀完全，溶液中 $c(H_3O^+)$应为多少？

解　查表知 $K_{sp}^{\ominus}(ZnS) = 2.5 \times 10^{-22}$，$K_{sp}^{\ominus}(CdS) = 8.0 \times 10^{-28}$。

(1) ZnS 与 CdS 属同一类型难溶电解质，因此 $K_{sp}^{\ominus}$ 较小的 CdS 先沉淀。

(2) $$c(H_3O^+)=\sqrt{\frac{c(Zn^{2+})c(H_2S)K_{a1}^{\ominus}K_{a2}^{\ominus}}{K_{sp}^{\ominus}(ZnS)}}$$

$$=\sqrt{\frac{0.100\times0.10\times1.1\times10^{-7}\times1.3\times10^{-13}}{2.5\times10^{-22}}}$$

$$=0.76\ (mol\cdot L^{-1})$$

(3) $$c(H_3O^+)=\sqrt{\frac{c(Cd^{2+})c(H_2S)K_{a1}^{\ominus}K_{a2}^{\ominus}}{K_{sp}^{\ominus}(CdS)}}$$

$$=\sqrt{\frac{1.0\times10^{-5}\times0.10\times1.1\times10^{-7}\times1.3\times10^{-13}}{8.0\times10^{-27}}}$$

$$=1.3\ (mol\cdot L^{-1})$$

10-14　若 $BaCO_3$沉淀中尚有 0.015 mol $BaSO_4$，向 1 L 此沉淀的饱和溶液中应加入多少 Na_2CO_3，才能使 $BaSO_4$完全转变为 $BaCO_3$？

解　查表知 $K_{sp}^{\ominus}(BaSO_4) = 1.1 \times 10^{-10}$，$K_{sp}^{\ominus}(BaCO_3) = 2.6 \times 10^{-9}$。

在溶液中存在如下平衡，设达到转化平衡时，溶液中 CO_3^{2-} 的浓度为 x，则

	$BaSO_4$	+ CO_3^{2-}	══	$BaCO_3$	+ SO_4^{2-}
平衡时 $c/(mol\cdot L^{-1})$		x			0.015

$$K^{\ominus}=\frac{c(SO_4^{2-})}{c(CO_3^{2-})}=\frac{0.015}{x}=\frac{K_{sp}^{\ominus}(BaSO_4)}{K_{sp}^{\ominus}(BaCO_3)}=\frac{1.1\times10^{-10}}{2.6\times10^{-9}}=0.042$$

$$x = 0.357\ mol\cdot L^{-1}$$

溶解 0.015 mol $BaSO_4$ 要消耗 0.015 mol Na_2CO_3，因此加入 Na_2CO_3 的物质的量为 0.357 + 0.015 = 0.372 (mol)。

10-15　计算 CuCl 转化为 CuI 的反应的标准平衡常数。在 1 L 溶液中含有 0.050 mol KI，并与 0.10 mol CuCl 共存，当转化达到平衡时，计算溶液中 Cu^+、Cl^-、I^- 的浓度各为多少？

答　查表知 $K_{sp}^{\ominus}(CuCl) = 1.7 \times 10^{-7}$，$K_{sp}^{\ominus}(CuI) = 1.3 \times 10^{-12}$。

在溶液中存在如下平衡：

$$CuCl + I^- \rightleftharpoons CuI + Cl^-$$

$$K^{\ominus}=\frac{c(Cl^-)}{c(I^-)}=\frac{K_{sp}^{\ominus}(CuCl)}{K_{sp}^{\ominus}(CuI)}=\frac{1.7\times10^{-7}}{1.3\times10^{-12}}=1.3\times10^5$$

因为 $K^{\ominus}$较大，反应完全，CuCl 几乎全部转化为 CuI，设平衡时 I^-浓度为 x：

$$\begin{array}{lccc} & CuCl + I^- & \rightleftharpoons & CuI + Cl^- \\ \text{平衡时 } c/(mol \cdot L^{-1}) & x & & 0.050-x \approx 0.050 \end{array}$$

$$\frac{0.050}{x} = 1.3 \times 10^5$$

$$x = 3.8 \times 10^{-7}$$

则 $c(I^-) = 3.8 \times 10^{-7}\ mol \cdot L^{-1}$，$c(Cl^-) \approx 0.050\ mol \cdot L^{-1}$

$$c(Cu^+) = \frac{K_{sp}^{\ominus}(CuCl)}{c(Cl^-)} = \frac{1.7 \times 10^{-7}}{0.050} = 3.4 \times 10^{-6}\ (mol \cdot L^{-1})$$

10-16 某溶液中含有 Ag^+、Pb^{2+}、Ba^{2+}、Sr^{2+}，各种离子浓度均为 0.10 mol · L^{-1}。如果逐滴加入 K_2CrO_4 稀溶液(忽略溶液体积变化)，通过计算说明上述几种离子的铬酸盐开始沉淀的先后顺序。

解 查表知 $K_{sp}^{\ominus}(Ag_2CrO_4) = 1.1 \times 10^{-12}$，$K_{sp}^{\ominus}(BaCrO_4) = 1.2 \times 10^{-10}$，$K_{sp}^{\ominus}(PbCrO_4) = 2.8 \times 10^{-13}$，$K_{sp}^{\ominus}(SrCrO_4) = 2.2 \times 10^{-5}$。根据溶度积规则，开始沉淀时所需金属离子浓度分别为

$$c(CrO_4^{2-}) = \frac{K_{sp}^{\ominus}(Ag_2CrO_4)}{c(Ag^+)^2} = \frac{1.1 \times 10^{-12}}{0.10^2} = 1.1 \times 10^{-10}\ (mol \cdot L^{-1})$$

$$c(CrO_4^{2-}) = \frac{K_{sp}^{\ominus}(BaCrO_4)}{c(Ba^{2+})} = \frac{1.2 \times 10^{-10}}{0.10} = 1.2 \times 10^{-9}\ (mol \cdot L^{-1})$$

$$c(CrO_4^{2-}) = \frac{K_{sp}^{\ominus}(PbCrO_4)}{c(Pb^{2+})} = \frac{2.8 \times 10^{-13}}{0.10} = 2.8 \times 10^{-12}\ (mol \cdot L^{-1})$$

$$c(CrO_4^{2-}) = \frac{K_{sp}^{\ominus}(SrCrO_4)}{c(Sr^{2+})} = \frac{2.2 \times 10^{-5}}{0.10} = 2.2 \times 10^{-4}\ (mol \cdot L^{-1})$$

所以，先后沉淀的顺序是 Pb^{2+}、Ag^+、Ba^{2+}、Sr^{2+}。

四、水 平 测 试

1. 填空题(每空 1 分，共 20 分)

(1) $PbSO_4$ 的 $K_{sp}^{\ominus}$ 为 2.5×10^{-8}，在纯水中其溶解度为___________mol · L^{-1}；在浓度为 1.0×10^{-2} mol · L^{-1} 的 Na_2SO_4 溶液中达到饱和时其溶解度为___________mol · L^{-1}。

(2) 在难溶电解质 AgCl、$CaCO_3$、$Fe(OH)_3$、MgF_2、ZnS 中，溶解度不随溶液 pH 变化的是___________。

(3) 将 $MgCl_2$ 加入氨水中，将有白色沉淀产生，此变化的离子方程式为___________，再向体系中加入足量的 NH_4Cl 浓溶液，白色沉淀溶解，这是___________效应作用的结果。

(4) AgCl、AgBr、AgI 在 2.0 mol · L^{-1} $NH_3 \cdot H_2O$ 中的溶解度由大到小的顺序为___________。

(5) 向含有少量 AgI 固体的 AgI 饱和溶液中加少量 AgCl 固体，搅拌后，AgI 固体的量将________。

(6) 已知 $CaCO_3$、CaF_2 和 $Ca_3(PO_4)_2$ 的 $K_{sp}^{\ominus}$ 分别为 2.8×10^{-9}、5.3×10^{-9} 和 2.1×10^{-29}，则这三种难溶化合物的饱和溶液中，Ca^{2+}浓度由大到小的顺序是________ > ________ > ________。

(7) 已知 $K_{sp}^{\ominus}(Ag_2CrO_4) = 1.1 \times 10^{-12}$，$K_{sp}^{\ominus}(PbCrO_4) = 2.8 \times 10^{-13}$，$K_{sp}^{\ominus}(CaCrO_4) = 7.1 \times 10^{-4}$。向浓度均为 0.10 $mol \cdot L^{-1}$ 的 Ag^+、Pb^{2+}、Ca^{2+}的混合溶液中滴加 K_2CrO_4 稀溶液，则出现沉淀的先后顺序为________，________，________。

(8) *已知 $K_f^{\ominus}([Ag(CN)_2]^-) = 1.3 \times 10^{21}$，$K_{sp}^{\ominus}(Ag_2S) = 6.3 \times 10^{-50}$，则反应 $2[Ag(CN)_2]^-(aq) + S^{2-}(aq) \rightleftharpoons Ag_2S(s) + 4CN^-(aq)$的 $K^{\ominus}$值为________。

(9) *已知 $K_{sp}^{\ominus}(PbCrO_4) = 2.8 \times 10^{-13}$，$K_{sp}^{\ominus}(PbI_2) = 9.8 \times 10^{-9}$。若将 $PbCrO_4$ 沉淀转化为 PbI_2 沉淀，转化反应的离子方程式为________，反应的 $K^{\ominus}$ = ________。

(10) *向 $c(Ba^{2+}) = c(Pb^{2+}) = 0.010\ mol \cdot L^{-1}$ 的溶液中，逐滴加入 Na_2SO_4 溶液，先沉淀的离子是________，当第二种离子开始沉淀时，$c(SO_4^{2-})$为________ $mol \cdot L^{-1}$，$c(Ba^{2+})$为________ $mol \cdot L^{-1}$[$K_{sp}^{\ominus}(PbSO_4) = 2.5 \times 10^{-8}$，$K_{sp}^{\ominus}(BaSO_4) = 1.1 \times 10^{-10}$]。

(11) *已知 $K_f^{\ominus}([Ag(NH_3)_2]^+) = 1.1 \times 10^7$，$K_{sp}^{\ominus}(AgBr) = 5.4 \times 10^{-13}$，则 1.0 L 1.0 $mol \cdot L^{-1}$ 氨水中可溶解________mol AgBr 晶体。

2. 是非题(用"√"、"×"表示对、错并填入括号中，每小题 1 分，共 10 分)

(　　) (1) 向含有 $CaSO_4$ 固体饱和溶液中加水，$CaSO_4$ 沉淀将减少，而 Ca^{2+}浓度不变。

(　　) (2) 向混合离子溶液中加入一种沉淀剂，溶度积小的难溶电解质将先沉淀。

(　　) (3) 溶解度和溶度积都能反映难溶电解质溶解能力的大小，溶度积大者溶解度一定大。

(　　) (4) 根据同离子效应，加入沉淀剂越多，沉淀越完全。

(　　) (5) 当溶液中可能出现分步沉淀时，溶解度小的物质将先沉淀。

(　　) (6) $K_{sp}^{\ominus}(MgCO_3) = 6.8 \times 10^{-6}$，所有含固体 $MgCO_3$ 的溶液中，$c(Mg^{2+}) = c(CO_3^{2-})$。

(　　) (7) 沉淀的转化只能由溶解度大的沉淀转化为溶解度小的沉淀。

(　　) (8) $BaSO_4$ 在 0.10 $mol \cdot L^{-1}$ Na_2CO_3 溶液中的溶解度比在水中的大。

(　　) (9) 因为 $K_f^{\ominus}([Cu(NH_3)_4]^{2+}) > K_{sp}^{\ominus}(CuS)$，所以 CuS 可溶于氨水生成$[Cu(NH_3)_4]^{2+}$。

(　　) (10) *已知 $K_{sp}^{\ominus}(ZnCO_3) = 1.5 \times 10^{-10}$、$K_{sp}^{\ominus}[Zn(OH)_2] = 3.2 \times 10^{-17}$，则在 $Zn(OH)_2$ 饱和溶液中的 $c(Zn^{2+})$小于 $ZnCO_3$ 饱和溶液中的 $c(Zn^{2+})$。

3. 选择题[每小题 2 分，共 20 分，其中，第(6)、(7)小题为多选，其余为单选]

(1) 在 $Ca_3(PO_4)_2$ 饱和溶液中，$c(Ca^{2+}) = 2.2 \times 10^{-6}\ mol \cdot L^{-1}$，$c(PO_4^{3-}) = 1.4 \times 10^{-6}\ mol \cdot L^{-1}$，则 $Ca_3(PO_4)_2$ 的 $K_{sp}^{\ominus}$ 为(　　)。

A. 2.1×10^{-29}　　B. 3.2×10^{-12}　　C. 6.3×10^{-18}　　D. 5.1×10^{-27}

(2) 已知 $K_{sp}^{\ominus}(CaF_2) = 5.3 \times 10^{-9}$，在 1.0 L 0.25 $mol \cdot L^{-1}$ $Ca(NO_3)_2$ 溶液中能溶解 CaF_2 的质量为(　　)g。

A. 1.0×10^{-5}　B. 5.7×10^{-4}　C. 2.0×10^{-5}　D. 1.0×10^{-4}

(3) 欲分离 AgCl、AgBr、AgI 这三种难溶物，并使之变成溶液，需使用的试剂和加入的先后次序是(　　)。

A. NH_3，$Na_2S_2O_3$，KCN　B. KCN，NH_3，$Na_2S_2O_3$

C. $Na_2S_2O_3$，NH_3，KCN　D. KCN，$Na_2S_2O_3$，NH_3

(4) 在洗涤 $BaSO_4$ 沉淀时，最适宜选用的溶液是(　　)。

A. 纯水　B. 稀 Na_2SO_4　C. 稀 H_2SO_4　D. 稀 HCl

(5) *已知在 $CaCO_3$($K_{sp}^{\ominus} = 2.8 \times 10^{-9}$)与 $CaSO_4$($K_{sp}^{\ominus} = 4.9 \times 10^{-6}$)混合物的饱和溶液中，$c(SO_4^{2-}) = 8.4 \times 10^{-3}\ mol \cdot L^{-1}$，则 $CaCO_3$ 的溶解度为(　　) $mol \cdot L^{-1}$。

A. 7.0×10^{-6}　B. 4.8×10^{-6}　C. 8.4×10^{-4}　D. 3.5×10^{-5}

(6) *已知 $K_{sp}^{\ominus}(Ag_2SO_4) = 1.2 \times 10^{-5}$、$K_{sp}^{\ominus}(AgCl) = 1.8 \times 10^{-10}$、$K_{sp}^{\ominus}(BaSO_4) = 1.1 \times 10^{-10}$，将相同体积的 $0.0030\ mol \cdot L^{-1}$ $AgNO_3$、$3.0 \times 10^{-6}\ mol \cdot L^{-1}$ $BaCl_2$ 和 $0.0030\ mol \cdot L^{-1}$ Na_2SO_4 的溶液混合，将会出现(　　) 沉淀。

A. $BaSO_4$　B. AgCl　C. Ag_2SO_4　D.无

(7) *下列有关分步沉淀的叙述中正确的是(　　)。

A. 溶度积小的一定先沉淀　B. 所需沉淀试剂浓度小的先沉淀

C. 溶解度小的物质先沉淀　D. 离子积先达到溶度积的先沉淀

(8) *PbI_2 在下列溶液中溶解度最小的是(　　)。

A. $0.10\ mol \cdot L^{-1}$ NaCl　B. $0.10\ mol \cdot L^{-1}$ $Pb(NO_3)_2$

C. 纯水　D. $0.10\ mol \cdot L^{-1}$ KI

(9) *已知 $K_{sp}^{\ominus}[Mg(OH)_2] = 5.6 \times 10^{-12}$，向 $Mg(OH)_2$ 饱和溶液中加入 $MgCl_2$，使 Mg^{2+}浓度为 $0.010\ mol \cdot L^{-1}$，则该溶液的 pH 为(　　)。

A. 5.26　B. 8.75　C. 9.37　D. 4.37

(10) *在一定温度下，向含有 AgCl(s)的饱和 AgCl 溶液中加水，下列叙述正确的是(　　)。

A.溶解度增大，$K_{sp}^{\ominus}$ 不变　B.溶解度和 $K_{sp}^{\ominus}$ 均不变

C.溶解度不变，$K_{sp}^{\ominus}$ 增大　D.溶解度和 $K_{sp}^{\ominus}$ 均增大

4. 简答题(每小题 5 分，共 10 分)

(1) 向 $0.01\ mol \cdot L^{-1}$ $Pb(Ac)_2$ 溶液中加入等体积 $0.02\ mol \cdot L^{-1}$ KI 溶液，若向此混合溶液中再加入少量固体 $NaNO_3$ 并振荡，加入 $NaNO_3$ 前后各观察到什么现象？试结合反应式说明原因。

(2) *向草酸溶液中加入 $CaCl_2$ 溶液产生 CaC_2O_4 沉淀，当过滤出沉淀后，加氨水于滤液中，又有 CaC_2O_4 沉淀出现，试解释上述实验现象。

5. 计算题(每小题 8 分，共 40 分)

(1) 根据 AgI 的溶度积，计算：

① AgI 在纯水中的溶解度($g \cdot L^{-1}$)；

② 在 $0.0010\ mol \cdot L^{-1}$ KI 溶液中 AgI 的溶解度($g \cdot L^{-1}$)；

③ 在 $0.010\ mol \cdot L^{-1}$ $AgNO_3$ 溶液中 AgI 的溶解度($g \cdot L^{-1}$)。

(2) *将 1.0 mL 1.0 $mol \cdot L^{-1}$ $Cd(NO_3)_2$ 溶液加入 1.0 L 5.0 $mol \cdot L^{-1}$ 氨水中，将生成 $Cd(OH)_2$ 还是 $[Cd(NH_3)_4]^{2+}$？试通过计算说明。

(3) *某溶液中含有 Pb^{2+} 和 Zn^{2+}，两者浓度均为 0.10 $mol \cdot L^{-1}$；在室温下通入 $H_2S(g)$ 至饱和，并加 HCl 控制 S^{2-} 浓度。为了使 PbS 沉淀出来，而 Zn^{2+} 仍留在溶液中，则溶液中 H^+ 浓度最低应是多少？此时溶液中的 Pb^{2+} 是否被沉淀完全？

(4) *已知 $K_f^{\ominus}([Zn(CN)_4]^{2-}) = 5.0 \times 10^{16}$，$K_{a1}^{\ominus}(H_2S) = 1.1 \times 10^{-7}$，$K_{a2}^{\ominus}(H_2S) = 1.3 \times 10^{-13}$，$K_{sp}^{\ominus}(ZnS) = 2.5 \times 10^{-22}$。向 0.010 $mol \cdot L^{-1}$ $Zn(NO_3)_2$ 溶液中加入一定量 CN^- 后再通入 H_2S 至饱和，在 pH = 8.96 时，刚开始产生 ZnS 沉淀。计算 CN^- 的最低浓度为多少？

(5) *已知 $K_{sp}^{\ominus}[Al(OH)_3] = 1.3 \times 10^{-33}$，$K_f^{\ominus}([Al(OH)_4]^-) = 1.1 \times 10^{33}$。

试计算 0.10 $mol \cdot L^{-1}$ Al^{3+} 溶液中：

① Al^{3+} 开始沉淀的 pH 和沉淀完全时的 pH 范围；

② 上述沉淀完全溶解在 1 L 氢氧化钠溶液中，则该氢氧化钠溶液的初始浓度应为多少？

参考答案

1. 填空题(每空 1 分，共 20 分)

(1) 1.6×10^{-4}；2.5×10^{-6}。

(2) AgCl。

(3) $Mg^{2+} + 2NH_3 \cdot H_2O = Mg(OH)_2\downarrow + 2NH_4^+$；同离子。

(4) AgCl、AgBr、AgI。

(5) 增加。

(6) CaF_2；$CaCO_3$；$Ca_3(PO_4)_2$。

(7) $PbCrO_4$，Ag_2CrO_4，$CaCrO_4$。

(8) 9.4×10^6。

(9) $PbCrO_4 + 2I^- = PbI_2 + CrO_4^{2-}$；$2.9 \times 10^{-5}$。

(10) Ba^{2+}；2.5×10^{-6}；4.4×10^{-5}。

(11) 2.4×10^{-4}。

2. 是非题(用“√”、“×”表示对、错并填入括号中，每小题 1 分，共 10 分)

(1)(√) (2)(×) (3)(×) (4)(×) (5)(×) (6)(×) (7)(×) (8)(√) (9)(×) (10)(√)

3. 选择题[每小题 2 分，共 20 分，其中第(6)、(7)小题为多选，其余为单选]

(1)(A) (2)(B) (3)(A) (4)(C) (5)(B) (6)(AB) (7)(BD) (8)(D) (9)(C) (10)(B)

4. 简答题(每小题 5 分，共 10 分)

(1) 向 0.01 $mol \cdot L^{-1}$ $Pb(Ac)_2$ 溶液中加入等体积 0.02 $mol \cdot L^{-1}$ KI 溶液，有黄色 PbI_2 沉淀生成，反应式为 $Pb(Ac)_2 + 2KI = PbI_2\downarrow + 2KAc$；加入 $NaNO_3$ 后，黄色沉淀将溶解。$NaNO_3$ 解离产生的离子与 PbI_2 沉淀溶解平衡产生的离子不相同，将产生盐效应，使难溶电解质的溶解度略微增大。

(2) 草酸是一个二元弱酸，溶液中存在下列解离平衡：

$$H_2C_2O_4 \rightleftharpoons H^+ + HC_2O_4^- \qquad HC_2O_4^- \rightleftharpoons H^+ + C_2O_4^{2-}$$

加入 Ca^{2+} 溶液后，$c(Ca^{2+})c(C_2O_4^{2-}) > K_{sp}^{\ominus}$，因而析出 CaC_2O_4 沉淀。当过滤出沉淀后，溶液中 $c(Ca^{2+})c(C_2O_4^{2-}) = K_{sp}^{\ominus}$，溶液中仍然存在以下平衡：

$$H_2C_2O_4 \rightleftharpoons H^+ + HC_2O_4^- \qquad HC_2O_4^- \rightleftharpoons H^+ + C_2O_4^{2-}$$

加氨水于滤液中，由于 NH_3 中和了 H^+：$NH_3 + H^+ \rightleftharpoons NH_4^+$，促使上述平衡向右移动，体系中

$c(C_2O_4^{2-})$增大，于是又使 $c(Ca^{2+})c(C_2O_4^{2-}) > K_{sp}^{\ominus}$，再次析出 CaC_2O_4沉淀。

5. 计算题(每小题 8 分，共 40 分)

(1) $AgI(s) \rightleftharpoons Ag^+(aq) + I^-(aq)$

在纯水中：$c_{eq}/(mol \cdot L^{-1})$	S_1	S_1
在 KI 溶液中：$c_{eq}/(mol \cdot L^{-1})$	S_2	0.0010
在 $AgNO_3$溶液中：$c_{eq}/(mol \cdot L^{-1})$	0.010	$2S_3$

① $$S_1 = \sqrt{K_{sp}^{\ominus}(AgI)} = \sqrt{8.5\times10^{-17}} = 9.2\times10^{-9}(mol\cdot L^{-1}) = 2.2\times10^{-6}(g\cdot L^{-1})$$

② $$S_2 = \frac{K_{sp}^{\ominus}(AgI)}{c(I^-)} = \frac{8.5\times10^{-17}}{0.0010} = 8.5\times10^{-14}(mol\cdot L^{-1}) = 2.0\times10^{-11}(g\cdot L^{-1})$$

③ $$S_3 = \frac{K_{sp}^{\ominus}(AgI)}{c(Ag^+)} = \frac{8.5\times10^{-17}}{0.010} = 8.5\times10^{-15}(mol\cdot L^{-1}) = 2.0\times10^{-12}(g\cdot L^{-1})$$

(2) 查表：$K_{sp}^{\ominus}[Cd(OH)_2] = 7.2\times10^{-15}$，$K_f^{\ominus}([Cd(NH_3)_4]^{2+}) = 1.3\times10^7$。$K_f^{\ominus}$较大，且 NH_3过量，假设 Cd^{2+}首先全部反应生成$[Cd(NH_3)_4]^{2+}$，设达到平衡时溶液中 Cd^{2+}的浓度为 x，则

$$Cd^{2+} + 4NH_3 \rightleftharpoons [Cd(NH_3)_4]^{2+}$$

$c_{eq}/(mol \cdot L^{-1})$　　x　　$5.0 - 4x \approx 5.0$　　$0.0010 - x \approx 0.0010$

$$K_f^{\ominus} = \frac{c([Cd(NH_3)_4]^{2+})}{c(Cd^{2+})c(NH_3)^4} = \frac{0.0010}{5.0x}$$

$$x = 1.5\times10^{-11}\ (mol\cdot L^{-1})$$

溶液中的 OH^-主要由氨水解离产生，则

$$c(OH^-) = \sqrt{K_b^{\ominus}c(NH_3)} = \sqrt{1.8\times10^{-5}\times5.0} = 9.5\times10^{-4}\ (mol\cdot L^{-1})$$

$$J = c(Cd^{2+})c(OH^-)^2 = 1.5\times10^{-11}\times(9.5\times10^{-4})^2 = 1.4\times10^{-17} < K_{sp}^{\ominus}[Cd(OH)_2]$$

因此，无 $Cd(OH)_2$沉淀生成，Cd(Ⅱ)主要以$[Cd(NH_3)_4]^{2+}$形式存在。

(3) $ZnS(s) + 2H_3O^+(aq) \rightleftharpoons Zn^{2+}(aq) + H_2S(aq) + 2H_2O(l)$

$c_{eq}/(mol \cdot L^{-1})$　　$c(H_3O^+)$　　0.10　　0.10

Zn^{2+}不沉淀的最低 H^+浓度为

$$c(H_3O^+) = \sqrt{\frac{c(Zn^{2+})c(H_2S)K_{a1}^{\ominus}(H_2S)K_{a2}^{\ominus}(H_2S)}{K_{sp}^{\ominus}(ZnS)}} = \sqrt{\frac{0.10\times0.10\times1.1\times10^{-7}\times1.3\times10^{-13}}{2.5\times10^{-22}}} = 0.76\ (mol\cdot L^{-1})$$

此时，Pb^{2+}的浓度为

$$c(Pb^{2+}) = \frac{c(H_3O^+)^2K_{sp}^{\ominus}(PbS)}{c(H_2S)K_{a1}^{\ominus}(H_2S)K_{a2}^{\ominus}(H_2S)} = \frac{0.76^2\times2.8\times10^{-28}}{0.10\times1.1\times10^{-7}\times1.3\times10^{-13}} = 1.1\times10^{-7}\ (mol\cdot L^{-1})$$

因此，Pb^{2+}已沉淀完全。

(4) $pH = 8.96$，即 $c(H^+) = 1.1\times10^{-9}\ (mol\cdot L^{-1})$

$$c(S^{2-}) = \frac{K_{a1}^{\ominus}K_{a2}^{\ominus}c(H_2S)}{c(H^+)^2} = \frac{1.1\times10^{-7}\times1.3\times10^{-13}\times0.10}{(1.1\times10^{-9})^2} = 1.2\times10^{-3}\ (mol\cdot L^{-1})$$

$$c(Zn^{2+}) = \frac{K_{sp}^{\ominus}(ZnS)}{c(S^{2-})} = \frac{2.5\times10^{-22}}{1.2\times10^{-3}} = 2.1\times10^{-19}\ (mol\cdot L^{-1})$$

配合反应　$Zn^{2+} + 4CN^- \rightleftharpoons [Zn(CN)_4]^{2-}$

平衡浓度/($mol \cdot L^{-1}$)　2.1×10^{-19}　x　0.010

$$\frac{0.010}{2.1\times10^{-19}\cdot x^4} = 5.0 \times 10^{16}$$

解得　$x = 0.99\ (mol \cdot L^{-1})$

CN^-的最低浓度为 $0.99 + 4 \times 0.010 = 1.03\ (mol \cdot L^{-1})$。

(5) ①开始沉淀需要的 OH^-浓度：

$$c(OH^-) = \sqrt[3]{\frac{K_{sp}^{\ominus}[Al(OH)_3]}{c(Al^{3+})}} = \sqrt[3]{\frac{1.3\times10^{-33}}{0.10}} = 2.4 \times 10^{-11}\ (mol \cdot L^{-1})$$

$$pH = 14.00 - (-\lg 2.4 \times 10^{-11}) = 3.38$$

沉淀完全需要的 OH^-浓度：

$$c(OH^-) = \sqrt[3]{\frac{K_{sp}^{\ominus}[Al(OH)_3]}{1.0\times10^{-5}}} = \sqrt[3]{\frac{1.3\times10^{-33}}{1.0\times10^{-5}}} = 5.1 \times 10^{-10}\ (mol \cdot L^{-1})$$

$$pH = 14 - (-\lg 5.1 \times 10^{-10}) = 4.71$$

溶解反应　$Al(OH)_3 + OH^- \rightleftharpoons Al(OH)_4^-$

$$K^{\ominus} = K_f^{\ominus}([Al(OH)_4]^-) \times K_{sp}^{\ominus}[Al(OH)_3] = 1.1 \times 10^{33} \times 1.3 \times 10^{-33} = 1.4$$

当 $c([Al(OH)_4]^-) < 1.0 \times 10^{-5}\ (mol \cdot L^{-1})$可认为 $Al(OH)_3$ 尚未溶解，所以

$$\frac{c([Al(OH)_4]^-)}{c(OH^-)} = K^{\ominus}$$

$$c(OH^-) = \frac{c([Al(OH)_4]^-)}{K^{\ominus}} = \frac{1.0\times10^{-5}}{1.4} = 7.1 \times 10^{-6}\ (mol \cdot L^{-1})$$

$$pH = 14 - (-\lg 7.1 \times 10^{-6}) = 8.85$$

Al^{3+}沉淀完全的 pH 范围是 4.71～8.85。

②使 0.10 mol $Al(OH)_3$ 完全溶解在 1 L 氢氧化钠溶液中，即 $c([Al(OH)_4]^-) = 0.10\ mol \cdot L^{-1}$，则

$$c(OH^-)_{平衡} = \frac{c([Al(OH)_4]^-)}{K^{\ominus}} = \frac{0.10}{1.4} = 0.071\ (mol \cdot L^{-1})$$

$$c(OH^-)_{初始} = 0.071 + 0.10 = 0.171\ (mol \cdot L^{-1})$$

（中南大学　王曼娟）

第11章 电化学基础

一、学习目标

(1) 概述原电池的组成及原电池符号的表示方法。

(2) 利用能斯特方程计算电极电势，阐明影响电极电势大小的主要因素。

(3) 将电化学与氧化还原反应有机结合，运用电化学方法解决一些化学反应中的问题，如判断氧化剂或还原剂性质强弱、判断氧化还原反应的方向、计算某些特殊平衡常数等。

(4) 描述元素电势图的意义，运用元素电势图计算电极电势和判断歧化反应能否发生。

(5) 描述电解与电解池、法拉第(Faraday)电解定律及金属腐蚀与防护的主要方法。

二、重难点解析

本章以氧化还原反应和原电池的基本概念为出发点，围绕电极电势和电池电动势，讨论如何判断氧化还原反应的方向和限度，以及氧化还原反应的应用。

在学习本章时，注意与热力学相联系，理解能斯特方程的推导过程。在解题时，一般先按照给定条件设计原电池，判断正负极并写出电极反应，然后根据能斯特方程计算电极电势或者电动势，有时可以再进一步利用电动势求平衡常数、吉布斯自由能变等其他物理量。

(一) 氧化还原反应

1. 氧化数

氧化数是一个原子的表观电荷数，其数值取决于原子形成分子时，得失或偏移的电子数。可以方便地通过几条经验规则来确定氧化数。

氧化数和化合价既有联系又有区别。氧化数是人为规定的，可以是整数，也可以是分数。化合价是原子形成化学键的数目，只能是整数。

2. 氧化还原反应方程式的配平

化学反应中，反应前后元素原子的氧化数发生了变化的一类反应为氧化还原反应。

配平氧化还原反应常用的方法有氧化数法和离子-电子法。氧化数法比较简单，中学时多用此法。离子-电子法相对麻烦，但是更能反映水溶液中氧化还原反应的本质，在原电池中更为常用。

配平时应注意的问题如下。

(1) 反应过程中氧化剂获得的电子数必须等于还原剂失去的电子数。

(2) 反应前后各元素的原子总数相等。

(3) 反应前后离子所带的电荷总数相等。

(4) 根据反应条件确定反应物和生成物。反应条件主要是介质酸碱性和反应温度。如果半反应式两边的 H、O 原子数不相等，则按反应的酸碱条件，在酸性介质中添加 H^+或 H_2O，在碱性介质中添加 OH^-或 H_2O。

离子-电子法仅适用于水溶液中的氧化还原反应，不过大多数原电池反应是在水溶液中进行的，只要掌握半反应的配平，此法是很方便的。

(二) 原电池

使化学能转变为电能的装置，称为原电池。原电池由电极、电解质溶液、盐桥和导线组成。正极得到电子，发生还原反应；负极失去电子，发生氧化反应。

原电池可以用原电池符号表示，如铜锌电池的原电池符号为

$$(-)\mathrm{Zn(s)} \mid \mathrm{Zn^{2+}}(c_1) \parallel \mathrm{Cu^{2+}}(c_2) \mid \mathrm{Cu(s)}(+)$$

负极写在左边，正极写在右边；离子的浓度或者气体的分压要在括号内写明；“|”代表相界面；“||”代表盐桥。

(三) 电极电势

电极电势是电极和溶液之间的电势差。原电池能产生电流的原因就在于组成原电池的两个电极具有不同的电极电势。如果电极中各物质均处于标准状态，则此时的电极电势称为标准电极电势。

到目前为止，人们还不能从实验中测定或从理论上计算单一电极的电极电势，但能测得由两个电极所组成的原电池的电动势。目前采用的电极电势数据是以标准氢电极为参比电极，与待测电极组成原电池测量得到的。

(四) 能斯特方程

1. 电极电势的能斯特方程

任意电极反应：氧化型 + ze^- ══ 还原型。

其电极电势的计算通式(能斯特方程)为

$$E = E^{\ominus} - \frac{RT}{zF}\ln\frac{c(\text{还原型})}{c(\text{氧化型})}$$

当 $T = 298.15$ K，$R = 8.314\ \mathrm{J \cdot mol^{-1} \cdot K^{-1}}$，$F = 96485\ \mathrm{C \cdot mol^{-1}}$时，可得

$$E = E^{\ominus} - \frac{0.0592}{z}\lg\frac{c(\text{还原型})}{c(\text{氧化型})}$$

2. 电池反应的能斯特方程

若电池总反应写成一般式为

$$aA + bB \longrightarrow dD + hH$$

则该电池反应的能斯特方程为

$$E = E^{\ominus} - \frac{RT}{zF}\ln\frac{c(D)^{d}c(H)^{h}}{c(A)^{a}c(B)^{b}} = E^{\ominus} - \frac{RT}{zF}\ln J$$

当 $T = 298.15$ K，$R = 8.314\ \mathrm{J\cdot mol^{-1}\cdot K^{-1}}$，$F = 96485\ \mathrm{C\cdot mol^{-1}}$时，可得

$$E = E^{\ominus} - \frac{0.0592}{z}\lg\frac{c(D)^{d}c(H)^{h}}{c(A)^{a}c(B)^{b}} = E^{\ominus} - \frac{0.0592}{z}\lg J$$

标准电极电势 $E^{\ominus}$仅与电极的本性及温度有关，与参加电极反应各物质的浓度无关；而电极电势 E 除了与电极的本性、温度有关外，还与参加电极反应的各物质浓度有关。

(五) 电池电动势与氧化还原平衡

1. 原电池电动势和电池反应吉布斯自由能变的关系

根据吉布斯自由能的定义，在等温等压条件下，当体系发生变化时，体系吉布斯自由能的变化值等于对外所做的最大非体积功，用下式表示：

$$-\Delta_r G = -W'_{max}\text{，}\quad 即\ \Delta_r G = W'_{max}$$

如果非体积功只有电功一种，则上式又可写为

$$\Delta_r G = -nFE$$

标准状态下，电池按电池反应式进行到反应进度 $\xi = 1$ mol 时，上式可表示为

$$\Delta_r G_m^{\ominus} = -nE^{\ominus}F/\xi = -zFE^{\ominus}$$

2. 原电池电动势和标准平衡常数的关系

$K^{\ominus}$与 $\Delta_r G_m^{\ominus}$之间存在关系 $\Delta_r G_m^{\ominus} = -RT\ln K^{\ominus}$。由此可得

$$-zFE^{\ominus} = -RT\ln K^{\ominus}$$

$$E^{\ominus} = \frac{RT}{zF}\ln K^{\ominus}$$

当 $T = 298.15$ K 时：

$$E^{\ominus} = \frac{0.0592}{z}\lg K^{\ominus}$$

(六) 电动势与电极电势的应用

1. 判断氧化剂和还原剂的相对强弱

电极电势的高低可用来判断氧化剂和还原剂的相对强弱。电极电势值越高，电对的氧化态是越强的氧化剂；电极电势值越低，电对的还原态是越强的还原剂。

2. 判断氧化还原反应进行的方向

将反应设计成原电池，计算其电动势 E。$E>0$，反应正向自发；$E<0$，反应逆向自发。

3. 判断氧化还原反应进行的程度

氧化还原反应进行的程度可用其 $K^\ominus$ 来衡量。而 $K^\ominus$ 与 $E^\ominus$ 之间存在关系：$E^\ominus = \dfrac{RT}{zF}\ln K^\ominus$。

4. 测定和计算一些特殊平衡常数

通过设计电池测定电动势的方法，可以计算难溶电解质的溶度积常数、弱酸弱碱的解离常数、配合物的稳定常数等。

(七) 元素电势图

将同一元素的不同氧化态按照氧化数由高至低的顺序排列，在两种氧化态之间构成一个电对，用一条直线连接，并在上方标出这个电对所对应的标准电极电势，即为元素电势图，可用于计算相关电极的标准电极电势。若元素电势图如下：

$$\mathrm{A}\ \underset{z_1}{\overset{E_1^\ominus}{\text{———}}}\ \mathrm{B}\ \underset{z_2}{\overset{E_2^\ominus}{\text{———}}}\ \mathrm{C}\ \underset{z_3}{\overset{E_3^\ominus}{\text{———}}}\ \mathrm{D}$$

$$\underbrace{\mathrm{A}\ \cdots\cdots\cdots\cdots\ \mathrm{D}}_{E_x^\ominus,\ z_x}$$

理论上可导出下式：

$$E_x^\ominus = \frac{z_1E_1^\ominus + z_2E_2^\ominus + z_3E_3^\ominus}{z_1 + z_2 + z_3}$$

利用元素电势图还可判断歧化反应是否自发。当一种元素处于中间氧化态时，该中间氧化态的化合物可以在适当条件下，一部分被氧化，另一部分被还原，发生歧化反应。在下列元素电势图中，B 能否发生歧化反应的规律是：当 $E_{右}^\ominus > E_{左}^\ominus$ 时，B 可以发生歧化反应生成 A 和 C；反之，则发生归中反应。

$$\mathrm{A}\overset{E_{左}^\ominus}{\text{———}}\mathrm{B}\overset{E_{右}^\ominus}{\text{———}}\mathrm{C}$$

三、习题解析

11-1 写出下列电池中各电极上的反应和电池反应：

(1) (–)Pt(s) | H_2(g) | HCl(c) | Cl_2(g) | Pt(s)(+)

(2) (–)Pt(s) | H_2(g) | H^+(aq) ‖ Ag^+(aq) | Ag(s)(+)

(3) (–)Ag(s) | AgI(s) | I^-(aq) ‖ Cl^-(aq) | AgCl(s) | Ag(s)(+)

(4) (–)Pb(s) | $PbSO_4$(s) | SO_4^{2-}(aq) ‖ Cu^{2+}(aq) | Cu(s)(+)

(5) (–)Pt(s) | H_2(g) | NaOH(aq) | HgO(s) | Hg(l)(+)

(6) (–)Pt(s) | H_2(g) | H^+(aq) | Sb_2O_3(s) | Sb(s)(+)

(7) (–)Pt(s) | Fe^{3+}(aq), Fe^{2+}(aq) || Ag^+(aq) | Ag(s)(+)

(8) (–)Na(Hg)(l) | Na^+(aq) || OH^-(aq) | HgO(s) | Hg(l)(+)

答 (1) 正极反应：$Cl_2(g) + 2e^- \longrightarrow 2Cl^-(aq)$

负极反应：$H_2(g) \longrightarrow 2H^+(aq) + 2e^-$

电池反应：$Cl_2(g) + H_2(g) \longrightarrow 2HCl(aq)$

(2) 正极反应：$Ag^+(aq) + e^- \longrightarrow Ag(s)$

负极反应：$H_2(g) \longrightarrow 2H^+(aq) + 2e^-$

电池反应：$H_2(g) + 2Ag^+(aq) \longrightarrow 2Ag(s) + 2H^+(aq)$

(3) 正极反应：$AgCl(s) + e^- \longrightarrow Ag(s) + Cl^-(aq)$

负极反应：$Ag(s) + I^-(aq) \longrightarrow AgI(s) + e^-$

电池反应：$AgCl(s) + I^-(aq) \longrightarrow AgI(s) + Cl^-(aq)$

(4) 正极反应：$Cu^{2+}(aq) + 2e^- \longrightarrow Cu(s)$

负极反应：$Pb(s) + SO_4^{2-}(aq) \longrightarrow PbSO_4(s) + 2e^-$

电池反应：$Pb(s) + Cu^{2+}(aq) + SO_4^{2-}(aq) \longrightarrow PbSO_4(s) + Cu(s)$

(5) 正极反应：$HgO(s) + H_2O(l) + 2e^- \longrightarrow 2OH^-(aq) + Hg(l)$

负极反应：$H_2(g) + 2OH^-(aq) \longrightarrow H_2O(l) + 2e^-$

电池反应：$H_2(g) + HgO(s) \longrightarrow Hg(l) + H_2O(l)$

(6) 正极反应：$Sb_2O_3(s) + 6H^+(aq) + 6e^- \longrightarrow 2Sb(s) + 3H_2O(l)$

负极反应：$H_2(g) \longrightarrow 2H^+(aq) + 2e^-$

电池反应：$3H_2(g) + Sb_2O_3(s) \longrightarrow 2Sb(s) + 3H_2O(l)$

(7) 正极反应：$Ag^+(aq) + e^- \longrightarrow Ag(s)$

负极反应：$Fe^{2+}(aq) \longrightarrow Fe^{3+}(aq) + e^-$

电池反应：$Fe^{2+}(aq) + Ag^+(aq) \longrightarrow Fe^{3+}(aq) + Ag(s)$

(8) 正极反应：$HgO(s) + H_2O(l) + 2e^- \longrightarrow 2OH^-(aq) + Hg(l)$

负极反应：$2Na(Hg)(l) \longrightarrow 2Na^+(aq) + 2Hg(l) + 2e^-$

电池反应：$2Na(Hg)(l) + HgO(s) + H_2O(l) \longrightarrow 2Na^+(aq) + 3Hg(l) + 2OH^-(aq)$

11-2 将下列化学反应设计成电池，写出电池符号和电极反应。

(1) $AgCl(s) \longrightarrow Ag^+(aq) + Cl^-(aq)$

(2) $AgCl(s) + I^-(aq) \longrightarrow AgI(s) + Cl^-(aq)$

(3) $H_2(g) + HgO(s) \longrightarrow Hg(l) + H_2O(l)$

(4) $Cl_2(g) + 2I^-(aq) \longrightarrow I_2(s) + 2Cl^-(aq)$

(5) $Zn(s) + H_2SO_4(aq) \longrightarrow ZnSO_4(aq) + H_2(g)$

(6) $Pb(s) + 2AgCl(s) \longrightarrow PbCl_2(s) + 2Ag(s)$

(7) $Pb(s) + 2HCl(aq) \longrightarrow PbCl_2(s) + H_2(g)$

(8) $Fe^{2+}(aq) + Ag^+(aq) \longrightarrow Ag(s) + Fe^{3+}(aq)$

(9) $H_2(g) + I_2(s) \longrightarrow 2HI(aq)$

(10) $2Cu^+(aq) \longrightarrow Cu^{2+}(aq) + Cu(s)$

(11) $2H_2(g) + O_2(g) \longrightarrow 2H_2O(l)$

(12) $H^+(aq) + OH^-(aq) \longrightarrow H_2O(l)$

答　(1) 电池符号：$(-)Ag(s) \mid Ag^+(c_1) \parallel Cl^-(c_2) \mid AgCl(s) \mid Ag(s)\ (+)$

正极反应：$AgCl(s) + e^- \longrightarrow Ag(s) + Cl^-(aq)$

负极反应：$Ag(s) \longrightarrow Ag^+(aq) + e^-$

(2) 电池符号：$(-)Ag(s) \mid AgI(s) \mid I^-(c_1) \parallel Cl^-(c_2) \mid AgCl(s) \mid Ag(s)\ (+)$

正极反应：$AgCl(s) + e^- \longrightarrow Ag(s) + Cl^-(aq)$

负极反应：$Ag(s) + I^-(aq) \longrightarrow AgI(s) + e^-$

(3) 电池符号：$(-)Pt(s) \mid H_2(p) \mid H^+(c_1) \parallel OH^-(c_2) \mid HgO(s) \mid Hg(l)\ (+)$

正极反应：$HgO(s) + H_2O(l) + 2e^- \longrightarrow Hg(l) + 2OH^-(aq)$

负极反应：$H_2(g) \longrightarrow 2H^+(aq) + 2e^-$

(4) 电池符号：$(-)Pt(s) \mid I_2(s) \mid I^-(c_1) \parallel Cl^-(c_2) \mid Cl_2(p) \mid Pt(s)(+)$

正极反应：$Cl_2(g) + 2e^- \longrightarrow 2Cl^-(aq)$

负极反应：$2I^-(aq) \longrightarrow I_2(s) + 2e^-$

(5) 电池符号：$(-)Zn(s) \mid ZnSO_4(c_1) \parallel H_2SO_4(c_2) \mid H_2(p) \mid Pt(s)(+)$

正极反应：$H_2SO_4(aq) + 2e^- \longrightarrow H_2(g) + SO_4^{2-}(aq)$

负极反应：$Zn(s) + SO_4^{2-}(aq) \longrightarrow ZnSO_4(aq) + 2e^-$

(6) 电池符号：$(-)Pb(s) \mid PbCl_2(s) \mid Cl^-(c) \mid AgCl(s) \mid Ag(s)\ (+)$

正极反应：$AgCl(s) + e^- \longrightarrow Ag(s) + Cl^-(c)$

负极反应：$Pb(s) + 2Cl^-(aq) \longrightarrow PbCl_2(s) + 2e^-$

(7) 电池符号：$(-)Pb(s) \mid PbCl_2(s) \mid HCl(c) \mid H_2(p) \mid Pt(s)(+)$

正极反应：$2HCl(aq) + 2e^- \longrightarrow H_2(g) + 2Cl^-(aq)$

负极反应：$Pb(s) + 2Cl^-(aq) \longrightarrow PbCl_2(s) + 2e^-$

(8) 电池符号：$(-)Pt(s) \mid Fe^{2+}(c_1), Fe^{3+}(c_2) \parallel Ag^+(c_3) \mid Ag(s)\ (+)$

正极反应：$Ag^+(aq) + e^- \longrightarrow Ag(s)$

负极反应：$Fe^{2+}(aq) \longrightarrow Fe^{3+}(aq) + e^-$

(9) 电池符号：$(-)Pt(s) \mid H_2(p) \mid HI(c) \mid I_2(s) \mid Pt(s)(+)$

正极反应：$I_2(s) + 2H^+(aq) + 2e^- \longrightarrow 2HI(aq)$

负极反应：$H_2(g) + 2I^-(aq) \longrightarrow 2HI(aq) + 2e^-$

(10) 电池符号：$(-)Pt(s) \mid Cu^+(c_1), Cu^{2+}(c_2) \parallel Cu^+(c_3) \mid Cu(s)\ (+)$

正极反应：$Cu^+(aq) + e^- \longrightarrow Cu(s)$

负极反应：$Cu^+(aq) \longrightarrow Cu^{2+}(aq) + e^-$

(11) 电池符号：$(-)Pt(s) \mid H_2(p_1) \mid H^+(c) \mid O_2(p_2) \mid Pt(s)(+)$

正极反应：$4H^+(aq) + O_2(g) + 4e^- \longrightarrow 2H_2O(l)$

负极反应：$H_2(g) \longrightarrow 2H^+(aq) + 2e^-$

(12) 电池符号：$(-)\ Pt(s) \mid H_2(p_1) \mid OH^-(c_1) \parallel H^+(c_2) \mid H_2(p_2) \mid Pt(s)(+)$

正极反应：$2H^+(aq) + 2e^- \longrightarrow H_2(g)$

负极反应：$H_2(g) + 2OH^-(aq) \longrightarrow 2H_2O(l) + 2e^-$

11-3　写出下列电极反应或电池反应的能斯特方程式。

(1) $Cl_2 + 2e^- \longrightarrow 2Cl^-$

(2) $MnO_2 + 4H^+ + 2e^- \rightleftharpoons Mn^{2+} + 2H_2O$

(3) $O_2(g) + 4H^+ + 4e^- \rightleftharpoons 2H_2O$

(4) $2Fe^{3+} + 2I^- \rightleftharpoons 2Fe^{2+} + I_2$

(5) $2MnO_4^- + 10Cl^- + 16H^+ \rightleftharpoons 2Mn^{2+} + 5Cl_2 + 8H_2O$

答 (1) $E(Cl_2/Cl^-) = E^{\ominus}(Cl_2/Cl^-) + \dfrac{0.0592}{2}\lg\dfrac{p(Cl_2)/p^{\ominus}}{c(Cl^-)^2}$

(2) $E(MnO_2/Mn^{2+}) = E^{\ominus}(MnO_2/Mn^{2+}) + \dfrac{0.0592}{2}\lg\dfrac{c(H^+)^4}{c(Mn^{2+})}$

(3) $E(O_2/H_2O) = E^{\ominus}(O_2/H_2O) + \dfrac{0.0592}{4}\lg\dfrac{p(O_2)c(H^+)^4}{p^{\ominus}}$

(4) $E = E^{\ominus}(Fe^{3+}/Fe^{2+}) - E^{\ominus}(I_2/I^-) - \dfrac{0.0592}{2}\lg\dfrac{c(Fe^{2+})^2}{c(Fe^{3+})^2c(I^-)^2}$

(5) $E = E^{\ominus}(MnO_4^-/Mn^{2+}) - E^{\ominus}(Cl_2/Cl^-) - \dfrac{0.0592}{10}\lg\dfrac{c(Mn^{2+})^2[p(Cl_2)/p^{\ominus}]^5}{c(MnO_4^-)^2c(Cl^-)^{10}c(H^+)^{16}}$

11-4 下列说法是否正确？对错误的说法给予必要的解释。

(1) 元素在化合物中的氧化态越高，其氧化能力越强。

(2) 某物质的 E 值越高，说明它的氧化性越强，还原性越弱。

(3) 含氧酸根的氧化能力随 $c(H^+)$增大而增强。所以强氧化性的含氧酸根通常在碱性条件下制备，在酸性条件下使用。

(4) 凡是能组成原电池、能产生电动势的反应，因为有电子得失的关系，所以都是氧化还原反应。

(5) Zn 能还原 Cu^{2+}，所以 Zn 的还原能力比 Cu^{2+}强。

(6) 在氧化还原反应中，两电对的 E 值相差越大，反应进行得越快。

(7) 由于 $E^{\ominus}(Cu^+/Cu) = 0.521$ V，$E^{\ominus}(IO_3^-/I^-) = 1.085$ V，$E^{\ominus}(Ag^+/Ag) = 0.7996$ V，所以还原能力的排序为 Cu > Ag > I^-。

(8) 电极反应可以有多种写法，如：

$$2IO_3^- + 12H^+ + 10e^- \rightleftharpoons I_2 + 6H_2O$$

$$IO_3^- + 6H^+ + 5e^- \rightleftharpoons 1/2I_2 + 3H_2O$$

$$I_2 + 6H_2O \rightleftharpoons 2IO_3^- + 12H^+ + 10e^-$$

上述反应对应的标准电动势 $E^{\ominus}$值相同。

答 (1) 错误。氧化能力取决于电极电势的高低，与氧化态的高低无必然关系。

(2) 错误。E 值不是对某物质而言，而是对某电对而言。可以说某电对的 E 值越高，电对的氧化型的氧化性越强，电对的还原型的还原性越弱。

(3) 正确。

(4) 错误。从理论上说，任何自发反应都可以设计为原电池。所以，一些没有电子得失的反应，如沉淀反应、中和反应、配位反应等都可以组成原电池。

(5) 错误。这种比较方法是错误的。应当用电对的氧化型比较氧化性，而用还原型比较还原性。所以应当说 Zn 的还原能力比 Cu 强，或 Cu^{2+}的氧化能力比 Zn^{2+}强。

(6) 错误。电极电势高低属于化学热力学范畴，而反应快慢属于化学动力学范畴，它们之间不存在必然联系。两电对的 E 值相差越大，反应速率不一定越快。

(7) 错误。比较还原性应该用还原剂与通常的氧化产物组成电对的 E 值来比较。因为 $E^{\ominus}(Cu^{2+}/Cu) = 0.3419$ V，$E^{\ominus}(I_2/I^-) = 0.5355$ V，$E^{\ominus}(Ag^+/Ag) = 0.7996$ V，所以还原能力的排序为 $Cu > I^- > Ag$。

(8) 正确。

11-5　试设计一个电池，使其进行下述反应：

$$Fe^{2+}(aq) + Ag^+(aq) \rightleftharpoons Ag(s) + Fe^{3+}(aq)$$

(1) 写出电池的表示式。

(2) 计算上述电池反应在 298.15 K，反应进度 ξ 为 1 mol 时的标准平衡常数 $K^{\ominus}$。

解　(1)电池符号 $(-)Pt \mid Fe^{2+}(c_1), Fe^{3+}(c_2) \parallel Ag^+(c_3) \mid Ag(s)\ (+)$

(2)
$$\ln K^{\ominus} = \frac{zE^{\ominus}F}{RT}$$

$$E^{\ominus} = E^{\ominus}(Fe^{3+}/Fe^{2+}) - E^{\ominus}(Ag^+/Ag)$$

查表 $E^{\ominus}(Fe^{3+}/Fe^{2+}) = 0.771$ V，$E^{\ominus}(Ag^+/Ag) = 0.7996$ V，则

$$\ln K^{\ominus} = \frac{1\times(0.7996-0.771)\times 96485}{298.15\times 8.314} = 1.113$$

$$K^{\ominus} = 3.04$$

11-6　在 298.15 K 时，分别将金属 Fe 和 Cd 插入下述溶液中组成电池，试判断哪种金属首先被氧化？

(1) 溶液中 Fe^{2+}和 Cd^{2+}的浓度都是 0.1 $mol\cdot L^{-1}$。

(2) 溶液中 Fe^{2+}浓度为 0.1 $mol\cdot L^{-1}$，而 Cd^{2+}浓度为 0.0036 $mol\cdot L^{-1}$。

解　查表 $E^{\ominus}(Cd^{2+}/Cd) = -0.4030$ V，$E^{\ominus}(Fe^{2+}/Fe) = -0.447$ V，由于 $E^{\ominus}(Cd^{2+}/Cd) > E^{\ominus}(Fe^{2+}/Fe)$，以 Cd 为正极设计原电池。

电池符号：　$(-)Fe(s) \mid Fe^{2+}(c_1) \parallel Cd^{2+}(c_2) \mid Cd(s)\ (+)$

负极反应：　$Fe(s) \rightleftharpoons Fe^{2+}(aq) + 2e^-$

正极反应：　$Cd^{2+}(aq) + 2e^- \rightleftharpoons Cd(s)$

电池反应：　$Fe(s) + Cd^{2+}(aq) \rightleftharpoons Fe^{2+}(aq) + Cd(s)$

电池电动势：

$$E = E^{\ominus}(Cd^{2+}/Cd) - E^{\ominus}(Fe^{2+}/Fe) - \frac{0.0592}{2}\lg\frac{c(Fe^{2+})}{c(Cd^{2+})}$$

(1) 当溶液中含 Fe^{2+}和 Cd^{2+}的浓度都是 0.1 $mol\cdot L^{-1}$ 时：

$$E = -0.4030-(-0.447)-\frac{0.0592}{2}\lg\frac{0.1}{0.1} = 0.044\ (V)$$

由于 $E > 0$，电池反应能发生，Fe(s)首先被氧化成 Fe^{2+}。

(2) 当溶液中 Fe^{2+}浓度为 0.1 $mol\cdot L^{-1}$，而 Cd^{2+}浓度为 0.0036 $mol\cdot L^{-1}$ 时：

$$E = -0.4030-(-0.447)-\frac{0.0592}{2}\lg\frac{0.1}{0.0036} = 0.0013\ (V)$$

由于 $E>0$，电池反应能发生，仍是 Fe(s)首先被氧化成 Fe^{2+}。

11-7 已知 $E^{\ominus}(PbO_2/Pb^{2+}) = 1.455$ V，$E^{\ominus}(MnO_4^-/Mn^{2+}) = 1.507$ V，判断反应 $5PbO_2(s) + 2Mn^{2+} + 4H^+ \rightleftharpoons 2MnO_4^- + 5Pb^{2+} + 2H_2O$ 在什么情况下能自发进行？

解 设计电池：

$$(-)\ Pt(s) \mid MnO_4^-(c_1), Mn^{2+}(c_2), H^+(c_3) \parallel H^+(c_4), Pb^{2+}(c_5) \mid PbO_2(s) \mid Pb(s)(+)$$

负极反应：　$2Mn^{2+} + 8H_2O \rightleftharpoons 2MnO_4^- + 16H^+ + 10e^-$

正极反应：　$5PbO_2 + 20H^+ + 10e^- \rightleftharpoons 5Pb^{2+} + 10H_2O$

电池反应：　$5PbO_2 + 2Mn^{2+} + 4H^+ \rightleftharpoons 2MnO_4^- + 5Pb^{2+} + 2H_2O$

$E^{\ominus} = E^{\ominus}(PbO_2/Pb^{2+}) - E^{\ominus}(MnO_4^-/Mn^{2+}) = -0.052\ \text{V} < 0$，标准状态下不自发。

根据

$$E = E^{\ominus} - \frac{0.0592}{z}\lg J = E^{\ominus}(PbO_2/Pb^{2+}) - E^{\ominus}(MnO_4^-/Mn^{2+}) - \frac{0.0592}{10}\lg\frac{c(MnO_4^-)^2c(Pb^{2+})^5}{c(Mn^{2+})^2c(H^+)^4}$$

当 $E>0$ 时，即

$$E = 1.455 - 1.507 - \frac{0.0592}{10}\lg\frac{c(MnO_4^-)^2c(Pb^{2+})^5}{c(Mn^{2+})^2c(H^+)^4} > 0$$

$$\frac{c(MnO_4^-)^2c(Pb^{2+})^5}{c(Mn^{2+})^2c(H^+)^4} < 1.65\times10^{-9}$$

该条件下才可自发进行。

11-8 根据 25℃时电对 Pb^{2+}/Pb 和 $PbSO_4/Pb$ 的电极反应与标准电极电势值(查附表)，计算该温度下的 $K_{sp}^{\ominus}(PbSO_4)$。

解 两电对的电极反应分别为

(1) $Pb^{2+} + 2e^- \rightleftharpoons Pb$　　　$E^{\ominus}(Pb^{2+}/Pb) = -0.1262$ V

(2) $PbSO_4 + 2e^- \rightleftharpoons Pb + SO_4^{2-}$　　　$E^{\ominus}(PbSO_4/Pb) = -0.3588$ V

将反应方程式 $PbSO_4 \rightleftharpoons Pb^{2+} + SO_4^{2-}$ 两边同时加 Pb，得下式：

$$PbSO_4 + Pb \rightleftharpoons Pb^{2+} + SO_4^{2-} + Pb$$

上述反应的平衡常数 $K^{\ominus}$即为 $K_{sp}^{\ominus}(PbSO_4)$。上述反应可以分解为两个电对：Pb^{2+}/Pb 电对和 $PbSO_4/Pb$ 电对。两个电对可设计成下列电池：

$$(-)\ Pb(s) \mid Pb^{2+}(c = 1\ \text{mol}\cdot\text{L}^{-1}) \parallel SO_4^{2-}(c = 1\ \text{mol}\cdot\text{L}^{-1}) \mid PbSO_4(s) \mid Pb(s)\ (+)$$

$$E^{\ominus} = E^{\ominus}(PbSO_4/Pb) - E^{\ominus}(Pb^{2+}/Pb) = -0.3588 - (-0.1262) = -0.2326\ (\text{V})$$

根据 $\lg K^{\ominus} = \dfrac{zE^{\ominus}}{0.0592}$，

$$E^{\ominus} = \frac{0.0592}{2}\lg c(Pb^{2+})c(SO_4^{2-}) = \frac{0.0592}{2}\lg K_{sp}^{\ominus}(PbSO_4)$$

$$K_{sp}^{\ominus}(PbSO_4) = 1.39\times10^{-8}$$

11-9 根据 25℃时电对 Au^{3+}/Au 和$[AuCl_4]^-/Au$ 的电极反应与标准电极电势值(查附表

七)，计算该温度下的 $K_f^{\ominus}([AuCl_4]^-)$。

解　两电对的电极反应分别为

(1) $Au^{3+} + 3e^- \rightleftharpoons Au$　　　$E^{\ominus}(Au^{3+}/Au) = 1.498\ V$

(2) $[AuCl_4]^- + 3e^- \rightleftharpoons Au + 4Cl^-$　　　$E^{\ominus}([AuCl_4]^-/Au) = 1.002\ V$

将反应方程式 $Au^{3+} + 4Cl^- \rightleftharpoons [AuCl_4]^-$两边各加 Au，得下式：

$$Au^{3+} + 4Cl^- + Au \rightleftharpoons [AuCl_4]^- + Au$$

上述反应的平衡常数 $K^{\ominus}$即为 $K_f^{\ominus}([AuCl_4]^-)$。上述反应可以分解为两个电对：$Au^{3+}/Au$ 电对和$[AuCl_4]^-/Au$ 电对。两个电对理论上可设计成下列电池：

$$(-)\ Au\ |\ [AuCl_4]^-(c = 1\ mol\cdot L^{-1})\ |\ Cl^-(c = 1\ mol\cdot L^{-1})\ \|\ Au^{3+}(c = 1\ mol\cdot L^{-1})\ |\ Au(+)$$

$$E^{\ominus} = E^{\ominus}(Au^{3+}/Au) - E^{\ominus}([AuCl_4]^-/Au) = 1.498 - 1.002 = 0.496\ (V)$$

根据 $\lg K^{\ominus} = \dfrac{zE^{\ominus}}{0.0592}$，

$$E^{\ominus} = \frac{0.0592}{3}\lg\frac{c([AuCl_4]^-)}{c(Au^{3+})[c(Cl^-)]^4} = \frac{0.0592}{3}\lg K_f^{\ominus}([AuCl_4]^-)$$

$$K_f^{\ominus}([AuCl_4]^-) = 1.36 \times 10^{25}$$

11-10　试从下列元素电势图中的已知标准电极电势：

(1) 计算 $E^{\ominus}(BrO_3^-/Br^-)$值。

$$E_A^{\ominus}/V \qquad BrO_3^- \xrightarrow{+1.469} HBrO \xrightarrow{+1.596} Br_2 \xrightarrow{+1.066} Br^- \quad \left(BrO_3^- \to Br^-:\ E^{\ominus}(BrO_3^-/Br^-)\right)$$

(2) 计算 $E^{\ominus}(IO^-/I_2)$值。

$$E_B^{\ominus}/V \qquad IO^- \xrightarrow{E^{\ominus}(IO^-/I_2)} I_2 \xrightarrow{+0.5355} I^- \quad \left(IO^- \to I^-:\ +0.485\right)$$

解　(1) 根据各电对的氧化数变化可以知道 z_1、z_2、z_3 分别为 4、1、1，则

$$E^{\ominus}(BrO_3^-/Br^-) = \frac{z_1E_1^{\ominus} + z_2E_2^{\ominus} + z_3E_3^{\ominus}}{z_1 + z_2 + z_3} = \frac{4\times1.469 + 1\times1.596 + 1\times1.066}{4+1+1} = 1.423\ (V)$$

(2)
$$E^{\ominus}(IO^-/I_2) = \frac{zE^{\ominus} - z_2E_2^{\ominus}}{z_1} = \frac{2\times0.485 - 1\times0.5355}{1} = 0.435\ (V)$$

11-11　已知 $c(H^+) = 1.0\ mol\cdot L^{-1}$ 时，Mn 的元素电势图为

$$E_A^{\ominus}/V \quad MnO_4^- \xrightarrow{0.558} MnO_4^{2-} \xrightarrow{2.24} MnO_2 \xrightarrow{0.907} Mn^{3+} \xrightarrow{1.542} Mn^{2+} \xrightarrow{-1.185} Mn \quad \left(MnO_2 \to Mn^{2+}:\ 1.224\right)$$

(1) 计算 $E^{\ominus}(MnO_4^-/MnO_2)$。

(2) 锰的哪几种氧化态在酸性溶液中是不稳定的，容易歧化？

(3) 在酸性介质中，用 $KMnO_4$ 氧化 Fe^{2+}时，当 $KMnO_4$ 过量时会发生什么现象？写出有关反应方程式。

解 (1) $E^{\ominus}(MnO_4^-/MnO_2) = \frac{1\times0.558+2\times2.24}{1+2} = 1.68\ (V)$

(2) Mn^{3+}自发歧化为MnO_2和Mn^{2+}；MnO_4^{2-}自发歧化为MnO_4^-和MnO_2。

(3) $KMnO_4$氧化Fe^{2+}时，会发生如下反应：

$$MnO_4^- + 5Fe^{2+} + 8H^+ = Mn^{2+} + 5Fe^{3+} + 4H_2O$$

当$KMnO_4$过量时会将Mn^{2+}氧化而析出MnO_2沉淀：

$$2MnO_4^- + 3Mn^{2+} + 2H_2O = 5MnO_2 + 4H^+$$

11-12 298.15 K 时，已知 $E^{\ominus}(Cl_2/Cl^-) = 1.358$ V，$E^{\ominus}(Ag^+/Ag) = 0.7996$ V，$K_{sp}^{\ominus}(AgCl) = 1.8\times10^{-10}$，$F = 96485\ C\cdot mol^{-1}$。在该温度下，将下列反应设计为原电池：

$$Cl_2(g, 10.0\ kPa) + 2Ag(s) = 2AgCl(s)$$

完成下列问题：

(1) 写出组成该电池的两个电极反应。

(2) 计算$E^{\ominus}(AgCl/Ag)$。

(3) 计算该电池的标准电池电动势$E^{\ominus}$和电池反应的标准平衡常数$K^{\ominus}$。

(4) 计算该电池反应的$\Delta_r G_m$。

解 (1) 正极 $Cl_2(g) + 2e^- = 2Cl^-(aq)$

负极 $Ag(s) + Cl^-(aq) = AgCl(s) + e^-$

(2) $E^{\ominus}(AgCl/Ag) = E(Ag^+/Ag) = E^{\ominus}(Ag^+/Ag) + 0.0592\lg c(Ag^+)$

$$= 0.7996 + 0.0592\lg K_{sp}^{\ominus}(AgCl) = 0.7996 + 0.0592\lg(1.8\times10^{-10}) = 0.223\ (V)$$

(3) $E^{\ominus} = E^{\ominus}(Cl_2/Cl^-) - E^{\ominus}(AgCl/Ag^+) = 1.358 - 0.223 = 1.135\ (V)$

$$\lg K^{\ominus} = \frac{zE^{\ominus}}{0.0592} = \frac{2\times1.135}{0.0592} = 38.3$$

$$K^{\ominus} = 2.00\times10^{38}$$

(4) $E = E^{\ominus} - \frac{0.0592}{z}\lg J = E^{\ominus} - \frac{0.0592}{z}\lg\frac{1}{p(Cl_2)/p^{\ominus}} = 1.135 - \frac{0.0592}{2}\lg\frac{1}{10.0/100} = 1.11\ (V)$

$$\Delta_r G_m = -zFE = -2\times96485\times1.11\times10^{-3} = -214\ (kJ\cdot mol^{-1})$$

11-13 现拟将大小为 100 cm^2 的金属薄片两面都镀上一层 0.05 mm 厚的镍，若所用的电流为 2.0 A，而电流效率为 96.0%，假定镀层均匀，金属镍的密度为 8.9 g · cm^{-3}，则获得这一镀层需要通电多长时间[$M_r(Ni) = 58.70$]？

解

$$Q = nzF = \frac{m}{M_r(Ni)}zF = \frac{\rho V}{M_r(Ni)}zF$$

由于是双面电镀，$V = 2SL$，当电流效率为 96.0%时：

$$\frac{\rho V}{M_r(Ni)}zF = 96\%\times It$$

$$t=\frac{2\rho SL\times 2\times 96485}{96\%\, IM_r(\text{Ni})}=\frac{2\times 8.9\times 100\times 0.005\times 2\times 96485}{2.0\times 96\%\times 58.7}=1.5\times 10^4(\text{s})=4.2\ (\text{h})$$

获得这一镀层需要通电 4.2 h。

11-14　298.15 K、$p^{\ominus}$时，用电解沉积法分离 Cd^{2+}和 Zn^{2+}，设溶液中 Cd^{2+}和 Zn^{2+}的浓度均为 0.10 mol · L^{-1}，并已知 $E^{\ominus}(Zn^{2+}/Zn) = -0.763$ V，$E^{\ominus}(Cd^{2+}/Cd) = -0.403$ V。哪种金属首先在阴极上析出?当第二种金属开始析出时，前一种金属离子的浓度为多少?

解　(1) $E(Cd^{2+}/Cd)=E^{\ominus}(Cd^{2+}/Cd)+\frac{0.0592}{2}\lg c(Cd^{2+})=-0.403+\frac{0.0592}{2}\lg 0.10=-0.433\ (\text{V})$

$$E(Zn^{2+}/Zn)=E^{\ominus}(Zn^{2+}/Zn)+\frac{0.0592}{2}\lg c(Zn^{2+})=-0.763+\frac{0.0592}{2}\lg 0.10=-0.793\ (\text{V})$$

$E(Cd^{2+}/Cd) > E(Zn^{2+}/Zn)$，先在阴极上析出金属 Cd。

(2) 当 Zn(s)开始析出时：

$$E(Zn^{2+}/Zn)=E(Cd^{2+}/Cd)=E^{\ominus}(Cd^{2+}/Cd)+\frac{0.0592}{2}\lg c(Cd^{2+})=-0.403+\frac{0.0592}{2}\lg c(Cd^{2+})$$
$$=-0.793\ (\text{V})$$

$$c(Cd^{2+}) = 6.7\times 10^{-14}\ \text{mol}\cdot\text{L}^{-1}$$

当 Zn 开始析出时，前一种离子 Cd^{2+}的浓度为 6.7×10^{-14} mol · L^{-1}。

11-15　在 $CuSO_4$ 溶液中插入惰性电极，阴、阳极上各获得什么产物?

解　$CuSO_4$ 溶液中除了 Cu^{2+}和 SO_4^{2-} 外，还有 H^+和 OH^-。移向阴极可能放电的离子有 Cu^{2+}和 H^+，查表得

$$E^{\ominus}(Cu^{2+}/Cu) = 0.3419\ \text{V},\ E^{\ominus}(H^+/H_2) = 0.0000\ \text{V}$$

铜电对的电势高于氢电对，其氧化态 Cu^{2+}比 H^+更容易获得电子，所以 Cu^{2+}首先在阴极上放电，析出铜。

阴极：　$Cu^{2+} + 2e^- \xlongequal{\quad} Cu$(还原)

移向阳极可能放电的离子有 SO_4^{2-} 和 OH^-(实际上是 H_2O 分子)，其电极电势为(标准状态)：

$$S_2O_8^{2-} + 2e^- \xlongequal{\quad} 2SO_4^{2-}\qquad E^{\ominus} = 2.010\ \text{V}$$

$$O_2 + 4H^+ + 4e^- \xlongequal{\quad} 2H_2O\qquad E^{\ominus} = 1.229\ \text{V}$$

由 $E^{\ominus}$的大小来看，电势较小的还原态 H_2O 分子比 SO_4^{2-} 易失去电子，所以 H_2O 分子首先在阳极上放电，析出氧气。

阳极：　$2H_2O \xlongequal{\quad} O_2 + 4H^+ + 4e^-$(氧化)

即 $CuSO_4$ 水溶液用 Pt 电极电解时，阴极析出铜，阳极析出氧气。

四、水平测试

1. 填空题(每空 1 分，共 24 分)

(1) 银锌纽扣电池的符号为：(−)Zn(s) | ZnO(s) | KOH(aq, c) |Ag_2O(s) | Ag(s)(+)，其负极

反应为___________；正极反应为___________；电池反应为___________。

(2) 用电对 MnO_4^-/Mn^{2+} 和 Cl_2/Cl^- 组成的标准原电池，其正极反应为___________，负极反应为___________，电池符号为___________。[$E^\ominus(MnO_4^-/Mn^{2+}) = 1.507$ V；$E^\ominus(Cl_2/Cl^-) = 1.36$ V]

(3) 在标准状态下，下列反应能自发进行：

① $Cr_2O_7^{2-} + 6Fe^{2+} + 14H^+ = 2Cr^{3+} + 6Fe^{3+} + 7H_2O$

② $2Fe^{3+} + Sn^{2+} = 2Fe^{2+} + Sn^{4+}$

可推断三个电对 $E^\ominus$ 值的大小顺序是___________，氧化性最强的是___________，还原性最强的是___________。若将①式两电对组成标准原电池，则原电池符号为___________，$E^\ominus$ = ___________V，$\Delta_r G_m^\ominus$ = ___________$kJ \cdot mol^{-1}$。

(4) 电解 $CuSO_4$ 溶液时，Cu 作阴极，Pt 作阳极，则阳极反应为___________，阴极反应为___________；若改用 Cu 作阳极，Pt 作阴极，则阳极反应为___________，阴极反应为___________。

(5) *某电池反应可写成① $H_2(p_1) + Cl_2(p_2) = 2HCl(c_1)$ 或② $1/2H_2(p_1) + 1/2Cl_2(p_2) = HCl(c_1)$，这两种不同的写法所计算出来的 E 值(电池电动势)___________，$E^\ominus$ 值___________，$\Delta_r G_m^\ominus$ 值___________，$K^\ominus$ 值___________(填“相同”或“不同”)。

(6) *用离子-电子法完成并配平下列方程式。

① $K_2Cr_2O_7 + KI + H_2SO_4 \longrightarrow$

② $Br_2 + OH^- \longrightarrow$

③ $Fe + I_2 \longrightarrow$

④ $FeCl_3 + Cu \longrightarrow$

2. 是非题(用“√”、“×”表示对、错并填入括号中，每小题 1 分，共 10 分)

(　　) (1) ClO_3^- 被还原为 Cl^- 得到 6 个电子，而 ClO^- 被还原为 Cl^- 只得到 2 个电子，所以 $E^\ominus(ClO_3^-/Cl^-) > E^\ominus(ClO^-/Cl^-)$。

(　　) (2) 某物质 $E^\ominus$ 越高，说明它的氧化性越强，还原性越弱。

(　　) (3) Li 和 K 的电负性分别为 0.98 和 0.82，所以 $E^\ominus(Li^+/Li) > E^\ominus(K^+/K)$。

(　　) (4) 标准电极电势表中的 $E^\ominus$ 值是以标准氢电极作参比电极而测得。

(　　) (5) 电对的电极电势值不一定随 pH 的改变而改变。

(　　) (6) 标准氢电极的电极电势为零，是实际测定的结果。

(　　) (7) 电动势 E 值越大，电池反应自发的倾向越大，反应速度就越快。

(　　) (8) 氧化还原反应是自发地由较强氧化剂与较强还原剂相互作用，向着生成较弱氧化剂和较弱还原剂的方向进行。

(　　) (9) 原电池的正极即为阳极，负极即为阴极。

(　　) (10) *能组成原电池，有电子得失的都是氧化还原反应。

3. 选择题[每小题 2 分，共 20 分，其中第(2)、(7)小题为多选，其余为单选]

(1) 下列有关盐桥作用的说法中，错误的是(　　)。

A. 盐桥中电解质可保持两个半电池中的电荷平衡

B. 盐桥用于维持氧化还原反应的进行

C. 盐桥中的电解质参与了两电极的电极反应

D. 盐桥可减少液接电势

(2) 关于标准电极电势的叙述中不正确的是(　　)。

A. 标准电极电势是在标准状态下与标准氢电极组成原电池测定的

B. 标准电极电势用符号 $E^{\ominus}$表示

C. 标准电极电势的正负与电极反应的方向有关

D. 标准电极电势属于强度性质，且与电极反应方程式的书写有关

(3) 标准氢电极是指(　　)。

A. $Pt \mid H_2\ (p^{\ominus}) \mid OH^-\ (c = 1\ mol \cdot L^{-1})$　　B. $Pt \mid H_2\ (p^{\ominus}) \mid H^+\ (c = 1\ mol \cdot L^{-1})$

C. $Pt \mid H_2\ (p^{\ominus}) \mid OH^-\ (c = 10^{-7}\ mol \cdot L^{-1})$　　D. $Pt \mid H_2\ (p^{\ominus}) \mid H^+\ (c = 10^{-7}\ mol \cdot L^{-1})$

(4) 根据 $\lg K^{\ominus} = \dfrac{nE^{\ominus}}{0.0592}$，可知溶液中的氧化还原反应标准平衡常数 $K^{\ominus}$(　　)。

A. 与浓度有关　　B. 与浓度无关

C. 与反应方程式的书写方式无关　　D. 与反应的本性无关

(5) *下列电极中，$E^{\ominus}$最低的是(　　)。

A. H^+/H_2　　B. H_2O/H_2　　C. HF/H_2　　D. HCN/H_2

(6) *当溶液中 H^+ 浓度增大时，氧化能力不增强的氧化剂是(　　)。

A. $Cr_2O_7^{2-}$　　B. O_3　　C. NO_3^-　　D. $[PtCl_6]^{2-}$

(7) *获得“863”计划和中国科学院“百人计划”支持的环境友好型铝碘电池已研制成功，电解液为 AlI_3 溶液，已知电池总反应为：$2Al + 3I_2 \xlongequal{\quad} 2AlI_3$。下列说法正确的是(　　)。

A. 该电池负极的电极反应为 $Al - 3e^- \xlongequal{\quad} Al^{3+}$

B. 电池工作时，溶液中铝离子向正极移动

C. 消耗相同质量金属时，用锂作负极时，产生电子的物质的量比铝多

D. 该电池可能是一种可充电的二次电池

(8) *已知 H_2O_2 的电势：

酸性介质中 $O_2 \xrightarrow{0.695\ V} H_2O_2 \xrightarrow{1.776\ V} H_2O$，碱性介质中 $O_2 \xrightarrow{-0.076\ V} HO_2^- \xrightarrow{0.878\ V} OH^-$。说明 H_2O_2 的歧化反应(　　)。

A. 只在酸性介质中发生　　B. 只在碱性介质中发生

C. 无论在酸、碱性介质中都发生　　D. 无论在酸、碱性介质中都不发生

(9) *298.15 K 时，保持 H_2 的分压不变，而使溶液中的氢离子浓度减小到原来的 1/10，H^+/H_2 的电极电势将会(　　)。

A. 保持不变　　B. 减少 29.6 mV　　C. 增加 59.2 mV　　D. 减少 59.2 mV

(10) *已知：$I_2(s) + 2e^- \xlongequal{\quad} 2I^-$　　$E^{\ominus} = 0.5355\ V$

$$I_2(aq) + 2e^- \xlongequal{\quad} 2I^- \qquad E^{\ominus} = 0.621\ V$$

计算碘的饱和溶液的浓度是(　　) $mol \cdot L^{-1}$。

A. 1.29×10^{-3}　　B. 4.64×10^{-2}　　C. 3.87×10^{-1}　　D. 8.45×10^{-1}

4. 简答题(每小题 5 分，共 10 分)

(1) 凡标准电极电势 $E^{\ominus}$为正值的电极必为原电池的正极，$E^{\ominus}$为负值的电极必为负极，这种说法对不对？为什么？

(2) *根据下列两电对的 E-pH 图，回答：

① 写出由该两电对组成的氧化还原反应方程式；

② 当 pH = a、b、c 时，上述反应进行的方向如何？

③ 写出在标准状态下由上述两电对组成的原电池符号。

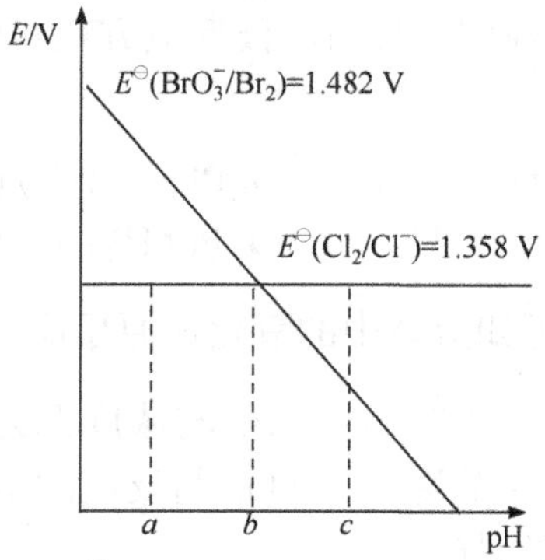

5. 计算题(每小题 9 分，共 36 分)

(1) 能否用已知浓度的 $H_2C_2O_4$ 来标定 $KMnO_4$ 溶液的浓度？

(2) 已知下列电极反应在酸性溶液中的 $E^{\ominus}$值：

$$MnO_4^- + 4H^+ + 3e^- \longequal MnO_2(s) + 2H_2O \quad E^{\ominus} = 1.679\ V$$

$$MnO_4^- + e^- \longequal MnO_4^{2-} \quad E^{\ominus} = 0.558\ V$$

① 画出锰元素在酸性溶液中 $MnO_4^- \longrightarrow MnO_2(s)$的电势图；

② 计算 $E^{\ominus}(MnO_4^{2-}/MnO_2)$值；

③ 判断 MnO_4^{2-} 是否自发歧化？写出相应的反应方程式，计算 $\Delta_r G_m^{\ominus}$ 和 $K^{\ominus}$。

(3) *已知：$Cu^+ + e^- \longequal Cu \quad E^{\ominus}(Cu^+/Cu) = 0.521\ V$

$$CuCl(s) + e^- \longequal Cu + Cl^-(aq) \quad E^{\ominus}[CuCl(s)/Cu] = 0.14\ V$$

① 写出上述两个半反应的能斯特方程；

② 将上述两电对组成原电池，写出原电池符号和电池反应；

③ 计算反应的 $\Delta_r G_m^{\ominus}$ 及标准平衡常数 $K^{\ominus}$；

④ 当 $c(Cl^-) = 0.10\ mol \cdot L^{-1}$ 时，标准平衡常数 $K^{\ominus}$为多少？

(4) **从金矿中提取金，传统的方法为氰化法。已知：$K_f^{\ominus}([Au(CN)_2]^-) = 2.0 \times 10^{38}$，$E^{\ominus}(Au^+/Au) = 1.692\ V$，$E^{\ominus}(O_2/OH^-) = 0.401\ V$，$E^{\ominus}([Zn(CN)_4]^{2-}/Zn) = -1.34\ V$。

① 写出氰化法提取金的可能化学方程式，简要说明反应为什么能进行；

② 计算氧气存在下，金在氰化钠溶液中反应的标准平衡常数。

参 考 答 案

1. 填空题(每空 1 分，共 24 分)

(1) $Zn + 2OH^- - 2e^- \longequal ZnO + H_2O$，$Ag_2O + H_2O + 2e^- \longequal 2Ag + 2OH^-$，$Ag_2O + Zn \longequal ZnO + 2Ag$。

(2) $MnO_4^- + 8H^+ + 5e^- \longequal Mn^{2+} + 4H_2O$，$2Cl^- - 2e^- \longequal Cl_2$，

$(-)Pt(s)|Cl_2(p^\ominus)|Cl^-(c^\ominus)\|MnO_4^-(c^\ominus), Mn^{2+}(c^\ominus), H^+(c^\ominus)|Pt(s)(+)$。

(3) $E^\ominus(Cr_2O_7^{2-}/Cr^{3+}) > E^\ominus(Fe^{3+}/Fe^{2+}) > E^\ominus(Sn^{2+}/Sn)$，$Cr_2O_7^{2-}$，$Sn^{2+}$，

$(-)Pt(s)\,|\,Fe^{2+}(c_1), Fe^{3+}(c_2)\,\|\,Cr_2O_7^{2-}(c_3), Cr^{3+}(c_4), H^+(c_5)\,|\,Pt(s)(+)$，0.589，－341。

(4) $2H_2O \longequal O_2 + 4H^+ + 4e^-$，$Cu^{2+} + 2e^- \longequal Cu$，$Cu \longequal Cu^{2+} + 2e^-$，$2H_2O + 2e^- \longequal H_2 + 2OH^-$。

(5) 相同，相同，不同，不同。

(6) ① $K_2Cr_2O_7 + 6KI + 7H_2SO_4 \longequal 4K_2SO_4 + Cr_2(SO_4)_3 + 3I_2 + 7H_2O$

② $3Br_2 + 6OH^- \longequal 5Br^- + BrO_3^- + 3H_2O$

③ $Fe + I_2 \longequal Fe^{2+} + 2I^-$

④ $2FeCl_3 + Cu \longequal 2FeCl_2 + CuCl_2$

2. 是非题(用“√”、“×”表示对、错并填入括号中，每小题1分，共10分)

(1) (×) (2) (×) (3) (×) (4) (√) (5) (√) (6) (×) (7) (×) (8) (√) (9) (×) (10) (×)

3. 选择题[每小题2分，共20分，其中第(2)、(7)小题为多选，其余为单选]

(1) (C) (2) (CD) (3) (B) (4) (B) (5)(B) (6) (D) (7) (ABC) (8) (C) (9) (D) (10) (A)

4. 简答题(每小题5分，共10分)

(1) 不对。因为只要两个电极的电势 E 相对大小不同，任意两个电极都能组成一个原电池，其中电极电势 E 较大的为正极，电极电势 E 较小的为负极，与其标准电极电势 $E^\ominus$是否为正值或负值无关；即使组成原电池的两个电极，一个 $E^\ominus$较大，另一个 $E^\ominus$较小，也不是 $E^\ominus$较大的电极必为正极，$E^\ominus$较小的必为负极。因为电极电势 E，不仅取决于标准电极电势 $E^\ominus$，还取决于电极反应的反应商 J。

(2) ① $2BrO_3^- + 10Cl^- + 12H^+ \longequal 5Cl_2 + Br_2 + 6H_2O$

② a 正向；b 平衡；c 逆向

③ $(-)Pt\,|\,Cl_2\,(p^\ominus)\,|\,Cl^-(c^\ominus)\,\|\,BrO_3^-(c^\ominus)$，$H^+(c^\ominus)\,|\,Br_2\,|\,Pt\,(+)$

5. 计算题(每小题9分，共36分)

(1) **解** $H_2C_2O_4$是具有还原性的酸，其电极反应和 $E^\ominus$为

$$2CO_2 + 2H^+ + 2e^- \longequal H_2C_2O_4 \quad E^\ominus = -0.481\text{ V}$$

$KMnO_4$是强氧化剂，其电极反应和 $E^\ominus$为

$$MnO_4^- + 8H^+ + 5e^- \longequal Mn^{2+} + 4H_2O \quad E^\ominus = 1.507\text{ V}$$

$H_2C_2O_4$和 $KMnO_4$之间的氧化还原反应为

$$5H_2C_2O_4 + 2MnO_4^- + 6H^+ \longequal 2Mn^{2+} + 10CO_2 + 8H_2O$$

该电池反应的标准电池电动势：

$$E^\ominus = E^\ominus(MnO_4^-/Mn^{2+}) - E^\ominus(CO_2/H_2C_2O_4) = 1.507 - (-0.481) = 1.988\ (\text{V})$$

计算结果说明该反应的 $E^\ominus$值很大，即 $H_2C_2O_4$和 $KMnO_4$在酸性介质中的氧化还原反应进行得很彻底，用 $H_2C_2O_4$标定 $KMnO_4$溶液浓度是可行的。

(2) **解** ①

$$MnO_4^- \xrightarrow{0.558\text{ V}} MnO_4^{2-} \text{———} MnO_2 \quad (MnO_4^- \to MnO_2:\ 1.679\text{ V})$$

② $E^\ominus(MnO_4^{2-}/MnO_2) = \dfrac{3\times1.679 - 1\times0.558}{2} = 2.24\ (\text{V})$

③ 由于 $E^\ominus(MnO_4^{2-}/MnO_2) > E^\ominus(MnO_4^-/MnO_4^{2-})$，因此 MnO_4^{2-} 能自发歧化，歧化反应式如下：

$$3MnO_4^{2-} + 4H^+ \longequal 2MnO_4^- + MnO_2 + 2H_2O$$

$$E^\ominus = E^\ominus(MnO_4^{2-}/MnO_2) - E^\ominus(MnO_4^-/MnO_4^{2-}) = 2.24 - 0.558 = 1.68\ (\text{V})$$

$$\Delta_r G_m^\ominus = -nFE^\ominus = -2\times96.485\times1.68\times10^{-3} = -324\ (\text{kJ}\cdot\text{mol}^{-1})$$

$$\lg K^\ominus = \frac{nE^\ominus}{0.0592} = \frac{2\times1.68}{0.0592} = 56.8$$

$$K^\ominus = 6.3\times10^{56}$$

(3) 解 ①
$$E(Cu^+/Cu) = E^\ominus(Cu^+/Cu) + 0.0592\lg c(Cu^+)$$
$$E(CuCl/Cu) = E^\ominus(CuCl/Cu) + 0.0592\lg\frac{1}{c(Cl^-)}$$

②
$$(-)Cu \mid CuCl(s) \mid Cl^-(1\ mol\cdot L^{-1}) \parallel Cu^+(1\ mol\cdot L^{-1}) \mid Cu\ (+)$$
$$Cu^+ + Cu + Cl^- = Cu + CuCl$$

③
$$\Delta_r G_m^\ominus = -nFE^\ominus = -1\times 96485\times(0.521-0.14)\times 10^{-3} = -36.8(kJ\cdot mol^{-1})$$
$$\lg K^\ominus = \frac{nE^\ominus}{0.0592} = \frac{1\times(0.521-0.14)}{0.0592}$$
$$K^\ominus = 2.73\times 10^6$$

④ 当 $c(Cl^-) = 0.10\ mol\cdot L^{-1}$ 时，$K^\ominus$仍为 2.73×10^6。

(4) 解 ① 氰化法提取金的化学方程式可以有以下两个：

(a) $4Au + 8CN^- + O_2 + 2H_2O = 4[Au(CN)_2]^- + 4OH^-$

(b) $Zn + 2[Au(CN)_2]^- = [Zn(CN)_4]^{2-} + 2Au$

$$E^\ominus([Au(CN)_2]^-/Au) = E^\ominus(Au^+/Au) + 0.0592\lg\frac{1}{K_f^\ominus([Au(CN)_2]^-)} = -0.575\ V$$
$$E_1^\ominus = E^\ominus(O_2/OH^-) - E^\ominus([Au(CN)_2]^-/Au) = 0.976\ V > 0$$
$$E_2^\ominus = E^\ominus([Au(CN)_2]^-/Au) - E^\ominus([Zn(CN)_4]^{2-}/Zn) = 0.765\ V > 0$$

所以反应(a)和(b)均能进行。

② 反应(a)：
$$\lg K^\ominus = \frac{nE^\ominus}{0.0592} = \frac{4\times 0.976}{0.0592} = 65.9$$
$$K^\ominus = 7.94\times 10^{65}$$

(东北大学 桑晓光)

第12章 氢和稀有气体

一、学习目标

(1) 描述氢的成键特征及几类氢化物的特点和主要性质。

(2) 描述稀有气体的性质和主要用途，以及几种稀有气体重要化合物的制备方法和主要化学性质。

(3) 根据价层电子对互斥理论描述稀有气体的氟化物和含氧化合物的结构。

二、重难点解析

本章主要介绍氢和稀有气体两类物质。对于氢，重点掌握氢的成键特征，比较几类氢化物的特点和主要性质；对于稀有气体，重点掌握稀有气体特别是 Xe 的化合物的制备方法和主要化学性质，并且能根据价层电子对互斥理论分析几种稀有气体化合物的结构。

(一) 氢的成键特征

氢与其他元素的原子化合时，可以形成离子键、共价键以及特殊的氢桥键或氢键。氢与电负性很小的ⅠA、ⅡA 族元素(除 Be 外)主要形成离子键，与电负性相当的非金属原子则形成共价键；氢在硼氢化合物或某些过渡金属配合物中可以形成氢桥键；氢与半径小、电负性大的原子结合时还能形成氢键。

(二) 氢化物

氢化物包括离子型氢化物、分子型氢化物和金属型氢化物。

1. 离子型氢化物

氢与碱金属和碱土金属(除 Be 外)在较高温度下直接化合，氢原子获得一个电子成为 H^-，生成离子型氢化物。离子型氢化物遇水剧烈反应，放出 H_2。利用该性质，可使用某些离子型氢化物作为干燥剂。离子型氢化物在非水极性溶剂(如乙醚)中可与一些缺电子化合物结合形成复合氢化物，如 $LiBH_4$、$NaBH_4$、$LiAlH_4$ 等，这类复合氢化物在有机合成中被广泛地用作还原剂。离子型氢化物中的 H^-还表现出非常强的还原性，广泛用于无机和有机合成中，作为还原剂和负氢离子的来源。

2. 分子型氢化物

p 区元素的氢化物属于分子型氢化物，这类氢化物的熔、沸点一般较低，通常条件下多为气体。分子型氢化物溶于水后的溶液可以显强酸性(如 HCl、HBr 等)、弱酸性(如 H_2S、HF 等)或弱碱性(如 NH_3、PH_3 等)。分子型氢化物主要有三种存在形式：①缺电子氢化物，如乙硼烷(B_2H_6)，它的中心原子 B 未满足 8 电子结构，在这个分子内，2 个硼原子通过氢桥键连在一起，形成一个三中心两电子键；②满电子氢化物，其中心原子的价电子都参与了成键，如 CH_4 及同族元素氢化物；③富电子氢化物，其中心原子成键后，有剩余的孤对电子，如 NH_3、H_2O 和 HF 及对应的同族氢化物。

3. 金属型氢化物

氢与 d 区和 f 区许多过渡金属元素都能形成金属型氢化物。这类氢化物基本上保留着金属外观特征，有导电性和磁性，有明确的物相。金属型氢化物可作为储氢合金材料，具有储氢量大、纯度高、无污染及安全可靠的优点，是很有应用价值的储氢材料。

(三) 稀有气体化合物

目前，研究较多的稀有气体化合物主要是 Xe 的化合物，其他稀有气体的化合物稳定性较差，数量也很少。

Xe 与 F_2 可直接反应生成 XeF_2、XeF_4 和 XeF_6。氙的氟化物都是强氧化剂。例如，XeF_2 能与卤素离子和氢等还原性物质反应，XeF_4 能氧化许多难以氧化的低价态物质：

$$XeF_2 + 2I^- = Xe + I_2 + 2F^-$$

$$XeF_4 + Pt = Xe + PtF_4$$

Xe 的氟化物均能与水反应。XeF_2 不稳定，遇水分解，并生成 Xe 和 O_2。XeF_4 遇水发生歧化反应，生成 Xe、XeO_3 和 O_2。XeF_6 遇水剧烈反应，低温下水解比较平稳。XeF_6 不完全水解时，其产物为 $XeOF_4$，完全水解时产物为 XeO_3。

$$2XeF_2 + 2H_2O = 2Xe + O_2 + 4HF$$

$$6XeF_4 + 12H_2O = 2XeO_3 + 4Xe + 24HF + 3O_2$$

$$XeF_6 + H_2O = XeOF_4 + 2HF$$

$$XeF_6 + 3H_2O = XeO_3 + 6HF$$

氙的含氧化合物主要有 XeO_3、XeO_4、氧氟化物及氙酸盐等。XeO_3 具有强氧化性，能将 Cl^- 氧化成 Cl_2，将 Br^- 氧化成 BrO_3^-，将 Mn^{2+} 氧化成 MnO_4^-，将 NH_3 氧化成 N_2，还能将醇或羧酸等有机物氧化成 CO_2 和 H_2O。用浓硫酸与高氙酸钡反应，可以制得 XeO_4。XeO_4 常温下为无色气体，很不稳定，易爆炸。

(四) 稀有气体化合物的结构

利用价层电子对互斥理论可以推断 Xe 的几种化合物(如 XeF_2、XeF_4、XeO_4 和 $XeOF_4$ 等)的结构。

(1) XeF_2：中心 Xe 原子的价电子数为 8，配位原子 F 的价电子为 1，因此 Xe 原子价层

电子对数 = (8 + 2 × 1)/2 = 5。这 5 对价电子对的构型为三角双锥形，而 XeF_2 分子的构型为直线形，Xe 原子采取 sp^3d 杂化。

(2) XeF_4：中心 Xe 原子价层电子对数 = (8 + 4 × 1)/2 = 6，这 6 对价电子对的构型为八面体形，XeF_4 分子的构型为平面正方形，Xe 原子采取 sp^3d^2 杂化。

(3) XeO_4：中心 Xe 原子价层电子对数 = (8 + 4 × 0)/2 = 4，这 4 对价电子对的构型为正四面体形，XeO_4 分子的构型同样为正四面体形，Xe 原子采取 sp^3 杂化。

(4) $XeOF_4$：中心 Xe 原子价层电子对数 = (8 + 0 + 4 × 1)/2 = 6，这 6 对价电子对的构型为八面体形，$XeOF_4$ 分子的构型为四方锥形，Xe 原子采取 sp^3d^2 杂化。

三、习题解析

12-1 完成并配平下列反应方程式。

(1) $XeF_4 + ClO_3^- \longrightarrow$

(2) $XeF_4 + Xe \longrightarrow$

(3) $Na_4XeO_6 + MnSO_4 + H_2O \longrightarrow$

(4) $XeF_4 + H_2O \longrightarrow$

(5) $XeO_3 + Ba(OH)_2 \longrightarrow$

(6) $XeF_4 + SiO_2 \longrightarrow$

答 (1) $XeF_4 + 2ClO_3^- + 2H_2O = Xe + 2ClO_4^- + 4HF$

(2) $XeF_4 + Xe = 2XeF_2$

(3) $5Na_4XeO_6 + 2MnSO_4 + 7H_2O \xrightarrow{\text{酸性}} 2NaMnO_4 + 5NaHXeO_4 + 2Na_2SO_4 + 9NaOH$

(4) $6XeF_4 + 12H_2O = 2XeO_3 + 4Xe + 24HF + 3O_2$

(5) $4XeO_3 + 4Ba(OH)_2 = 2Ba_2XeO_6 \cdot 1.5H_2O + 2O_2 + 2Xe + H_2O$

(6) $2XeF_6 + SiO_2 = 2XeOF_4 + SiF_4$

12-2 如果不存在氢键，水的物理性质将会有哪些变化？

答 如果不存在氢键，水的物理性质将会有很多变化。例如，水的熔、沸点将会比现有的熔、沸点低得多，因此地球上可能不会有液态水，并且要在很低的温度下才会出现冰，这表明冰的生成变得非常困难。另外，若不存在氢键，水分子间的聚集和排列可能会发生变化，导致水的密度和黏度等性质也随之改变，如水的密度和黏度均变小。

12-3 查阅资料，写出工业制氢的三种方法及实验室制氢最简便的方法，并写出这些制氢方法的化学方程式。

答 (1) 工业制氢。

电解食盐水制氢： $2NaCl + 2H_2O \xlongequal{\text{电解}} 2NaOH + H_2\uparrow + Cl_2\uparrow$

水煤气制氢： $C + H_2O \xlongequal{1273\ K} H_2\uparrow + CO\uparrow$

天然气裂解制氢： $CH_4 + H_2O = 3H_2\uparrow + CO\uparrow$

(2) 实验室中最简便的制氢方法就是利用锌或铁与稀盐酸或稀硫酸反应制取氢气：

$$Zn + H_2SO_4 = ZnSO_4 + H_2\uparrow$$

12-4 什么是类盐型氢化物？哪些元素能形成类盐型氢化物？如何证明类盐型氢化物内存在 H^-负离子？

答 由 H^-与阳离子形成的化合物，称为类盐型氢化物。形成这类氢化物的元素是活泼金属如 s 区金属元素。电解这类盐的熔融液，阳极产生氢气，证明类盐型氢化物内存在 H^-。

12-5 指出下列氢化物的名称和分类：BaH_2、SiH_4、NH_3、AsH_3、$PdH_{0.9}$ 和 HI，并指出它们在室温下各呈何种状态？哪种氢化物是电的良导体？

答

物质	BaH_2	SiH_4	NH_3	AsH_3	$PdH_{0.9}$	HI
名称	氢化钡	甲硅烷	氨	砷化氢	钯氢合物	碘化氢
氢化物类型	离子型	共价型	共价型	共价型	金属型	共价型
状态	固	液	气	气	固	气
是否是电的良导体	否	否	否	否	是	否

12-6 稀有气体为什么不形成双原子分子？

答 稀有气体原子的价层均为饱和的 8 电子稳定结构(He 为 2 电子)，电子亲和能都接近于零，且均具有很高的电离能，使得稀有气体原子在一般条件下不易得失电子而形成化学键，因此稀有气体在一般条件下以单原子分子形式存在。

从分子轨道理论看，由于稀有气体原子具有饱和的电子结构，两个稀有气体的单原子间形成的分子成键轨道和反键轨道均填满电子，因此两原子之间的键级为 0，也足以说明稀有气体不形成双原子分子。以 He 为例，He 原子的电子排布式为 $1s^2$，若两个 He 原子形成 He_2 分子，其分子轨道能级图如图 12-1 所示。

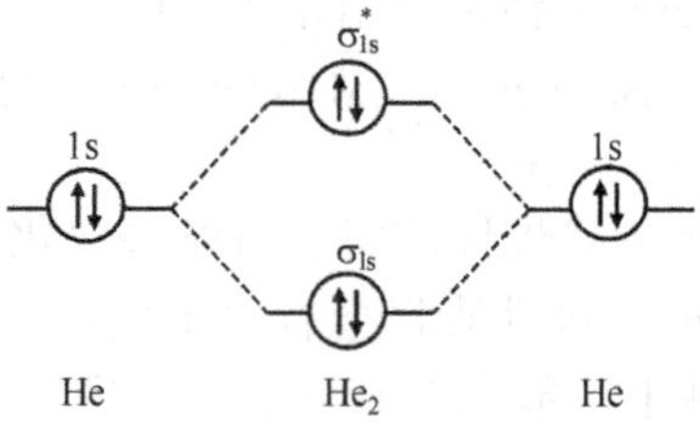

图 12-1 He_2 的分子轨道能级图

He_2 分子的键级为(2 − 2)/2 = 0，故双原子分子 He_2 不能稳定存在。

12-7 试用化学方程式表示氙的氟化物 XeF_6 和氧化物 XeO_3 的合成方法与条件。

答 XeF_6 可以由氙与氟在较高的氟氙比和较高的总压下反应生成。

$$Xe(g) + 3F_2(g) \xrightarrow{300℃,\ 60\ atm} XeF_6(g) \qquad (Xe : F_2 = 1 : 20)$$

XeF_6 完全水解可生成 XeO_3。

$$XeF_6 + 3H_2O = XeO_3 + 6HF$$

12-8 写出 XeO_3 在酸性介质中被 I^-还原得到的 Xe 的化学反应方程式。

答　$$XeO_3 + 6H^+ + 6I^- \longequal Xe + 3H_2O + 3I_2$$

12-9　为什么合成金属型氢化物时要用干法？在 298 K、1.013×10^5 Pa 下，将 38 kg 氢化铝与水作用，可以生成多少升氢气？

解　(1) 金属氢化物与水会迅速反应放出氢气，所以合成时总是要用干法。

(2) 设有 n mol 氢气生成，根据方程式：

$$\begin{array}{ccc} AlH_3 + 3H_2O & = & 3H_2\uparrow + Al(OH)_3 \\ 1 & & 3 \\ 38 \times 10^3/30 & & n \end{array}$$

$$n = 3.8 \times 10^3 \text{ mol}$$

再根据理想气体状态方程，得到可以生成氢气的体积为

$$V = nRT/p = 3.8 \times 10^3 \times 8.314 \times 298 / (1.013 \times 10^5) = 9.29 \times 10^4 \text{ (L)}$$

12-10　巴特利特用氙气与 PtF_6 作用，制得 Xe 的第一种化合物。在某次实验中 PtF_6 的起始压强为 9.1×10^{-4} Pa，加入 Xe 直至压强为 1.98×10^{-3} Pa，反应后剩余 Xe 的压强为 1.68×10^{-4} Pa，推算产物的化学式。

解　参加反应的 Xe 的压强为

$$1.98 \times 10^{-3} - 1.68 \times 10^{-4} - 9.1 \times 10^{-4} = 9.0 \times 10^{-4} \text{ (Pa)}$$

反应物比例为

$$Xe : PtF_6 = (9.0 \times 10^{-4}) : (9.1 \times 10^{-4}) = 1 : 1$$

因此产物的化学式为 $Xe[PtF_6]$。

四、水平测试

1. 填空题(每空 1 分，共 20 分)

(1) 氢有三种同位素，分别为__________、__________和__________。

(2) 氢能与许多元素形成不同类型的氢化物，其中与盐的性质相似的为__________型氢化物，熔沸点通常较低的为__________型氢化物，可作为储氢合金材料的为__________型氢化物。

(3) $LiAlH_4$ 和 $NaBH_4$ 等复合氢化物在有机合成中常作为__________使用。

(4) 在稀有气体中，__________在空气中含量最高，__________的沸点最低，__________具有放射性。

(5) 在已合成的稀有气体化合物中，稀有气体__________的化合物最多；第一个人工合成的稀有气体化合物是__________(写出化学式)。

(6) 稀有气体可以液化，是由于__________，最容易被液化的稀有气体是__________。

(7) 当温度降低至 2.2 K 以下时，具有超导特性的稀有气体为__________。

(8) 稀有气体常见的用途：__________被用于代替空气供潜水员呼吸，以防止出水时

发生气栓病；__________被广泛用于制造霓虹灯或仪器中的指示灯；__________可作为某些化学反应或焊接的保护性气体；__________被用来制造“人造小太阳”。

(9) 不能用玻璃或石英器皿盛放 XeF_6，用化学方程式表示其原理为__________。

2. 是非题(用“√”、“×”表示对、错并填入括号中，每小题 1 分，共 10 分)

(　　) (1) 氢同位素形成的单质 H_2、D_2 和 T_2 的化学性质相同，但物理性质却有差别。

(　　) (2) 原子氢比分子氢的还原性更强。

(　　) (3) 如果某氢化物的水溶液为碱性，则此氢化物必为离子型氢化物。

(　　) (4) 储氢合金在一定温度和氢气压强下，能够可逆地大量吸收、储存和释放氢气。

(　　) (5) 氢元素既能与非金属，也能与金属元素化合形成化合物。

(　　) (6) 稀有气体分子都是单原子分子，仅仅存在较小的色散力。

(　　) (7) 高价态氟化物 XeF_6 具有强氧化性，低价态氟化物 XeF_2 具有强还原性。

(　　) (8) XeO_3 的氧化性很强，能将 Mn^{2+} 氧化成 MnO_4^-。

(　　) (9) 分子型氢化物由 p 区元素与氢形成，其水溶液均显酸性。

(　　) (10) *XeF_4 的空间构型为四面体形，中心原子为 sp^3 杂化。

3. 选择题[每小题 2 分，共 26 分，其中第(2)、(7)小题为多选，其余为单选]

(1) 下列性质中，H_2 不具备的是 (　　)。

A. 极难溶于水　B. 极难溶于有机溶剂　C. 强氧化性　D. 强还原性

(2) 下列元素的氢化物中，能与 H_2O 作用生成 H_2 的是(　　)。

A. Ca　B. P　C. B　D. Na

(3) 下列叙述中错误的是(　　)。

A. 氢原子可获得一个电子形成含 H^-的离子型二元化合物

B. 氢原子可失去一个电子形成含 H^+的离子型二元化合物

C. 过渡金属氢化物可开发作为优良的储氢材料

D. 在某些化合物中，氢原子可以形成氢桥

(4) GeH_4 所属的氢化物类型是(　　)。

A. 离子型　B. 共价型　C. 金属型　D. 都不是

(5) 下列金属中吸氢能力最强的是(　　)。

A. Ni　B. Fe　C. Pd　D. Pt

(6) 下列氢化物中含有氢桥键的物质是(　　)。

A. CaH_2　B. $PdH_{0.9}$　C. AsH_3　D. B_2H_6

(7) 离子型氢化物不具备的性质是(　　)。

A. 生成氢气　B. 氧化作用　C. 提供质子　D. 去除少量水分

(8) 在下列氢化物中，还原性最强的是(　　)。

A. HCl　B. NH_3　C. H_2S　D. AsH_3

(9) 首次成功合成稀有气体化合物 $Xe[PtF_6]$的科学家是(　　)。

A. N. Bartlett　B. S. W. Ramsay　C. J. Rayleigh　D. L. Pauling

(10) XeF_2 与 H_2O 反应的产物为(　　)。

A. $XeO_2 + HF$　B. $XeO_3 + HF$

C. $Xe + O_2 + HF$　D. $XeO_2 + O_2 + HF$

(11) *当用降温法分离下列稀有气体混合物时，最容易被活性炭吸附的是(　　)。

A. Ne　　B. Ar　　C. Kr　　D. Xe

(12) *重水(D_2O)的沸点为 101.4℃，这表明 D_2O 中的氢键比 H_2O 中的氢键(　　)。

A. 更强　　B. 更弱　　C. 相等　　D. 无法判断

(13) *下列氢化物中，稳定性最大的是(　　)。

A. LiH　　B. NaH　　C. KH　　D. RbH

4. 简答题[第(1)、(2)小题各 6 分，第(3)小题 8 分，第(4)、(5)小题各 12 分，共 44 分]

(1) 根据分子结构，判断下列化合物中有无氢键存在。如果存在氢键，判断是分子间氢键，还是分子内氢键。

①NH_3；②C_6H_6；③H_3BO_3；④HNO_3；⑤C_2H_6。

(2) 在目前人们合成出的稀有气体化合物中，氙的化合物数量最多，也最稳定，分析其原因。

(3) 根据分子轨道理论讨论下列分子或离子存在的可能性。

①He_2；② He_2^+；③HeH；④HeH^+。

(4) *写出由氙制备 XeF_2、XeF_4、XeF_6 以及这些化合物水解反应的化学方程式。

(5) *结合价层电子对互斥理论和杂化轨道理论，推断下列含氙化合物的空间构型以及中心原子的杂化方式。

①XeF_2；②XeF_4；③XeF_6；④XeO_3；⑤XeO_4；⑥$XeOF_4$。

参考答案

1. 填空题(每空 1 分，共 20 分)

(1) 氢(或 H)；氘(或 D)；氚(或 T)。

(2) 离子；分子；金属。

(3) 还原剂。

(4) Ar；He；Rn。

(5) Xe；$Xe[PtF_6]$。

(6) 分子间存在色散力；Xe。

(7) He。

(8) He；Ne；Ar；Xe。

(9) $2XeF_6 + SiO_2 \longrightarrow 2XeOF_4 + SiF_4$。

2. 是非题(用“√”、“×”表示对、错并填入括号中，每小题 1 分，共 10 分)

(1)(√)　(2)(√)　(3)(×)　(4)(√)　(5)(√)　(6)(√)　(7)(×)　(8)(√)　(9)(×)　(10)(×)

3. 选择题[每小题 2 分，共 26 分，其中第(2)、(7)小题为多选，其余为单选]

(1)(C)　(2)(ACD)　(3)(B)　(4)(B)　(5)(C)　(6)(D)　(7)(BC)　(8)(D)　(9)(A)　(10)(C)　(11)(D)　(12)(A)　(13)(D)

4. 简答题[第(1)、(2)小题各 6 分，第(3)小题 8 分，第(4)、(5)小题各 12 分，共 44 分]

(1) 存在氢键的分子有：①NH_3(分子间氢键)；③H_3BO_3(分子间氢键)；④HNO_3(分子内氢键)。

(2) 稀有气体的第一电离能[I_1/(kJ · mol^{-1})]分别为 He(2372)、Ne(2081)、Ar(1521)、Kr(1351)、Xe(1172)和 Rn(1037)。由于 He、Ne、Ar 的电离能大，其化合物极难制得。1995 年，HArF 的成功合成，为合成 He、Ne 的类似化合物带来了希望，但 He、Ne 真正的化合物目前尚未制得。到目前为止，只有原子体积较大、电离能较小的 Kr、Xe、Rn 生成了化合物，而且主要是 Xe 的化合物。Kr 比 Xe 的电离能高，形成的化合物数量比 Xe 少得多，同时稳定性也不如 Xe 化合物。Rn 的放射性强，半衰期很短，所以其化合物研究很少。

(3) He_2、He_2^+、HeH 和 HeH^+的分子轨道能级图如图 12-2 所示。

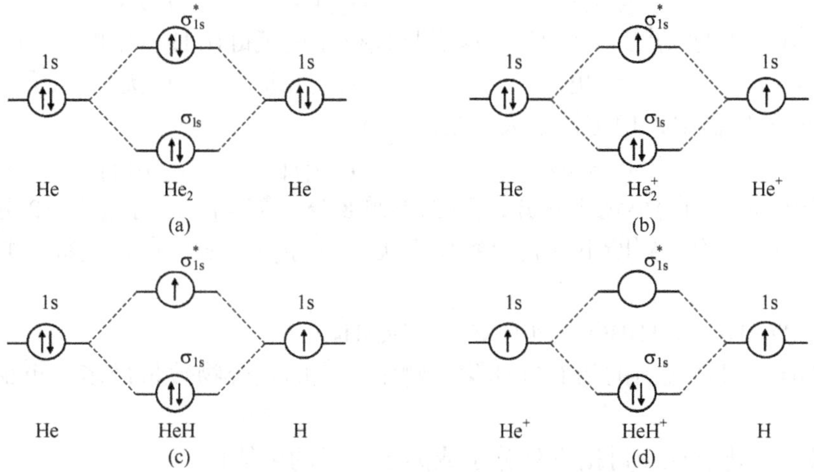

图 12-2　He_2、He_2^+、HeH 和 HeH^+的分子轨道能级图

① He_2：由图 12-2(a)可得，He_2的键级为(2 – 2)/2 = 0，说明两个 He 原子间不存在共价键，因此 He_2不存在。

② He_2^+：由图 12-2(b)可得，He_2^+的键级为(2 – 1)/2 = 0.5，键级较小但不为 0，表明 He_2^+有存在的可能性，两个 He 原子间的共价键较弱。

③ HeH：HeH 和 He_2^+的情况类似。

④ HeH^+：由图 12-2(d)可得，HeH^+的键级为(2 – 0)/2 = 1，He 与 H 原子间存在共价单键，因此 HeH^+有存在的可能性。

(4) 由氙制备 XeF_2、XeF_4、XeF_6的化学方程式为

$$Xe(g) + F_2(g) \xrightarrow{400℃,\ 1\ atm} XeF_2(g) \qquad (Xe过量)$$

$$Xe(g) + 2F_2(g) \xrightarrow{600℃,\ 6\ atm} XeF_4(g) \qquad (Xe : F_2 = 1 : 5)$$

$$Xe(g) + 3F_2(g) \xrightarrow{300℃,\ 60\ atm} XeF_6(g) \qquad (Xe : F_2 = 1 : 20)$$

上述三种氙的氟化物水解反应的化学方程式为

$$2XeF_2 + 2H_2O = 2Xe + O_2 + 4HF$$

$$6XeF_4 + 12H_2O = 2XeO_3 + 4Xe + 24HF + 3O_2$$

$$XeF_6 + H_2O = XeOF_4 + 2HF\ (不完全水解)$$

$$XeF_6 + 3H_2O = XeO_3 + 6HF\ (完全水解)$$

(5) ① XeF_2：根据价层电子对互斥理论，中心原子的价层电子对数为(8 + 2)/2 = 5，其中有 2 对成键电子对，3 对孤对电子，价电子对构型为三角双锥形。3 对孤对电子占据三角双锥赤道平面上的三个顶点，2 个 F 原子占据三角双锥的上下两个顶点，因此 XeF_2分子构型为直线形[图 12-3(a)]。中心 Xe 原子采取 sp^3d 杂化，2 个有单电子的杂化轨道分别与 2 个 F 原子成键，还余 3 个杂化轨道有孤对电子[图 12-3(b)]。

② XeF_4：根据价层电子对互斥理论，中心原子的价层电子对数为(8 + 4)/2 = 6，其中有 4 对成键电子对，2 对孤对电子，价电子对构型为八面体形。2 对孤对电子占据八面体的上下两个顶点，4 个 F 原子占据八面体赤道平面的四个顶点，因此 XeF_4分子构型为平面正方形[图 12-4(a)]。中心 Xe 原子采取 sp^3d^2 杂化，4 个有单电子的杂化轨道分别与 4 个 F 原子成键，还余 2 个杂化轨道有孤对电子[图 12-4(b)]。

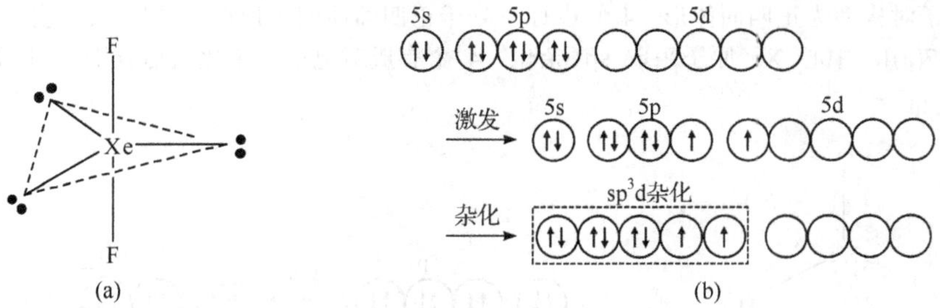

图 12-3 XeF_2 的电子对构型(a)及杂化轨道的形成(b)

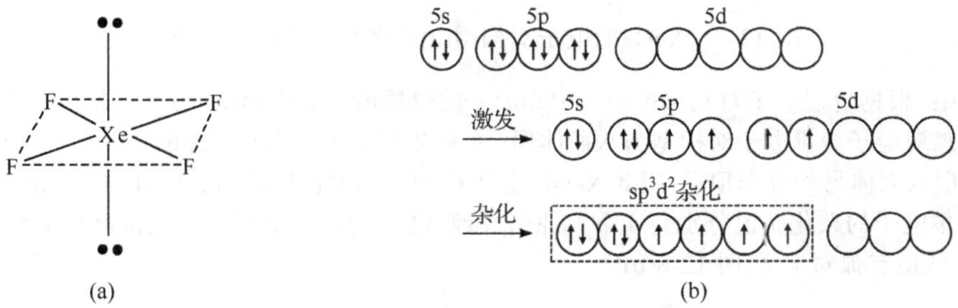

图 12-4 XeF_4 的电子对构型(a)及杂化轨道的形成(b)

③ XeF_6：根据价层电子对互斥理论，中心原子的价层电子对数为(8 + 6)/2 = 7，其中有 6 对成键电子对，1 对孤对电子，可以认为价电子对呈五角双锥形分布，其中 6 对成键电子对呈变形八面体分布。1 对孤对电子伸向八面体一条棱的中点，因此 XeF_6 分子构型为变形八面体[图 12-5(a)]。中心 Xe 原子采取 sp^3d^3 杂化，6 个有单电子的杂化轨道分别与 6 个 F 原子成键，还余 1 个杂化轨道有孤对电子[图 12-5(b)]。

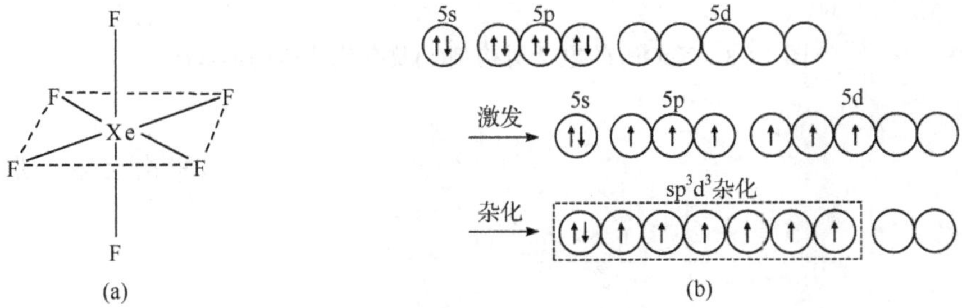

图 12-5 XeF_6 的电子对构型(a)及杂化轨道的形成(b)

④ XeO_3：根据价层电子对互斥理论，中心原子的价层电子对数为(8 + 0)/2 = 4，其中 3 对成键电子对，1 对孤对电子，价电子对构型为四面体形。1 对孤对电子占据四面体的 1 个顶点，3 个 O 原子占据四面体另外三个顶点，因此 XeO_3 分子构型为三角锥形[图 12-6(a)]。中心 Xe 原子采取 sp^3 杂化，3 个有成对电子的杂化轨道分别与 3 个 O 原子成键，还余 1 个杂化轨道有孤对电子[图 12-6(b)]。

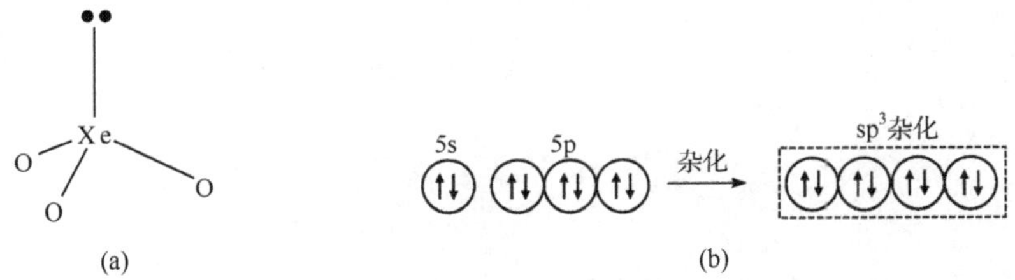

图 12-6 XeO_3 的电子对构型(a)及杂化轨道的形成(b)

⑤ XeO_4：根据价层电子对互斥理论，中心原子的价层电子对数为(8 + 0)/2 = 4，4 对价电子均为成键

电子对，价电子对构型为正四面体形。4 个 O 原子处于正四面体四个顶点，因此 XeO_4 分子构型也是正四面体形[图 12-7(a)]。中心 Xe 原子采取 sp^3 杂化，4 个有成对电子的杂化轨道分别与 4 个 O 原子成键[图 12-7(b)]。

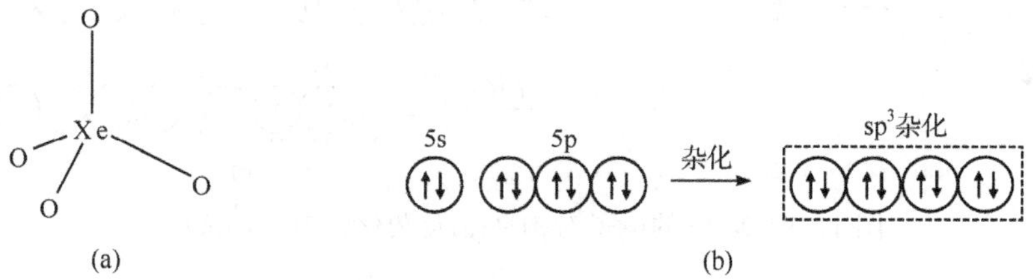

图 12-7 XeO_4 的电子对构型(a)及杂化轨道的形成(b)

⑥ $XeOF_4$：根据价层电子对互斥理论，中心原子的价层电子对数为(8 + 0 + 4)/2 = 6，其中 5 对成键电子对，1 对孤对电子，价电子对构型为八面体形。1 对孤对电子占据八面体的一个顶点，1 个 O 原子和 4 个 F 原子占据八面体另外五个顶点，因此 $XeOF_4$ 分子构型为四方锥形[图 12-8(a)]。中心 Xe 原子采取 sp^3d^2 杂化，4 个有单电子的杂化轨道分别与 4 个 F 原子成键，1 个有成对电子的杂化轨道与 1 个 O 原子成键，还余 1 个杂化轨道有孤对电子[图 12-8(b)]。

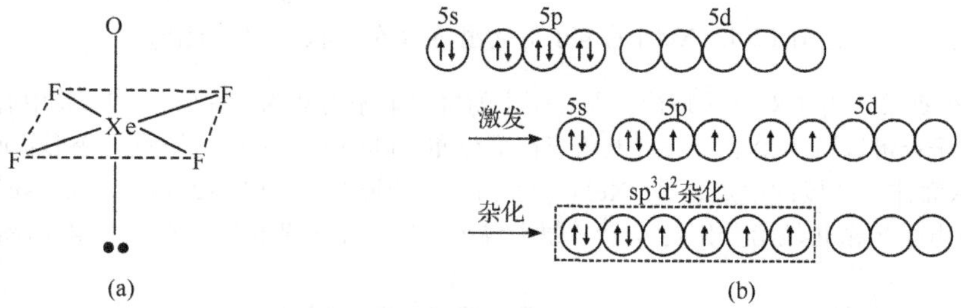

图 12-8 $XeOF_4$ 的电子对构型(a)及杂化轨道的形成(b)

(中南大学 张寿春)

第13章 碱金属和碱土金属

一、学习目标

(1) 描述碱金属和碱土金属元素的基本特征。

(2) 概述碱金属和碱土金属元素的几类重要化合物，如氧化物、氢氧化物和盐的主要性质、制备方法及重要用途。

(3) 运用对角线规则分析解释某些元素及其化合物的性质上的相似性。

二、重难点解析

本章主要介绍碱金属和碱土金属元素的基本性质，碱金属和碱土金属单质及重要化合物的性质、制备及重要用途，对角线规则及某些元素性质的相似性。依据结构决定性质，抓住物质的结构特征，理解物质的性质及其变化规律。

(一) 碱金属和碱土金属元素概述

碱金属和碱土金属位于元素周期表的 s 区，价层电子构型分别为 ns^1 和 ns^2，很容易失去最外层 s 电子，化学性质活泼，具有强还原性。在大多数情况下，它们易形成离子型化合物，但仍显一定程度的共价性，其中 Li 和 Be 与同族其他元素相比，原子半径最小，电离能最高，相对较易形成共价键。

在同一周期中碱金属和碱土金属的原子半径最大，第一电离能最低。同一族中，从上至下碱金属和碱土金属的原子半径依次增加，电离能和电负性依次减小，金属活泼性依次增强。

(二) 碱金属和碱土金属的单质

1. 制备

由于碱金属和碱土金属的活泼性很强，通常只能用电解法、热还原法或金属置换法来制备相应的金属单质。例如，电解熔融 NaCl 可制备金属钠，高温下用金属还原 KCl 可制得金属钾。

2. 物理性质及用途

碱金属和碱土金属的单质都具有金属光泽，密度小(轻)，硬度小(软)，熔点低，有良好的导电性和延展性。碱金属的一个重要特性是能形成液态合金，最重要的液态合金为钾钠合金，可用作核反应堆的冷却剂。镁主要用于制造轻合金，镁合金因其具有很好的机械强度和质轻的特点，是非常重要的结构材料。

3. 化学性质

碱金属和碱土金属的化学性质都很活泼，能与许多非金属元素化合生成离子型化合物。

除锂外，碱金属和水发生剧烈反应，放出氢气而易爆炸。值得注意的是，虽然 $E^\ominus(Li^+/Li)$ 比 $E^\ominus(Na^+/Na)$ 要小，但是锂与水反应却不如钠剧烈。这是因为锂的熔点比钠更高，放出的热量不足以使锂熔化，而钠与水反应时放出的热量能使其熔化，与水的接触面积增大而使反应速率增加；此外，锂与水反应生成的氢氧化锂的溶解度较小，覆盖在金属表面，也降低了反应速率。

除了铍和镁表面能形成致密的保护膜而对水稳定外，其他碱土金属也容易与水反应生成氢气，但反应远没有碱金属剧烈。

碱金属和碱土金属的强还原性使它们能用作有机合成中的还原剂。钠的还原性很强，导致某些反应太剧烈，难以控制，因此很难将其直接作为有机合成反应中的还原剂，但是将钠和汞混合生成钠汞合金(即钠汞齐)后，其还原性会大幅降低。因此，钠汞齐常被用作有机合成中的还原剂。

(三) 碱金属和碱土金属的重要化合物

碱金属和碱土金属元素的电负性小，容易失去最外层的 s 电子，因此它们的化合物大多数是离子型化合物。其中 Li^+和 Be^{2+}由于半径非常小，极化作用很强，因此这两种元素形成的化合物具有比较明显的共价性。

1. 氧化物

碱金属与氧化合可生成普通氧化物(M_2O)、过氧化物(M_2O_2)、超氧化物(MO_2)和臭氧化物(MO_3)等氧化产物，碱土金属与氧化合一般生成普通氧化物(MO)，只有活泼性较强的钡生成过氧化物(BaO_2)。过氧离子(O_2^{2-})的键级为 1，无单电子，为反磁性。超氧离子(O_2^-)的键级为 1.5，含有一个单电子，为顺磁性。臭氧离子(O_3^-)比 O_3 分子多一个电子，为顺磁性。

碱金属在空气中燃烧时，锂生成普通氧化物 Li_2O，钠生成过氧化物 Na_2O_2，钾、铷和铯生成超氧化物 KO_2、RbO_2 和 CsO_2。Na_2O 可通过 Na 还原 Na_2O_2 制备，K_2O 可通过 K 还原 KNO_3 制备。

碱土金属氧化物(MO)可通过加热分解碳酸盐或氢氧化物等方法来制备。与碱金属离子相比，碱土金属离子的电荷高、半径小，所以碱土金属氧化物具有较大的晶格能，熔点都很高，硬度也很大，如 BeO 和 MgO 都可作为耐高温材料和高温陶瓷。

Na_2O_2 是最重要的碱金属过氧化物，它与水或稀酸作用生成 H_2O_2，这是实验室制备 H_2O_2 的常用方法。在潮湿的空气中，Na_2O_2 能吸收 CO_2 并放出 O_2，因此可用作氧气发生剂，在高空飞行或潜水时提供氧。利用 Na_2O_2 的强氧化性，可将其用作漂白剂。

超氧化物是一种很强的氧化剂，与水剧烈反应，释放出 O_2 和 H_2O_2。超氧化物与 CO_2 反应放出 O_2，利用这一特性，可以用超氧化物除去 CO_2 和再生 O_2。由于 KO_2 较容易制备，因此常被用于急救器中。

2. 氢氧化物

碱金属和碱土金属氢氧化物中，除了 $Be(OH)_2$ 为两性外，其余都是强碱和中强碱，且碱性随着金属元素周期数的增加而增大。

NaOH 是最重要的碱金属氢氧化物，为强碱性，能够与许多物质发生反应。配制 NaOH 溶液时必须注意密封，以免吸收空气中的 CO_2 生成 Na_2CO_3 而导致不纯。工业上采用电解食盐水的方法生产 NaOH。

3. 盐类

1) 盐的性质

(1) 晶体类型。绝大多数碱金属和碱土金属的盐为离子晶体，熔点较高。Li^+ 和 Be^{2+} 比较特殊，它们的半径很小，极化作用很强，因此形成的某些盐(如卤化物)表现出较强的共价性。

(2) 溶解性。

碱金属盐大多易溶于水，少数盐难溶于水。锂的强酸盐易溶于水，弱酸盐溶解性较差，如 LiF、Li_2CO_3 和 Li_3PO_4 等。此外，还有少数含较大阴离子的碱金属盐较难溶于水，如 $KClO_4$、K_2PtCl_6 等。钠盐的溶解度一般比钾盐更大，钠盐的吸湿性也比相应的钾盐更强，在化学分析中常见的标准试剂多用钾盐。

碱土金属的盐比相应的碱金属盐的溶解性小，并且许多碱土金属的盐较难溶。钙盐中以 CaC_2O_4 的溶解度最小，因此常用生成白色 CaC_2O_4 的沉淀反应来鉴定 Ca^{2+}。

碱金属和碱土金属盐类的溶解性通常符合以下经验规律。

(i) 阳离子电荷越小、半径越大的盐，其溶解度较大。例如，碱金属的氟化物比碱土金属的氟化物溶解度大。

(ii) 阴离子的半径较大时，其盐的溶解度常随金属原子序数的增大而减小。例如，I^-、SO_4^{2-} 和 CrO_4^{2-} 的半径大，从 $Li^+ \rightarrow Cs^+$、从 $Be^{2+} \rightarrow Ba^{2+}$ 相应盐的溶解度减小。

(iii) 阴离子的半径较小时，其盐的溶解度常随金属原子序数的增大而增大。例如，F^- 和 OH^- 的半径小，从 $Li^+ \rightarrow Cs^+$、从 $Be^{2+} \rightarrow Ba^{2+}$ 相应盐的溶解度增大。

(iv) 盐的正负离子半径相差较大时，其溶解度一般较大；相反，盐的正负离子半径相近时，其溶解度一般较小。

(3) 热稳定性。碱金属的盐一般都具有较高的热稳定性，其中硝酸盐的热稳定性较差。碱土金属盐的热稳定性比碱金属盐差，但在常温下也都很稳定。碱土金属的碳酸盐、硫酸盐的稳定性均随金属离子的半径增大而增强，分解温度依次升高。

(4) 形成结晶水合物的倾向。碱金属盐较易形成结晶水合物，碱土金属盐形成水合物的倾向小于碱金属。一般来说，离子半径越小、所带电荷越多，它作用于水分子的电场越强，形成水合物的趋势越大。

(5) 形成复盐的能力。除锂以外的碱金属盐，尤其是硫酸盐和卤化物具有形成复盐的能力。这些复盐主要有两种类型：一类为光卤石类，通式为 $MCl \cdot MgCl_2 \cdot 6H_2O$，如光卤石 $KCl \cdot MgCl_2 \cdot 6H_2O$；另一类为矾类，通式为 $MM(Ⅲ)(SO_4)_2 \cdot 12H_2O$，如明矾

$KAl(SO_4)_2 \cdot 12H_2O$。

2) 几种重要的盐

(1) 卤化物。

NaCl 是最常见、用途最广的卤化物。除供食用外，NaCl 还是重要的化工原料，可用于制取金属钠、氢氧化钠、碳酸钠、氯气和盐酸等。NaCl 与冰的混合物是实验室常用的制冷剂。

$BeCl_2$ 为共价化合物。温度高于 1020 K 时，气态 $BeCl_2$ 以单分子形态存在，其中 Be 为 sp 杂化；温度低于 1020 K 时，气态 $BeCl_2$ 形成双聚分子$(BeCl_2)_2$，其中 Be 为 sp^2 杂化；固态时形成链状多聚物$(BeCl_2)_n$，其中 Be 为 sp^3 杂化。

$MgCl_2$ 有吸潮性，普通食盐受潮结块就是因为含有 $MgCl_2$。$MgCl_2$ 的凝固点较低，常用作融雪剂。

无水 $CaCl_2$ 有很强的吸水性，是一种重要的干燥剂，但不能干燥氨气和乙醇，因为 $CaCl_2$ 能与气态氨和乙醇形成加成物。

(2) 碳酸盐。Na_2CO_3 俗称苏打或纯碱，是十分重要的化工原料。$NaHCO_3$ 又称小苏打，是发酵粉的主要成分，可用来烘烤面包。$CaCO_3$ 是石灰石和大理石的主要成分，是重要的建筑材料，工业上用途甚广。

(3) 硫酸盐。硫酸盐中比较重要的有硫酸钠、硫酸钙和硫酸钡等。$Na_2SO_4 \cdot 10H_2O$ 俗称芒硝，是一种良好的相变储热材料。$CaSO_4 \cdot 2H_2O$ 俗称生石膏，加热脱水变成熟石膏 $CaSO_4 \cdot 1/2H_2O$。$BaSO_4$ 称为钡白，可作白色颜料，因其无毒，能吸收 X 射线，还被用作肠胃系统 X 射线造影剂。

4. 配合物

通常来说，碱金属和碱土金属与单齿配体很难形成稳定的配合物，而与某些配位能力较强的多齿配体作用，能形成稳定的螯合物或者大环配合物。例如，一些碱土金属离子与 EDTA 形成稳定性很高的螯合物；K^+和 Na^+能够与一些冠醚形成冠醚配合物，金属离子与冠醚之间通过静电作用力结合；叶绿素是一种含镁的卟啉配合物。

(四) 对角线规则

在 s 区和 p 区元素中，处于对角线位置的 Li 与 Mg、Be 与 Al、B 与 Si 这三对元素的性质非常相似，这种元素性质的相似性称为对角线规则。

对角线规则产生的原因可以用离子极化观点予以解释。上述三对元素由于电荷数和半径的影响恰好相反，它们的离子极化作用比较相近，从而使它们的许多性质有相似之处。或者用离子势 φ 的概念解释，以上三对元素的离子势相近，离子的电场强度相近，所以性质相似。

三、习题解析

13-1 为什么碱金属或碱土金属离子的水合热依次减弱？

答 离子的半径越小，正电荷数越高，结合水分子的能力越强，其水合热越大，碱金属或碱土金属离子各自的电荷数相同，而离子半径逐步增大，因此它们各自的水合热依次减弱。

13-2 金属钠是强还原剂，试写出它与下列物质的反应方程式：

H_2O、NH_3、C_2H_5OH、Na_2O_2、$NaNO_2$、MgO、$TiCl_4$

答

$$2Na + 2H_2O \xlongequal{\quad} 2NaOH + H_2\uparrow$$

$$2Na + 2NH_3(l) \xlongequal{\quad} 2NaNH_2 + H_2\uparrow$$

$$2Na + 2C_2H_5OH(\text{无水}) \xlongequal{\quad} 2C_2H_5ONa + H_2\uparrow$$

$$2Na + Na_2O_2 \xlongequal{\quad} 2Na_2O$$

$$2Na + 2NaOH \xlongequal{\quad} 2Na_2O + H_2\uparrow$$

$$2Na + 2NaNO_2 \xlongequal{\triangle} 2Na_2O + N_2\uparrow$$

$$2Na + MgO \xlongequal{\triangle} Na_2O + Mg$$

$$4Na + TiCl_4 \xlongequal{\quad} 4NaCl + Ti$$

13-3 用化学方程式表示下列物质的制备过程。

(1) 以食盐为原料制备 Na、NaOH、Na_2O_2、Na_2CO_3。

(2) 以重晶石为原料制备 $BaCl_2$、$BaCO_3$、BaO。

答 电解熔融食盐制备金属钠：

$$2NaCl(l) \xlongequal{\text{电解}} 2Na(l) + Cl_2(g)$$

电解食盐水制备氢氧化钠：

$$2NaCl + 2H_2O \xlongequal{\text{电解}} 2NaOH + H_2\uparrow + Cl_2\uparrow$$

所得 NaOH 与 H_2O_2 反应可制得 Na_2O_2：

$$2NaOH + H_2O_2 \xlongequal{\quad} Na_2O_2 + 2H_2O$$

Na_2O_2 吸收 CO_2 气体生成 Na_2CO_3：

$$2Na_2O_2 + 2CO_2 \xlongequal{\quad} 2Na_2CO_3 + O_2$$

(2) 将重晶石粉末与煤粉混合，然后在转炉中高温焙烧，使难溶的 $BaSO_4$ 转化为可溶性的 BaS：

$$BaSO_4 + 4C \xlongequal{\text{高温}} BaS + 4CO\uparrow$$

将 BaS 与盐酸反应，生成 $BaCl_2$：

$$BaS + 2HCl \xlongequal{\quad} BaCl_2 + H_2S\uparrow$$

在 $BaCl_2$ 溶液中加入 Na_2CO_3 溶液，可生成 $BaCO_3$ 沉淀：

$$BaCl_2 + Na_2CO_3 \xlongequal{\quad} BaCO_3\downarrow + 2NaCl$$

$BaCO_3$ 加热分解可制备 BaO：

$$BaCO_3 \xlongequal{\text{高温}} BaO + CO_2\uparrow$$

13-4 如何利用镁和铍在性质上的差别来区分和分离下列各组物质？

(1) $Be(OH)_2$ 与 $Mg(OH)_2$；(2) $BeCO_3$ 与 $MgCO_3$；(3) BeF_2 与 MgF_2。

答 (1) 利用 $Be(OH)_2$ 可溶于 NaOH，而 $Mg(OH)_2$ 不溶，可将两者分离。

(2) $BeCO_3$ 受热易分解，$MgCO_3$ 受热不易分解。

(3) BeF_2 可溶于水，MgF_2 不溶于水，可将两者分离。

13-5 用最简便的方法鉴别下列各组物质。

(1) LiCl 与 NaCl　(2) CaH_2 与 $CaCl_2$　(3) NaOH 与 $Ba(OH)_2$

(4) $CaCO_3$ 与 $Ca(HSO_3)_2$　(5) $NaNO_3$ 与 $Na_2S_2O_3$　(6) Li_2CO_3 与 CsCl

(7) $BaSO_4$ 与 $BeSO_4$　(8) $CaCO_3$ 与 $Ca(HCO_3)_2$

答 (1) 加入 Na_2CO_3，有沉淀生成的是 LiCl。

(2) 加入 $AgNO_3$，有沉淀生成的是 $CaCl_2$。

(3) 加入 H_2SO_4，有沉淀生成的是 $Ba(OH)_2$。

(4) 加入高锰酸钾溶液，使高锰酸钾溶液褪色的是 $Ca(HSO_3)_2$。

(5) 加入 I_2 的淀粉溶液，可使淀粉褪色的是 $Na_2S_2O_3$。

(6) 加入 $FeCl_3$ 的浓盐酸溶液中，有橙红色结晶生成的是 CsCl。

(7) 加入 $BaNO_3$，有白色沉淀生成的是 $BeSO_4$。

(8) 溶于水中，可溶的是 $Ca(HCO_3)_2$。

13-6 解释下列事实：

(1) LiCl 能溶于有机溶剂，而 NaCl 不溶。

(2) 尽管 Li 的电离能大于 Cs，但 $E^\ominus(Li^+/Li)$ 却小于 $E^\ominus(Cs^+/Cs)$。

(3) $E^\ominus(Li^+/Li)$ 比 $E^\ominus(Na^+/Na)$ 小，但 Li 与水反应却不如 Na 剧烈。

(4) 向 $MgCl_2$ 溶液中加入氨水，有白色沉淀生成；再加入 NH_4Cl 固体后，白色沉淀消失。

(5) 电解熔融 NaCl 制金属钠时，常需加入 $CaCl_2$ 作助熔剂。

(6) 配制黑火药时常用 KNO_3 而不用 $NaNO_3$。

(7) 碱土金属比相应碱金属熔点高、硬度大。

(8) 加热 $MgCl_2 \cdot 6H_2O$ 无法制得无水 $MgCl_2$。

(9) 向含 CaC_2O_4 的悬浊液中加入 EDTA 的钠盐，CaC_2O_4 溶解。

答 (1) LiCl 是以共价键为主的化合物，因此易溶于有机溶剂，而 NaCl 是离子型化合物，因此难溶于有机溶剂。

(2) Li^+ 半径小，水合能大，因此使得 $E^\ominus(Li^+/Li)$ 小于 $E^\ominus(Cs^+/Cs)$。

(3) 标准电极电势的大小反映了反应进行的倾向或趋势，属于热力学范畴，不能决定反应速率的大小。Li 与水反应不如 Na 剧烈，主要有两点原因：一是 Li 的熔点比 Na 更高，放出的热量不足以使 Li 熔化；而 Na 的熔点较低，与水反应时放出的热使 Na 熔化，与水的接触面积增大而使反应速率增加；二是 Li 与水反应生成的 LiOH 的溶解度较小，覆盖在金属表面，也降低了反应速率，而 NaOH 的溶解度很大，不会阻碍 Na 与水的反应。

(4) $MgCl_2$ 溶液中加入氨水后生成 $Mg(OH)_2$ 白色沉淀。

$$MgCl_2 + 2NH_3 + 2H_2O = Mg(OH)_2\downarrow + 2NH_4Cl$$

再加入 NH_4Cl 固体，促进了上述平衡向左移动，因此 $Mg(OH)_2$ 又会溶解。

也可以理解为：$Mg(OH)_2$ 虽然难溶于水，但由于其呈弱碱性，因此可溶于弱酸性溶液，如 NH_4Cl 溶液。

$$Mg(OH)_2 + 2NH_4Cl = MgCl_2 + 2NH_3\uparrow + 2H_2O$$

(5) 钠的沸点与 NaCl 的熔点相近，容易挥发失掉钠。在 NaCl 中加入 $CaCl_2$ 后，熔点由纯 NaCl 的 1074 K 降低至 873 K。这样，在 NaCl 熔化时，其温度远没有达到钠的沸点，因而可以防止钠的挥发。

(6) Na^+半径比 K^+小，极化能力更强，水合热大，因而 $NaNO_3$ 易吸水潮解，配制的黑火药不易长期保存，容易失效；KNO_3 不易潮解，配制的黑火药可长期保存而不失效。

(7) 与碱金属离子相比，碱土金属离子的电荷多、半径小，所以碱土金属氧化物具有较大的晶格能，熔点较高，硬度也较大。

(8) 加热 $MgCl_2 \cdot 6H_2O$ 不能得到无水盐，因为会发生水解：

$$MgCl_2 \cdot 6H_2O \xrightarrow{\triangle} Mg(OH)Cl + HCl + 5H_2O$$

(9) EDTA 能与 Ca^{2+}形成更稳定的 Ca-EDTA 配合物，促使 CaC_2O_4 的解离平衡正向进行而溶解。

13-7　NaOH 溶液能吸收空气中的 CO_2 生成 Na_2CO_3 而导致不纯，在实验室该如何配制较纯的 NaOH 溶液？

答　为了配制不含 Na_2CO_3 的 NaOH 溶液，可先配制饱和的 NaOH 溶液，Na_2CO_3 在饱和 NaOH 溶液中溶解度极小而易析出沉淀。密封静置较长时间后，将沉淀出来的 Na_2CO_3 过滤除去，得到的清液即为较纯的 NaOH 溶液。

13-8　镁在空气中燃烧所得的产物与水反应时放出大量的热，并能闻到氨的气味，写出有关反应式。

答

$$3Mg + N_2 = Mg_3N_2$$

$$Mg_3N_2 + 3H_2O = 3Mg(OH)_2 + 2NH_3\uparrow$$

13-9　查阅资料，分析锂元素作为锂离子电池材料的优势和不足。

答　锂元素作为锂离子电池材料的优势主要包括以下几点。

(1) 高能量密度：锂元素具有极高的电负性和原子质量，使得锂离子电池具有较高的能量密度，体积和质量较小，方便携带和移动。

(2) 平均输出电压高：锂离子电池的平均输出电压高达 3.6 V，是其他电池的 3 倍以上，可以提供更高的能量输出。

(3) 输出功率大：锂离子电池的输出功率较大，可以满足各种电子设备的高功率需求。

(4) 自放电小：锂离子电池的自放电率较低，每月仅为 10%以下，不到其他电池的一半，可以长时间保存能量。

(5) 无记忆效应：锂离子电池没有记忆效应，可以随时充放电，方便使用和维护。

(6) 允许工作温度范围宽：锂离子电池可以在 $-30\sim+45$℃的环境下使用，适应各种环境条件。

(7) 对环境污染小：锂元素本身是一种较为环保的元素，在生产、使用和报废过程中不含有也不产生铅、镉、汞等有毒重金属物质，对环境影响较小。

锂元素作为锂离子电池材料的不足之处包括以下几点。

(1) 易燃性：锂离子电池中的有机电解质具有易燃性，如果暴露在高温、高压或明火中，可能导致燃烧或爆炸。

(2) 充电效率低：与某些其他电池相比，锂离子电池的充电效率可能较低，需要较长时间充电。

(3) 制造成本高：锂资源储量有限，大多数锂资源集中于海拔 4000 m 以上高原盐湖，开发利用困难，导致锂离子电池的制造成本较高。

13-10 试说明为什么碱土金属氧化物的熔点会有如下变化。

	BeO	MgO	CaO	SrO	BaO
熔点/K	2803	3125	2887	2693	2191

答 碱土金属氧化物的熔点的变化总趋势是从 Mg 到 Ba 逐渐降低，这是从 Mg 到 Ba 金属离子半径依次增大、氧化物的晶格能依次减小所致。而 BeO 的熔点反常是 Be^{2+}半径很小，极化作用很大，BeO 的离子键成分降低，共价键成分较其他氧化物更多所致。

13-11 根据赫斯定律计算通过以下两种方法制得 NaCl(s)的 $\Delta_f H_m^\ominus$，并作比较(设温度为 298 K)。

(1) $Na(s) + H_2O(l) = NaOH(s) + \frac{1}{2}H_2(g)$　　$\Delta_r H_m^\ominus = -140.89\ kJ\cdot mol^{-1}$

$\frac{1}{2}H_2(g) + \frac{1}{2}Cl_2(g) = HCl(g)$　　$\Delta_r H_m^\ominus = -92.31\ kJ\cdot mol^{-1}$

$HCl(g) + NaOH(s) = NaCl(s) + H_2O(l)$　　$\Delta_r H_m^\ominus = -177.80\ kJ\cdot mol^{-1}$

(2) $\frac{1}{2}H_2(g) + \frac{1}{2}Cl_2(g) = HCl(g)$　　$\Delta_r H_m^\ominus = -92.31\ kJ\cdot mol^{-1}$

$Na(s) + HCl(g) = NaCl(s) + \frac{1}{2}H_2(g)$　　$\Delta_r H_m^\ominus = -318.69\ kJ\cdot mol^{-1}$

解 (1) 将三个反应式相加得

$$Na(s) + \frac{1}{2}Cl_2(g) = NaCl(s)$$

$\Delta_f H_m^\ominus[NaCl(s)] = -140.89 - 92.31 - 177.80\ (kJ\cdot mol^{-1}) = -411.00\ (kJ\cdot mol^{-1})$

(2) 将两个反应式相加得

$$Na(s) + \frac{1}{2}Cl_2(g) = NaCl(s)$$

$$\Delta_f H_m^\ominus[NaCl(s)] = -92.31 - 318.69\ (kJ\cdot mol^{-1}) = -411.00\ (kJ\cdot mol^{-1})$$

计算表明，两种方法得到的结果相同。

四、水 平 测 试

1. 填空题(每空 1 分，共 25 分)

(1) 写出下列物质的化学式：

①生石膏________；②芒硝________；③天青石________；

④方解石________；⑤萤石________；⑥冰晶石________；

⑦重晶石________；⑧钡白________；⑨小苏打________。

(2) 周期表中处于斜线位置的________、________、________三组元素的性质十分相似，人们习惯上将这种现象称为“对角线规则”。

(3) 普通食盐容易潮解是因为含有少量________。

(4) 电解熔盐法制得的金属钠一般含有少量________，其原因是________。

(5) $Ba(OH)_2$ 试剂在空气中放置一段时间后，瓶内出现的一层白膜是________。

(6) 碱金属的一个重要特性是能形成液态合金，其中________合金的比热容很高，可以用作核反应堆的冷却剂。

(7) ________原子钟是一种精度非常高的计时器，这种钟表可以连续走时 600 万年，累计误差小于 1 s。

(8) 碱土金属的氧化物都可以作为吸水剂，其中________最便宜，是常用的吸水剂。

(9) Na_2O_2 可用作氧气发生剂，用于高空飞行或潜水时的供氧剂，请用化学方程式表示其化学原理________。

(10) 叶绿素是金属________的螯合物。

(11) 在 Ca 的四种化合物 $CaSO_4$、$Ca(OH)_2$、CaC_2O_4、$CaCl_2$ 中，溶解度最小的是________。

(12) 在碱土金属的氢氧化物中，除了________能溶于水外，其余皆微溶或难溶于水。

(13) *s 区的金属元素属于活泼金属元素，通常易形成离子型化合物，但有两种元素的化合物通常表现出较强的共价性，这两种元素是________和________。

2. 是非题(用“√”和“×”表示对、错并填入括号中，每小题 1 分，共 10 分)

( ) (1) 碱金属是典型的活泼金属，其氢氧化物都是强碱。

( ) (2) 碱金属盐均易溶于水。

( ) (3) 由 Li 至 Cs 的原子半径逐渐增大，所以其第一电离能也逐渐增大。

( ) (4) 无水 $CaCl_2$ 是一种十分重要的干燥剂，可用来干燥氯气和氨气。

( ) (5) 价电子层为 ns^2 的元素均为碱土金属元素。

( ) (6) 碱金属和碱土金属都很活泼，因此它们在自然界中不能以单质形式存在。

( ) (7) 碳酸及碳酸盐的热稳定性次序是 $Na_2CO_3 > NaHCO_3 > H_2CO_3$。

( ) (8) *Be 与同族其他元素相比，离子半径小，极化作用强，因此 Be 形成的化学键共价性较强。

( ) (9) *碱土金属碳酸盐的稳定性随金属离子半径的增大而增大。

( ) (10) *碱金属和碱土金属均为非常活泼的 s 区金属元素，不能形成稳定的配合物。

3. 选择题[每小题 2 分，共 20 分，其中第(6)、(7)小题为多选，其余为单选]

(1) 下列元素中第一电离能最小的是( )。

A. Li B. Be C. Na D. Mg

(2) 下列碳酸盐，溶解度最小的是( )。

A. $NaHCO_3$ B. Na_2CO_3 C. Li_2CO_3 D. K_2CO_3

(3) 下列金属在空气中燃烧能生成超氧化物的是( )。

A. Ba B. Na C. Mg D. K

(4) s 区元素的氢氧化物中，显两性的有( )。

A. LiOH B. $Be(OH)_2$ C. $Mg(OH)_2$ D. $Ca(OH)_2$

(5) 在急救器和消防队员的空气背包中常存放的一种用来除去 CO_2 和再生 O_2 的物质是( )。

A. Na_2O_2　　B. K_2O_2　　C. NaO_2　　D. KO_2

(6) 下列关于锂的性质描述，错误的是(　　)。

A. 锂盐通常易溶于水

B. 锂的氢化物的稳定性远高于其他碱金属的氢化物

C. 锂离子电荷密度高，极化能力强，倾向于形成共价键

D. 锂和其他碱金属元素的硝酸盐分解都生成亚硝酸盐

(7) 下列关于 s 区元素的性质与用途的叙述中，不正确的是(　　)。

A. 锂主要用于制造轻合金，广泛地应用于航空、航天、运输、通信等许多领域

B. 碱金属密度小，在空气中极易被氧化，因此可以将它们保存在无水煤油中

C. s 区元素的许多化合物可用于制造焰火或信号弹

D. 钠和汞混合生成的钠汞齐常被用作有机合成中的还原剂

(8) 下列碳酸盐中，热稳定性最差的是(　　)。

A. $BaCO_3$　　B. $CaCO_3$　　C. K_2CO_3　　D. Na_2CO_3

(9) *下列氯化物中，能溶于有机溶剂的是(　　)。

A. NaCl　　B. LiCl　　C. $CaCl_2$　　D. KCl

(10) *下列化合物中，具有顺磁性的是(　　)。

A. Na_2O_2　　B. SrO　　C. KO_2　　D. BaO_2

4. 推断题(每小题 5 分，共 10 分)

(1) 将白色固体 A 加强热，可得到白色固体 B 和无色气体 C。将气体 C 通入饱和石灰水中得到白色固体 D。如果将少量 B 加入水中，所得 E 溶液能使红色石蕊试纸变蓝。E 溶液被盐酸中和后，经蒸发干燥得到白色固体 F。用 F 做焰色反应，火焰呈绿色。如果 E 溶液与 H_2SO_4 反应，则得到白色沉淀 G，G 不溶于盐酸。根据上述实验现象推断 A、B、C、D、E、F、G 各为何种物质，并写出相关反应式。

(2) 某固体混合物可能含有 $MgCO_3$、Na_2SO_4、$Ba(NO_3)_2$、$AgNO_3$ 和 $CuSO_4$。混合物投入水中得到无色溶液和白色沉淀；将溶液进行焰色试验，火焰呈黄色；沉淀可溶于稀盐酸并放出气体。试判断哪些物质肯定存在，哪些物质可能存在，哪些物质肯定不存在，并分析原因。

5. 简答题(每小题 5 分，共 35 分)

(1) 可用电解熔融 NaCl 的方法制金属 Na，不能用电解熔融 KCl 的方法制金属 K，试说明原因。

(2) 试设计两种不同的实验方案来区分 NaOH 和 $Ca(OH)_2$。

(3) 按标准电极电势判断，金属镁应当和水反应而置换出 H_2。但在室温下 Mg 和 H_2O 的反应极不明显，Mg 和 NH_4Cl 溶液却可以反应，试说明原因。

(4) LiX 在非极性溶剂中的溶解顺序为 LiI > LiBr > LiCl > LiF，试说明原因。

(5) *某些土壤的碱性是由于含 Na_2CO_3，农民通过加入石膏可以降低土壤的碱性，试作简要的解释。

(6) *Be^{2+}、Mg^{2+}、Ca^{2+}、Sr^{2+}、Ba^{2+}的水合热依次减弱，试说明原因。

(7) *已知氯化铍在温度高于 1020 K 时以单分子形态存在，其中 Be 原子为 sp 杂化；温度低于 1020 K，氯化铍以二聚体形态存在，其中 Be 原子为 sp^2 杂化；固态氯化铍具有链状

结构，其中 Be 原子为 sp^3 杂化。对以上三种不同状态下的氯化铍进行成键情况分析，并画出它们的结构示意图。

参考答案

1. 填空题(每空 1 分，共 25 分)

(1) ① $CaSO_4 \cdot 2H_2O$；② $Na_2SO_4 \cdot 10H_2O$；③ $SrSO_4$；④ $CaCO_3$；⑤ CaF_2；⑥ Na_3AlF_6；⑦ $BaSO_4$；⑧ $BaSO_4$；⑨$NaHCO_3$。

(2) Li 与 Mg；Be 与 Al；B 与 Si。

(3) $MgCl_2$。

(4) Ca；电解时加入 $CaCl_2$ 助溶剂而有少量的钙电解时析出。

(5) $BaCO_3$。

(6) 钾钠。

(7) 铯。

(8) CaO(或生石灰)。

(9) $2Na_2O_2 + 2CO_2 = 2Na_2CO_3 + O_2$。

(10) Mg。

(11) CaC_2O_4。

(12) $Ba(OH)_2$。

(13) Li；Be。

2. 是非题(用“√”和“×”表示对和错并填入括号，每小题 1 分，共 10 分)

(1) (×) (2) (×) (3) (×) (4) (×) (5) (×) (6) (√) (7) (√) (8) (√) (9) (√) (10) (×)

3. 选择题[每小题 2 分，共 20 分，其中第(6)、(7)小题为多选，其余为单选]

(1) (C) (2) (C) (3) (D) (4) (B) (5) (D) (6) (AD) (7) (AB) (8) (B) (9) (B) (10) (C)

4. 推断题(每小题 5 分，共 10 分)

(1) A：$BaCO_3$；B：BaO；C：CO_2；D：$CaCO_3$；E：$Ba(OH)_2$；F：$BaCl_2$；G：$BaSO_4$。

相关的反应方程式为

A→B：$BaCO_3 \xrightarrow{\triangle} BaO + CO_2\uparrow$

C→D：$Ca(OH)_2 + CO_2 = CaCO_3\downarrow + H_2O$

B→E：$BaO + H_2O = Ba(OH)_2$

E→F：$Ba(OH)_2 + 2HCl = BaCl_2 + 2H_2O$

E→G：$Ba(OH)_2 + H_2SO_4 = BaSO_4\downarrow + 2H_2O$

(2) 肯定存在 $MgCO_3$、Na_2SO_4。肯定不存在 $Ba(NO_3)_2$、$AgNO_3$、$CuSO_4$。

混合物投入水中得无色溶液和白色沉淀，则 $CuSO_4$ 肯定不存在($CuSO_4$ 溶液水生成蓝色溶液)。溶液在焰色反应时火焰呈黄色，则 Na_2SO_4 肯定存在。沉淀可溶于稀盐酸并放出气体，则肯定存在 $MgCO_3$。溶液中肯定不存在 $Ba(NO_3)_2$，因为 $Ba(NO_3)_2$ 遇 Na_2SO_4 将生成 $BaSO_4$ 白色沉淀，且不溶于稀盐酸。$AgNO_3$ 也肯定不存在，因为 $AgNO_3$ 遇 Na_2SO_4 将有 Ag_2SO_4 白色沉淀生成。沉淀 $MgCO_3$ 在稀盐酸中溶解，而 Ag_2SO_4 不溶。

5. 简答题(每小题 5 分，共 35 分)

(1) 金属 K 极易溶于熔化的 KCl 中，以致不能浮在电解槽的上部而很难分离出来。而且金属 K 的沸点较低，其蒸气易从电解槽中逸出，增加了不安全因素。此外，K 在电解槽中更易生成超氧化物 KO_2，KO_2 与 K 作用易引起爆炸。

(2) ①将两个试样各分别与稀盐酸反应，转化为具有挥发性的氯化物。然后进行焰色反应，若火焰呈黄色，则原试样为 NaOH，若火焰呈橙红色，则原试样为 $Ca(OH)_2$。

②分别将两个试样溶于水，再滴加 Na_2CO_3 溶液，有白色沉淀的是 $Ca(OH)_2$，无沉淀析出的是 NaOH。

(3) 因为镁和水反应的产物 $Mg(OH)_2$ 难溶于水，它覆盖在金属表面，阻碍了反应的进行，所以在室温下 Mg 和 H_2O 的反应极不明显：

$$Mg + 2H_2O = Mg(OH)_2 + H_2\uparrow$$

由于 NH_4Cl 溶液显酸性，$Mg(OH)_2$ 可以与 NH_4Cl 反应，使上述反应能够继续进行，因此 Mg 可以和 NH_4Cl 溶液反应。

(4) 因为 Li^+ 的半径很小，所以有较大的极化能力；而 X^- 的半径按 F^-、Cl^-、Br^-、I^- 顺序依次增大，故 LiX 的共价键成分按 LiF、LiCl、LiBr、LiI 依次增强，而分子的极性依次减弱。根据“相似相溶”的规律，LiX 在非极性溶剂中的溶解顺序为：LiI > LiBr > LiCl > LiF。

(5) 加入的石膏虽然是微溶于水，但它能与 Na_2CO_3 发生反应，转化为更难溶的 $CaCO_3$，其碱性远小于 Na_2CO_3。相应的化学方程式为：$CaSO_4 + Na_2CO_3 = CaCO_3\downarrow + Na_2SO_4$。因此，加入石膏可以降低由 Na_2CO_3 发生水解引起的土壤碱性。

(6) 从 Be^{2+} 到 Ba^{2+}，电荷相同，Be^{2+} 为 2 电子构型，其他为 8 电子构型，且离子半径依次增大，与水中 O 原子结合的倾向越来越弱，水合离子越来越不稳定，所以水合热依次减弱。

(7) ① 单分子中 Be 原子为 sp 杂化，形成两个有单电子的杂化轨道，在空间呈直线形分布。每个含有单电子的 sp 杂化轨道与 Cl 原子的单电子 p 轨道重叠形成 σ 键，故 $BeCl_2$ 单分子呈直线形。

Cl—Be—Cl

② 二聚体中，Be 原子以 sp^2 方式进行杂化，形成有两个单电子的杂化轨道和一个空的杂化轨道，杂化轨道呈平面三角形分布。两个含有单电子的杂化轨道分别与两个 Cl 原子的单电子 p 轨道重叠形成 σ 键；其中一个 Cl 原子为端基 Cl 原子，另一个 Cl 原子除了以 σ 方式与 Be 原子形成共价键外，还提供孤对电子与另一个 Be 原子中空的 sp^2 杂化轨道形成配位键。

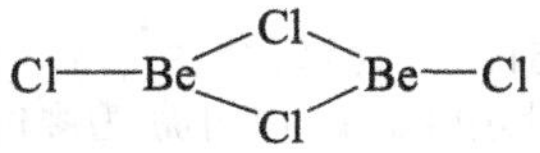

③ 对于链状结构，Be 原子以 sp^3 方式进行杂化，形成有两个单电子的杂化轨道和两个空的杂化轨道，杂化轨道呈正四面体分布。每个 Cl 原子除了以 σ 方式与 Be 原子形成共价键外，还提供孤对电子与 Be 原子中空的 sp^3 杂化轨道形成配位键。分子中每个 Be 原子均与 4 个 Cl 原子成键。

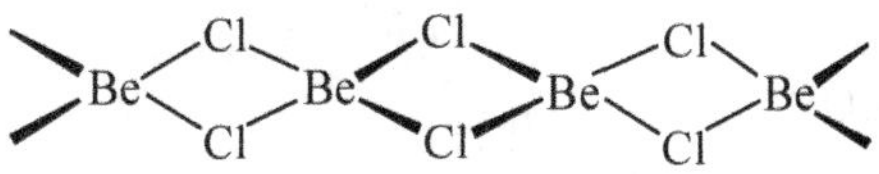

(中南大学　张寿春)

第14章 卤素

一、学习目标

(1) 描述p区元素的主要特征及p区元素化合物的主要性质及其递变规律。

(2) 概述卤素的通性、卤素单质的氧化性和卤离子还原性的变化规律，卤素单质的制备。

(3) 对比分析卤素的氢化物、卤化物、含氧酸及含氧酸盐的性质(如酸碱性、氧化还原性等)及变化规律。

(4) 运用元素电势图判断卤素及其化合物的氧化还原性及相互转化关系。

(5) 运用惰性电子对效应解释某些化合物的性质变化规律。

二、重难点解析

本章的主要内容包括p区元素的重要性质及变化规律、卤素的单质及主要化合物的性质和变化规律。学习这部分内容要联系物质结构理论知识，将结构决定性质、性质决定用途的思维贯穿始终，归纳一般规律，理解并记忆特殊知识点。注重知识的融会贯通，从卤素原子结构分析其成键特征，进而理解卤素单质及主要化合物的性质和变化规律，得出的重要结论并应用。

(一) p区元素概述

周期表第ⅢA～ⅦA族元素和0族元素，具有$ns^2np^{1\sim6}$的价电子层结构(He除外)，被称为p区元素。本章讨论的p区元素指的是ⅢA～ⅦA族元素。

1. p区元素性质及变化规律

同周期p区元素：从左到右，原子序数增加，原子半径减小，元素电负性增大，非金属性增强。同族p区元素：自上而下，原子半径增大，电负性减小，非金属性减弱，金属性增强。

同族p区元素的一些性质变化在第二周期元素和第四周期、第六周期元素上表现为折线与突变。第二周期元素反常性的本质原因在于，第二周期元素 N、O、F 的价层只有 s 和p轨道，它们通常是本族元素中半径最小的元素，电负性大，因此在电子亲和能、氢化物沸点、配位数等性质上反常。第四周期的 p 区元素与前几周期元素不同，电子填满 4s 轨道后，先填满3d轨道，再进入4p轨道。d区元素的插入使第四周期的p区元素与同周期 s 区元素相比，有效核电荷显著增大，原子半径显著减小。从而与同族元素相比在性质上出现显著差别，即第四周期元素的异样性。第六周期元素由于其价电子层又出现了 f 电子，使原子结构再次突变，元素性质受到影响而表现异常。镧系收缩对第六周期 p 区元素的性质也有影响。

元素周期表是按元素原子结构(电子层结构)的周期性变化规律排列而成的。这种周期性变化称为一次周期性，p 区不同主族之间某些元素性质从上至下也呈现出周期性变化，这种周期性变化则称为二次周期性。

2. p 区元素化合物

p 区元素的原子可以利用部分或全部价层电子成键，故可有多个氧化数。周期表从上至下，与族数对应的最高氧化态越来越不稳定，而(族数 − 2)氧化态却越来越稳定，这种现象称为“惰性电子对效应”。

惰性电子对效应主要由元素原子结构的变化引起。随着电子层数的增加，原子的价层结构相继出现了 d 电子和 f 电子，使得同族元素有效核电荷显著增加，对 ns^2 电子的吸引能力增强，致使 ns^2 电子越来越不容易失去。$6s^2$ 电子表现尤为明显，呈现惰性。因此，当周期数较大时，元素的高氧化态化合物比较容易得到 2 个电子，形成 ns^2 电子结构，从而转变为稳定性较大的低氧化态。

p 区元素具有较大的电负性，大多形成共价型化合物。

(二) 卤素

卤素元素位于元素周期表ⅦA 族，包括氟(F)、氯(Cl)、溴(Br)、碘(I)、砹(At)和石田(Ts)六种元素。

1. 卤素概述

卤素从氟到碘，元素的电负性、第一电离能、$E^\ominus(X_2/X^-)$、$\Delta_f H_m^\ominus(X^-, aq)$等依次减小，但电子亲和能由大到小的顺序为 Cl > F > Br > I。值得注意的是，电子亲和能最大的不是氟，而是氯。氟的反常电子亲和能是“第二周期反常性”的表现。

氟的特性：由于氟电负性最大，价层只有 s、p 轨道，半径非常小，导致氟的电子亲和能小于氯；氟在化合物中只有 −1 氧化态；F—F 键键能远小于其他 X—X 键键能。

2. 卤素单质

卤素单质按照从氟到碘的顺序相对分子质量增大，熔、沸点依次升高。

氟不溶于水而是与水激烈反应，其他卤素单质在水中的溶解度都不大。氯、溴、碘溶于水得到的水溶液分别称为氯水、溴水和碘水。

I_2 在含有 I^- 的溶液(如 KI 溶液)中的溶解度比在纯水中大得多，这是因为 I_2 与 I^- 结合形成多碘离子 I_3^-，并建立以下平衡：$I_2 + I^- \rightleftharpoons I_3^-$，$K^\ominus = 725$。

1) 卤素单质的制备

(1) F_2 的制备如下。

工业方法：电解无水氟化氢(加入 KHF_2 增加电解液导电性)。

阳极反应： $2F^- \xlongequal{} F_2\uparrow + 2e^-$

阴极反应： $2HF_2 \xlongequal{} H_2\uparrow + 4F^- - 2e^-$

实验室方法： $K_2PbF_6 \xrightarrow{\triangle} K_2PbF_4 + F_2\uparrow$

(2) Cl_2 的制备如下。

工业方法：

$$2NaCl + 2H_2O \xrightarrow{电解} 2NaOH + Cl_2\uparrow + H_2\uparrow$$

实验室方法：

$$2KMnO_4 + 16HCl \xlongequal{} 5Cl_2\uparrow + 2MnCl_2 + 2KCl + 8H_2O$$

$$MnO_2 + 4HCl(浓) \xlongequal{} Cl_2\uparrow + MnCl_2 + 2H_2O$$

$$K_2Cr_2O_7 + 14HCl \xlongequal{} 3Cl_2\uparrow + 2CrCl_3 + 2KCl + 7H_2O$$

(3) Br_2 的制备如下。

工业方法：

$$Cl_2 + 2Br^- \xlongequal{} Br_2 + 2Cl^-$$

$$3Br_2 + 3Na_2CO_3 \xlongequal{} NaBrO_3 + 5NaBr + 3CO_2\uparrow$$

$$5Br^- + BrO_3^- + 6H^+ \xlongequal{} 3Br_2 + 3H_2O$$

实验室方法：

$$2NaBr + MnO_2 + 3H_2SO_4 \xlongequal{} Br_2 + MnSO_4 + 2NaHSO_4 + 2H_2O$$

(4) I_2 的制备如下。

工业方法：

$$2I^- + MnO_2 + 4H^+ \xlongequal{} Mn^{2+} + I_2 + 2H_2O$$

实验室方法：

$$2NaI + MnO_2 + 3H_2SO_4 \xlongequal{} I_2 + MnSO_4 + 2NaHSO_4 + 2H_2O$$

2) 卤素单质的化学性质

卤素单质 X_2 的氧化性：$F_2 > Cl_2 > Br_2 > I_2$。

卤素与水的反应：

a. 氧化反应 $2F_2 + 2H_2O \xlongequal{} 4HF + O_2$

b. 歧化反应 $X_2 + 2H_2O \xlongequal{} HX + HXO + H_2O$ (X = Cl、Br、I)

碱性条件下歧化反应为

$$Cl_2 + 2NaOH \xlongequal{} NaCl + NaClO + H_2O \quad (室温或室温以下)$$

$$3X_2 + 6OH^- \xlongequal{} 5X^- + XO_3^- + 3H_2O \quad [X = Cl(温度 \geqslant 348\ K)、Br、I]$$

3. 卤素的氢化物

键能、热稳定性：HF > HCl > HBr > HI。

HX 的熔点：HCl < HBr < HF < HI。

HX 的沸点：HCl < HBr < HI < HF。

F：第二周期元素反常性。由于 HF 分子间形成了氢键，分子之间的缔合作用导致其熔、沸点显著升高。

1) 卤化氢(HX)的制备

工业方法：

$$CaF_2 + H_2SO_4(浓) \xlongequal{\quad} 2HF\uparrow + CaSO_4$$

$$H_2 + Cl_2 \xlongequal{\quad} 2HCl$$

$$NaX + H_3PO_4 \xlongequal{\quad} NaH_2PO_4 + HX\uparrow \quad (X = Br、I)$$

实验室方法：

$$2P + 3Br_2 + 6H_2O \xlongequal{\quad} 2H_3PO_3 + 6HBr\uparrow$$

$$2P + 3I_2 + 6H_2O \xlongequal{\quad} 2H_3PO_3 + 6HI\uparrow$$

注：HBr、HI 的制备不可用氧化性酸(浓 H_2SO_4、HNO_3 等)，以免被氧化。

2) 氢卤酸的酸性及其变化规律

卤化氢的水溶液称为氢卤酸。HF 是弱酸，其他氢卤酸都是强酸。

酸性：HF < HCl < HBr < HI。由于与氢结合的 X^-电荷数相同，随着原子序数增加，元素的电负性减小，原子半径增大，因此原子的电子密度减小，氢卤酸的酸性增强。

不同于一般弱酸，氢氟酸解离产生的 F^-与未解离的氟化氢分子通过氢键结合，使其酸性随浓度增大而增强。发生以下平衡反应：

氢氟酸解离平衡：

$$HF \rightleftharpoons H^+ + F^- \qquad K_1^\ominus = 6.3 \times 10^{-4} \tag{1}$$

氢键作用，F^-与 HF 结合：

$$HF + F^- \rightleftharpoons HF_2^- \qquad K_2^\ominus = 5.2 \tag{2}$$

总平衡关系式：

$$2HF \rightleftharpoons H^+ + HF_2^- \qquad K^\ominus = K_1^\ominus K_2^\ominus = 3.3 \times 10^{-3} \tag{3}$$

另外，氢氟酸腐蚀性很强，可用来刻蚀玻璃或溶解硅酸盐，反应式为

$$SiO_2 + 4HF \xlongequal{\quad} 2H_2O + SiF_4\uparrow$$

$$CaSiO_3 + 6HF \xlongequal{\quad} CaF_2 + 3H_2O + SiF_4\uparrow$$

3) 氢卤酸的还原性及其变化规律

氢卤酸的 $E^\ominus(HX/X_2)$值：按 HF、HCl、HBr、HI 顺序依次减小，氢卤酸的还原性顺序为 HF < HCl < HBr < HI，氢碘酸还原性最强，在室温下就可以被空气中的氧气所氧化：

$$4H^+ + 4I^- + O_2 \xlongequal{\quad} 2I_2 + 2H_2O$$

氢溴酸则与氧反应很慢，盐酸不能被氧气氧化，而氢氟酸不具有还原性。

F^-、Cl^-、Br^-、I^-离子也能作为配体形成配合物。例如：

$$CuCl + Cl^- \xlongequal{\quad} [CuCl_2]^-$$

$$HgI_2 + 2I^- \xlongequal{\quad} [HgI_4]^{2-}$$

4. 卤化物

卤化物是指含有卤素且卤素呈负氧化态的化合物。

1) 金属卤化物

金属卤化物有离子型和共价型两种。

溶解性：氯化物、溴化物和碘化物的溶解性十分相似，它们中除某些极化力较强、极化率较大的金属离子(如 Hg^{2+}、Cu^{+}、Ag^{+})的卤化物外，其他金属卤化物都易溶于水。氟化物的溶解性与相应的氯化物、溴化物和碘化物相反。这种溶解性的差别是由金属卤化物的键型差异导致的。因为 F^{-}极化力强，极化率小，而 Cl^{-}、Br^{-}、I^{-}极化力较弱，极化率较大，导致卤素与金属形成的化学键极性差别较大。

水解性(部分举例)：

$$FeCl_3 + 3H_2O \longequal Fe(OH)_3\downarrow + 3HCl$$

$$SnCl_2 + H_2O \longequal Sn(OH)Cl\downarrow + HCl$$

$$MCl_3 + H_2O \longequal MOCl\downarrow + 2HCl \quad (M = Sb、Bi)$$

$$TiCl_4 + (n+2)H_2O \longequal TiO_2\cdot nH_2O\downarrow + 4HCl$$

2) 非金属卤化物

非金属卤化物都是共价型的。

水解性(部分举例)：

$$BF_3 + 3H_2O \longequal H_3BO_3 + 3HF$$

$$PBr_3 + 3H_2O \longequal H_3PO_3 + 3HBr$$

$$PCl_5 + 4H_2O \longequal H_3PO_4 + 5HCl$$

$$SiCl_4 + 3H_2O \longequal H_2SiO_3 + 4HCl$$

注：CCl_4不能水解。

3) 卤化物的制备

(1) 干法制备(部分举例)：

$$2Al + 3X_2 \longequal 2AlX_3 \ (X = Cl、Br、I)$$

$$Si + 2Cl_2 \longequal SiCl_4$$

$$TiO_2 + 2Cl_2 + 2C \longequal TiCl_4 + 2CO$$

$$B_2O_3 + 3X_2 + 3C \xrightarrow{\triangle} 2BX_3 + 3CO \ (X = Cl、Br、I)$$

(2) 湿法制备(部分举例)：

$$Zn + 2HCl \longequal ZnCl_2 + H_2\uparrow$$

$$SiO_2 + 4HF \longequal 2H_2O + SiF_4\uparrow$$

$$AgNO_3 + HCl \longequal AgCl\downarrow + HNO_3$$

5. 卤素的含氧酸及其盐

1) 卤素的含氧酸及其盐主要性质的变化规律

卤素含氧酸 HXO、HXO_2、HXO_3 和 HXO_4 的分子式可以写成 $XO_n(OH)$，n 分别为 0、1、

2、3，表示非羟基氧原子数目。对于同一卤素的含氧酸，非羟基氧原子数越多，酸性越强。

以氯为代表，将卤素含氧酸及含氧酸盐主要性质的变化规律总结如下。

热稳定性增强 →

酸性增强 ↓	氧化性减弱* ↓	热稳定性增强 ↓			氧化性减弱 ↓	热稳定性增强 ↓
			HClO	NaClO		
			$HClO_2$	$NaClO_2$		
			$HClO_3$	$NaClO_3$		
			$HClO_4$	$NaClO_4$		

氧化性减弱 →

(*氯的含氧酸的氧化性强弱顺序为 $HClO_2 > HClO > HClO_3 > HClO_4$)

同族卤素含氧酸酸性比较：		
$HClO > HBrO > HIO$	$HClO_3 > HBrO_3 > HIO_3$	$HClO_4 > HBrO_4 > H_5IO_6$
弱酸　弱酸　弱酸	强酸　强酸　中强酸	强酸　强酸　多元弱酸
同族卤素含氧酸、含氧酸盐氧化性比较：		
$HClO > HBrO > HIO$	$HBrO_3 > HClO_3 > HIO_3$	$HBrO_4 > H_5IO_6 > HClO_4$
$ClO^- > BrO^- > IO^-$	$BrO_3^- > ClO_3^- > IO_3^-$	$BrO_4^- > H_3IO_6^{2-} > ClO_4^-$

溴酸盐和高溴酸盐的氧化性强于其他卤酸盐和高卤酸盐，是第四周期元素异样性的表现。

一般而言，氧化性比较：含氧酸 > 含氧酸盐 > 氧化物。稳定性顺序则相反，含氧酸盐中高氯酸盐最稳定。

溶解性：氯酸盐 > 溴酸盐 > 碘酸盐。大多数高氯酸盐易溶于水，但是 K^+、Rb^+、Cs^+、NH_4^+ 的高氯酸盐溶解度很小。高碘酸盐一般难溶于水。

2) 卤素含氧酸的相关反应

次卤酸的反应有分解和歧化两种形式：

$$2HXO \xrightarrow{\text{光}} 2HX + O_2\uparrow$$

$$3HXO \xrightarrow{\triangle\text{或碱}} 2HX + HXO_3$$

次卤酸盐(如漂白粉主要成分为次氯酸钙)在酸性介质中是强氧化剂。

$$HClO + H^+ + 2e^- \Longleftrightarrow Cl^- + H_2O \qquad E_A^\ominus = 1.482\ V$$

卤酸可由卤酸钡盐与硫酸复分解反应制备或由强氧化剂氧化卤素单质制备：

$$Ba(XO_3)_2 + H_2SO_4 \Longleftrightarrow BaSO_4\downarrow + 2HXO_3 \quad (X = Cl、Br)$$

$$I_2 + 10HNO_3(\text{浓}) \Longleftrightarrow 2HIO_3 + 10NO_2\uparrow + 4H_2O$$

卤酸盐、高卤酸及其盐的部分反应：

$$4KClO_3 \xrightarrow{668\ K} 3KClO_4 + KCl$$

$$2KClO_3 \xrightarrow{MnO_2} 2KCl + 3O_2\uparrow$$

$$KClO_4 + H_2SO_4(浓) \xlongequal{\quad} KHSO_4 + HClO_4$$

$$Cl_2 + IO_3^- + 3OH^- \xlongequal{\quad} H_3IO_6^{2-} + 2Cl^-$$

$$5H_5IO_6 + 2Mn^{2+} \xlongequal{\quad} 2MnO_4^- + 5IO_3^- + 11H^+ + 7H_2O$$

6. 拟卤素

$(CN)_2$(氰)、$(SCN)_2$(硫氰)、$(OCN)_2$(氧氰)等物质被称为拟卤素。

$(CN)_2$、$(SCN)_2$、$(OCN)_2$ 等具有与卤素单质十分相似的性质，如易挥发性、氧化性、与水或碱性溶液可发生歧化反应等。

$$(CN)_2 + 2OH^- \xlongequal{\quad} CN^- + OCN^- + H_2O$$

$$(SCN)_2 + H_2S \xlongequal{\quad} 2H^+ + 2SCN^- + S$$

CN^-、SCN^-、OCN^-等具有与卤素离子相似的性质，如还原性、能与氢形成酸、能形成配合物等。

$$2SCN^- + MnO_2 + 4H^+ \xlongequal{\quad} Mn^{2+} + (SCN)_2 + 2H_2O$$

$$6CN^- + 2Cu^{2+} \xlongequal{\quad} 2[Cu(CN)_2]^- + (CN)_2$$

拟卤素中所有的氰化物都有剧毒，使用氰化物试剂时一定要注意安全。

化学实验中常利用拟卤素的有关性质进行鉴定实验。例如，利用 KSCN 与 Fe^{3+}生成血红色$[Fe(NCS)_n]^{3-n}$ (n = 1~6) 鉴定 Fe^{3+}。

三、习题解析

14-1 简要解释下列现象：

(1) 碘难溶于水，却易溶于碘化钾溶液。

(2) 不能用浓硫酸与溴化钾反应来制取溴化氢。

(3) 碘能从溴酸钾溶液中取代出溴，溴又能从碘化钾溶液中取代出碘。

(4) 氟的电子亲和能小于氯，但氟的氧化能力大于氯。

(5) 将氯气持续通入含淀粉的碘化钾溶液中，先观察到溶液由无色变为蓝色，再观察到蓝色消失。

答 (1) I_2是非极性分子，故难溶于极性溶剂水。I_2易溶于 KI 溶液是因为形成多碘化物 $I_2 + I^- \xlongequal{\quad} I_3^-$。

(2) Br^-会被浓硫酸氧化成单质 Br_2。

(3) 因为 $E^\ominus(BrO_3^-/Br_2) > E^\ominus(IO_3^-/I_2)$，所以 $I_2 + 2BrO_3^- \xlongequal{\quad} Br_2 + 2IO_3^-$

又因为 $E^\ominus(Br_2/Br^-) > E^\ominus(I_2/I^-)$，所以 $Br_2 + 2I^- \xlongequal{\quad} 2Br^- + I_2$

(4) 由于氟在卤素中半径最小，电子云密度较大，与电子结合时产生较大斥力，使其结合能被部分抵消，因此氟的电子亲和能小于氯。由于氟的电负性大于氯，因此 F_2 的氧化能力大于 Cl_2。由 $E^\ominus(X_2/X^-)$可知在水溶液中 F_2 的氧化性比 Cl_2 强。

(5) 由于氧化性 $Cl_2 > IO_3^- > I_2$，因此 Cl_2 能从 KI 溶液中置换出 I_2，并继续氧化 I_2 得到碘酸盐。发生如下反应：

$$2I^- + Cl_2 = 2Cl^- + I_2 \qquad (I_2\text{遇淀粉显蓝色})$$

$$2I_2 + 5Cl_2 + 6H_2O = 2IO_3^- + 10Cl^- + 12H^+ \qquad (\text{蓝色消失})$$

14-2 试根据元素电势图判断下列歧化反应能否发生：

(1) $Cl_2 + 2OH^- = Cl^- + ClO^- + H_2O$

(2) $3Br_2 + 6OH^- = 5Br^- + BrO_3^- + 3H_2O$

(3) $4ClO_3^- = 3ClO_4^- + Cl^-$

(4) $3HIO = 2I^- + IO_3^- + 3H^+$

答 (1) 可以歧化，因为 $E_B^\ominus(Cl_2/Cl^-) > E_B^\ominus(ClO^-/Cl_2)$。

(2) 可以歧化，因为 $E_B^\ominus(Br_2/Br^-) > E_B^\ominus(BrO_3^-/Br_2)$。

(3) 可以歧化，因为 $E_B^\ominus(ClO_3^-/Cl^-) > E_B^\ominus(ClO_4^-/ClO_3^-)$。

(4) 不能歧化，因为 $E_A^\ominus(HIO/I^-) < E_A^\ominus(IO_3^-/HIO)$。

14-3 写出下列反应方程式：

(1) 用浓盐酸与二氧化锰制取氯气。

(2) 把溴逐滴加到磷和少许水的混合物上。

(3) 四氯化硅在空气中冒烟。

(4) 氢氟酸可用来刻蚀玻璃。

(5) 硝酸汞溶液中加入过量碘化钾溶液。

答 (1) $4HCl(\text{浓}) + MnO_2 = Cl_2\uparrow + MnCl_2 + 2H_2O$

(2) $3Br_2 + 2P + 6H_2O = 2H_3PO_3 + 6HBr\uparrow$

(3) $SiCl_4 + 3H_2O = H_2SiO_3\downarrow + 4HCl\uparrow$

(4) $SiO_2 + 4HF = 2H_2O + SiF_4\uparrow$

(5) $Hg^{2+} + 2I^- = HgI_2\downarrow \qquad HgI_2 + 2I^- = [HgI_4]^{2-}$

14-4 完成下列反应方程式：

(1) $H_2O_2 + I^- + H^+ \longrightarrow$

(2) $FeCl_3 + KI \longrightarrow$

(3) $Cu^{2+} + I^- \longrightarrow$

(4) $SnCl_2 + H_2O \longrightarrow$

(5) $BiCl_3 + H_2O \longrightarrow$

(6) $H_5IO_6 + Mn^{2+} \longrightarrow$

答 (1) $H_2O_2 + 2I^- + 2H^+ = I_2 + 2H_2O$

(2) $2Fe^{3+} + 2I^- = 2Fe^{2+} + I_2$

(3) $2Cu^{2+} + 4I^- = 2CuI\downarrow + I_2$

(4) $SnCl_2 + H_2O = Sn(OH)Cl\downarrow + H^+ + Cl^-$

(5) $BiCl_3 + H_2O = BiOCl\downarrow + 2H^+ + 2Cl^-$

(6) $5H_5IO_6 + 2Mn^{2+} \longrightarrow 2MnO_4^- + 5IO_3^- + 11H^+ + 7H_2O$

14-5 比较卤素和氢卤酸的相关性质(由强到弱)：

(1) F_2、Cl_2、Br_2、I_2的氧化性。

(2) F^-、Cl^-、Br^-、I^-的还原性。

(3) HF、HCl、HBr、HI 的酸性。

(4) HF、HCl、HBr、HI 的还原性。

(5) HF、HCl、HBr、HI 的热稳定性。

答 (1) 氧化性：$F_2 > Cl_2 > Br_2 > I_2$

(2) 还原性：$I^- > Br^- > Cl^- > F^-$

(3) 酸性：HI > HBr > HCl > HF

(4) 还原性：HI > HBr > HCl > HF

(5) 热稳定性：HF > HCl > HBr > HI

14-6 比较氯的各种含氧酸及含氧酸盐的相关性质(由强到弱)：

(1) HClO、$HClO_2$、$HClO_3$、$HClO_4$的酸性。

(2) ClO^-、ClO_3^-、ClO_4^-的氧化性。

(3) 次氯酸与次氯酸盐的氧化性。

(4) 氯酸盐与高氯酸盐的热稳定性。

答 (1) 酸性：$HClO_4 > HClO_3 > HClO_2 > HClO$

(2) 氧化性：$ClO^- > ClO_3^- > ClO_4^-$

(3) 氧化性：次氯酸 > 次氯酸盐

(4) 热稳定性：高氯酸盐 > 氯酸盐

14-7 写出下列相关性质的强弱顺序：

(1) 卤酸根的氧化性。

(2) 高卤酸根的氧化性。

(3) 高卤酸的酸性。

答 (1) 氧化性：$BrO_3^- > ClO_3^- > IO_3^-$

(2) 氧化性：$BrO_4^- > H_3IO_6^{2-} > ClO_4^-$

(3) 酸性：$HClO_4 > HBrO_4 > H_5IO_6$

14-8 比较 AgF 与 AgCl 溶解度的相对大小，并予以简要解释。

答 AgF 的溶解度大于 AgCl，这与卤离子的半径大小有关。Ag^+为 18 电子构型，极化力大，F^-离子半径小，极化率小，因此形成的 AgF 是离子型化合物，易溶于极性溶剂水。Cl^-离子半径比F^-大，极化率较大，在形成 AgCl 时已有部分电子云发生重叠，键型发生了变化，向共价键过渡，极性变小，因此 AgCl 在水中的溶解度小于 AgF。

14-9 有三瓶无标签的白色固体分别是 KClO、$KClO_3$、$KClO_4$，选择合适的方法将它们区别开。

(**提示** 先利用溶解性差异将 $KClO_4$与 KClO 和 $KClO_3$区别开：KClO、$KClO_3$易溶于水而 $KClO_4$难溶于水。再利用氧化性的差别将 KClO 和 $KClO_3$区别开：KClO 是强氧化剂而 $KClO_3$的氧化性相对较弱。)

答 分别取少量固体试样，加水溶解，其中难溶解的是 $KClO_4$。检验其他两种溶液的

pH，呈碱性的是 KClO，呈中性的是 $KClO_3$。为进一步验证，向两溶液中分别滴加 $MnSO_4$ 溶液，能产生棕色沉淀(MnO_2)的是 KClO，另一个为 $KClO_3$。$KClO_3$ 在 MnO_2 催化下加热，产生使带火星的火柴复燃的气体(O_2)。

14-10 将易溶于水的钠盐 A 与浓硫酸混合后微热得无色气体 B，将 B 通入酸性高锰酸钾溶液后有气体 C 生成，将 C 通入另一钠盐 D 的水溶液中则溶液先变黄色、后变橙色，最后变为棕色，说明有 E 生成。向 E 中加入氢氧化钠溶液得无色溶液 F，当酸化该溶液时又有 E 出现。写出 A、B、C、D、E、F 的化学式。

解 A：NaCl，B：HCl

$$NaCl + H_2SO_4(浓) === HCl + NaHSO_4$$

C：Cl_2

$$2MnO_4^- + 10Cl^- + 16H^+ === 5Cl_2 + 2Mn^{2+} + 8H_2O$$

D：NaBr，E：Br_2

$$Cl_2 + 2Br^- === 2Cl^- + Br_2$$

F：NaBr 和 $NaBrO_3$

$$3Br_2 + 6OH^- === BrO_3^- + 5Br^- + 3H_2O$$

$$BrO_3^- + 5Br^- + 6H^+ === 3Br_2 + 3H_2O$$

14-11 为什么实验室在 298.15 K 下用盐酸与 MnO_2 制 Cl_2 时，必须使用浓盐酸？试通过有关电极电势的计算予以说明。

解 查得 $E^\ominus(Cl_2/Cl^-) = 1.358\ V > E^\ominus(MnO_2/Mn^{2+}) = 1.224\ V$，因此在标准状态下不能用盐酸与 MnO_2 制取 Cl_2。

298.15 K，浓盐酸中：

$$c(H^+) = c(Cl^-) = 12\ mol \cdot L^{-1}$$

$$\begin{aligned}E(Cl_2/Cl^-) &= E^\ominus(Cl_2/Cl^-) + \frac{0.0592}{2}\lg\frac{p(Cl_2)/p^\ominus}{[c(Cl^-)/c^\ominus]^2}\\ &= 1.358\ V + \frac{0.0592\ V}{2}\lg\frac{1}{12^2}\\ &= 1.29\ V\end{aligned}$$

$$\begin{aligned}E(MnO_2/Mn^{2+}) &= E^\ominus(MnO_2/Mn^{2+}) + \frac{0.0592}{2}\lg\frac{[c(H^+)/c^\ominus]^4}{c(Mn^{2+})/c^\ominus}\\ &= 1.224\ V + \frac{0.0592\ V}{2}\lg 12^4\\ &= 1.35\ V\end{aligned}$$

在浓盐酸条件下，$E(MnO_2/Mn^{2+}) > E(Cl_2/Cl^-)$，故可用 MnO_2 与浓盐酸反应制取 Cl_2。

四、水平测试

1. 填空题(每空 1 分，共 20 分)

(1) 给出下列物质的化学式：萤石________；冰晶石 ________；氟磷灰石________。

(2) F、Cl、Br 三元素中电子亲和能最大的是________，单质的解离能最小的是________。

(3) 氢氟酸的酸性与其他氢卤酸明显不同，其原因主要是 F 原子________很小而________特别大。

(4) 氢卤酸 HX 的酸性按卤素原子半径的增大而________。

(5) Cl_2O 是________的酸酐，I_2O_5 是________的酸酐。

(6) 比较大小：氧化性 $HClO_3$________HClO，酸性 $HClO_3$________HClO。

(7) 高碘酸是多元________酸，其酸根离子的空间构型为________，其中碘原子的杂化方式为________，高碘酸具有强________性。

(8) 反应 $KX(s) + H_2SO_4(浓) \xlongequal{\quad} KHSO_4 + HX$ 中，卤化物 KX 是指________和________。

(9) 在浓 HCl、浓 H_2SO_4、浓 H_3PO_4 和浓 HNO_3 中，可用来与 KI(s)反应制取较纯 HI(g)的是________。

(10) *不存在 FCl_3 的原因是________。

2. 是非题(用“√”、“×”表示对、错并填入括号中，每小题 1 分，共 10 分)

( ) (1) 所有卤素都有可变的氧化数。

( ) (2) 浓 HCl 具有还原性，它的盐也必有还原性。

( ) (3) 卤素单质的聚集状态、熔点、沸点都随原子序数增加而呈规律性变化，这是因为各卤素单质的分子间力有规律地增加。

( ) (4) 相同氧化数的不同卤素形成的含氧酸，其酸性随元素电负性增加而增强。

( ) (5) HX 是强极性分子，其极性按 HF > HCl > HBr > HI 顺序变化，因此 HX 的分子间力也按此顺序降低。

( ) (6) HX 中的卤素处在低氧化数状态，所有 HX 都能被其他物质所氧化。

( ) (7) 氢卤酸盐 MX 大多为离子晶体，氢卤酸 HX 为分子晶体，所以氢卤酸盐 MX 的熔点总比氢卤酸 HX 高。

( ) (8) *卤素单质性质相似，因此分别将 F_2 和 Cl_2 通入水中都能将水氧化。

( ) (9) *含氧酸的热稳定性随卤素氧化数增加而提高，这是因为卤素氧化数增加，结合氧原子数增加，增加了含氧酸根的对称性。

( ) (10) *虽然 SF_4、XeF_2、IF_3 价层均有 5 对价电子对，但这些分子的空间构型却不相同，它们的空间构型分别为变形四面体、直线型和 T 型。

3. 选择题[每小题 2 分，共 20 分，其中第(4)、(5)为多选，其余为单选]

(1) 由于 HF 分子间形成氢键而产生的现象有( )。

A. HF 的沸点高于 HCl　　B. 除 F^-化物外，还有 HF_2^- 化合物

C. HF 是弱酸　　D. 三种现象都有

(2) 氢氟酸应该储存在( )。

A. 塑料瓶中　　B. 无色玻璃瓶中　　C. 金属容器中　　D. 棕色玻璃瓶中

(3) 下列氯的含氧酸盐在碱性溶液中不会发生歧化反应的是( )。

A. 次氯酸盐　　B. 亚氯酸盐　　C. 氯酸盐　　D. 高氯酸盐

(4) 下列化合物中肯定不存在的是( )。

A. BN　　B. $POCl_3$　　C. NCl_5　　D. OF_6

(5) 已知 $E^{\ominus}(I_2/I^-) < E^{\ominus}(Fe^{3+}/Fe^{2+}) < E^{\ominus}(Br_2/Br^-)$，下列各组物质在标准状态下能够共存

的是(　　)。

A. $FeCl_2$ 与 Br_2 水　　B. NaBr 与 $FeCl_3$　　C. $FeCl_3$ 与 KI　　D. $FeCl_2$ 与 I_2

(6) 若要除去液溴中溶入的少量氯，应加入的试剂是适量的(　　)。

A. NaBr 溶液　　B. NaOH 溶液　　C. KI 溶液　　D. CCl_4

(7) *溴的沸点是 58.8℃，而氯化碘的沸点是 97.4℃，ICl 比 Br_2 的沸点高的主要原因是(　　)。

A. ICl 的相对分子质量远大于 Br_2　　B. ICl 为极性分子，Br_2 为非极性分子

C. ICl 的蒸气压比 Br_2 高　　D. ICl 为离子型化合物，Br_2 为共价型分子

(8) *下列化合物与水反应放出 HCl 的是(　　)。

A. CCl_4　　B. NCl_3　　C. $POCl_3$　　D. Cl_2O_7

(9) *下列分子或离子中具有正四面体几何构型的是(　　)。

A. ClF_3　　B. ClO_4^-　　C. IF_5　　D. ICl_4^-

(10) *下面氯氧化物中具有顺磁性的是(　　)。

A. Cl_2O　　B. ClO_2　　C. Cl_2O_6　　D. Cl_2O_7

4. 推断题(每小题 5 分，共 10 分)

(1) 有标签不清的氯酸钾、碘酸钾和偏高碘酸钾三瓶白色晶体，叙述进行鉴别的简要步骤，并写出主要化学方程式。

(2) *有两种白色晶体 A 和 B 均为溶于水的钠盐。A 的水溶液呈中性，B 的水溶液呈碱性。A 溶液与 $FeCl_3$ 溶液作用呈红棕色，与 $AgNO_3$ 溶液作用出现黄色沉淀。晶体 B 与浓盐酸反应产生黄色气体，该气体与冷 NaOH 溶液作用得到含 B 的溶液。向 A 溶液滴加 B 溶液，开始溶液呈红棕色，若继续滴加过量 B 溶液，则溶液的红棕色消失。A 和 B 各为什么物质？试写出有关的离子反应方程式。

5. 简答题(每小题 5 分，共 40 分)

(1) 卤素分子 F_2、Cl_2、Br_2 和 I_2 的解离能分别为 155 $kJ \cdot mol^{-1}$、240 $kJ \cdot mol^{-1}$、190 $kJ \cdot mol^{-1}$ 和 149 $kJ \cdot mol^{-1}$。简要说明为什么 F_2 的解离能小于 Cl_2 和 Br_2 而与 I_2 接近。

(2) 常温下测得卤化氢气体对空气的相对密度如下：

HF　1.78　　HCl　1.26　　HBr　2.79　　HI　4.44

由此计算出卤化氢的相对分子质量，HCl、HBr、HI 均接近理论值，但 HF 的相对分子质量与理论值相差很大，试说明原因。

(3) 如何以食盐为基本原料制备 Cl_2、NaClO、$Ca(ClO)_2$、$KClO_3$、$HClO_4$?

(4) 将氯气通入消石灰中可得到漂白粉，而在漂白粉溶液中加入盐酸可产生氯气，试说明原因。

(5) 氟一般不易存在于多卤化物中，试说明原因。

(6) *指出 PF_3、PCl_3、PBr_3、PI_3 分子中键角的变化规律，并说明原因。

(7) *氢氟酸是弱酸，但浓 HF 的水溶液却为强酸，试说明原因。

(8) **工业碘中通常含有 ICl 或 IBr，如何分离提纯碘？试结合有关反应式说明原因。

参考答案

1. 填空题(每空 1 分，共 20 分)

(1) CaF_2；Na_3AlF_6；$Ca_5(PO_4)_3F$。

(2) Cl，F_2。

(3) 半径，H—F 键的解离能。

(4) 增强。

(5) HClO, HIO_3。

(6) 小于，大于。

(7) 弱，正八面体，sp^3d^2，氧化。

(8) KCl，KF。

(9) 浓 H_3PO_4。

(10) ①中心原子 F 无价层 d 轨道，不能进行 sp^3d 杂化；②F 的电负性远比 Cl 大且半径特别小。

2. 是非题(用"√"、"×"表示对、错并填入括号中，每小题 1 分，共 10 分)

(1) (×) (2) (×) (3) (√) (4) (√) (5) (×) (6) (×) (7) (√) (8) (×) (9) (√) (10) (√)

3. 选择题[每小题 2 分，共 20 分，其中，第(4)、(5)为多选，其余为单选]

(1) (D) (2) (A) (3) (D) (4) (CD) (5) (BD) (6) (A) (7) (B) (8) (C) (9) (B) (10) (B)

4. 推断题(每小题 5 分，共 10 分)

(1) 首先取三种固体分别溶于稀硫酸，再向各溶液中分别滴加少许 $MnSO_4$ 溶液，并微热，溶液显紫红色的是偏高碘酸钾(KIO_4)。

$$5IO_4^- + 2Mn^{2+} + 3H_2O \longequal 2MnO_4^- + 5IO_3^- + 6H^+$$

再取余下两种固体分别加入浓盐酸，加热，并用湿润淀粉 KI 试纸检验有无 Cl_2 逸出，有 Cl_2 逸出者为氯酸钾($KClO_3$)。

$$KClO_3 + 6HCl \xrightarrow{\triangle} 3Cl_2\uparrow + KCl + 3H_2O$$

将最后一种固体用稀硫酸溶解，加少量 $NaNO_2$ 溶液，有 I_2 生成者为碘酸钾(KIO_3)。

$$2IO_3^- + 5NO_2^- + 2H^+ \longequal I_2 + 5NO_3^- + H_2O$$

(2) A：NaI，B：NaClO。

$$ClO^- + H_2O \longequal HClO + OH^-$$

$$2Fe^{3+} + 2I^- \longequal 2Fe^{2+} + I_2(\text{红棕})$$

$$Ag^+ + I^- \longequal AgI(s,\ \text{黄})$$

$$NaClO + 2HCl(\text{浓}) \longequal Cl_2(\text{黄绿}) + NaCl + H_2O$$

$$Cl_2 + 2NaOH \longequal NaCl + NaClO + H_2O$$

$$ClO^- + 2I^- + 2H^+ \longequal Cl^- + I_2(\text{红棕}) + H_2O$$

$$I_2 + 5ClO^- + H_2O \longequal 5Cl^- + 2IO_3^- + 2H^+$$

5. 简答题(每小题 5 分，共 40 分)

(1) 卤素原子通过共价键形成 X_2。随着 F→I 原子序数的增加，原子半径增大，X_2 原子轨道的有效重叠减少，导致卤素分子的解离能降低。但是 F 的半径特别小，F_2 分子中孤对电子之间有较大的排斥作用，使得 F_2 分子的解离能较小。

(2) F 的原子半径小，电负性大，因此 HF 分子间存在氢键，使 HF 分子发生缔合。在常温下，气体中有$(HF)_2$和$(HF)_3$等缔合分子存在，因此测得的数值不是 HF 的相对分子质量。

(3)

$$2NaCl + 2H_2O \xrightarrow{\text{电解}} 2NaOH + 2H_2\uparrow + Cl_2\uparrow$$

$$Cl_2 + 2NaOH \longrightarrow NaClO + NaCl + H_2O$$

$$2Cl_2 + 2Ca(OH)_2 \longrightarrow Ca(ClO)_2 + CaCl_2 + 2H_2O$$

$$3Cl_2 + 6KOH \longrightarrow KClO_3 + 5KCl + 3H_2O$$

$$4KClO_3 \xrightarrow{\triangle} 3KClO_4 + KCl$$

$$KClO_4 + H_2SO_4(浓) \xrightarrow{减压蒸馏} KHSO_4 + HClO_4$$

(4) 通氯气于消石灰中，是在碱性介质中进行反应，根据元素电势图，$ClO^- \xrightarrow{0.40\ V} Cl_2 \xrightarrow{1.36\ V} Cl^-$，$E^\ominus$(右) > $E^\ominus$(左)，Cl_2将歧化而得到漂白粉：

$$2Cl_2 + 2Ca(OH)_2 = Ca(ClO)_2 + CaCl_2 + 2H_2O$$

在漂白粉溶液中加入盐酸，是在酸性介质中进行反应，根据元素电势图，$HClO \xrightarrow{1.63\ V} Cl_2 \xrightarrow{1.36\ V} Cl^-$，$E^\ominus$(右) < $E^\ominus$(左)，则发生归中反应生成 Cl_2：

$$ClO^- + Cl^- + 2\,H^+ = Cl_2 + H_2O$$

(5) 因 F 的半径小，电负性大，所以氟化物的晶格能特别大，远比氟在多卤化物中稳定，故氟形成的多卤化物都不稳定，易分解为氟化物。

(6) PF_3、PCl_3、PBr_3、PI_3分子的键角是依次增大的。因为卤化物 PX_3分子构型相似，均为三角锥形，其中 P 采用 sp^3杂化，除与三个卤素 X 原子成键外，还有一对孤对电子。X 的电负性越大，P—X 间的成键电子对越偏向 X 原子，中心原子 P 表面的电子密度越小，孤对电子对斥力越强，键合电子对在 P 原子周围空间所需的角越小，因而 PX_3分子的键角越小。卤素中 F 的电负性最大，I 的电负性最小，所以 PX_3分子的键角按上述规律变化。

(7) 由于 HF 的键解离能很大，且 HF 分子间存在很强的氢键，在溶液中形成稳定的离子对，因此 HF 在水溶液中解离困难，呈弱酸性。但在浓溶液中，F^-可与未解离的 HF 以氢键结合，形成稳定的 HF_2^-，减小了溶液中 F^-浓度，促使 HF 的解离平衡向右移动，解离度增大，酸性增强。所以浓的 HF 水溶液呈强酸性。

$$HF + H_2O \rightleftharpoons H_3O^+ + F^-$$

$$HF + F^- \rightleftharpoons HF_2^-$$

(8) 可以将含有杂质 ICl 或 IBr 的碘与 KI 共热，收集碘蒸气进行分离。有关反应为

$$ICl(g) + KI(s) = KCl(s) + I_2(g)$$

$$IBr(g) + KI(s) = KBr(s) + I_2(g)$$

因为 KX 晶格能的大小顺序为 KCl > KBr > KI，所以上述置换反应属于焓推动的自发过程。

(武汉理工大学　汪辰)

第15章 氧族元素

一、学习目标

(1) 描述氧族元素的通性及氧的成键特征。

(2) 概述臭氧的结构、性质以及与环境的关系；概述过氧化氢的结构、基本性质及其用途。

(3) 概述硫单质几种同素异形体的结构特点与性质。

(4) 阐述硫的几类重要化合物(如硫化氢、二氧化硫、三氧化硫、硫酸、金属硫化物、多硫化物等)的结构特点、主要性质及重要用途。

二、重难点解析

本章主要概述氧族元素单质及其重要化合物，包括单质、氢化物、硫化物、硫的氧化物、硫的含氧酸及其盐、硒和碲的重要化合物的结构和性质及其变化规律。重在联系物质结构理论知识，将结构决定性质、性质决定用途的思维贯穿始终，归纳一般规律，理解并记忆特殊知识点。从氧族元素原子的结构分析其成键特征，进而理解氧族元素单质及其重要化合物的结构、性质和变化规律。

(一) 氧族元素概述

氧族元素的价电子构型为 ns^2np^4，可能表现的氧化态为 −2、0、 +2、 +4、 +6。在氧和硫的所有共价化合物中，价电子倾向全部参与成键，一般形成 pπ 键；而硫、硒、碲和钋由于存在空的 d 轨道，在形成化合物时往往形成 p-dπ 键或离域 π 键；未参与成键的价电子以孤对电子的形式出现。与卤素相似，氧族元素的某些化学性质也存在一定的规律性。随着原子序数的增加，原子半径、单质的熔点和沸点依次增大，而电负性、电离能、单键键能依次减小。O 原子因半径特别小，某些性质反常，如 O 原子的电子亲和能小于 S 原子，O—O 单键键能小于 S—S 键。氧族元素氢化物性质的递变也与卤化氢相似，氢化物的熔点、沸点、酸性、还原性随着中心原子序数的增加而依次增加，而稳定性、键能则依次减小。而 H_2O 因能够形成氢键，其熔、沸点比 H_2S 高。

(二) 氧的成键特征

在形成含氧化合物时，O_2 分子有成单电子，常作为结构基础与其他原子成键，可形成过氧化物(如 Na_2O_2、H_2O_2 等)，还可形成超氧化物(如 KO_2)，也可形成含 O^{2+}的化合物(如 $O_2[PtF_6]$)，或作为配体向金属原子配位(如 HbO_2)。

在形成含氧化合物时，O 原子也有成单电子，更常作为形成化合物的基础，O 原子可与电负性低的元素的原子形成离子型氧化物(如 Na_2O、MgO 等)；还可与电负性相近的元素原子形成共价单键(如 H_2O)、共价双键(如 CO_2)或共价三键(如 CO、NO)，形成共价双键或共价三键的 O 原子 p 轨道的电子可与多个原子形成离域 π 键(如 CO_2、NO_3^- 等)；形成共价单键或共价双键的 O 原子 p 轨道有孤对电子，可形成配位键(如水合物、醚合物等)或反馈 d-p π 配键(如 PO_4^{3-}、ClO_4^-、MnO_4^- 等)；许多含氧化合物还能通过 O 原子与其他化合物中的 H 原子形成氢键。

(三) 臭氧

在 O_3 分子中，中心 O 原子采取 sp^2 杂化，杂化轨道中有 1 对孤对电子，因此 O_3 分子为"V"形，键角为 116.8°。O_3 分子中还存在一个离域 Π_3^4 键，所以 O_3 分子键长为 127.8 pm，介于 O—O 单键与 O═O 双键的键长之间，为反磁性物质。

O_3 是最强的氧化剂之一，可以氧化许多不活泼单质，如 Hg、Ag、S 等。利用 O_3 的强氧化性和不易导致二次污染的优点，在实际中用来净化空气和废水。

$$2Ag + 2O_3 = Ag_2O_2 + 2O_2$$

$$O_3 + 2KI + H_2O = I_2 + O_2 + 2KOH$$

(四) 重要氢化物

1. 过氧化氢

H_2O_2 中含有过氧链，易歧化分解，热力学不稳定。但 H_2O_2 的歧化分解反应速率很慢，从动力学角度来看，H_2O_2 是稳定的，只有在加热、光照或加入催化剂的条件下，反应才能加快进行。

H_2O_2 可以与某些金属氢氧化物反应生成过氧化物和水，表现出弱酸性。

H_2O_2 在酸性条件下是强氧化剂[$E^\ominus(H_2O_2/H_2O) = 1.776$ V]，而在碱性条件下是中强氧化剂[$E^\ominus(HO_2^-/OH^-) = 0.878$ V]。过氧化氢的还原性较弱，只有当遇到比它更强的氧化剂时才表现出还原性。例如，在酸性介质中，H_2O_2 可被 MnO_4^- 氧化，在碱性介质中，H_2O_2 可将 $[Cr(OH)_4]^-$氧化为 CrO_4^{2-}，而在酸性溶液中 CrO_4^{2-} 转化为 $Cr_2O_7^{2-}$，后者进而转化为 CrO_5。

$$5H_2O_2 + 2MnO_4^- + 8H^+ = 2Mn^{2+} + 18H_2O$$

$$3H_2O_2 + 2[Cr(OH)_4]^- + 2OH^- = 2CrO_4^{2-} + 8H_2O$$

$$2CrO_4^{2-} + 2H^+ = Cr_2O_7^{2-} + H_2O$$

$$Cr_2O_7^{2-} + 4H_2O_2 + 2H^+ \longrightarrow 2CrO_5 + 5H_2O$$

2. 硫化氢

根据标准电极电势，在酸性或碱性介质中，H_2S 都具有较强的还原性[$E_A^\ominus(S/H_2S) =$

0.142 V；碱性：$E_B^{\ominus}(S/S^{2-}) = -0.476$ V]。氢硫酸可被空气中的氧气氧化而析出硫，所以不能长久保存。

氢硫酸是很弱的二元酸，能与碱反应，生成相应的硫化物。

H_2S 可与金属化合物反应形成硫化物，大多数金属硫化物难溶于水，故 H_2S 是一种沉淀剂，可用于检测金属离子。

(五) 金属硫化物

大多数金属硫化物有色且难溶于水。从结构来看，S^{2-}半径较大，变形性较大，在与金属离子结合时，由于离子相互极化作用，金属硫化物中的 M—S 键呈现共价性，表现出有颜色，且在水中的溶解度减小。金属离子的极化作用越强，硫化物的溶解度越小，颜色越深。

难溶于水的金属硫化物在不同酸溶液中有不同的溶解性和特征颜色，据此可以作为定性分析溶液中阳离子的依据。一般来说，$K_{sp}^{\ominus}$ 大于 10^{-24} 的金属硫化物能溶于稀盐酸，$K_{sp}^{\ominus}$ 在 10^{-25}～10^{-30} 范围的金属硫化物能溶于浓盐酸，$K_{sp}^{\ominus}$ 在 10^{-30}～10^{-50} 范围的金属硫化物能溶于硝酸，$K_{sp}^{\ominus}$ 小于 10^{-50} 的金属硫化物只能溶于王水。

$$FeS + 2HCl(稀) = H_2S(g) + FeCl_2$$

$$SnS + 4HCl(浓) = H_2[SnCl_4] + H_2S\uparrow$$

$$3Ag_2S + 8HNO_3 = 6AgNO_3 + 2NO\uparrow + 3S\downarrow + 4H_2O$$

$$3HgS + 2HNO_3 + 12HCl = 3H_2[HgCl_4] + 3S\downarrow + 2NO\uparrow + 4H_2O$$

某些金属硫化物还能与强碱发生反应。

$$As_2S_3 + 6OH^- = AsO_3^{3-} + AsS_3^{3-} + 3H_2O$$

(六) 硫的氧化物及其水溶酸

硫的氧化物见表 15-1。

表 15-1　SO_2 与 SO_3 部分性质

氧化物	SO_2	$SO_3(g)$
成键特征	sp^2 不等性杂化，离域 Π_3^4 键	sp^2 等性杂化，离域 Π_4^6 键
空间构型	折线形	平面三角形
氧化还原性	还原性 > 氧化性	强氧化性

硫的氧化物水溶液的性质见表 15-2。

表 15-2　H_2SO_3 与 H_2SO_4 部分性质

水溶酸	H_2SO_3	H_2SO_4
酸性	中强酸	强酸
氧化还原性	还原性 > 氧化性	浓硫酸具有吸水性和强氧化性，稀硫酸只表现出酸性

(七) 硫的含氧酸及其盐

1. 硫酸及其盐

H_2SO_4分子中心S原子采取不等性sp^3杂化，其中2个含有单电子的杂化轨道分别与2个羟基O原子形成2个σ键；2个非羟基O原子发生电子重组，各空出1个2p轨道接受S原子杂化轨道上的电子对而成σ配键；同时，中心S原子空的3d轨道接受2个非羟基O原子的孤对电子，形成反馈d-p π配键。

H_2SO_4是稳定性很高的二元强酸，不易分解也不易挥发，在其稀溶液中，第一步解离完全，第二步解离程度较低($K_{a2}^{\ominus} = 1.0 \times 10^{-2}$)。

浓H_2SO_4具有强氧化性，加热时氧化性更显著，可以氧化许多金属和非金属，通常还原产物为SO_2。当还原剂的还原性较强时，H_2SO_4还可被还原为S甚至H_2S。

浓H_2SO_4具有强烈的吸水性和脱水性，在工业上和实验室常用作干燥剂。

H_2SO_4能形成正盐和酸式盐，酸式盐均易溶于水，正盐大多易溶于水，但Ag_2SO_4微溶，$PbSO_4$、$SrSO_4$、$BaSO_4$等难溶。硫酸盐基本上是离子型化合物，其热稳定性受中心原子的极化作用和金属阳离子的极化作用影响。

2. 亚硫酸及其盐

亚硫酸(H_2SO_3)只存在于水溶液中，是一种二元中强酸($K_{a1}^{\ominus} = 1.3 \times 10^{-2}$，$K_{a2}^{\ominus} = 6.2 \times 10^{-8}$)。亚硫酸很不稳定，热稳定性差，在加热条件下会发生分解，遇到强酸也发生分解。

亚硫酸可形成正盐和酸式盐。碱金属的亚硫酸盐都易溶于水，且水解显碱性，其他金属的正盐均微溶于水，而所有的酸式盐都易溶于水。

在亚硫酸及其盐中，硫的氧化数是+4，居于中间价态，所以亚硫酸及其盐既有氧化性又有还原性，以还原性为主，但也能被比它们更强的还原剂还原，表现出一定的氧化性。由电极电势[$E_A^{\ominus}(SO_4^{2-}/H_2SO_3) = 0.172\ V$，$E_B^{\ominus}(SO_4^{2-}/SO_3^{2-}) = -0.93\ V$]可知，亚硫酸盐比亚硫酸具有更强的还原性。

3. 焦硫酸及其盐

焦硫酸($H_2S_2O_7$)是一种无色晶状固体，具有比浓H_2SO_4更强的氧化性、吸水性和腐蚀性，是良好的磺化剂，可用于生产染料、炸药和有机磺酸化合物等。焦硫酸盐可以与一些难溶的碱性或两性氧化物(如Fe_2O_3、Al_2O_3、TiO_2等)共熔，生成可溶性的硫酸盐。

4. 硫代硫酸及其盐

硫代硫酸($H_2S_2O_3$)是硫原子取代H_2SO_4中的一个氧原子的产物，具有四面体构型。硫代硫酸非常不稳定，但硫代硫酸盐相当稳定。$Na_2S_2O_3$在中性或碱性溶液中很稳定，其酸稳定性差，在酸性($pH \leqslant 4.6$)溶液中会迅速分解。

$S_2O_3^{2-}$中心S原子的氧化数为+6，另一个S原子的氧化数为−2，平均氧化数为+2，因此，$S_2O_3^{2-}$具有一定的还原性。$S_2O_3^{2-}$还能作为配位剂，与一些金属离子形成配合物。

5. 过硫酸及其盐

过硫酸可看作H_2O_2分子中H原子被HSO_3^-取代的产物。由于过氧键的存在，过硫酸及其盐都表现为强氧化性。例如，在 Ag^+的催化作用下，$S_2O_8^{2-}$ 能将 Mn^{2+}氧化成 MnO_4^-。过二硫酸及其盐热稳定性差，加热时容易分解。

6. 连二亚硫酸及其盐

连二亚硫酸($H_2S_2O_4$)中的 $S_2O_4^{2-}$ 由两个 SO_2^- 原子团通过 S—S 键(键长为 239 pm)结合而成，其中 S 的氧化数为 +3。

连二亚硫酸盐热稳定性差，加热时容易分解；在水溶液中极不稳定，容易发生歧化反应；具有强还原性，在碱性介质中是强还原剂。

7. 氯磺酸和磺酰氯

氯磺酸(HSO_3Cl)是一种无色液体，有刺激性臭味，可看作硫酸分子中的一个羟基被 Cl 原子取代的产物。氯磺酸极易潮解，在潮湿空气中会吸水形成酸雾。

二氯化硫酰(SO_2Cl_2)又称磺酰氯，是一种无色发烟的液体，有刺激性臭味。SO_2Cl_2 遇水同样会发生剧烈水解，在潮湿空气中也会吸水形成酸雾。

(八) 硒和碲及其化合物

1. 硒和碲的单质

硒(selenium)和碲(tellurium)具有相似的性质，各自存在几种同素异形体。硒单质是红色或灰色粉末，有灰硒、红硒和无定形硒。硒性脆，有毒，溶于二硫化碳、苯、喹啉，其导电性随光照强度急剧变化。

碲是一种准金属，具有金属光泽，银白色；碲能溶于硫酸、硝酸、王水、氰化钾、氢氧化钾，不溶于冷水和热水、二硫化碳。

2. 硒和碲的氢化物

H_2Se、H_2Te 中中心原子均以 sp^3 杂化轨道成键，为“V”形极性分子，键角分别为 91°、89°31′。主要通过金属硒化物、碲化物与水或酸作用制得。H_2Se、H_2Te 均为无色有恶臭味的有毒气体，毒性比 H_2S 大。H_2Se 的水溶液氢硒酸是比乙酸强的弱酸。H_2Te 的水溶液氢碲酸是中强酸，还原性较氢硫酸、氢硒酸强，很不稳定，光照易分解。

3. 硒和碲的氧化物

SeO_2 蒸气为黄绿色，有辛辣味，对光和热稳定。其易吸收干燥氟化氢、氯化氢、溴化氢和碘化氢生成相应的卤氧化硒。SeO_3 是白色固体，强酸性氧化物，极易吸水，溶于水生成硒酸(H_2SeO_4)。H_2SeO_4 的酸性和氧化性都很强，在水中其第一步解离是完全的，第二步为不完全解离。

TeO_2 微溶于水，可溶于强酸和强碱，并形成复盐。受高热分解，放出有毒的蒸气。TeO_3 微溶于水，形成白色的原碲酸(H_6TeO_6)。不与冷水、稀碱作用，可溶于浓碱生成碲酸盐。H_6TeO_6 是无色晶体，是很弱的酸，但氧化性很强，可以将氯离子氧化成氯气，氧化能力介于硒酸和硫酸之间。

三、习题解析

15-1 完成下列化学方程式。

(1) $H_2O_2 + KI + H_2SO_4 \longrightarrow$

(2) $O_3(g) + H_2SO_4 + KI \longrightarrow$

(3) $H_2O_2 + H_2S \longrightarrow$

(4) $S + H_2SO_4$(浓) $\longrightarrow$

(5) $H_2S + H_2SO_4 \longrightarrow$

(6) $SO_2 + Cl_2 + H_2O \longrightarrow$

(7) $KHSO_4(s) + Al_2O_3 \longrightarrow$

(8) $Na_2S_2O_3 + HCl \longrightarrow$

(9) $MnCl_2 + (NH_4)_2S_2O_8 + H_2O \longrightarrow$

答 (1) $H_2O_2 + 3KI + H_2SO_4 = KI_3 + 2H_2O + K_2SO_4$

$5H_2O_2 + KI_3 = 4H_2O + 2HIO_3 + KI$

(2) $O_3(g) + H_2SO_4 + 2KI = I_2 + O_2\uparrow + K_2SO_4 + H_2O$

(3) $H_2O_2 + H_2S = S\downarrow + 2H_2O$

(4) $S + 2H_2SO_4$(浓) $= 3SO_2\uparrow + 2H_2O$

(5) $H_2S + H_2SO_4 = S\downarrow + SO_2\uparrow + 2H_2O$

(6) $SO_2 + Cl_2 + 2H_2O = H_2SO_4 + 2HCl$

(7) $6KHSO_4(s) + Al_2O_3(s) = Al_2(SO_4)_3 + 3K_2SO_4 + 3H_2O$

(8) $Na_2S_2O_3 + 2HCl = S\downarrow + SO_2\uparrow + H_2O + 2NaCl$

(9) $2MnCl_2 + 5(NH_4)_2S_2O_8 + 8H_2O = 2NH_4MnO_4 + 4(NH_4)_2SO_4 + 6H_2SO_4 + 4HCl$

15-2 氧原子除了以双原子分子 O_2 形式存在外，还能以 O_2^+ [如 $O_2(PtF_6)$]、O_2^- (如 KO_2) 和 O_2^{2-} (如 H_2O_2)存在，试用分子轨道理论说明 O_2、O_2^+、O_2^-、O_2^{2-} 的键级、键长和键能的递变顺序。

答 分子轨道表达式分别为

O_2 $[KK(\sigma_{2s})^2(\sigma_{2s}^*)^2(\sigma_{2p})^2(\pi_{2p_y})^2(\pi_{2p_z})^2(\pi_{2p_y}^*)^1(\pi_{2p_z}^*)^1]$

O_2^+ $[KK(\sigma_{2s})^2(\sigma_{2s}^*)^2(\sigma_{2p})^2(\pi_{2p_y})^2(\pi_{2p_z})^2(\pi_{2p_y}^*)^1]$

O_2^- $[KK(\sigma_{2s})^2(\sigma_{2s}^*)^2(\sigma_{2p})^2(\pi_{2p_y})^2(\pi_{2p_z})^2(\pi_{2p_y}^*)^2(\pi_{2p_z}^*)^1]$

O_2^{2-} $[KK(\sigma_{2s})^2(\sigma_{2s}^*)^2(\sigma_{2p})^2(\pi_{2p_y})^2(\pi_{2p_z})^2(\pi_{2p_y}^*)^2(\pi_{2p_z}^*)^2]$

由分子轨道表达式可见，O_2^+ 反键轨道上电子最少，O_2^{2-} 反键轨道上反键电子最多，因此键级：$O_2^+ > O_2 > O_2^- > O_2^{2-}$。从而可推得键长：$O_2^+ < O_2 < O_2^- < O_2^{2-}$。键能：$O_2^+ > O_2 > O_2^- > O_2^{2-}$。

15-3 简述过氧化氢的结构与化学性质，并指出 H_2O_2 是一种在反应体系中不引入杂质离子的试剂的原因。

答 过氧化氢的分子结构是 H—O—O—H，两个 H 原子在两个不同平面上，且键角∠HOO 均为 94.8°，这样的结构不稳定。

(1) H_2O_2 具有弱酸性。

$$H_2O_2 \rightleftharpoons H^+ + HO_2^- \qquad K_{a1}^{\ominus} = 2.3\times10^{-12} \qquad K_{a2}^{\ominus} = 1\times10^{-25}$$

$$H_2O_2 + 2NaOH \xlongequal{\text{乙醇}} Na_2O_2 + 2H_2O$$

(2) $2H_2O_2 \xlongequal{\quad} 2H_2O + O_2$，当加热、光照或有重金属离子存在时，可对此反应起催化作用，大大加速 H_2O_2 的分解。因此应将 H_2O_2 保存在棕色瓶中。

(3) 在 H_2O_2 中，氧的氧化数为 – 1，属中间价态。因此 H_2O_2 既有氧化性又有还原性。

酸性介质： $H_2O_2 + 2H^+ + 2e^- \rightleftharpoons 2H_2O \qquad E_A^{\ominus} = 1.776\ V$

$O_2 + 2H^+ + 2e^- \rightleftharpoons H_2O_2 \qquad E_A^{\ominus} = 0.695\ V$

碱性介质： $H_2O_2 + 2e^- \rightleftharpoons 2OH^- \qquad E_B^{\ominus} = 0.867\ V$

$O_2 + H_2O + 2e^- \rightleftharpoons HO_2^- + OH^- \qquad E_B^{\ominus} = -0.076\ V$

由上述 $E^{\ominus}$ 值分析，在酸性或碱性介质中 H_2O_2 的氧化性比还原性要强得多，因此它主要是作为氧化剂。H_2O_2 还原产物是 H_2O 和 OH^-，氧化产物是 O_2(逸出)，因此在体系中没有带入其他离子，所以说 H_2O_2 是一个很好的试剂。

15-4 在硫酸酸化的双氧水中，加入适量的高锰酸钾($KMnO_4$)溶液，会发生什么现象？试写出反应方程式。

答 加入高锰酸钾溶液后，溶液变为紫红色，但不久颜色褪去，并伴有气泡产生，有无色无味气体逸出。

反应方程式如下：

$$2KMnO_4 + 5H_2O_2 + 3H_2SO_4 \xlongequal{\quad} 2MnSO_4 + K_2SO_4 + 5O_2\uparrow + 8H_2O$$

15-5 在 101.3 kPa、20℃条件下，1 体积水可溶解 2.6 体积的 H_2S 气体。试求此时的 H_2S 饱和水溶液的物质的量浓度以及 pH。

解 假设 H_2S 气体符合理想气体定律，因此 1 L 水中溶解的 H_2S 物质的量为

$$n = pV/RT = (101.3\times2.6) / (8.314\times293) = 0.108(\text{mol})$$

即 H_2S 饱和水溶液的物质的量浓度为 0.108 $mol \cdot L^{-1}$。

查得 H_2S 的 $K_{a1}^{\ominus} = 1.1\times10^{-7}$，$K_{a2}^{\ominus} = 1.3\times10^{-13}$，为二元弱酸，计算溶液中 $c(H^+)$时只需考虑第一级解离，所以饱和 H_2S 水溶液中 H^+浓度为

$$c(H^+) = \sqrt{c\cdot K_{a1}^{\ominus}} = \sqrt{0.108\times1.1\times10^{-7}} = 1.09\times10^{-4}(\text{mol}\cdot\text{L}^{-1})$$

$$\text{pH} = 3.96$$

15-6 Fe^{3+}与 S^{2-}作用的产物可能有哪些？试写出全部的化学方程式。

答 Fe^{3+}与 S^{2-}作用的产物与溶液的酸碱度有关。当 Fe^{3+}与$(NH_4)_2S$ 或 Na_2S 作用时，生成 Fe_2S_3 黑色沉淀，反应方程式如下：

$$2Fe^{3+} + 3S^{2-} \longrightarrow Fe_2S_3\downarrow$$

虽然反应是在碱性条件下进行，但由于 $K_{sp}^{\ominus}(Fe_2S_3) = 10^{-88}$，远小于 $K_{sp}^{\ominus}[Fe(OH)_3] = 2.8 \times 10^{-39}$，因此只能生成 Fe_2S_3 沉淀。将 Fe^{3+}溶液酸化后与$(NH_4)_2S$ 或 Na_2S 作用，得到的是浅黄色硫沉淀。因为 Fe_2S_3 溶于酸产生 H_2S，H_2S 具有还原性，Fe^{3+}具有氧化性，两者发生氧化还原反应，即

$$Fe_2S_3 + 6H^+ \longrightarrow 2Fe^{3+} + 3H_2S$$

$$2Fe^{3+} + H_2S \longrightarrow 2Fe^{2+} + S\downarrow + 2H^+$$

总反应：

$$Fe_2S_3 + 4H^+ \longrightarrow 2Fe^{2+} + S\downarrow + 2H_2S$$

如将 H_2S 气体通入 Fe^{3+}溶液中，也得不到黑色沉淀，发生反应如下：

$$2Fe^{3+} + H_2S \longrightarrow 2Fe^{2+} + S\downarrow + 2H^+$$

15-7 写出 S 在 Na_2S、$Na_2S_2O_3$、Na_2SO_3、Na_2SO_4、$Na_2S_2O_8$ 中的氧化数，并从结构上分析它们的氧化还原性。

答 在 Na_2S 中，硫原子的氧化数为 −2，为最低氧化数，因此 Na_2S 具有较强的还原性；在 $Na_2S_2O_3$ 中，中心硫原子的氧化数为 +6，另一个硫原子的氧化数为 −2，氧化数较低，且 $S_2O_3^{2-}$ 为四面体构型，结构对称性较差，因此 $Na_2S_2O_3$ 常作还原剂；在 Na_2SO_3 中，硫原子的氧化数为 +4，属于中间氧化数，且 SO_3^{2-} 为三角锥形，结构对称性较差，因此，Na_2SO_3 既具有还原性，又具有氧化性；在 Na_2SO_4 中，硫原子的氧化数为 +6，是最高氧化数，且 SO_4^{2-} 为正四面体构型，结构对称，因此 Na_2SO_4 不具有明显氧化性和还原性；在 $Na_2S_2O_8$ 中，硫原子的氧化数为 +6，是最高氧化数，且 $S_2O_8^{2-}$ 中存在过氧键—O—O—，过氧键不稳定，易断裂生成 SO_4^{2-}，因此 $Na_2S_2O_8$ 具有强氧化性。

15-8 简述硫酸的结构和化学性质，并阐述在实验室中使用浓硫酸的注意事项。

答 H_2SO_4 分子呈四面体构型，中心 S 原子与 2 个羟基 O 原子之间的键长大于和另外 2 个 O 原子之间的键长。中心 S 原子采取不等性 sp^3 杂化，其中 2 个含有单电子的杂化轨道分别与 2 个羟基 O 原子的 2p 轨道“头碰头”重叠，形成 2 个 σ 键；另外 2 个非羟基 O 原子发生电子重组，各空出 1 个 2p 轨道接受 S 原子杂化轨道上的电子对而成 σ 配键。

H_2SO_4 是稳定性很高的二元强酸，不易分解也不易挥发，在其稀溶液中，它分两步解离，第一步解离是完全的：

$$H_2SO_4 \longrightarrow H^+ + HSO_4^- \qquad K_{a1}^{\ominus} = 1 \times 10^3$$

第二步解离程度较低：

$$HSO_4^- \rightleftharpoons H^+ + SO_4^- \qquad K_{a2}^{\ominus} = 1.0 \times 10^{-2}$$

浓 H_2SO_4 具有强烈的吸水性和脱水性，其反应后能形成一系列稳定的水合物，在工业上和实验室常用它作为干燥剂，用于干燥 Cl_2、H_2 和 CO_2 等气体。浓 H_2SO_4 是一种强氧化性酸，加热时氧化性更显著，可以氧化许多金属和非金属，通常还原产物为 SO_2，但常温下，浓 H_2SO_4 不与 Fe、Al 等金属发生作用。

在实验室使用浓硫酸时，要注意不要与皮肤、衣服、纸张等接触，否则会脱水碳化至黄黑色，如遇到这类情况时应立即用清水冲洗稀释。同时，实验中需用浓硫酸配制稀硫酸

时，切记一定是将浓硫酸慢慢加入水中，以防由于强烈水合作用，硫酸飞溅伤人。

15-9 为什么在实验室中不能长时间地保存 H_2S、Na_2S、Na_2SO_3 的水溶液？试写出反应方程式。

答 在酸性介质中，H_2S 有中等还原性；碱性介质中，S^{2-}还原性加强，它们均可被空气中的 $O_2(g)$氧化，析出 S 的沉淀；而在 Na_2S 溶液中还会继续反应生成多硫化物，具有氧化性：

$$2H_2S + O_2 \Longrightarrow 2S\downarrow + 2H_2O$$
$$2S^{2-} + O_2 + 2H_2O \Longrightarrow 2S\downarrow + 4OH^-$$
$$S^{2-} + xS \Longrightarrow S_{x+1}^{2-}$$

H_2S 水溶液还具有强挥发性，易逸出 $H_2S(g)$。因此，实验室中不能长期保存 H_2S 水溶液和 Na_2S 水溶液。

亚硫酸钠水溶液呈碱性，SO_3^{2-} 具有强还原性，很容易被空气中的 $O_2(g)$氧化为 SO_4^{2-}：

$$2SO_3^{2-} + O_2 \Longrightarrow 2SO_4^{2-}$$

因此，放置后的 Na_2SO_3 水溶液中含有 SO_4^{2-}，不宜久存。

15-10 设计一个简便的分辨方案将以下固体物质区别开。

Na_2S、Na_2S_2、$Na_2S_2O_3$、Na_2SO_3、Na_2SO_4

答 分别加入盐酸，根据产生的现象加以区分。

(1) 有 H_2S 恶臭气体逸出，使 $Pb(Ac)_2$ 试纸变黑的，原试样是 Na_2S：

$$Na_2S + 2HCl \Longrightarrow H_2S\uparrow + 2NaCl$$
$$H_2S + Pb(Ac)_2 \Longrightarrow PbS\downarrow + 2HAc$$

(2) 有 H_2S 恶臭气体逸出，同时生成黄白色沉淀的，原试样是 Na_2S_2：

$$Na_2S_2(aq) + 2HCl(aq) \Longrightarrow 2NaCl(aq) + H_2S\uparrow + S\downarrow$$

(3) 有无色气体逸出，可使酸性 $KMnO_4$ 溶液紫红色褪去者，原试样是 Na_2SO_3：

$$SO_3^{2-} + 2H^+ \Longrightarrow SO_2\uparrow + H_2O$$
$$2MnO_4^- + 5SO_2 + 2H_2O \Longrightarrow 5SO_4^{2-} + 2Mn^{2+} + 4H^+$$

(4) 有无色气体逸出，可使酸性 $KMnO_4$ 溶液紫红色褪去，同时生成浅黄色沉淀的，原试样是 $Na_2S_2O_3$：

$$S_2O_3^{2-} + 2H^+ \Longrightarrow S\downarrow + SO_2\uparrow + H_2O$$

(5) 无明显现象的，原试样是 Na_2SO_4。

15-11 浓硫酸能干燥下列哪种气体？

H_2S、NH_3、Cl_2、CO_2、H_2、SO_2

答 因为 H_2S 与 NH_3 会与浓硫酸发生化学反应，所以可以用浓硫酸干燥的气体有 Cl_2、CO_2、H_2、SO_2。

15-12 在水溶液中，Na_2S、Al_2S_3 和 As_2S_3 中哪种物质水解最彻底？哪种最弱？在加热条件下，Na_2S 的水解又怎样？

答 Na_2S 水解：$S^{2-} + 2H_2O \rightleftharpoons H_2S + 2OH^-$

$$K_{h_1}^{\ominus} = \frac{K_w^{\ominus 2}}{K_{a1}^{\ominus}(H_2S)\,K_{a2}^{\ominus}(H_2S)} = \frac{(1\times10^{-14})^2}{1.1\times10^{-7}\times1.3\times10^{-13}} = 7.0\times10^{-9}$$

Al_2S_3 水解：$Al_2S_3(s) + 6H_2O(l) \rightleftharpoons 2Al(OH)_3(s) + 3H_2S(aq)$

$$K_{h2}^{\ominus} = \frac{c(H_2S)^3}{c(Al^{3+})^2\cdot c(S^{2-})^3} \times \frac{c(H^+)^6\cdot c(OH^-)^6}{c(H^+)^6\cdot c(OH^-)^6} = \frac{K_w^{\ominus 6}}{K_{sp}^{\ominus}[Al(OH)_3]^2\,[K_{a1}^{\ominus}(H_2S)\,K_{a2}^{\ominus}(H_2S)]^3}$$

$$= \frac{(1\times10^{-14})^6}{(1.3\times10^{-33})^2\times(1.1\times10^{-7}\times1.3\times10^{-13})^3} = 2.0\times10^{41}$$

$As_2S_3(s)$在水中溶解度极小，几乎不水解，因此 As_2S_3 水解最弱；而 Al_2S_3 水解最彻底。因水解吸热，不断加热 Na_2S 水溶液，将使它完全水解。

15-13 常温下，在容积一定的密闭容器内，使等物质的量的干燥气体 SO_2 和 H_2S 发生反应。待反应完全后恢复至初始温度，此时容器内的压强是原压强的几分之几？并说明原因。

答 密闭容器中气体的分压比，即气体的摩尔比。

SO_2 和 H_2S 发生反应：

$$2H_2S(g) + SO_2(g) \rightleftharpoons 2H_2O(l) + 3S\downarrow$$

设反应前气体总压为 p，因为是等物质的量的 SO_2 和 H_2S，

所以此时 $p(H_2S) = p(SO_2) = 1/2p$

反应中，SO_2 过量，H_2S 完全反应，反应完全后剩下 SO_2 气体，此时体系总压为

$$p' = p'(SO_2) = p(SO_2) - 1/2\,p(H_2S) = 1/2p - 1/2 \times 1/2\,p = 1/4\,p$$

此时容器内的压强是原压强的 1/4。

15-14 一种盐 A 溶于水后，加入浓盐酸，有刺激性气体 B 产生，同时有淡黄色沉淀 C 析出；气体 B 能使高锰酸钾水溶液褪色；若将氯气通入 A 溶液中，氯气被吸收形成 D 溶液；D 与钡盐溶液发生反应生成难溶于酸的白色沉淀 E。试确定 A～E 为哪种物质，并写出反应方程式。

答 A：$Na_2S_2O_3$；B：SO_2；C：S；D：H_2SO_4；E：$BaSO_4$。

反应方程式如下：

$$Na_2S_2O_3 + 2HCl \rightleftharpoons 2NaCl + SO_2 + S\downarrow + H_2O$$

$$5SO_2 + 2MnO_4^- + 2H_2O \rightleftharpoons 5SO_4^{2-} + 2Mn^{2+} + 4H^+$$

$$Na_2S_2O_3 + 4Cl_2 + 5H_2O \rightleftharpoons 2NaCl + 2H_2SO_4 + 6HCl$$

$$H_2SO_4 + Ba^{2+} \rightleftharpoons BaSO_4\downarrow + 2H^+$$

四、水 平 测 试

1. 填空题(每空 1 分，共 20 分)

(1) H_2SO_3、Na_2SO_3、SO_2 的还原性从大到小的顺序为________。

(2) 自然界中以硫化物形式存在的硫矿有______________等。

(3) 硫的下列含氧酸盐 SO_4^{2-}、$S_4O_6^{2-}$、SO_3^{2-}、$S_2O_8^{2-}$、$S_2O_3^{2-}$、$S_2O_7^{2-}$ 中，氧化能力最强的是________，还原能力最强的是________。

(4) H_2O、H_2S、H_2Se、H_2Te 键角由大到小的变化顺序为________，这可以用________来解释。

(5) 多硫化物通常具有________，可将 SnS、As_2S_3 转变为________。

(6) 过量 $Na_2S_2O_3$ 溶液和 $AgNO_3$ 溶液反应的方程式为________；$Na_2S_2O_3$ 溶液和过量 $AgNO_3$ 溶液反应的方程式为________。

(7) 许多有氧和光参与的生物氧化过程及燃料光敏氧化反应过程中，都涉及单线态氧，单线态氧是指________。臭氧能代替氯气作为饮用水消毒剂，具有杀菌快、无异味的优点，其杀菌的有效成分是________。

(8) 反应 $2O_3 \xlongequal{\quad} 3O_2$ 的活化能为 117 $kJ \cdot mol^{-1}$，O_3 的 $\Delta_f H_m^\ominus = 142\ kJ \cdot mol^{-1}$，则该反应的反应热是________，逆反应的活化能是________。

(9) *SO_2 分子和 O_3 分子中除含有 σ 键外，还都含有________键。SO_2 的极化率比 O_3 的________。

(10) *O_3 是________磁性物质，O_3^- 是________磁性物质。

(11) *一般来说，无机酸中与质子直接相连的原子的电子密度是决定无机酸强度的直接因素，原子的电子密度大，它对质子的吸引能力________，因而该酸的酸性________。

2. 是非题(用“√”、“×”表示对、错并填入括号中，每小题 1 分，共 10 分)

(　) (1) 在酸性条件下，亚硝酸和过氧化氢反应的主要产物是硝酸和水。

(　) (2) 浓硫酸与蔗糖的反应是浓硫酸的脱水性和氧化性所致。

(　) (3) 二氧化硫的漂白作用，能使高锰酸钾溶液褪色。

(　) (4) H_2O_2 与 $K_2Cr_2O_7$ 不能在水溶液中共存。

(　) (5) 所有主族元素的硫化物都易溶解在浓盐酸中。

(　) (6) 多种硫酸盐都有形成复盐的趋势，所形成的复盐称为矾。

(　) (7) 用湿润淀粉碘化钾试纸鉴别 O_3 时，试纸显蓝色证明存在 O_3。

(　) (8) H_2SO_4 分子间氢键多而强，因此表现为沸点高和不易挥发。

(　) (9) *将浓硫酸与少量 KI 固体混合，还原产物主要是 SO_2。

(　) (10) *仅用 Na_2S 一种试剂即可区分 Zn^{2+}、Ag^+、Hg^{2+}、Ni^{2+}、Fe^{3+}五种离子。

3. 选择题[每小题 2 分，共 30 分，其中第(3)、(5)、(10)小题为多选，其余为单选]

(1) 比较下列各组氢化物酸性强弱，不正确的是(　)。

A. $H_2O > NH_3$　　B. $H_2S > PH_3$　　C. $HF > H_2S$　　D. $H_2Se > H_2Te$

(2) 下列物质中，氧化性最强的是(　)。

A. H_2SO_4　　B. $Te(OH)_6$　　C. H_2SeO_4　　D. H_2SO_3

(3) 下列各组氢化物酸性强弱关系正确的是(　)。

A. $HClO > HClO_3$　　B. $H_4SiO_4 > H_3PO_4$

C. $H_6TeO_6 < H_2SO_4$　　D. $H_2SO_4 < H_2S_2O_7$

(4) 下列物质中氧化性最差的是(　)。

A. SO_2　　B. SeO_2　　C. SeO_3　　D. TeO_2

(5) 下列叙述中正确的是(　)。

A. H_2O_2 分子构型为直线形

B. H_2O_2 既有氧化性又有还原性，主要用作氧化剂

C. H_2O_2 是弱酸，分子间有氢键

D. H_2O_2 与 $K_2Cr_2O_7$ 的酸性溶液反应生成稳定的 CrO_5

(6) 分子结构和中心原子杂化类型都与 O_3 相同的是(　　)。

A. SO_3　　B. CO_2　　C. SO_2　　D. ClO_2

(7) H_2S 的水溶液放置后变浑浊，主要原因是(　　)。

A. 与水中杂质作用　　B. 被空气氧化　　C. 见光分解　　D. 生成多硫化物

(8) 下列说法中错误的是(　　)。

A. SO_2 为极性分子　　B. H_2SO_3 可使品红溶液褪色

C. SO_2 溶于水可制纯 H_2SO_3　　D. H_2SO_3 既有氧化性又有还原性

(9) 使已变暗的古油画恢复原来的白色，可使用的方法为(　　)。

A. 用稀 H_2O_2 水溶液擦洗　　B. 用清水小心擦洗

C. 用 O_3 漂白　　D. 用 SO_2 漂白

(10) 下列分子中，硫原子采取 sp^3 杂化的是(　　)。

A. $SOCl_2$　　B. SO_2　　C. SF_4　　D. SO_2Cl_2

(11) 将含某阴离子的溶液先用 H_2SO_4 酸化后，再加入 $KMnO_4$，在加 $KMnO_4$ 前后只观察到紫色褪去，说明该溶液可能存在的阴离子是(　　)。

A. NO_3^-　　B. PO_4^{3-}　　C. $S_2O_3^{2-}$　　D. SO_3^{2-}

(12) 下列硫的含氧酸盐中氧化性最强的是(　　)。

A. 焦硫酸盐　　B. 硫代硫酸盐　　C. 过硫酸盐　　D. 连多硫酸盐

(13) *下列分子或离子中最稳定的是(　　)。

A. O_2　　B. O_2^-　　C. O_2^{2-}　　D. O_2^+

(14) *在 O_2、O_2^-、O_2^{2-}、O_3、O_3^- 中，下列说法正确的是(　　)。

A. 具有顺磁性的有 O_2、O_2^-、O_3

B. 具有顺磁性的有 O_2^-、O_2^{2-}、O_3、O_3^-

C. 具有反磁性的有 O_2^{2-}、O_3

D. 具有反磁性的有 O_2、O_3^-

(15) *单键键能大小顺序正确的是(　　)。

A. O—O > S—S > Se—Se　　B. O—O < S—S > Se—Se

C. O—O < S—S < Se—Se　　D. O—O > S—S < Se—Se

4. 推断题(10 分)

*白色固体 A，加入油状无色液体 B，可得紫黑色固体 C，C 微溶于水，加入 A 后 C 的溶解度增大，得到棕色溶液 D。将 D 分成两份，一份加入一种无色溶液 E，另一份通入气体 F，都褪成无色透明溶液，E 溶液遇酸有淡黄色沉淀，将气体 F 通入溶液 E，在所得的溶液中加入 $BaCl_2$ 溶液有白色沉淀，后者难溶于酸，问 A～F 各为哪种物质？写出相关的化学反应式。

5. 简答题(每小题 5 分，共 30 分)

(1) SO_2 和 Cl_2 的漂白机理有什么不同？

(2) 纯 H_2SO_4 是共价化合物，却有较高的沸点(657 K)，试说明原因。

(3) 硫在固态、液态和气态时的化学式和结构怎样？

(4) *某清液中可能存在 S^{2-}、SO_3^{2-}、S_x^{2-}、$S_2O_3^{2-}$、SO_4^{2-}、Cl^-。向此清液中滴加酸，只闻到腐蛋气味而未见浑浊，溶液中可能存在哪些离子？

(5) *氧的电负性仅次于氟，是活泼性仅次于氟的元素。但常温下氧的活泼性较差，在大气中存在大量游离态的氧，试说明原因。

(6) *硫代硫酸钠在药剂中可用作解毒剂，可解卤素(如 Cl_2)、重金属离子(如 Hg^{2+})以及氰化物中毒，试结合反应式说明其作为解毒剂的作用原理。

参考答案

1. 填空题(每空 1 分，共 20 分)

(1) Na_2SO_3 > H_2SO_3 > SO_2。

(2) 黄铁矿 FeS_2，黄铜矿 $CuFeS_2$，方铅矿 PbS，闪锌矿 ZnS，辉锑矿 Sb_2S_3。

(3) $S_2O_8^{2-}$，$S_2O_3^{2-}$。

(4) $H_2O > H_2S > H_2Se > H_2Te$，同一配位原子，中心原子的电负性越大，键角越大。

(5) 氧化性，SnS_3^{2-}、AsS_4^{3-}。

(6) $Ag^+(aq) + 2S_2O_3^{2-}(aq) = Ag(S_2O_3)_2^{3-}(aq)$；$2Ag^+(aq) + S_2O_3^{2-}(aq) = Ag_2S_2O_3(s)$。

(7) 激发态的氧分子 $^1O_2$，原子氧(初生态氧)。

(8) $-284\ kJ \cdot mol^{-1}$，$401\ kJ \cdot mol^{-1}$。

(9) Π_3^4，大。

(10) 反，顺。

(11) 越强，越弱。

2. 是非题(用“√”、“×”表示对、错并填入括号中，每小题 1 分，共 10 分)

(1) (√) (2) (×) (3) (×) (4) (√) (5) (×) (6) (√) (7) (√) (8) (√) (9) (×) (10) (√)

3. 选择题[每小题 2 分，共 30 分，其中第(3)、(5)、(10)小题为多选，其余为单选]

(1) (D) (2) (C) (3) (CD) (4) (A) (5) (BC) (6) (C) (7) (C) (8) (C)

(9) (A) (10) (AD) (11) (D) (12) (C) (13) (D) (14) (C) (15) (B)

4. 推断题(10 分)

A：KI； B：浓硫酸； C：I_2； D：KI_3； E：$Na_2S_2O_3$； F：Cl_2。

A + B： $H_2SO_4(浓) + 8HI = 4I_2 + H_2S + 4H_2O$

A + C： $I_2 + KI = KI_3$

D + E： $KI_3 + 2Na_2S_2O_3 = Na_2S_4O_6 + KI + 2NaI$

E 遇酸： $S_2O_3^{2-}(aq) + 2H^+(aq) = S(s) + H_2O(l) + SO_2(g)$

D + F： $2KI_3 + Cl_2 = 2KCl + 3I_2$

F + E： $Na_2S_2O_3 + 4Cl_2 + 5H_2O = Na_2SO_4 + H_2SO_4 + 8HCl$

E 与 F 反应所得溶液与 $BaCl_2$ 溶液：

$$BaCl_2(aq) + Na_2SO_4(aq) = BaSO_4(s) + 2NaCl(aq)$$

5. 简答题(每小题 5 分，共 30 分)

(1) SO_2 的漂白作用是由于 SO_2 能与一些有机色素结合成为无色的化合物；而 Cl_2 的漂白作用是由于 Cl_2 可与水反应生成 HClO，HClO 是一种强氧化剂，它分解出的原子氧能氧化有机色素，使其成为无色产物，属于氧化还原反应。

(2) 因为纯硫酸分子间除了有范德华力作用外，还存在分子间氢键，打开氢键需要较多的能量，所以沸点较高。

(3) 固态的硫晶体是 S_8 环状分子结构;液态硫随着温度的升高到 433 K 时 S_8 环开始破裂变为开链的，并且互相交缠在一起，因此黏度增加。当进一步加热时，链的平均长度缩短，黏度降低；气态硫中存在 S_8、S_6、S_4 和 S_2 等分子，随着温度的升高，S_2 分子逐渐增多。到 1273 K 时，蒸气几乎仅由 S_2 组成。继续升高温度 S_2 可分解为单原子。

(4) S_x^{2-}、$S_2O_3^{2-}$ 加酸后生成 S，所以不存在；因为有腐蛋气味表明有 H_2S 气体生成，所以应有 S^{2-} 存在；SO_3^{2-} 在加酸后会与 S^{2-} 生成 S，所以不存在。溶液中存在 S^{2-}，不存在 SO_3^{2-}、S_x^{2-}，不能确定是否存在 SO_4^{2-}、Cl^-。

(5) 氧的电负性仅次于氟，能与氧化合的元素种类也仅次于氟。所以从热力学角度看，氧是活泼性第二大的元素。但从动力学角度看，O—O 键具有双键性质，总键能很高，所以氧参加反应的活化能很高，常温下氧的活泼性很差，空气中存在大量游离态的氧。

(6) 在 $Na_2S_2O_3$ 中，S 的平均氧化值为 +2，因此 $Na_2S_2O_3$ 是一种较强的还原剂，能将卤素还原为无毒的卤素离子，或将 CN^- 还原为无毒的 SCN^-；$S_2O_3^{2-}$ 有强配位能力，与一些金属离子形成稳定的可溶于水的配合物，再排出体外。相关反应式如下：

$$Na_2S_2O_3 + 4Cl_2 + 5H_2O = 2H_2SO_4 + 2NaCl + 6HCl$$

$$KCN + Na_2S_2O_3 = KSCN + Na_2SO_3$$

$$Hg^{2+} + 2S_2O_3^{2-} = Hg(S_2O_3)_2^{2-}$$

(重庆大学　张云怀　周明)

第16章 氮族元素

一、学习目标

(1) 概述氮族元素的通性。
(2) 阐述氮的氢化物、氧化物与含氧酸及其盐的结构与性质。
(3) 描述磷的几种同素异形体，阐述磷的含氧酸及其盐的结构与性质。
(4) 描述砷、锑、铋的重要化合物的性质。

二、重难点解析

本章概述了氮族元素单质及其重要化合物，包括氨和铵盐、亚硝酸及其盐、硝酸及其盐、磷的氢化物、磷的氧化物和含氧酸及其盐的结构和基本性质，砷、锑、铋的氢化物的热稳定性，氧化物及水合物的酸碱性和氧化还原性的递变规律。重在联系物质结构理论知识，依据结构决定性质，抓住物质的结构特征，从氮族元素原子的结构分析其成键特征，进而理解氮族元素单质及其重要化合物的结构、性质和变化规律。

(一) 氮族元素概述

氮族元素的价层电子构型为 ns^2np^3，最外层 p 轨道处于半充满的稳定状态，要获得 3 个电子形成 −3 氧化态离子比较困难，只有电负性较大的 N、P 能形成极少数的离子型化合物，如 Li_3N、Mg_3N_2、Na_3P、Ca_3P_2 等。N^{3-}、P^{3-}的半径大，容易变形，遇水强烈水解生成 NH_3 和 PH_3。氮原子半径小，价电子层中没有可用于成键的 d 轨道，所以其性质与同族其他元素的性质有显著差异。从第四周期开始，因惰性电子对效应的增强，元素的＋5 氧化态稳定性减弱，＋3 氧化态稳定性增强。

(二) 氮族元素单质

1. 氮

N_2 的化学性质稳定，不易于与其他物质发生反应。常温下可与金属锂直接反应生成 Li_3N，高温时能与 Mg、Ca、Ba、Sr、Al、B、Si、H_2、O_2 等化合生成氮化物。工业上，通过分馏液态空气制备纯度为 99%的氮气。

2. 磷

磷有白磷、红磷和黑磷三种同素异形体。白磷是无色透明的剧毒晶体，不溶于水，易溶于 CS_2。红磷为暗红色的无毒固体，不溶于水、碱和 CS_2。黑磷的结构与石墨相似，不溶于有机溶剂。常温下，红磷的化学性质比较稳定，白磷有很高的化学活性，与氧气、卤素、硫直接化合生成相应的化合物，与碱发生歧化生成膦和次磷酸盐，能将 Au、Ag、Cu 等从其盐溶液中还原出来，还能与氧化性酸反应。工业上用磷与 HNO_3 反应制备 H_3PO_4。

3. 砷、锑、铋

砷和锑各有灰、黄、黑三种同素异形体。通常状况下，砷、锑、铋在水和空气中都比较稳定，不溶于稀酸和非氧化性酸，但能与 HNO_3、热浓 H_2SO_4 及王水反应；高温下，能与氧、硫、卤素反应，产物一般是 +3 氧化态化合物，与氟反应，产物是 +5 氧化态化合物。锑、铋都不与碱反应，但是砷能与熔融碱反应。

(三) 氮的化合物

1. 氮的氢化物

1) 氨及铵盐

氨是一种具有刺激性臭味的无色气体。在 NH_3 分子中，N 原子采取不等性 sp^3 杂化，分子空间构型为三角锥形。NH_3 分子是结构不对称的极性分子。由于分子间有氢键，NH_3 的熔点、沸点高于同族的 PH_3，易液化，且极易溶于水。

液氨能发生自偶电离，是一种常用的极性非水溶剂。液氨还能溶解碱金属、碱土金属等活泼金属，形成导电能力很强的蓝色溶液。

NH_3 结合 H^+ 的能力强于 H_2O，具有碱性；NH_3 分子中 N 原子处于最低氧化数，具有还原性，能与许多氧化剂反应；NH_3 分子中 N 原子有孤对电子，具有配合性，能形成配位离子；NH_3 中 H 原子还可被其他原子或原子团取代，发生取代反应。

实验室通常将铵盐与 CaO 或 $Ca(OH)_2$ 共热制氨；工业上，N_2 和 H_2 在高温、高压和铁催化剂存在条件下合成氨。

NH_4^+ 为四面体构型。NH_4^+ 是 Na^+ 的等电子体，铵盐的性质与碱金属盐相似，一般为无色晶体，易溶于水。由于 NH_3 的弱碱性，铵盐都易水解。铵盐受热易分解，分解产物与阴离子对应的酸的氧化性、挥发性以及分解温度有关。

NH_4^+ 可通过加入强碱后，用红色石蕊试纸检验氨气的形成，或者使用奈斯勒试剂进行鉴定。

2) 联氨

N_2H_4 相当于 NH_3 分子中的 1 个 H 被氨基取代，每个氮原子上都有 1 对孤对电子，分子的极性很强，是良好的极性溶剂。联氨具有较强的配位能力，能与金属离子形成配位离子。联氨的水溶液具有碱性，是二元弱碱。

联氨既有氧化性也有还原性，用作氧化剂时，反应速率非常慢，因此更多用作还原剂。联氨在空气中燃烧时释放大量的热，所以是高能燃料，可用作火箭推进剂。

3) 羟胺

NH_2OH 相当于 NH_3 分子中的 1 个 H 被羟基取代，由于 O 的电负性大，对 N 原子的孤对电子吸引力强，因此羟胺的碱性和配位能力都弱于联氨。

羟胺既有氧化性也有还原性，但羟胺作为氧化剂的反应速率非常慢，没有实际意义。羟胺是强还原剂，可使银盐、卤素还原，本身转化成 N_2、N_2O、NO 等气体逸出，不给反应体系带来杂质。

4) 叠氮化物

HN_3 分子中，与 H 相连的 N 原子采取不等性 sp^2 杂化，未与 H 相连的 2 个 N 原子均采取 sp 杂化，并分别利用其未参与杂化的 p 轨道形成 1 个 π 键。此外，3 个氮原子还分别剩余一个没有参与杂化的 p 轨道，重叠形成 Π_3^4 键。

HN_3 可与金属反应生成叠氮化物，N_3^- 为直线形结构，与 CO_2 属等电子体，成键情况相似，均含有两个 Π_3^4 键。叠氮化物一般不稳定，受热或受撞击时容易爆炸，在军事上常用作引爆剂；NaN_3 用于汽车安全气囊中作 N_2 发生剂。

2. 氮的氧化物

氮有 N_2O、NO、N_2O_3、NO_2、N_2O_4、N_2O_5 等多种氧化物。

1) 一氧化氮

NO 是无色且较稳定的气体，属单电子分子，具有顺磁性，被称为“稳定的自由基”。

常温下，NO 极易与氧反应生成红棕色 NO_2 气体，也能与 F_2、Cl_2、Br_2 等反应。NO 具有较强的配位能力，能与金属离子形成配合物：

$$FeSO_4 + NO = [Fe(NO)]SO_4(\text{棕色})$$

2) 二氧化氮

NO_2 是红棕色的有毒气体，聚合后生成无色的 N_2O_4。N_2O_4 又极易分解成 NO_2，二者之间能很迅速地达到平衡。温度高于 150℃时，NO_2 分解成 NO 和 O_2。

在 NO_2 分子中，中心 N 原子采取 sp^2 杂化，形成 2 个 σ 键，分子的空间构型为 V 形。2 个 O 原子各剩余 1 个 2p 轨道，与 N 原子未参与杂化的 2p 轨道重叠形成离域 π 键。

NO_2 中 N 处于中间氧化态，既有氧化性又有还原性，以氧化性为主。

NO_2 能与碱发生歧化反应，实验室通常用铜与浓硝酸反应来制备 NO_2。

3. 氮的含氧酸及其盐

1) 亚硝酸及其盐

HNO_2 中 N 采取 sp^2 杂化；NO_2^- 中 N 也采取 sp^2 杂化，与氧原子形成 2 个 σ 键和 1 个 Π_3^4 键，为 V 形。亚硝酸呈淡灰蓝色，显弱酸性，热稳定性差。亚硝酸盐一般为无色有毒晶体，易转化为致癌物质亚硝胺。一般都溶于水(浅黄色的 $AgNO_2$ 除外)，具有很高的热稳定性。亚硝酸及其盐的化学性质不稳定，由于分子中 N 处于中间氧化态，HNO_2 或 NO_2^- 既有氧化性又有还原性，以氧化性为主。

NO_2^- 具有很强的配位能力，能与许多金属离子形成配合物，当以 N 原子配位时称为硝基，以 O 原子配位时称为亚硝酸根。

2) 硝酸及其盐

HNO_3 分子中 N 采取 sp^2 杂化，与氧原子形成 4 个 σ 键和 1 个 Π_3^4 键。NO_3^- 中 N 也采取

sp^2杂化，与氧原子形成 3 个 σ 键和 1 个 Π_4^6 键，呈平面三角形。

由于硝酸分子中 N 处于最高氧化态，且易分解放出 NO_2 和 O_2，因此 HNO_3 具有很强的氧化性，能与许多金属和非金属反应，反应产物与硝酸的浓度及金属的活泼性有关。

硝酸盐大多是无色晶体，易溶于水。硝酸盐的水溶液几乎没有氧化性，只有在酸性介质中才有氧化性，固体硝酸盐在高温时是强氧化剂。硝酸盐在常温下或水溶液中比较稳定，受热易分解，分解产物和金属离子的化学活性有关。

(四) 磷的化合物

1. 磷的氢化物

PH_3 是一种无色、有大蒜气味的剧毒气体，微溶于水。PH_3 的结构与 NH_3 相似，为三角锥形。PH_3 的稳定性和碱性都低于 NH_3。PH_3 的还原性较强，能使 Cu^{2+}、Ag^+、Hg^{2+}等还原成金属单质。PH_3 能与许多过渡金属形成配合物，由于 P 原子有空的 d 轨道，可接受过渡金属原子反馈的 d 电子而形成反馈 π 配键，PH_3 的配位能力比 NH_3 强得多。

2. 磷的氧化物

P_4O_6 是白色易吸湿的剧毒蜡状固体，能溶于苯、CS_2 和氯仿等非极性溶剂中。P_4O_6 可以看作四面体构型的 P_4 分子中的 P—P 键之间嵌入一个桥基 O 原子，形成类似球状结构的分子，容易滑动，因此 P_4O_6 具有滑腻感。

P_4O_6 是亚磷酸的酸酐，但只有与冷水或碱溶液反应时才能缓慢地生成亚磷酸或亚磷酸盐，在热水中发生歧化反应。

P_4O_{10} 是一种白色雪状易升华的固体。P_4O_{10} 可看作由 P_4O_6 中的每个 P 原子上再结合一个端基 O 原子。P_4O_{10} 对水有很强的亲和力，吸湿性强，是一种常用的化学干燥剂，干燥效率非常高，甚至能从许多化合物中夺取化合态的水。

P_4O_{10} 是磷酸的酸酐，与水完全反应得到磷酸，但 P_4O_{10} 吸水生成磷酸的反应很慢，一般生成偏磷酸、焦磷酸、磷酸等的混合物。

3. 磷的含氧酸及其盐

H_3PO_2 极易溶于水，常温常压下比较稳定，但在高温下的碱性介质中易分解生成 H_2，且碱的浓度越大，分解速度越快。在 H_3PO_2 分子中，P 原子不等性 sp^3 杂化，分别与 2 个 H 原子和羟基中的 O 原子形成 3 个正常 σ 键，与另一个 O 原子形成 1 个配位 σ 键，因此 H_3PO_2 分子中只有一个羟基，是一元中强酸。次磷酸和次磷酸盐都具有很强的还原性，因此主要用作化学镀银或化学镀镍的还原剂。

常温下，H_3PO_3 是淡黄色晶体，易溶于水，易吸湿潮解。H_3PO_3 是强还原剂，能还原中等强度的氧化剂，自身被氧化成 H_3PO_4。受热时发生歧化反应生成 H_3PO_4 和 PH_3。

在 H_3PO_3 分子中，P 原子不等性 sp^3 杂化，分别与 1 个 H 原子和 2 个羟基中的 O 原子形成 3 个正常 σ 键，与另一个 O 原子形成 1 个配位 σ 键，因此 H_3PO_3 分子中只有 2 个羟基，是二元中强酸，能形成酸式盐和正盐，如 NaH_2PO_3、Na_2HPO_3。碱金属的亚磷酸盐易溶于水，但 $BaHPO_3$ 难溶于水。

纯磷酸 H_3PO_4 是无色晶体，分子为四面体结构。H_3PO_4 虽然是磷的最高氧化数化合物，却几乎没有氧化性。磷酸的配位能力很强，能与许多金属离子形成配合物。H_3PO_4 含有三个羟基氢原子，是三元中强酸。

磷酸盐中 MH_2PO_4 均溶于水，而 M_3PO_4 和 M_2HPO_4 中除 K^+、Na^+、NH_4^+ 盐外，其余多难溶，因此向各类磷酸盐溶液中加 Ag^+ 时均生成黄色 Ag_3PO_4 沉淀。HPO_4^{2-} 和 $H_2PO_4^-$ 是两性物质，在水溶液中既能水解，又能解离，溶液的酸碱性取决于水解和解离程度的相对大小，NaH_2PO_4、Na_2HPO_4、Na_3PO_4 溶液的 pH 依次增大。磷酸的正盐比较稳定，受热一般不分解，但其一氢盐、二氢盐受热脱水分解成焦磷酸盐或偏磷酸盐。

$H_4P_2O_7$ 是最简单的缩合磷酸，是四元中强酸，常温下是无色晶体，易溶于水，在酸性溶液中水解生成磷酸。多数焦磷酸盐也难溶于水，Ag_3PO_4 为黄色沉淀，而 $Ag_4P_2O_7$ 为白色难溶盐，因此可以用 Ag^+ 来鉴别 PO_4^{3-} 与 $P_2O_7^{4-}$。

4. 磷的卤化物

磷的卤化物有 PX_5 和 PX_3 两种类型，但 PI_5 不易生成。PX_3 的结构与 NH_3 分子相似，P 原子 sp^3 杂化，分子为三角锥形，P 原子有孤对电子，能与金属离子形成配合物。PX_3 容易与氧气和硫反应，分别生成三卤氧化磷(POX_3)和三卤硫化磷(PSX_3)，极易水解，也易与醇类反应，在反应中，H_2O、ROH 的—OH、—OR 基团取代了卤化物中的 X 原子。PCl_3 是最重要的三卤化磷，室温下为无色液体，极易水解，生成 H_3PO_3 和 HCl。

PX_5 分子中 P 原子 sp^3d 杂化，分子为三角双锥形。PCl_5 是最重要的五卤化磷，室温下 PCl_5 是白色晶体，晶体中含有正四面体构型的$[PCl_4]^+$和正八面体构型的$[PCl_6]^-$。PX_5 也易于水解，水量不足时部分水解生成 $POCl_3$ 和 HCl，水过量时完全水解生成 H_3PO_4 和 HCl。

(五) 砷、锑、铋的化合物

1. 氢化物

砷、锑、铋的氢化物都是无色剧毒气体。可由其金属化合物水解得到，也可用活泼金属还原其氧化物得到。它们的稳定性按 AsH_3、SbH_3、BiH_3 依次降低，酸性和还原性却依次增强。

AsH_3 受热分解，在玻璃上析出有金属光泽的能溶于 NaClO 的"砷镜"，可用于检验砷中毒。SbH_3 也能形成"锑镜"，但不溶于 NaClO。

$$2AsH_3 \xrightarrow{\triangle} 2As + 3H_2$$

$$5NaClO + 2As + 3H_2O = 2H_3AsO_4 + 5NaCl$$

AsH_3 也能将 Ag^+ 还原为 Ag，也可用于检验砷中毒。

$$2AsH_3 + 12AgNO_3 + 3H_2O = As_2O_3 + 12HNO_3 + 12Ag\downarrow$$

2. 氧化物

砷、锑、铋的氧化物有 As_2O_3(白色)、Sb_2O_3(白色)、Bi_2O_3(黑色)、As_2O_5(白色)、Sb_2O_5(淡红色)、Bi_2O_5(红棕色)。As_2O_3 俗称砒霜，为白色粉末状剧毒物，微溶于水，是两性偏酸性氧化物，易溶于碱生成亚砷酸盐，溶于浓盐酸生成 As(Ⅲ)盐；Sb_2O_3、Bi_2O_3 都难溶于水，Sb_2O_3 是两性氧化物，Bi_2O_3 是弱碱性氧化物。As_2O_5、Sb_2O_5、Bi_2O_5 的氧化性依次增强，且都是酸性氧化物，其酸性均强于相应的 +3 氧化态氧化物。

3. 氢氧化物及含氧酸

H_3AsO_3 微溶于水，是两性偏酸性化合物，$Sb(OH)_3$ 两性偏碱性。$Bi(OH)_3$ 显弱碱性，难溶于水。三者的还原性按 H_3AsO_3、$Sb(OH)_3$、$Bi(OH)_3$ 顺序减弱。

H_3AsO_4 是弱酸，易溶于水。$H[Sb(OH)_6]$ 不溶于水和酸，易溶于碱，是两性偏酸性化合物。$HBiO_3$ 呈两性偏酸性，极不稳定，易分解成 Bi_2O_3 和 O_2。三者的氧化性按 H_3AsO_4、$H[Sb(OH)_6]$、$HBiO_3$ 顺序增强。氧化态为 +5 的氢氧化物的酸性均强于对应氧化态为 +3 的氢氧化物的酸性。

4. 砷、锑、铋的盐

砷、锑、铋有阴离子盐(MO_3^{3-}、MO_4^{3-})及阳离子盐(M^{3+}、M^{5+})两种形式的盐。砷、锑容易形成阴离子盐(MO_3^{3-})，铋主要形成 Bi^{3+} 盐。As(Ⅲ)、Sb(Ⅲ)、Bi(Ⅲ)的氯化物、硝酸盐极易水解。As(Ⅴ)、Sb(Ⅴ)具有氧化性，在酸性介质中 Sb(Ⅴ)能氧化 I^- 为 I_2，而 As(Ⅴ)要将 I^- 氧化成 I_2 需在强酸性条件下；在酸性介质中 $NaBiO_3$ 是强氧化剂，可以用于 Mn^{2+} 的鉴定。

5. 砷、锑、铋的硫化物

砷、锑、铋的硫化物都难溶于水。As_2S_3、As_2S_5 均为两性偏酸性化合物，Sb_2S_3 为两性物质，Sb_2S_5 为两性偏酸性物质，Bi_2S_3 则为碱性化合物。除 Bi_2S_3 外，砷、锑、铋的硫化物都能溶于 NaOH 和 Na_2S 溶液，但不能溶于稀盐酸。

三、习题解析

16-1 在实验室中，怎样配制 $SbCl_3$、$Bi(NO_3)_3$ 溶液，写出相关的化学方程式。

答 为了抑制 $SbCl_3$、$Bi(NO_3)_3$ 在水溶液中的水解，配制 $SbCl_3$、$Bi(NO_3)_3$ 溶液时必须将 $SbCl_3$、$Bi(NO_3)_3$ 溶解在相应的强酸中。具体方法是：取适量的 $SbCl_3$、$Bi(NO_3)_3$ 于烧杯中，分别加入一定量的浓 HCl 和 HNO_3，待溶解后移入容量瓶中，稀释至刻度即可。水解反应式如下：

$$SbCl_3 + H_2O \xlongequal{\quad} SbOCl\downarrow + 2HCl$$

$$Bi(NO_3)_3 + H_2O \xlongequal{\quad} BiONO_3\downarrow + 2HNO_3$$

16-2 如何鉴定 NH_4^+、NO_3^-、NO_2^-、PO_4^{3-}、$P_2O_7^{4-}$，写出其反应方程式。

答 NH_4^+：与碱可发生如下反应，生成的气体物质能使红色石蕊试纸变蓝。

$$NH_4^+ + OH^- \xlongequal{\quad} NH_3\uparrow + H_2O$$

微量的 NH_4^+ 遇奈斯勒试剂生成红棕色沉淀，所以少量的 NH_4^+ 可用奈斯勒试剂进行鉴定：

$$NH_4Cl + 2K_2[HgI_4] + 4KOH \;=\!=\!=\; Hg_2NI{\cdot}H_2O\downarrow + KCl + 7KI + 3H_2O$$

NO_3^-：可采用棕色环实验进行鉴定，即在硝酸盐溶液中加入少量的硫酸亚铁晶体，沿试管壁小心加入浓硫酸，在浓硫酸与溶液的界面上会出现“棕色环”：

$$3Fe^{2+} + NO_3^- + 4H^+ \;=\!=\!=\; 3Fe^{3+} + NO + 2H_2O$$

$$[Fe(H_2O)_6]^{2+} + NO \;=\!=\!=\; [Fe(NO)(H_2O)_5]^{2+}(\text{棕色}) + H_2O$$

NO_2^-：NO_2^-在乙酸溶液中可与硫酸亚铁反应生成$[Fe(NO)(H_2O)_5]SO_4$，使溶液呈棕色：

$$Fe^{2+} + NO_2^- + 2H^+ \;=\!=\!=\; Fe^{3+} + NO + H_2O$$

$$[Fe(H_2O)_6]^{2+} + NO \;=\!=\!=\; [Fe(NO)(H_2O)_5]^{2+}(\text{棕色}) + H_2O$$

PO_4^{3-}：可以利用酸性条件下与钼酸铵反应生成黄色沉淀来进行鉴定：

$$PO_4^{3-} + 3\,NH_4^+ + 12\,MoO_4^{2-} + 24H^+ \;=\!=\!=\; (NH_4)_3PO_4\cdot 12MoO_3\cdot 6H_2O\downarrow + 6H_2O$$

也可以利用与Ag^+生成黄色沉淀来进行鉴定：

$$PO_4^{3-} + 3Ag^+ \;=\!=\!=\; Ag_3PO_4\downarrow(\text{黄色})$$

$P_2O_7^{4-}$：利用$P_2O_7^{4-}$与Ag^+生成白色沉淀来进行鉴定：

$$P_2O_7^{4-} + 4Ag^+ \;=\!=\!=\; Ag_4P_2O_7\downarrow(\text{白色})$$

16-3 能否用NH_4NO_3、$(NH_4)_2Cr_2O_7$、NH_4HCO_3制备NH_3，为什么？给出相关的化学方程式。

答 NH_4NO_3、$(NH_4)_2Cr_2O_7$加热分解不能生成NH_3，而NH_4HCO_3热分解能产生NH_3，反应式为

$$NH_4NO_3 \xrightarrow{\triangle} N_2O\uparrow + 2H_2O$$

$$(NH_4)_2Cr_2O_7 \xrightarrow{\triangle} N_2\uparrow + Cr_2O_3 + 4H_2O$$

$$NH_4HCO_3 \xrightarrow{\triangle} NH_3\uparrow + CO_2\uparrow + H_2O$$

16-4 试说明在Na_2HPO_4和NaH_2PO_4溶液中加入$AgNO_3$溶液均析出黄色沉淀的原因，而在PCl_5完全水解后的产物中，加入$AgNO_3$只有白色沉淀，而无黄色沉淀的原因。

答 因为在Na_2HPO_4和NaH_2PO_4溶液中加入$AgNO_3$溶液后分别发生了如下反应：

$$HPO_4^{2-} + 3Ag^+ \;=\!=\!=\; Ag_3PO_4\downarrow(\text{黄}) + H^+$$

$$H_2PO_4^- + 3Ag^+ \;=\!=\!=\; Ag_3PO_4\downarrow(\text{黄}) + 2H^+$$

而PCl_5水解的反应式为

$$PCl_5 + H_2O \;=\!=\!=\; POCl_3 + 2HCl$$

$$POCl_3 + 3H_2O \;=\!=\!=\; H_3PO_4 + 3HCl$$

水解虽然能产生H_3PO_4，其解离而产生的PO_4^{3-}比Cl^-少得多，所以溶液中加入$AgNO_3$后只产生白色的AgCl沉淀，而不会产生黄色的Ag_3PO_4沉淀。

16-5 试说明$H_4P_2O_7$的酸性比H_3PO_3强的原因。

答 根据鲍林规则，含氧酸的化学式H_xRO_y也可以写成通式$RO_{y-x}(OH)_x$，$y-x$为非羟基

氧原子数，非羟基氧原子的数目越多，含氧酸的酸性越强，所以 $H_4P_2O_7$ 的酸性比 H_3PO_3 强。

16-6 在 N_2^+、NO^+、O_2^+、Li_2^+、Be_2^{2+} 五种离子中，哪一种稳定性最高，为什么？

答 N_2^+ $(\sigma_{1s})^2(\sigma_{1s}^*)^2(\sigma_{2s})^2(\sigma_{2s}^*)^2(\pi_{2p_y})^2(\pi_{2p_z})^2(\sigma_{2p_x})^1$ 键级 = (9 − 4)/2 = 2.5

NO^+ $(\sigma_{1s})^2(\sigma_{1s}^*)^2(\sigma_{2s})^2(\sigma_{2s}^*)^2(\pi_{2p_y})^2(\pi_{2p_z})^2(\sigma_{2p_x})^2$ 键级 = (10 − 4)/2 = 3

O_2^+ $(\sigma_{1s})^2(\sigma_{1s}^*)^2(\sigma_{2s})^2(\sigma_{2s}^*)^2(\sigma_{2p_x})^2(\pi_{2p_y})^2(\pi_{2p_z})^2(\pi_{2p_y}^*)^1$ 键级 = (10 − 5)/2 = 2.5

Li_2^+ $(\sigma_{1s})^2(\sigma_{1s}^*)^2(\sigma_{2s})^1$ 键级 = (3 − 2)/2 = 0.5

Be_2^{2+} $(\sigma_{1s})^2(\sigma_{1s}^*)^2(\sigma_{2s})^2$ 键级 = (4 − 2)/2 = 1

所以 NO^+ 稳定性最高。

16-7 利用电极电势讨论：在酸性介质中 Bi(Ⅴ)氧化 Cl^- 为 Cl_2，在碱性介质中 Cl_2 可将 Bi(Ⅲ)氧化为 Bi(Ⅴ)。

答 在酸性介质中：$E^\ominus(BiO_3^-/BiO^+) = 1.60$ V，$E^\ominus(Cl_2/Cl^-) = 1.358$ V，因此 Bi(Ⅴ)能氧化 Cl^- 为 Cl_2。

BiO_3^-/BiO^+ 的电极反应为

$$BiO_3^- + 4H^+ + 2e^- \Longrightarrow BiO^+ + 2H_2O$$

能斯特方程可表示为

$$E(BiO_3^-/BiO^+) = E^\ominus(BiO_3^-/BiO^+) + \frac{0.0592}{2}\lg\frac{c(BiO_3^-)\,c(H^+)^4}{c(BiO^+)}$$

假设 $c(BiO_3^-) = c(BiO^+) = 1.0\ \text{mol}\cdot\text{L}^{-1}$，则能斯特方程变为

$$E(BiO_3^-/BiO^+) = E^\ominus(BiO_3^-/BiO^+) - 0.1184\text{pH}$$

因此，pH 增大，BiO_3^-/BiO^+ 的电极电势将减小，当 pH ≥ 7 时，$E(BiO_3^-/BiO^+) \leqslant 1.176$ V。在碱性介质中 Cl_2 可将 Bi(Ⅲ)氧化为 Bi(Ⅴ)，发生如下反应：

$$Bi(OH)_3 + Cl_2 + 3NaOH \Longrightarrow NaBiO_3 + 2NaCl + 3H_2O$$

16-8 比较 As、Sb、Bi 的硫化物在浓 HCl、NaOH 或 Na_2S 溶液中的溶解情况，并讨论它们的硫代酸盐的生成和分解。

答 As、Sb、Bi 的硫化物在浓 HCl、NaOH 或 Na_2S 溶液中的溶解情况见下表：

	As_2S_3	As_2S_5	Sb_2S_3	Sb_2S_5	Bi_2S_3
浓 HCl	不溶	不溶	溶	溶	溶
NaOH	溶	溶	溶	溶	不溶
Na_2S	溶	溶	溶	溶	不溶

As、Sb 的硫化物能溶于碱性硫化物[如 Na_2S、$(NH_4)_2S$ 等]中生成相应的硫代酸盐，反应方程式为

$$As_2S_3 + 3S^{2-} \Longrightarrow 2AsS_3^{3-}$$

$$Sb_2S_3 + 3S^{2-} \Longrightarrow 2SbS_3^{3-}$$

$$As_2S_5 + 3S^{2-} \Longrightarrow 2AsS_4^{3-}$$

$$Sb_2S_5 + 3S^{2-} \Longrightarrow 2SbS_4^{3-}$$

这些硫代酸盐与酸反应生成相应的硫代酸，硫代酸很不稳定，立即分解为相应的不溶性硫化物并放出硫化氢气体：

$$2MS_3^{3-} + 6H^+ \longrightarrow M_2S_3\downarrow + 3H_2S\uparrow \quad (M = As、Sb)$$

$$2MS_4^{3-} + 6H^+ \longrightarrow M_2S_5\downarrow + 3H_2S\uparrow \quad (M = As、Sb)$$

16-9 某工业废液中含有2%～5%的$NaNO_2$，直接排放将对环境造成污染，下列5种试剂中，哪些能消除$NaNO_2$而不会引起二次污染？用相关化学方程式说明理由。

①NH_4Cl；②H_2O_2；③$FeSO_4$；④$CO(NH_2)_2$；⑤$NH_2SO_3^-$(氨基磺酸盐)

答 NH_4Cl：
$$NH_4Cl + NaNO_2 \longrightarrow NH_4NO_2 + NaCl$$
$$NH_4NO_2 \longrightarrow N_2\uparrow + 2H_2O$$

H_2O_2：
$$H_2O_2 + NaNO_2 \longrightarrow NaNO_3 + H_2O$$

$FeSO_4$：
$$NO_2^- + Fe^{2+} + 2H^+ \longrightarrow NO\uparrow + H_2O + Fe^{3+}$$

$CO(NH_2)_2$：
$$2NaNO_2 + CO(NH_2)_2 + 2HCl \longrightarrow CO_2\uparrow + 2N_2\uparrow + 2NaCl + 3H_2O$$

$NH_2SO_3^-$：
$$NH_2SO_3^- + NO_2^- \longrightarrow N_2\uparrow + SO_4^{2-} + H_2O$$

所以，NH_4Cl、H_2O_2、$NH_2SO_3^-$、$CO(NH_2)_2$能消除污染，且不会引起二次污染；$FeSO_4$能消除污染，但会引起二次污染。

16-10 怎样除去空气中PH_3带来的污染？写出相关的化学方程式。

答 将污染空气通过$CuSO_4$溶液，因发生如下反应而除去PH_3。

$$PH_3 + 4CuSO_4 + 4H_2O \longrightarrow 4Cu + 4H_2SO_4 + H_3PO_4$$

16-11 为什么NH_3的沸点高(－33℃)，是一种典型的路易斯碱，而NF_3的沸点低(－129℃)，且不显碱性？

答 NH_3和NF_3都为三角锥形，N原子处于三角锥的顶端，N原子上都有一对孤对电子。在NH_3分子中，由于H的电负性小，NH_3分子中的N原子给出电子对的能力较强，是一种典型的路易斯碱；NH_3分子间易于形成氢键使其具有较高的沸点。而在NF_3分子中，F的电负性较N大，NF_3分子中N原子的给电子能力下降，故不显碱性；NF_3分子间不存在氢键，分子间作用力弱，导致其沸点较低。

16-12 试举例说明亚硝酸及其盐既有氧化性，又有还原性，并解释原因。

答 因为亚硝酸及其盐中N元素的氧化数处于中间值，在化学反应中既可得到电子，也可失去电子，所以亚硝酸及其盐既具有氧化性，又具有还原性，如：

氧化性：
$$NO_2^- + Fe^{2+} + 2H^+ \longrightarrow NO\uparrow + Fe^{3-} + H_2O$$

还原性：
$$5NO_2^- + 2MnO_4^{2-} + 6H^+ \longrightarrow 5NO_3^- + 2Mn^{2+} + 3H_2O$$

16-13 向镁盐溶液中加入Na_2HPO_4、氨水、NH_4^+溶液可以制备$MgNH_4PO_4$，写出相关离子反应方程式，并说明为什么要加入铵盐。

答 相关的反应离子方程式：

$$HPO_4^{2-} + H_2O \longrightarrow H_2PO_4^- + OH^-$$

$$H_2PO_4^- \longrightarrow PO_4^{3-} + 2H^+$$

$$NH_3 \cdot H_2O \longrightarrow NH_4^+ + OH^-$$

$$OH^- + H^+ \xlongequal{\quad} H_2O$$

$$Mg^{2+} + PO_4^{3-} + NH_4^+ \xlongequal{\quad} MgNH_4PO_4$$

加入铵盐是为了抑制 NH_3 的解离，控制溶液中的 OH^-浓度，防止生成 $Mg(OH)_2$ 沉淀，而影响 $MgNH_4PO_4$ 的产生。

16-14 汽车尾气中的 NO 和 CO 均为有害气体，请利用热力学理论论述可否通过下列反应实现对这两种废气污染的治理。

$$2CO + 2NO \xlongequal{\quad} 2CO_2\uparrow + N_2\uparrow$$

答 汽车尾气中 CO、NO 之间能发生如下反应：

$$2CO(g) + 2NO(g) \xlongequal{\quad} 2CO_2(g) + N_2(g)$$

$\Delta_f G_m^\ominus (298\ K)/(kJ \cdot mol^{-1})$ $\quad -137.168 \quad 86.55 \qquad -394.359 \quad 0$

$$\Delta_r G_m^\ominus (298\ K) = (-394.359 \times 2) - [(-137.168 \times 2) + 86.55 \times 2] = -677.482\ (kJ \cdot mol^{-1})$$

因为 $\Delta_r G_m^\ominus (298\ K) < 0$，所以在常温下 CO、NO 之间可以自发反应生成无污染的物质。但热力学理论的讨论只能说明反应的可能性，事实上这个反应的速率很小，很难实现对两种废气污染的治理。

16-15 有一白色固体化合物 A，微溶于水，易溶于氢氧化钠溶液和浓盐酸。A 溶于浓盐酸得到 B 溶液，向其中通入硫化氢气体得黄色沉淀 C。C 难溶于盐酸，易溶于氢氧化钠溶液，C 溶于硫化钠溶液得一无色溶液 D，若将 C 溶于 Na_2S_2 溶液中则得无色溶液 E。向 B 中滴加溴水，则溴水褪色，同时 B 转为无色溶液 F，向 F 的酸性溶液中加入淀粉碘化钾溶液，溶液变蓝。试确定 A、B、C、D、E、F 各代表什么物质，并写出相关的化学方程式。

答 A：As_2O_3；B：$AsCl_3$；C：As_2S_3；D：Na_3AsS_3；E：Na_3AsS_4；F：H_3AsO_4。

化学反应方程式：

$$As_2O_3 + 6HCl \xlongequal{\quad} 2AsCl_3 + 3H_2O$$

$$2As^{3+} + 3H_2S \xlongequal{\quad} As_2S_3\downarrow(\text{黄}) + 6H^+$$

$$As_2S_3 + 6NaS \xlongequal{\quad} 2Na_3AsS_3 + 3S$$

$$As_2S_3 + 3Na_2S_2 \xlongequal{\quad} 2Na_3AsS_4 + S$$

$$AsCl_3 + 3H_2O \xlongequal{\quad} H_3AsO_3 + 3HCl$$

$$H_3AsO_4 + 2H^+ + 2I^- \xlongequal{\quad} H_3AsO_3 + I_2 + H_2O$$

16-16 将无色金属硝酸盐晶体 A 加入水中可得白色沉淀 B 和无色溶液 C，经过滤分离后，将 C 溶液分成三份：第一份通入硫化氢气体生成黑色沉淀 D，D 不溶于氢氧化钠溶液，但溶于盐酸；第二份滴加氢氧化钠溶液有白色沉淀 E 产生，E 不溶于过量的氢氧化钠溶液；第三份滴加到二氯化锡的强碱溶液中，有黑色沉淀 F 生成。试确定 A、B、C、D、E、F 各代表什么物质，并写出相关的化学反应方程式。

答 A：$Bi(NO_3)_3$；B：$BiONO_3$；C：Bi^{3+}；D：Bi_2S_3；E：$Bi(OH)_3$；F：Bi。

化学反应方程式：

$$Bi(NO_3)_3 + H_2O \xlongequal{\quad} BiONO_3\downarrow + 2HNO_3$$

$$2Bi^{3+} + 3H_2S \xlongequal{\quad} Bi_2S_3\downarrow + 6H^+$$

$$Bi^{3+} + 3OH^- \xlongequal{\quad} Bi(OH)_3\downarrow$$

$$2Bi(OH)_3 + 3Na_2[Sn(OH)_4] \xlongequal{\quad} 2Bi\downarrow + 3Na_2[Sn(OH)_6]$$

四、水平测试

1. 填空题(每空1分，共20分)

(1) 在NH_3分子中，中心N原子采取________杂化，空间构型为________。从结构和氧化态分析，NH_3可发生________反应、________反应和________反应。

(2) 用硝酸作氧化剂时，其被还原产物的组成取决于________和________。

(3) 亚磷酸为________元酸，磷酸为________元酸，焦磷酸为________元酸。它们的酸性由强至弱的顺序为________。

(4) *完成并配平下列方程式：

① $NaBiO_3 + MnSO_4 + H_2SO_4 \longrightarrow$　　② $AsCl_3 + Zn + HCl \longrightarrow$

③ $(NH_4)_2Cr_2O_7(s) \xrightarrow{\triangle}$　　④ $NaNO_2 + KI + H_2SO_4 \longrightarrow$

(5) *PH_3分子的空间构型为________，其毒性比NH_3________，溶解性比NH_3________，碱性比NH_3________，与过渡金属生成配合物的能力比NH_3________。

2. 是非题(用"√"、"×"表示对、错并填入括号中，每小题1分，共10分)

(　) (1) NO_2与NaOH溶液反应将生成$NaNO_2$和$NaNO_3$的混合溶液。

(　) (2) 磷酸二氢盐都易溶于水，故在NaH_2PO_4溶液中滴加$AgNO_3$溶液不会产生沉淀。

(　) (3) 硝酸盐都容易热分解，而且分解得到的气体都相同。

(　) (4) PCl_3和水反应的产物是H_3PO_3和HCl。

(　) (5) 砷、锑、铋的硫化物都能溶于NaOH和Na_2S溶液。

(　) (6) P_4O_{10}具有很强的吸水性，能用作干燥剂干燥氨气。

(　) (7) 可用鲍林规则解释HNO_3比HNO_2的酸性强弱。

(　) (8) *$NaBiO_3$是强氧化剂，其强氧化性与惰性电子对效应有关。

(　) (9) *NO为极性分子，根据"相似相溶"原则，NO易溶于水。

(　) (10) *在NO_3^-离子中，N—O键的长度介于单键与双键之间。

3. 选择题[每小题2分，共20分，其中第(1)、(8)小题为多选，其余为单选]

(1) 有关H_3PO_4、H_3PO_3、H_3PO_2正确的论述是(　)。

A. P的氧化态相同　　B. P原子位于四面体中心

C. 在水中的解离度相近　　D. 都是三元酸

(2) 磷的五卤化物中，热稳定性最强的是(　)。

A. PBr_5　　B. PCl_5　　C. PF_5　　D. PI_5

(3) 下列硫化物中既不溶于HCl，又不溶于Na_2S_x的是(　)。

A. As_2S_5　　B. As_2S_3　　C. Sb_2S_3　　D. Bi_2S_3

(4) 实验测得PH_3分子中键角∠HPH = 93°，则P原子的杂化轨道是(　)。

A. sp　　B. sp^2　　C. sp^3　　D. 不等性sp^3

(5) 关于五氯化磷的下列叙述中，不正确的是(　　)。

A. 可由氯和 PCl_3 反应制得　　B. 容易水解生成磷酸

C. 气态时很稳定　　D. 晶体中结构为 $[PCl_4]^+[PCl_6]^-$

(6) 下列关系不正确的是(　　)。

A. 酸性：$H_3PO_4 > H_4P_2O_7$　　B. 氧化性：$AsO_4^{3-} > AsO_3^{3-}$

C. 还原性：$H_3PO_2 > H_3PO_3$　　D. 还原性：$AsO_3^{3-} > SbO_3^{3-}$

(7) 固态铵盐加热分解，其产物为(　　)。

A. 一定含 NH_3　　B. 一定含 N_2　　C. 一定含 N_2O　　D. 不能确定

(8) *下列关系正确的是(　　)。

A. 碱性：$NH_2^- > PH_2^-$　　B. 水解性：$NH_4^+ > PH_4^+$

C. 热稳定性：$NH_4Cl > NH_4Br$　　D. 酸性：$H_3AsO_3 < H_3AsO_4$

(9) *在 HNO_3 和 NO_3^- 结构中存在的大 π 键分别是(　　)。

A. Π_3^3 键和 Π_4^4 键　　B. Π_4^5 键和 Π_3^4 键　　C. Π_4^6 键和 Π_3^4 键　　D. Π_3^4 键和 Π_4^6 键

(10) **已知 N_2F_2 存在顺式和反式两种形式，可推测两个 N 原子之间的化学键是(　　)。

A. 仅一个 σ 键　　B. 仅一个 π 键

C. 一个 σ 键和两个 π 键　　D. 一个 σ 键和一个 π 键

4. 推断题(10 分)

*A 为无色气体，能使热的 CuO 还原，生成无色气体 B 和水蒸气。将 A 通过灼热的金属钠，得到固体 C，同时生成可燃性气体 D。气体 B 通过加热的金属钙，生成固体 E，E 遇水又生成气体 A。A 能分步与 Cl_2 反应得到一种易爆炸的液体 F，F 遇水又生成气体 A。请问 A～F 分别为什么物质？写出相关反应方程式。

5. 简答题(每小题 5 分，共 30 分)

(1) 如果 N_2 中含有微量的 O_2，适宜选择什么方法去除？

(2) 试从结构上分析 PF_3 既可作为路易斯酸，又可作为路易斯碱的原因。

(3) 磷酸在分析化学中可用于掩蔽 Fe^{3+}，试说明原因。

(4) *N(Ⅴ)和 Bi(Ⅴ)的氧化能力强于介于两者之间的 P(Ⅴ)、As(Ⅴ)、Sb(Ⅴ)，试说明原因。

(5) *As_2O_3 在盐酸中的溶解度先随酸的浓度增大而减小，而后又随酸的浓度增大而增大，试结合化学反应式说明原因。

(6) **NO 和 $FeSO_4$ 反应生成 $Fe(NO)SO_4$(棕色环反应)可用于鉴定 NO_2^- 和 NO_3^-，但为什么鉴定 NO_3^- 要用浓 H_2SO_4，而鉴定 NO_2^- 可用 CH_3COOH？

参 考 答 案

1. 填空题(每空 1 分，共 20 分)

(1) sp^3，三角锥形，取代，加合，氧化。

(2) HNO_3 的浓度，还原剂的活泼性。

(3) 二，三，四，$H_4P_2O_7 > H_3PO_3 > H_3PO_4$。

(4) ① $10NaBiO_3 + 4MnSO_4 + 16H_2SO_4 == 5Na_2SO_4 + 5Bi_2(SO_4)_3 + 14H_2O + 4HMnO_4$

② $AsCl_3 + 3Zn + 3HCl == AsH_3 + 3ZnCl_2$

③ $(NH_4)_2Cr_2O_7(s) \xlongequal{\triangle} N_2\uparrow + Cr_2O_3 + 4H_2O$

④ $2NaNO_2 + 2KI + 2H_2SO_4 = Na_2SO_4 + K_2SO_4 + I_2 + 2H_2O + 2NO$

(5) 三角锥形，大，弱，强。

2. 是非题(用“√”、“×”表示对、错并填入括号中，每小题1分小，共10分)

(1) (√) (2) (×) (3) (×) (4) (√) (5) (×) (6) (×) (7) (√) (8) (√) (9) (×) (10) (√)

3. 选择题[每小题2分，共20分，其中第(1)、(8)小题为多选，其余为单选]

(1) (BC) (2) (C) (3) (A) (4) (D) (5) (C) (6) (A) (7) (D) (8) (AD) (9) (D) (10) (D)

4. 推断题(10分)

A：NH_3；B：N_2；C：$NaNH_2$；D：H_2；E：Ca_3N_2；F：NCl_3。

A + CuO： $3CuO + 2NH_3 \xrightarrow{\triangle} 3Cu + N_2\uparrow + 3H_2O$

A + Na： $2NH_3 + 2Na \xrightarrow{\triangle} 2NaNH_2 + H_2$

B + Ca： $N_2 + 3Ca \xrightarrow{\triangle} Ca_3N_2$

E + H_2O： $Ca_3N_2 + 6H_2O = 3Ca(OH)_2 + 2NH_3\uparrow$

A + Cl_2： $NH_3 + 3Cl_2 = NCl_3 + 3HCl$

F + H_2O： $NCl_3 + 3H_2O = NH_3 + 3HClO$

5. 简答题(每小题5分，共30分)

(1) 使气体通过赤热的铜或连二亚硫酸钠的碱性溶液：

$$2Cu + O_2 \xrightarrow{\triangle} 2CuO$$

$$2Na_2S_2O_4 + O_2 + 4NaOH = 4Na_2SO_3 + 2H_2O$$

(2) 在 PF_3 分子中 P 原子以 sp^3 杂化形成 3 个 σ 键，有一对孤对电子，PF_3 分子可以给出电子对，所以可以作为路易斯碱。P 原子价层尚有空的 3d 轨道，可以接受电子对，所以又可作为路易斯酸。

(3) PO_4^{3-} 具有很强的配位能力，可与 Fe^{3+} 生成无色的可溶性配合物 $[Fe(HPO_4)_2]^-$、$[Fe(PO_4)_2]^{3-}$，因此分析化学上常用磷酸掩蔽 Fe^{3+}。

(4) 因为 N 的电负性最大，其 +5 氧化态容易得电子为常见的氧化剂；Bi(Ⅴ)主要是由于 ns^2 惰性电子对效应，故呈强氧化性。

(5) 因为 As_2O_3 是酸性氧化物，在水中发生反应：

$$As_2O_3 + 3H_2O = 2H_3AsO_3$$

当盐酸浓度较低时，H^+ 抑制了 H_3AsO_3 的解离，因而随酸的浓度增大，As_2O_3 溶解度减小。盐酸浓度继续增大时，Cl^- 可与 $AsCl_3$ 反应形成 $AsCl_4^-$ 而使 As_2O_3 溶解度增大。

$$H_3AsO_3 + 3HCl = AsCl_3 + 3H_2O$$

$$AsCl_3 + Cl^- = AsCl_4^-$$

(6) NO_2^- 的鉴定反应为

$$2NO_2^- + 2H^+ = 2HNO_2 = H_2O + NO + NO_2$$

$$NO + Fe^{2+} = FeNO^{2+}(\text{棕色})$$

NO_3^- 的鉴定反应为

$$3Fe^{2+} + NO_3^- + 4H^+ = 3Fe^{3+} + NO + 2H_2O$$

$$NO + Fe^{2+} = FeNO^{2+}(\text{棕色})$$

由于 NO_2^- 不稳定，在弱酸性介质中就可歧化生成鉴定所需要的 NO；而 NO_3^- 则需要在强酸性溶液中被 Fe^{2+} 还原生成鉴定所需的 NO。

(重庆大学 张云怀 周明)

第17章 碳族元素

一、学习目标

(1) 描述碳族元素的通性、碳的几种同素异形体的性质和用途。
(2) 阐述碳和硅的主要化合物(如氧化物、卤化物、含氧酸及其盐)的结构和性质。
(3) 描述锡、铅的重要化合物的性质和用途。

二、重难点解析

本章主要内容为碳族元素及其化合物的结构和性质，包括碳族元素单质的种类、结构和有关性质；碳的氧化物的种类和性质、碳酸及其盐的酸碱性和热稳定性规律；硅的常见化合物的结构和性质；锡和铅的氧化物、水合物以及盐的酸碱性、氧化还原性和溶解性规律。依据结构决定性质，抓住物质的结构特征，理解物质的性质及其变化规律。

(一) 单质

在常温下，碳的化学性质不活泼，但它的活泼性随温度的升高而迅速增加。碳的电负性居中，既能与电负性比它大的元素化合，又能与电负性比它小的元素化合，表现出多种氧化值。碳是有机世界的主角，不属于有机化学范围的含碳化合物主要是氧化物(CO 和 CO_2)和碳酸盐。

硅在化学性质方面主要表现为非金属性，晶态硅不活泼，无定形硅比晶态硅活泼，加热时无定形硅能与许多金属和非金属化合。硅不与任何酸作用，但能溶于 HF 和 HNO_3 的混合液中，强碱能与硅作用生成偏硅酸盐和氢气。

锗是一种浅灰色的金属，锗晶体中原子的排列方式与金刚石相同，所以它硬而脆。硅和锗具有半导体特性。

锡和铅是低熔点金属，常被用来做低温合金。在空气中，锡很稳定，不易被氧化。铅在表面生成一层很致密的氧化物薄膜而不被继续氧化。

(二) 碳的化合物

1. 氧化物

CO 中碳与氧通过三键结合，其中一个 σ 键，一个双方各提供一个价电子的共价 π 键，还有一个是由 O 原子单独提供一对电子的配位 π 键。因为在 C 原子上有较多的负电荷，所以 CO 中 C 原子中的孤对电子容易进入其他原子的空轨道而产生加合反应，与一些过渡金属加合生成羰基配合物，如 $Ni(CO)_4$、$Fe(CO)_5$。CO 是常见的还原剂，在高温下能将许多金属从它们的氧化物中还原出来，工业上常用来冶炼金属。CO 有毒。

CO_2 是直线形结构，偶极矩为零。CO_2 分子中含有 2 个 σ 键和 2 个 Π_3^4 键。C—O 键长介于双键和三键之间，更接近于三键。

2. 碳化物

碳与周期表中ⅠA、ⅡA、ⅢA 和ⅠB、ⅡB、ⅢB 族金属主要形成离子型碳化物，离子型碳化物可分为两种类型：一种是含有 C_2^{2-} 的碳化物，如 CaC_2；另一种是含有 C^{4-} 的碳化物，如 Al_4C_3，它们大多易被水分解，生成乙炔或甲烷。

碳与电负性相近的元素或某些过渡元素化合形成原子型碳化物，如 SiC、B_4C 等，是由共价键形成的原子晶体，具有硬度大、熔点高等特点。

碳与半径较大的过渡金属常形成金属碳化物，如 WC、TiC，这些化合物具有金属光泽，能传热导电，熔点高，硬度大(但脆性也较大)。

3. 碳酸及其盐

碳酸是 CO_2 溶于水的产物，是二元弱酸，很不稳定，只存在于水溶液中。

碳酸盐中，除铵盐和碱金属盐(除 Li_2CO_3 外)外，都难溶于水，一般难溶碳酸盐对应的碳酸氢盐的溶解度较大，如 $Ca(HCO_3)_2$ 溶解度大于 $CaCO_3$，易溶的碳酸盐，对应的碳酸氢盐的溶解度反而小，如 $NaHCO_3$ 溶解度小于 Na_2CO_3。

因为碳酸的酸性很弱，所以碳酸盐溶液易水解。重金属的碳酸盐，在水溶液中会部分水解生成碱式碳酸盐：

$$2Cu^{2+} + 2CO_3^{2-} + H_2O = Cu_2(OH)_2CO_3\downarrow + CO_2\uparrow$$

某些金属的碳酸盐几乎完全水解：

$$2Fe^{3+} + 3CO_3^{2-} + 3H_2O = 2Fe(OH)_3\downarrow + 3CO_2\uparrow$$

碳酸盐和碳酸氢盐的热稳定性较差，在高温下均会分解：

$$M(HCO_3)_2 \xlongequal{\triangle} MCO_3 + H_2O + CO_2\uparrow$$

$$MCO_3 \xlongequal{\triangle} MO + CO_2\uparrow$$

碳酸和碳酸盐的热稳定性与阳离子的反极化作用有关。在 CO_3^{2-} 中，C 原子采取 sp^2 杂化与三个 O 原子结合，四个原子在同一平面上形成一个三角形，C 原子和三个 O 原子之间的化学键是等同的，位于中心的 C^{4+} 对周围的 O^{2-} 有较强的极化作用，导致 O^{2-} 极化变形，原子轨道重叠，形成强共价键。当 H^+ 靠近 O^{2-} 时，H^+ 对 O^{2-} 的极化作用和中心离子的极化作用方向相反，称为反极化作用。H^+ 的体积很小，且没有带负电荷的电子云，因此它可以钻入碳酸根内 O^{2-} 的电子云中，降低 O^{2-} 的负电荷，同时降低 O^{2-} 的变形性，削弱 C^{4+} 与 O^{2-} 间的共价键。在 HCO_3^- 中，其中一个 O^{2-} 的电荷降低，变形性降低，与中心离子 C^{4+} 间的键变得不稳定。当再有一个 H^+ 钻入 O^{2-} 电子云中时，就形成 H_2CO_3 分子。因为 C^{4+} 中心离子对电中性分子作用不大，碳酸分解成为 CO_2 和 H_2O。

这一过程也可以理解为外来阳离子和 C^{4+}对 O^{2-}的争夺。外来阳离子的极化能力越强，反极化作用越强，酸或盐的热稳定性越差。

H^{+}的反极化作用强于金属离子；电荷密度高的金属离子的反极化作用强于电荷密度低的金属离子；氧化数相同时，非稀有气体构型的离子的反极化作用强于稀有气体构型的离子。

因而碳酸及其盐的热稳定性规律如下：①碳酸、碳酸氢盐和碳酸盐的热稳定性逐渐增强，如 $H_2CO_3 < NaHCO_3 < Na_2CO_3$；②金属离子电荷越高，碳酸盐越不稳定，如 $CaCO_3 < Na_2CO_3$；③离子外层电子构型相同，离子半径越小，碳酸盐越不稳定，如 $MgCO_3 < CaCO_3 < SrCO_3 < BaCO_3$。

(三) 硅的化合物

硅的卤化物 SiX_4 可以用硅与卤素直接合成。在常温下，SiF_4 是无色气体，$SiCl_4$ 和 $SiBr_4$ 是液体，SiI_4 是固体。它们都易水解生成 H_2SiO_3 和相应的卤化氢。

SiO_2 常称硅石，有晶体和无定形两种形态。SiO_2 为大分子原子晶体，在 SiO_2 晶体中结构的基本单位是"硅氧四面体"SiO_4。在结晶 SiO_2 中，SiO_4 整齐地按一定规则排列，根据排列形式的不同，有石英、鳞石英、方石英等不同变体。而在无定形 SiO_2 中，SiO_4 作杂乱的堆积。

SiO_2 化学性质很不活泼，又不溶于水，在室温下仅与氢氟酸反应，生成 SiF_4 和水。SiO_2 的熔点为 1710℃。石英玻璃烧至 1400℃时也不发软，而且膨胀系数小，常用于制造耐高温仪器。无定形 SiO_2 粉末称为白炭黑，作为填料广泛应用在造纸、橡胶工业中。

硅酸是 SiO_2 的水合物，根据形成条件的不同，可得到多种硅酸，如正硅酸(H_4SiO_4)、偏硅酸(H_2SiO_3)、二偏硅酸($H_2Si_2O_5$)等。用通式表示为 $xSiO_2 \cdot yH_2O$。当 $x/y > 1$ 时，称为多硅酸。

实际上见到的硅酸通常是各种硅酸的混合物。由于在各种硅酸中 H_2SiO_3 的化学式最简单，因此习惯采用 H_2SiO_3 作为硅酸的代表。硅酸是极弱的二元酸，$K_{a1}^{\ominus} \approx 10^{-10}$，$K_{a2}^{\ominus} \approx 10^{-12}$。

新制备的硅酸是单个分子，能溶于水。在存放过程中，逐渐失水聚合，形成各种多硅酸，成为硅溶胶。硅溶胶遇到电解质时，失水转为硅凝胶，将硅凝胶烘干得到硅胶。硅胶是一种多孔性物质，具有良好的吸水性，而且吸水后还能烘干重复使用，故常用作干燥剂。

硅酸盐中只有碱金属盐能溶于水。将 SiO_2 和 Na_2CO_3 共熔可得到硅酸钠，其透明浆状溶液称为水玻璃，俗称泡花碱。水玻璃有相当强的黏结能力，是工业上重要的黏结剂。

除碱金属硅酸盐外，其他的硅酸盐均不溶于水。地表主要就是由各种硅酸盐组成的，如长石、云母、石棉、滑石等。

硅氧四面体 SiO_4 是硅酸盐的基本结构单位。只有少数硅酸盐是由单个或少量几个 SiO_4 构成硅酸根或多硅酸根离子与晶体中正离子相结合。大部分硅酸盐中 SiO_4 都通过共用氧原子组成链式(如石棉)、层式(如滑石)或三维空间骨架的大型结构(如长石)。在硅酸盐中由于 Si^{4+}(41 pm)可以被半径相近的 Al^{3+}(50 pm)取代，构成铝硅酸盐。铝硅酸盐结构单元仍是四面体，当一个 Al^{3+}代替一个 Si^{4+}时，为保持分子电中性，在结构中又引入一个 Na^{+}或 K^{+}。因此，硅酸盐和铝硅酸盐的成分都比较复杂，现已知道的矿石多达数千种。

分子筛是一类含有结晶水的重要硅酸盐晶体，具有多孔结构。分子筛能将某些直径比孔道孔径小的分子吸附到孔道内部，而直径比孔道孔径大的分子无法进入，因而起着分子筛分作用。在分子筛中，有两种结构基元，一种是 SiO_4，另一种是和它相似的 AlO_4。SiO_4 和 AlO_4 间，或两个 SiO_4 间可以通过共用氧原子相连接，又由于连接的方式不同，形成不同类型的分子筛，如 A 型、X 型、Y 型。每一种类型中又分若干种，如 A 型分 3A、4A、5A；X 型分 10X、13X。各种分子筛由于结构和孔径不同，吸附能力也不同。利用分子筛的强吸附性，可作干燥剂、离子交换剂和催化剂载体。

(四) 锡、铅的化合物

Sn、Pb 的价电子结构为 ns^2np^2，可以形成 +2、+4 氧化态。Sn 的 +4 氧化态和 Pb 的 +2 氧化态较稳定。

锡的氧化物有 SnO_2(白色)、SnO(黑绿色)。铅的氧化物除 PbO(橙红色)、PbO_2(棕黑色)外，还有混合氧化物 Pb_2O_3、Pb_3O_4。

锡和铅的氧化物、氢氧化物均呈两性。酸碱性的大小为：碱性 SnO < PbO，酸性 $SnO_2 > PbO_2$。

SnO 易被氧化成 SnO_2，因此 SnO 是还原剂，而 PbO_2 易被还原成 PbO，因此 PbO_2 是氧化剂。PbO_2 的氧化性还表现在它与 H_2SO_4 反应时放出 O_2：

$$2PbO_2 + 2H_2SO_4 = 2PbSO_4\downarrow + O_2\uparrow + 2H_2O$$

$PbCl_4$ 在低温下稳定，常温下即分解为 $PbCl_2$ 和 Cl_2。这是由于 Pb(Ⅳ)具有强氧化性。

$SnCl_2$ 和 $Na_2[Sn(OH)_4]$都是常见的还原剂。$[Sn(OH)_4]^{2-}$的还原能力(在碱性介质中)比酸性介质中的 Sn^{2+}强。

$SnCl_2$ 易水解，所以配制 $SnCl_2$ 溶液时，先将 $SnCl_2$ 固体溶于少量浓盐酸中，再加水稀释，才能得到澄清溶液。$SnCl_4$ 遇水剧烈水解，在潮湿空气中会发烟。

铅盐大部分都难溶于水，且具有特征颜色，如 $PbCl_2$(白色)、$PbSO_4$(白色)、PbI_2(金黄色)、$PbCrO_4$(黄色)、PbS(黑色)，其中以 $PbCl_2$ 比较易溶(能溶于热水中)。

锡、铅的硫化物均不溶于水和稀酸，它们的硫化物也有特征颜色，同样也具有高氧化态显酸性，低氧化态显碱性的性质。用 H_2S 与相应盐作用可得到硫化物。

SnS_2(黄色)可溶于 Na_2S 或$(NH_4)_2S$，SnS(棕色)可溶于多硫化铵$(NH_4)_2S_x$。PbS 能溶于浓 HCl 和 HNO_3 中，也可与 H_2O_2 反应。

(五) 重要反应

1. 制备反应

实验室制备纯 CO 的方法是将甲酸与浓硫酸共热，硫酸的作用是作为脱水剂。

$$HCOOH(l) + H_2SO_4(l) \xlongequal{\triangle} CO(g) + H_2O(l) + H_2SO_4(aq)$$

碳化钙(CaC_2)，俗称电石，由焦炭和氧化钙在电弧炉中高温焙烧而制备。

$$CaO + 3C = CaC_2 + CO(g)$$

工业上用焦炭在电炉中还原 SiO_2 制备晶态硅。

$$SiO_2 + 2C = Si + 2CO$$

碳化硅的工业产品称金刚砂，由石英砂和焦炭的混合物在电炉内加热制成。

$$SiO_2 + 3C \xlongequal{\quad} SiC + 2CO(g)$$

SiO_2与热的强碱溶液或与熔化的碱反应可制得硅酸钠。

$$SiO_2(s) + 2NaOH(aq) \xlongequal{\triangle} Na_2SiO_3(aq) + H_2O(l)$$

$$SiO_2(s) + Na_2CO_3(s) \xlongequal{\triangle} Na_2SiO_3(s) + CO_2(g)$$

2. 离子鉴定反应

检验Mn^{2+}：在酸性介质中，PbO_2能将Mn^{2+}氧化成紫色MnO_4^-。

$$2Mn^{2+} + 5PbO_2 + 4H^+ \xlongequal{\quad} 2MnO_4^- + 5Pb^{2+} + 2H_2O$$

检验Bi^{3+}：在碱性介质中，$[Sn(OH)_4]^{2-}$能将$Bi(OH)_3$还原成黑色金属Bi。

$$2Bi(OH)_3 + 3Na_2[Sn(OH)_4] \xlongequal{\quad} 2Bi(s) + 3Na_2[Sn(OH)_6]$$

检验Sn^{2+}：$SnCl_2$能将汞盐还原为亚汞盐，当$SnCl_2$过量时，亚汞盐被还原为黑色的金属汞。

$$SnCl_2 + 2HgCl_2 \xlongequal{\quad} SnCl_4 + Hg_2Cl_2(s，白)$$

$$SnCl_2 + Hg_2Cl_2 \xlongequal{\quad} SnCl_4 + 2Hg(s，黑)$$

三、习题解析

17-1 Pb元素的低价化合物稳定，主要原因是什么？

答 Pb(Ⅱ)的价电子结构为$6s^2$，由于4f轨道的插入，6s电子能量降低，产生惰性电子对效应，难以失去，因此Pb元素的低价化合物稳定。

17-2 $KMnO_4$溶液中加入$SnCl_2$溶液，二者有无化学反应发生？若有，写出反应方程式。

答 $KMnO_4$为强氧化剂，$SnCl_2$具有较强的还原性，两者混合将发生氧化还原反应。MnO_4^-的还原产物与介质的酸碱性有很大关系，Sn^{2+}有较强的水解性，配制$SnCl_2$溶液时须将$SnCl_2$固体溶于盐酸中，因此$SnCl_2$溶液呈酸性，在酸性介质中，MnO_4^-的主要还原产物是Mn^{2+}：

$$2MnO_4^- + 5Sn^{2+} + 16H^+ \xlongequal{\quad} 2Mn^{2+} + 5Sn^{4+} + 8H_2O$$

17-3 在0.5 $mol \cdot L^{-1}$ $SnCl_2$溶液中加入H_2S饱和溶液至有大量沉淀生成，将溶液分为两部分。一部分加入6 $mol \cdot L^{-1}$ HCl，沉淀溶解。另一部分加入足量硫化铵溶液，沉淀溶解，向溶液中继续加入6 $mol \cdot L^{-1}$的HCl，又生成沉淀，同时有臭鸡蛋味气体生成。写出各步反应方程式。

答

$$Sn^{2+} + S^{2-} \xlongequal{\quad} SnS\downarrow$$

$$SnS + 2H^+ \xlongequal{\quad} Sn^{2+} + H_2S\uparrow$$

$$SnS + S_2^{2-} \xlongequal{\quad} SnS_3^{2-}$$

$$SnS_3^{2-} + 2H^+ \xlongequal{\quad} SnS_2\downarrow + H_2S\uparrow$$

17-4 完成下列方程式。

(1) $PbO_2 + Mn(NO_3)_2 \longrightarrow$

(2) $HgCl_2 + SnCl_2$(少量)$\longrightarrow$

(3) $HgCl_2 + SnCl_2$(多量)$\longrightarrow$

(4) $SiO_2 + NaOH$(熔融) $\longrightarrow$

(5) $SiO_2 + HF \longrightarrow$

(6) $PbO_2 + HCl \longrightarrow$

(7) $SnCl_2 + H_2O \longrightarrow$

(8) $SnS_2 + (NH_4)_2S \longrightarrow$

答 (1) $2Mn^{2+} + 5PbO_2 + 4H^+ = 2MnO_4^- + 5Pb^{2+} + 2H_2O$

(2) $2HgCl_2 + SnCl_2$(少量) $= SnCl_4 + Hg_2Cl_2\downarrow$(白)

(3) $HgCl_2 + SnCl_2$(多量) $= SnCl_4 + Hg\downarrow$(黑)

(4) $SiO_2(s) + 2NaOH$(熔融) $= Na_2SiO_3(l) + H_2O(g)$

(5) $SiO_2 + 4HF = SiF_4\uparrow + 2H_2O$

(6) $PbO_2 + 4HCl = PbCl_2\downarrow + Cl_2\uparrow + 2H_2O$

(7) $SnCl_2 + H_2O = Sn(OH)Cl\downarrow + HCl$

(8) $SnS_2 + (NH_4)_2S = (NH_4)_2SnS_3$

17-5 比较下列物质的有关性质，并加以解释。

(1) 热稳定性：$SrCO_3$和$CdCO_3$。

(2) 还原性：Ge^{2+}和Sn^{2+}。

(3) 氧化性：Pb^{2+}和Pb^{4+}。

(4) 在水中溶解度：$Ca(HCO_3)_2$和$CaCO_3$，$NaHCO_3$和Na_2CO_3。

答 (1) 热稳定性：$SrCO_3 > CdCO_3$；过渡金属离子的反极化作用大于碱土金属离子。

(2) 还原性：$Ge^{2+} > Sn^{2+}$；$E^\ominus(Sn^{4+}/Sn^{2+}) = 0.15\ V > E^\ominus(GeO_2/Ge^{2+}) = -0.29\ V$。

(3) 氧化性：$Pb^{2+} < Pb^{4+}$；$E^\ominus(PbO_2/Pb^{2+}) = 1.45\ V > E^\ominus(Pb^{2+}/Pb) = -0.13\ V$。

(4) 在水中溶解度：$Ca(HCO_3)_2 > CaCO_3$，CO_3^{2-}电荷较HCO_3^-高，$CaCO_3$的晶格能较$Ca(HCO_3)_2$更高；$NaHCO_3 < Na_2CO_3$，HCO_3^-能通过氢键形成二聚离子或多聚离子。

17-6 比较下列各组物质的热稳定性。

(1) $Mg(HCO_3)_2$，$MgCO_3$，H_2CO_3。

(2) $(NH_4)_2CO_3$，$CaCO_3$，Ag_2CO_3，K_2CO_3，NH_4HCO_3。

(3) $MgCO_3$，$MgSO_4$。

答 (1) $MgCO_3 > Mg(HCO_3)_2 > H_2CO_3$。

(2) $K_2CO_3 > CaCO_3 > Ag_2CO_3 > (NH_4)_2CO_3 > NH_4HCO_3$。

(3) $MgCO_3 < MgSO_4$。

17-7 将锡溶于HCl，得到的是$SnCl_2$，而不是$SnCl_4$，试用相关电对的电极电势解释说明。如何用锡制取$SnCl_4$?

答 $E^\ominus(Sn^{2+}/Sn) = -0.14\ V < E^\ominus(H^+/H_2) = 0\ V$，$H^+$可将Sn氧化为$Sn^{2+}$。

$E^{\ominus}(Sn^{4+}/Sn^{2+}) = 0.15\ V > E^{\ominus}(H^+/H_2) = 0\ V$，$H^+$不能将$Sn^{2+}$氧化为$Sn^{4+}$。

$E^{\ominus}(Cl_2/Cl^-) = 1.36\ V$，可用金属锡与氯气反应制备$SnCl_4$。

17-8 鉴别下列各对离子。

(1) Sn^{2+}，Sn^{4+}；(2) Pb^{2+}，Sn^{2+}。

答 (1) $Sn^{2+} + S^{2-} = SnS\downarrow$(黄)　　$Sn^{4+} + 2S^{2-} = SnS_2\downarrow$(棕)

(2) $Sn^{2+} + S^{2-} = SnS\downarrow$(黄)　　$Pb^{2+} + S^{2-} = PbS\downarrow$(黑)

17-9 现有Fe、Na_2CO_3、NaCl、NaOH、MgO等物质，能否在石英器皿中熔融？为什么？

答 石英玻璃为非晶态SiO_2。晶体SiO_2的熔点1710℃。SiO_2的与熔融NaOH和Na_2CO_3反应生成硅酸钠：

$$SiO_2(s) + 2NaOH(aq) \xlongequal{\triangle} Na_2SiO_3(aq) + H_2O(l)$$

$$SiO_2(s) + Na_2CO_3(s) \xlongequal{\triangle} Na_2SiO_3(aq) + CO_2(g)$$

Fe的熔点1535℃，接近石英玻璃的软化温度，MgO的熔点2800℃，高于石英的熔点，所以Fe、Na_2CO_3、NaOH和MgO这几种物质，不能在石英器皿中熔融。NaCl可以在石英器皿中熔融。

17-10 下列化合物中，不同元素间通过什么键结合？

CaC_2，SiC，Al_4C_3

答 CaC_2，离子键；SiC，共价键；Al_4C_3，离子键。

17-11 下列化合物哪些属于离子型化合物，哪些属于共价型化合物或金属型化合物？

Al_4C_3，WC，Fe_3C，SiC，B_4C，TiC

答 离子型化合物：Al_4C_3；共价型化合物：SiC，B_4C；金属型化合物：WC，Fe_3C，TiC。

17-12 CO_2比SiO_2熔点低得多，是否其热稳定性也比SiO_2差得多？

答 晶体CO_2为分子晶体，熔化时克服分子间作用力，熔点很低；SiO_2为原子晶体，熔化时需克服晶格能，因此熔点很高。

CO_2和SiO_2的分解都需要完全克服共价键，这与熔点没有直接的联系，因而不能说CO_2的热稳定性比SiO_2差。

17-13 锌、镉、镁三种元素的碳酸盐的热稳定性次序怎样？如何解释？

答 热稳定性：碳酸镁 > 碳酸镉 > 碳酸锌。

金属离子的反极化作用越强，其碳酸盐的热稳定性越差。碱土金属离子的反极化作用弱于过渡金属离子；Zn^{2+}与Cd^{2+}相比，离子半径较小，反极化作用更强。

17-14 不使用酸溶解的方法，如何使难溶的碱土金属碳酸盐溶解？

答 通入过量CO_2，碱土金属的难溶碳酸盐形成碳酸氢盐而溶解。

$$MCO_3(s) + CO_2 + H_2O = M(HCO_3)_2$$

四、水平测试

1. 填空题(每空1分，共20分)

(1) 金刚石中，C—C间以________杂化轨道相互成键，其空间构型为________。石墨中，C—C间以________杂化轨道相互成键。石墨中除________键外，还有________键，因此石墨有导电性。

(2) $Pb(OH)_2$是________性氢氧化物，在过量的 NaOH 溶液中 Pb(Ⅱ)以________形式存在。$Pb(OH)_2$溶于________得到无色溶液。

(3) 用“>”或“<”符号比较下列各对碳酸盐热稳定性的大小：Na_2CO_3________$BeCO_3$，$NaHCO_3$______Na_2CO_3，$MgCO_3$________$BaCO_3$，$PbCO_3$________$CaCO_3$。

(4) *水玻璃是________溶于水的黏稠溶液，NH_4Cl 可作为水玻璃的硬化剂是因为反应生成了黏结力很强的________凝胶。

(5) *用“>”或“<”符号表示下列各对化合物中键的离子性相对大小：SnO________SnS，SnO________SnO_2，SnO_2________PbO_2。

(6) *在含有 K^+、Ca^{2+}、Cu^{2+}、Cr^{3+}、Fe^{3+}的溶液中，加入过量的 Na_2CO_3溶液，生成碱式盐沉淀的离子是________；生成氢氧化物沉淀的离子是________；生成碳酸盐沉淀的离子是________。

2. 是非题(用“√”、“×”表示对、错并填入括号中，每小题 1 分，共 10 分)

(　)(1) 用 Sn^{2+}鉴定 Hg^{2+}和 Bi^{3+}是利用 Hg^{2+}和 Bi^{3+}的氧化性。

(　)(2) 活性炭用于食用油和蔗糖的脱色，是利用碳的还原性。

(　)(3) 将锡溶于浓盐酸，得到的是 $H_2[SnCl_4]$，而不是 $H_2[SnCl_6]$。

(　)(4) SiF_4、$SiCl_4$、$SiBr_4$和 SiI_4都能水解，水解产物都是 H_2SiO_3和相应的 HX。

(　)(5) 为了防止制备的锡盐溶液水解产生沉淀，可将 $SnCl_2$溶到水中后加酸使溶液呈酸性。

(　)(6) *硅和碳一样，具有自相成链的特性，能形成稳定的单键和多重键，从而形成丰富多彩的硅酸盐。

(　)(7) *SiO_2既能与氢氟酸反应，又能与强碱反应，说明它是一种两性氧化物。

(　)(8) *相同浓度的碱金属碳酸盐水溶液 pH 比酸式盐 pH 高。

(　)(9) *试剂瓶中敞口放置的水玻璃将变浑浊。

(　)(10) **CO_2与 SiO_2是等电子体，有相同的结构。

3. 选择题[每小题 2 分，共 20 分，其中第(9)、(10)小题为多选，其余为单选]

(1) 下列化学式中代表金刚砂的是(　)。

A. Al_2O_3　　B. SiC　　C. SiO_2　　D. CaC_2

(2) 碳化铝固体与水作用产生的气体是(　)。

A. C_2H_2　　B. C_2H_6　　C. CO_2　　D. CH_4

(3) 下列物质在水中溶解度最小的是(　)。

A. Na_2CO_3　　B. $NaHCO_3$　　C. $Ca(HCO_3)_2$　　D. $KHCO_3$

(4) 从结构上看，红色铅丹的化学式应是(　)。

A. $PbO \cdot PbO_2$　　B. $PbO \cdot 2PbO_2$　　C. $Pb[PbO_3]$　　D. $Pb_2[PbO_4]$

(5) PbO_2具有强氧化性的原因是(　)。

A. Pb(Ⅳ)的有效电荷大　　B. Pb 原子存在惰性电子对

C. Pb^{2+}离子易形成配离子　　D. Pb^{2+}盐溶解度小

(6) 下列气体中能用 $PdCl_2$稀溶液检验的是(　)。

A. O_3　　B. CO_2　　C. CO　　D. N_2

(7) 关于单质硅的叙述正确的是(　)。

A. 能溶于盐酸中　　B. 能溶于硝酸中

C. 能溶于氢氟酸中　　D. 能溶于氢氟酸和硝酸的混合酸中

(8) Ge、Sn、Pb 分别与浓硝酸作用时，正确的说法是(　)。

A. 三元素都被氧化为 +2 氧化态

B. Ge 和 Sn 被氧化为 +4 氧化态，Pb 被氧化为 +2 氧化态

C. 三元素都被氧化为 +4 氧化态

D. Ge 被氧化为 +4 氧化态，Pb 和 Sn 被氧化为 +2 氧化态

(9) *关于 $SnCl_2$ 和 $PbCl_2$ 性质的描述正确的是(　)。

A. $SnCl_2$ 比 $PbCl_2$ 更易溶于水　　B. $SnCl_2$ 比 $PbCl_2$ 更易水解

C. $SnCl_2$ 和 $PbCl_2$ 都是无色晶体　　D. $SnCl_2$ 和 $PbCl_2$ 都是常用的还原剂

(10) *下列说法正确的是(　)。

A. 酸性：$Sn(OH)_2 < Sn(OH)_4$　　B. $Sn(OH)_2$、$Sn(OH)_4$、$Pb(OH)_2$ 均难溶于水

C. 酸性：$Sn(OH)_2 < Pb(OH)_2$　　D. $Pb(OH)_2$ 只显碱性，$Sn(OH)_4$ 只显酸性

4. 推断题(每小题 5 分，共 10 分)

(1) 有一种白色固体，可能是 $SnCl_2$、SnO_2、$PbCl_2$、$PbSO_4$ 中的一种，由下列实验判断，该白色固体是什么化合物？写出有关化学方程式。

① 加水生成悬浊液；

② 将该白色固体加入盐酸中溶解后，滴加碘淀粉溶液可以褪色；

③ 通 H_2S 于白色固体的盐酸溶液中，得到棕色沉淀，沉淀与 H_2O_2 反应又析出白色沉淀。

(2) 某金属 A 难溶于水和盐酸，但溶于稀硝酸，溶解时得无色溶液 B 和无色气体 C，C 在空气中转变为红棕色气体。在溶液 B 中加入盐酸，产生白色沉淀 D，这种白色沉淀难溶于氨水中，但与 H_2S 反应可生成黑色沉淀 E 和滤液 F，沉淀 E 可溶于硝酸中，产生无色气体 C、浅黄色沉淀 G 和溶液 B。试指出 A～G 各为什么物质？写出有关反应的化学方程式。

5. 简答题(每小题 5 分，共 40 分)

(1) $SnCl_4$ 和 $SnCl_2$ 的水溶液均为无色，如何将它们加以区别？说明原理，写出有关反应方程式。

(2) 向烧红的炭火炉中泼少量水，瞬间炉火烧得更旺，试说明原因。

(3) 加热条件下，Si 易溶于 NaOH 溶液和 HF 溶液，却难溶于 HNO_3 溶液，试说明原因。

(4) CCl_4 灭火器和 CO_2 灭火器不能扑灭金属 Na、Mg 和 Al 引起的火灾，试说明原因。

(5) *C 和 O 的电负性相差较大，但 CO 分子的偶极矩却很小，试说明原因。

(6) *CCl_4 遇水不水解，而 $SiCl_4$ 易水解，试说明原因。

(7) *铅易溶于浓盐酸和稀硝酸，而难溶于稀盐酸和冷的浓硝酸，试说明原因。

(8) *纯晶体硅不导电，但在加热条件下可使其导电，试说明原因。

参考答案

1. 填空题(每空 1 分，共 20 分)

(1) sp^3，正四面体，sp^2，σ，大 π。

(2) 两，$[Pb(OH)_4]^{2-}$，乙酸(硝酸)。

(3) >，<，<，<。

(4) 硅酸钠，硅酸。

(5) >，>，>。

(6) Cu^{2+}，Cr^{3+}、Fe^{3+}，Ca^{2+}。

2. 是非题(用“√”、“×”表示对、错并填入括号中，每小题1分，共10分)

(1) (√)　(2) (×)　(3) (√)　(4) (×)　(5) (×)　(6) (×)　(7) (×)　(8) (√)　(9) (√)　(10) (×)

3. 选择题[每小题2分，共20分，其中第(9)、(10)小题为多选，其余为单选]

(1) (B)　(2) (D)　(3) (C)　(4) (D)　(5) (B)　(6) (C)　(7) (D)　(8) (B)　(9)　(ABC)　(10) (ABC)

4. 推断题(每小题5分，共10分)

(1) $SnCl_2$。

$$SnCl_2 + H_2O \xlongequal{} Sn(OH)Cl\downarrow + HCl$$

$$SnCl_2 + I_2 + 4HCl \xlongequal{} H_2SnCl_6 + 2HI$$

$$SnCl_2 + H_2S \xlongequal{} SnS\downarrow(\text{棕色}) + 2HCl$$

$$SnS + 2H_2O_2 \xlongequal{} Sn(OH)_4\downarrow(\text{白色}) + S\downarrow$$

(2) A：Pb；B：$Pb(NO_3)_2$；C：NO；D：$PbCl_2$；E：PbS；F：HCl；G：S。

$$3Pb + 8HNO_3 \xlongequal{} 3Pb(NO_3)_2 + 2NO\uparrow + 4H_2O$$

$$2NO + O_2 \xlongequal{} 2NO_2$$

$$Pb(NO_3)_2 + 2HCl \xlongequal{} PbCl_2\downarrow + 2HNO_3$$

$$PbCl_2 + H_2S \xlongequal{} PbS\downarrow + 2HCl$$

$$3PbS + 8HNO_3 \xlongequal{} 3Pb(NO_3)_2 + 3S\downarrow + 2NO\uparrow + 4H_2O$$

5. 简答题(每小题5分，共40分)

(1) $SnCl_2$的水溶液有还原性，而$SnCl_4$的水溶液没有还原性，可以以此区别。在两者的水溶液中分别加入$HgCl_2$溶液，开始有白色沉淀，继而沉淀变为黑色的是$SnCl_2$，无明显现象的是$SnCl_4$。

$$SnCl_2 + 2HgCl_2 \xlongequal{} Hg_2Cl_2\downarrow(\text{白色}) + SnCl_4$$

$$SnCl_2 + Hg_2Cl_2 \xlongequal{} 2Hg\downarrow(\text{黑色}) + SnCl_4$$

(2) 炭火上泼少量水时，水变成蒸气，并与红热的炭反应，$C + H_2O \xlongequal{} CO + H_2$，产生的$H_2$和CO易燃，在$H_2$和CO产生的瞬间，炉火烧得更旺。

(3) Si与NaOH溶液反应的产物是易溶的Na_2SiO_3，与HF溶液反应的产物易挥发的SiF_4(HF过量时为易溶的H_2SiF_6)，所以反应能够继续进行。Si与HNO_3溶液反应的产物是难溶的SiO_2，SiO_2覆盖在Si表面阻碍反应进行，所以Si易溶于NaOH溶液和HF溶液，却难溶于HNO_3溶液。

(4) CCl_4和CO_2在高温下能与燃着的Na、Mg、Al、K等反应，生成C，使火势更猛，如，

$$CCl_4 + 4Na(\text{燃着}) \xlongequal{} 4NaCl + C$$

$$CO_2 + 2Mg(\text{燃着}) \xlongequal{} 2MgO + C$$

(5) CO分子中，C与O间为三重键，1个σ键，2个π键。其中1个π键是π配键，由氧提供电子对向C的空轨道配位。该π配键的存在，使电负性大的氧原子周围电子密度降低，造成CO偶极矩很小。

(6) C为第二周期元素，只有2s、2p轨道可以成键，最大配位数为4，CCl_4分子中没有空轨道可以接受水的配位，因而不水解。Si为第三周期元素，在$SiCl_4$分子中，Si有空的3d轨道，d轨道接受水分子中氧原子的孤对电子，形成配位键而发生水解。

(7) Pb与稀盐酸反应生成的难溶的$PbCl_2$附着在Pb的表面，阻止反应的进一步进行，因此Pb难溶于稀盐酸。但在浓盐酸中，$PbCl_2$与HCl生成配合物H_2PbCl_4而溶解，Pb的氧化反应能持续进行。

在稀硝酸中，Pb 被氧化为可溶性的 $Pb(NO_3)_2$，反应持续进行。但在冷的浓硝酸中，Pb 表面生成致密的氧化膜，使反应难以继续进行。因而 Pb 易溶于稀硝酸而难溶于冷的浓硝酸。

(8) 硅为原子晶体，金刚石结构，其满带和导带之间的禁带宽度较小($\Delta E \leqslant 3$ eV)，室温下，满带上的电子能量较低，难以跃过禁带而不导电；加热可提供能量，使电子从满带跃过禁带进入导带而导电。

(中南大学　王曼娟)

第18章 硼族元素

一、学习目标

(1) 描述硼族元素的缺电子特性及对其化合物的结构与性质的影响。
(2) 描述乙硼烷的结构特性(含氢桥键)及主要性质。
(3) 描述铝的主要化合物的性质及重要用途。
(4) 对比分析 p 区元素氧化物及含氧酸盐性质上的递变规律。

二、重难点解析

本章主要内容为硼族元素及其化合物的结构和性质，以及 p 区元素氧化物及含氧酸盐的性质递变规律。

在学习本章时，首先应着重理解硼的缺电子性，了解什么是氢桥键，这部分知识是对化学键理论的补充。其次了解硼族元素的结构和性质之间的关系。在解题时，注意运用类比思维，如 BN 是 C_2 的等电子体，结构和性质都具有相似性。在讨论元素性质递变规律时，需综合运用物质结构理论与化学反应原理，如比较 p 区元素含氧酸盐的热稳定性时，就是离子极化和热力学的综合运用。

(一) 硼族元素的缺电子性

硼族元素最典型同时也最重要的性质是缺电子性。

硼族元素的价电子层结构为 ns^2np^1，有 3 个价电子，但 ns 和 np 共有 4 个价轨道，价电子数少于价轨道数目，这类原子称为缺电子原子。缺电子原子形成的共价化合物一般只用 3 个共用电子对，比稀有气体结构少一对电子，多一个空轨道，这样的化合物称为缺电子化合物。缺电子化合物具有很强的接受电子的能力，易于聚合，或与电子对给予体形成配合物。

(二) 硼族元素的单质

硼单质主要有两种类型，晶态硼和无定形硼。晶态硼为原子晶体，熔、沸点高，硬度接近于金刚石。晶态硼的基本结构单元为正二十面体 B_{12}，若要使硼晶体熔化，需要克服二十面体之间和内部硼原子之间的化学键，所以晶态硼的熔点比同族其他元素单质高得多。B 可以与除 H_2、Te 及稀有气体外的非金属反应，也能与许多金属反应生成硼化物。B 只能与氧化性酸反应。

铝是两性金属、活泼金属，易与氧、酸和强碱反应。金属铝还原性强，生产上可利用 Al 作还原剂冶炼一些难被还原的金属。铝在空气中会生成一层致密的氧化物薄膜，保护下层金属不再被氧化。

镓、铟、铊属于稀散元素，难以提炼，金属单质在空气中均生成致密氧化膜而阻止进一步氧化。镓的金属性与锌相近，铟的金属性与铁相似。镓用于制造新型半导体材料，铟主要用于制造 ITO 靶材。镓、铟、铊单质及其化合物都有一定的毒性。

(三) 硼族元素的氢化物

硼与氢可以形成一系列氢化物，即硼烷。由于硼原子的缺电子性质，硼烷分子具有独特的结构。

乙硼烷的分子式为 B_2H_6，以二聚体形式存在。在 B_2H_6 分子中，两个硼原子之间有两个三中心二电子(3c—2e)氢桥键，另外 4 个 B—H 键为 2c—2e 键，两个氢桥键所形成的平面和 4 个 B—H σ 键构成的平面相互垂直。

B_2H_6 的还原能力强，稳定性差，空气中能自燃，易被氧化剂氧化，易水解。B_2H_6 为缺电子化合物，属于路易斯酸，可以接受孤对电子，与 NH_3、CO 等发生反应。

(四) 硼族元素的氧化物

硼族元素都可以形成 M_2O_3 型氧化物。

B_2O_3 溶于水放出少量的热，在热的水蒸气中形成偏硼酸，在水中形成硼酸。熔融状态的 B_2O_3 可溶解许多金属氧化物，可用于制备有色硼玻璃。

Al_2O_3 是离子晶体，在不同条件下制得的 Al_2O_3 有不同的形态和用途，常见的有 α-Al_2O_3 和 γ-Al_2O_3。Al_2O_3 及其水合物是典型的两性物质，其碱性略强于酸性，但仍属弱碱。Al_2O_3 的摩尔生成热很高，所以可以用金属 Al 置换其他金属氧化物中的金属(铝热法)。

Ga_2O_3 及其水合物显两性。In_2O_3 的两性特征不明显，$In(OH)_3$ 在浓氢氧化钠中有少量溶解。由于惰性电子对效应，Tl^{3+} 氧化性强，不稳定，而 Tl^+ 稳定，所以 Tl 的稳定氢氧化物是 TlOH。

(五) 硼族元素的含氧酸及其盐

1. 硼酸

常温下硼酸是白色晶体。在 H_3BO_3 晶体中，平面三角形的 $B(OH)_3$ 分子通过氢键相连，形成片层结构。层与层之间以范德华力相吸引，因此硼酸可作润滑剂。冷水中硼酸溶解度小，加热后部分氢键断裂，溶解度增大。

H_3BO_3 是一元弱酸，由于缺电子特性，中心 B 原子未参与杂化的 p 轨道可以接受来自 H_2O 分子中的 OH^-，而释出 H^+，并不是它本身给出质子。

$$H_3BO_3 + H_2O = B(OH)_4^- + H^+$$

H_3BO_3 中加入多元醇(如甘油)可使酸性增强。H_3BO_3 与乙醇作用生成硼酸酯，该酯在浓硫酸存在下燃烧产生绿色火焰，这个反应可用于鉴定 H_3BO_3 的存在。硫酸的作用是脱水，防水解。

2. 硼砂

硼砂的成分是四硼酸钠，化学式为 $Na_2B_4O_5(OH)_4 \cdot 8H_2O$。在它的晶体中$[B_4O_5(OH)_4]^{2-}$通过氢键连接成链状结构，链与链之间通过 Na^+以离子键结合，水分子存在于链之间。加热时会失去 8 个结晶水和羟基脱去的 2 个水，所以硼砂也可以写成 $Na_2B_4O_7 \cdot 10H_2O$。

硼砂在熔融状态能溶解一些金属氧化物，并且依金属的不同显示特征颜色，分析化学上常用此现象鉴定某些过渡金属氧化物，称为硼砂珠实验。

硼砂易溶于水，水溶液显弱碱性，在实验室常用硼砂配制 20℃时 pH 为 9.24 的标准缓冲溶液。

3. 铝盐及铝酸盐

金属铝、氧化铝、氢氧化铝与酸反应均可得铝盐，与碱反应可得铝酸盐。

硫酸铝与碱金属的硫酸盐生成复盐，称为矾，它们组成通式为 $MAl(SO_4)_2 \cdot 12H_2O$(M 为碱金属)，如铝钾矾(俗称明矾)$KAl(SO_4)_2 \cdot 12H_2O$。硫酸铝和明矾是工业上的重要铝盐，由于它们水解生成 $Al(OH)_3$ 胶状沉淀，具有很强的吸附性能，常被用作净水剂。

常见固态铝酸盐有 $NaAlO_2$ 和 $KAlO_2$ 等。铝酸盐水解使溶液显碱性。在 $NaAlO_2$ 溶液中通 CO_2 促进水解而得到氢氧化铝沉淀，工业上应用此反应从铝矾土制备氧化铝。

(六) 硼族元素的卤化物

卤化硼是共价化合物，熔、沸点都较低并随相对分子质量增大而升高。

BCl_3 强烈水解而生成 H_3BO_3 和 HCl，BF_3 仅部分水解，生成 H_3BO_3 和 $H[BF_4]$。卤化硼是路易斯酸，易与 H_2O、NH_3 等路易斯碱作用生成配合物。

Al^{3+}电荷高而半径小，具有很强的极化力，因此除 AlF_3 是离子化合物外，$AlCl_3$、$AlBr_3$ 和 AlI_3 均为共价化合物。蒸气密度的测定表明 $AlCl_3$、$AlBr_3$、AlI_3 为双聚分子 Al_2X_6(X = Cl、Br、I)。

在形成共价化合物时，铝是缺电子原子，铝的化合物是缺电子化合物。以 Al_2Cl_6 为例，Al 原子中存在空轨道，而 Cl 原子中有孤对电子。一个 $AlCl_3$ 结构单元中 Cl 原子上的孤对电子进入另一个 $AlCl_3$ 结构单元中 Al 原子的空轨道，形成配位键，通过配位键聚合成为一个 Al_2Cl_6 分子。

Ga、In、Tl 的三氟化物是离子型化合物，其余三卤化物是过渡型化合物。MF_3(除 GaF_3外)都是强的路易斯酸。Tl 与卤素形成稳定的 TlX。

(七) p 区元素化合物性质的递变规律

1. 氧化物

根据氧化物的结构，可将 p 区元素氧化物分为离子型、原子型、分子型和过渡型氧化物。金属性强的元素的氧化物大多是离子型，如 Al_2O_3、SnO 等是离子晶体，熔点较高。非金属性强的元素的氧化物大多是分子型，如 SO_2、N_2O_5、CO_2 等固态时是分子晶体，熔点、沸点低。金属性和非金属性都不太强的元素的氧化物是过渡型，其中低价态的氧化物偏向于离子型，熔点较高，如 PbO、Te_2O_3、FeO、MnO 等，高价态的氧化物偏向于共价型，熔点、沸点较低，如 PbO_2、TeO_3 等。SiO_2 是原子晶体，熔沸点较高。

根据氧化物对酸、碱的反应不同，可将 p 区氧化物分为酸性、碱性、两性和中性等四类。中性氧化物既不能与酸作用，也不能与碱反应，没有相应的含氧酸盐，如 CO、NO 等。

2. 酸碱性递变规律

在同一周期中，各主族元素最高氧化数氧化物及其水合物，从左至右酸性增强，碱性减弱。

同一主族元素的相同氧化数氧化物及其水合物，从上至下酸性减弱，碱性增强。

同一 p 区元素形成不同氧化数的氧化物及其水合物时，高氧化数的酸性较低氧化数的强。

1) $R(OH)_n$ 模型

氧化物的水合物酸碱性变化规律，可以粗略地用 $R(OH)_n$ 模型说明。在 $R(OH)_n$ 模型中，将 R、O、H 都看作离子。R^{n+}的电荷数越大，半径越小，与 O^{2-}之间的吸引力越大，与 H^+之间的排斥力也越大，越容易发生酸式解离，酸性越强。反之，易发生碱式电离，碱性越强。

2) 鲍林规则

规则一：多元含氧酸连续的两个解离常数的比值 $K^{\ominus}_{an}/K^{\ominus}_{an-1}$ 为 10^{-4}～10^{-5}。

规则二：具有$(OH)_mRO_n$(n 为非羟基氧原子数)形式的含氧酸，n 值越小，酸性越弱；n 值越大，酸性越强。根据 n 值将含氧酸划分为以下四类：

第一类	$n = 0$	弱酸	$K^{\ominus}_{a1} = 10^{-11}$～$10^{-8}$
第二类	$n = 1$	中强酸	$K^{\ominus}_{a1} = 10^{-4}$～$10^{-2}$
第三类	$n = 2$	强酸	$K^{\ominus}_{a1} = 10^{-1}$～$10^{3}$
第四类	$n = 3$	极强酸	$K^{\ominus}_{a1} > 10^{8}$

3. p 区元素含氧酸盐的热稳定性

p 区元素含氧酸盐的热稳定性有如下规律：

(1) 含氧酸不稳定，其对应的盐也不稳定。含氧酸较稳定，其盐也稳定。

(2) 同一种含氧酸，其正盐的稳定性大于酸式盐，酸式盐的稳定性又大于该含氧酸。

(3) 同一种含氧酸，其正盐的稳定性顺序一般为：碱金属盐 > 碱土金属盐 > 过渡金属盐 > 铵盐。

(4) 同一种元素的含氧酸，其高氧化值含氧酸比低氧化值含氧酸稳定，它们相应的含氧酸盐的稳定性顺序也是这样。

一般来说，含氧酸盐的热稳定性与阴离子的结构和阳离子的极化力有关。阳离子的极化力越强，越容易使阴离子变形，相应的含氧酸盐热稳定性越差。

4. p 区元素化合物的水解性

无机化合物水解就是阳离子与水中的 OH^-结合释放出 H^+，或者阴离子与水中的 H^+结合释放出 OH^-的过程。

(1) 阴、阳离子对水分子极化作用的大小与水解难易程度有关。极化作用越强，越容易水解。

(2) 中心原子具有 *n*d 空轨道的化合物容易水解，因为空的 *n*d 轨道可以接受水分子中氧原子的孤对电子，形成配位键，同时削弱原有的化学键。

5. p 区元素含氧酸(盐)的氧化还原性

结合实验事实，p 区元素含氧酸及其盐的氧化还原性归纳如下：

(1) 含氧酸在酸性溶液中比在中性或碱性溶液中氧化性强。

(2) 同一周期中各元素最高氧化数含氧酸的氧化性从左至右大致递增。

(3) 在同一主族中，各元素最高氧化数含氧酸的氧化性大多随原子序数增加曲折升高，转折主要发生在第三周期、第五周期。

(4) 同一种元素不同氧化数含氧酸，如浓度相同，低氧化数的氧化性一般较强。

(5) 一般来说，浓酸的氧化性强于稀酸，含氧酸的氧化性强于对应的含氧酸盐。

三、习题解析

18-1 向 Al^{3+}溶液中分别加入 Na_2CO_3 溶液和$(NH_4)_2S$ 溶液，分别写出其反应式。

答

$$2Al^{3+} + 3CO_3^{2-} + 3H_2O \xlongequal{\quad} 2Al(OH)_3 + 3CO_2$$

$$2Al^{3+} + 3S^{2-} + 6H_2O \xlongequal{\quad} 2Al(OH)_3 + 3H_2S$$

18-2 为什么$[AlF_6]^{3-}$和$[BF_4]^-$都能稳定存在而$[BF_6]^{3-}$不存在？

答 因为 B 是第二周期元素，原子外层只有 2s、2p 轨道，成键时最高配位数为 4，所以不能形成$[BF_6]^{3-}$离子。而 Al 是第三周期元素，原子外层有 3s、3p 和 3d 轨道，当它以 sp^3d^2 杂化轨道成键时，可形成$[AlF_6]^{3-}$。

18-3 完成下列方程式。

(1) $BBr_3 + H_2O \longrightarrow$

(2) $B_2H_6(g) + H_2O(l) \longrightarrow$

(3) $Na_2B_4O_7 + CuO \longrightarrow$

(4) $Al + Fe_2O_3 \longrightarrow$

答 (1) $BBr_3 + 3H_2O \xlongequal{\quad} H_3BO_3 + 3HBr$

(2) $B_2H_6 + 6H_2O \xlongequal{\quad} 2H_3BO_3 + 6H_2$

(3) $Na_2B_4O_7 + CuO \xlongequal{\quad} 2NaBO_2 \cdot Cu(BO_2)_2$ (蓝色)

(4) $2Al + Fe_2O_3 \xlongequal{\quad} Al_2O_3 + 2Fe$

18-4 比较 CCl_4 和 $SiCl_4$ 的水解性。

答 C 为第二周期元素，外层无空 d 轨道，无法接受水分子的孤对电子，所以 CCl_4 不发生水解。而 Si 为第三周期元素，外层有空 d 轨道，在水解时能接受水分子的孤对电子形成配位键而水解。

$$SiCl_4 + 3H_2O \xlongequal{\quad} H_2SiO_3 + 4HCl$$

18-5 比较硼酸、氮化硼、石墨结构的异同。

答 硼酸、层状氮化硼、石墨都是层状晶体，层间都是靠分子间力结合。

硼酸和石墨层内的成键情况不同，在石墨中每个 C 原子均以 sp^2 杂化轨道与同一层相邻的 3 个 C 原子形成 σ 键。此外，未参与杂化的 p 轨道(有一个电子)垂直于该平面，与同一层上其他 C 原子的单电子形成离域 π 键。而在硼酸晶体中，B 原子以 sp^2 杂化轨道与三个 O 原子形成共价键，分子呈平面三角形，分子间通过氢键结合形成片状结构。

层状的 BN 与石墨为等电子体，每个 B 原子均以 sp^2 杂化轨道与同一层相邻的 3 个 N 原子的 sp^2 杂化轨道形成 σ 键，未参与杂化的 p 轨道形成离域 π 键。层状的 BN 与石墨层内均为六角形排布，但重叠方式不同，BN 中 N 和其上下方的 BN 六角形中的 B 重叠，而石墨中的六角形与其上下层中的六角形交错排布。

18-6 试分离下列各组离子，写出反应方程式。

(1) Al^{3+}，Pb^{2+}。

(2) Mg^{2+}，Al^{3+}，Sn^{2+}。

(3) Al^{3+}，Cr^{3+}，Fe^{3+}。

答 (1) 加入 NaCl，Pb^{2+}沉淀，Al^{3+}仍留在溶液中。

$$Pb^{2+} + 2Cl^- \longequal PbCl_2$$

(2) 加入过量 NaOH，Mg^{2+}沉淀，Al^{3+}和 Sn^{2+}先沉淀，后溶解。

$$Mg^{2+} + 2OH^- = Mg(OH)_2$$

$$Al^{3+} + 3OH^- = Al(OH)_3$$

$$Sn^{2+} + 2OH^- = Sn(OH)_2$$

$$Al(OH)_3 + OH^- = AlO_2^- + 2H_2O$$

$$Sn(OH)_2 + 2OH^- = SnO_2^{2-} + 2H_2O$$

向去除 Mg^{2+}的溶液中加稀盐酸，然后加入 Na_2S，Sn^{2+}沉淀，Al^{3+}仍在溶液中。

$$AlO_2^- + 4H^+ = Al^{3+} + 2H_2O$$

$$SnO_2^{2-} + 4H^+ = Sn^{2+} + 2H_2O$$

$$Sn^{2+} + S^{2-} = SnS(\text{黄})$$

(3) 加入过量浓氨水，Al^{3+}和 Fe^{3+}以氢氧化物形式沉淀，Cr^{3+}生成配离子留在溶液中。向沉淀中加入过量 NaOH，$Al(OH)_3$ 溶解，$Fe(OH)_3$ 仍为沉淀。

$$Al^{3+} + 3NH_3 \cdot H_2O = Al(OH)_3 + 3NH_4^+$$

$$Fe^{3+} + 3NH_3 \cdot H_2O = Fe(OH)_3 + 3NH_4^+$$

$$Cr^{3+} + 6NH_3 = [Cr(NH_3)_6]^{3+}$$

$$Al(OH)_3\downarrow + OH^- = AlO_2^- + 2H_2O$$

18-7 为什么硼酸在冷水中溶解度很小，加热时溶解度增大？

答 硼酸是一个平面型分子，分子间以氢键连接形成片层状大分子结构，所以硼酸在冷水中溶解度不大。但在热水中氢键容易断裂，从而增大了溶解度。

18-8 B_2H_6和C_2H_6分子中的化学键有什么不同，哪一个的化学性质比较活泼？

答 C_2H_6分子中有 7 个σ键。而在B_2H_6分子中，2 个硼原子各与 2 个氢原子形成 4 个σ(B—H)键，这 4 个σ键在同一个平面上。剩下的 4 个价电子在 2 个硼原子和 2 个氢原子之间形成了垂直于上述平面的两个三中心二电子键，一个在平面上，另一个在平面下。每个三中心二电子键是由 1 个氢原子和 2 个硼原子共用 2 个电子构成的。因此，B_2H_6的化学性质更活泼。

18-9 硼酸H_3BO_3是几元酸？结构如何？

答 硼酸是路易斯酸，本身并不能给出质子。在水中，它加合来自H_2O中的OH^-而释放出 1 个H^+，因而是一元酸。

$$B(OH)_3 + H_2O \xlongequal{\quad} B(OH)_4^- + H^+$$

在H_3BO_3晶体中，每个 B 原子以 3 个sp^2杂化轨道与 3 个OH^-中的 O 原子以共价键结合，每个 O 原子除以共价键与 1 个 B 原子和 1 个 H 原子结合外，还通过氢键与另一个H_3BO_3单元中的 H 原子结合而连成片层结构。

18-10 焊接金属常用硼砂作焊药，其化学原理是什么？

答 焊药中的硼砂在 900℃左右熔化后，可以和金属表面的氧化物反应生成复合的玻璃态硼酸盐，起到清洗金属表面，提高焊接质量的作用。

18-11 硫酸铝或明矾为什么可以用作净水剂？

答 硫酸铝或明矾水解生成$Al(OH)_3$胶状沉淀，其具有很强的吸附性能，可以吸附水中悬浮杂质。另外，如在地下水泥土含量高的陕北高原，Al^{3+}还能有效中和泥土胶粒的负电荷，加速泥土的聚沉，达到净化水的目的。

18-12 已知$E^\ominus(Tl^+/Tl) = -0.336\ V$，$E^\ominus(Tl^{3+}/Tl^+) = 1.252\ V$。

计算：(1) $E^\ominus(Tl^{3+}/Tl)$。

(2) 25℃时反应$Tl^{3+} + 2Tl \xlongequal{\quad} 3Tl^+$的平衡常数$K^\ominus$。

解 (1) 根据题意可画出如下元素电势图：

$$Tl^{3+} \xrightarrow{1.252\ V} Tl^+ \xrightarrow{-0.336\ V} Tl$$

$$E^\ominus(Tl^{3+}/Tl) = \frac{2\times E^\ominus(Tl^{3+}/Tl^+) + 1\times E^\ominus(Tl^+/Tl)}{2+1} = \frac{2\times 1.252 + 1\times(-0.336)}{2+1} = 0.723(V)$$

(2) 正极反应： $Tl^{3+} + 2e^- \xlongequal{\quad} Tl^+$ $E_+^\ominus = 1.252\ V$

负极反应： $Tl^+ + e^- \xlongequal{\quad} Tl$ $E_-^\ominus = -0.336\ V$

$$E^\ominus = E_+^\ominus - E_-^\ominus = 1.252 - (-0.336) = 1.588(V)$$

$$\lg K^\ominus = \frac{nE^\ominus}{0.0592} = \frac{2\times 1.588}{0.0592} = 53.65$$

$$K^\ominus = 4.47\times 10^{53}$$

18-13 硼砂$[Na_2B_4O_5(OH)_4]$的水溶液是很好的缓冲溶液，试用反应式说明其溶液为什么具有缓冲作用并计算其 pH。[$K_a^\ominus(H_3BO_3) = 5.8\times 10^{-10}$]

解 硼砂的水解反应为

$$B_4O_5(OH)_4^{2-} + 5H_2O \xlongequal{\quad} 2B(OH)_3 + 2B(OH)_4^-$$

硼砂水解生成等物质的量的硼酸和硼酸盐，构成缓冲溶液，所以该溶液具有缓冲作用。

硼酸是路易斯酸，在水中的解离反应为

$$B(OH)_3 + H_2O \rightleftharpoons H^+ + B(OH)_4^-$$

$$pH = pK_a^\ominus(HA) - \lg\frac{c(HA)}{c(A^-)}$$

当 $c(HA) = c(A^-)$时，

$$pH = pK_a^\ominus = -\lg(5.8 \times 10^{-10}) = 9.24$$

四、水平测试

1. 填空题(每空 1 分，共 25 分)

(1) 在气相或非极性溶剂中，三氯化铝主要以_________的形式存在，在这种构型的分子中，铝原子提供_________，而氯原子提供_________。

(2) 硼的卤化物以_________形式存在。氟化硼水解生成_________和_________，氯化硼水解生成_________和_________。

(3) 硼酸为_________状晶体，分子间以_________键结合，层与层之间以_________结合，故硼酸可以作为_________剂。

(4) 最简单的硼氢化合物是_________，它是_________化合物。B 原子的杂化方式为_________，B 与 B 之间存在_________。

(5) 单质硼的同素异形体包括_________和_________，其中_________化学活性高。

(6) 将 $HClO_4$、H_2SiO_3、H_2SO_4、H_3PO_4 按酸性由强到弱顺序排列为_________。

(7) *完成并配平下列反应的反应方程式：

① 乙硼烷气体通入水中：______________________________。

② 乙硼烷在空气中燃烧：______________________________。

③ 固体碳酸铝遇水：______________________________。

④ 盐酸滴定硼砂的反应：______________________________。

⑤ 氧化铝和焦炭混合后，在氯气中加热：______________________________。

2. 是非题(用“√”、“×”表示对、错并填入括号中，每小题 1 分，共 10 分)

(　　) (1) 硼酸的结构是分子间通过氢键形成接近六角形的对称层状结构。

(　　) (2) 在 BF_3 分子中，B 以 sp^2 杂化轨道成键。当 BF_3 用 B 的空轨道与 NH_3 的孤对电子形成配位键而生成 $BF_3 \cdot NH_3$ 时，B 以 sp^3 杂化轨道成键。

(　　) (3) H_3BO_3 分子中有 3 个氢，因此是三元弱酸。

(　　) (4) 单质硼能与盐酸反应。

(　　) (5) 卤化硼水解的产物均为 H_3BO_3 和 HX。

(　　) (6) 硼的缺电子性表现在易形成缺电子多中心键及配合物。

(　　) (7) 硼砂($Na_2B_4O_7 \cdot 10H_2O$)含有结晶水，因而不能作为基准物质。

(　　) (8) 铝是地壳中丰度最大的金属元素。

(　　) (9) *铝离子的半径很小，极化力强，铝的卤化物都是共价化合物。

(　　) (10) *金属铝比铁活泼，因而铝制品比铁制品更易腐蚀。

3. 选择题[每小题 2 分，共 20 分，其中第(9)、(10)小题为多选，其余为单选]

(1) 硼砂的水溶液呈(　　)。

A. 碱性　　B. 中性　　C. 强酸性　　D. 弱酸性

(2) 下列含氧酸中属于一元酸的是(　　)。

A. H_3AsO_3　　B. H_3BO_3　　C. H_3PO_3　　D. H_2CO_3

(3) 下列化合物中属于缺电子化合物的是(　　)。

A. B_2H_6　　B. $H[BF_4]$　　C. B_2O_3　　D. $Na[Al(OH)_4]$

(4) 硼族元素最重要的特征是(　　)。

A. 共价性　　B. 易自身聚合　　C. 缺电子性　　D. 易形成配合物

(5) *下列关于 BF_3 的叙述中正确的是(　　)。

A. BF_3 易形成二聚体　　B. BF_3 为离子化合物

C. BF_3 为路易斯酸　　D. BF_3 常温下为液体

(6) *能够制得无水 $AlCl_3$ 的方法是(　　)。

A. 将六水合氯化铝直接加热脱水

B. 将六水合氯化铝放在 HCl 气雾中加热脱水

C. 将铝溶解在盐酸中，再将溶液浓缩结晶

D. 将 $Al(OH)_3$ 与盐酸中和，再将溶液浓缩结晶

(7) *1 mol 下列物质溶于 1 L 水中，生成的溶液中 H^+ 浓度最大的是(　　)。

A. B_2O_3　　B. P_4O_{10}　　C. N_2O_4　　D. SO_2

(8) *下列化合物中不水解的是(　　)。

A. $SiCl_4$　　B. CCl_4　　C. BCl_3　　D. PCl_5

(9) *关于硼和铝的卤化物的下列叙述中错误的是(　　)。

A. 硼和铝的卤化物都是共价型化合物

B. 三卤化硼熔、沸点的高低次序为 $BF_3 < BCl_3 < BBr_3 < BI_3$

C. 三卤化硼水解的最后产物都是 H_3BO_3 和相应的 HX

D. 制备无水 $AlCl_3$ 只能采用干法

(10) *下列氢氧化物中能稳定存在的是(　　)。

A. $Al(OH)_3$　　B. $Ga(OH)_3$　　C. $In(OH)_3$　　D. $Tl(OH)_3$

4. 推断题(10 分)

*某元素单质 A 难溶于浓硝酸①，与 NaOH 溶液作用放出气体 B，得到溶液 C②；C 通 CO_2 气体得到白色沉淀 D③，D 溶于过量盐酸④；若将 A 与盐酸反应也能放出气体 B，同时生成溶液 E⑤，用 NaOH 将 E 小心碱化，得到沉淀 D⑥，D 溶于过量的 NaOH⑦。如果在 E 中加入 $Na_2CO_3$⑧或 $(NH_4)_2S$⑨也能得到沉淀 D。A～E 各是什么物质？写出①～⑨有关的化学反应方程式。

5. 简答题(每小题 5 分，共 35 分)

(1) H_3BO_3 和 H_3PO_3 化学式相似，但 H_3BO_3 为一元酸，H_3PO_3 为二元酸，试说明原因。

(2) 甘油能用于强碱滴定 H_3BO_3，试说明原因。

(3) 熔融的 $AlBr_3$ 不导电，但它的水溶液却是良导体，试说明原因。

(4) 将金属镓与三氯化镓共热至 450 K，可得到低氧化态的 $GaCl_2$。实验测定该化合物为反磁性，且熔融时可以导电。试推断该化合物的组成。

(5) *不存在 BH_3，只存在其二聚体 B_2H_6。$AlCl_3$ 气态时为二聚体，但 BCl_3 不能形成二聚体。试说明原因。

(6) *铝不溶于水，却易溶于浓 NH_4Cl 或浓 Na_2CO_3 溶液，试说明原因。

(7) *BCl_3 能强烈地水解，试结合化学反应式从键合过程的情况进行分析。

参考答案

1. 填空题(每空 1 分，共 25 分)

(1) 二聚体，空轨道，孤对电子。

(2) BX_3，H_3BO_3，$H[BF_4]$，H_3BO_3，HCl。

(3) 片，氢，分子间力，润滑。

(4) 乙硼烷，缺电子，sp^3，三中心二电子氢桥键。

(5) 无定形硼，晶态硼，无定形硼。

(6) $HClO_4 > H_2SO_4 > H_3PO_4 > H_2SiO_3$。

(7) ① $B_2H_6 + 6H_2O = 2H_3BO_3 + 6H_2$；

② $B_2H_6 + 3O_2 = B_2O_3 + 3H_2O$；

③ $Al_2(CO_3)_3 + 3H_2O = 2Al(OH)_3 + 3CO_2$；

④ $Na_2B_4O_7 \cdot 10H_2O + 2HCl = 4H_3BO_3 + 2NaCl + 5H_2O$；

⑤ $Al_2O_3 + 3C + 3Cl_2 = 2AlCl_3 + 3CO$。

2. 是非题(用“√”、“×”表示对、错并填入括号中，每小题 1 分，共 10 分)

(1) (√) (2) (√) (3) (×) (4) (×) (5) (×) (6) (√) (7) (×) (8) (√) (9) (×) (10) (×)

3. 选择题[每小题 2 分，共 20 分，其中第(9)、(10)小题为多选，其余为单选]

(1) (A) (2) (B) (3) (A) (4) (C) (5) (C) (6) (B) (7) (C) (8) (B) (9) (AC) (10) (ABC)

4. 推断题(10 分)

A. Al；B. H_2；C. $NaAlO_2$；D. $Al(OH)_3$；E. $AlCl_3$。

① Al 在浓硝酸中发生钝化，因而不发生反应；

② $2Al + 2NaOH + 2H_2O = 2NaAlO_2 + 3H_2$；

③ $2NaAlO_2 + CO_2 + 3H_2O = 2Al(OH)_3 + Na_2CO_3$；

④ $Al(OH)_3 + 3HCl = AlCl_3 + 3H_2O$；

⑤ $2Al + 6HCl = 2AlCl_3 + 3H_2$；

⑥ $AlCl_3 + 3NaOH = Al(OH)_3 + 3NaCl$；

⑦ $Al(OH)_3 + NaOH = NaAlO_2 + 2H_2O$；

⑧ $2AlCl_3 + 3Na_2CO_3 + 3H_2O = 2Al(OH)_3 + 6NaCl + 3CO_2$；

⑨ $2AlCl_3 + 3(NH_4)_2S + 6H_2O = 2Al(OH)_3 + 6NH_4Cl + 3H_2S$。

5. 简答题(每题 5 分，共 35 分)

(1) H_3BO_3 为缺电子化合物，O—H 键不解离。B 有空轨道，接受一个水分子的 OH^- 后释放出一个 H^+，因而为一元酸，即

$$H_3BO_3 + H_2O = B(OH)_4^- + H^+$$

而 H_3PO_3 的结构式为

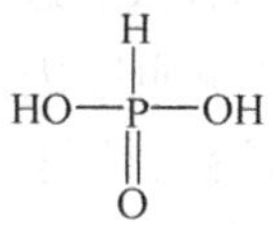

在水中二个羟基(OH)氢可以解离或被置换，而与中心原子 P 以共价键相连的 H 不能解离或被置换，因而 H_3PO_3 为二元酸。

(2) H_3BO_3 的酸性极弱，不能直接用 NaOH 滴定。甘油与之反应生成稳定配合物而使其酸性增强，从而可用强碱如 NaOH，直接滴定硼酸的浓度。

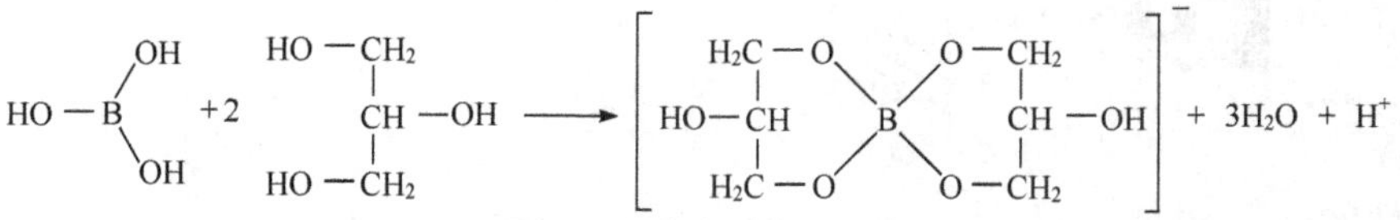

(3) 因为 $AlBr_3$ 是共价化合物，在熔融状态下以 $AlBr_3$ 分子形式存在，所以熔融的 $AlBr_3$ 不导电。$AlBr_3$ 溶于水后，在水分子作用下，能够解离为 Al^{3+} 和 Br^- 两种离子，所以 $AlBr_3$ 的水溶液是良导体。

(4) $GaCl_2$ 实际是 + 1 价态和 + 3 价态的复合物：$Ga^{I}[Ga^{III}Cl_4]$，所以无单电子，呈反磁性，且在熔融时可以导电。

(5) BH_3、$AlCl_3$、BCl_3 都是缺电子化合物，都有形成双聚体的倾向，BH_3 由于形成双聚体的倾向特别大，只能以二聚体 B_2H_6 形式存在。$AlCl_3$ 气态时，也以二聚体形式存在。BCl_3 中存在 Π_4^6 键缓解了其缺电子问题，同时 B 原子半径小，Cl 原子半径大，在 B 原子周围容纳不下 4 个 Cl 原子，因而 BCl_3 不能形成双聚体。

(6) $E^{\ominus}(H^+/H_2) = 0\ V$，$E^{\ominus}(H_2O/H_2) = -0.85\ V$，$E^{\ominus}(Al^{3+}/Al) = -1.66\ V$，$E^{\ominus}(AlO_2^-/Al) = -2.31\ V$，由此可知，Al 在酸性或中性条件下都可置换出 H_2。但 Al 在空气中迅速形成致密的氧化膜，阻止水与 Al 的反应，因而在水中不溶。在浓 NH_4Cl 或浓 Na_2CO_3 溶液中，致密的氧化膜 Al_2O_3 被溶解，而使反应能持续进行。

$$Al_2O_3 + 6NH_4Cl = 6NH_3 + 2AlCl_3 + 3H_2O$$

$$Al_2O_3 + 2Na_2CO_3 + H_2O = 2NaAlO_2 + 2NaHCO_3$$

(7) 由于 BCl_3 是缺电子分子，B 原子尚有一个空轨道，容易接受水分子中 O 的孤对电子，先形成一个中间产物：$H_2O{:}\rightarrow BCl_3$，再断裂 B—Cl 键，生成第一步的水解产物 $HOBCl_2$，然后重复配位和取代作用，最后生成 H_3BO_3 和 HCl。

$$BCl_3 + 3H_2O = H_3BO_3 + 3HCl$$

(东北大学 桑晓光)

第19章 过渡元素(Ⅰ)

一、学习目标

(1) 描述过渡金属元素的通性和化合物的一些主要性质及其递变规律。

(2) 概述钛、钒、铬、锰各分族中主要元素的单质及化合物的性质、制备及重要用途；重点概述钛和铬单质的制备，$KMnO_4$的制备，铬和锰价态的互变，钛、钒、铬过氧化物的生成与性质，同多酸与杂多酸、钒酸根和铬酸根的缩合，铬、钼、钨性质变化的规律性。

(3) 通过学习对铬、镉、汞等重金属污染及处置方法，树立关爱自然、保护环境的思想观念。

二、重难点解析

本章概述过渡元素的结构特点和基本性质、钛副族元素、钒副族元素、铬副族元素和锰副族元素单质及其重要化合物的基本性质，包括过渡元素的通性和递变规律、镧系收缩及对元素性质的影响、钛金属的耐腐蚀性、钛(Ⅳ)合物的热稳定性和水解性、钒的各种价态离子的存在形式与性质、铬(Ⅵ)含氧酸盐的相互转化及其氧化性、铬(Ⅲ)氢氧化物的两性、高锰酸钾的强氧化性、锰酸钾的不稳定性、二氧化锰的氧化性等。重在联系物质结构理论知识，依据结构决定性质，性质决定用途，抓住物质的结构特征，分析物质的性质和用途，归纳一般规律，理解并记忆特殊知识点。

(一) 过渡元素概述与性质递变规律

过渡元素包括 d 区元素、ds 区元素和 f 区元素，均为金属。

(1) 原子半径、离子半径、电离能与金属性：同一周期过渡元素原子半径从左至右缓慢地递减，幅度平均为 5 pm，小于主族的 10 pm。ds 区元素由于闭壳层结构，对核的屏蔽作用较大，原子半径略有增大。同族元素从上至下，原子半径增大，但不显著，原因在于“钪系收缩”和“镧系收缩”。离子半径与原子半径变化规律相似。同一周期电离能变化趋势增大，但存在着由于 d 电子半充满、全充满导致的电离能不规则变化，金属性变化也有起伏。

(2) 单质：多呈银白色或灰白色，有金属光泽。除钪和钛属轻金属外，其余均属重金属，其中以重铂组元素最重。多数过渡金属(ⅡB 族元素除外)的熔、沸点高，硬度大。熔、沸点最高的是钨(熔点 3410℃，沸点 5930℃)，硬度最大的是铬(仅次于金刚石)，这与金属原子中未成对的$(n-1)$d 电子参与成键有关。

(3) 氧化态与稳定性：过渡元素具有可连续变化的多种氧化态，从左至右最高氧化态先逐渐升高，随后又逐渐变低。与主族元素不同，同一族中自上而下高氧化态趋于稳定。原因在于随着周期数的增大，$(n-1)$d 和 ns 能量越来越接近，且 $(n-1)$d 更易全部参与成键。

中等氧化态的氧化性较弱(Co^{3+}、Ni^{3+}、Mn^{3+}除外)，另外，在配合物中还存在化合价为 +1、0、−1、−2、−3 的低氧化态化合物。

(4) 配合物：由于过渡元素的离子(原子)具有 $(n-1)$d、ns 和 np 等价层轨道，其中 ns 和 np 轨道是空的，$(n-1)$d 轨道部分是空的，因而具有很强的形成配合物的倾向，如氨配合物、氰配合物、羰基配合物等，有些多核配合物还存在金属-金属键。简单离子形成配合物后，其物理化学性质如氧化还原性、溶解性、磁性和颜色等均发生变化。

(5) 化合物：过渡元素最高氧化态氧化物、含氧酸的酸碱性变化规律与主族相应化合物酸碱性变化规律相似，从左至右酸性增强，从上至下碱性增强。同一元素氧化物和水合物随着氧化态升高酸性增强，一般低氧化态呈碱性。

除ⅦA 族的 BrO_4^- 的氧化能力比 MnO_4^- 强外，其余过渡元素最高氧化态的氧化能力均比同周期相应的主族元素强。从左至右氧化性增强，与主族元素一致；而从上至下氧化性减弱，与主族元素相反，这是由于过渡元素的 d 电子容易电离。

Ⅳ～Ⅶ主副族元素最高氧化态卤化物的热稳定性变化规律相反，主族元素从上至下稳定性减弱，而副族元素从上至下稳定性增强，且主族第四、第五周期元素稳定性相近(低价化合物均为 ns^2 电子)，副族第五、第六周期元素稳定性相似(镧系收缩)。

(6) 过氧化物：与主族元素相比，副族元素更容易形成过氧化物和过氧酸盐。从左至右，随着最高氧化态化合物氧化性的增强，过氧化物的稳定性降低，CrO_5 很容易分解，Mn 基本不能形成过氧化物。

(二) 同周期 M^{2+}的稳定性

第一过渡系金属 +2 氧化态的稳定性从左至右增强，Ti^{2+}不常见，V^{2+}可由 V(Ⅴ)被 Zn 还原得到，Cr^{2+}可还原水中的 H^+为 H_2，均表现为不稳定。但从 Cr^{2+}到 Mn^{2+}稳定性发生突增，$E^\ominus(Cr^{3+}/Cr^{2+}) = -0.407$ V，$E^\ominus(Mn^{3+}/Mn^{2+}) = +1.5415$ V，原因在于 $3d^5$ 的半充满结构导致 Mn 的第三电离能特别高，Mn(Ⅲ)、Mn(Ⅳ)、Mn(Ⅵ)和 Mn(Ⅶ)都是强氧化剂。

(三) 单质的制备

单质的制备一般涉及矿物的焙烧(将硫化物烧成氧化物)、杂质的去除、还原成单质等步骤，有些还需要转化为可溶性盐，因此需要根据不同的元素和矿物的特点采用不同的方法。本章需要掌握的是 Ti、Cr、Mo、W 的制备。

(四) 钛的化合物

钛的化合物主要有 +4 氧化态的 TiO_2、$TiCl_4$ 及 +3 氧化态的 $TiCl_3$，主要性质如下：

$$TiO_2 + 6HF = H_2TiF_6 + 2H_2O$$
$$TiO_2 + H_2SO_4 = TiOSO_4(\text{硫酸氧钛}) + H_2O$$
$$TiO_2 + 2KOH = K_2TiO_3(\text{偏钛酸钾}) + H_2O$$

$$TiCl_4 + H_2O \xlongequal{} TiOCl_2 + 2HCl\uparrow$$
$$TiCl_4 + 3H_2O \xlongequal{} H_2TiO_3 + 4HCl\uparrow$$
$$3TiCl_4 + Al + nAlCl_3 \xlongequal{} 3TiCl_3 + (n+1)AlCl_3$$

(五) 钒的化合物

钒的化合物主要有 +5 氧化态的 V_2O_5、钒酸盐和低氧化态化合物，主要性质如下：

$$V_2O_5 + 2NaOH \xlongequal{} 2NaVO_3 + H_2O$$
$$V_2O_5 + 2H^+ \xlongequal{} 2VO_2^+ + H_2O$$
$$V_2O_5 + 6HCl(\text{浓}) \xlongequal{} 2VOCl_2 + Cl_2\uparrow + 3H_2O$$
$$VO_2^+(\text{黄色}) + Fe^{2+} + 2H^+ \xlongequal{} VO^{2+}(\text{蓝色}) + Fe^{3+} + H_2O$$
$$2VO_2^+ + H_2C_2O_4 + 2H^+ \xlongequal{} 2VO^{2+} + 2CO_2\uparrow + 2H_2O$$
$$4VF_5 + 5SiO_2 \xlongequal{} 2V_2O_5 + 5SiF_4$$
$$2VCl_3 \xlongequal{} VCl_2 + VCl_4$$
$$VCl_4 + H_2O \xlongequal{} VOCl_2 + 2HCl$$

(六) 铬的化合物

铬的化合物主要有 +3、+6 氧化态的化合物。在酸性溶液中，$Cr_2O_7^{2-}$ 是强氧化剂：$Cr_2O_7^{2-} + 14H^+ + 6e^- \xlongequal{} 2Cr^{3+} + 7H_2O$，$E_A^\ominus = 1.36\ V$，但其氧化能力受酸度的影响很大，根据能斯特方程 $E = E^\ominus - \dfrac{0.0592}{z}\lg J = E^\ominus - \dfrac{0.0592}{6}\lg\dfrac{c(Cr^{3+})^2}{c(Cr_2O_7^{2-})\cdot c(H^+)^{14}}$ 可见，随溶液酸度降低，$Cr_2O_7^{2-}$ 的氧化能力减弱，在碱性条件下，其电极电势为 $E_B^\ominus = -0.13\ V$。故制备 Cr(Ⅵ)的化合物应在碱性条件下进行。若定性分析实验中分离检出 Cr^{3+}即是在碱性溶液中用 H_2O_2 或 Br_2(或 Cl_2)将$[Cr(OH)_4]^-$氧化为 CrO_4^{2-}，处理含铬废水时需在酸性条件下进行还原，然后再加碱沉淀。

Cr 元素主要氧化态之间的转化如图 19-1 所示。

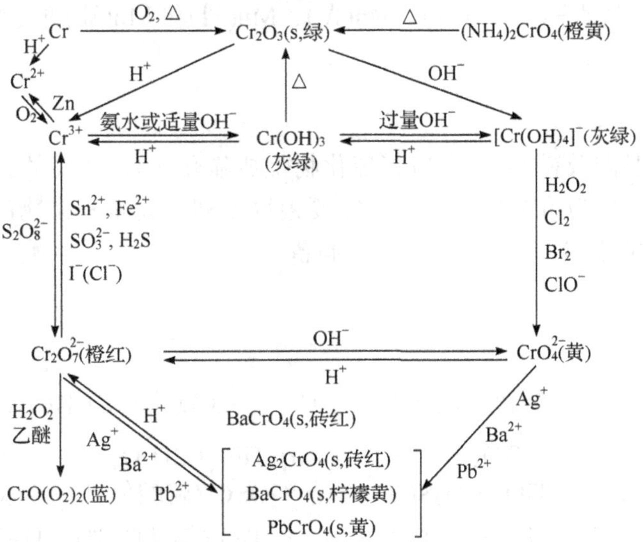

图 19-1　Cr 元素主要氧化态之间的转化

(七) 锰的化合物

Mn 元素氧化态可从 −1～ +7 连续变化，主要有 +2、+4、+6 和 +7 氧化态化合物，其主要氧化态之间的转化如图 19-2 所示。

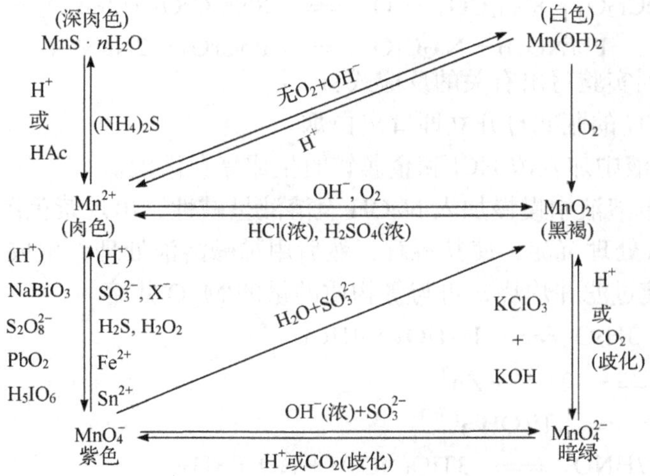

图 19-2　Mn 元素主要氧化态之间的转化

三、习题解析

19-1　写出制备下列物质的各步反应方程式：

(1) 由金红石制备金属 Ti。

(2) 由钨矿制备金属钨。

(3) 由软锰矿制备高锰酸钾。

(4) 由铬铁矿和 $Pb(NO_3)_2$ 制备铬黄染料($PbCrO_4$)。

答　(1)
$$TiO_2 + 2Cl_2 = TiCl_4 + O_2\uparrow$$

$$TiO_2 + C + 2Cl_2 = TiCl_4 + CO_2\uparrow$$

或
$$TiO_2 + 2C + 2Cl_2 = TiCl_4 + 2CO\uparrow$$

$$TiCl_4 + 2Mg = Ti + 2MgCl_2$$

(2)
$$CaWO_4 + Na_2CO_3 = Na_2WO_4 + CaCO_3$$

$$4FeWO_4 + 4Na_2CO_3 + O_2 = 4Na_2WO_4 + 2Fe_2O_3 + 4CO_2\uparrow$$

$$6MnWO_4 + 6Na_2CO_3 + O_2 = 6Na_2WO_4 + 2Mn_3O_4 + 6CO_2\uparrow$$

$$WO_4^{2-} + 2H^+ \xrightarrow{pH<1} H_2WO_4\downarrow \xrightarrow{NH_3\cdot H_2O} (NH_4)_2WO_4$$

$$(NH_4)_2WO_4 \xrightarrow{\triangle} WO_3 + H_2O\uparrow + 2NH_3\uparrow$$

$$WO_3 + 3H_2 = W + 3H_2O$$

(3)
$$2MnO_2 + 4KOH + O_2 \xrightarrow{\triangle} 2K_2MnO_4 + 2H_2O$$

$$3MnO_2 + 6KOH + KClO_3 \xrightarrow{\triangle} 3K_2MnO_4 + KCl + 3H_2O$$

$$3K_2MnO_4 + 4CO_2 + 2H_2O \=\= 2KMnO_4 + MnO_2 + 4KHCO_3$$

$$K_2MnO_4 + 1/2Cl_2 \=\= KMnO_4 + KCl$$

$$2MnO_4^{2-} + 2H_2O \=\= 2MnO_4^- + H_2 + 2OH^-$$

(4) $$4FeCr_2O_4 + 8Na_2CO_3 + 7O_2 \=\= 8Na_2CrO_4 + 2Fe_2O_3 + 8CO_2\uparrow$$

$$Pb(NO_3)_2 + Na_2CrO_4 \=\= PbCrO_4 + 2NaNO_3$$

19-2 根据下列实验写出有关的反应式：

(1) 将装有 $TiCl_4$ 的瓶塞打开立即冒出白烟。

(2) 向 $TiCl_4$ 溶液中加入浓 HCl 和金属锌时生成紫色溶液。

(3) 向(2)的紫色溶液中慢慢加入 NaOH 至溶液呈碱性，出现紫色沉淀。

(4) 先用 HNO_3 处理沉淀，使其溶解，然后用稀碱溶液处理，生成白色沉淀。

(5) 将白色沉淀过滤并灼烧，再与等物质的量的 MgO 共熔。

答 (1) $TiCl_4 + 3H_2O \=\= H_2TiO_3 + 4HCl$

(2) $2Ti^{4+} + Zn \=\= 2Ti^{3+} + Zn^{2+}$

(3) $Ti^{3+} + 3OH^- \=\= Ti(OH)_3$

(4) $3Ti(OH)_3 + 7HNO_3 \=\= 3TiO(NO_3)_2 + NO + 8H_2O$

$TiO^{2+} + 2OH^- + H_2O \=\= Ti(OH)_4$

(5) $Ti(OH)_4 \xrightarrow{\text{灼烧}} TiO_2 + 2H_2O$　$TiO_2 + MgO \xrightarrow{\text{熔融}} MgTiO_3$

19-3 (1) $[Ti(H_2O)_6]^{3+}$在约 500 nm 处有一个较强的吸收峰，预测$[Ti(NH_3)_6]^{3+}$将吸收较长波长的光还是较短波长的光，为什么？

(2) 已知$[TiCl_6]^{3-}$在 784 nm 处有一宽吸收峰，这是由什么跃迁引起的？该配离子的分裂能为多少？

答 (1) 预测$[Ti(H_2O)_6]^{3+}$将吸收较 500 nm 短的波长的光，因为 NH_3 比 H_2O 产生的晶体场强，分裂能增大，吸收光能量增加，波长蓝移。

(2) d-d 跃迁($t_{2g}\rightarrow e_g$ 跃迁)。

$$\Delta_o = N_A hc/\lambda = 6.02\times10^{23}\times6.626\times10^{-34}\times3.0\times10^8/(784\times10^{-9}) = 153\ (kJ\cdot mol^{-1})$$

19-4 写出钒的三种同多酸的化学式。在酸性介质中，钒(Ⅴ)和足量 Zn 作用逐步生成什么产物？

答 $H_4V_2O_7$、$H_6V_4O_{13}$、$H_7V_5O_{16}$(在溶液中一般以酸式酸根的形式存在)。

钒(Ⅴ)和足量 Zn 作用逐步被还原为蓝色 VO^{2+}、绿色 V^{3+}，最终为紫色的 V^{2+}。

19-5 计算 Cr^{2+}在正八面体弱场和强场中的 CFSE。

解 Cr^{2+}：d^4。

	正八面体弱场	正八面体强场
电子排布	$t_{2g}^3e_g^1$	t_{2g}^4
CFSE	−6 Dq	−16 Dq + *P*

19-6 当将 $K_2Cr_2O_7$ 溶液分别加入到下列溶液中时将发生什么现象？

(1) F^-、Cl^-、Br^-、I^-；(2) OH^-；(3) NO_2^-；(4) SO_4^{2-}；(5) H_2O。

答 (1) $Cr_2O_7^{2-}$橙红色褪去，出现紫黑色I_2沉淀，溶液为Cr^{3+}绿色。继续加$K_2Cr_2O_7$，继而出现棕黄色Br_2。能否产生黄绿色Cl_2与浓度有关。

(2) 由橙红色$Cr_2O_7^{2-}$变为黄色CrO_4^{2-}。

(3) $Cr_2O_7^{2-}$橙红色褪为绿色Cr^{3+}。

(4) 无变化。

(5) 颜色变浅。

19-7 如何分离下述离子？写出相关的反应方程式。

(1) Cr^{3+}和Al^{3+}；(2) Cr^{3+}、Mn^{2+}和Zn^{2+}。

答 (1) 碱性 + H_2O_2：

$$2Cr(OH)_3 + 3H_2O_2 + 4OH^- = 2CrO_4^{2-} + 8H_2O$$

$$Al(OH)_3 + OH^- = [Al(OH)_4]^-$$

NH_4Cl： $[Al(OH)_4]^- + NH_4^+ = Al(OH)_3 + NH_3 \cdot H_2O$ 过滤

(2) 碱性 + H_2O_2：

$$2Cr(OH)_3 + 3H_2O_2 + 4OH^- = 2CrO_4^{2-} + 8H_2O$$

$$Zn(OH)_2 + 2OH^- = [Zn(OH)_4]^{2-}$$

$$Mn(OH)_2 + H_2O_2 = MnO_2 + 2H_2O$$

过滤，沉淀酸化 + H_2O_2：

$$MnO_2 + H_2O_2 + 2H^+ = Mn^{2+} + O_2 + 2H_2O$$

滤液酸化(控制酸度) + $BaCl_2$，过滤：

$$CrO_4^{2-} + Ba^{2+} = BaCrO_4$$

$$[Zn(OH)_4]^{2-} + 4H^+ = Zn^{2+} + 4H_2O$$

19-8 称取0.5000 g铬铁矿$Fe(CrO_2)_2$样品，以Na_2O_2熔融，然后加入6 mol·L^{-1}的H_2SO_4酸化溶液，以50.00 mL 0.1200 mol·L^{-1}的硫酸亚铁铵溶液处理，过剩的Fe^{2+}需15.05 mL $K_2Cr_2O_7$(1 mL $K_2Cr_2O_7$和0.00600 g Fe^{2+}反应)标准溶液氧化。计算样品中铬的含量。

解

$$2Fe(CrO_2)_2 + 7Na_2O_2 = Fe_2O_3 + 4Na_2CrO_4 + 3Na_2O$$

$$2Na_2CrO_4 + H_2SO_4 = Na_2Cr_2O_7 + Na_2SO_4 + H_2O$$

$$6Fe^{2+} + Cr_2O_7^{2-} + 14H^+ = 6Fe^{3+} + 2Cr^{3+} + 7H_2O$$

样品中Cr的质量分数为

$$1/3 \times (0.1200 \times 0.0500 - 15.05 \times 0.00600/55.85) \times 52.00/0.5000 \times 100\% = 15.19\%$$

19-9 解释下列现象：

(1) 在敞开的容器中，被HCl酸化的$TiCl_3$紫色溶液会逐渐褪色。

(2) 新沉淀出的$Mn(OH)_2$呈白色，在空气中转化为暗棕色。

(3) 在$K_2Cr_2O_7$的饱和溶液中加入浓H_2SO_4并加热到200℃，溶液颜色变为蓝绿色，反应开始时并无任何还原剂存在。

(4) 酸化 K_2CrO_4 溶液，由黄色变为橙色，加入 Na_2S 溶液变为绿色；继续加入 Na_2S 出现灰绿色沉淀。

答 (1) Ti^{3+}还原性较强，被空气中的 O_2 氧化成无色的 Ti(Ⅳ)。

$$4Ti^{3+} + O_2 + 2H_2O \longrightarrow 4TiO^{2+} + 4H^+$$

(2) Mn(Ⅱ)在碱性条件下具有很强的还原性，易被氧化成暗棕色的 $MnO(OH)_2$(即 MnO_2)。

$$2Mn(OH)_2 + O_2 \longrightarrow 2MnO(OH)_2$$

(3) $K_2Cr_2O_7$ 与浓 H_2SO_4 生成紫红色固体 CrO_3，CrO_3 在 198℃逐步分解为 Cr_2O_3，被 H_2SO_4 溶解后生成蓝绿色的 Cr^{3+}。

$$K_2Cr_2O_7(\text{饱和}) + H_2SO_4(\text{浓}) \longrightarrow K_2SO_4 + 2CrO_3 + H_2O$$

$$4CrO_3 \xrightarrow{200℃} 2Cr_2O_3 + 3O_2$$

$$Cr_2O_3 + 6H^+ \longrightarrow 2Cr^{3+} + 3H_2O$$

(4) 酸化：K_2CrO_4 由黄色变为橙色 $Cr_2O_7^{2-}$，进而被 S^{2-}还原为绿色 Cr^{3+}，Cr^{3+}与继续加入的 Na_2S 发生双水解生成灰绿色 $Cr(OH)_3$ 沉淀。

$$2CrO_4^{2-} + 2H^+ \longrightarrow Cr_2O_7^{2-} + H_2O$$

$$Cr_2O_7^{2-} + S^{2-} + 10H^+ \longrightarrow 2Cr^{3+} + SO_2 + 5H_2O$$

$$2Cr^{3+} + 3S^{2-} + 6H_2O \longrightarrow 2Cr(OH)_3\downarrow + 3H_2S\uparrow$$

19-10 有一橙红色固体 A，受热后得绿色的固体 B 和无色的气体 C，加热时 C 能与镁反应生成灰色的固体 D。固体 B 溶于过量的 NaOH 溶液生成绿色的溶液 E，在 E 中加适量 H_2O_2 则生成黄色溶液 F。将 F 酸化变为橙色的溶液 G，在 G 中加 $BaCl_2$ 溶液，得黄色沉淀 H。在 G 中加 KCl 固体，反应完全后则有橙红色晶体 I 析出，滤出 I 烘干并强热则得到的固体产物中有 B，同时得到能支持燃烧的气体 J。A～J 各代表什么物质？写出有关的反应方程式。

思路 未知物分析的关键在于找出最明显的反应现象所给的突破口，并顺藤摸瓜，一一鉴别。本题中的突破口在于：溶于过量的 NaOH 溶液生成绿色溶液的物质 B 只能为 Cr(Ⅲ)的化合物，那么橙红色固体 A 只能是含有 $Cr_2O_7^{2-}$ 的化合物。与镁反应的气体有 O_2 和 N_2，但 MgO 为白色固体，因此 C 为 N_2，A 为能发生“火山爆发”反应的$(NH_4)_2Cr_2O_7$，E 为$[Cr(OH)_4]^-$，F 为 CrO_4^{2-}(黄色)，G 为 $Cr_2O_7^{2-}$(橙色)，H 为 $BaCrO_4$，橙红色晶体 I 的生成是钢中除铬的反应，因而为 CrO_2Cl_2，其分解产生的 O_2 可支持燃烧。本题也可由黄色溶液 F 酸化变为橙色的溶液 G 作为突破口，这种变化表明 Cr(Ⅵ)的存在。

答

A	B	C	D	E	F	G	H	I	J
$(NH_4)_2Cr_2O_7$	Cr_2O_3	N_2	Mg_3N_2	$[Cr(OH)_4]^-$	CrO_4^{2-}	$Cr_2O_7^{2-}$	$BaCrO_4$	CrO_2Cl_2	O_2

$$A \xrightarrow{\triangle} B + C：(NH_4)_2Cr_2O_7 \xrightarrow{\triangle} Cr_2O_3 + N_2 + 4H_2O$$

$C + Mg \xrightarrow{\triangle}$ D：$N_2 + 3Mg \xrightarrow{\triangle} Mg_3N_2$

$B + NaOH \longrightarrow$ E：$Cr_2O_3 + 2OH^- + 3H_2O = 2[Cr(OH)_4]^-$

$E + H_2O_2 \longrightarrow$ F：$2[Cr(OH)_4]^- + 3H_2O_2 + 2OH^- = 2CrO_4^{2-} + 8H_2O$

$F + H^+ \longrightarrow$ G：$2CrO_4^{2-} + 2H^+ = Cr_2O_7^{2-} + H_2O$

$G + BaCl_2 \longrightarrow$ H：$Cr_2O_7^{2-} + 2Ba^{2+} + H_2O = 2BaCrO_4 + 2H^+$

$G + KCl(s) \longrightarrow$ I：$Na_2Cr_2O_7 + 4KCl(s) + 3H_2SO_4 \xrightarrow{\triangle}$

$$2CrO_2Cl_2 + 2K_2SO_4 + Na_2SO_4 + 3H_2O$$

$I \xrightarrow{\text{强热}}$ B + J：$4CrO_2Cl_2 \xrightarrow{\text{强热}} 2Cr_2O_3 + 4Cl_2 + O_2$

19-11　棕黑色粉末状物 A，不溶于水和稀 HCl，但溶于浓 HCl，生成浅粉红色溶液 B 及气体 C，将 C 赶净后加入 NaOH，生成白色沉淀 D，振荡 D 又转变为 A，将 A 加入 $KClO_3$、浓碱并加热得到绿色溶液 E，加入少量酸，绿色随即褪掉，变为紫色溶液 F，还有少量 A 沉出。经分离后，在 F 中加入酸化的 Na_2SO_3，紫色褪去变为 B。加入少量 $NaBiO_3$ 固体及 HNO_3，振荡并离心，又得到紫色溶液 F。确定各字母符号所代表的物质。

答

A	B	C	D	E	F
MnO_2	$MnCl_2$	Cl_2	$Mn(OH)_2$	K_2MnO_4	$KMnO_4$

19-12　根据下列元素电势图：

$$MnO_4^- \xrightarrow{1.69\ V} MnO_2 \xrightarrow{1.22\ V} Mn^{2+};\quad IO_3^- \xrightarrow{1.20\ V} I_2 \xrightarrow{0.54\ V} I^-$$

说明当 pH = 0 时，分别在下列两种条件下，$KMnO_4$ 与 KI 溶液将会发生哪些反应(用反应方程式表示)？为什么？

(1) KI 过量。

(2) $KMnO_4$ 过量。

思路　先根据电极电势判断哪些反应能够发生，再考察反应产物能否和过量的试剂继续发生反应。若(1)中的 KI 过量，从电极电势看，$KMnO_4$ 可以将 KI 氧化为 IO_3^-[需计算 $E^\ominus(MnO_4^-/Mn^{2+})$]，但过量的 I^- 会与 IO_3^- 发生归中反应生成 I_2，即 $KMnO_4$ 只将 I^- 氧化为单质 I_2。是否结束了呢？进一步考察，过量的 I^- 会与单质 I_2 生成 I_3^-。第(2)问要注意元素 Mn 的归中反应，除将 I^- 氧化为 IO_3^- 外，还会与自己的还原产物反应生成 MnO_2。

答　(1) KI 过量：$2MnO_4^- + 15I^- + 16H^+ = 2Mn^{2+} + 5I_3^- + 8H_2O$

$$E^\ominus(IO_3^-/I_2) > E^\ominus(I_2/I^-)$$

(2) $E^\ominus(MnO_4^-/Mn^{2+}) = \dfrac{3E^\ominus(MnO_4^-/MnO_2) + 2E^\ominus(MnO_2/Mn^{2+})}{5} = 1.50\ V$

$KMnO_4$ 过量：　$6MnO_4^- + 5I^- + 18H^+ = 6Mn^{2+} + 5IO_3^- + 9H_2O$

$$E^\ominus(MnO_4^-/Mn^{2+}) > E^\ominus(IO_3^-/I_2)$$

$$2MnO_4^- + 3Mn^{2+} + 2H_2O = 5MnO_2 + 4H^+$$

$$E^{\ominus}(MnO_4^-/MnO_2) > E^{\ominus}(MnO_2/Mn^{2+})$$

19-13 已知下列配合物的磁矩：$[Mn(C_2O_4)_3]^{3-}$，$4.9\mu_B$；$[Mn(CN)_6]^{3-}$，$2.8\mu_B$，试回答：

(1) 中心离子的价层电子分布。

(2) 中心离子的配位数。

(3) 估计哪种配合物较稳定。

思路 高低自旋(内轨与外轨、强场与弱场)的表现之一就是磁性的不同。本题采用晶体场理论处理磁性问题。根据测量磁矩计算单电子数目，进而确定中心 d 电子排布方式并判断稳定性。

答 Mn^{3+}：价电子构型为 d^4，根据$\mu = \sqrt{n(n+2)}\ \mu_B$计算单电子数。

	磁矩	单电子数	电子排布	配位数	稳定性
$[Mn(C_2O_4)_3]^{3-}$	$4.9\mu_B$	4	$t_{2g}^3e_g^1$	6	稳定
$[Mn(CN)_6]^{3-}$	$2.8\mu_B$	2	t_{2g}^4	6	较稳定

19-14 根据锰的有关电对的 $E^{\ominus}$，判断当 $c(H^+) = 1.0\ mol·L^{-1}$ 时，Mn^{3+}能否歧化为 MnO_2 和 Mn^{2+}。若 Mn^{3+}能歧化，计算此歧化反应的标准平衡常数。

解 查得 $E^{\ominus}(Mn^{3+}/Mn^{2+}) = 1.542\ V > E^{\ominus}(MnO_2/Mn^{3+}) = 0.907\ V$，歧化反应的电池电动势 $E^{\ominus} = 0.635\ V > 0$，故在 $c(H^+) = 1.0\ mol·L^{-1}$ 即标准状态时 Mn^{3+}能歧化为 MnO_2 和 Mn^{2+}。

$$2Mn^{3+} + 2H_2O = MnO_2 + Mn^{2+} + 4H^+$$

$$\lg K^{\ominus} = zE^{\ominus} / 0.0592 = 1 \times 0.635 / 0.0592 = 10.7$$

$$K^{\ominus} = 5 \times 10^{10}$$

四、水 平 测 试

1. 填空题(每空 1 分，共 30 分)

(1) Sc 的价层电子构型为________；Ti 的价层电子构型为________；V 的价层电子构型为________；Cr 的价层电子构型为________。

(2) 写出我国丰产矿物主要化学成分的化学式：辉钼矿________；黑钨矿________；白钨矿________。

(3) $HMnO_4$、$HTcO_4$、$HReO_4$ 的酸性由强到弱的顺序为________，氧化性递增的顺序为________。

(4) 俗称灰锰氧的物质为________，其溶液应保存在________色瓶中，这是因为在________下，该物质的________反应会加速。

(5) 五氧化二钒溶解在浓盐酸中，发生反应的化学方程式为________。

(6) 钒酸根与铬酸根相比，开始缩合时 pH 较大的是________，二者缩合形成的氧化物分别为________和________。

(7) $K_2Cr_2O_7$ 具有________性，实验室中可将 $K_2Cr_2O_7$ 的饱和溶液与浓 H_2SO_4 配成铬酸洗液，若使用后的洗液颜色从________色变为________色，则表明________，洗液失效。

(8) 选用一种物质将 Cr^{3+}氧化为 $Cr_2O_7^{2-}$，其反应方程式为________，选用一种物质将 $Cr(OH)_4^-$ 氧化为 CrO_4^{2-}，其反应方程式为________。

(9) *在三份 $Cr_2(SO_4)_3$ 溶液中分别加入下列溶液，得到的物质是：①加入 Na_2S 得到________；②加入 Na_2CO_3 得到________；③加入适量 NaOH 得到________；加入过量 NaOH 生成________。

(10) *$K_2Cr_2O_7$ 溶液分别与 $BaCl_2$、浓 HCl(加热)、H_2O_2(乙醚)作用，将分别转变为________、________、________。

2. 是非题(用"√"、"×"表示对、错并填入括号中，每小题 1 分，共 10 分)

( ) (1) 铬的最高氧化值等于其族序数。

( ) (2) V_2O_5 能溶于浓 HCl 生成钒氧基 VO_2^+。

( ) (3) 由 TiO_2 氯化法制备 $TiCl_4$ 时需加入偶联剂以促进反应顺利进行。

( ) (4) Mn^{2+}的水合离子几乎无色，表明其晶体场分裂能很大，吸收波长不在可见光范围内。

( ) (5) 第一过渡系元素最高价化合物的氧化性均强于同周期相应主族的元素。

( ) (6) CrO_5 在水溶液中不稳定，易分解生成 Cr^{3+}和 O_2。

( ) (7) 配位数为 4 的 Ni(Ⅱ)的配合物都是顺磁性物质。

( ) (8) 在过氧铬酸盐 K_3CrO_8 的二聚体$(K_3CrO_8)_2$ 中，Cr 的氧化数为 +5。

( ) (9) *由于 MnO_4^- 的氧化性很强且碱性条件下不稳定，因此其制备只能采用在酸性条件下使用更强的氧化剂氧化低价锰化合物的方法。

( ) (10) *处理含铬废水时，为了能够使 Cr^{3+}以 $Cr(OH)_3$ 的形式沉淀除去，应该在碱性条件下还原 Cr(Ⅵ)。

3. 选择题[每小题 2 分，共 24 分，其中第(11)、(12)小题为多选，其余为单选]

(1) 下列离子能发生歧化反应的是( )。

A. Ti^{3+}　B. V^{3+}　C. Cr^{3+}　D. Mn^{3+}

(2) 下列各组元素中，性质最相似的两种元素是( )。

A. Mg 和 Al　B. Zr 和 Hf　C. Ag 和 Au　D. Fe 和 Co

(3) 在强碱性介质中，钒(Ⅴ)存在的形式是( )。

A. VO^{2+}　B. VO^{3+}　C. $V_2O_5 \cdot nH_2O$　D. VO_4^{3-}

(4) 下列锰的氧化物中酸性最强的是( )。

A. MnO　B. Mn_2O_3　C. MnO_2　D. Mn_2O_7

(5) CrO_5 中 Cr 的氧化数为( )。

A. 4　B. 6　C. 8　D. 10

(6) 下列物质中能从水中置换出 H_2 的是 ( )。

A. Ti^{2+}　B. Ti^{3+}　C. TiO^{2+}　D. Ti

(7) 将 K_2MnO_4 溶液调节到酸性时，可以观察到的现象是( )。

A. 紫红色褪去　B. 绿色加深

C. 有棕色沉淀生成　D. 溶液变成紫红色且有棕色沉淀生成

(8) *以 Cr_2O_3 为原料制备铬酸盐应选用的试剂是( )。

A. 浓硝酸　B. KOH(s) + $KClO_3$(s)　C. Cl_2　D. H_2O_2

(9) *在硝酸介质中，欲使 Mn^{2+}氧化为 MnO_4^-，可加的氧化剂是(　　)。

A. $KClO_3$　　B. $(NH_4)_2S_2O_8$(Ag^+催化)　　C. $K_2Cr_2O_7$　　D. 王水

(10) *欲将 K_2MnO_4 转变为 $KMnO_4$，下列方法中得到的产品产率高、质量好的是(　　)。

A. CO_2 通入碱性 K_2MnO_4 溶液　　B. 用 Cl_2 氧化 K_2MnO_4 溶液

C. 电解氧化 K_2MnO_4 溶液　　D. 用 HAc 酸化 K_2MnO_4 溶液

(11) *根据价层电子的排布，预计下列化合物为无色的是(　　)。

A. CuCl　　B. ScF_3　　C. MnF_3　　D. CrF_3

(12) *下列提炼金属的方法，不可行的是(　　)。

A. 用 Mg 还原 $TiCl_4$ 制 Ti　　B. 热分解 Cr_2O_3 制 Cr

C. 羰化法制高纯镍　　D. 高温碳还原 WO_3 制 W

4. 推断题(每小题 8 分，共 16 分)

(1) 某化合物 A 是紫色晶体，化合物 B 是浅绿色晶体。将 A、B 混合溶于稀 H_2SO_4 中得黄棕色溶液 C；在 C 中加 KOH 溶液得深棕色沉淀 D；在 D 中加稀 H_2SO_4，沉淀部分溶解得黄棕色溶液 E；在 E 中加过量 NH_4F 溶液得无色溶液 F。在不溶于稀 H_2SO_4 的沉淀中加 KOH、$KClO_3$ 固体加热得绿色物质 G；将 G 溶于水通入 Cl_2，蒸发结晶又得化合物 A。A～G 各为哪种物质？写出 A 和 B 混合于稀 H_2SO_4 中的反应方程式。

(2) **某一氧化物矿含有金属 M^1、M^2、M^3、M^4，M^1 是此矿物的主要元素。①用盐酸加热处理可得 M^1、M^2、M^3、M^4 的 +2 价氯化物，其中 M^2 的氯化物溶解度较小，但加热溶解度迅速增加。②如用浓盐酸与矿料共热，有 $Cl_2(g)$产生。在试样处理后的酸性稀溶液中，通入 H_2S，M^2、M^3 将产生硫化物沉淀，而 M^1 和部分 M^4 仍留在溶液中。③将矿物加 KOH(s)和氧化剂高温熔融后，可生成一种绿色的化合物，此化合物溶于酸后得一紫色溶液和棕色沉淀；紫色溶液浓缩结晶后，得紫黑色晶体，该晶体与浓 HCl 反应有 $Cl_2(g)$产生。④M^2、M^3、M^4 的硫化物经过焙烧后，可溶于 HNO_3，此溶液加稀 H_2SO_4 可生成 M^2SO_4 沉淀。⑤经过计量分析，M^3 和 M^4 两种金属的原子质量虽然差不多，但性质很不相同。M^3 可发生如下反应：

$$M^3(s) + M^3Cl_2\,(aq) \xrightarrow[\triangle]{浓HCl} H[M^3Cl_2] \xrightarrow{H_2O} M^3Cl\downarrow$$

M^4 没有类似的反应，但加 KOH 溶液，M^4 可生成 $M^4(OH)_2$ 白色沉淀。该沉淀可溶于过量 KOH 中，但 KOH 不能使 $M^3(OH)_2$ 全部溶解。根据上述的实验事实，判断 M^1、M^2、M^3、M^4 各为哪种金属。

5. 简答题(每小题 5 分，共 20 分)

(1) $TiCl_4$ 可用于制造烟幕，试说明原因。

(2) VF_5 是已知稳定存在的，而 VCl_5 不稳定，试说明原因。

(3) *在 $K_2Cr_2O_7$ 的饱和溶液中加入浓 H_2SO_4 并加热，发现溶液的颜色变为绿色，检查反应开始时，并无任何还原剂存在，试说明上述变化的原因。

(4) *某同学欲进行实验：向无色$(NH_4)_2S_2O_8$酸性溶液中加入少许 Ag^+，再加入 $MnSO_4$ 溶液，经加热溶液变为紫红色。然而实验结果是产生了棕色沉淀。请解释出现上述现象的原因，写出有关反应方程式。要使实验成功应注意哪些问题？[$E^\ominus(MnO_4^-/Mn^{2+}) = 1.507$ V，$E^\ominus(MnO_2/Mn^{2+}) = 1.224$ V]

参考答案

1. 填空题(每空1分，共30分)

(1) $3d^24s^1$，$3d^24s^2$，$3d^34s^2$，$3d^54s^1$。

(2) MoS_2，$(Mn,Fe)WO_4$，$CaWO_4$。

(3) $HMnO_4 > HTcO_4 > HReO_4$，$HReO_4 < HTcO_4 < HMnO_4$。

(4) $KMnO_4$，棕，光线照射，分解。

(5) $V_2O_5 + 6H^+ + 2Cl^- = 2VO^{2+} + Cl_2(g) + 3H_2O$。

(6) 钒酸根，V_2O_5，CrO_3。

(7) 强氧化，橙红，绿，$Cr_2O_7^{2-}$被还原为Cr^{3+}。

(8) $2Cr^{3+} + 3S_2O_8^{2-} + 7H_2O = Cr_2O_7^{2-} + 6SO_4^{2-} + 14H^+$，

$2OH^- + 2[Cr(OH)_4]^- + 3ClO^- = 2CrO_4^{2-} + 3Cl^- + 5H_2O$。

(9) $Cr(OH)_3$和H_2S，$Cr(OH)_3$和CO_2，$Cr(OH)_3$，$[Cr(OH)_4]^-$。

(10) $BaCrO_4$，$CrCl_3$，CrO_5。

2. 是非题(用“√”、“×”表示对、错并填入括号中，每小题1分，共10分)

(1) (√) (2) (×) (3) (√) (4) (×) (5) (×) (6) (√) (7) (×) (8) (×) (9) (×) (10) (×)

3. 选择题[每小题2分，共24分，其中第(11)、(12)小题为多选，其余为单选]

(1) (D) (2) (B) (3) (D) (4) (D) (5) (B) (6) (B) (7) (D) (8) (A) (9) (B) (10) (B) (11) (AB) (12) (BD)

4. 推断题(每小题8分，共16分)

(1) A. $KMnO_4$; B. $FeSO_4\cdot7H_2O$; C. $MnSO_4$、$Fe_2(SO_4)_3$混合溶液; D. $Fe(OH)_3$、$MnO(OH)_2$混合沉淀; E. $Fe_2(SO_4)_3$溶液; F. $[FeF_6]^{3-}$溶液; G. K_2MnO_4。

A和B混合于稀H_2SO_4中的反应方程式为

$$MnO_4^- + 5Fe^{2+} + 8H^+ = Mn^{2+} + 5Fe^{3+} + 4H_2O$$

所有涉及的离子方程式如下：

$$MnO_4^- + 5Fe^{2+} + 8H^+ = Mn^{2+} + 5Fe^{3+} + 4H_2O$$

$$Fe^{3+} + 3OH^- = Fe(OH)_3\downarrow$$

$$2Mn^{2+} + O_2 + 4OH^- = 2MnO(OH)_2\downarrow$$

$$Fe(OH)_3 + 3H^+ = Fe^{3+} + 3H_2O$$

$$Fe^{3+} + 6F^- = FeF_6^{3-}$$

$$3MnO_2 + KClO_3 + 6KOH \xrightarrow{\triangle} 3K_2MnO_4 + KCl + 3H_2O$$

$$2MnO_4^{2-} + Cl_2 = 2MnO_4^- + 2Cl^-$$

(2) 根据题意所给的实验事实，可以判断：M^1为Mn，M^2为Pb，M^3为Cu，M^4为Zn。

它们的如下反应完全符合题中的实验事实：

$$Pb(\text{Ⅱ}), Zn(\text{Ⅱ}), Cu(\text{Ⅱ}) \xrightarrow{\triangle} PbCl_2 + ZnCl_2 + CuCl_2 + H^+\ (\text{未配平})$$

$$MnO_2(s) + 4HCl \xrightarrow{\triangle} MnCl_2 + 2H_2O + Cl_2(g)$$

$$2MnO_2(s) + 4KOH(s) + O_2(\text{氧化剂}) \xrightarrow[\text{(绿色)}]{\text{熔融}} 2K_2MnO_4 + 2H_2O$$

$$2MnO_4^{2-} + 4H^+ = MnO_2(s) + MnO_4^- + 2H_2O$$

$$Pb^{2+} + SO_4^{2-} = PbSO_4(s)$$

$$Zn^{2+} + 2OH^- \longrightarrow Zn(OH)_2(s,\text{白色}) \xrightarrow{2KOH} K_2ZnO_2 + 2H_2O$$

$$Cu(s) + CuCl_2(aq) \xrightarrow[\triangle]{\text{浓}HCl} H[CuCl_2] \xrightarrow{H_2O} CuCl(s,\text{白色})$$

5. 简答题(每小题 5 分，共 20 分)

(1) $TiCl_4$ 遇水蒸气强烈水解，生成白烟。

$$TiCl_4 + 3H_2O = H_2TiO_3 + 4HCl\uparrow$$

(2) V(Ⅴ)具有较强的氧化性，能将 Cl^- 氧化成 Cl_2，却不能氧化 F^-。因此，VF_5 能稳定存在，而 VCl_5 不稳定。

(3) 因为 $K_2Cr_2O_7$ 与浓硫酸反应，生成 CrO_3，在加热的条件下，CrO_3 又分解生成 Cr_2O_3，Cr_2O_3 再被浓硫酸还原为绿色的 Cr^{3+}。

$$K_2Cr_2O_7 + 2H_2SO_4(\text{浓}) = 2KHSO_4 + 2CrO_3 + H_2O$$

$$4CrO_3 = 2Cr_2O_3 + 3O_2$$

$$Cr_2O_3 + 3H_2SO_4(\text{浓}) = Cr_2(SO_4)_3 + 3H_2O$$

(4) 该同学欲进行实验的反应方程式为

$$5S_2O_8^{2-} + 2Mn^{2+} + 8H_2O \xrightarrow{Ag^+} 10SO_4^{2-} + 2MnO_4^- + 16H^+$$

实际上，看到棕色 MnO_2 沉淀的反应方程式为

$$2MnO_4^- + 3Mn^{2+} + 2H_2O = 5MnO_2 + 4H^+$$

$$MnO_4^- \xrightarrow{1.70\ V} MnO_2 \xrightarrow{1.23\ V} Mn^{2+}$$

$$MnO_4^- \xrightarrow{1.51\ V} Mn^{2+}$$

由于体系中加入较多 Mn^{2+}，因此 Mn^{2+} 一旦与 $S_2O_8^{2-}$ 生成 $2MnO_4^-$ 后，$2MnO_4^-$ 则立即与过剩的 Mn^{2+} 发生反应，生成棕色 MnO_2 沉淀。要使实验成功，Mn^{2+} 的加入量要少，为此，$MnSO_4$ 溶液浓度要小，实验时加入速率要慢。

(北京科技大学　王明文)

第20章 过渡元素(Ⅱ)

一、学习目标

(1) 描述铁系、铂系元素的单质的性质。

(2) 对比铁、钴、镍三种元素重要化合物的性质(如酸碱性、氧化还原性等)差异及变化规律。

(3) 描述铂系元素的重要化合物的性质与用途。

二、重难点解析

本章概述铁系元素和铂系元素单质、重要化合物的基本性质及其变化规律，包括铁系元素和铂系元素的特殊水平相似性、铁系元素 +2 氧化态离子的还原性和 +3 氧化态离子的氧化性及其变化规律、铁系元素的氧化物和氢氧化物及重要盐类和配合物的性质、金属有机化合物的结构和性质、铂系元素的氧化物和卤化物及重要配合物的性质。重在联系物质结构理论知识，依据结构决定性质，性质决定用途，抓住物质的结构特征，分析物质的性质和用途，归纳一般规律，理解并记忆特殊知识点。

(一) 铁系元素的单质

铁、钴、镍价电子构型分别是 $3d^64s^2$、$3d^74s^2$、$3d^84s^2$，最外层都有 2 个电子，原子半径很相近，所以它们的性质很相似。铁、钴、镍都具有金属光泽，密度大，熔点高，具有磁性，是很好的磁性材料。随着 3d 轨道中成单电子数依次减少，金属键依次减弱，单质的熔、沸点随原子序数增加而降低。铁、钴、镍是中等活泼的金属，活泼性按铁、钴、镍顺序递减。纯铁、钴、镍单质在空气和水中很稳定，能从非氧化性酸中置换出 H_2，高温下易与 O_2、S、Cl_2、P 等非金属发生反应。冷的浓硝酸能使铁、钴、镍钝化。铁系元素在碱性溶液中的稳定性较高，不易与碱反应，但 Fe 能被热的浓碱所侵蚀。铁是最重要的结构材料，钴、镍用于制造合金。

(二) 铁系元素的重要化合物

一般条件下，铁的常见氧化态为 +2 和 +3，钴和镍的常见氧化态为 +2。

1. 氧化物和氢氧化物

氧化数为 +2 的铁系元素氧化物有 FeO(黑色)、CoO(灰绿色)、NiO(暗绿色)，呈碱性。氧化数为 +2 的铁系元素氢氧化物有 $Fe(OH)_2$(白绿色)、$Co(OH)_2$(粉红色)、$Ni(OH)_2$(果绿色)，按 $Fe(OH)_2$、$Co(OH)_2$、$Ni(OH)_2$ 顺序碱性和还原性依次递减。

$$4Fe(OH)_2 + O_2 + 2H_2O = 4Fe(OH)_3\downarrow$$

$$4Co(OH)_2 + O_2 + 2H_2O = 4Co(OH)_3\downarrow$$

$$2Ni(OH)_2 + NaClO + H_2O = 2Ni(OH)_3\downarrow + NaCl$$

氧化数为 +3 的铁的氧化物为 Fe_2O_3(砖红色)。钴和镍的无水氧化物分别为 Co_2O_3 和 Ni_2O_3，尚未制得纯品。Fe_2O_3 是两性偏碱性氧化物。

氧化数为 +3 的铁系元素氢氧化物 $Fe(OH)_3$(红棕色)、$Co(OH)_3$(棕褐色)、$Ni(OH)_3$(黑色)，均为两性偏碱性物质，氧化性按 $Fe(OH)_3$、$Co(OH)_3$、$Ni(OH)_3$ 顺序递增，其中 $Co(OH)_3$、$Ni(OH)_3$ 是强氧化剂。

$$Fe_2O_3 + 6HCl = 2FeCl_3 + 3H_2O$$

$$Co_2O_3 + 6HCl(浓) = 2CoCl_2 + 3H_2O + Cl_2\uparrow$$

$$Ni_2O_3 + 6HCl(浓) = 2NiCl_2 + 3H_2O + Cl_2\uparrow$$

2. 铁、钴、镍的盐类

在 Fe^{2+}、Co^{2+}、Ni^{2+}中都有未成对的 d 电子，所以它们在水溶液中都显颜色，$[Fe(H_2O)_6]^{2+}$淡绿色，$[Co(H_2O)_6]^{2+}$粉红色，$[Ni(H_2O)_6]^{2+}$亮绿色。

铁系元素氧化数为 +2 的盐在性质上有许多相似之处。它们的强酸盐都易溶于水，并有微弱的水解，因而溶液显酸性。强酸盐从水溶液中析出结晶时，往往带有一定数目的结晶水，如 $MCl_2 \cdot 6H_2O$、$M(NO_3)_2 \cdot 6H_2O$、$MSO_4 \cdot 7H_2O$。它们与弱酸根通常生成难溶盐。

Fe^{2+}具有较强的还原性，易被氧化。亚铁盐中常含有杂质 Fe^{3+}，为了防止 Fe^{2+}的氧化，通常在溶液中加入少量的金属铁。

$$4FeSO_4 + O_2 + 2H_2O = 4Fe(OH)SO_4\downarrow$$

$$2MnO_4^- + 10Fe^{2+} + 16H^+ = 2Mn^{2+} + 10Fe^{3+} + 8H_2O$$

$$Cr_2O_7^{2-} + 6Fe^{2+} + 14H^+ = 2Cr^{3+} + 6Fe^{3+} + 7H_2O$$

$CoCl_2 \cdot 6H_2O$ 是常用的钴盐，在受热脱水过程中伴有颜色的变化：

$$CoCl_2 \cdot 6H_2O(粉红) \rightleftharpoons CoCl_2 \cdot 2H_2O(紫红) \rightleftharpoons CoCl_2 \cdot H_2O(蓝紫) \rightleftharpoons CoCl_2(蓝)$$

因此，$CoCl_2$ 可用作干燥剂硅胶的含水指示剂，指示硅胶的吸湿情况。

镍(Ⅱ)盐以硫酸镍 $NiSO_4 \cdot 7H_2O$ 最为常见，大量地用于电镀工业。

铁系元素中，只有 Fe 能形成稳定的、氧化数为 +3 的可溶性盐。Co^{3+}与 Ni^{3+}由于具有强氧化性，它们的盐在热力学上通常都不稳定。

三氯化铁是重要的 Fe(Ⅲ)盐，包括无水 $FeCl_3$ 和 $FeCl_3 \cdot 6H_2O$。Fe^{3+}容易水解，使溶液显酸性。加热和增大 pH 都可以促进水解，使溶液的颜色加深，最终析出红棕色的 $Fe_2O_3 \cdot nH_2O$ 胶状沉淀[通常写成 $Fe(OH)_3$]。

$$[Fe(H_2O)_6]^{3+} + H_2O \rightleftharpoons [Fe(H_2O)_5(OH)]^{2+} + H_3O^+$$

$$[Fe(H_2O)_5(OH)]^{2+} + H_2O \rightleftharpoons [Fe(H_2O)_4(OH)_2]^{+} + H_3O^+$$

在酸性溶液中，Fe^{3+}是较强的氧化剂[$E^{\ominus}(Fe^{3+}/Fe^{2+}) = 0.771\ V$]，能将$I^-$、$H_2S$、Cu、$Sn^{2+}$等氧化。

$$2FeCl_3 + 2KI = 2FeCl_2 + 2KCl + I_2$$

$$2FeCl_3 + H_2S = 2FeCl_2 + 2HCl + S$$

$$2FeCl_3 + Cu = 2FeCl_2 + CuCl_2$$

3. 铁系元素的重要配合物

氧化数为 +2、+3 的铁、钴、镍离子，由于它们的半径较小，d 轨道又未充满，因此易形成有色配合物，如$[FeCl_4]^{2-}$、$[Fe(CN)_6]^{3-}$、$[CoCl_4]^{2-}$、$[NiCl_4]^{2-}$、$[Co(SCN)_4]^{2-}$、$[Co(NH)_6]^{2+}$、$[Ni(CO)_4]$、$[Co_2(CO)_8]$等。铁系元素重要配合物的颜色见表 20-1。

表 20-1　铁系元素重要配合物的颜色

配合物	颜色	配合物	颜色	配合物	颜色
$K_3[Fe(CN)_6]$	深红色	$K_4[Fe(CN)_6]\cdot 3H_2O$	黄色	$[Fe(NCS)_n]^{3-n}$	血红色
$[Co(NH_3)_6]^{2+}$	土黄色	$[Co(CN)_6]^{3-}$	黄色	$[Co(NCS)_4]^{2-}$	蓝色
$[Ni(NH_3)_6]^{2+}$	蓝紫色	$[Ni(CN)_4]^{2-}$	橙黄色	$[Ni(CO)_4]$	无色

1) 氨配合物

Fe^{2+}、Fe^{3+}与氨水难以形成稳定的氨配合物。Co^{2+}能与氨形成$[Co(NH_3)_6]^{2+}$。Co^{3+}氧化性很强，很不稳定，易被还原成 Co^{2+}，而 Co(Ⅲ)氨配合物的氧化性大为减弱，稳定性显著增强。Ni^{2+}能与氨形成$[Ni(NH_3)_6]^{2+}$，由于 Ni^{3+}的氧化性比 Co^{3+}更强，形成氨配合物后$[Ni(NH_3)_6]^{2+}$比$[Co(NH_3)_6]^{2+}$更稳定性。

$$4[Co(NH_3)_6]^{2+} + O_2 + 2H_2O = 4[Co(NH_3)_6]^{3+} + 4OH^-$$

2) 氰配合物

Fe^{2+}、Fe^{3+}、Co^{2+}、Ni^{2+}等均能与 CN^-形成配合物。

$$Fe^{2+} + 6CN^- = [Fe(CN)_6]^{4-}$$

$[Fe(CN)_6]^{4-}$是一种沉淀剂，能与多种金属离子形成特殊颜色的难溶化合物。

$$4K^+ + [Fe(CN)_6]^{4-} + Fe^{3+} = KFe[Fe(CN)_6]\downarrow + 3K^+$$

$K_4[Fe(CN)_6]$非常稳定，可被 Cl_2、H_2O_2 等氧化为 $K_3[Fe(CN)_6]$。

$$2K_4[Fe(CN)_6] + Cl_2 = 2K_3[Fe(CN)_6] + 2KCl$$

$$K^+ + Fe^{2+} + [Fe(CN)_6]^{3-} = KFe[Fe(CN)_6]\downarrow$$

Co^{2+}与过量 KCN 反应，生成紫红色的 $K_4[Co(CN)_6]$晶体。

$$Co^{2+} + 6KCN = K_4[Co(CN)_6]\downarrow + 2K^+$$

$[Co(CN)_6]^{4-}$不稳定，是一种很强的还原剂，容易被氧化。

$$2[Co(CN)_6]^{4-} + 2H_2O = 2[Co(CN)_6]^{3-} + 2OH^- + H_2\uparrow$$

Ni^{2+}与过量 CN^-反应生成橙黄色的$[Ni(CN)_4]^{2-}$。

$$Ni^{2+} + 4CN^- = [Ni(CN)_4]^{2-}$$

$[Ni(CN)_4]^{2-}$配离子是 Ni^{2+}最稳定的配合物之一。$[Ni(CN)_4]^{2-}$是反磁性物质，Ni^{2+}以 dsp^2 杂化成键，由于 Ni^{2+}中 $3d^8$ 电子与 CN^-的强烈排斥作用，使 Ni^{2+}稍偏离平面四方中心，成为变形平面四方构型。

3) 硫氰配合物

向 Fe^{3+}溶液中加入 SCN^-，立即生成血红色$[Fe(NCS)_n]^{3-n}$。

$$Fe^{3+} + nSCN^- = [Fe(NCS)_n]^{3-n}$$

此反应非常灵敏，不仅可以用于 Fe^{3+}的定性鉴定，还可以用于比色法定量测定 Fe^{3+}。但反应必须在酸性环境下进行，否则 Fe^{3+}容易水解生成 $Fe(OH)_3$ 沉淀。

向 Co^{2+}溶液中加入 SCN^-，可形成蓝色的$[Co(SCN)_4]^{2-}$。$[Co(SCN)_4]^{2-}$中的配体 SCN^-易被 H_2O 取代，形成粉红色的水合钴(Ⅱ)离子$[Co(H_2O)_6]^{2+}$，$[Co(SCN)_4]^{2-}$在水溶液中极不稳定，其蓝色有时不易被观察到。

$$[Co(SCN)_4]^{2-} + 6H_2O = [Co(H_2O)_6]^{2+} + 4SCN^-$$

向$[Co(SCN)_4]^{2-}$的水溶液中加入乙醚或戊醇，蓝色的$[Co(SCN)_4]^{2-}$可被萃取到有机层而提高显色灵敏度。因此，可利用 SCN^-与 Co^{2+}反应，生成能在有机溶剂中稳定存在的蓝色物质$[Co(SCN)_4]^{2-}$的方法来检验 Co^{2+}。若试样中存在 Fe^{3+}，与 SCN^-反应生成的血红色将干扰 Co^{2+}的检验。此时可加入适量的 F^-，使 Fe^{3+}与 F^-反应生成稳定的无色$[FeF_6]^{3-}$，消除 Fe^{3+}对检验 Co^{2+}的影响。

Ni^{2+}可与 SCN^-反应，生成$[Ni(NCS)]^+$、$[Ni(NCS)_3]^-$等配合物，这些配离子均不太稳定。

4) 金属有机化合物

铁系元素还能与一些含碳中性分子如一氧化碳、烯烃、炔烃、芳烃等形成特殊配合物——金属有机化合物。

羰基化合物是一类重要的金属有机化合物。羰基化合物如 $Ni(CO)_4$、$Fe(CO)_5$、$Co_2(CO)_8$ 等可以通过金属与 CO 直接化合来制备，但要求金属必须是新还原出来的具有较高活性的粉状物。羰基化合物的熔点和沸点一般都比较低，容易挥发，有毒。大多数金属羰基配合物不溶于水，可溶于有机溶剂，受热易分解为金属和 CO，常利用这类分解反应来分离或提纯金属。

Fe、Co、Ni 与环状配体形成的具有特殊夹心结构的茂金属配合物也是一类很重要的金属有机化合物，其中最具代表性的就是二茂铁。在二茂铁结构中，环戊二烯基 $C_5H_5^-$ 为平面五元环结构，5 个 C 原子的 2p 轨道重叠形成 Π_5^6 键，2 个 $C_5H_5^-$ 各提供 6 个电子与铁配位，并将其夹在中间。二茂铁结构中没有未成对电子，因此属于反磁性物质。二茂铁不溶于水，易溶于乙醚、苯、乙醇等有机溶剂中，是典型的共价化合物。二茂铁中的茂环具有一定的芳香性，因此在茂环上可以发生一些类似于苯的反应，如烷基化反应、酰基化反应、酯化反应等。二茂铁等茂金属配合物可以通过先将环戊二烯与 Na 或 NaOH 在四氢呋喃中反应生成环戊二烯基钠，再将环戊二烯基钠与过渡金属盐反应而制得，或由格氏试剂 C_5H_5MgBr 与 $FeCl_2$ 反应制得。

$$2Na(C_5H_5) + Fe^{2+} = (C_5H_5)_2Fe + 2Na^+$$

$$2C_5H_5MgBr + FeCl_2 = (C_5H_5)_2Fe + MgBr_2 + MgCl_2$$

(三) 铂系元素

1. 铂系元素的单质

铂族元素的价电子构型分别为 $Ru(4d^75s^1)$、$Rh(4d^85s^1)$、$Pd(4d^{10}5s^0)$、$Os(5d^66s^2)$、$Ir(5d^76s^2)$、$Pt(5d^96s^1)$。受镧系收缩的影响，铂系元素的原子半径相差不大，价层电子能量相差不大，在性质上有很多相似之处。铂系元素在地壳中的储量很少，稳定性也很高，在自然界几乎完全以单质状态存在。

铂系元素除锇为蓝灰色外，其余都是银白色，密度都很大，都是难熔的金属，在同一周期中，熔点从左至右逐渐降低。

铂系元素的化学稳定性非常高，常温下，与 O、S、Cl 等非金属元素不起作用。铂系元素对酸的稳定性比其他各族金属都高。Pd 能溶于硝酸和热硫酸中，Pd 和 Pt 都溶于王水，而 Ru、Os、Rh、Ir 不但不溶于普通强酸，甚至也不溶于王水。

$$Pd + 4HNO_3(浓) = Pd(NO_3)_2 + 2NO_2\uparrow + 2H_2O$$

$$3Pt + 4HNO_3 + 18HCl = 3H_2[PtCl_6] + 4NO\uparrow + 8H_2O$$

铂系元素的单质及其化合物是非常重要且常用的催化剂，催化活性高。

2. 铂系元素的重要化合物

1) 氧化物

常温下，铂系元素对氧很稳定，在高温或者炽热的空气中会发生氧化，生成相应的氧化物。铂系元素的氧化物主要有 RuO_2、RuO_4、Rh_2O_3、RhO_2、PdO、OsO_2、OsO_4、IrO_2、PtO_2 等。其中，RuO_4 和 OsO_4 为共价型化合物，四面体结构，微溶于水，易溶于 CCl_4，利用它们的挥发性，可以将钌和锇与其他铂系金属分开。RuO_4 和 OsO_4 的蒸气都有特殊的臭味，且有毒。RuO_4 和 OsO_4 均是强氧化剂，OsO_4 在有机合成中可用作氧化剂。它们均能与强碱作用。

$$2RuO_4 + 4OH^- = 2[RuO_4]^{2-} + 2H_2O + O_2$$

2) 卤化物

铂系元素的卤化物种类繁多，其中以氟化物数量最多、氧化数最高。高氧化数的氟化物比较稳定，其他卤化物趋于形成低氧化数卤化物。

除 Pd 外，其他铂系元素的六氟化物 MF_6 都是已知的，其中以 PtF_6 研究得最多。PtF_6 是目前已知的化合物中最强的氧化剂之一，它可以氧化 O_2 生成 $O_2^+[PtF_6]^-$，也能将 Xe 氧化成 $Xe[PtF_6]$。

五氟化物，如 OsF_5、PtF_5 等通常为四聚体结构，金属原子的配位数为 6，八面体构型，金属原子通过氟原子桥连。

所有铂系元素都能生成四卤化物。四氟化物遇水后激烈地水解。

大多数三卤化物可由单质直接合成，或者从溶液中以沉淀析出。

二卤化物以 Pt 和 Pd 居多。在红热的条件下，将 Pd 直接氯化得 $PdCl_2$。$PdCl_2$ 容易被甲醛等还原成金属 Pd。利用 $PdCl_2$ 与 CO 作用生成黑色金属 Pd 的反应可以鉴定 CO 的存在，并估算 CO 的含量。$PtCl_2$ 通常用 $PtCl_4$ 热分解制得。$PdCl_2$ 和 $PtCl_2$ 可溶解在盐酸中分别形成 $H_2[PdCl_4]$和 $H_2[PtCl_4]$。

3) 配合物

铂系元素与铁系元素一样可形成很多配合物。Pd(Ⅱ)、Pt(Ⅱ)、Rh(Ⅰ)、Ir(Ⅰ)等 d^8 构型离子与强场配体通常形成反磁性的平面四边形配合物。这些平面四边形配合物配位不饱和，在适当的条件下，可在 z 轴方向加入配体，使配合物的配位数发生改变，形成配位数为 6 的八面体结构，有时其氧化态也会变化。这种配位数、氧化态的变化，有可能使分子活化，这是目前对许多均相催化剂反应机理的一种解释。

(1) 卤素配合物。

大多数铂系元素都能生成卤素配合物，其中最常见的是氯的配合物。例如，红色的 $H_2[PdCl_6]$、橙红色的 $H_2[PtCl_6]$及其盐是很重要的铂系金属配合物。

在 Pt(Ⅳ)化合物中加碱，可以得到两性的氢氧化铂[$Pt(OH)_4$]。它溶于盐酸得 $H_2[PtCl_6]$，溶于碱得铂酸盐。

$$PtCl_4 + 4NaOH = Pt(OH)_4 + 4NaCl$$

$$Pt(OH)_4 + 6HCl = H_2[PtCl_6] + 4H_2O$$

$$Pt(OH)_4 + 2NaOH = Na_2[Pt(OH)_6]$$

将氯化铵或氯化钾加到 $H_2[PtCl_6]$中，生成难溶的氯铂酸铵或氯铂酸钾。

$$H_2[PtCl_6] + 2NH_4Cl = (NH_4)_2[PtCl_6]\downarrow + 2HCl$$

$$H_2[PtCl_6] + 2KCl = K_2[PtCl_6]\downarrow + 2HCl$$

氯铂酸铵不稳定，加热分解得海绵状铂。此反应可用于铂系金属的提纯。

$$(NH_4)_2[PtCl_6] \xlongequal{\triangle} Pt + 2NH_4Cl + 2Cl_2$$

用草酸钾、二氧化硫等还原剂与氯铂酸盐反应可生成氯亚铂酸盐。

$$K_2[PtCl_6] + K_2C_2O_4 = K_2[PtCl_4] + 2KCl + 2CO_2$$

(2) 氨配合物。

铂系元素最重要的氨配合物为$[Pt(NH_3)_2Cl_2]$，其结构为平面四边形。$[Pt(NH_3)_2Cl_2]$有顺式(*cis*-)和反式(*trans*-)两种几何异构体，它们可通过颜色、溶解度和偶极矩的差别进行区分，还可以利用与硫脲的反应予以区分。顺式异构体生成黄色的氯化四硫脲合铂(Ⅱ)晶体，反式异构体生成无色的氯化二氯二硫脲合铂(Ⅱ)晶体。另外，也可以通过测定它们的红外光谱进行鉴定。

(3) 其他配合物。

铂系元素可以与 CO 形成羰基化合物，如$[Pd(CO)_4]$、$[Ru(CO)_5]$、$[Os(CO)_5]$、$[Rh_2(CO)_8]$、$[Os_2(CO)_9]$等。这些羰基化合物除 Ru、Os 的单核羰基化合物为液体外，其余羰基化合物均为固体。固体羰基化合物的熔点低、易升华，都是典型的共价化合物，多数易溶于非极性溶剂，受热易分解为金属和一氧化碳。大多数羰基化合物是反磁性的。利用羰基化合物加热分解的性质可以制备纯金属。

1827 年，蔡斯将乙烯通入 $K_2[PtCl_4]$ 的稀盐酸溶液中，再用乙醚萃取制得了第一个金属不饱和烃配合物——$K[PtCl_3(C_2H_4)]\cdot H_2O$，俗称蔡斯盐。

$$[PtCl_4]^{2-} + C_2H_4 \Longrightarrow [PtCl_3(C_2H_4)]^- + Cl^-$$

X 射线分析证明，$[PtCl_3(C_2H_4)]^-$ 为平面四边形构型(图 20-1)，3 个 Cl^- 和中心离子 Pt^{2+} 处于同一个平面，该平面与 C_2H_4 的 C═C 键垂直，C_2H_4 的两个 C 原子和 Pt^{2+} 保持等距离。

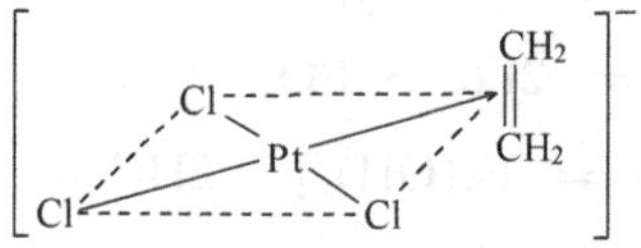

图 20-1 $[PtCl_3(C_2H_4)]^-$ 的结构

在 $[PtCl_3(C_2H_4)]^-$ 中，中心离子 Pt^{2+} 采取 dsp^2 杂化接受 3 个 Cl^- 的 3 对孤对电子和乙烯的 π 电子形成 4 个 σ 配键；同时 Pt^{2+} 未参与杂化、充满电子的 d 轨道和乙烯的 π^* 反键空轨道重叠形成反馈 π 键。这种结构在稳定配合物的同时也削弱了乙烯分子中的 C═C 键，使得乙烯分子活化，有利于乙烯被氧化为乙醛。

三、习题解析

20-1 完成并配平下列方程式。

(1) $FeSO_4 + Br_2 + H_2SO_4 \longrightarrow$

(2) $FeCl_3 + H_2S \longrightarrow$

(3) $FeCl_3 + KI \longrightarrow$

(4) $Fe(OH)_3 + KClO_3 + KOH \longrightarrow$

(5) $Co(OH)_2 + H_2O_2 \longrightarrow$

(6) $Co_2O_3 + HCl \longrightarrow$

(7) $K_4[Co(CN)_6] + O_2 + H_2O \longrightarrow$

(8) $Ni(OH)_2 + Br_2 \longrightarrow$

(9) $Ni^{2+} + HCO_3^- \longrightarrow$

(10) $Ni^{2+} + NH_3$(过量)$\longrightarrow$

(11) 将 SO_2 通入 $FeCl_3$ 溶液中。

(12) 向硫酸亚铁溶液中加入 Na_2CO_3 后滴加碘水。

(13) 硫酸亚铁溶液与赤血盐混合。

(14) 过量氯水滴入 FeI_2 溶液中。

(15) 硫酸亚铁受热分解。

(16) 用浓硫酸处理 $Co(OH)_3$。

(17) 向 $K_4[Co(CN)_6]$ 晶体滴加水。

(18) 向 $CoCl_2$ 和溴水的混合溶液中滴加 NaOH 溶液。

(19) 弱酸性条件下向 $CoSO_4$ 溶液中滴加饱和 KNO_2 溶液。

(20) 碱性条件下向 $NiSO_4$ 溶液中加入 NaClO 溶液。

(21) $Ni(OH)_3$ 在煤气灯上灼烧。

(22) 铂溶于王水。

(23) 将一氧化碳通入 $PdCl_2$ 溶液。

(24) 向黄血盐溶液中滴加碘水。

答 (1) $2FeSO_4 + Br_2 + H_2SO_4 \Longrightarrow Fe_2(SO_4)_3 + 2HBr$

(2) $2FeCl_3 + H_2S \Longrightarrow 2FeCl_2 + S\downarrow + 2HCl$

(3) $2FeCl_3 + 2KI \Longrightarrow 2FeCl_2 + I_2 + 2KCl$

(4) $2Fe(OH)_3 + KClO_3 + 4KOH \Longrightarrow 2K_2FeO_4 + KCl + 5H_2O$

(5) $2Co(OH)_2 + H_2O_2 \xlongequal{} 2Co(OH)_3\downarrow$

(6) $Co_2O_3 + 6HCl \xlongequal{} 2CoCl_2 + Cl_2\uparrow + 3H_2O$

(7) $4K_4[Co(CN)_6] + O_2 + 2H_2O \xlongequal{} 4K_3[Co(CN)_6] + 4KOH$

(8) $2Ni(OH)_2 + Br_2 + 2OH^- \xlongequal{} 2Ni(OH)_3\downarrow + 2Br^-$

(9) $Ni^{2+} + 2HCO_3^- \xlongequal{} NiCO_3\downarrow + CO_2\uparrow + H_2O$

(10) $Ni^{2+} + 6NH_3$(过量) $\xlongequal{} [Ni(NH_3)_6]^{2+}$

(11) $2Fe^{3+} + SO_2 + 2H_2O \xlongequal{} 2Fe^{2+} + SO_4^{2-} + 4H^+$

(12) $Fe^{2+} + 2CO_3^{2-} + 2H_2O \xlongequal{} Fe(OH)_2\downarrow + 2HCO_3^-$

$2Fe(OH)_2 + 2CO_3^{2-} + I_2 + 2H_2O \xlongequal{} 2Fe(OH)_3\downarrow + 2I^- + 2HCO_3^-$

(13) $Fe^{2+} + [Fe(CN)_6]^{3-} + K^+ \xlongequal{} KFe[Fe(CN)_6]\downarrow$ (普鲁士蓝)

(14) $2FeI_2 + 13Cl_2 + 12H_2O \xlongequal{} 2FeCl_3 + 4HIO_3 + 20HCl$

(15) $2FeSO_4 \cdot 7H_2O \xlongequal{\triangle} Fe_2O_3 + SO_2\uparrow + SO_3\uparrow + 14H_2O$

(16) $2Co(OH)_3 + 3H_2SO_4 \xlongequal{} Co_2(SO_4)_3 + 6H_2O$

(17) $4K_4[Co(CN)_6] + O_2 + 2H_2O \xlongequal{} 4K_3[Co(CN)_6] + 4KOH$

(18) $2Co^{2+} + Br_2 + 6OH^- \xlongequal{} 2Co(OH)_3\downarrow + 2Br^-$

(19) $Co^{2+} + NO_2^- + 2H^+ \xlongequal{} Co^{3+} + NO\uparrow + H_2O$

(20) $2Ni^{2+} + ClO^- + 4OH^- \xlongequal{} 2NiO(OH)\downarrow + Cl^- + H_2O$

(21) $4Ni(OH)_3 \xlongequal{\text{灼烧}} 4NiO + O_2\uparrow + 6H_2O$

(22) $3Pt + 4HNO_3 + 18HCl \xlongequal{} 3H_2PtCl_6 + 4NO\uparrow + 8H_2O$

(23) $CO + PdCl_2 \cdot 2H_2O \xlongequal{} CO_2\uparrow + Pd\downarrow + 2HCl + H_2O$

(24) $2K_4[Fe(CN)_6] + I_2 \xlongequal{} 2KI + 2K_3[Fe(CN)_6]$

20-2 解释现象，写出相应的反应方程式。

(1) 向 $FeCl_3$ 溶液中加入 Na_2CO_3 时生成 $Fe(OH)_3$ 沉淀而得不到 $Fe_2(CO_3)_3$。

(2) I_2 不能氧化 $FeCl_2$ 溶液中的 Fe(Ⅱ)，但是在 KCN 存在下 I_2 却能氧化 Fe(Ⅱ)。

(3) 在含有 Fe(Ⅲ)的溶液中加入氨水，得不到 Fe(Ⅲ)的氨合物。

(4) 在 Fe^{3+} 的溶液中加入 KSCN 时出现血红色，若再加入少许铁粉或 NH_4F 固体则血红色消失。

(5) $Co_2(SO_4)_3$ 溶于水。

(6) $K_4[Co(CN)_6]$ 溶于水。

(7) 向硫酸铁溶液中依次加入适量的 HCl、NH_4SCN、NH_4F。

答 (1) Na_2CO_3 溶液中 CO_3^{2-} 水解产生 OH^- 使 $FeCl_3$ 水解，生成 $Fe(OH)_3$ 沉淀。反应方程式如下：$Fe^{3+} + 3CO_3^{2-} + 3H_2O \xlongequal{} Fe(OH)_3\downarrow + 3HCO_3^-$。

(2) 因为 $FeCl_2$ 与 KCN 反应可以生成黄血盐，当加入 I_2 时，由于生成 $K_3[Fe(CN)_6]$，使 Fe^{3+}/Fe^{2+} 电对电极电势降低，可以逐步将黄血盐氧化，反应方程式如下：

$$Fe^{2+} + 6CN^- \xlongequal{} [Fe(CN)_6]^{4-}$$

$$2K_4[Fe(CN)_6] + I_2 \xlongequal{} 2KI + 2K_3[Fe(CN)_6]$$

(3) $$Fe^{3+} + 3OH^- \xlongequal{} Fe(OH)_3\downarrow$$

(4) $$Fe^{3+} + nSCN^- \xlongequal{} [Fe(NCS)_n]^{3-n}\text{(血红色)}$$

加入 Fe 粉，$2Fe^{3+} + Fe \xlongequal{} 3Fe^{2+}$，则血红色消失。

加入 NH_4F 固体，$[Fe(NCS)_n]^{3-n} + 6F^- \longrightarrow [FeF_6]^{3-} + nSCN^-$，血红色消失。

(5) $$2Co_2(SO_4)_3 + 2H_2O \longrightarrow 2H_2SO_4 + 4CoSO_4 + O_2$$

(6) $$2K_4[Co(CN)_6] + 2H_2O \longrightarrow 2K_3[Co(CN)_6] + 2KOH + H_2$$

(7) $$Fe^{3+} + H_2O \longrightarrow [Fe(OH)]^{2+} + H^+$$

$$Fe^{3+} + nSCN^- \longrightarrow [Fe(NCS)_n]^{3-n}$$

$$[Fe(NCS)_n]^{3-n} + 6F^- \longrightarrow [FeF_6]^{3-} + nSCN^-$$

20-3 写出以下过程的反应式：将 $[Ni(NH_3)_6]SO_4$ 溶液水浴加热一段时间再加氨水。

答
$$[Ni(NH_3)_6]^{2+} \xrightarrow{\triangle} Ni^{2+} + 6NH_3$$

$$Ni^{2+} + 6NH_3 \xrightarrow{\triangle} [Ni(NH_3)_6]^{2+}$$

20-4 设计一个分离 Fe^{3+}、Al^{3+}、Cr^{3+}、Ni^{2+} 的方案。

答

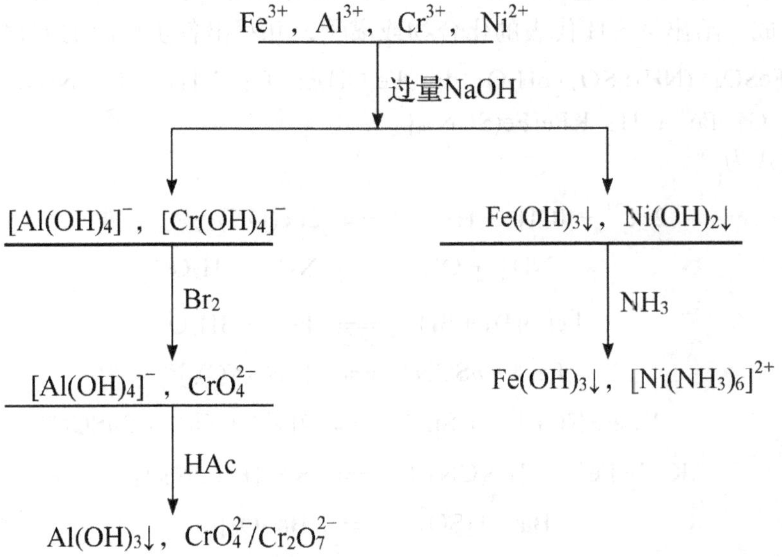

20-5 $K_4[Fe(CN)_6]$ 可用 $FeSO_4$ 与 KCN 直接在溶液中制备，但 $K_3[Fe(CN)_6]$ 不能由 $Fe_2(SO_4)_3$ 和 KCN 直接在水溶液中制备，为什么？应如何制备 $K_3[Fe(CN)_6]$？

答 $K_4[Fe(CN)_6]$ 可由 Fe^{2+} 与 KCN 直接在水溶液中制备：

$$4K^+ + Fe^{2+} + 6CN^- \longrightarrow K_4[Fe(CN)_6]$$

但 $K_3[Fe(CN)_6]$ 不能由 Fe^{3+} 与 KCN 直接在水溶液中制备，是因为 Fe^{3+} 能将 CN^- 氧化，并有杂质 $K_4[Fe(CN)_6]$ 生成。

$$2Fe^{3+} + 2CN^- \longrightarrow 2Fe^{2+} + (CN)_2$$

$$Fe^{2+} + 6CN^- + 4K^+ \longrightarrow K_4[Fe(CN)_6]$$

正确的制备 $K_3[Fe(CN)_6]$ 的方法是将 $K_4[Fe(CN)_6]$ 氧化：

$$2K_4[Fe(CN)_6] + H_2O_2 \longrightarrow 2K_3[Fe(CN)_6] + 2KOH$$

20-6 某氧化物 A，溶于浓盐酸得溶液 B 和气体 C，C 通入 KI 溶液后用 CCl_4 萃取生成物，CCl_4 层呈现紫色。B 加入 KOH 溶液后析出桃红色沉淀。B 遇过量氨水，得不到沉淀而得到土黄色溶液，放置变为红褐色。B 中加入 KSCN 及少量丙酮时成蓝色溶液。A 是哪种氧化物？写出有关反应式。

答 A：Co_2O_3；B：$CoCl_2$；C：Cl_2。

相关反应式为

$$Co_2O_3 + 6HCl(浓) = 2CoCl_2\downarrow + 3H_2O + Cl_2\uparrow$$

$$Cl_2 + 2KI = 2KCl + I_2$$

$$CoCl_2 + 2KOH = Co(OH)_2 + 2KCl$$

$$CoCl_2 + 6NH_3\cdot H_2O = [Co(NH_3)_6]Cl_2 + 6H_2O$$

$$4[Co(NH_3)_6]Cl_2 + O_2 + 2H_2O = 4[Co(NH_3)_6](OH)Cl_2$$

$$CoCl_2 + 4KSCN = K_2[Co(SCN)_4] + 2KCl$$

20-7 将浅蓝绿色晶体 A 溶于水后加入氢氧化钠溶液和 H_2O_2 并微热，得到棕色沉淀 B 和溶液 C。B 和 C 分离后将溶液 C 加热有碱性气体 D 放出。B 溶于盐酸得黄色溶液 E。向 E 中加入 KSCN 溶液有红色的 F 生成。向 F 中滴加 $SnCl_2$ 溶液则红色褪去，F 转化为 G。向 G 中滴加赤血盐溶液有蓝色沉淀 H 生成。向 A 的水溶液中滴加 $BaCl_2$ 溶液有不溶于硝酸的白色沉淀生成。给出 A～H 代表的化合物或离子，并写出各步反应的方程式。

答 A：$FeSO_4\cdot(NH_4)_2SO_4\cdot 6H_2O$；B：$Fe(OH)_3$；C：$NH_4^+$；D：$NH_3$；E：$Fe^{3+}$；F：$[Fe(SCN)_n]^{3-n}$；G：$Fe^{2+}$；H：$KFe[Fe(SCN)_6]$。

相关反应式为

$$2Fe^{2+} + 4OH^- + H_2O_2 = 2Fe(OH)_3\downarrow$$

$$NH_4^+ + OH^- = NH_3\uparrow + H_2O$$

$$Fe(OH)_3 + 3H^+ = Fe^{3+} + 3H_2O$$

$$Fe^{3+} + nSCN^- = [Fe(SNC)_n]^{3-n}$$

$$2[Fe(SNC)_n]^{3-n} + Sn^{2+} = 2Fe^{2+} + Sn^{4+} + 2nSCN^-$$

$$K^+ + Fe^{2+} + [Fe(CN)_6]^{3-} = KFe[Fe(CN)_6]\downarrow$$

$$Ba^{2+} + SO_4^{2-} = BaSO_4\downarrow$$

20-8 蓝色化合物 A 溶于水得粉红色溶液 B。向 B 中加入过量氢氧化钠溶液得粉红色沉淀 C。用次氯酸钠溶液处理 C 转化为黑色沉淀 D，洗涤、过滤后将 D 与浓盐酸作用得蓝色溶液 E。将 E 用水稀释后又得到粉红色溶液 B。写出 A、B、C、D、E 所代表的物质，写出相应的反应方程式。

答 A：$CoCl_2$；B：$CoCl_2\cdot 6H_2O$；C：$\left[Co(OH)_4\right]^{2-}$；D：$Co(OH)_3$；E：$CoCl_2$。

相关反应式为

$$CoCl_2 + 6H_2O = CoCl_2\cdot 6H_2O$$

$$CoCl_2\cdot 6H_2O + 2NaOH = Co(OH)_2\downarrow + 2NaCl + 6H_2O$$

$$2Co(OH)_2 + NaClO + H_2O = 2Co(OH)_3\downarrow + NaCl$$

$$2Co(OH)_3 + 6HCl = 2CoCl_2 + 6H_2O + Cl_2\uparrow$$

20-9 混合溶液 A 为紫红色。向 A 中加入浓盐酸并微热得到蓝色溶液 B 和气体 C。向 A 中加入 NaOH 溶液则得到棕黑色沉淀 D 和绿色溶液 E。向 A 中通入过量二氧化硫则溶液最后变为粉红色溶液 F。向 F 中加入过量氨水得到白色沉淀 G 和棕黄色溶液 H。G 在空气中缓慢转变为棕黑色沉淀。将 D 与 G 混合后加入硫酸又得到溶液 A。A～H 各为哪种化合物或离子？给出相关的反应方程式。

答 A：Co^{2+}/MnO_4^-；B：$CoCl_4^{2-}$和 Mn^{2+}；C：Cl_2；D：$Co(OH)_3$；E：MnO_4^{2-}；F：Co^{2+}和 Mn^{2+}；G：$Mn(OH)_2$；H：$[Co(NH_3)_6]^{2+}$。

相关反应式为

$$2MnO_4^- + 16HCl = 2Mn^{2+} + 5Cl_2\uparrow + 8H_2O + 6Cl^-$$

$$Co^{2+} + 4Cl^- = CoCl_4^{2-}$$

$$Co^{2+} + 2OH^- = Co(OH)_2\downarrow$$

$$MnO_4^- + Co(OH)_2 + OH^- = MnO_4^{2-} + Co(OH)_3$$

$$2MnO_4^- + 5SO_2 + 4OH^- = 5SO_4^{2-} + 2Mn^{2+} + 2H_2O$$

$$Mn^{2+} + 2NH_3\cdot H_2O = Mn(OH)_2\downarrow + 2NH_3 + 2H^+$$

$$Co^{2+} + 6NH_3\cdot H_2O = [Co(NH_3)_6]^{2+} + 6H_2O$$

$$4[Co(NH_3)_6]^{2+} + O_2 + 2H_2O = 4[Co(NH_3)_6]^{3+} + 4OH^-$$

$$Mn(OH)_2 + O_2 = MnO(OH)_2\downarrow$$

20-10 已知：

$[Fe(bipy)_3]^{3+} + e^- \rightleftharpoons [Fe(bipy)_3]^{2+}$，$E^\ominus = 1.03V$；$K_f^\ominus([Fe(bipy)_3]^{3+}) = 1.82\times10^{14}$，求：$K_f^\ominus([Fe(bipy)_3]^{2+})$，并比较两个配合物的稳定性。

解 将电对 Fe^{3+}/Fe^{2+}和电对$[Fe(bipy)_3]^{3+}/[Fe(bipy)_3]^{2+}$组成原电池。电对 Fe^{3+}/Fe^{2+}为原电池的负极，电对$[Fe(bipy)_3]^{3+}/[Fe(bipy)_3]^{2+}$为原电池的正极。根据能斯特方程式，各电对的电极电势分别为

$$E(Fe^{3+}/Fe^{2+}) = E^\ominus(Fe^{3+}/Fe^{2+}) - \frac{0.0592}{n}\lg\frac{c(Fe^{2+})}{c(Fe^{3+})}$$

$$E([Fe(bipy)_3]^{3+}/[Fe(bipy)_3]^{2+}) = E^\ominus([Fe(bipy)_3]^{3+}/[Fe(bipy)_3]^{2+}) - \frac{0.0592}{n}\lg\frac{c([Fe(bipy)_3]^{2+})}{c([Fe(bipy)_3]^{3+})}$$

当反应达到平衡时，原电池电动势 $E=0$，即

$$E([Fe(bipy)_3]^{3+}/[Fe(bipy)_3]^{2+}) = E(Fe^{3+}/Fe^{2+})$$

$$E^\ominus(Fe^{3+}/Fe^{2+}) - \frac{0.0592}{n}\lg\frac{c(Fe^{2+})}{c(Fe^{3+})} = E^\ominus([Fe(bipy)_3]^{3+}/[Fe(bipy)_3]^{2+}) - \frac{0.0592}{n}\lg\frac{c([Fe(bipy)_3]^{2+})}{c([Fe(bipy)_3]^{3+})}$$

$$\begin{aligned}E^\ominus([Fe(bipy)_3]^{3+}/[Fe(bipy)_3]^{2+}) &= E^\ominus(Fe^{3+}/Fe^{2+}) - \frac{0.0592}{n}\lg\frac{c(Fe^{2+})}{c(Fe^{3+})} + \frac{0.0592}{n}\lg\frac{c([Fe(bipy)_3]^{2+})}{c([Fe(bipy)_3]^{3+})}\\ &= E^\ominus(Fe^{3+}/Fe^{2+}) - \frac{0.0592}{n}\lg\frac{c(Fe^{2+})}{c(Fe^{3+})}\times\frac{c([Fe(bipy)_3]^{3+})}{c([Fe(bipy)_3]^{2+})}\\ &= E^\ominus(Fe^{3+}/Fe^{2+}) - \frac{0.0592}{n}\lg\frac{K_f^\ominus([Fe(bipy)_3]^{3+})}{K_f^\ominus([Fe(bipy)_3]^{2+})}\end{aligned}$$

$$1.03 = 0.771 - \frac{0.0592}{1}\lg\frac{1.82\times10^{14}}{K_f^{\ominus}([Fe(bipy)_3]^{2+})}$$

$$K_f^{\ominus}([Fe(bipy)_3]^{2+}) = 4.32\times10^{18}$$

$K_f^{\ominus}([Fe(bipy)_3]^{2+})$为 4.32×10^{18}，因为 $K_f^{\ominus}([Fe(bipy)_3]^{2+}) > K_f^{\ominus}([Fe(bipy)_3]^{3+})$，所以配合物$[Fe(bipy)_3]^{2+}$性质比较稳定。

20-11 已知反应：

$$Co^{2+} + 6NH_3 \rightleftharpoons [Co(NH_3)_6]^{2+} \qquad K^{\ominus} = 1.3\times10^5$$

$$Co^{3+} + 6NH_3 \rightleftharpoons [Co(NH_3)_6]^{3+} \qquad K^{\ominus} = 1.6\times10^{35}$$

$$Co^{3+} + e^- \rightleftharpoons Co^{2+} \qquad E^{\ominus}(Co^{3+}/Co^{2+}) = 1.808V$$

求反应：$[Co(NH_3)_6]^{3+} + e^- \rightleftharpoons [Co(NH_3)_6]^{2+}$的标准电极电势 $E^{\ominus}$。

解 $E^{\ominus}([Co(NH_3)_6]^{3+}/[Co(NH_3)_6]^{2+}) = E^{\ominus}(Co^{3+}/Co^{2+}) - 0.0592\lg[c(Co^{2+})/c(Co^{3+})]$

$= 1.808 + 0.0592\lg\{K_f^{\ominus}([Co(NH_3)_6]^{2+})/K_f^{\ominus}([Co(NH_3)_6]^{3+}\}$

$= 1.808 + 0.0592\lg[(1.29\times10^5)/(1.58\times10^{35})]$

$= 0.027$ (V)

四、水 平 测 试

1. 填空题(每空 1 分，共 20 分)

(1) 通 H_2S 入 $FeCl_3$ 溶液中将得到_________色的沉淀，此过程的化学反应方程式为_________。

(2) 既可以用来鉴定 Fe^{3+}，也可以用来鉴定 Co^{2+}的试剂是_________，当 Fe^{3+}存在时，将干扰 Co^{2+}的鉴定，需加入_________生成_________而将 Fe^{3+}掩蔽。

(3) 实验室中使用的变色硅胶中含有少量的_________。烘干后的硅胶呈_________色，吸水后的硅胶呈现_________色。

(4) Fe、Co、Ni 单质的熔点从左至右依次_________，其原因是_________。

(5) 向 $NiSO_4$和 $CoSO_4$溶液中各加入过量 KCN 溶液，将分别生成_________和_________；后者放置或微热逐渐转化成_________。

(6) $FeCl_3$ 的蒸气中含有_________分子，结构中含有_________键。$FeCl_3$_________溶于有机溶剂。

(7) *为了不引入杂质，将 $FeCl_2$ 氧化为 $FeCl_3$ 可以用_________、_________或_________作氧化剂，而将 Fe^{3+}还原为 Fe^{2+}则可以用_________作还原剂。

2. 是非题(用“√”、“×”表示对、错并填入括号中，每小题 1 分，共 10 分)

(　) (1) 第Ⅷ族元素的性质递变关系中，其水平的相似性大于垂直的相似性。

(　) (2) 铁系元素和铂系元素同处于第Ⅷ族，所以它们的价电子构型都相同。

(　) (3) 用氢氧化钠熔融法分解矿石时最适合选用镍坩埚。

(　) (4) 通常观察到 $FeCl_3$ 水溶液呈黄色，这并不是$[Fe(H_2O)_6]^{3+}$的真正颜色，而是 Fe^{3+}离子水解产物的颜色。

(　)(5) Fe_2O_3 属于成盐氧化物，所以赤铁矿可用酸溶解以进行含铁量的测定。

(　)(6) 丁二酮肟鉴定 Ni^{2+} 的反应需要在酸性条件下进行。

(　)(7) 在金属单质中，密度最大的是锇。

(　)(8) *在水溶液中，Fe^{3+} 的稳定性高于 Fe^{2+}。

(　)(9) *Fe^{3+} 与 CN^- 反应生成可溶的 $[Fe(CN)_6]^{4-}$，因此可以选择 KCN 除去织物上的铁锈。

(　)(10) *铂化学稳定性高且耐高温，所有反应都能在铂制容器中进行。

3. 选择题[每小题2分，共30分，其中第(2)、(10)小题为多选，其余为单选]

(1) 向可溶性铁(Ⅲ)盐溶液中加入氨水后主要生成物是(　)。

A. $Fe(OH)_3$　B. $[Fe(NH_3)_3(H_2O)_3]^{3+}$

C. $[Fe(OH)_6]^{3-}$　D. $[Fe(NH_3)_6]^{3+}$

(2) 可用来检验 Fe^{3+} 的试剂是(　)。

A. NH_4SCN　B. KI　C. $K_4[Fe(CN)_6]$　D. NH_3

(3) 下列物质中不易被空气中的 O_2 氧化的是(　)。

A. $Mn(OH)_2$　B. $Ni(OH)_2$　C. $Fe(OH)_2$　D. $[Co(NH_3)_6]^{2+}$

(4) 下列物质中，与浓盐酸作用不产生 Cl_2 的是(　)。

A. V_2O_5　B. MnO_2　C. Fe_2O_3　D. Co_2O_3

(5) 下列气体中能用 $PdCl_2$ 稀溶液检验的是(　)。

A. O_3　B. CO　C. CO_2　D. Cl_2

(6) 下列物质在溶液中不能大量共存的是(　)。

A. $[Fe(CN)_6]^{3-}$ 和 OH^-　B. $[Fe(CN)_6]^{3-}$ 和 I^-

C. $[Fe(CN)_6]^{4-}$ 和 I_2　D. Fe^{3+} 和 Br^-

(7) 下列物质中，可用于治疗癌症的含铂药物是(　)。

A. $PtCl_4$　B. 反 - $[Pt(NH_3)_2Cl_2]$

C. H_2PtCl_6　D. 顺 - $[Pt(NH_3)_2Cl_2]$

(8) 配制标准的 Fe^{2+} 溶液，最合适的方法是(　)。

A. 铁钉溶于稀酸　B. 硫酸亚铁铵溶于水

C. $FeCl_2$ 溶于水　D. $FeCl_3$ 溶液与铁屑反应

(9) 下列试剂中可用于鉴定 Ni^{2+} 存在的是(　)。

A. 二苯硫腙　B. 丁二酮肟　C. 二苯基联苯胺　D. 硫脲

(10) 下列物质与浓盐酸反应，能生成黄绿色气体的是(　)。

A. $Fe(OH)_3$　B. $Co(OH)_3$　C. $Ni(OH)_3$　D. Fe_2O_3

(11) 下列金属中，吸收氢气能力最大的是(　)。

A. Rh　B. Pd　C. Os　D. Pt

(12) *下列试剂中能将 Fe^{3+} 从 Al^{3+} 溶液中分离出来的是(　)。

A. NaOH　B. $NH_3 \cdot H_2O$　C. H_2S　D. KSCN

(13) *下列关于 $[Fe(H_2O)_6]^{2+}$ 的描述正确的是(　)。

A. d^2sp^3 杂化，顺磁性　B. d^2sp^3 杂化，反磁性

C. sp^3d^2 杂化，顺磁性　D. sp^3d^2 杂化，反磁性

(14) *下列物质中，熔点最低的是(　)。

A. Fe　B. $FeCl_3$　C. $FeCl_2$　D. FeO

(15) *将 Fe、Cu 与 $FeCl_2$、$FeCl_3$、$CuCl_2$、$AgNO_3$ 的溶液放在同一容器内，反应结束后铁有剩余，则容器内可能还有(　　)。

A. Cu、Fe^{3+}　　B. Cu、Fe^{2+}

C. Fe^{2+}、Fe^{3+}　　D. Cu、Cu^{2+}

4. 推断题(每小题 5 分，共 10 分)

(1) 某氧化物 A，溶于浓盐酸得溶液 B 和气体 C。C 通入 KI 溶液后用 CCl_4 萃取生成物，CCl_4 层出现紫色。溶液 B 加入 KOH 溶液后析出粉红色沉淀。若溶液 B 加入过量氨水，得不到沉淀而得土黄色溶液 D，D 溶液经放置后变为红褐色溶液 E。若溶液 B 中加入 KSCN 及少量丙酮，经振荡后在丙酮中呈现宝石蓝色 F 的溶液。试判断 A～F 各是什么物质。写出各步化学反应方程式。

(2) *金属 M 溶于稀盐酸时生成 MCl_2，其磁矩为 $5.0\mu_B$。在无氧操作条件下，MCl_2 溶液遇 NaOH 生成一白色沉淀 A。A 接触空气就逐渐变绿，最后变成棕色沉淀 B。灼烧时，B 生成了棕红色粉末 C，C 经不彻底还原而生成了铁磁性的黑色物质 D。B 溶于稀盐酸生成溶液 E，它使 KI 溶液氧化成 I_2，但在加入 KI 前先加入 NaF，则 KI 将不被 E 氧化。若向 B 的浓 NaOH 悬浮液中通入氯气，可得到一红色溶液 F，加入 $BaCl_2$ 时就会沉淀出红棕色固体 G，G 是一种强氧化剂。试确认各字母符号所代表的化合物。写出有关各步的化学反应方程式。

5. 简答题(每小题 5 分，共 30 分)

(1) 制备 $Fe(OH)_2$ 时，要除去试剂中的氧，试说明原因。

(2) *在水溶液中由 Fe^{3+} 和 KI 得不到 FeI_3，试说明原因。

(3) *铁、钴、镍的最高氧化态都没有达到各自的 3d 和 4s 电子数总和，试说明原因。

(4) *$[Co(NH_3)_6]^{3+}$ 和 Cl^- 能共存于同一溶液中，而 Co^{3+} 和 Cl^- 却不能共存于同一溶液中，试说明原因。

(5) *指出 $Ni(CO)_4$ 和 $[Ni(CN)_4]^{2-}$ 结构上的不同，但两者都是反磁性的，试用价键理论给予解释。

(6) **铂对氨氧化制 NO 有高度的催化活性，而钯对有机加氢反应有特殊的催化活性，它们这种差异主要与铂和钯的哪种性质有关?

参 考 答 案

1. 填空题(每空 1 分，共 20 分)

(1) 乳白色或黄，$2FeCl_3 + H_2S \xlongequal{\quad} S\downarrow + 2FeCl_2 + 2HCl$。

(2) KSCN，F^-，$[FeF_6]^{3-}$。

(3) $CoCl_2$，蓝，粉红。

(4) 降低；成单电子数依次减少，导致金属键依次减弱。

(5) $[Ni(CN)_4]^{2-}$、$[Co(CN)_6]^{4-}$，$[Co(CN)_6]^{3-}$。

(6) Fe_2Cl_6，氯桥，易。

(7) Cl_2，H_2O_2，O_3，Fe。

2. 是非题(用“√”、“×”表示对、错并填入括号中，每小题 1 分，共 10 分)

(1) (√)　(2) (×)　(3) (√)　(4) (√)　(5) (×)　(6) (×)　(7) (√)　(8) (√)　(9) (×)　(10) (×)

3. 选择题[每小题 2 分，共 30 分，其中第(2)、(10)小题为多选，其余为单选]

(1) (A)　(2) (AC)　(3) (B)　(4) (C)　(5) (B)　(6) (C)　(7) (D)　(8) (B)　(9) (B)　(10) (BC)　(11) (B)

(12) (A) (13) (C) (14) (B) (15) (B)

4. 推断题(每小题 5 分，共 10 分)

(1) A：Co_2O_3；B：$CoCl_2$；C：Cl_2；D：$[Co(NH_3)_6]^{2+}$；E：$[Co(NH_3)_6]^{3+}$；F：$[Co(NCS)_4]^{2-}$。

$$Co_2O_3 + 6HCl(浓) \xlongequal{} 2CoCl_2 + Cl_2\uparrow + 3H_2O$$

$$Cl_2 + 2KI \xlongequal{} I_2 + 2KCl$$

$$CoCl_2 + 2KOH \xlongequal{} Co(OH)_2\downarrow + 2KCl$$

$$CoCl_2 + 6NH_3 \xlongequal{} [Co(NH_3)_6]^{2+} + 2Cl^-$$

$$4[Co(NH_3)_6]^{2+} + O_2 + 2H_2O \xlongequal{} 4[Co(NH_3)_6]^{3+} + 4OH^-$$

$$Co^{2+} + 4SCN^- \xrightarrow{丙酮} [Co(NCS)_4]^{2-}$$

(2) A：$Fe(OH)_2$；B：$Fe(OH)_3$；C：Fe_2O_3；D：Fe_3O_4；E：$FeCl_3$；F：Na_2FeO_4；G：$BaFeO_4$。

$$Fe + 2HCl \xlongequal{} FeCl_2 + H_2\uparrow$$

$$FeCl_2 + 2NaOH \xlongequal{} Fe(OH)_2 + 2NaCl$$

$$4Fe(OH)_2 + O_2 + 2H_2O \xlongequal{} 4Fe(OH)_3$$

$$2Fe(OH)_3 \xrightarrow{\triangle} Fe_2O_3 + 3H_2O$$

$$Fe(OH)_3 + 3HCl \xlongequal{} FeCl_3 + 3H_2O$$

$$2FeCl_3 + 2KI \xlongequal{} 2FeCl_2 + I_2 + 2KCl$$

$$FeCl_3 + 6NaF \xlongequal{} Na_3FeF_6 + 3NaCl$$

$$2Fe(OH)_3 + 3Cl_2 + 10NaOH(浓) \xlongequal{} 2Na_2FeO_4 + 6NaCl + 8H_2O$$

$$Na_2FeO_4 + BaCl_2 \xlongequal{} BaFeO_4 + 2NaCl$$

5. 简答题(每小题 5 分，共 30 分)

(1) 因为 $Fe(OH)_2$ 易被氧气氧化。

(2) 因为 $E^\ominus(Fe^{3+}/Fe^{2+}) > E^\ominus(I_2/I^-)$，在水溶液中 Fe^{3+}将 I^-氧化，所以得不到 FeI_3。

(3) 由于随原子序数的增加，原子的有效核电荷增加，增强了核对 3d 电子的束缚作用，而且已配对的 d 电子处于比较稳定的状态下而不易失去。所以，铁、钴、镍的最高氧化态都没有达到各自的 3d 和 4s 电子数的总和。

(4) 因为 $E^\ominus(Co^{3+}/Co^{2+}) = 1.84\ V$，$E^\ominus(Cl_2/Cl^-) = 1.36\ V$，$Co^{3+}$有很强的氧化性，能够氧化 Cl^-，所以 Co^{3+}和 Cl^-不能共存于同一溶液中。在形成配合物后，因为$[Co(NH_3)_6]^{3+}$的稳定性远大于$[Co(NH_3)_6]^{2+}$的稳定性，所以 $E^\ominus([Co(NH_3)_6]^{3+}/[Co(NH_3)_6]^{2+}) = 0.1\ V$，即$[Co(NH_3)_6]^{3+}$的氧化能力很弱，已不能氧化 Cl^-，因为$[Co(NH_3)_6]^{3+}$和 Cl^-能共存于同一溶液中。

(5) $Ni(CO)_4$ 中 Ni 原子的电子构型为 $3d^{10}$，Ni 原子采取 sp^3 杂化轨道成键，$Ni(CO)_4$ 的空间构型为四面体形，Ni 原子中无成单电子，配合物为反磁性。

$[Ni(CN)_4]^{2-}$中 Ni^{2+}的电子构型为 $3d^8$，Ni^{2+}采取 dsp^2 杂化轨道成键，$[Ni(CN)_4]^{2-}$的空间构型为平面四边形，Ni^{2+}中无成单电子，配合物为反磁性。

(6) 它们这种差异主要与铂和钯对氧气和氢气的吸收能力不同有关。铂对氧吸收性大(450℃时 1 体积铂能吸收 70 体积氧气，而钯仅吸收 0.07 体积氧气)。但钯对氢吸收性大(室温下 1 体积钯吸收 700 体积以上氢气，铂吸收很少)。所以铂对氨氧化制 NO 有高度的催化活性，而钯对有机加氢反应有特殊的催化活性。

(中南大学 钱频)

第21章 铜副族和锌副族元素

一、学习目标

(1) 描述铜副族和锌副族元素的电子结构和通性，单质、氧化物、氢氧化物、配位化合物等重要化合物的性质。

(2) 概述 Cu(Ⅰ)与 Cu(Ⅱ)、Hg(Ⅰ)与 Hg(Ⅱ)之间的相互转化规律。

(3) 比较分析ⅠA 和ⅠB、ⅡA 和ⅡB 族元素在性质上的差异。

二、重难点解析

学习铜副族、锌副族(ⅠB、ⅡB)元素，要注意与对应的主族元素(ⅠA、ⅡA)比较，对照性质的异同，加深对结构与性质关系的理解。ⅠB、ⅡB 族元素与ⅠA、ⅡA 族元素在氧化数和某些化合物性质方面有一些相似之处，因多出了 10 个 d 电子性质又有一些显著的差异。例如，NaCl 易溶于水，AgCl 难溶于水。

学习中还要注意物相、溶剂化作用、配位作用、溶解作用等化学环境对不同氧化数稳定性的影响，总结规律。例如，Cu(Ⅰ)和 Cu(Ⅱ)、Hg(Ⅰ)和 Hg(Ⅱ)的化合物各自在一定的条件下稳定存在，改变条件，它们之间又可以相互转化。

(一) 单质和重要化合物

1. 单质

Cu、Ag、Au 化学活泼性较差，且依次降低。常温下 Cu、Ag、Au 不与 O_2 反应，加热时 Cu 与 O_2 反应生成黑色 CuO。Cu、Ag、Au 均能与卤素反应，生成相应的卤化物。

有沉淀剂或配位剂存在时，Cu、Ag、Au 均可与 O_2 发生反应。

$$2Cu + O_2 + H_2O + CO_2 = Cu_2(OH)_2CO_3\text{(绿色)}$$

$$4M + O_2 + 2H_2O + 8CN^- = 4[M(CN)_2]^- + 4OH^- \ (M = Cu, Ag, Cu)$$

$$2Cu + O_2 + 2H_2O + 8NH_3 = 2[Cu(NH_3)_4]^{2+} + 4OH^-$$

$$4Ag + O_2 + 2H_2S = 2Ag_2S + 2H_2O$$

Cu、Ag、Au 不与稀酸反应，Cu、Ag 可溶于硝酸或热硫酸，Au 只能溶于王水。Cu 与一些强配体作用时，可与酸反应置换出 H_2。

$$2Cu + 2HCl + 4CS(NH_2)_2 \longrightarrow 2\{Cu[CS(NH_2)_2]_2\}^+ + H_2 + 2Cl^-$$

$$2Cu + 8HCl(浓) \xlongequal{\triangle} 2H_3[CuCl_4] + H_2\uparrow$$

Zn 和 Cd 的金属活泼性相近，而 Hg 与它们差别较大。Zn 可溶于非氧化性酸，Hg 可溶于硝酸。

2. 氧化物和氢氧化物

稳定性：Cu_2O(暗红或黄) > CuO(黑) > Ag_2O(暗棕)；ZnO(白) > HgO(红或黄)；CuOH、AgOH、$Hg(OH)_2$ 不存在；Ag、Au、Hg 的氧化物不稳定，均易受热分解成单质。

酸碱性：$Cu(OH)_2$ 两性偏碱，$Zn(OH)_2$ 两性。$Cd(OH)_2$ 酸性非常弱，难溶于强碱，只能缓慢地溶解于热的浓碱溶液，但可溶于稀酸。

CuO 是碱性氧化物，不溶于水，可溶于酸。Cu_2O 为共价型化合物，呈弱碱性，Cu_2O 难溶于水，但易溶于稀酸，并立即歧化。

Ag_2O 可溶于过量的氨水中生成无色的$[Ag(NH_3)_2]^+$。

3. 卤化物

$CuCl_2·2H_2O$ 受热时按下式分解：

$$2CuCl_2 \cdot 2H_2O \xlongequal{\triangle} Cu(OH)_2 \cdot CuCl_2 + 2HCl + 2H_2O$$

无水 $CuCl_2$ 进一步加热至 773 K 分解为氯化亚铜(CuCl)和 Cl_2：

$$2CuCl_2 \xlongequal{773\ K} 2CuCl + Cl_2\uparrow$$

依 AgCl、AgBr、AgI 的顺序，溶解度降低，颜色加深。AgX 见光分解。

$ZnCl_2$ 的浓溶液具有显著的酸性，能溶解金属氧化物用于除锈。

$$ZnCl_2 + H_2O \longrightarrow H[ZnCl_2(OH)]$$

氯化汞($HgCl_2$)是共价化合物，直线形分子，遇氨水即析出白色的氨基氯化汞$[Hg(NH_2)Cl]$。当有 NH_4^+ 存在时，得到可溶性的$[Hg(NH_3)_2Cl_2]$。氯化亚汞(Hg_2Cl_2)的分子结构为直线形(Cl—Hg—Hg—Cl)，与氨水反应可生成氨基氯化汞和汞。

4. 硫化物

CuS 不溶于稀酸，可溶于热的稀硝酸或浓氰化钠溶液中：

$$3CuS + 2NO_3^- + 8H^+ \xlongequal{\triangle} 3Cu^{2+} + 2NO\uparrow + 3S\downarrow + 4H_2O$$

$$2CuS + 10CN^- \longrightarrow 2[Cu(CN)_4]^{3-} + 2S^{2-} + (CN)_2\uparrow$$

Cu^{2+}溶液中加入 $Na_2S_2O_3$ 溶液共热生成 Cu_2S 沉淀，分析化学中常用此反应除去 Cu^{2+}：

$$2Cu^{2+} + 2S_2O_3^{2-} + 2H_2O \xlongequal{\triangle} Cu_2S\downarrow + S\downarrow + 2SO_4^{2-} + 4H^+$$

Cu_2S 是难溶的黑色物质，能溶于热的浓硝酸或氰化钠溶液中：

$$3Cu_2S + 16HNO_3(浓) \xlongequal{\triangle} 6Cu(NO_3)_2 + 4NO\uparrow + 3S\downarrow + 8H_2O$$

$$Cu_2S + 4CN^- \longrightarrow 2[Cu(CN)_2]^- + S^{2-}$$

黑色的 Ag_2S 溶解度小，可由银和硫单质直接化合而成，或由 H_2S 与 Ag 或 Ag(Ⅰ)水溶液反应得到。Ag_2S 能溶于热浓硝酸或氰化钠溶液中。

$$3Ag_2S + 16HNO_3(浓) \xlongequal{\triangle} 6Ag(NO_3)_2 + 3S\downarrow + 4NO\uparrow + 8H_2O$$

$$Ag_2S + 4CN^- = 2[Ag(CN)_2]^- + S^{2-}$$

ZnS、CdS 和 HgS 的颜色分别为白色、黄色、黑色或红色，颜色依次加深，溶度积依次减小，溶于酸的能力依次变差。ZnS 溶于稀盐酸，不溶于乙酸；CdS 溶于浓盐酸、浓硫酸及热稀硝酸；而 HgS 是金属硫化物中溶解度最小的一个，不溶于浓硝酸，只能溶于王水或 Na_2S 溶液。

$$3HgS + 8H^+ + 2NO_3^- + 12Cl^- = 3[HgCl_4]^{2-} + 3S\downarrow + 2NO\uparrow + 4H_2O$$

$$HgS + Na_2S = Na_2[HgS_2]\ (二硫合汞酸钠)$$

5. 配合物

Cu(Ⅱ)可以生成$[Cu(NH_3)_4]^{2+}$、$[Cu(P_2O_7)_2]^{6-}$等配离子。

Cu(Ⅰ)以 sp、sp^2 或 sp^3 等杂化轨道和卤离子 X^-(F^-除外)、NH_3、$S_2O_3^{2-}$、CN^-等易变形的配体形成配位数为 2、3、4 的配合物，这些配合物不发生 d-d 跃迁，大多数无色。Cu(Ⅰ)的卤离子配合物随 Cl^-、Br^-、I^-的变形性增大，化学键的共价性增加，稳定性增加。无色的$[Cu(NH_3)_2]^+$在空气中不稳定，立即被氧化为$[Cu(NH_3)_4]^{2+}$。

Ag^+通常以 sp 杂化轨道与配体如 Cl^-、NH_3、$S_2O_3^{2-}$、CN^-等形成配位数为 2 的直线形配合物，它们的稳定性大小顺序如下：$[AgCl_2]^- < [Ag(NH_3)_2]^+ < [Ag(S_2O_3)_2]^{3-} < [Ag(CN)_2]^-$。

$$2Ag^+ + S_2O_3^{2-}(少量) = Ag_2S_2O_3\downarrow$$

$$Ag_2S_2O_3 + H_2O = Ag_2S\downarrow + SO_4^{2-} + 2H^+$$

$$Ag^+ + 2S_2O_3^{2-}(过量) = [Ag(S_2O_3)_2]^{3-}$$

锌副族元素的 M^{2+}具有很强的极化力和明显的变形性，有较强的形成配合物的倾向，能与 X^-(除 F^-外)、NH_3、SCN^-、CN^-等形成配位数为 4 的配离子，其中以 CN^-的配合物最稳定。当配体一定时，Hg^{2+}的配合物比 Zn^{2+}、Cd^{2+}的配合物稳定。

Zn^{2+}和 Cd^{2+}都是 d^{10} 电子构型的离子，不会发生 d-d 跃迁，故其配离子都无色。二苯硫腙$[C_6H_5—(NH_2)—CS—N=N—C_6H_5]$的 CCl_4 溶液与 Zn^{2+}反应时，生成粉红色的内配盐沉淀，用于比色测定 Zn^{2+}的含量。

锌和镉与卤素离子的配合物不很稳定，而 Hg^{2+}与卤素离子的配合物的稳定性按 $Cl^- < Br^- < I^-$的顺序增加，其规律与其他过渡金属离子相反。Hg_2^{2+}形成配合物的倾向较小。

橘红色 HgI_2 能溶于过量 KI 中，形成无色$[HgI_4]^{2-}$。$K_2[HgI_4]$与 KOH 的混合溶液，称为奈斯勒试剂(Nessler reagent)，用于鉴定 NH_4^+ 的存在，反应生成红色碘化氨基·氧合二汞(Ⅱ)沉淀。

$NH_4Cl + 2K_2[HgI_4] + 4KOH =$ 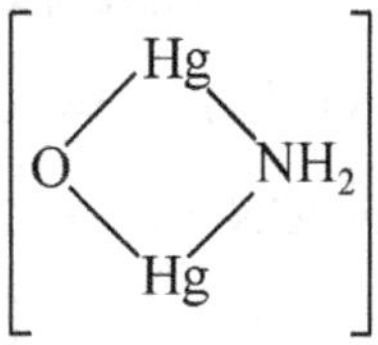 $I + KCl + 7KI + 3H_2O$

(二) ⅠB、ⅡB族元素与ⅠA、ⅡA族元素的比较

铜、锌副族分别为ⅠB、ⅡB族，价层电子构型为$(n-1)d^{10}ns^{1\sim2}$，它们的最外层与ⅠA、ⅡA族相同，都只有1～2个电子。因此在氧化数和某些化合物的性质方面，ⅠB与ⅠA、ⅡB与ⅡA族元素有一些相似之处，但ⅠB与ⅡB族元素的次外层比ⅠA与ⅡA族元素多出10个d电子，因此它们又有一些显著的差异。

铜副族元素与ⅠA族的碱金属元素一样，最外层都只有1个电子，失去s电子后都呈现+1氧化态；锌族和ⅡA族的碱土金属元素最外层都有两个s电子，失去s电子后都能呈+2价氧化态。铜副族元素有+1、+2、+3三种氧化数，而碱金属只有+1一种氧化数。这是因为铜副族元素的ns电子和次外层的$(n-1)d$电子能量相差不大，与其他元素化合时，不仅ns电子能参与成键，$(n-1)d$电子也可以部分参与成键。

铜、锌副族次外层18电子对原子核的屏蔽作用小，有效核电荷数较大，对外层电子的吸引力较强，不如同周期s区的碱金属(ⅠA族)和碱土金属(ⅡA族)活泼。因为铜副族金属离子具有18或9～17电子构型，有较强的极化力，本身变形性又大，所以它们的二元化合物一般有相当程度的共价性。此外，铜副族元素离子的$(n-1)d$、ns、np轨道能量相差不大，能级较低的空轨道多，所以与其他过渡元素类似，铜副族元素也易与多种配体形成配合物。

(三) Cu(Ⅱ)与Cu(Ⅰ)、Hg(Ⅱ)与Hg(Ⅰ)的相互转化

1. Cu(Ⅱ)与Cu(Ⅰ)的相互转化

铜的元素电势图为

$$Cu^{2+} \xrightarrow{+0.153\ V} Cu^{+} \xrightarrow{+0.521\ V} Cu$$

E(右) > E(左)，Cu^+易歧化，不稳定，

$$2Cu^{+} === Cu^{2+} + Cu \qquad K^{\ominus} = 1.66 \times 10^{6}$$

因此，水溶液中简单的Cu^+不稳定，易发生歧化反应生成Cu^{2+}和Cu，Cu(Ⅰ)的稳定性小于Cu(Ⅱ)。但是，当有配体或沉淀剂时，Cu(Ⅰ)稳定性提高；在高温固态时，Cu(Ⅰ)的稳定性反而比Cu(Ⅱ)大。以CuI为例，它们的电势图如下：

$$Cu^{2+}(aq) \xrightarrow{+0.860\ V} CuI(s) \xrightarrow{-0.183\ V} Cu(s)$$

因为$E^{\ominus}(Cu^{2+}/CuI)$大于$E^{\ominus}(CuI/Cu)$，所以Cu^+不发生歧化反应，CuI能稳定地存在于水溶液中。

2. Hg(Ⅱ)与Hg(Ⅰ)的相互转化

汞的元素电势图为

$$Hg^{2+} \xrightarrow{+0.920\ V} Hg_2^{2+} \xrightarrow{+0.7973\ V} Hg$$

Hg_2^{2+}不容易发生歧化反应，在溶液中能够稳定存在。相反，在溶液中Hg^{2+}可氧化Hg而生成Hg_2^{2+}，如

$$Hg(NO_3)_2 + Hg === Hg_2(NO_3)_2 \qquad K^{\ominus} = 81.28$$

为了使 Hg_2^{2+} 的歧化反应能够进行，即 Hg(Ⅰ)转化为 Hg(Ⅱ)，最简单的方法是将 Hg^{2+} 转变为某些难溶物或难解离的配合物来降低溶液中 Hg^{2+} 的浓度，从而使平衡向消耗 Hg_2^{2+} 的方向移动，如 $Hg_2^{2+} + S^{2-} \longrightarrow HgS\downarrow + Hg\downarrow$。

(四) 离子鉴定反应

(1) Cu^{2+}的鉴定：$2Cu^{2+} + [Fe(CN)_6]^{4-} = Cu_2[Fe(CN)_6]\downarrow$(红棕色)

(2 Ag^+的鉴定：$Ag^+ \xrightarrow{HCl} AgCl(s) \xrightarrow{NH_3} [Ag(NH_3)_2]^+ \xrightarrow{HNO_3} AgCl(s)$

(3) Zn^{2+}的鉴定：

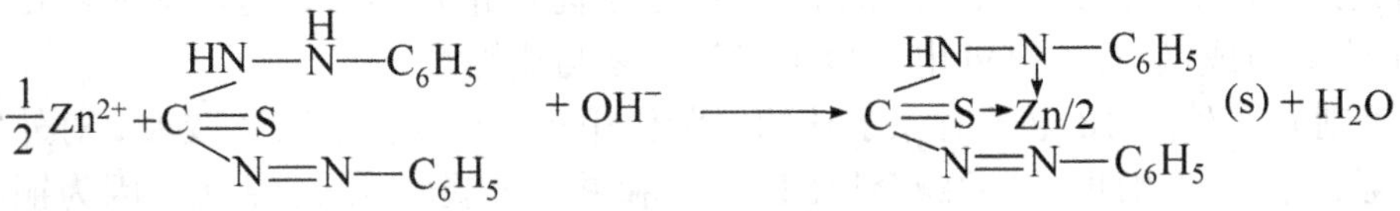

(4) Cd^{2+}的鉴定：$Cd^{2+} + H_2S = CdS\downarrow$(黄色) $+ 2H^+$

(5) Hg(Ⅱ)的鉴定：

$$2HgCl_2 + SnCl_2 + 2HCl = Hg_2Cl_2\downarrow + H_2SnCl_6$$

$$Hg_2Cl_2 + SnCl_2 + 2HCl = 2Hg\downarrow + H_2SnCl_6$$

三、习题解析

21-1 完成并配平下列反应方程式。

(1) $Cu + H_2SO_4$(稀) $+ O_2 \xrightarrow{\triangle}$

(2) $Cu_2O + H_2SO_4$(稀)$\longrightarrow$

(3) $Cu_2O + NH_3 + NH_4Cl + O_2 \longrightarrow$

(4) $Cu^{2+} + I^- \longrightarrow$

(5) $Cu^{2+} + Cu + Cl^- \xrightarrow[\triangle]{浓盐酸}$

(6) $CuS + HNO_3$(浓)$\longrightarrow$

(7) $Ag^+ + NaOH \longrightarrow$

(8) $AgBr + Na_2S_2O_3 \longrightarrow$

(9) $[Ag(NH_3)_2]^+ + CH_3CHO + OH^- \longrightarrow$

(10) $Au + O_2 + CN^- + H_2O \longrightarrow$

(11) $Zn^{2+} + NH_3 \cdot H_2O$(从适量到过量)$\longrightarrow$

(12) $Cd^{2+} + HCO_3^- \longrightarrow$

(13) $Hg^{2+} + NaOH \longrightarrow$

(14) $Hg^{2+} + Sn^{2+} + Cl^- \longrightarrow$

(15) $Hg^{2+} + I^-$(从适量到过量)$\longrightarrow$

(16) $Hg_2^{2+} + I^- \longrightarrow$

答 (1) $2Cu + 2H_2SO_4$(稀) $+ O_2 \xlongequal{\triangle} 2CuSO_4 + 2H_2O$

(2) $Cu_2O + H_2SO_4$(稀) $= CuSO_4 + Cu + H_2O$

(3) $2Cu_2O + 8NH_3 + 8NH_4^+ + O_2 = 4[Cu(NH_3)_4]^{2+} + 4H_2O$

(4) $2Cu^{2+} + 4I^- = 2CuI\downarrow + I_2$

(5) $Cu^{2+} + Cu + 4Cl^- \xlongequal[\triangle]{浓盐酸} 2[CuCl_2]^-$

(6) $3CuS + 8HNO_3$(浓) $= 3Cu(NO_3)_2 + 2NO\uparrow + 3S\downarrow + 4H_2O$

(7) $2Ag^+ + 2OH^- = Ag_2O + H_2O$

(8) $AgBr + 2Na_2S_2O_3 = Na_3[Ag(S_2O_3)_2] + NaBr$

(9) $2[Ag(NH_3)_2]^+ + CH_3CHO + 3OH^- = 2Ag\downarrow + CH_3COO^- + 4NH_3 + 2H_2O$

(10) $4Au + O_2 + 8CN^- + 2H_2O = 4[Au(CN)_2]^- + 4OH^-$

(11) $Zn^{2+} + 2NH_3\cdot H_2O$(适量) $= Zn(OH)_2\downarrow + 2NH_4^+$

$Zn(OH)_2 + 4NH_3 = [Zn(NH_3)_4]^{2+} + 2OH^-$

或 $Zn^{2+} + 4NH_3\cdot H_2O$(过量) $= [Zn(NH_3)_4]^{2+} + 4H_2O$

(12) $Cd^{2+} + 2HCO_3^- = CdCO_3\downarrow + CO_2\uparrow + H_2O$

(13) $Hg^{2+} + 2NaOH = HgO\downarrow + 2Na^+ + H_2O$

(14) $2Hg^{2+} + Sn^{2+} + 8Cl^- = Hg_2Cl_2\downarrow + [SnCl_6]^{2-}$

$Hg_2Cl_2 + Sn^{2+} + 4Cl^- = 2Hg\downarrow + [SnCl_6]^{2-}$

(15) $Hg^{2+} + 2I^- = HgI_2\downarrow$

$HgI_2 + 2I^- = [HgI_4]^{2-}$

(16) $Hg_2^{2+} + 2I^- = Hg_2I_2\downarrow$

$Hg_2I_2 + 2I^- = [HgI_4]^{2-} + Hg\downarrow$

21-2 解释下列现象，并写出相关的反应方程式。

(1) 铜器在潮湿的空气中表面慢慢地生成一层铜绿。

(2) 加热 $CuCl_2\cdot H_2O$ 得不到 $CuCl_2$。

(3) 有空气存在时，铜能溶于氨水。

(4) $CuCl_2$ 加水稀释。

(5) 银器在含有 H_2S 的空气中表面会慢慢变黑。

(6) 从废的定影液中回收银常用 Na_2S 作沉淀剂，为什么不用 NaCl 作沉淀剂？

(7) 向硝酸银溶液中滴加氰化钾时，首先生成白色沉淀，而后溶解，再加入 NaCl 时，无沉淀生成，但加入少许的 Na_2S 时，析出黑色沉淀。

(8) 焊接金属时，常用浓 $ZnCl_2$ 溶液处理金属的表面。

(9) $HgCl_2$ 溶液中逐滴加入 KI 溶液。

(10) HgS 不溶于盐酸、硝酸和 $(NH_4)_2S$ 中，而能溶于王水或 Na_2S 中。

(11) $Hg_2C_2O_4$ 难溶于水，却可以溶于含有 Cl^-的溶液中。

(12) $Hg(NO_3)_2$ 溶液中有 NH_4NO_3 存在时，加入氨水得不到 $HgNH_2NO_3$ 沉淀。

答 (1) $2Cu + O_2 + H_2O + CO_2 = Cu(OH)_2\cdot CuCO_3$

(2) Cu^{2+}的极化能力较强，而 HCl 为挥发性酸，$CuCl_2\cdot 2H_2O$ 受热时，发生水解，生成碱式盐 Cu(OH)Cl，最终形成氧化物，所以得不到无水 $CuCl_2$。

$$CuCl_2\cdot 2H_2O \xlongequal{\triangle} Cu(OH)Cl + H_2O\uparrow + HCl\uparrow$$

$$Cu(OH)Cl \xlongequal{\triangle} CuO + HCl\uparrow$$

(3) $2Cu + 8NH_3 + O_2 + 2H_2O = 2[Cu(NH_3)_4]^{2+} + 4OH^-$

(4) 在 $CuCl_2$ 浓溶液中，有黄棕色$[CuCl_4]^{2-}$存在，当加水稀释时，$[CuCl_4]^{2-}$容易解离为$[Cu(H_2O)_4]^{2+}$和 Cl^-，溶液的颜色由黄棕色变绿(为$[CuCl_4]^{2-}$和$[Cu(H_2O)_4]^{2+}$的混合色)，最后变为蓝色的$[Cu(H_2O)_4]^{2+}$。

$$[CuCl_4]^{2-} + 4H_2O = [Cu(H_2O)_4]^{2+} + 4Cl^-$$

(5) $$4Ag + 2H_2S + O_2 \longrightarrow 2Ag_2S + 2H_2O$$

(6) 因为废定影液中含有大量的$[Ag(S_2O_3)_2]^{3-}$，在此体系中加入过量的 NaCl，不会形成 AgCl 沉淀，只有加入 Na_2S 才会使$[Ag(S_2O_3)_2]^{3-}$转化为 Ag_2S 沉淀。

$$[Ag(S_2O_3)_2]^{3-} + Cl^- \longrightarrow AgCl\downarrow + 2S_2O_3^{2-}$$

(7) 向 $AgNO_3$ 溶液中滴加 KCN 时，首先生成白色沉淀 AgCN，滴加过量的 KCN，会生成$[Ag(CN)_2]^-$。

$$Ag^+ + CN^- \longrightarrow AgCN\downarrow$$

$$AgCN + CN^- \longrightarrow [Ag(CN)_2]^-$$

在$[Ag(CN)_2]^-$中加入 NaCl，若有 AgCl 沉淀生成，则有以下反应发生：

$$[Ag(CN)_2]^- + Cl^- \longrightarrow AgCl\downarrow + 2CN^-$$

$$K^\ominus = \frac{c(CN^-)^2}{c([Ag(CN)_2]^-)\cdot c(Cl^-)}$$

$$= \frac{1}{K_f^\ominus([Ag(CN)_2]^-)\cdot K_{sp}^\ominus(AgCl)} = \frac{1}{1.3\times10^{21}\times1.8\times10^{-10}} = 4.3\times10^{-12}$$

平衡常数如此小，说明反应根本就不能发生，即加入 NaCl 时，$[Ag(CN)_2]^-$不能转化为 AgCl 沉淀。而对于

$$2[Ag(CN)_2]^- + S^{2-} \longrightarrow Ag_2S\downarrow + 4CN^-$$

$$K^\ominus = \frac{c(CN^-)^4}{c^2([Ag(CN)_2]^-)\cdot c(S^{2-})}$$

$$= \frac{1}{K_f^\ominus([Ag(CN)_2]^-)\cdot K_{sp}^\ominus(Ag_2S)}$$

$$= \frac{1}{(1.3\times10^{21})^2\times6.3\times10^{-50}}$$

$$= 9.4\times10^6$$

平衡常数大，$[Ag(CN)_2]^-$ 转化非常完全，加入少许的 Na_2S 便可析出 Ag_2S。

(8) 因为 $ZnCl_2$ 的浓溶液具有显著的酸性，能溶解金属表层的氧化物，如：

$$FeO + 2H[ZnCl_2(OH)] \longrightarrow Fe[ZnCl_2(OH)]_2 + H_2O$$

可除去金属表面氧化层。

(9) 在 $HgCl_2$ 溶液中，逐滴加入 KI 溶液，先生成橘红色 HgI_2 沉淀，随着 KI 溶液的不断加入，橘红色沉淀消失变为$[HgI_4]^{2-}$无色溶液。

$$HgCl_2 + 2I^- \longrightarrow HgI_2\downarrow + 2Cl^-$$

$$HgI_2\downarrow + 2I^- \longrightarrow [HgI_4]^{2-}$$

(10) $$3HgS + 12HCl(浓) + 2HNO_3(浓) \longrightarrow 3H_2[HgCl_4] + 3S\downarrow + 2NO\uparrow + 4H_2O$$

$$HgS + Na_2S \longrightarrow Na_2[HgS_2]$$

(11) $$Hg_2C_2O_4 + 4NaCl \longrightarrow Na_2[HgCl_4] + Hg(l) + Na_2C_2O_4$$

(12) NH_4NO_3 存在时，抑制了 NH_2^- 的生成，同时 $HgNH_2NO_3$ 溶解度较大，因而不能生

成 $HgNH_2NO_3$ 沉淀，而生成了稳定的配合物 $[Hg(NH_3)_4]^{2+}$：

$$Hg(NO_3)_2 + 4NH_3 \xlongequal{\quad} [Hg(NH_3)_4]^{2+} + 2NO_3^-$$

21-3 CuCl、AgCl、Hg_2Cl_2 均为难溶于水的白色粉末，试用最简便的方法区别它们。

答 首先分别加入 $NH_3 \cdot H_2O$，粉末能溶解的为 CuCl 和 AgCl；反应且变灰黑色沉淀的为 Hg_2Cl_2。再在余下的两种溶液中通入空气，变蓝的则原物质为 CuCl，另一种无变化的为 AgCl。

21-4 在一混合溶液中，含有 Ag^+、Cu^{2+}、Zn^{2+}、Hg_2^{2+}、Hg^{2+}、Mg^{2+}、Cd^{2+}，如何将它们分离并加以鉴定？

答

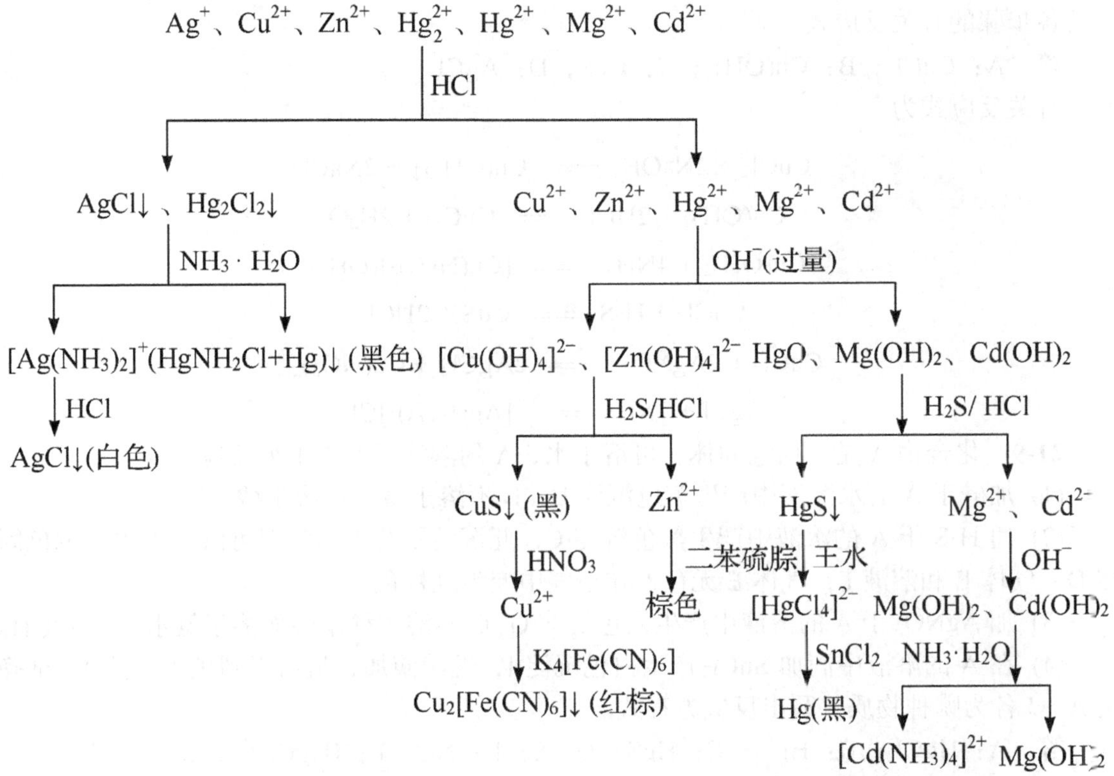

21-5 在硝酸铜固体中混有少量的硝酸银，用两种方法除去硝酸银杂质。

答 将样品溶解后，

方法一：加盐酸　　$HCl + AgNO_3 \xlongequal{\quad} HNO_3 + AgCl\downarrow$

方法二：加铜粉　　$2AgNO_3 + Cu \xlongequal{\quad} Cu(NO_3)_2 + 2Ag\downarrow$

21-6 化合物 A 是一种黑色固体，不溶于水、稀 HAc 及稀 NaOH 溶液，易溶于热 HCl 溶液，生成一种绿色的溶液 B；溶液 B 与铜丝一起煮沸，逐渐生成土黄色溶液 C；若用大量水稀释溶液 C，生成白色沉淀 D。D 可溶于氨水生成无色溶液 E；无色溶液 E 在空气中迅速变成蓝色溶液 F；向 F 中加入 KCN 时，生成无色溶液 G；向 G 中加入锌粉生成红色沉淀 H；H 不溶于稀酸或稀碱，但可溶于热 HNO_3 生成蓝色溶液 I；向 I 中慢慢加入 NaOH 溶液生成沉淀 J；将 J 过滤分离后，强热又得到原化合物 A。写出 A～J 的化学式。

答 A：CuO；B：$CuCl_2$；C：$H[CuCl_2]$；D：CuCl；E：$[Cu(NH_3)_2]^+$；F：$[Cu(NH_3)_4]^{2+}$；

G：$[Cu(CN)_4]^{2-}$；H：Cu；I：$Cu(NO_3)_2$；J：$Cu(OH)_2$。

21-7 白色固体物质A不溶于水，也不溶于NaOH溶液，溶于盐酸形成无色溶液B，并放出气体C。向溶液B中滴加氨水，首先形成白色沉淀D，继续滴加氨水，沉淀消失形成无色溶液E；将气体C通入$CdSO_4$溶液中，得黄色沉淀F，若将C通入溶液E中则析出固体A。写出A～F的化学式。

答 A：ZnS；B：$ZnCl_2$；C：H_2S；D：$Zn(OH)_2$；E：$Zn(NH_3)_4(OH)_2$；F：CdS。

21-8 某一化合物A溶于水得一浅蓝色溶液。在A溶液中加入NaOH溶液可得浅蓝色沉淀B，B能溶于HCl溶液，也能溶于氨水。A溶液中通入H_2S，有黑色沉淀C生成。C难溶于HCl溶液而易溶于热浓HNO_3溶液中；在A溶液中加入$Ba(NO_3)_2$溶液，无沉淀产生，而加入$AgNO_3$溶液时，有白色沉淀D生成，D溶于氨水。试写出A～D的化学式，以及各步骤的有关反应式。

答 A：$CuCl_2$；B：$Cu(OH)_2$；C：CuS；D：AgCl。

有关反应式为

$$CuCl_2 + 2NaOH \xlongequal{\quad} Cu(OH)_2\downarrow + 2NaCl$$

$$Cu(OH)_2 + 2HCl \xlongequal{\quad} CuCl_2 + 2H_2O$$

$$Cu(OH)_2 + 4NH_3 \xlongequal{\quad} [Cu(NH_3)_4](OH)_2$$

$$CuCl_2 + H_2S \xlongequal{\quad} CuS + 2HCl$$

$$CuCl_2 + 2AgNO_3 \xlongequal{\quad} 2AgCl\downarrow + Cu(NO_3)_2$$

$$AgCl + 2NH_3 \xlongequal{\quad} [Ag(NH_3)_2]Cl$$

21-9 化合物A是一白色固体，可溶于水，A的溶液可发生下列反应：

(1) 加碱于A的水溶液中产生黄色沉淀B，B不溶于碱，可溶于酸。

(2) 通H_2S于A的溶液中产生黑色沉淀C，此沉淀不溶于硝酸但可溶于王水得黄色固体D、气体E和溶液F；气体E无色，在空气中变为红棕色。

(3) 加$AgNO_3$于A的溶液中产生白色沉淀G，G不溶于稀硝酸而溶于氨水，得溶液H。

(4) 在A的溶液中滴加$SnCl_2$产生白色沉淀I，继续滴加，最后得到黑色沉淀J。试确定A～J各为哪种物质？写出反应方程式。

答 A：$HgCl_2$；B：HgO；C：HgS；D：S；E：NO；F：$[HgCl_4]^{2-}$；G：AgCl；H：$[Ag(NH_3)_2]^+$；I：Hg_2Cl_2；J：Hg。

有关反应式为

$$HgCl_2 + 2NaOH \xlongequal{\quad} HgO\downarrow + 2NaCl + H_2O$$

$$HgCl_2 + H_2S \xlongequal{\quad} HgS\downarrow + 2HCl$$

$$3HgS + 2HNO_3 + 12HCl \xlongequal{\quad} 3H_2[HgCl_4] + 3S\downarrow + 2NO\uparrow + 4H_2O$$

$$2NO + O_2 \xlongequal{\quad} 2NO_2$$

$$HgCl_2 + 2AgNO_3 \xlongequal{\quad} 2AgCl\downarrow + Hg(NO_3)_2$$

$$AgCl + 2NH_3 \xlongequal{\quad} [Ag(NH_3)_2]Cl$$

$$2HgCl_2 + SnCl_2 \xlongequal{\quad} Hg_2Cl_2 + SnCl_4$$

$$Hg_2Cl_2 + SnCl_2 \xlongequal{\quad} 2Hg\downarrow + SnCl_4$$

21-10　有一无色溶液 A：

(1) 加入氨水时有白色沉淀生成。

(2) 若加入稀碱则有黄色沉淀生成。

(3) 若滴加 KI 溶液，则先析出橘红色沉淀，当 KI 过量时，橘红色沉淀消失。

(4) 若在此无色溶液中加入数滴汞并振荡，汞逐渐消失，仍变为无色溶液，此时加入氨水得灰黑色沉淀。此无色溶液中含有哪种化合物？写出各有关反应式。

答　此无色溶液中含有 $Hg(NO_3)_2$。有关反应式为

(1)　$2Hg(NO_3)_2 + 4NH_3 + H_2O \xlongequal{} HgO\cdot NH_2HgNO_3\downarrow$(白色) $+ 3NH_4NO_3$

(2)　$Hg^{2+} + 2OH^- \xlongequal{} HgO\downarrow$(黄色) $+ H_2O$

(3)　$Hg^{2+} + 2I^- \xlongequal{} HgI_2\downarrow$(橘红色)，　$HgI_2 + 2I^- \xlongequal{} [HgI_4]^{2-}$(无色)

(4)　$Hg(NO_3)_2 + Hg \xlongequal{} Hg_2(NO_3)_2$

$2Hg_2(NO_3)_2 + 4NH_3 + H_2O \xlongequal{} HgO\cdot NH_2HgNO_3\downarrow$(白色) $+ 2Hg\downarrow$(黑色) $+ 3NH_4NO_3$

此溶液中为什么不含 $HgCl_2$？因为 $HgCl_2 + Hg \xlongequal{} Hg_2Cl_2\downarrow$(白色)，而只有 $Hg(NO_3)_2 + Hg \xlongequal{} Hg_2(NO_3)_2$ 生成的 $Hg_2(NO_3)_2$ 才为无色溶液。

另外，溶液中含有 Hg(Ⅰ)的化合物也是不合题意的，$Hg_2^{2+} + 2OH^- \xlongequal{} Hg_2O\downarrow$(深褐色) $+ H_2O$，深褐色的 Hg_2O 不稳定，见光后分解为 HgO 和 Hg，$Hg_2O \xlongequal{} HgO + Hg\downarrow$(黑色)，只有 $Hg^{2+} + 2OH^- \xlongequal{} HgO\downarrow$(黄色) $+ H_2O$ 才符合题意。

21-11　无色晶体 A 溶于水后加入盐酸得白色沉淀 B。分离后将 B 溶于 $Na_2S_2O_3$ 溶液得无色溶液 C。向 C 中加入盐酸得白色沉淀混合物 D 和无色气体 E。E 与碘水作用后转化为无色溶液 F。向 A 的水溶液中滴加少量 $Na_2S_2O_3$ 溶液立即生成白色沉淀 G，该沉淀由白变黄、变橙、变棕，最后转化为黑色，说明有 H 生成。请给出 A～H 所代表的化合物或离子，并给出相关的反应方程式。

答　A：$AgNO_3$；B：AgCl；C：$[Ag(S_2O_3)_2]^{3-}$；D：AgCl、S；E：SO_2；F：SO_4^{2-}；G：$Ag_2S_2O_3$；H：Ag_2S。

有关反应式为

$$AgNO_3 + HCl \xlongequal{} AgCl\downarrow + HNO_3$$

$$AgCl + 2Na_2S_2O_3 \xlongequal{} Na_3[Ag(S_2O_3)_2] + NaCl$$

$$Na_3[Ag(S_2O_3)_2] + 4HCl \xlongequal{} AgCl\downarrow + 2S\downarrow + 2SO_2\uparrow + 3NaCl + 2H_2O$$

$$SO_2 + I_2 + 2H_2O \xlongequal{} H_2SO_4 + 2HI$$

$$2AgNO_3 + Na_2S_2O_3 \xlongequal{} Ag_2S_2O_3\downarrow + 2NaNO_3$$

$$Ag_2S_2O_3 \xlongequal{} Ag_2S + SO_3\uparrow$$

21-12　已知：

$$Hg_2^{2+} + 2e^- \xlongequal{} 2Hg \qquad E^\ominus = 0.7973V$$

$$Hg^{2+} + 2e^- \xlongequal{} Hg \qquad E^\ominus = 0.851V$$

(1) 试判断歧化反应 $Hg^{2+} + Hg \xlongequal{} Hg_2^{2+}$ 能否发生。

(2) 求 0.10 $mol\cdot L^{-1}$ $Hg_2(NO_3)_2$ 溶液中 Hg^{2+}的浓度(298.15 K)。

解　(1)　$E^\ominus(Hg^{2+}/Hg_2^{2+}) = 2 \times 0.851 - 0.7973 = 0.905(V)$

$$Hg^{2+} + Hg \rightleftharpoons Hg_2^{2+}$$

$$E^{\ominus} = E^{\ominus}(Hg^{2+}/Hg_2^{2+}) - E^{\ominus}(Hg_2^{2+}/Hg) = 0.905 - 0.7973 = 0.108\ (V)$$

因为 $E^{\ominus} > 0$，所以能发生歧化反应。

(2)

$$E^{\ominus} = 0.0592\lg K^{\ominus}$$

$$K^{\ominus} = 66.7$$

设平衡浓度为 x，

$$Hg^{2+} + Hg \rightleftharpoons Hg_2^{2+}$$

$$x \qquad\qquad 0.10 - x$$

$$(0.10 - x)/x = 66.7$$

求得

$$x = 1.5\times10^{-3}$$

0.10 mol · L^{-1} $Hg_2(NO_3)_2$ 溶液中 Hg^{2+}的浓度(298.15 K)为 1.5×10^{-3} mol · L^{-1}。

21-13 镀铜锌合金时，可用$[Cu(CN)_4]^{3-}$和$[Zn(CN)_4]^{2-}$为电镀液。因为氰化物有剧毒，人们试图用它们的氨配合物$[Cu(NH_3)_4]^{2+}$和$[Zn(NH_3)_4]^{2+}$来代替氰化物，可行吗？试解释原因。已知：$E^{\ominus}(Cu^+/Cu) = 0.52$ V，$E^{\ominus}(Cu^{2+}/Cu) = 0.34$ V，$E^{\ominus}(Zn^{2+}/Zn) = -0.76$ V。配合物$[Cu(CN)_4]^{3-}$、$[Zn(CN)_4]^{2-}$和$[Cu(NH_3)_4]^{2+}$和$[Zn(NH_3)_4]^{2+}$的标准稳定常数 $K_f^{\ominus}$ 分别为 2.0×10^{30}、5.0×10^{16}、2.1×10^{13} 和 2.9×10^{9}。

解 $E^{\ominus}([Cu(CN)_4]^{3-}/Cu) = E^{\ominus}(Cu^+/Cu) - 0.0592\lg K_f^{\ominus}([Cu(CN)_4]^{3-})$

$$= 0.52 - 0.0592\lg(2.0\times10^{30}) = -1.27\ (V)$$

同样，$E^{\ominus}([Zn(CN)_4]^{2-}/Zn) = E^{\ominus}(Zn^{2+}/Zn) - 0.0592\lg K_f^{\ominus}([Zn(CN)_4]^{2-})$

$$= -0.76 - (0.0592/2)\lg(5.0\times10^{16}) = -1.25\ (V)$$

因 $E^{\ominus}([Cu(CN)_4]^{3-}/Cu) = -1.27$ V，$E^{\ominus}([Zn(CN)_4]^{2-}/Zn) = -1.25$ V，它们的数值很接近，可同时析出。

如用氨配合物$[Cu(NH_3)_4]^{2+}$和$[Zn(NH_3)_4]^{2+}$代替，则有 $E^{\ominus}([Cu(NH_3)_4]^{2+}/Cu) = -0.0543$ V，$E^{\ominus}([Zn(NH_3)_4]^{2+}/Zn) = -1.04$ V，阴极上铜先析出，达不到镀铜锌合金的目的。

21-14 可用反应 $Cu(s) + Cu^{2+} + 2Cl^- \rightleftharpoons 2CuCl\downarrow$制备 CuCl，若将 0.2 mol·$L^{-1}$ 的 $CuSO_4$ 和 0.4 mol·L^{-1} 的 NaCl 溶液等体积混合，并加入过量的铜屑，求反应达到平衡时，Cu^{2+}的转化百分数。

解 查表知：$K_{sp}^{\ominus}(CuCl) = 1.7\times10^{-7}$、$E^{\ominus}(Cu^{2+}/Cu^+) = 0.16V$、$E^{\ominus}(Cu^+/Cu) = 0.52V$

$$E^{\ominus}(Cu^{2+}/CuCl) = E^{\ominus}(Cu^{2+}/Cu^+) - 0.0592\lg K_{sp}^{\ominus}(CuCl) = 0.56\ (V)$$

$$E^{\ominus}(CuCl/Cu) = E^{\ominus}(Cu^+/Cu) + 0.0592\lg K_{sp}^{\ominus}(CuCl) = 0.12\ (V)$$

$$Cu(s) + Cu^{2+} + 2Cl^- \rightleftharpoons 2CuCl\downarrow$$

$$E_{MF}^{\ominus} = E^{\ominus}(Cu^{2+}/CuCl) - E^{\ominus}(CuCl/Cu) = 0.56 - 0.12 = 0.44\ (V)$$

$$\lg K^{\ominus} = nE_{MF}^{\ominus}/0.0592, \qquad K^{\ominus} = 2.7\times10^{7}$$

$$K^{\ominus} = \frac{1}{c(Cu^{2+})c(Cl^-)^2} = \frac{1}{x(2x)^2}$$

$$x = 0.002$$

所以 Cu^{2+}转化百分数 = (0.2 − 0.002)/0.2 = 99%。

21-15 在回收废定影液时，可使银沉淀为 Ag_2S，再用配位还原法回收银：

$$2Ag_2S + 8CN^- + O_2 + 2H_2O \Longrightarrow 4[Ag(CN)_2]^- + 2S + 4OH^- \quad (1)$$

$$2[Ag(CN)_2]^- + Zn \Longrightarrow 2Ag + [Zn(CN)_4]^{2-} \quad (2)$$

计算反应式(1)的标准平衡常数 $K^\ominus$。已知：$K_{sp}^\ominus(Ag_2S) = 6.3 \times 10^{-50}$，$K_f^\ominus([Ag(CN)_2]^-) = 1.3 \times 10^{21}$，$E^\ominus(S/S^{2-}) = -0.48V$，$E^\ominus(O_2/OH^-) = 0.40V$。

解 已知 $$2Ag_2S \rightleftharpoons 4Ag^+ + 2S^{2-} \qquad K_1^\ominus$$

$$K_1^\ominus = c(Ag^+)^4 c(S^{-2})^2 = K_{sp}^\ominus(Ag_2S)^2 = (6.3 \times 10^{-50})^2 = 3.97 \times 10^{-99}$$

$$4Ag^+ + 8CN^- \rightleftharpoons 4[Ag(CN)_2]^- \qquad K_2^\ominus$$

$$K_2^\ominus = (K_f^\ominus([Ag(CN)_2]^-))^4 = (1.3 \times 10^{21})^4 = 2.86 \times 10^{84}$$

$$2S^{2-} \rightleftharpoons 2S + 4e^- \qquad K_3^\ominus$$

对于 $$S + 2e^- \rightleftharpoons S^{2-}$$

$$E^\ominus(S/S^{2-}) = -0.48 \ \lg K^\ominus = -0.48 \times 2/0.0592 K^\ominus = 6.08 \times 10^{-17}$$

$$K_3^\ominus = (1/K^\ominus)^2 = 2.71 \times 10^{32}$$

$$O_2 + 2H_2O + 4e^- \rightleftharpoons 4OH \qquad K_4^\ominus$$

$$E^\ominus(O_2/OH^-) = 0.40$$

$$\lg K_4^\ominus = 4 \times 0.40/0.0592 = 27.03$$

$$K_4^\ominus = 1.07 \times 10^{27}$$

$$K^\ominus = K_1^\ominus K_2^\ominus K_3^\ominus K_4^\ominus = 3.29 \times 10^{45}$$

通过计算可知标准平衡常数 $K^\ominus$为 3.29×10^{45}。

四、水平测试

1. 填空题(每空1分，共20分)

(1) 在ds区元素中，对环境造成严重污染的是_________和_________的化合物，因此国家对它们在环境中的排放量有严格的标准。

(2) 青铜的主要成分是_________，黄铜的主要成分是________；黄金的纯度通常用________表示，它表示_________。

(3) 将少量的 $SnCl_2$ 溶液加入 $HgCl_2$ 溶液中，有__________生成，其反应方程式为_________；而将过量的 $SnCl_2$ 溶液加入 $HgCl_2$ 溶液中，有__________生成，其反应方程式为__________。

(4) *最难溶的硫化物是_________，它可溶于_________或_________溶液中。溶解的反应方程式分别为________和________。

(5) *$[Cu(NH_3)_2]^+$配离子是________色的，但 CuCl 与浓氨水反应得到的溶液呈深蓝色，这是由于________的结果。

(6) *鉴定Zn^{2+}的方法是在强碱性溶液中加入________，反应现象是水溶液中生成________色的________。

2. 是非题(用“√”、“×”表示对、错并填入括号中，每小题 1 分，共 10 分)

( ) (1) ds 区元素一般可呈现多种氧化数，但它们的最高氧化数都不会超过该元素所在的族数。

( ) (2) 在含有 Zn^{2+}、Cd^{2+}、Hg^{2+}等离子的溶液中滴加氨水，都可以形成氨的配合物。

( ) (3) 俗话说“真金不怕火炼”，是因为金的熔点高，不易熔化。

( ) (4) 焊接铁皮时，可用 $ZnCl_2$ 溶液处理铁皮表面。

( ) (5) ⅡB 族元素相对其他过渡金属有更低的熔点。

( ) (6) 汞可以盛放于薄壁玻璃容器中。

( ) (7) 硝酸银极易溶于水，是所有固体物中在水中溶解度最大的。

( ) (8) *铜的金属活动顺序在氢之后，所以铜不溶于所有非氧化性酸中。

( ) (9) *$HgCl_2$ 能溶于有机溶剂中。

( ) (10) *热分解 $CuCl_2·H_2O$ 得不到无水 $CuCl_2$。

3. 选择题[每小题 2 分，共 20 分，其中第(4)、(5)小题为多选，其余为单选]

(1) 在硫酸钠溶液中含有少量 Cu^{2+}，为了除去 Cu^{2+}，最好加入少量的( )。

A. H_2S 溶液　B. Zn 粉　C. Na_2CO_3　D. KI

(2) 下列离子中，能与 I^-发生氧化还原反应的是( )。

A. Pb^{2+}　B. Hg^{2+}　C. Cu^{2+}　D. Sn^{4+}

(3) 下列化合物中，在硝酸和氨水中都能溶解的是( )。

A. AgCl　B. Ag_2CrO_4　C. $HgCl_2$　D. CuS

(4) 下列有关金及其化合物的说法不正确的是( )。

A. 金在空气中可溶于 NaCN　B. 气态 $AuCl_3$ 具有平面的二聚结构

C. 配离子$[AuCl_4]^-$具有正四面体构型　D. $AuCl_3$ 与气态 $AlCl_3$ 的结构相似

(5) 下列各组离子能大量共存于同一溶液中的是( )。

A. Zn^{2+}，Cd^{2+}，Cu^{2+}，Cl^-　B. Fe^{3+}，Cd^{2+}，Cu^{2+}，SCN^-

C. Zn^{2+}，Fe^{3+}，Cu^{2+}，I^-　D. Zn^{2+}，Cd^{2+}，Hg^{2+}，Cl^-

(6) 为除去铜粉中所含有的少量 CuO 杂质，宜采取下列操作方法中的( )。

A. 用热水洗　B. 用浓热盐酸洗　C. 用氨水洗　D. 用盐酸洗

(7) 下列化合物与过量 KI 溶液反应只能得到无色溶液的是( )。

A. Cu^{2+}　B. Fe^{3+}　C. Hg^{2+}　D. Hg_2^{2+}

(8) *与铜在加热条件下反应能生成氢气的是( )。

A. 浓 HNO_3　B. 浓盐酸　C. 浓 H_2SO_4　D. 稀 H_2SO_4

(9) *下列试剂中可以鉴别 Hg_2Cl_2、CuCl 和 AgCl 的是( )。

A. Na_2S　B. $NH_3·H_2O$　C. Na_2SO_4　D. KNO_2

(10) **下列分子具有顺磁性的是( )。

A. $CuCl$　　B. $CuCl_2$　　C. Hg_2Cl_2　　D. $HgCl_2$

4. 推断题(5分)

*某固体混合物可能含有 $CuSO_4$、$ZnSO_4$、$AgNO_3$、$HgCl_2$、$SnCl_2$、$NaCl$。通过下列实验，判断哪些物质肯定存在，哪些物质肯定不存在，并说明原因。

(1) 取少量混合物投入水中并微热，有白色沉淀生成，沉降后上层清液为无色。

(2) 将沉淀分离后与氨水作用，沉淀全部消失，溶液变为蓝色。向蓝色溶液中加入过量的盐酸，无沉淀生成。

(3) 取(1)的上清液，加入适量的氢氧化钠溶液，有白色沉淀生成。该白色沉淀溶于过量的氢氧化钠，但在氨水中只有部分溶解。

5. 简答题(每小题5分，共35分)

(1) 在 $AgNO_3$ 溶液中要加入一定量氨水，使 Ag^+ 变成 $[Ag(NH_3)_2]^+$ 后再与葡萄糖溶液作用，才能在试管壁上生成银镜，试说明原因。

(2) 根据下列配合物的中心离子价层电子分布，估计 $[Zn(NH_3)_4]^{2+}$、$[Ni(en)_3]^{2+}$、$[Mg(EDTA)]^{2+}$ 中，哪个配合物是有色的，哪个是无色的。试说明原因。

(3) 黄色的 CdS 沉淀能溶于浓 HCl 中，而不溶于 $HClO_4$ 中，试说明原因。

(4) *向 $Hg_2(NO_3)_2$ 溶液中通入 H_2S 气体生成的是 HgS 和 Hg，而不是 Hg_2S，试说明原因。

(5) *在 $Cu(NO_3)_2$ 溶液中加入 KI 溶液可生成 CuI 沉淀，加入 KCl 溶液不会生成 $CuCl$ 沉淀，试说明原因。

(6) *氯化亚铜的组成用 $CuCl$ 表示，氯化亚汞的组成用 Hg_2Cl_2 表示。

(7) *焊接铁皮时，通常先用浓 $ZnCl_2$ 溶液处理铁皮表面，解释原因，并写出有关化学反应方程式。

参考答案

1. 填空题(每空1分，共20分)

(1) Cd，Hg。

(2) 铜、锡；铜、锌；"K"(开)；在24份质量的合金中黄金所占的质量份数。

(3) 白色沉淀 Hg_2Cl_2，$2HgCl_2 + SnCl_2 = Hg_2Cl_2\downarrow + SnCl_4$，黑色沉淀 Hg，$HgCl_2 + SnCl_2 = Hg\downarrow + SnCl_4$。

(4) HgS，王水，Na_2S，$3HgS + 2HNO_3 + 12HCl = 3H_2[HgCl_4] + 3S\downarrow + 2NO\uparrow + 4H_2O$，$HgS + Na_2S = Na_2[HgS_2]$。

(5) 无，$[Cu(NH_3)_2]^+$ 配离子易被空气中 O_2 氧化成蓝色 $[Cu(NH_3)_4]^{2+}$ 配离子。

(6) 二苯硫腙的 CCl_4 溶液，粉红，螯合物。

2. 是非题(用"√"、"×"表示对、错并填入括号中，每小题1分，共10分)

(1) (×)　(2) (×)　(3) (×)　(4) (√)　(5) (√)　(6) (×)　(7) (×)　(8) (×)　(9) (√)　(10) (√)

3. 选择题[每小题2分，共20分，其中第(4)、(5)小题为多选，其余为单选]

(1) (C)　(2) (C)　(3) (B)　(4) (CD)　(5) (AD)　(6) (D)　(7) (C)　(8) (B)　(9) (B)　(10) (B)

4. 推断题(5分)

肯定存在的是 $CuSO_4$、$SnCl_2$、$ZnSO_4$；肯定不存在的是 $AgNO_3$、$HgCl_2$。

由实验(1)，白色沉淀可能是 $AgCl$、Hg_2Cl_2、$CuCl$、Ag_2SO_4，则混合物中可能有 $AgNO_3$、$HgCl_2$、$SnCl_2$、$CuSO_4$、$ZnSO_4$ 中的若干种。

由实验(2)中沉淀溶于氨水以及后续现象表明，沉淀中不存在 Hg_2Cl_2 和 $AgCl$、Ag_2SO_4，可以断定原混合物中肯定含有 $CuSO_4$ 和 $SnCl_2$，肯定没有 $AgNO_3$ 和 $HgCl_2$。

$$2CuSO_4 + SnCl_2 \xlongequal{\triangle} 2CuCl + Sn(SO_4)_2$$

由实验(3)，原混合物中肯定还有 $ZnSO_4$。

5. 简答题(每小题 5 分，共 35 分)

(1) 因为形成$[Ag(NH_3)_2]^+$可使反应在碱性条件下进行而不会生成 Ag_2O 沉淀，而且降低了 $E(Ag^+/Ag)$ 值，使 Ag 缓慢析出可形成银镜。

(2) 在可见光照射下，如果配合物 d 电子在不同能量的 d 轨道中发生跃迁，该配合物就有色，反之则无色。所以，Zn^{2+}：$3d^{10}$，无色；Ni^{2+}：$3d^8$，有色；Mg^{2+}：无 d 电子，无色。

(3) CdS 沉淀溶解度较小，所以不溶于强酸。但 Cl^-可以和 Cd^{2+}形成配离子$[CdCl_4]^{2-}$，所以 CdS 沉淀能溶于浓 HCl 中；而 ClO_4^- 无配合作用，所以 CdS 不溶于 $HClO_4$ 中。

(4) 从元素电势图看：$Hg^{2+} \xrightarrow{0.920\ V} Hg_2^{2+} \xrightarrow{0.789\ V} Hg$

Hg_2^{2+} 在标准状态下不会自发歧化，但因为左右两边电极电势相差小于 0.2 V，所以改变浓度可能改变反应方向。当 Hg^{2+}生成难溶沉淀或稳定的配合物时，Hg^{2+}浓度大大降低，从而大大降低 $E(Hg^{2+}/Hg)$值，且相同条件下 Hg_2^{2+} 浓度降低值要小得多，则 $E_{右} > E_{左}$，Hg_2^{2+} 可以发生歧化。通入 H_2S 就符合上述条件：$Hg_2^{2+} + S^{2-} \xlongequal{\quad} HgS + Hg$。

(5) 因为 I^-比 Cl^-还原性更强，CuI 比 CuCl 溶解度更小，所以 Cu^{2+}可以氧化 I^-为 I_2，还原得到的 Cu^+与 I^-反应生成 CuI 沉淀，而 Cu^{2+}不能氧化 Cl^-，也不能生成 CuCl 沉淀。

(6) 氯化亚铜和氯化亚汞均为抗磁性物质。Cu^+电子构型为 $3d^{10}$，无单电子，与其化合物的抗磁性一致。而 Hg(Ⅰ)电子构型为 $5d^{10}6s^1$，有一个单电子，其化合物中 Hg(Ⅰ)以双聚离子 Hg_2^{2+} 形式存在，其化合物仍然为抗磁性，因而氯化亚汞应写为 Hg_2Cl_2。

(7) 浓 $ZnCl_2$ 溶液中由于 $ZnCl_2$ 的水解产生配位酸，显很强的酸性，能除去铁皮表面的氧化物，清洗焊接口：

$$ZnCl_2 + H_2O \xlongequal{\quad} H[Zn(OH)Cl_2]\ (或\ H_2[Zn(OH)_2Cl_2])$$

$$FeO + 2H[Zn(OH)Cl_2] \xlongequal{\quad} Fe[Zn(OH)Cl_2]_2 + H_2O$$

(武汉理工大学　肖亮)

第 22 章　镧系元素与锕系元素

一、学习目标

(1) 概述镧系元素和锕系元素的电子构型特点及基本性质。
(2) 描述镧系收缩的概念及其产生的原因和对元素性质的影响。
(3) 概述镧系元素的氧化物、氢氧化物及重要盐类的性质。
(4) 描述稀土分离的几种主要方法。

二、重难点解析

本章主要介绍的是位于周期表中 f 区的镧系元素和锕系元素。这两类元素性质上有一定的相似性，同时也有各自的特点；镧系收缩的产生原因及对元素性质的影响是本章的重难点；另外，需要了解镧系元素的氧化物、氢氧化物及重要盐类的一些主要性质；认识稀土分离的重要性及主要方法。

(一) 镧系元素和锕系元素概述

镧系元素包括第六周期 57 号元素镧(La)到 71 号元素镥(Lu)共 15 种元素，常用 Ln 表示；锕系元素包括第七周期 89 号锕(Ac)到 103 号元素铹(Lr)共 15 种元素，常用 An 表示。这两类元素又称为内过渡元素。15 种镧系元素和ⅢB 族的钪(Sc)、钇(Y)共 17 种元素又合称为稀土元素。由于锕系元素都有放射性，阻碍了对它们的研究，人们对于锕系元素及其单质和化合物的研究也比镧系元素少得多。

1. 电子构型

镧系元素的价层电子构型的通式为 $4f^{0\sim14}5d^{0\sim1}6s^2$，其中 La($4f^0$)、Eu($4f^7$)、Gd($4f^7$)和 Yb($4f^{14}$)分别处于全空、半满和全满的稳定状态。$Ln^{3+}$的外层电子构型为 $4f^{0\sim14}$。锕系元素原子的价层电子构型与锕系元素非常相似，为 $5f^{0\sim14}6d^{0\sim1}7s^2$。

2. 基本性质

由于镧系元素原子价层的 6s 轨道与 5d 轨道的电子构型非常相似，决定了镧系元素的性质有许多相似之处。而随着原子序数的增大，处于内层的 4f 轨道上的电子依次增多又使得镧系元素的许多性质呈现规律性变化。例如，随着原子序数的增大，镧系元素的原子半径呈现缓慢减小的趋势，多数相邻元素的原子半径之差只有 1 pm 左右，这种现象被称为“镧系收缩”。

造成镧系收缩的原因与镧系元素的电子结构特点有关。镧系元素的原子序数增加 1，相应的 4f 电子数也增加 1，但 4f 电子对核的屏蔽不如内层电子，只能屏蔽核电荷的一部分。因此当 4f 电子增加时，有效核电荷略有增加，对外层电子的引力略有增强，从而使得镧系元素的原子半径和离子半径逐渐减小，但减小的幅度很小。Eu 和 Yb 两种元素的原子半径比相邻元素的原子半径更大，这可以从它们的电子构型特点上予以解释。Eu 和 Yb 分别具有半充满($4f^7$)和全充满($4f^{14}$)的电子层结构，这种相对稳定的结构对核电荷的屏蔽增强，核对外层电子的引力明显减弱，导致原子半径明显增大，从而呈现明显的“双峰效应”。

镧系收缩使得镧系元素之间的半径相近，性质相似，容易共生，从而导致它们的分离提纯很困难。此外，镧系收缩也使得三组过渡元素 Zr 和 Hf、Nb 和 Ta、Mo 和 W 的性质非常相似，分离也很困难。这里需要注意将镧系收缩和对角线规则引起的 Li 与 Mg、Be 与 Al、B 与 Si 这三组主族元素的性质相似性进行区别。

镧系元素最常见和最稳定的氧化数为 +3，此外，镧系元素还存在一些不常见的氧化数，如 Ce、Pr、Tb 存在较为稳定的 +4 氧化数，Sm、Eu、Yb 还具有较稳定的 +2 氧化数。锕系元素的主要氧化数除了 +3 以外，+4、+5 和 +6 都比较常见。锕系元素的 5f 轨道伸展比镧系元素的 4f 轨道离核更远，成键能力更强，因此锕系元素化合物的共价性更强一些，并能保持较高的氧化态。

镧系元素离子大多有一定的颜色，这主要是由 f-f 跃迁引起的。La^{3+}($4f^0$)和 Lu^{3+}($4f^{14}$)为全空或全满电子构型，无法发生 f-f 跃迁，因此显无色；Ce^{3+}($4f^1$)和 Yb^{3+}($4f^{13}$)两种离子的吸收峰位于红外区，因此也为无色；Eu^{3+}($4f^6$)、Gd^{3+}($4f^7$)、Tb^{3+}($4f^8$)和 Dy^{3+}($4f^9$)四种离子的吸收峰全部或大部分位于紫外区，电子跃迁主要吸收紫外光，因此也为无色；剩余的镧系元素离子在可见光区内有明显的吸收，因而常呈现出特征颜色。

3. 单质的基本性质

镧系元素单质通常呈银白色、有光泽、比较软、有延展性并具有顺磁性。随着原子序数的增大，镧系元素单质的熔点和密度逐渐增大，但 Eu 和 Yb 的熔点和密度均较低。镧系元素均为活泼金属元素，有强还原性，还原能力仅次于碱金属和碱土金属。镧系元素金属单质保存时均在表面涂蜡或保存在煤油中，以隔绝空气防止氧化甚至着火。随着原子序数的增大，镧系元素从 La 到 Lu 金属活泼性递减。

锕系元素单质为银白色金属，比镧系金属熔点稍高，密度稍大。锕系元素单质的金属性较强，易与水或氧作用，保存时应避免与氧接触。

(二) 镧系元素的重要化合物

1. 氧化物和氢氧化物

氧化数为 +3 的镧系元素氧化物 Ln_2O_3 为离子型化合物，熔点很高，是很好的耐火材料。Ln_2O_3 显碱性，其碱性随着原子序数增大而减小，难溶于水或碱性介质，但易溶于强酸。

氧化数为 +4 的镧系氧化物具有极强的氧化性。例如，CeO_2 可以将盐酸氧化生成 Cl_2；

PrO_2不仅可以将盐酸氧化成Cl_2，还能氧化H_2O放出O_2。

Ln^{3+}的盐溶液中加入氨水或 NaOH 等得到$Ln(OH)_3$沉淀。$Ln(OH)_3$的碱性与碱土金属氢氧化物接近，但在水中的溶解度比碱土金属氢氧化物小得多。$Ln(OH)_3$的碱性随Ln^{3+}半径的减小而逐渐减弱，这是因为从La^{3+}到Lu^{3+}，半径减小，中心离子对OH^-的引力逐渐增强，$Ln(OH)_3$的解离度逐渐减小。将$Ln(OH)_3$加热首先生成 LnO(OH)，继续升高温度将生成氧化物Ln_2O_3。

2. 盐类

镧系元素的易溶盐主要有氯化物、硫酸盐和硝酸盐等，难溶盐主要有草酸盐、碳酸盐、磷酸盐和氟化物等。

镧系元素氯化物都易溶于水，也易吸水而潮解。直接加热$LnCl_3 \cdot nH_2O$发生部分水解生成氯氧化物。无水$LnCl_3$可在氯化氢气氛中由结晶水合物加热脱水制备。制备无水$LnCl_3$的最佳方法为金属直接与Cl_2反应。例如，Ce 与Cl_2反应制备$CeCl_3$。

镧系元素硫酸盐能与碱金属或碱土金属硫酸盐形成复盐，如$Ln_2(SO_4)_3 \cdot Na_2SO_4 \cdot 2H_2O$。$Ln^{3+}$的硫酸盐能形成复盐的性质与$Al^{3+}$比较类似。

镧系元素草酸盐难溶于水，也难溶于稀酸。利用这一特点，可使镧系离子以草酸盐形式析出而与其他许多金属离子分离开来。

3. 配合物

与 d 区元素相比，镧系元素形成配合物的能力较小，配合物的种类和数量也比 d 区元素少得多。Ln^{3+}的半径比 d 区元素离子的半径更大，因此Ln^{3+}形成的配合物的配位数一般都大于 6，最高可达 12。

(三) 稀土元素的分离

稀土是现代工业尤其是高科技产业的重要原材料，其分离提纯显得十分重要。但稀土分离提纯的工艺非常复杂和困难，原因主要包括两方面：一是稀土元素的性质十分相似，二是稀土精矿分解后所得到的混合稀土化合物中伴生的杂质元素较多。

依据稀土与其他元素或稀土元素之间微小的化学性质差异，可以采用分级结晶法、分级沉淀法、氧化还原法、离子交换法和溶剂萃取法等方法分离提纯稀土元素。

(四) 铀及其化合物

单质 U 是一种银白色金属，密度很大。U 能形成 U(Ⅲ)到 U(Ⅵ)的多种氧化态，其中 U(Ⅵ)最稳定。由于正电荷高，在溶液中 U(Ⅵ)经常以铀酰离子(UO_2^{2+})形式存在。

U 的化学性质很活泼，与很多元素可以直接化合。U 的主要氧化物有UO_2、U_3O_8和UO_3。UO_2为棕色粉末，是核动力反应堆中广泛使用的燃料，同时也是制取UF_4的原料。UO_2可用H_2在高温下还原高价铀氧化物制得。U_3O_8是黑色化合物，随温度不同而呈现暗绿色或橄榄色，可在高温下由UO_3分解制得。UO_3为橙黄色固体，呈两性，可溶于硝酸生成$UO_2(NO_3)_2$(硝酸铀酰)溶液，将$UO_2(NO_3)_2$加热分解又能得到UO_3。在$UO_2(NO_3)_2$溶液中加碱，即析出黄色的重铀酸盐，如黄色的重铀酸钠 $Na_2U_2O_7 \cdot 6H_2O$。铀的氟化物很多，如 UF_3、UF_4、UF_5 和 UF_6 等，其中 UF_6 最重要。利用 $^{238}UF_6$ 和 $^{235}UF_6$ 蒸气扩散速度的差别，能使 U-235 和 U-238 分离而得到纯 U-235 核燃料。

三、习题解析

22-1 完成并配平下列反应方程式：

(1) $EuCl_2 + FeCl_3 \longrightarrow$

(2) $CeO_2 + HCl \longrightarrow$

(3) $UO_2(NO_3)_2 \longrightarrow$

(4) $UO_3 \xrightarrow{\triangle}$

(5) $UO_3 + HF \longrightarrow$

(6) $UO_3 + NaOH \longrightarrow$

(7) $UO_3 + SF_4 \longrightarrow$

(8) $Ce(OH)_3 + NaOH + Cl_2 \longrightarrow$

答 (1) $EuCl_2 + FeCl_3 = EuCl_3 + FeCl_2$

(2) $2CeO_2 + 8HCl = 2CeCl_3 + Cl_2 + 4H_2O$

(3) $2UO_2(NO_3)_2 = 2UO_3 + 4NO_2 + O_2$

(4) $3UO_3 \overset{\triangle}{=} U_3O_8 + 1/2O_2$

(5) $UO_3 + 2HF = UO_2F_2 + H_2O$

(6) $2UO_3 + 2NaOH = Na_2U_2O_7 \cdot H_2O$

(7) $UO_3 + 3SF_4 = UF_6 + 3SOF_2$

(8) $2Ce(OH)_3 + 2NaOH + Cl_2 = 2Ce(OH)_4 + 2NaCl$

22-2 试分析讨论镧系元素的下列性质：

(1) 镧系元素氢氧化物 $Ln(OH)_3$ 的碱性随 Ln 原子序数的增加而降低。

(2) 镧系元素形成配合物的能力很弱，且其中的配位键主要显离子性，共价性较弱。

(3) 大部分 Ln^{3+} 有颜色，属顺磁性。

答 (1) $Ln(OH)_3$ 的碱性与碱土金属氢氧化物接近，但在水中的溶解度比碱土金属氢氧化物小得多。随着 Ln 原子序数的增加，从 La^{3+} 到 Lu^{3+} 的半径逐渐减小。$Ln(OH)_3$ 的碱性则随着 Ln^{3+} 半径的减小而逐渐减弱，这是因为中心离子对 OH^- 的引力逐渐增强，$Ln(OH)_3$ 的解离度逐渐减小。

(2) 以下几个原因降低了镧系元素离子的配合作用。①Ln^{3+} 的基态，4f 轨道与正常价电子轨道 5d、6s、6p 相比居于内层，因此 4f 电子被有效地屏蔽起来，成为一种稀有气体构型的离子，所以 f 电子在通常情况下不参与成键，只有更高能量的轨道可以形成共价键。但是配位场稳定化能相当小，约 4 $kJ \cdot mol^{-1}$。②Ln^{3+} 的离子半径比较大，而且又是稀有气体构型的离子，这方面与 Ca、Ba 相似。因此金属与配位体之间的作用靠静电吸引，具有相当的离子性质，而与配位体的共价作用较弱。③水是特别强的配体。在水介质中加入任何配体与大量水竞争Ln^{3+}的配位位置，通常比较困难，由于镧系元素为亲氧元素，只有强的含氧配体，才能与Ln^{3+}形成稳定的配合物。

(3) 大多数Ln^{3+}在晶体或水溶液中呈现一定的颜色，这主要是由 f-f 跃迁引起的。Ln^{3+}离子呈现的颜色通常与未成对的 f 电子数有关。其中$La^{3+}(4f^0)$和$Lu^{3+}(4f^{14})$因 f 轨道为全空或全满的稳定结构，没有未成对的 f 电子，不能发生 f-f 跃迁，所以呈无色。$Ce^{3+}(4f^1)$、$Eu^{3+}(4f^6)$、$Gd^{3+}(4f^7)$和$Tb^{3+}(4f^8)$虽能实现 f-f 跃迁，但吸收峰落在紫外区，而$Yb^{3+}(4f^{13})$吸收峰落在红外区，所以这些离子也都无色。剩下的Ln^{3+}在可见光区有明显的吸收，所以它们均显示一定的颜色。

22-3 什么是镧系收缩？镧系收缩产生的原因是什么？镧系收缩对第五、第六周期中副族元素性质有什么影响？

答 镧系元素从 La 到 Yb，随着原子序数增大，原子半径(Ce、Eu 和 Yb 除外)呈现缓慢减小的趋势，多数相邻元素的原子半径之差只有 1 pm 左右，这种现象被称为“镧系收缩”。

造成镧系收缩的主要原因是，在镧系元素中，原子核每增加一个质子，相应有一个电子进入 4f 层，但 4f 电子对核的屏蔽不如内层电子，只能屏蔽核电荷的一部分。因此当 4f 电子增加时，有效核电荷只略有增加，对外层电子的引力略有增强，从而使得镧系元素的原子半径和离子半径均逐渐减小，但减小的幅度很小。

镧系收缩产生的结果，使得第三过渡系与第二过渡系的同族元素在原子半径(或离子半径)上相近，其中尤以ⅣB 族中的 Zr 和 Hf、ⅤB 族中的 Nb 和 Ta、ⅥB 族中的 Mo 和 W 更为相近，以致 Zr 和 Hf、Nb 和 Ta、Mo 和 W 的性质非常相似，分离十分困难。

22-4 试说明镧系元素的特征氧化数为 +3，而 Ce、Pr、Tb 的稳定氧化数为 +4，Sm、Eu、Yb 的稳定氧化数为 +2 的原因。

答 因为镧系金属在气态时，失去 2 个 s 电子和 1 个 d 电子或 2 个 s 电子和 1 个 f 电子所需的电离能比较低，所以一般能形成稳定的 +3 氧化数。Ce、Pr、Tb 存在 +4 氧化数，因为它们的 4f 电子层保持或接近全空或半满状态，比较稳定，但只有 +4 氧化数的铈能存在于溶液中，它是很强的氧化剂。同样的道理，Sm、Eu、Yb 呈现 +2 氧化数时，它们的 4f 电子层保持或接近半满或全充满状态，比较稳定，如$Sm^{2+}(4f^6)$、$Eu^{2+}(4f^7)$、$Yb^{2+}(4f^{14})$。

22-5 请从电子构型、离子电荷和离子半径等方面分析镧系元素 +3 氧化数离子(Ln^{3+})在性质上的相似性。

答 镧系元素 +3 氧化数离子(Ln^{3+})已无 6s 和 5d 电子，最外层皆为$5s^25p^6$结构，它们的电子构型由$4f^0$～$4f^{14}$而变化。从 La 到 Lu，随着原子序数增加，有效核电荷增加，核对最外层电子的吸引增强，使离子半径逐渐减小，离子半径从La^{3+}到Lu^{3+}总共收缩 17 pm。由于Ln^{3+}所带电荷相同，而且Ln^{3+}的构型及半径相差不大，致使Ln^{3+}性质极为相似。

22-6 水合稀土氯化物为什么要在一定真空度下进行脱水？

答 因为水合稀土氯化物脱水必须加热，而在加热过程中水合氯化稀土会发生水解，最后产物是稀土的碱式盐，得不到纯无水化合物。例如：

$$LnCl_3 + H_2O \xrightarrow{\triangle} LnOCl + 2HCl\uparrow$$

生产中控制一定真空度，一方面可降低脱水温度；另一方面能将水蒸气抽出，抑制水解。

22-7 从混合稀土中提取单一稀土的主要方法有哪些？

答 稀土元素的分离，首先是将稀土元素与非稀土元素分离；然后是从混合稀土元素中分离提取单一的稀土元素。稀土元素的分离、提取的方法很多，如分级结晶法、分级沉淀法、氧化还原法、离子交换法、溶剂萃取法、液膜萃取法和反相萃取色层法等。其中离子交换法、反相萃取色层法和溶剂萃取法均可实现连续自动地进行多次分配的单元操作，收率较高。

22-8 镧系元素和锕系元素的氧化数有什么不同？

答 镧系元素最常见和最稳定的氧化数为 +3，锕系元素的主要氧化数除了 +3 外，+4、+5 和 +6 都比较常见。由 Ac 到 Am，前半部分锕系元素具有多种氧化态，其中最稳定的氧化数由 Ac 为 +3 上升到 U 为 +6。随后又依次下降，到 Am 为 +3，Cm 以后的稳定氧化数为 +3。锕系元素的 5f 轨道伸展比镧系元素的 4f 轨道离核更远，成键能力更强，因此锕系元素化合物的共价性更强，并能保持较高的氧化态。

22-9 分析讨论 Ln^{3+}与 EDTA 反应生成配合物 Ln(EDTA)的反应中，随镧系元素原子序数的增加，配合物的稳定性将发生怎样的递变？为什么？

答 上述反应的焓变($\Delta_r H_m^\ominus$)随镧系元素原子序数的增加而逐渐变小(越负)。这是由于镧系元素的 Ln^{3+}的离子半径随原子序数增加而逐渐变小，与 EDTA 之间形成的键越牢固，放出的热量越多，$\Delta_r H_m^\ominus$ 越负，生成的配合物越稳定。

22-10 铀元素的某化合物 A 呈橙黄色，灼烧后生成暗绿色的固体 B；加热条件下用 CO 气体还原 A 和 B 均得到暗棕色的固体 C。A 溶于 HNO_3 得到黄绿色溶液，蒸发该溶液，冷却结晶得黄色晶体 D。在 D 的溶液中加 $NH_3 \cdot H_2O$ 得黄色沉淀 E，灼烧 D、E 均能得到化合物 A。用 Ca 等活泼金属在一定温度时还原 A 得到银白色的固体 F。请写出 A～F 的化学式及相关的反应方程式。

答 A：UO_3；B：U_3O_8；C：UO_2；D：$UO_2(NO_3)_2$；E：$(NH_4)_2U_2O_7$；F：U。

$$6UO_3 \xrightarrow{\triangle} 2U_3O_8 + O_2\uparrow$$

$$UO_3 + CO \xrightarrow{\triangle} UO_2 + CO_2$$

$$U_3O_8 + 2CO \xrightarrow{\triangle} 3UO_2 + 2CO_2$$

$$UO_3 + 2HNO_3 = UO_2(NO_3)_2 + H_2O$$

$$2UO_2(NO_3)_2 + 6NH_3 \cdot H_2O = (NH_4)_2U_2O_7\downarrow + 4NH_4NO_3 + 3H_2O$$

$$2UO_2(NO_3)_2 \xrightarrow{\triangle} 2UO_3 + 4NO_2\uparrow + O_2\uparrow$$

$$(NH_4)_2U_2O_7 \xrightarrow{\triangle} 2NH_3\uparrow + 2UO_3 + H_2O$$

$$UO_3 + 3Ca \xrightarrow{\triangle} U + 3CaO$$

四、水 平 测 试

1. 填空题(每空 2 分，共 40 分)

(1) 镧系元素和锕系元素均位于元素周期表的_________区，同属于_________族元素，其中镧系元素处在第_________周期，锕系元素处在第_________周期。

(2) 由于受镧系收缩的影响，第二过渡系和第三过渡系中同族元素的原子半径和离子半径均比较接近，其中尤以ⅣB族的_________和_________、ⅤB族的_________和_________、ⅥB族的_________和_________更为相近，这几组元素的性质也非常相似，分离十分困难。

(3) 镧系元素的最常见和最稳定的氧化数为_________，此外，镧系元素还存在一些不常见的氧化数，如 Ce、Pr、Tb 的稳定氧化数为_________，Sm、Eu、Yb 的稳定氧化数为_________。

(4) 大多数镧系元素化合物有颜色，主要是由_________引起的。

(5) 镧系元素氢氧化物 $Ln(OH)_3$ 的碱性与碱土金属氢氧化物接近，在水中的溶解度比碱土金属氢氧化物更_________。

(6) 镧系元素氧化物 Ln_2O_3 属于_________(填"离子"或"共价")型化合物，显_________(填"酸性"或"碱性")，熔点_________(填"高"或"低")，难溶于水或碱性介质，但易溶于强酸。

(7) 氧化数为 +4 的镧系氧化物具有极强的氧化性，如 CeO_2 可以将盐酸氧化生成_________，PrO_2 能氧化 H_2O 放出_________。

2. 是非题(用"√"、"×"表示对、错并填入括号中，每小题 2 分，共 20 分)

(　)(1) 随着原子序数的增大，镧系元素由 La 到 Lu 金属活泼性递减。

(　)(2) 稀土元素因在地壳中的含量非常稀少而得名。

(　)(3) 镧系元素的还原性很强，仅次于碱金属和碱土金属。

(　)(4) 无水 $LnCl_3$ 可通过直接加热 $LnCl_3 \cdot nH_2O$ 制得。

(　)(5) Ln^{3+}的离子半径较大，能形成高配位数的配合物。

(　)(6) f 区的镧系元素形成配合物的能力比 d 区的过渡元素更强。

(　)(7) 镧系元素和锕系元素的单质都很活泼。

(　)(8) 镧系元素和锕系元素化学性质相似，它们最稳定的氧化数都是 +3。

(　)(9) 铀(U)、钍(Th)和钚(Pu)等锕系元素可用作核反应堆的燃料。

(　)(10) 锕系元素都具有放射性，它们都是人工核反应合成的。

3. 选择题[每小题 2 分，共 22 分，其中第(1)、(9)小题为多选，其余为单选]

(1) 下列元素属于镧系元素的是(　)。

A. Am　　B. Cm　　C. Sm　　D. Tm

(2) 玻璃中因含有 +3 氧化数铁的化合物而使玻璃呈现黄绿色，对玻璃的透明度影响很大。为改善玻璃的透明度，工业上常用的脱色剂是(　)。

A. Ce　　B. Ce_2O_3　　C. CeO_2　　D. ThO_2

(3) 下列镧系元素中，稳定氧化数为 +2 的是(　)。

A. Ce　　B. Pr　　C. Tb　　D. Yb

(4) 在钇的硫氧化物中加入铕杂质($Y_2O_2S:Eu$)制成彩色电视显像管的(　)色荧光粉，能使电视画面明亮度提高 40%，并增加了色彩的鲜艳度。

A. 红　　B. 黄　　C. 蓝　　D. 绿

(5) 镧系元素的原子半径从左至右递变过程中出现极大值(双峰效应)的两个元素是(　)。

A. La 和 Eu　　B. Eu 和 Yb　　C. Yb 和 Lu　　D. La 和 Lu

(6) 下列锕系元素在自然界中不存在的是(　　)。

A. Ac　　B. Th　　C. Np　　D. U

(7) 下列矿物中，可以作为提取稀土元素原料的是(　　)。

A. 孔雀石　　B. 锆英石　　C. 重晶石　　D. 独居石

(8) 镧系元素形成的配合物往往是(　　)。

A. 离子键型　　B. 共价键型　　C. 原子键型　　D. 金属键型

(9) 下列元素中，属于超铀元素的是(　　)。

A. Pm　　B. Np　　C. Pu　　D. Nd

(10) 将 U-235 和 U-238 分离而得到纯 U-235 核燃料的原理是(　　)。

A. 利用 $^{238}UF_6$ 和 $^{235}UF_6$ 密度的差别

B. 利用 $^{238}UF_6$ 和 $^{235}UF_6$ 相对分子质量的差别

C. 利用 $^{238}UF_6$ 和 $^{235}UF_6$ 熔沸点的差别

D. 利用 $^{238}UF_6$ 和 $^{235}UF_6$ 蒸气扩散速度的差别

(11) *下列镧系元素 +3 氧化数离子不是无色的是(　　)。

A. La^{3+}　　B. Sm^{3+}　　C. Gd^{3+}　　D. Lu^{3+}

4. 简答题(每小题 6 分，共 18 分)

(1) 为什么分离提纯稀土元素很困难？目前比较成熟的稀土分离技术有哪些？

(2) 解释下列实验现象，并写出相应的化学方程式。

①白色的 Y_2O_3 溶于盐酸没有气体放出，但 CeO_2 溶于盐酸却放出有刺激性气味的气体。

②橙黄色的 UO_3 溶于稀硝酸后生成亮黄色溶液，再加入氨水后析出亮黄色沉淀。

(3) *有一种无色溶液，可能是 $LaCl_3$ 溶液，也可能是 $ZnCl_2$ 溶液，试用合适的方法进行鉴别。

参考答案

1. 填空题(每空 2 分，共 40 分)

(1) f，ⅢB，六，七。

(2) Zr，Hf，Nb，Ta，Mo，W。

(3) +3，+4，+2。

(4) f-f 跃迁。

(5) 小。

(6) 离子，碱性，高。

(7) Cl_2，O_2。

2. 是非题(用“√”、“×”表示对、错并填入括号中，每小题 2 分，共 20 分)

(1) (√)　(2) (×)　(3) (√)　(4) (×)　(5)(√)　(6) (×)　(7) (√)　(8) (×)　(9) (√)　(10) (×)

3. 选择题[每小题 2 分，共 22 分，其中第(1)、(9)小题为多选，其余为单选]

(1) (CD)　(2) (C)　(3) (D)　(4) (A)　(5) (B)　(6) (C)　(7) (D)　(8) (A)　(9) (BC)　(10) (D)　(11) (B)

4. 简答题(每小题 6 分，共 18 分)

(1) 分离提取出单一纯稀土元素，在化学工艺上是比较复杂和困难的。其主要原因有两个，一是镧系元素之间的物理性质和化学性质十分相似；二是稀土精矿分解后所得到的混合稀土化合物中伴生的杂质元素较多(如铀、钍、铌、钽、钛、锆、铁、钙、硅、氟、磷等)。因此，在分离稀土元素的工艺流程中，不但要考虑这十几个化学性质极其相近的稀土元素之间的分离，还必须考虑稀土元素同伴生的杂质元素之间的分离。

目前比较成熟的稀土分离方法有分级结晶法、分级沉淀法、氧化还原法、离子交换法和溶剂萃取法等。

(2) ①Y_2O_3与盐酸发生复分解反应，生成盐和水，没有气体放出；而CeO_2具有强氧化性，能够将盐酸氧化放出氯气。

$$Y_2O_3 + 6HCl = 2YCl_3 + 3H_2O$$

$$2CeO_2 + 8HCl = 2CeCl_3 + 4H_2O + Cl_2\uparrow$$

②UO_3呈两性，可溶于硝酸后生成亮黄色的硝酸铀酰溶液。向硝酸铀酰溶液中再加入氨水，生成亮黄色的重铀酸铵沉淀。

$$UO_3 + 2HNO_3 = UO_2(NO_3)_2 + H_2O$$

$$2UO_2(NO_3)_2 + 6NH_3 + 3H_2O = (NH_4)_2U_2O_7\downarrow + 4NH_4NO_3$$

(3) 向该无色溶液中逐渐滴加 NaOH 溶液，若先生成沉淀，然后沉淀又能溶解，则原无色溶液为$ZnCl_2$溶液；若滴加 NaOH 溶液时有沉淀生成，并且沉淀并不溶于过量的 NaOH 溶液中，则原无色溶液为$LaCl_3$溶液。有关的化学方程式为

$$ZnCl_2 + 2NaOH = Zn(OH)_2\downarrow + 2NaCl$$

$$Zn(OH)_2 + 2NaOH = Na_2[Zn(OH)_4]$$

$$LaCl_3 + 3NaOH = La(OH)_3\downarrow + 3NaCl$$

(中南大学　张寿春)

附录一 武汉理工大学《无机化学B》模拟题

一、单项选择题(每小题 2 分，共 20 分)

1. 下列各热化学方程式的热效应 $\Delta_r H_m^\ominus$ 符合标准摩尔生成焓变 $\Delta_f H_m^\ominus$ 定义的是(　　)。

(A) $2S(s) + 3O_2(g) \Longrightarrow 2SO_3(s)$，$\Delta_r H_m^\ominus$　　(B) $H_2(g) + I_2(g) \Longrightarrow 2HI(g)$，$\Delta_r H_m^\ominus$

(C) C(金刚石) + $O_2(g) \Longrightarrow CO_2(g)$，$\Delta_r H_m^\ominus$　　(D) C(石墨) + $O_2(g) \Longrightarrow CO_2(g)$，$\Delta_r H_m^\ominus$

2. 下列叙述中，正确的是(　　)。

(A) $\Delta H > 0$，$\Delta S > 0$ 的反应在任意温度下都不能自发进行

(B) $\Delta H < 0$，$\Delta S > 0$ 的反应在任意温度下都能自发进行

(C) $\Delta H > 0$，$\Delta S > 0$ 的反应降低温度有利于自发进行

(D) $\Delta H < 0$，$\Delta S < 0$ 的反应升高温度有利于自发进行

3. 不是共轭酸碱对的一组物质是(　　)。

(A) NaH_2PO_4，Na_3PO_4　　(B) NH_4^+，NH_3　　(C) HS^-，S^{2-}　　(D) H_2O，OH^-

4. 已知 Ag_3PO_4 的 $K_{sp}^\ominus$ 为 8.7×10^{-17}，其饱和溶液中 PO_4^{3-} 浓度为(　　)$mol \cdot L^{-1}$。

(A) 4.2×10^{-5}　　(B) 1.2×10^{-4}　　(C) 1.2×10^{-8}　　(D) 8.3×10^{-5}

5. 在下列离子的基态电子构型中，未成对电子数为 5 的离子是(　　)。

(A) Cr^{3+}　　(B) Co^{2+}　　(C) Fe^{3+}　　(D) Mn^{3+}

6. 原电池 Fe | Fe^{2+}(0.1 $mol \cdot L^{-1}$) ‖ $Cr_2O_7^{2-}$ (0.1 $mol \cdot L^{-1}$)，Cr^{3+}(0.1 $mol \cdot L^{-1}$)，H^+(0.1 $mol \cdot L^{-1}$) | Pt，若增大正极一端 H^+的浓度，其电动势将(　　)。

(A) 增加　　(B) 减少　　(C)不变　　(D) 无法判断

7. 下列各组量子数，不正确的是(　　)。

(A) $n = 2$，$l = 1$，$m = 0$，$m_s = -1/2$　　(B) $n = 3$，$l = 0$，$m = 1$，$m_s = 1/2$

(C) $n = 2$，$l = 1$，$m = -1$，$m_s = 1/2$　　(D) $n = 3$，$l = 2$，$m = -2$，$m_s = -1/2$

8. 下列分子中，中心原子采取不等性 sp^3 杂化的是(　　)。

(A) BF_3　　(B) CS_2　　(C) H_2S　　(D) $SiCl_4$

9. 下列配合物中磁矩为 $0\mu_B$，且空间构型为四面体形的为(　　)。

(A) $[CuCl_2]^-$　　(B) $[Zn(NH_3)_4]^{2+}$　　(C) $[Co(NCS)_4]^{2-}$　　(D) $[CuCl_4]^{2-}$

10. 下列晶体中属于分子晶体的是(　　)。

(A) NaCl　　(B)石墨　　(C) SiC　　(D)干冰

二、填空题(每空 1 分，共 20 分)

1. 在 $BaSO_4$ 的饱和溶液中加入 SO_4^{2-}，则 $BaSO_4$ 的溶解度________；若加入固体 KNO_3，则其溶解度________(填“增大”或“减小”)。

2. 向含有 Cl^-(0.1 $mol \cdot L^{-1}$)、CrO_4^{2-} (0.1 $mol \cdot L^{-1}$)的混合液中逐滴加入 $AgNO_3$ 溶液，________离子先生成沉淀。[已知 $K_{sp}^\ominus(AgCl) = 1.8 \times 10^{-10}$，$K_{sp}^\ominus(Ag_2CrO_4) = 1.1 \times 10^{-12}$]

3. 已知某元素的四个价电子的四个量子数分别为(4, 0, 0, +1/2)、(4, 0, 0, −1/2)、(3, 2, 0, +1/2)、(3, 2, 1, +1/2)，则该元素原子的价电子排布为________，此元素是________。

4. 指出下列化合物中中心原子的杂化轨道类型、分子的空间构型、分子的偶极矩是否为零，说明是否为极性分子。

化合物	杂化轨道类型	分子的空间构型	分子的偶极矩	分子的极性
CO_2				
PCl_3				

5. $[Ca(EDTA)]^{2-}$配离子的命名为________，形成体为________，配体为________，配位原子为________，配位数为________。

6. 6s 轨道的径向分布函数有________个峰，3d 轨道的径向分布函数有________个峰。

三、简答题(每小题 5 分，共 20 分)

1. AgCl 和 NaCl 的阳离子的氧化数都是 +1，为什么 NaCl 易溶于水，而 AgCl 不易溶于水？

2. 在生产上，在恒温恒压条件下采用加入水蒸气的方法，以提高乙烷裂解成乙烯的产率。试写出反应方程式，并以平衡移动的原理加以说明。

3. 用杂化轨道理论解释乙烯分子的空间构型：

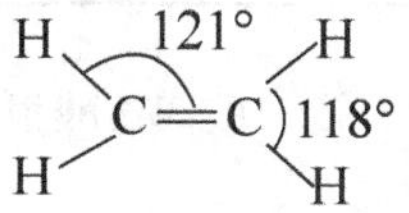

4. 血红色的$[Fe(NCS)]^{2+}$中加入 NaF 会不会发生反应？有什么实验现象？请通过化学平衡原理解释。(已知 $K_f^{\ominus}([Fe(NSC)]^{2+}) = 8.9 \times 10^2$，$K_f^{\ominus}([FeF]^{2+}) = 7.1 \times 10^6$)

$$[Fe(NCS)]^{2+} + F^- \rightleftharpoons [FeF]^{2+} + NCS^-$$

四、计算题(每小题 10 分，共 40 分)

1. 已知 $NH_4Cl(s)$分解反应在 298 K 时的有关热力学数据：

$$NH_4Cl(s) \rightleftharpoons NH_3(g) + HCl(g)$$

	$NH_4Cl(s)$	$NH_3(g)$	$HCl(g)$
$\Delta_f H_m^{\ominus}/(kJ \cdot mol^{-1})$	−314.43	−46.11	−92.31
$S_m^{\ominus}/(J \cdot mol^{-1} \cdot K^{-1})$	94.56	192.34	186.70

(1) 计算该反应在 300℃时的 $\Delta_r G_m^{\ominus}$。

(2) 计算该反应在 300℃时的 $K^{\ominus}$。

(3) 计算在 300℃时氨的平衡分压。

2. 测得某一弱酸(HA)溶液的 pH = 2.52，该一元弱酸的钠盐(NaA)溶液的 pH = 9.15，当上述 HA 和 NaA 溶液等体积混合后测得 pH = 4.52，求该一元弱酸的 $K_a^{\ominus}$ 值。

3. 当 pH = 6.00 时，要使 0.10 $mol \cdot L^{-1}$ 铁盐溶液不生成 $Fe(OH)_3$ 沉淀，可加入 NH_4F，试计算 NH_4F 的最低浓度。[$K_{sp}^{\ominus}[Fe(OH)_3] = 2.8 \times 10^{-39}$，$K_f^{\ominus}([FeF_6]^{3-}) = 1.0 \times 10^{16}$]

4. 现有原电池：(−)Cu | Cu^{2+}(1.0 $mol \cdot L^{-1}$) ‖ $[AuCl_4]^-$(0.10 $mol \cdot L^{-1}$)，Cl^-(0.10 $mol \cdot L^{-1}$) | Au(+)

已知：$E^\ominus(Au^{3+}/Au) = 1.50$ V，$E^\ominus([AuCl_4]^-/Au) = 1.00$ V，$E^\ominus(Cu^{2+}/Cu) = 0.34$ V。

(1) 写出两个电极反应式和电池反应式；

(2) 计算两极电极电势和原电池电动势；

(3) 计算电池反应的标准平衡常数；

(4) 计算 $K_f^\ominus([AuCl_4]^-)$。

参考答案

一、单项选择题(每小题 2 分，共 20 分)

1. D　2. B　3. A　4. A　5. C　6. A　7. B　8. C　9. B　10. D

二、填空题(每空 1 分，共 20 分)

1．减小，增大。

2．Cl^-。

3．$3d^24s^2$，Ti。

4.

化合物	杂化轨道类型	分子的空间构型	分子的偶极矩	分子的极性
CO_2	sp	直线形	0	无
PCl_3	不等性 sp^3	三角锥形	不等于 0	极性

5. 乙二胺四乙酸根合钙(Ⅱ)离子，Ca^{2+}，乙二胺四乙酸根，N、O，6。

6.　6，1。

三、简答题 (每小题 5 分，共 20 分)

1. **答**　NaCl 为离子型晶体，Na^+的极化力和变形性很小，其质点间的作用力为离子键，因此易溶于水。Ag^+由于具有18 电子构型，极化力和变形性都很大，因而共价成分较大，所以不易溶于水。

2. **答**　$C_2H_6(g) \longrightarrow C_2H_4(g) + H_2(g)$是一个气体分子数增大的气态反应。根据勒夏特列原理，恒温恒压条件下加入水蒸气，则生成物与反应物分压均降低，反应平衡被破坏，反应向着增加产率的方向移动，即反应向右边移动。

3. **答**　每个 C 原子 sp^2 杂化，形成 3 个杂化轨道，分别与另一个 C 和两个 H 原子形成 σ 键，两个没有参与杂化的 p 轨道形成 π 键，因此该分子为平面结构，由于 C═C—H 电子密度大于 H—C—H 键，因此键角前者大于后者。

4. **答**　可以进行，溶液由血红色变为无色。

$$K^\ominus = \frac{K_f^\ominus([FeF]^{2+})}{K_f^\ominus[Fe(NCS)^{2+}]} = \frac{7.1\times10^6}{8.9\times10^2} = 8.0\times10^3$$

$K^\ominus$很大，因此正向进行趋势很大。

四、计算题(每小题 10 分，共 40 分)

1. **解**　$\Delta_r H_m^\ominus(298\ K) = (-92.31) + (-46.11) - (-314.43) = 176.01\ (kJ\cdot mol^{-1})$

$\Delta_r S_m^\ominus(298\ K) = 192.34 + 186.70 - 94.56 = 284.48\ (J\cdot mol^{-1}\cdot K^{-1})$

(1) 因为 $\Delta_r H_m^\ominus(298\ K)$和 $\Delta_r S_m^\ominus(298\ K)$随温度的变化很小，所以

$$\Delta_r G_m^\ominus(T) \approx \Delta_r H_m^\ominus - T\Delta_r S_m^\ominus$$

$$\Delta_r G_m^\ominus(573\ K) \approx 176.01 - 573 \times 284.48 \times 10^{-3} = 13.003\ (kJ\cdot mol^{-1})$$

(2)
$$\lg K^\ominus(573\ K) = -\frac{\Delta_r G_m^\ominus}{2.303RT} = -\frac{13.003\times10^3}{2.303\times8.314\times573} = -1.185$$

$$K^{\ominus}(573\ \text{K}) = 0.0653$$

(3) 因为平衡时 $p(NH_3) = p(HCl) = \dfrac{1}{2}p(总)$，

$$K^{\ominus}(573\ \text{K})=\frac{p(NH_3)}{p^{\ominus}}\cdot\frac{p(HCl)}{p^{\ominus}}=[\frac{p(NH_3)}{p^{\ominus}}]^2=0.0653$$

$$p(NH_3) = 25.55\ (\text{kPa})$$

2. **解** 设混合前 $c(HA) = x\ \text{mol}\cdot\text{L}^{-1}$，$c(NaA) = y\ \text{mol}\cdot\text{L}^{-1}$，两者等体积混合，则各自浓度减半。

$$c(H^+)=K_a^{\ominus}(HA)\frac{c(HA)}{c(A^-)} \quad 即 \quad 10^{-4.52}=K_a^{\ominus}(HA)\times\frac{x/2}{y/2} \qquad ①$$

根据其缓冲溶液的 pH = 4.52，可见 HA 的 $K_a^{\ominus}$ 值在 10^{-5} 数量级，则

$$c(H^+)=\sqrt{K_a^{\ominus}(HA)c(HA)} \quad 即 \quad 10^{-2.52}=\sqrt{K_a^{\ominus}(HA)\times x} \qquad ②$$

NaA 为强碱弱酸盐，发生水解：$c(OH^-)=\dfrac{1.0\times10^{-14}}{10^{-9.15}}=10^{-4.85}=1.41\times10^{-5}$

$$c(OH^-)=\frac{K_w^{\ominus}}{c(H^+)}=\sqrt{K_b^{\ominus}(A^-)c(A^-)} \quad 即 \quad c(OH^-)=\frac{1.0\times10^{-14}}{10^{-9.15}}=\sqrt{\frac{K_w^{\ominus}}{K_a^{\ominus}(HA)}\times y} \qquad ③$$

由②得
$$x=\frac{9.12\times10^{-6}}{K_a^{\ominus}(HA)} \qquad ④$$

由③得
$$y=2\times10^4\times K_a^{\ominus}(HA) \qquad ⑤$$

将④、⑤代入①中，解得 $K_a^{\ominus}(HA) = 1.51\times10^{-5}$。

3. **解** pH = 6.00，即 $c(H^+) = 1.0\times10^{-6}\ \text{mol}\cdot\text{L}^{-1}$，而 $c(OH^-) = 1.0\times10^{-8}\ \text{mol}\cdot\text{L}^{-1}$，要使 0.10 $\text{mol}\cdot\text{L}^{-1}$ 铁盐溶液不生成 $Fe(OH)_3$ 沉淀，则需控制

$$c(Fe^{3+})=\frac{2.8\times10^{-39}}{(1.0\times10^{-8})^3}=2.8\times10^{-15}\ (\text{mol}\cdot\text{L}^{-1})$$

配合反应	Fe^{3+}	+ $6F^-$	═══	$[FeF_6]^{3-}$
平衡浓度/($\text{mol}\cdot\text{L}^{-1}$)	4.0×10^{-14}	x		0.10

$$\frac{0.10}{2.8\times10^{-15}\times x^6}=1.0\times10^{16}$$

解得
$$x = c(F^-) = 0.39\ (\text{mol}\cdot\text{L}^{-1})$$

因此 NH_4F 的最低浓度为 $0.39 + 6\times0.10 = 0.99\ (\text{mol}\cdot\text{L}^{-1})$。

4. **解** (1) 正极反应： $[AuCl_4]^- + 3e^- \rlap{=}{=}= Au + 4Cl^-$

负极反应： $Cu - 2e^- === Cu^{2+}$

电池反应： $2[AuCl_4]^- + 3Cu === 2Au + 3Cu^{2+} + 8Cl^-$

(2) 正极电势：

$$E([AuCl_4]^-/Au)=E^{\ominus}([AuCl_4]^-/Au)+\frac{0.0592}{3}\lg\frac{c([AuCl_4]^-)}{c^4(Cl^-)}$$

$$=1.00+\frac{0.0592}{3}\lg\frac{0.10}{0.10^4}=1.06\ (\text{V})$$

负极电势： $E^{\ominus}(Cu^{2+}/Cu) = 0.34\ (\text{V})$

原电池电动势： $E_{MF} = 1.06 - 0.34 = 0.72\ (\text{V})$

(3)
$$\lg K^{\ominus}=\frac{zE_{MF}^{\ominus}}{0.0592}=\frac{6\times(1.00-0.34)}{0.0592}=67.0$$

$$K^{\ominus} = 1.0\times10^{67}$$

(4) $$E^{\ominus}([AuCl_4]^- / Au) = E^{\ominus}(Au^{3+} / Au) + \frac{0.0592}{3}\lg c(Au^{3+})$$

$$1.00 = 1.50 + \frac{0.0592}{3}\lg\frac{1}{K_f^{\ominus}([AuCl_4]^-)}$$

得 $$K_f^{\ominus}([AuCl_4]^-) = 2.2\times10^{25}$$

附录二　武汉理工大学《无机化学 A2》模拟题

一、单项选择题(每小题 2 分，共 30 分)

1. 下列矿物的化学式错误的是(　　)。

(A) 重晶石 $BaSO_4$　　(B) 石膏 $CaSO_4·2H_2O$

(C) 芒硝 Na_2SO_4　　(D) 硝石 $NaNO_3$

2. 下列关于硼和铝的卤化物的叙述中错误的是(　　)。

(A) 硼和铝的卤化物都是共价型化合物

(B) 三卤化硼熔、沸点的高低次序为 $BF_3 < BCl_3 < BBr_3 < BI_3$

(C) BCl_3、BBr_3、BI_3 水解的最后产物都是 H_3BO_3 和相应的 HX

(D) 制备无水三氯化铝只能采用干法

3. 下列反应的最终产物中没有硫化物沉淀的是(　　)。

(A) $SnCl_4$ 与过量的 Na_2S 反应　　(B) $SnCl_2$ 与过量的 Na_2S 反应

(C) $Pb(NO_3)_2$ 与过量的 Na_2S 反应　　(D) $SnCl_4$ 与饱和 H_2S 反应

4. 下列含氧酸中属于一元中强酸的是(　　)。

(A) H_3PO_3　　(B) H_3PO_2　　(C) H_3AsO_3　　(D) H_3AsO_4

5. 下列氢化物中热稳定性最差的是(　　)。

(A) NH_3　　(B) PH_3　　(C) AsH_3　　(D) SbH_3

6. 下列叙述中正确的是(　　)。

(A) H_2O_2 分子构型为直线形　　(B) H_2O_2 既有氧化性又有还原性

(C) H_2O_2 是非极性分子　　(D) H_2O_2 与 $K_2Cr_2O_7$ 的酸性溶液反应生成稳定的 CrO_5

7. 下列各组硫化物中，难溶于稀 HCl 但能溶于浓 HCl 的是(　　)。

(A) Bi_2S_3 和 CdS　　(B) ZnS 和 PbS　　(C) CuS 和 Sb_2S_3　　(D) As_2S_3 和 HgS

8. 下列关于含氧酸酸性的比较结果中正确的是(　　)。

(A) $HNO_3 < HNO_2$　　(B) $H_3PO_4 < H_4P_2O_7$　　(C) $H[BF_4] < H_3BO_3$　　(D) $H_2SO_4 > H_2S_2O_7$

9. 下列反应不能得到 HX 的是(　　)。

(A) $CaF_2 + H_2SO_4 \longrightarrow$　　(B) $KBr + H_2SO_4$(浓) $\longrightarrow$

(C) $I_2 + P_4 + H_2O \longrightarrow$　　(D) $PBr_3 + H_2O \longrightarrow$

10. 下列反应不能产生氯气的是(　　)。

(A) $MnO_2 + HCl$(浓) $\xrightarrow{\triangle}$　　(B) $KMnO_4 + HCl$(浓) $\xrightarrow{\triangle}$

(C) $NaCl + H_2SO_4$(浓) $\longrightarrow$　　(D) $K_2Cr_2O_7 + HCl$(浓) $\xrightarrow{\triangle}$

11. 下列铬的物种中，还原性最差的是(　　)。

(A) Cr^{2+}　　(B) Cr^{3+}　　(C) $Cr(OH)_3$　　(D) $[Cr(OH)_4]^-$

12. 下列物质不易被空气中 O_2 氧化的是(　　)。

(A) $Ni(OH)_2$　　(B) $Mn(OH)_2$　　(C) Fe^{2+}　　(D) $[Co(NH_3)_6]^{2-}$

13. 下列物质中，可用于鉴定 S^{2-}的是(　　)。

(A) $K_3[Fe(CN)_6]$　　(B) $Na_2[Fe(CN)_5NO]$　　(C) $K_4[Fe(CN)_6]$　　(D) $Na_3[Co(CN)_5H_2O]$

14. 下列离子在水溶液中最不稳定的是(　　)。

(A) Cu^{2+}　　(B) Hg_2^{2+}　　(C) Hg^{2+}　　(D) Cu^+

15. 下列电对的标准电极电势最大的是(　　)。

(A) Cu^{2+}/Cu^+　　(B) Cu^+/Cu　　(C) $[CuCl_2]^-/Cu$　　(D) CuI/Cu

二、填空题(每空 1 分，共 17 分)

1. ⅡA 族元素中，性质表现特殊的元素是________，它与 p 区元素中________性质极为相似，如两者的氯化物都是共价化合物，在有机溶剂中溶解度较大。

2. 硼酸为层状晶体，H_3BO_3 分子间以________键结合，层与层之间以________结合，故硼酸晶体具有解理性，可作为润滑剂。

3. 将 $HClO_4$、H_2SiO_3、H_2SO_4、H_3PO_4 按酸性由高到低顺序排列为________。

4. 砷、锑、铋的氧化物中，酸性最强的是________，碱性最强的是________。

5. 写出下列离子的化学式：硫代硫酸根________；过二硫酸根________。

6. $CrCl_3$ 溶液与氨水反应生成灰绿色的 $Cr(OH)_3$ 沉淀，该沉淀产物与 NaOH 溶液反应生成________色的________溶液。

7. 高锰酸钾是强氧化剂，它在酸性溶液中与 H_2O_2 反应的主要产物是_______和_______，它在中性或弱碱性溶液中与 Na_2SO_3 反应的主要产物是________和________。

8. 用于鉴定 Ni^{2+}的试剂是_______，鉴定反应需要在氨碱性溶液中进行，反应生成_______色的沉淀。

三、问答题(每小题 8 分，共 40 分)

1. 写出 H_2^+、He_2、He_2^+、C_2 的分子轨道电子排布式，计算其键级并判断其磁性，说明哪些可以稳定存在，哪些不能存在。

2. 已知下列配离子在八面体场中的晶体场分裂能 Δ_o 和中心离子的电子成对能 P。给出中心离子 d 电子在 t_{2g} 和 e_g 轨道上的分布和单电子数，并计算配合物的磁矩和晶体场稳定化能。

配离子	分裂能 $\Delta_o/(kJ \cdot mol^{-1})$	电子成对能 $P/(kJ \cdot mol^{-1})$
$[Fe(H_2O)_6]^{2+}$	124	210
$[Fe(CN)_6]^{4-}$	395	210

3. 试以碳酸盐为例说明无水含氧酸盐热分解的本质，并讨论金属离子的性质对含氧酸盐热稳定性的影响。

4. 比较 NH_3、N_2H_4、NH_2OH 碱性的强弱，并说明原因。

5. 根据碱土金属性质的递变规律，预测镭(Ra)的下列性质：

(1) 镭可以形成哪些氧化物？

(2) $Ra(OH)_2$ 的碱性及在水中的溶解性。

(3) $RaSO_4$ 和 $RaCrO_4$ 在水中的溶解性。

四、综合题(第 1 小题 8 分，第 2 小题 5 分，共 13 分)

1. 某溶液中含有 Ag^+、Cu^{2+}、Zn^{2+}、Hg_2^{2+}、Hg^{2+}、Mg^{2+}和 Cd^{2+}，试将它们分离并鉴定。图示分离鉴定步骤。

2. 固体混合物中可能含有 $CuSO_4$、$ZnSO_4$、$AgNO_3$、$HgCl_2$、$SnCl_2$、NaCl。通过下列实验，判断哪些物质肯定存在，哪些物质肯定不存在。并分析原因。

(1) 取少量混合物投入水中并微热，有白色沉淀生成，溶液最后为无色。

(2) 将沉淀分离后与氨水作用，沉淀全部消失，溶液变为蓝色。向蓝色溶液中加过量盐酸，无沉淀生成。

(3) 取(1)的溶液加适量氢氧化钠溶液，有白色沉淀生成。该白色沉淀溶于过量的氢氧化钠，但在氨水中只有部分溶解。

参考答案

一、单项选择题(每小题 2 分，共 30 分)

1. C　2. A　3. A　4. B　5. D　6. B　7. A　8. B　9. B　10. C　11. B　12. A　13. B　14. D　15. B

二、填空题(每空 1 分，共 17 分)

1. Be, Al。

2. 氢，范德华力。

3. $HClO_4 > H_2SO_4 > H_3PO_4 > H_2SiO_4$。

4. As_2O_5，Bi_2O_3。

5. $S_2O_3^{2-}$，$S_2O_8^{2-}$。

6. 亮绿，$[Cr(OH)_4]^-$。

7. Mn^{2+}，O_2，MnO_2，SO_4^{2-}。

8. 丁二肟(丁二酮肟)乙醇溶液，鲜红。

三、问答题(每小题 8 分，共 40 分)

1. **答**　H_2^+：$(\sigma_{1s})^1$　键级：1/2 = 0.5，顺磁性，可以存在

He_2：$(\sigma_{1s})^2(\sigma_{1s}^*)^2$　键级：0，反磁性，不能存在

He_2^+：$(\sigma_{1s})^2(\sigma_{1s}^*)^1$　键级：(2 − 1)/2 = 0.5，顺磁性，可以存在

C_2：$(\sigma_{1s})^2(\sigma_{1s}^*)^2(\sigma_{2s})^2(\sigma_{2s}^*)^2(\pi_{2p})^4$　键级：4/2 = 2，反磁性，可以存在

2. **答**

配离子	d 电子排布	单电子数	磁矩/μ_B	CFSE/(kJ·mol^{-1})
$[Fe(H_2O)_6]^{2+}$	$t_{2g}^4e_g^2$	4	4.90	49.6
$[Fe(CN)_6]^{4-}$	$t_{2g}^6e_g^0$	0	0	528

3. **答**　含氧酸盐基本上是离子晶体，即占据晶格点的是金属离子 M^{n+}和含氧酸根离子(如 CO_3^{2-}、SO_4^{2-}等)。通常的条件下，这些离子在晶体中总是以晶格点为中心做振摆运动。如加热，则加剧这种振摆运动，使正负离子更加靠近，从而加强了正负离子之间的相互极化作用。这种相互极化作用继续增强的结果就是金属离子 M^{n+}夺取了含氧酸根中的部分 O^{2-}，引起含氧酸根离子的完全破裂。无水含氧酸盐热分解的本质就是正离子争夺含氧酸根中的 O^{2-}。

金属离子的正电场越强，该含氧酸盐越容易分解。例如，过渡金属碳酸盐比碱土金属碳酸盐更容易分解，因为过渡金属不规则电子层结构有较强的正电场。

4. **答**　碱性 $NH_3 > N_2H_4 > NH_2OH$，N_2H_4和 NH_2OH 可以看成 NH_3 中一个 H 被—NH_2 和—OH 取代而得到的产物，由于电负性 H < N < O，吸引电子能力 H < N < O，因而 NH_3 被取代后给电子能力减弱，则碱性逐渐减弱。

5. **答**　(1) RaO 和 RaO_2(活泼性逐渐增强，与 Ba 类似，有氧化物和过氧化物)。

(2) 碱性强，溶解度大。

(3) $RaSO_4$ 和 $RaCrO_4$ 在水中的溶解性小。

四、综合题(第 1 小题 8 分，第 2 小题 5 分，共 13 分)

1. **答**

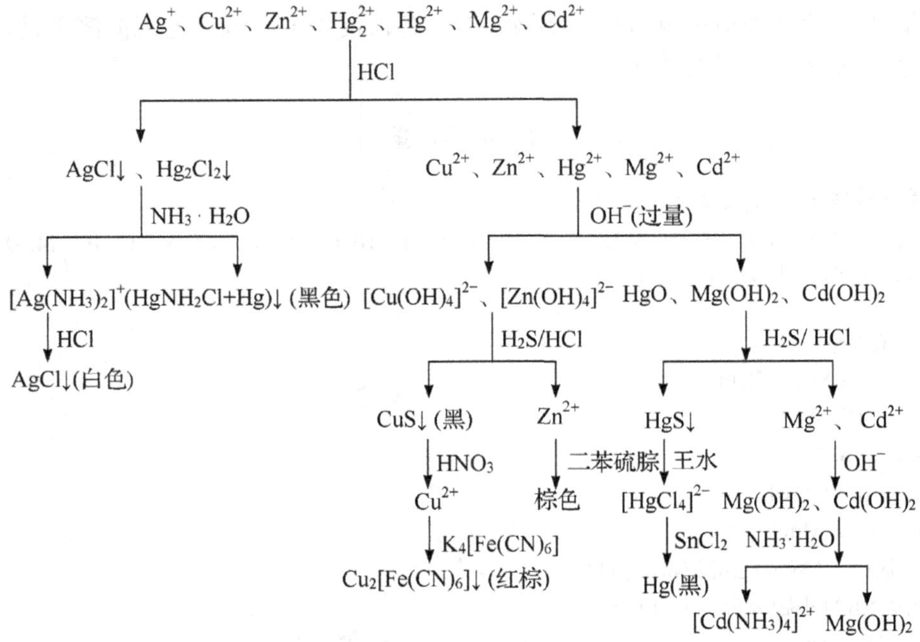

2. **答**　肯定存在的是 $CuSO_4$、$SnCl_2$、$ZnSO_4$。肯定不存在的是 $AgNO_3$、$HgCl_2$。

由实验(1)，白色沉淀可能是 AgCl、Hg_2Cl_2、CuCl、Ag_2SO_4，则混合物中可能有 $AgNO_3$、$HgCl_2$、$SnCl_2$、$CuSO_4$ 中的若干。

由实验(2)，沉淀溶于氨水等现象表明，沉淀中不存在 AgCl、Hg_2Cl_2 和 Ag_2SO_4，可以断定原混合物中肯定有 $CuSO_4$ 和 $SnCl_2$，肯定没有 $AgNO_3$ 和 $HgCl_2$。

$$2CuSO_4 + SnCl_2 \xrightarrow{\triangle} 2CuCl + Sn(SO_4)_2$$

由实验(3)，原混合物中肯定还有 $ZnSO_4$。

附录三 中南大学《无机化学 A》模拟题(一)

一、选择题(1～20 为单选题，每题 1 分；21～25 为多选题，每题 2 分，错答不得分，少答得 1 分。共 30 分)

1. 在一定温度下，某容器中充有质量相同的下列气体，其中分压最大的是(　)。

A. He　　B. N_2　　C. Cl_2　　D. CO_2

2. 下列离子与过量的 KI 溶液反应只得到澄清的无色溶液的是(　)。

A. Cu^{2+}　　B. Fe^{3+}　　C. Hg^{2+}　　D. Hg_2^{2+}

3. 用理想气体状态方程可以估算太阳中心的温度。假设太阳中心是由平均摩尔质量 2.0 的气体构成，气体的密度和压强分别是 $1.4 \times 10^3\ kg \cdot m^{-3}$ 和 1.3×10^9 atm，则太阳中心的温度是(　)K。

A. 5.4×10^8　　B. 2.3×10^7　　C. 2.9×10^8　　D. 3.4×10^7

4. HNO_3 是平面形分子，NO_3^- 是平面形离子，它们中存在的离域π键分别是(　)。

A. Π_3^4 和 Π_3^4　　B. Π_4^6 和 Π_3^4　　C. Π_4^6 和 Π_4^6　　D. Π_3^4 和 Π_4^6

5. 下列物质的溶解度不随 pH 变化的是(　)。

A. AgCl　　B. $CaCO_3$　　C. $Fe(OH)_3$　　D. ZnS

6. Fe^{2+}的价电子构型为 $3d^6$，$[Fe(CN)_6]^{4-}$的 CFSE 是(　)。

A. − 24 Dq　　B. − 24 Dq + P　　C. − 24 Dq + 2P　　D. − 24 Dq + 3F

7. 若某一反应的转化率达到 87.5%时，所需的时间为 $3t_{1/2}$，则该反应为(　)。

A. 零级反应　　B. 一级反应　　C. 二级反应　　D. 三级反应

8. 对一个化学反应，下列说法正确的是(　)。

A. $\Delta_r H_m^\ominus$ 越负，反应速率越快　　B. $\Delta_r G_m^\ominus$ 越负，反应速率越快

C. E_a 越大，反应速率越快　　D. E_a 越小，反应速率越快

9. 将 MnS 溶解在 HAc-NaAc 缓冲溶液中，达到平衡后，系统的 pH 应(　)。

A. 增大　　B. 减小　　C. 不变　　D. 无法确定

10. 在液氨中，对分子间作用力贡献最大的是(　)。

A. 诱导力　　B. 取向力　　C. 氢键　　D. 色散力

11. A、B、C、D 四种金属，将 A、B 用导线连接，浸在稀硫酸中，在 A 表面上仅有氢气放出，B 放出氢气并逐渐溶解；将含有 A、C 两种金属的阳离子溶液进行电解时，阴极上先析出 C；把 D 置于 B 的盐溶液中有 B 析出。则这四种金属还原性由强到弱的顺序是(　)。

A. A > B > C > D　　B. D > B > A > C　　C. C > D > A > B　　D. B > C > D > A

12. 下列氧化物中，不属于两性氧化物的是(　)。

A. TiO_2　　B. Cr_2O_3　　C. PbO_2　　D. Co_2O_3

13．下列电对中，标准电极电势 $E^{\ominus}$值最大的是(　　)。

A. $E^{\ominus}(Ag^+/Ag)$　　B. $E^{\ominus}(AgI/Ag)$

C. $E^{\ominus}([Ag(NH_3)_2]^+/Ag)$　　D. $E^{\ominus}([Ag(S_2O_3)_2]^{3-}/Ag)$

14. 下列各对分子的键角大小关系错误的是(　　)。

A. $CH_4 > NH_3$　　B. $NH_3 > NF_3$　　C. $PF_3 > NF_3$　　D. $OF_2 < Cl_2O$

15. 下列物质不易被空气中的 O_2 氧化的是(　　)。

A. $Mn(OH)_2$　　B. $Ni(OH)_2$　　C. Fe^{2+}　　D. $[Co(NH_3)_6]^{2+}$

16. 下列物质的用途不正确的是(　　)。

A. $Na_2S_2O_3$ 用作定影剂　　B. MgO 用于制作耐火材料

C. $BaSO_4$ 作“钡餐”试剂　　D. AgBr 用于人工降雨

17. 已知 CaS 晶体中，正、负离子半径比为 0.538，推测 CaS 属于(　　)离子晶体。

A. NaCl 型　　B. CsCl 型　　C. ZnS 型　　D. BeO 型

18. 298 K 时，已知 $MO(OH)(s) \rightleftharpoons MO^+(aq) + OH^-(aq)$的 $K_{sp}^{\ominus} = 1.0 \times 10^{-20}$，同温度时，将 MO(OH)溶于水至饱和，溶液的 pH 约为(　　)。

A. 0.00　　B. 4.00　　C. 7.00　　D. 10.00

19. 下列物质中，熔点最低的是(　　)。

A. NaF　　B. KBr　　C. KCl　　D. MgO

20. 在下列各种酸中，酸性最强的是(　　)。

A. H_2SO_4　　B. H_3PO_4　　C. H_3AsO_4　　D. $HClO_4$

21. 298 K 时，汽车尾气无害化反应：$NO(g) + CO(g) = 1/2N_2(g) + CO_2(g)$ 的 $\Delta_r H_m^{\ominus} < 0$，为取得有毒气体的最大转化率，可采取的措施是(　　)。

A. 低温　　B. 高压　　C. 加入催化剂　　D. 减小反应物浓度

22. 下列递变规律中，正确的是(　　)。

A. 酸性：HClO > HBrO > HIO　　B. 酸性：$HClO_4 > HClO_3 > HClO$

C. 氧化性：$HClO_4 > HClO_3 > HClO$　　D. 稳定性：$HClO_4 > HClO_3 > HClO$

23. 下列关于 O_3 的说法正确的是(　　)。

A. O_3 是非极性分子　　B. O_3 为“V”形分子

C. O_3 是淡蓝色气体　　D. O_3 为顺磁性物质

24. 下列各对元素中，化学性质非常相似的是(　　)。

A. Be 和 Mg　　B. Zr 和 Hf　　C. Li 和 Mg　　D. Nb 和 W

25. 下列各组物质，属于共轭酸碱对的是(　　)。

A. NH_3，NH_2^-　　B. NaOH，Na^+　　C. HS^-，S^{2-}　　D. H_2O，OH^-

二、填空题(每空 1 分，共 26 分)

1. 比较下列原子轨道能量的相对高低：(以 > 、< 或 = 符号表示)

(1) 氢原子中，E_{3s}________E_{3p}，E_{3d}________E_{4s}。

(2) 钾原子中，E_{3s}________E_{3p}，E_{3d}________E_{4s}。

2. ^{203}Hg 可用于肾脏扫描，某医院购入 0.200 g $^{203}Hg(NO_3)_2$ 试样，已知 ^{203}Hg 的半衰期为 46.1 天，此衰变反应属于________级反应，速率常数为________，180 天后，未发生衰变的试样还有________g。(保留三位有效数字)

3. 在 27℃时，反应 $CaCO_3(s) \Longleftrightarrow CaO(s) + CO_2(g)$ 的 $Q_{V,m} = 175.5\ kJ \cdot mol^{-1}$，此温度下，$Q_{p,m}$ = ________ $kJ \cdot mol^{-1}$。

4. 根据杂化轨道理论，CS_2 中的 C 原子采取________杂化；根据价层电子对互斥理论，XeF_2 分子的空间构型为________。

5. 过氧化钠中 O_2^{2-} 的分子轨道电子排布式为________，键级为________。

6. 第 31 号元素镓(Ga)是当年门捷列夫预言过的类铝，现在是重要的半导体材料之一。Ga 的核外电子构型为________，它位于周期表中________族。

7. 经 X 射线衍射测定表明，几乎所有金属晶体都呈密堆积结构，在密堆积结构中空间利用率最高的是__________最密堆积和__________最密堆积，其中金属原子的配位数是________。

8. 某配合物的结构简式是$[Cr(OH)_3(H_2O)(en)]$，按无机化合物系统命名原则，命名为________。

9. 已知$[Ni(NH_3)_4]^{2+}$的磁矩为 $3.2\mu_B$，根据价键理论，中心原子的杂化轨道为________，空间构型为________。

10. 既可用来鉴定 Fe^{3+}，也可用来鉴定 Co^{2+}的试剂是________；既可用来鉴定 Fe^{3+}，也可用来鉴定 Cu^{2+}的试剂是________。

11. 乙硼烷分子中两个硼原子与一个氢原子之间通过________键相连，这体现了硼氢化物________的特征 。

12. 将 $MgCl_2$ 加到氨水中，有白色沉淀产生，再加入足量的 NH_4Cl 浓溶液，白色沉淀溶解。上述变化的离子方程式为________，这是________效应作用的结果。

三、判断题(每题 1 分，共 10 分，对的打"√"，错的打"×")

1. (　) N_2O_4 受热分解生成了 1 mol NO_2，则该反应进度为 1 mol。

2. (　) 某化学反应速率常数为 $2.0\ mol \cdot L^{-1} \cdot s^{-1}$，该化学反应为二级反应。

3. (　) 海森伯不确定性原理又称测不准原理，该原理表示了微观粒子运动的不可知性。

4. (　) 碱土金属碳酸盐的热稳定性随原子序数的增加而增大。

5. (　) 同一中心离子形成的配合物，低自旋配合物的磁矩较小，高自旋配合物的磁矩较大。

6. (　) AgCl 的 $K_{sp}^{\ominus} = 1.8 \times 10^{-10}$，则所有含固体 AgCl 的溶液中，$c(Ag^+) = c(Cl^-)$。

7. (　) 影响缓冲溶液缓冲容量的因素是弱酸(或弱碱)的 K_i 值。

8. (　) 用盐酸处理铅丹时所得到的主要产物是 $PbCl_2$ 和 Cl_2。

9. (　) 混合气体中各组分的摩尔分数相等，则各组分的物质的量必然相等。

10. (　) 298 K 时，MgO 分解产生的氧的分压小于大气中氧的分压，因此，Mg 在空气中不稳定。

四、简答题(每题 5 分，共 10 分)

1. 有一橙红色固体铵盐 A，受热后得绿色的固体 B 和无色气体 C。固体 B 溶于过量的 NaOH 溶液生成绿色的溶液 D，在 D 中加适量 H_2O_2 生成黄色溶液 E，将 E 酸化变为橙色的溶液 F。试判断 A～F 各为哪种物质。写出有关反应方程式。

2. 试解释 Cu^+与 Na^+电荷相同，半径相近(前者 96 pm，后者 95 pm)，但是 CuCl 的熔点为 425℃，NaCl 的熔点为 801℃，相差很大；在水溶液中，CuCl 难溶，NaCl 易溶。

五、计算题(每题 8 分，共 24 分)

1. 将 40.0 mL 0.200 mol · L^{-1} $NH_3(aq)$与 20.0 mL 0.200 mol · L^{-1} HCl 溶液相混合，求所得混合溶液的 pH。若向此溶液中加入 0.134 g 固体 $CuCl_2$(忽略体积变化)，是否有 $Cu(OH)_2$ 沉淀生成？(已知 $K_b^\ominus(NH_3)_3 = 1.8 \times 10^{-5}$，$K_{sp}^\ominus[Cu(OH)_2] = 5.6 \times 10^{-20}$，Cu 的相对原子质量为 63.5，Cl 的相对原子质量为 35.5；结果保留 3 位有效数字)

2. 已知 298.15 K 时，下列反应的相关热力学数据为

	$MnO_2(s)$	+ $4H^+(aq)$	+ $2Cl^-(aq)$	═══ $Mn^{2+}(aq)$	+ $Cl_2(g)$	+ $2H_2O(l)$
$\Delta_f H_m^\ominus/(kJ \cdot mol^{-1})$	− 520.00	0	− 167.20	− 220.80	0	− 285.80
$S_m^\ominus/(J \cdot K^{-1} \cdot mol^{-1})$	53.10	0	56.50	− 73.60	223.10	69.90

通过上述反应，由二氧化锰固体与盐酸反应制取氯气：

(1) 通过计算确定在 298.15 K 和标准状态下，上述反应能否自发进行。

(2) 计算 298.15 K 时该反应的标准平衡常数 $K^\ominus$。

(3) 估算该反应在标准状态下的最低反应温度。

(4) 若用浓盐酸(浓度为 12.0 mol · L^{-1})，假定其他物质仍处于标准状态，在 298.15 K 时，通过计算判断上述反应能否自发进行。

3. 298.15 K 时，已知 $E^\ominus(Cl_2/Cl^-) = 1.360$ V，$E^\ominus(Ag^+/Ag) = 0.7991$ V，$K_{sp}^\ominus(AgCl) = 1.80 \times 10^{-10}$，$F = 96485$ C · mol^{-1}。在该温度下，将下列反应设计为原电池，

$$Cl_2(g，10.0\ kPa) + 2Ag(s) \rightleftharpoons 2AgCl(s)$$

请完成下列问题：

(1) 写出组成该电池的两个电极反应。

(2) 计算 $E^\ominus(Cl_2/ AgCl)$。

(3) 计算该电池的标准电池电动势 $E^\ominus$和电池反应的标准平衡常数 $K^\ominus$。

(4) 计算该电池反应的$\Delta_r G_m$。

参考答案

一、选择题(1～20 为单选题，每题 1 分，21～25 为多选题，每题 2 分，错答不得分，少答得 1 分。共 30 分)

1. A　2. C　3. B　4. D　5. A　6. C　7. B　8. D　9. A　10. C　11. B　12. D　13. A　14. C　15. B　16. D　17. A　18. C　19. B　20. D　21. AB　22. ABD　23. BC　24. BC　25. ACD

二、填空题(每空 1 分，共 26 分)

1. =，<，<，>。

2. 一，0.0150 天$^{-1}$ 或 $6.26 \times 10^{-4}\ s^{-1}$ 或 $1.74 \times 10^{-7}\ h^{-1}$，0.0133。

3. 178.0。

4. sp，直线形。

5. $(\sigma_{1s})^2(\sigma_{1s}^*)^2(\sigma_{2s})^2(\sigma_{2s}^*)^2(\sigma_{2p_x})^2(\pi_{2p_y})^2(\pi_{2p_z})^2(\pi_{2p_y}^*)^2(\pi_{2p_z}^*)^2 / (\pi_{2p})^4(\pi_{2p}^*)^4$，1。

6. $1s^2 2s^2 2p^6 3s^2 3p^6 3d^{10} 4s^2 4p^1$ 或$[Ar]3d^{10} 4s^2 4p^1$，ⅢA。

7. 面心立方，六方，12。

8. 三羟 · 水 · (乙二胺)合铬(Ⅲ)。

9. sp^3，四面体形。

10. KSCN，$K_4[Fe(CN)_6]$。

11. 三中心二电子氢桥或 3c-2e 氢桥或氢桥，缺电子。

12. $Mg^{2+} + 2NH_3 \cdot H_2O \rightleftharpoons Mg(OH)_2\downarrow + 2NH_4^+$（正逆皆可），同离子。

三、判断题(每题1分，共10分，对的打“√”，错的打“×”)

1. × 2. × 3. × 4. √ 5. √ 6. × 7. × 8. √ 9. √ 10. √

四、简答题(每题5分，共10分)

1. A. $(NH_4)_2Cr_2O_7$；B. Cr_2O_3；C. N_2；D. $[Cr(OH)_4]^-$；E. CrO_4^{2-}；F. $Cr_2O_7^{2-}$。

$$(NH_4)_2Cr_2O_7 \xrightarrow{\Delta} Cr_2O_3 + N_2\uparrow + 4H_2O$$

$$Cr_2O_3 + 3H_2O + 2OH^- = 2[Cr(OH)_4]^-$$

$$2[Cr(OH)_4]^- + 3H_2O_2 + 2OH^- = 2CrO_4^{2-} + 8H_2O$$

$$2CrO_4^{2-} + 2H^+ = Cr_2O_7^{2-} + H_2O$$

2. Cu^+与Na^+虽然电荷数相同，半径相近，但离子的电子层构型不同。Na^+为$8e^-$型离子，Cu^+为$18e^-$型离子。$18e^-$型离子具有较大的变形性，有较强的附加极化作用，所以总的极化能力较大，导致CuCl的键型由离子型过渡为共价型。NaCl为离子型化合物，因此NaCl熔点较高，水溶性较大，CuCl则熔点低、水溶性小。

五、计算题(每题8分，共24分)

1. 解　混合后的浓度：

$$c(NH_3) = 0.200 \times \frac{40.0}{40.0 + 20.0} = 0.133\ (mol \cdot L^{-1})$$

$$c(HCl) = 0.200 \times \frac{20.0}{40.0 + 20.0} = 0.0667\ (mol \cdot L^{-1})$$

酸碱中和后剩余0.0663 $mol \cdot L^{-1}$氨水，生成0.0667 $mol \cdot L^{-1}$ 氯化铵，

$$pH = 14.00 - pK_b^\ominus + \lg[c(NH_3)/c(NH_4^+)] = 14.00 - [-\lg(1.8 \times 10^{-5})] + \lg(0.0663/0.0667) = 9.26$$

则

$$c(OH^-) = 1.8 \times 10^{-5}\ mol \cdot L^{-1}$$

加入0.134 g 固体$CuCl_2$后：

$$c(Cu^{2+}) = \frac{0.134}{134} \times \frac{1000}{60.0} = 0.0167\ (mol \cdot L^{-1})$$

离子积 $J = c(Cu^{2+}) \times [c(OH^-)]^2 = 0.0167 \times (1.8 \times 10^{-5})^2 = 5.41 \times 10^{-12} > K_{sp}^\ominus[Cu(OH)_2] = 5.6 \times 10^{-20}$，所以有$Cu(OH)_2$沉淀生成。

2. 解　(1) 根据吉布斯-亥姆霍兹公式：

$$\Delta_r G_m^\ominus = \Delta_r H_m^\ominus - T\Delta_r S_m^\ominus$$

$$\Delta_r H_m^\ominus(298.15\ K) = -220.80 + 0 + 2 \times (-285.80) - (-520.00) - 0 - 2 \times (-167.20) = 62.00\ (kJ \cdot mol^{-1})$$

$$\Delta_r S_m^\ominus(298.15\ K) = -73.60 + 223.10 + 2 \times 69.90 - 53.10 - 0 - 2 \times 56.50 = 123.20\ (J \cdot K^{-1} \cdot mol^{-1})$$

所以 $\Delta_r G_m^\ominus(298.15\ K) = 62.00 - 298.15 \times 123.2 \times 10^{-3} = 25.27\ (kJ \cdot mol^{-1}) > 0$

标准态下298.15 K时反应正向不自发。

(2) 298.15 K时，根据 $\Delta_r G_m^\ominus = -RT\ln K^\ominus$，

$$\ln K^\ominus = -\Delta_r G_m^\ominus / RT = -25.30 \times 10^3 / (8.314 \times 298.15) = -10.21$$

$$K^\ominus = 3.7 \times 10^{-5}$$

(3) 若 $\Delta_r G_m^\ominus(T) = \Delta_r H_m^\ominus(T) - T\Delta_r S_m^\ominus(T) < 0$，则正向自发，又因为$\Delta_r H_m^\ominus$、$\Delta_r S_m^\ominus$随温度变化不大，则

$\Delta_r G_m^\ominus(T) = \Delta_r H_m^\ominus(T) - T\Delta_r S_m^\ominus(T) \approx \Delta_r H_m^\ominus(298.15\ K) - T \times \Delta_r S_m^\ominus(298.15\ K) = 62.0 - T \times (123.2 \times 10^{-3}) < 0$

故 $T > 62.0/(123.2 \times 10^{-3}) = 503\ (K)$

该反应在标准状态下的最低反应温度约为503 K。

(4) 298.15 K时，上述条件下为非标准状态下的反应，其起始时刻的反应商为

$$J=\frac{c(Mn^{2+})\cdot[p(Cl_2)/p^\ominus]}{c^4(H^+)\cdot c^2(Cl^-)}=\frac{1.0\times(100/100)}{12.0^4\times12.0^2}=3.3\times10^{-7}$$

因为 $J = 3.3 \times 10^{-7} < K^\ominus(298.15\ K) = 3.7 \times 10^{-5}$，所以该反应 298.15 K 时在此非标准状态下正向自发。

3. **解** (1) 正极反应：$Cl_2(g) + 2Ag^+(aq) + 2e^- \rightleftharpoons 2AgCl(s)$

负极反应：$2Ag^+(aq) + 2e^- \rightleftharpoons 2Ag(s)$

(2) $E^\ominus(Cl_2/AgCl) = E(Cl_2/Cl^-) = E^\ominus(Cl_2/Cl^-) - (0.0592/2)\lg\{c^2(Cl^-)/[p(Cl_2)/p^\ominus]\}$

$= 1.360 - 0.0592\lg[K_{sp}^\ominus(AgCl)/c(Ag^+)]$

$= 1.937\ (V)$

(3) 该电池的标准电池电动势

$$E^\ominus = E^\ominus(Cl_2/AgCl) - E^\ominus(Ag^+/Ag) = 1.937 - 0.7991 = 1.138\ (V)$$

$$\lg K^\ominus = nE^\ominus/0.0592 = 2 \times 1.138/0.0592 = 38.446$$

则该电池反应的标准平衡常数为 $K^\ominus = 2.79 \times 10^{38}$。

(4) 该电池反应的 $\Delta G_m^\ominus = -nFE^\ominus = -2 \times 96485 \times 1.138 = -219.6\ (kJ\cdot mol^{-1})$

$$\Delta_r G_m = \Delta G_m^\ominus + RT\ln J = \Delta G_m^\ominus + RT\ln\{1/[p(Cl_2)/p^\ominus]\}$$

$$= -219.6 + 8.314 \times 298.15 \times 10^{-3}\ln[1/(10.0/100.0)]$$

$$= -213.9\ (kJ\cdot mol^{-1})$$

附录四　中南大学《无机化学 A》模拟题(二)

一、选择题(1～20 题为单选，每题 1 分；21～25 题为多选，每题 2 分，错答不得分，少答得 1 分。共 30 分)

1. 一定温度下，某容器中含有相同质量的 H_2、O_2、N_2 和 He 的混合气体，其中分压最小的组分是(　　)。

A. H_2　　B. He　　C. N_2　　D. O_2

2. 某反应的速率常数 $k = 4.62 \times 10^{-2}\ min^{-1}$，反应物初始浓度为 0.10 $mol \cdot L^{-1}$，则该反应的半衰期($t_{1/2}$)为(　　)min。

A. 15　　B. 30　　C. 60　　D. 216

3. 在 298 K，反应 $BaCl_2 \cdot H_2O(s) \longrightarrow BaCl_2(s) + H_2O(g)$达到平衡时，$p(H_2O) = 330$ Pa，反应的 $\Delta_r G_m^\ominus$ 为(　　) $kJ \cdot mol^{-1}$。

A. – 4.3　　B. 14.2　　C. 139　　D. – 141

4. 为了减少汽车尾气对大气的污染，拟按反应 $2NO(g) + 2CO(g) \longrightarrow N_2(g) + 2CO_2(g)$ 进行催化转化，该反应 $\Delta_r H_m^\ominus(298\ K) = -374\ kJ \cdot mol^{-1}$。下列措施中有利于提高反应转化率的是(　　)。

A．低温低压　　B．高温高压　　C．低温高压　　D．高温低压

5. 25℃时，$10^{-8}\ mol \cdot L^{-1}$ 的盐酸的 pH 为(　　)。

A. 7　　B. 8　　C. 7～8　　D. 6～7

6. 在多电子原子中，原子轨道的能量由下列(　　)量子数决定。

A. n　　B. n 和 l　　C. n 和 m　　D. n、l 和 m

7. 已知 $E^\ominus(ClO_3^-/HClO) = 1.43$ V，$E^\ominus(ClO_3^-/HClO_2) = 1.21$ V，则 $E^\ominus(HClO_2/HClO)$应为(　　)V。

A. 1.32　　B. 1.88　　C. 1.65　　D. 2.64

8. 下列分子或离子为平面四边形的是(　　)。

A. ICl_4^-　　B. BrF_4^+　　C. ClO_4^-　　D. SF_4

9. 在 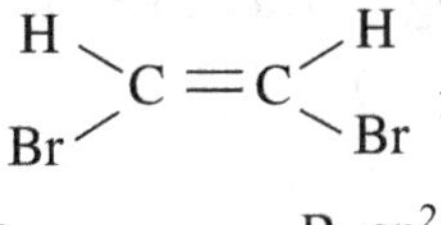 分子中，C—Br 键采用的成键轨道是(　　)。

A. sp-s　　B. sp^2-s　　C. sp-p　　D. sp^2-p

10. 下列物质的熔点由高到低的排列顺序正确的是(　　)。

A. $SiO_2 > CuCl_2 > PH_3 > NH_3$　　B. $SiO_2 > CuCl_2 > NH_3 > PH_3$

C. $CuCl_2 > SiO_2 > NH_3 > PH_3$　　D. $CuCl_2 > SiO_2 > PH_3 > NH_3$

11. Fe^{3+}具有 d^5 电子构型，在八面体场中要使配合物为高自旋状态，则分裂能 Δ_o 和电子成对能 P 所要满足的条件是(　　)。

A. $\Delta_o < P$　　B. $\Delta_o > P$　　C. $\Delta_o = P$　　D. Δ_o 和 P 越大越好

12. 下列叙述中错误的是(　　)。

A. 晶胞是晶体的最小重复单元，所有晶胞都是平行六面体

B. 晶体分为 7 个晶系和 14 种空间点阵型式

C. 金属的体心立方密堆积中，原子的配位数为 12，堆积系数为 0.7405

D. 一个 CsCl 晶胞中只含有 1 个 Cs^+和 1 个 Cl^-

13. 下列配合物中，有顺磁性的是(　　)。

A. $[ZnF_4]^{2-}$　　B. $[Ni(CO)_4]$　　C. $[Fe(CN)_6]^{4-}$　　D. $[Fe(CN)_6]^{3-}$

14. 下列关于氮族元素的有关描述，错误的是(　　)。

A. 三种含氮化合物的碱性大小为 $NH_3 < N_2H_4 < NH_2OH$

B. NH_3、PH_3 和 AsH_3 的还原性大小顺序为 $NH_3 < PH_3 < AsH_3$

C. 在 Na_3PO_4、NaH_2PO_4 和 Na_2HPO_4 溶液中加入 $AgNO_3$ 溶液，均生成 Ag_3PO_4 沉淀

D. H_3PO_2、H_3PO_3 和 H_3PO_4 的分子中 P 原子均采取 sp^3 杂化

15. 下列关于 Sn 的卤化物(X 表示卤素原子)的有关描述，错误的是(　　)。

A. SnX_2 显离子性

B. SnX_4 比 SnX_2 更易水解

C. SnX_4 显共价性

D. 在过量的 HX 或含 X^-的溶液中，易生成配合物$[SnX_4]^{2-}$或$[SnX_6]^{2-}$

16. Co(Ⅲ)的 3 种配离子：① $[Co(H_2O)_6]^{3+}$；②$[Co(NH_3)_6]^{3+}$；③$[Co(CN)_6]^{3-}$，其氧化能力从强到弱顺序正确的是(　　)。

A. ① > ③ > ②　　B. ③ > ② > ①　　C. ① > ② > ③　　D. ② > ③ > ①

17. 下列关于 BF_3 的叙述，正确的是(　　)。

A. 易形成二聚体　B. 是离子化合物　C. 常温下是液体　　D. 是路易斯酸

18. 下列离子的鉴定方法描述错误的是(　　)。

A. Fe^{3+}可用赤血盐鉴定，生成蓝色沉淀

B. Sn^{2+}可用 $HgCl_2$ 溶液鉴定，先有白色沉淀，若继续滴加 $HgCl_2$ 溶液，沉淀变为黑色

C. Ni^{2+}可用丁二酮肟鉴定，生成鲜红色沉淀

D. Cu^{2+}可用浓氨水鉴定，生成深蓝色溶液

19. 《本草纲目》中“冬月灶中所烧薪柴之灰，令人以灰淋汁，取碱浣衣”里的“碱”主要是(　　)。

A. NaOH　　B. K_2CO_3　　C. Na_2CO_3　　D. KOH

20. 在 0.3 mol · L^{-1} 的 HCl 溶液中，含有 0.1 mol · L^{-1} 的 Hg^{2+}、Cd^{2+}、Fe^{2+}、Cu^{2+}及 Zn^{2+}等离子，向该溶液中通入 H_2S 至饱和，能同时产生沉淀的是(　　)。

A. Hg^{2+}，Cd^{2+}，Fe^{2+}　　B. Cu^{2+}，Cd^{2+}，Zn^{2+}

C. Hg^{2+}，Cd^{2+}，Cu^{2+}　　D. Hg^{2+}，Cu^{2+}，Fe^{2+}

21. 下列叙述中错误的是(　　)。

A. 在含有多种离子的混合溶液中加入相同沉淀剂，形成的沉淀 $K_{sp}^{\ominus}$ 更小的离子先沉淀

B. 溶度积大的沉淀一定能转化为溶度积小的沉淀

C. 某离子沉淀完全是指其完全变成了沉淀

D. 当溶液中难溶电解质的离子积小于其溶度积时，该难溶电解质就会溶解

22. 下列氧化物中，能与盐酸反应生成氯气的是(　　)。

A. PbO_2　　B. Bi_2O_3　　C. Co_2O_3　　D. Ni_2O_3

23. 下列氢氧化物中，能够溶于氨水生成配合物的是(　　)。

A. $Al(OH)_3$　　B. $Cr(OH)_3$　　C. $Cu(OH)_2$　　D. $Zn(OH)_2$

24. 下列叙述错误的是(　　)。

A. 离核越近，电子出现的概率越大

B. 主量子数 $n=2$ 时，只有 2s 和 2p 两条原子轨道

C. 氢原子的 s 轨道波函数与 θ、φ 无关

D. 波函数的角度分布图有正负号之分，但电子云的角度分布图没有正负号之分

25. 下列各对元素中，化学性质非常相似的是(　　)。

A. Be 和 Mg　　B. Zr 和 Hf　　C. Li 和 Mg　　D. Nb 和 W

二、填空题(每空 1 分，共 20 分)

1. 760 K 时，分解反应 $PCl_5(g) \rightleftharpoons PCl_3(g) + Cl_2(g)$ 的平衡常数为 $K^{\ominus} = 33.3$。若将 50.0 g PCl_5 注入容积为 3.00 dm^3 的密闭容器中，则该温度下平衡时：PCl_5 的分压为________kPa，PCl_3 的分压为________kPa，Cl_2 的分压为________kPa。(相对原子质量：P 为 31，Cl 为 35.5)。

2. 在 25℃时，$Mg(OH)_2$ 在纯水中的溶解度为 1.44×10^{-4} $mol \cdot L^{-1}$，则 $Mg(OH)_2$ 在 pH = 12.00 时的溶解度为________$mol \cdot L^{-1}$。

3. O_2、O_2^-、O_2^{2-} 及 O_2^+ 四种微粒中，最稳定的顺磁性微粒是________。

4. 令氢原子的波函数为 ψ，则 $|\psi|^2$ 表示________，基态时氢原子的玻尔半径为________pm。

5. CO_3^{2-} 中除了 C 与 3 个 O 之间形成 3 个 σ 键外，还存在________键，这种键具有离域性，说明此键存在的证据是________。

6. 既可以有石墨结构，也可以是金刚石结构的氮化物是________(写出化学式)。

7. 氯化二(亚硝酸根)·二(乙二胺)合钴(Ⅲ)的化学式是________，中心离子配位数是________。

8. $[Pt(NH_3)_2Cl_2]$为________几何构型，中心离子为________杂化，它有________种几何异构体，其中________式结构具有抗癌活性。

9. 在 $MnCl_2$ 溶液中加入适量的 HNO_3，再加入 $NaBiO_3$，溶液中出现________色，但随后该颜色又褪去，出现上述现象的原因是________。

10. 在常温常压下，最稳定的晶体硫的化学式为________。

11. 在硝酸亚汞溶液中加入过量碘化钾溶液，所发生反应的化学方程式为________(也可写成离子方程式)。

三、判断题(每题 1 分，共 10 分。用“√”或“×”表示)

1. (　　) 中心离子相同的外轨型配合物比内轨型配合物更稳定。

2. (　　) 金刚石硬度最大，而热力学稳定性却小于石墨。

3. (　　) $Zn(OH)_2$ 的碱性强于 $[Zn(NH_3)_4](OH)_2$。

4. (　　) 基元反应的逆反应也是基元反应。

5. (　　) PbI_2 和 $CaCO_3$ 的溶度积相近，故在二者的饱和溶液中，Pb^{2+} 和 Ca^{2+} 的浓度也相近。

6. (　　) 由同种元素的原子形成的多原子分子都是非极性分子。

7.(　) 纯 H_2O_2 分解较慢，但有金属离子存在时可加速其分解。

8.(　) 组成黄铜合金的两种金属是铜和锡。

9.(　) 对于 H 原子而言，$E_{3s} = E_{3p} = E_{3d}$；对于 Cl 原子而言，$E_{3s} < E_{3p} < E_{3d}$。

10.(　) 非金属单质不具有金属键的结构，所以熔点比较低，硬度比较小，都是绝缘体。

四、简答题(第 1、2 题各 4 分，第 3 题 8 分，共 16 分)

1. 已知 $CCl_4(l) + 2H_2O(l) \longlongequal CO_2(g) + 4HCl(aq)$，$\Delta_r G_m^\ominus = -380\ kJ \cdot mol^{-1}$

$$SiCl_4(l) + 2H_2O(l) == SiO_2(g) + 4HCl(aq)，\Delta_r G_m^\ominus = -287\ kJ \cdot mol^{-1}$$

试从热力学、动力学及物质结构等方面讨论 CCl_4 和 $SiCl_4$ 的水解反应速率大小，并解释原因。

2. Ag^+的半径为 126 pm，I^-的半径为 216 pm，按半径比规则，AgI 应属于哪种离子晶体构型？但实际上 AgI 属于 ZnS 型离子晶体，如何解释？

3. 根据下列各步实验现象回答问题：① 某黑色过渡金属氧化物 A 溶于浓盐酸后得到绿色溶液 B 和气体 C；② C 能使湿润的淀粉-KI 试纸变蓝；③ B 与 NaOH 溶液反应生成绿色沉淀 D；④ D 可溶于氨水得到蓝色溶液 E；⑤ 再加入丁二酮肟的乙醇溶液则生成鲜红色沉淀。试确定 A～E 所代表物质的化学式，并写出①③④这三步的反应方程式(可以写成离子方程式)。

五、计算题(每题 8 分，共 24 分)

1. 在一定温度下，$Ag_2O(s)$和 $AgNO_3(s)$均能发生分解，反应如下：

① $$Ag_2O(s) == 2Ag(s) + 1/2O_2(g)$$

② $$2AgNO_3(s) == Ag_2O(s) + 2NO_2(g) + 1/2O_2(g)$$

相关的热力学数据如下：

	$Ag_2O(s)$	$AgNO_3(s)$	Ag(s)	$NO_2(g)$	$O_2(g)$
$\Delta_f H_m^\ominus /(kJ \cdot mol^{-1})$	−31.05	−124.39		33.18	
$S_m^\ominus /(J \cdot mol^{-1} \cdot K^{-1})$	121.3	140.92	42.55	240.06	205.138

假定反应的 $\Delta_r H_m^\ominus$ 和 $\Delta_r S_m^\ominus$ 不随温度的变化而变化，计算 $Ag_2O(s)$和 $AgNO_3(s)$按上述反应方程式分解时的最低温度，并确定 $AgNO_3(s)$分解的最终产物。

2. 在 10.0 mL 0.015 $mol \cdot L^{-1}$ $MnSO_4$ 溶液中先加入 0.495 g $(NH_4)_2SO_4$ 固体，然后再加入 5.0 mL 0.15 $mol \cdot L^{-1}$ $NH_3(aq)$，充分混合，通过计算说明是否有 $Mn(OH)_2$ 沉淀生成。[已知$(NH_4)_2SO_4$的相对分子质量为 132，$K_{sp}^\ominus[Mn(OH)_2] = 2.1 \times 10^{-13}$，$K_b^\ominus(NH_3) = 1.8 \times 10^{-5}$]

3. 已知 $E^\ominus(Zn^{2+}/Zn) = -0.7618$ V，$E^\ominus(Ag^+/Ag) = 0.7996$ V，某锌-银原电池中，$c(Zn^{2+}) = c(Ag^+) = 0.200\ mol \cdot L^{-1}$。

(1) 计算 25℃时电池的电动势。

(2) 如果将少量浓氨水仅加在 Zn^{2+}溶液中，电池电动势将如何变化？

(3) 若仅在 Ag^+/Ag 半电池中加入等体积的 3.00 $mol \cdot L^{-1}$ 的氨水，测得电动势为 1.082 V，计算 $K_f^\ominus([Ag(NH_3)_2]^+)$。

参考答案

一、选择题(1～20 题为单选，每题 1 分；21～25 题为多选，每题 2 分，错答不得分，少答得 1 分。共 30 分)

1. D　2. A　3. B　4. C　5. D　6. B　7. C　8. A　9. D　10. B　11. A　12. C　13. D　14. A　15. B

16. C 17. D 18. A 19. B 20. C 21. ABC 22. ACD 23. BCD 24. AB 25. BC

二、填空题(每空 1 分，共 20 分)

1. 60，445，445。

2. 1.19×10^{-7}。

3. O_2^+。

4. 概率密度，52.9(或 53)。

5. 四中心六电子 π(或 π_4^6)，每个 C—O 键的键长(或键能)介于单键和双键之间且均相等。

6. BN(写成 NB 不得分)。

7. $[Co(en)_2(ONO)_2]Cl$，6。

8. 平面四边形(答平面正方形不得分)，dsp^2，两，顺。

9. 紫红(写成红色可得分)，$NaBiO_3$ 先将 Mn^{2+}氧化成 MnO_4^-，使得溶液呈紫红色，但生成的 MnO_4^- 又被溶液中的 Cl^-还原，所以紫红色又消失。

10. S_8。

11. $Hg_2^{2+} + 4I^- = [HgI_4]^{2-} + Hg\downarrow$

三、判断题(每题 1 分，共 10 分。用“√”或“×”表示)

1. × 2.√ 3. × 4.√ 5. × 6. × 7.√ 8. × 9.√ 10. ×

四、简答题(第 1、2 题各 4 分，第 3 题 8 分，共 16 分)

1. CCl_4 水解反应的 $\Delta_r G_m^\ominus$ 值更小，从热力学上看该水解反应的趋势更大，但动力学上该水解反应速率很慢，而 $SiCl_4$ 水解反应能很快进行。

从结构上看，C 原子价层无 d 轨道，因此 CCl_4 无空轨道接受 H_2O 分子中 O 原子上的孤对电子，不发生水解。

Si 原子有 3d 空轨道可接受 H_2O 分子中 O 原子上的孤对电子，因此 $SiCl_4$ 容易水解。

2. $r_{(+)}/r_{(-)} = 126/216 = 0.583$，$0.414 < r_{(+)}/r_{(-)} < 0.732$，理应属于 NaCl 型离子晶体。

Ag^+与 I^-之间的相互极化作用，使得 $r_{(+)}/r_{(-)} < 0.414$，所以实际上为 ZnS 型(只要答出“因离子极化使得 $r_{(+)}/r_{(-)}$减小”即可得分)。

3. A：Ni_2O_3；B：Ni^{2+}(或 $NiCl_2$)；C：Cl_2；D：$Ni(OH)_2$；E：$[Ni(NH_3)_6]^{2+}$ {或$[Ni(NH_3)_6](OH)_2$}。

① $$Ni_2O_3 + 6HCl = 2NiCl_2 + Cl_2\uparrow + 3H_2O$$

③ $$Ni^{2+} + 2OH^- = Ni(OH)_2\downarrow$$

④ $$Ni(OH)_2 + 6NH_3 = [Ni(NH_3)_6]^{2+} + 2OH^-$$

五、计算题(每题 8 分，共 24 分)

1. 解 ① $$\Delta_r H_m^\ominus = 0 - (-31.05) = 31.05\ (kJ\cdot mol^{-1})$$

$$\Delta_r S_m^\ominus = 2 \times 42.55 + 0.5 \times 205.138 - 121.3 = 66.37\ (J\cdot mol^{-1}\cdot K^{-1})$$

$Ag_2O(s)$的分解温度为

$$T_1 = \Delta_r H_m^\ominus / \Delta_r S_m^\ominus = 31.05 \times 10^3/66.37 = 467.8\ (K)$$

② $$\Delta_r H_m^\ominus = (-31.05 + 2 \times 33.18) - 2 \times (-124.39) = 284.09\ (kJ\cdot mol^{-1})$$

$$\Delta_r S_m^\ominus = (121.3 + 2 \times 240.06 + 0.5 \times 205.138) - 2 \times 140.92 = 422.15\ (J\cdot mol^{-1}\cdot K^{-1})$$

$AgNO_3(s)$的分解温度为

$$T_2 = \Delta_r H_m^\ominus / \Delta_r S_m^\ominus = 284.09 \times 10^3/422.15 = 673.0\ (K)$$

$T_2 > T_1$，说明 $AgNO_3$ 分解为 Ag_2O 的温度高于 Ag_2O 分解为 Ag 的温度。

因此，$AgNO_3$ 分解的最终产物为 Ag、NO_2 和 O_2。

2. 解 加入 $NH_3(aq)$后，体积发生了变化，浓度也随之发生变化。

$$c(Mn^{2+}) = 10.0 \times 0.015 / (10.0 + 5.0) = 0.010\ (mol\cdot L^{-1})$$
$$c(NH_3) = 5.0 \times 0.15 / (10.0 + 5.0) = 0.050\ (mol\cdot L^{-1})$$
$$c(NH_4^+) = 0.495 \times 2/(132 \times 15 \times 10^{-3}) = 0.50\ (mol\cdot L^{-1})$$

加入的 $NH_3(aq)$和 NH_4^+ 构成了缓冲溶液。

$$pOH = pK_b^\ominus - \lg\frac{c(NH_3)}{c(NH_4^+)} = 4.74 - \lg\frac{0.050}{0.50} = 5.74$$

则 $c(OH^-) = 1.8 \times 10^{-6}\ mol \cdot L^{-1}$

离子积 $J = c(Mn^{2+})\,[c(OH^-)]^2 = 0.010 \times (1.8 \times 10^{-6})^2 = 3.24 \times 10^{-14}$

因为 $J < K_{sp}^\ominus[Mn(OH)_2] = 2.1 \times 10^{-13}$，所以没有 $Mn(OH)_2$ 沉淀生成。

注：$c(OH^-)$也可根据解离平衡（$NH_3 + H_2O \rightleftharpoons NH_4^+ + OH^-$）来计算。

$$K_b^\ominus = \frac{c(NH_4^+)c(OH^-)}{c(NH_3)}$$

$$c(OH^-) = K_b^\ominus \times \frac{c(NH_3)}{c(NH_4^+)} = 1.8\times10^{-5} \times \frac{0.050}{0.50} = 1.8\times10^{-6}\ (mol\cdot L^{-1})$$

3. **解** (1) 负极反应： $Zn^{2+} + 2e^- \rightleftharpoons Zn$

$$E(Zn^{2+}/Zn) = E^\ominus(Zn^{2+}/Zn) + 0.0592/2 \lg c(Zn^{2+}) = -0.7618 + 0.0592/2 \lg 0.200 = -0.782\ (V)$$

正极反应： $Ag^+ + e^- \rightleftharpoons Ag$

$$E(Ag^+/Ag) = E^\ominus(Ag^+/Ag) + 0.0592 \lg c(Ag^+) = 0.7996 + 0.0592 \lg 0.200 = 0.758\ (V)$$

$$E = E(Ag^+/Ag) - E(Zn^{2+}/Zn) = 0.758 - (-0.782) = 1.54\ (V)$$

(2) 在 Zn^{2+}溶液中加入氨水，使 Zn^{2+}浓度减小，电极电势降低，电动势变大。

(3) $c(Ag^+) = 0.200/2 = 0.100\ (mol \cdot L^{-1})$，$c(NH_3) = 3.00/2 = 1.50\ (mol \cdot L^{-1})$

$$E(Ag^+/Ag) = E + E(Zn^{2+}/Zn) = 1.082 + (-0.782) = 0.300\ (V)$$

$$E(Ag^+/Ag) = E^\ominus(Ag^+/Ag) + 0.0592 \lg c(Ag^+)$$

$$c(Ag^+) = 3.64 \times 10^{-9}\ mol \cdot L^{-1}$$

而	Ag^+	+ $2NH_3$	$\rightleftharpoons$ $[Ag(NH_3)_2]^+$
起始浓度/ $(mol \cdot L^{-1})$	0.100	1.50	0
平衡浓度/ $(mol \cdot L^{-1})$	3.64×10^{-9}	$1.50 - 2(0.100 - 3.64 \times 10^{-9}) \approx 1.30$	$0.100 - 3.64 \times 10^{-9} \approx 0.100$

$$K_f^\ominus([Ag(NH_3)_2]^+) = c([Ag(NH_3)_2]^+)/[c(Ag^+)c(NH_3)^2] = 0.100/(1.30^2 \times 3.64 \times 10^{-9}) = 1.63 \times 10^7$$

附录五 湖南科技大学攻读硕士学位研究生入学考试模拟题(一)

一、单项选择题(每小题 2 分，共 30 分)

1. $HClO_4$、H_2SO_4、HCl 在下列(　　)介质中可区分。

A. 水　　B. 乙酸　　C. 氨水　　D. 氢氧化钠

2. 下列分子中，是直线形分子的是(　　)。

A. SO_3　　B. NH_3　　C. CO_2　　D. H_2O

3. +3 价铬在过量强碱溶液中的存在形式为(　　)。

A. $Cr(OH)_3$　　B. CrO_2^-　　C. Cr^{3+}　　D. CrO_4^{2-}

4. 下列离子分别与过量 NaOH 溶液反应时，都不生成沉淀的是(　　)。

A. Al^{3+}、Sb^{3+}、Bi^{3+}　　B. Be^{2+}、Al^{3+}、Sb^{3+}

C. Pb^{2+}、Mg^{2+}、Be^{2+}　　D. Sn^{2+}、Pb^{2+}、Zn^{2+}

5. 酸性溶液中下列各对离子能共存的是(　　)。

A. SO_3^{2-}和MnO_4^-　　B. Sn^{2+}和Hg^{2+}　　C. Sn^{2+}和Fe^{3+}　　D. Fe^{2+}和Ag^+

6. PbO_2 是强的氧化剂的原因是(　　)。

A. Pb^{4+}的有效电荷大　　B. Pb^{2+}盐溶解度小

C. Pb 原子存在惰性电子对效应　　D. Pb^{2+}易形成配离子

7. 某化学反应速率常数的单位是 $mol \cdot L^{-1} \cdot s^{-1}$，该化学反应的级数为(　　)。

A. 2　　B. 1　　C. 0　　D. 3

8. 下列物质极性最小的是(　　)。

A. H_2O_2　　B. H_2S　　C. CO　　D. H_2

9. 在硝酸介质中，欲使 Mn^{2+}氧化为 MnO_4^- 可加下列(　　)氧化剂。

A. $KClO_3$　　B. $K_2Cr_2O_7$　　C. 王水　　D. $NaBiO_3$

10. 下列各晶体中熔化时只需要克服色散力的是(　　)。

A. CS_2　　B. CH_3COOH　　C. $CHCl_3$　　D. H_2O

11. 下列硫化物能溶于稀盐酸的是(　　)。

A. ZnS　　B. CuS　　C. Ag_2S　　D. HgS

12. 下列过程属于熵增加的是(　　)。

A. 蒸汽凝结成水　　B. $CaCO_3(s) = CaO(s) + CO_2(g)$

C. 乙烯聚合成聚乙烯　　D. 气体在固相催化剂表面吸附

13. 下列四种电子构型的原子中(n = 2、3、4)第一电离能最低的是(　　)。

A. ns^2np^3　　B. ns^2np^4　　C. ns^2np^5　　D. ns^2np^6

14. 0.4 $mol \cdot L^{-1}$ HAc 溶液中 H^+浓度是 0.1 $mol \cdot L^{-1}$ HAc 溶液中 H^+浓度的(　　)。

A. 1 倍　　B. 2 倍　　C. 3 倍　　D. 4 倍

15. 标准氢电极的电极电势表示为(　　)。

A. $E^{\ominus}(H^+/H_2)$　　B. $E^{\ominus}(H^+/H_2O)$　　C. $E^{\ominus}(H_2/H^+)$　　D. $E^{\ominus}(H^+/HO^-)$

二、填空题(每空 1 分，共 20 分)

1. 某元素的原子序数为 29，则该元素的电子排布式为__________，元素符号为________，在周期表中第________周期________族。

2. 在配合物 $K_2[Cr(NH_3)Cl_5]$中，中心离子是________，配位体是________，配位数为________，配合物名称为________。

3. 写出下列物质的化学式：砒霜________，双氧水________，莫尔盐________，胆矾________。

4. 已知元素 Ni 的价电子排布是 $3d^84s^2$，现有配离子$[Ni(CN)_4]^{2-}$的磁矩 $\mu = 0\mu_B$，该配离子的成单电子数为________，中心离子 Ni^{2+}以________杂化成键，空间几何构型为________，是________轨型配合物。

5. 原电池的正极发生________反应，负极发生________反应。

6. H_2S 分子中 S 采用________杂化，分子构型是________。

三、简答题(1～4 题每小题 7 分，5～8 题每小题 8 分，共 60 分)

1. 试从平衡移动原理解释为什么在 Na_2HPO_4 或 NaH_2PO_4 溶液中加入 $AgNO_3$ 溶液均析出黄色的 Ag_3PO_4 沉淀？写出相应的反应方程式。

2. 为什么碘难溶于水，却易溶于碘化钾溶液？

3. CuCl、AgCl 都是难溶于水的白色粉末，请用一种试剂将它们区别开。

4. 什么是缓冲溶液？其有什么实际应用？

5. CO_2 与 SiO_2 的组成相似，在常温下，为什么 CO_2 为气体而 SiO_2 为固体？

6. 根据分子轨道理论说明 O_2 分子具有顺磁性。

7. BCl_3 是平面三角形的几何构型，但 NCl_3 却是三角锥形的几何构型，试用杂化轨道理论加以说明。

8. 催化剂为什么能改变化学反应的速率？

四、计算题(每小题 10 分，共 40 分)

1. 计算 0.100 $mol \cdot L^{-1}$ 某弱酸 HA 溶液中的 $c(H^+)$、pH 和 HA 的解离度 α。[$K_a^{\ominus}(HA) = 1.0 \times 10^{-5}$]

2. $E^{\ominus}(MnO_4^-/Mn^{2+}) = 1.51$ V, $c(MnO_4^-) = c(Mn^{2+}) = 1.0$ $mol \cdot L^{-1}$, 计算 pH = 0 和 pH = 1 时的 $E(MnO_4^-/Mn^{2+})$。

3. 试判断反应：　　$N_2(g) + 3H_2(g) \xlongequal{\quad} 2NH_3(g)$

(1) 在 298.15 K、标准状态下能否自发进行。

(2) 计算 298.15 K 时该反应的 $K^{\ominus}$值。

物质(状态)	$\Delta_f H_m^{\ominus}$ / (kJ · mol^{-1})	$\Delta_f G_m^{\ominus}$ / (kJ · mol^{-1})	$S_m^{\ominus}$ / (J · K^{-1} · mol^{-1})
$N_2(g)$	0	0	191.61
$H_2(g)$	0	0	130.68
$NH_3(g)$	− 46.11	− 16.45	192.45

4. 计算 298.15 K 下，AgCl 在 0.1 mol·L^{-1} NaCl 溶液中的溶解度。[已知 $K_{sp}^{\ominus}$(AgCl) = 1.77×10^{-10}]

参考答案

一、单项选择题(每小题 2 分，共 30 分)

1. B　2. C　3. B　4. D　5. D　6. C　7. C　8. D　9. D　10. A　11. A　12. B　13. B　14. B　15. A

二、填空题(每空 1 分，共 20 分)

1. $1s^22s^22p^63s^23p^63d^{10}4s^1$，Cu，四，ⅠB。

2. Cr^{3+}，Cl^-、NH_3，6，五氯·氨合铬(Ⅲ)酸钾。

3. As_2O_3，H_2O_2，$(NH_4)_2SO_4\cdot FeSO_4\cdot 6H_2O$，$CuSO_4\cdot 5H_2O$。

4. 0，dsp^2，平面四边形，内。

5. 还原，氧化。

6. 不等性 sp^3，折线形、角形或 V 字形。

三、简答题(1～4 题每小题 7 分，5～8 题每小题 8 分，共 60 分)

1. 在 Na_2HPO_4 或 NaH_2PO_4 溶液中，$H_2PO_4^-$ 和 HPO_4^{2-} 解离都产生 PO_4^{3-}，加入 $AgNO_3$ 溶液，$H_2PO_4^-$、HPO_4^{2-} 和 PO_4^{3-} 都可以与 Ag^+形成沉淀，由于 Ag_3PO_4 溶度积最小，所以向 Na_2HPO_4 或 NaH_2PO_4 溶液中加入 $AgNO_3$ 溶液均析出黄色的 Ag_3PO_4 沉淀。

$$H_2PO_4^-(aq) \;=\!=\!=\; 2H^+(aq) + PO_4^{3-}(aq)$$

$$HPO_4^{2-}(aq) \;=\!=\!=\; H^+(aq) + PO_4^{3-}(aq)$$

$$3Ag^+(aq) + PO_4^{3-}(aq) \;=\!=\!=\; Ag_3PO_4(s)$$

2. I_2是非极性分子，在极性的水中溶度积较小，但在 KI 溶液中，由于形成配合物，因而易溶，$I_2 + I^- =\!=\!= I_3^-$。

3. 可以用氨水区分二者。

取白色固体少许，加入氨水，充分振荡后放置一段时间，固体溶解得到无色溶液，后转化为蓝色溶液，则该白色固体为 CuCl：

$$CuCl + 2NH_3 \;=\!=\!=\; [Cu(NH_3)_2]^+ (无色) + Cl^-$$

$$2[Cu(NH_3)_2]^+ + 4NH_3\cdot H_2O + O_2 \;=\!=\!=\; 2[Cu(NH_3)_4]_2^+ (蓝色) + 4OH^- + 2H_2O$$

取白色固体少许，加入氨水，充分振荡后放置一段时间，溶解后得到无色溶液的是 AgCl：

$$AgCl + 2NH_3 \;=\!=\!=\; [Ag(NH_3)_2]^+ (无色) + Cl^-$$

4. 缓冲溶液是能抵抗少量强酸、强碱或稍加稀释而保持溶液 pH 基本不变的溶液。

在实际中，缓冲溶液主要的应用是维持溶液的 pH 基本不变。

5. 在 CO_2 分子中，C 采取 sp 杂化，分子中还存在 2 个三中心四电子离域 π 键，是非极性分子，分子间的作用力比较弱，因此，CO_2 在常温下为气体。

在 SiO_2 中，Si 原子采取 sp^3 杂化，与 4 个 O 原子结合，形成硅氧四面体，硅氧四面体通过共用 O 原子大分子原子晶体，因此 SiO_2 常温下为固体。

6. O_2 分子的分子轨道式为

$$[(\sigma_{1s})^2(\sigma_{1s}^*)^2(\sigma_{2s})^2(\sigma_{2s}^*)^2(\sigma_{2p_x})^2(\pi_{2p_y})^2(\pi_{2p_z})^2(\pi_{2p_y}^*)^1(\pi_{2p_z}^*)^1]$$

由分子轨道式可知，在 $\pi_{2p_y}^*$ 和 $\pi_{2p_z}^*$ 轨道中都存在未成对电子，因此具有顺磁性。

7. B 的价层电子构型为 $2s^22p^1$，形成 BCl_3 时，B 原子采取 sp^2 杂化，形成 3 个杂化轨道，分别与 3 个 Cl 原子的 3p 轨道成键，分子的空间构型为三角形。

N 的价层电子构型为 $2s^22p^3$，形成 NCl_3 时，N 原子采取不等性 sp^3 杂化，其中 1 个杂化轨道被孤对电子占据，另外 3 个杂化轨道分别与 3 个 Cl 原子的 3p 轨道成键，因此，分子的空间构型为三角锥形。

8. 催化剂通过参与化学反应，改变反应的历程，从而改变化学反应的速率。

四、计算题(每小题 10 分，共 40 分)

1. **解**　由于 $cK_a^{\ominus} \gg K_w^{\ominus}$，可忽略水的解离。

$$HAc(aq) \rightleftharpoons H^+(aq) + Ac^-(aq)$$

平衡浓度/($mol \cdot L^{-1}$)　　$0.100(1-\alpha)$　　0.100α　　0.100α

$$K_a^\ominus = \frac{c(H^+)c(Ac^-)}{c(HAc)} = \frac{(0.100\alpha)^2}{0.100(1-\alpha)}$$

由于 $c/K_a^\ominus > 500$，$0.100(1-\alpha) \approx 0.100$，因此

$$\alpha = 1.34 \times 10^{-2}$$

$$c(H^+) = 0.100\alpha = 1.34 \times 10^{-3}\ mol \cdot L^{-1}$$

$$pH = \lg c(H^+) = 2.87$$

2. **解**　$MnO_4^- + 8H^+ + 5e^- = Mn^{2+} + 4H_2O$

$$E(MnO_4^-/Mn^{2+}) = E^\ominus(MnO_4^-/Mn^{2+}) + \frac{0.0592}{5}\lg\frac{c(MnO_4^-)c(H^+)^8}{c(Mn^{2+})}$$

当 pH = 0 时，$c(H^+) = 1.0\ mol \cdot L^{-1}$，则

$$E(MnO_4^-/Mn^{2+}) = 1.51\ V$$

当 pH = 1 时，$c(H^+) = 0.10\ mol \cdot L^{-1}$，则

$$E(MnO_4^-/Mn^{2+}) = 1.42\ V$$

3. **解**　(1)　$\Delta_r H_m^\ominus = 2\Delta_f H_m^\ominus(NH_3) - \Delta_f H_m^\ominus(N_2) - 3\Delta_f H_m^\ominus(H_2) = -92.22\ kJ \cdot mol^{-1}$

$\Delta_r S_m^\ominus = 2S_m^\ominus(NH_3) - S_m^\ominus(N_2) - 3S_m^\ominus(H_2) = -198.75\ J \cdot K^{-1} \cdot mol^{-1}$

$\Delta_r G_m^\ominus(298.15\ K) = \Delta_r H_m^\ominus(298.15\ K) - T\Delta_r S_m^\ominus(298.15\ K) = -32.96\ kJ \cdot mol^{-1}$

或　$\Delta_r G_m^\ominus = 2\Delta_r G_m^\ominus(NH_3) - \Delta_r G_m^\ominus(N_2) - 3\Delta_f G_m^\ominus(H_2) = -32.90\ kJ \cdot mol^{-1}$

$\Delta_r G_m^\ominus(298.15\ K) < 0$，因此在 298.15 K、标准状态下反应能自发进行。

(2)　$$\Delta_r G_m^\ominus(298.15\ K) = -RT\ln K^\ominus$$

$$\ln K^\ominus = -\frac{\Delta_r G_m^\ominus}{RT} = \frac{-32.90\times10^3}{-8.314\times298.15} = 13.27$$

$$K^\ominus = 5.8 \times 10^5$$

4. **解**　设 298.15 K AgCl 在 0.1 $mol \cdot L^{-1}$ NaCl 溶液中溶解度为 S，溶液中的沉淀-溶解平衡为

$$AgCl(s) \rightleftharpoons Ag^+(aq) + Cl^-(aq)$$

平衡浓度/($mol \cdot L^{-1}$)　　S　　$0.1 + S$

$$K_{sp}^\ominus(AgCl) = c(Ag^+)c(Cl^-) = S(0.1 + S)$$

由于 $K_{sp}^\ominus(AgCl)$很小，因此 $0.1 + S \approx 0.1$，则

$$S = 1.77 \times 10^{-9}\ mol \cdot L^{-1}$$

附录六 湖南科技大学攻读硕士学位研究生入学考试模拟题(二)

一、填空题(每空 1 分，共 20 分)

1. 基元反应是指反应物分子________转化为产物的反应。

2. 原子序数为 20 的元素的电子排布式为________，元素符号为________，属于第________周期，第________族，________区。

3. NH_3 分子空间结构为________，中心原子 N 的杂化轨道形式为________。

4. 甘汞的化学式为________，黄铜矿的化学式为________，石膏的化学式为________。

5. $K_2[PtCl_4]$命名为________，配位原子为________，配位数为________，配离子的电荷数为________。

6. 写出下列反应方程式：

(1) NH_4HCO_3 分解________________________。

(2) 碘单质与硫代硫酸钠反应________________________。

7. 共价键的特征是既有方向性又有________。

8. 在氧化剂 MnO_4^-、Fe^{3+}中，随溶液中 H^+浓度增加，氧化性增加的是________，氧化性不变的是________。

二、判断题(每题 2 分，共 20 分)

(   ) 1. 核外电子的运动会消耗能量，其速度逐渐变慢，因此只要时间足够长，电子最终会掉入原子核中。

(   ) 2. 溶液的蒸气压与溶液的体积有关，体积越大，蒸气压也越大。

(   ) 3. 干冰是分子晶体。

(   ) 4. H_2O 的沸点比 H_2S 高得多是因为存在诱导力。

(   ) 5. 在水溶液中共轭酸碱对的 K_a 与 K_b 关系为 $K_a/K_b = K_w$。

(   ) 6. 稳定单质在 298 K、101.325 kPa 下，$S_m^\ominus$、$\Delta_r G_m^\ominus$、$\Delta_r H_m^\ominus$ 均为零。

(   ) 7. 化学平衡中，平衡常数 K 不随浓度的变化而变化。

(   ) 8. 磷单质有多种同素异形体，其中最重要的是白磷、红磷和黑磷。

(   ) 9. 工业上是将 SO_3 溶于水中制得纯 H_2SO_4。

(   ) 10. Br_2 可以将硫化氢中的硫氧化为硫单质。

三、简答题(每题 10 分，共 70 分)

1. 为什么 H_2S 水溶液不能长期保存？

2. 用分子轨道理论解释 O_2 为什么具有顺磁性。

3. 判断下列分子的空间构型，并说明中心原子的杂化方式。

BF_3、CH_4、H_2O、NCl_3

4. 为什么冰的熔点高于干冰？

5. H_2S 和 H_2O_2 能否共存，为什么？

6. 洗涤 $BaSO_4$ 沉淀时，往往使用稀 H_2SO_4，为什么？

7. 能否用铁质容器盛放 $CuSO_4$ 溶液？为什么？

四、计算题(每题 10 分，共 40 分)

1. 如果在 0.1 $mol \cdot L^{-1}$ 的 HAc 溶液中加入固体 NaAc，使 NaAc 的浓度达到 0.2 $mol \cdot L^{-1}$。计算该溶液的 $c(H^+)$和解离度 α。[已知 $K_a^\ominus(HAc) = 1.8 \times 10^{-5}$]

2. 利用如下热力学数据计算反应：

$$CuS(s) + H_2(g) \longrightarrow Cu(s) + H_2S(g)$$

可以发生的最低温度。

	$\Delta_f H_m^\ominus/(kJ \cdot mol^{-1})$	$S_m^\ominus/(J \cdot K^{-1} \cdot mol^{-1})$
CuS(s)	– 53.1	66.5
$H_2(g)$	0	130.7
$H_2S(g)$	– 20.6	205.8
Cu(s)	0	33.2

3. 已知某温度下 Ag_2CrO_4 的溶解度为 6.50×10^{-5} $mol \cdot L^{-1}$，计算 Ag_2CrO_4 的 $K_{sp}^\ominus$。

4. 标准氢电极的电极反应为：$2H^+ + 2e^- \longrightarrow H_2$，$E^\ominus = 0$ V，若 H_2 的分压保持不变，将溶液换成 1.0 $mol \cdot L^{-1}$ HAc，计算其电极电势 E。[已知 $K_a^\ominus(HAc) = 1.8 \times 10^{-5}$]

参考答案

一、填空题(每空 1 分，共 20 分)

1. 一步。

2. $1s^22s^22p^63s^23p^64s^2$ 或$[Ar]4s^2$，Ca，四，ⅡA，s。

3. 三角锥形，不等性 sp^3。

4. Hg_2Cl_2，$CuFeS_2$，$CaSO_4 \cdot 2H_2O$。

5. 四氯合铂(Ⅱ)酸钾，Cl，4，－2。

6. (1) $NH_4HCO_3 \longrightarrow NH_3(g) + CO_2(g) + H_2O(g)$；(2) $I_2 + 2S_2O_3^{2-} \longrightarrow 2I^- + S_4O_6^{2-}$。

7. 饱和性。

8. MnO_4^-，Fe^{3+}。

二、判断题(每题 2 分，共 20 分)

1. × 2. × 3. √ 4. × 5. × 6. × 7. √ 8. √ 9. × 10. √

三、简答题(每题 10 分，共 70 分)

1. H_2S 能与空气中的 O_2 发生反应，因此 H_2S 水溶液不能长期保存。

$$2H_2S + O_2 \longrightarrow 2S\downarrow + 2H_2O$$

2. O_2 分子的分子轨道式为

$$[(\sigma_{1s})^2(\sigma_{1s}^*)^2(\sigma_{2s})^2(\sigma_{2s}^*)^2(\sigma_{2p_x})^2(\pi_{2p_y})^2(\pi_{2p_z})^2(\pi_{2p_y}^*)^1(\pi_{2p_z}^*)^1]$$

由分子轨道式可知，在 $\pi_{2p_y}^*$ 和 $\pi_{2p_z}^*$ 轨道中都存在未成对电子，因此具有顺磁性。

3. B 的价层电子构型为 $2s^22p^1$，形成 BF_3 时，B 原子采取 sp^2 杂化，形成 3 个杂化轨道，分别与 3 个 F 原子的 2p 轨道成键，分子的空间构型为三角形。

C 的价层电子构型为 $2s^22p^2$，形成 CH_3 时，C 原子采取等性 sp^3 杂化，4 个杂化轨道分别与 3 个 H 原子的 1s 轨道成键，因此分子的空间构型为四面体形。

O 的价层电子构型为 $2s^22p^4$，形成 H_2O 时，O 原子采取不等性 sp^3 杂化，其中 2 个杂化轨道被孤对电子占据，另外 2 个杂化轨道分别与 2 个 H 原子的 1s 轨道成键，因此分子的空间构型为折线形。

N 的价层电子构型为 $2s^22p^3$，形成 NCl_3 时，N 原子采取不等性 sp^3 杂化，其中 1 个杂化轨道被孤对电子占据，另外 3 个杂化轨道分别与 3 个 Cl 原子的 3p 轨道成键，因此，分子的空间构型为三角锥形。

4. 在 H_2O 分子中，O 原子采取不等性 sp^3 杂化，其中 2 个杂化轨道被孤对电子占据，另外 2 个杂化轨道分别与 2 个 H 原子的 1s 轨道成键，因此，分子的空间构型为折线形。H_2O 分子为极性分子，而且分子间还能形成氢键，分子间作用力比较强。

在 CO_2 分子中，C 采取 sp 杂化，分子中还存在 2 个三中心四电子离域 π 键，是非极性分子，分子间的作用力比较弱。因此，冰的熔点高于干冰。

5. H_2S 具有较强的还原性，H_2O_2 具有较强的氧化性，两者能发生氧化还原反应，因此 H_2S 和 H_2O_2 不能共存。

6. 使用稀 H_2SO_4 洗涤 $BaSO_4$ 沉淀，由于同离子效应使 $BaSO_4$ 沉淀的溶解度减小，从而减少 $BaSO_4$ 沉淀的损失。

7. $E^\ominus(Fe^{2+}/Fe) = -0.447$ V，$E^\ominus(Cu^{2+}/Cu) = 0.342$ V，根据电对的标准电极电势可知，Cu^{2+}能将 Fe 氧化为 Fe^{2+}，因此不能用铁质容器盛放 $CuSO_4$ 溶液。

四、计算题(每题 10 分，共 40 分)

1. **解**　0.1 $mol\cdot L^{-1}$ 的 HAc 溶液在 0.2 $mol\cdot L^{-1}$ 的 NaAc 溶液中的解离平衡为

$$HAc(aq) \rightleftharpoons H^+(aq) + Ac^-(aq)$$

平衡浓度/($mol\cdot L^{-1}$)　$0.1(1-\alpha)$　0.1α　$0.2+0.1\alpha$

$$K_a^\ominus = \frac{c(H^+)c(Ac^-)}{c(HAc)} = \frac{0.1\alpha(0.2+0.1\alpha)}{0.1(1-\alpha)}$$

由于 $K_a^\ominus$ 较小，$0.1(1-\alpha) \approx 0.1$，$0.2+0.1\alpha \approx 0.2$，故

$$\alpha = 9.0\times10^{-5}$$

$$c(H^+) = 0.1\,\alpha = 9.0\times10^{-6}\ mol\cdot L^{-1}$$

2. **解**

$$\Delta_r H_m^\ominus = \Delta_f H_m^\ominus(Cu) + \Delta_f H_m^\ominus(H_2S) - \Delta_f H_m^\ominus(CuS) - \Delta_f H_m^\ominus(H_2) = 32.5\ kJ\cdot mol^{-1}$$

$$\Delta_r S_m^\ominus = S_m^\ominus(Cu) + S_m^\ominus(H_2S) - S_m^\ominus(CuS) - S_m^\ominus(H_2) = 41.8\ J\cdot K^{-1}\cdot mol^{-1}$$

$$\Delta_r G_m^\ominus(T) = \Delta_f H_m^\ominus(T) - T\Delta_r S_m^\ominus(T) \approx \Delta_r H_m^\ominus(298.15\ K) - T\Delta_r S_m^\ominus(298.15\ K)$$

当 $\Delta_r G_m^\ominus(T) \leqslant 0$ 时，反应可以发生，则

$$T_{min} = \frac{\Delta_r H_m^\ominus(298.15\ K)}{\Delta_r S_m^\ominus(298.15\ K)} = \frac{32.5\times10^3}{41.8} = 777.5\ (K)$$

3. **解**　Ag_2CrO_4 溶液的沉淀-溶解平衡为

$$Ag_2CrO_4(s) \rightleftharpoons 2Ag^+(aq) + CrO_4^{2-}(aq)$$

平衡浓度/($mol\cdot L^{-1}$)　$2\times6.50\times10^{-5}$　6.50×10^{-5}

$$K_{sp}^\ominus(Ag_2CrO_4) = c(Ag^+)^2\,c(CrO_4^{2-}) = 1.1\times10^{-12}$$

4. **解**　由于 $c\,K_a^\ominus \gg K_w^\ominus$，可忽略水的解离；由于 $c/K_a^\ominus > 500$，$1.0 - c(H^+) \approx 1.0$，则

$$HAc(aq) \rightleftharpoons H^+(aq) + Ac^-(aq)$$

平衡浓度/($mol\cdot L^{-1}$)　$1.0 - c(H^+) \approx 1.0$　$c(H^+)$　$c(Ac^-)$

$$K_a^\ominus = \frac{c(H^+)c(Ac^-)}{c(HAc)} = \frac{c(H^+)^2}{1.0}$$

$$c(H^+)^2 = K_a^\ominus$$

$$2H^+ + 2e^- \longrightarrow H_2$$

$$E(H^+/H_2) = E^\ominus(H^+/H_2) + \frac{0.0592}{2}\lg\frac{c(H^+)^2}{p(H_2)/p^\ominus} = 0.14\ V$$

附录七

中南大学攻读硕士学位研究生入学考试模拟题(一)

一、单选题(每小题 2 分，共 36 分)

1. 一个气相反应 $m\text{A(g)} + n\text{B(g)} \rightleftharpoons q\text{C(g)}$，达到平衡时，那么(　　)。

A. $\Delta_r G_m^\ominus = 0$　　B. $J = K^\ominus$

C. $J = 1$　　D. 反应物分压和等于产物分压和

2. 为了减少汽车尾气污染大气，拟按反应 $2NO(g) + 2CO(g) \rightleftharpoons N_2(g) + 2CO_2(g)$ 进行催化转化，该反应 $\Delta_r H_m^\ominus(298\ \text{K}) = -374\ \text{kJ}\cdot\text{mol}^{-1}$。下列措施中有利于提高反应转化率的是(　　)。

A. 低温高压　　B. 高温高压　　C. 低温低压　　D. 高温低压

3. 在 298 K，下列反应中 $\Delta_r H_m$ 与 $\Delta_r G_m$ 最接近的是(　　)。

A. $CCl_4(g) + 2H_2O(g) = CO_2(g) + 4HCl(g)$

B. $CaO(s) + CO_2(g) = CaCO_3(s)$

C. $Cu^{2+}(aq) + Zn(s) = Cu(s) + Zn^{2+}(aq)$

D. $Na(s) + H^+(aq) = Na^+(aq) + 1/2H_2(g)$

4. 两个容积和质量完全相同的玻璃瓶，分别盛满理想气体 A 和 B，气体 A 的质量是气体 B 的 2 倍，气体 A 的相对分子质量为气体 B 的一半，若温度相同，则气体 A 与 B 的压强比为(　　)。

A. 1　　B. 1/4　　C. 4　　D. 2

5. 若已知反应 $[Ag(NH_3)_2]^+ + 2CN^- \rightleftharpoons [Ag(CN)_2]^- + 2NH_3$ 的平衡常数 $K^\ominus$ 和 $[Ag(NH_3)_2]^+$的稳定常数 $K_f^\ominus$，则$[AgCN)_2]^-$的解离常数 $K_d^\ominus$ 计算式为(　　)。

A. $K^\ominus / K_f^\ominus$　　B. $K_f^\ominus / K^\ominus$　　C. $K^\ominus K_f^\ominus$　　D. $1/K^\ominus K_f^\ominus$

6. 下列配合物稳定性的判断错误的是(　　)。

A. $[Cd(CN)_4]^{2-} > [Cd(NH_3)_4]^{2+}$　　B. $[Ag(S_2O_3)_2]^{3-} > [Ag(CN)_2]^-$

C. $[Cu(NH_3)_4]^{2+} < [Cu(en)_2]^{2+}$　　D. $[Ni(NH_3)_4]^{2+} < [Zn(NH_3)_4]^{2+}$

7. 下列配离子属于高自旋、正四面体构型的是(　　)。

A. $[Mn(H_2O)_6]^{2+}$　　B. $[CuCl_4]^{2+}$　　C. $[CoCl_4]^{2+}$　　D. $[Ni(CO)_4]$

8. ZnS 在下列试剂中不溶的是(　　)。

A. 浓 NaOH(aq)　　B. 浓 HCl(aq)　　C. 浓氨水　　D. HAc(aq)

9. 下列硝酸盐加热到 700 K 左右时，其中各元素都参与氧化还原反应的是(　　)。

A. $AgNO_3$　　B. $Pb(NO_3)_2$　　C. $Fe(NO_3)_3$　　D. NH_4NO_3

10. 下列各组离子可以用稀盐酸分离的是(　　)。

A. Pb^{2+}、Ag^{+}　　B. Fe^{3+}、Al^{3+}　　C. Sn^{2+}、Sb^{3+}　　D. Hg^{2+}、Zn^{2+}

11. 在下列反应中，$Q_p \approx Q_V$的反应为(　　)。

A. $CaCO_3(s) = CaO(s) + CO_2(g)$　　B. $N_2(g) + 3H_2(g) = 2NH_3(g)$

C. $C(s) + O_2(g) = CO_2(g)$　　D. $2H_2(g) + O_2(g) = 2H_2O(l)$

12. 表示CO_2生成热的反应是(　　)。

A. $CO(g) + 1/2O_2(g) = CO_2(g)$　　$\Delta_r H_m^{\ominus} = -238.0\ kJ\cdot mol^{-1}$

B. C(金刚石) + $O_2(g) = CO_2(g)$　　$\Delta_r H_m^{\ominus} = -395.4\ kJ\cdot mol^{-1}$

C. 2C(金刚石) + $2O_2(g) = 2CO_2(g)$　　$\Delta_r H_m^{\ominus} = -787.0\ kJ\cdot mol^{-1}$

D. C(石墨) + $O_2(g) = CO_2(g)$　　$\Delta_r H_m^{\ominus} = -393.5\ kJ\cdot mol^{-1}$

13. 2 mol A 和 1 mol B 在 1 L 容器中混合，假定 A 与 B 反应的速率控制步骤是：$2A(g) + B(g) = C(g)$，其速率常数为k，则 A 和 B 都用去 2/3 时的反应速率v是(　　)。

A. $\frac{4}{27}k$　　B. $\frac{8}{27}k$　　C. $\frac{1}{27}k$　　D. $27k$

14. 某反应在一定条件下平衡的转化率为 25%，当有催化剂存在时，其转化率应当(　　)25%。

A. 大于　　B. 小于　　C. 大于或小于　　D. 等于

15. 298.15 K 时，保持H_2的分压不变，使溶液中的氢离子浓度减小到原来的 1/10，那么H^+/H_2电对的电极电势将会(　　)。

A. 保持不变　　B. 减少 29.85 mV　　C. 增加 59.16 mV　　D. 减少 59.16 mV

16. 某反应的速率常数k的量纲是s^{-1}，该反应属于(　　)。

A. 零级反应　　B. 一级反应　　C. 二级反应　　D. 三级反应

17. 下列各组物质中，具有顺磁性的一组是(　　)。

A. NO，NO_2　　B. NO，CO　　C. NO_2，CO　　D. NO_2，SO_2

18. 某元素位于周期表中 36 号元素之前，失去 3 个电子后，在角量子数为 2 的轨道上刚好半充满，该元素为(　　)。

A. 铬　　B. 钌　　C. 砷　　D. 铁

二、填空题(每空 2 分，共 40 分)

1. 根据共轭酸碱的定义，PH_3和CH_3NH_2的共轭酸分别是________。

2. 在 0.010 $mol\cdot L^{-1}$ KI 溶液中，AgI 的溶解度是__________$mol\cdot L^{-1}$。[已知：$K_{sp}^{\ominus}(AgI) = 8.3 \times 10^{-17}$]

3. 某溶液中含有Pb^{2+}和Zn^{2+}，二者的浓度均为 0.10 $mol\cdot L^{-1}$；在室温下通入H_2S使其成为H_2S饱和溶液，并加入 HCl 控制S^{2-}浓度。为了使 PbS 沉淀出来，而Zn^{2+}仍保留在溶液中，则溶液的H^+浓度最低应是__________$mol\cdot L^{-1}$。[已知：$K_{spa}^{\ominus}(PbS) = 3 \times 10^{-7}$；$K_{spa}^{\ominus}(ZnS) = 2 \times 10^{-2}$]

4. 以含硫化镍的矿物为原料，经高炉熔炼得到含一定杂质的粗镍。粗镍经过 Mond 过程再转化为纯度可达 99.90%～99.99%的高纯镍，相应反应为 $Ni(s) + 4CO(g) = Ni(CO)_4(s)$。在某温度下该反应自发进行，不查附表，推测反应自发进行时，环境的熵将________。(填“增加”或“减少”)

5. 在 18.0℃、100.0 kPa 下，将 269.0 L 含饱和水蒸气的空气通过 $CaCl_2$ 干燥管，得到干燥空气 315.8 g，则此温度下的饱和水蒸气分压为_________kPa。(设空气的平均相对分子质量为 29.0，结果保留一位小数)

6. 在水溶液中 Fe^{3+}和 $K_2C_2O_4$ 生成 $K_3[Fe(C_2O_4)_3]$，此化合物应命名为_________；此配合物具有很强的顺磁性，中心离子磁矩为 5.9μ_B，按晶体场理论，中心离子 d 电子排布为_________。

7. 在金属单质中，最软的是_________，密度最大的是_________。

8. 已知 $E^\ominus(Fe^{3+}/Fe^{2+}) = 0.771$ V，$E^\ominus(Hg_2Cl_2/Hg) = 0.27$ V。若组成原电池，通常其负极反应为__________，该原电池符号为__________。

9. 根据溴的元素电势图：$E_B^\ominus$：$BrO_3^- \xrightarrow{0.536\ V} BrO^- \xrightarrow{0.456\ V} Br_2 \xrightarrow{1.0774\ V} Br^-$，写出碱性介质中所发生的歧化反应(写出最可能的产物并配平)：__________。

10. 当氨溶于水时，氨与水之间产生的弱作用力有_________。

11. 自由电子的质量为 9.1×10^{-31} kg，运动速率为 6.07×10^6 m · s^{-1}，与之相关的德布罗意波的波长是_________m。($h = 6.63 \times 10^{-34}$ J · s)

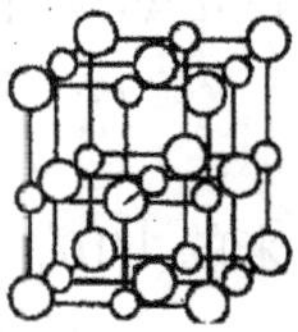

12. 描述 $5d^1$ 电子运动状态可用的 4 个量子数为_________。

13. 已知 $In[InCl_4]$具有抗磁性，则其中 In 的化合价为_________。

14. 最近发现一种由钛原子和碳原子构成的气态团簇分子，如图所示，顶角和面心的原子是钛原子，棱中心和体心的原子是碳原子，它的化学式是_________。

15. 某反应的速率常数 $k = 4.20 \times 10^{-2}$ s^{-1}，初始浓度为 0.1 mol · L^{-1}，则该反应的半衰期 $t_{1/2}$ 为_________s。

16. C_6H_6 (苯)存在 Π_6^6 大 π 键，那么 N_3^- 存在的大 π 键类型为_________。

17. 乙烯转化反应 $C_2H_4 \rightleftharpoons C_2H_2 + H_2$ 为一级反应。在 1073 K 时，要使 50%的乙烯分解，需要 10 h。已知该反应的活化能 $E_a = 250.6$ kJ · mol^{-1}。要求在 30 min 内有 75%的乙烯转化，反应温度应控制在_________K。

三、是非题(每小题 1 分，共 10 分)

( ) 1. AgF 易溶于水，AgBr 难溶于水，主要是由于 F^-比 Br^-难变形。

( ) 2. 因为 $\Delta_r G^\ominus = -RT\ln K^\ominus$，所以升高温度，平衡常数增大。

( ) 3. 湿空气比干燥的空气密度小。

( ) 4. 中心离子电荷越高，半径越大，其配合物的分裂能就越大。

( ) 5. 向$[Cu(NH_3)_4]^{2+}$水溶液中通入氨气，则 $K_f^\ominus([Cu(NH_3)_4]^{2+})$增大。

( ) 6. 晶体场理论可以定性解释配合物的吸收光谱、稳定性、磁性及结构畸变等问题，但不能很好地解释光谱化学序列。

( ) 7. 可逆过程的热温商才是状态变化的熵变值。

( ) 8. 标准氢电极的电极电势为零，是实际测定的结果。

( ) 9. 电动势 E 值越大，其电池反应自发的倾向越大，反应速率就越快。

( ) 10. 多原子分子中，键的极性越强，分子的极性也越强。

四、用化学方程式解释以下情况(每小题 2 分，共 10 分)

1. 石英砂和焦炭混合后放入电炉中加强热。

2. 通 SO_2 于 $KMnO_4$ 溶液中，先出现棕色沉淀；继续通 SO_2 使沉淀溶解，溶液几乎为无色。

3. 在敞开的容器中，被盐酸酸化的 $TiCl_3$ 紫色溶液颜色会逐渐褪去。

4. 焊接铁皮时，常先用 $ZnCl_2$ 浓溶液处理铁皮表面。

5. $Na_2S_2O_3$ 在药剂中可作解毒剂，可解卤素(如 Cl_2)、重金属离子(如 Hg^{2+})中毒。

五、推断及简答题(每小题 6 分，共 24 分)

1. 生产上，在恒温恒压条件下采用加入水蒸气的方法，以提高乙烷裂解成乙烯的产率。试写出反应方程式，并以平衡移动的原理加以说明。

2. $[PtBr_2Cl_2(en)]$共有几种可能的异构体，并画出这些异构体的结构简式。配体 en 用 $\widehat{N\ N}$ 表示。

3. 某同学欲进行如下实验：向无色$(NH_4)_2S_2O_8$酸性溶液中加入少许 Ag^+，再加入 $MnSO_4$ 溶液，经加热后溶液变为紫红色。然而实验结果却是产生了棕色沉淀。试解释出现上述现象的原因，写出有关反应方程式(原来计划的反应式和实际发生的反应式)。要想实现原来计划的反应，应当注意哪些问题？[已知：$E^{\ominus}(MnO_4^-/Mn^{2-}) = +1.51\ V$，$E^{\ominus}(MnO_2/Mn^{2+}) = +1.23\ V$]

4. 研究物质磁性表明：磁性越大，磁记录性能越好。氧化物 V_2O_5、CrO_2、Fe_3O_4、SrO_2 中，写出各阳离子的外层电子排布式，指出未成对电子数，找出最适合作录音带磁粉的原料。

六、计算题(每小题 10 分，共 30 分)

1. 室温下，已知 $0.010\ mol \cdot L^{-1}$ EDTA(即 Na_2H_2Y)溶液 pH 为 4.46，此溶液中加入 $Cu(NO_3)_2$，使 $c(Cu^{2+})$为 $0.010\ mol \cdot L^{-1}$(设体积不变)，当生成配合物$[CuY]^{2-}$的反应达到平衡后，溶液的 pH 改变了多少？[已知：$K_f^{\ominus}([CuY]^{2-}) = 5.0 \times 10^{18}$；$K_{a3}^{\ominus}(H_4Y) = 6.9 \times 10^{-}$；$K_{a4}^{\ominus}(H_4Y) = 5.9 \times 10^{-11}$]

2. 某铜锌原电池 (−) Zn | $ZnSO_4$(?) || $CuSO_4(1.0\ mol \cdot L^{-1})$ | Cu (+)，若测得电动势为 1.22 V，锌半电池中 Zn^{2+}的浓度是多少？若向锌半电池中加入浓氨水至平衡浓度为 $c(NH_3) = c([Zn(NH_3)_4]^{2+}) = 1.0\ mol \cdot L^{-1}$(设体积不变)，又测得电动势为 1.50 V，求$[Zn(NH_3)_4]^{2+}$的 $K_f^{\ominus}$。[已知：$E^{\ominus}(Zn^{2+}/Zn) = -0.763\ V$；$E^{\ominus}(Cu^{2+}/Cu) = 0.337\ V$]

3. 已知 Cu 为立方面心结构，其相对原子质量为 63.54，密度 $\rho = 8.936\ g \cdot cm^{-3}$，晶胞参数为 3.165 Å，试求：(1) 阿伏伽德罗常量；(2) 铜的金属半径。

参考答案

一、单选题 (每小题 2 分，共 36 分)

1. B 2. A 3. C 4. C 5. C 6. B 7. C 8. D 9. A 10. D 11. C 12. D 13. A 14. D 15. D 16. B 17. A 18. D

二、填空题 (每空 2 分，共 40 分)

1. PH_4^+、$CH_3NH_3^+$。

2. 8.3×10^{-15}。

3. 0.71。

4. 增加。

5. 2.1。

6. 三(草酸根)合铁(Ⅲ)酸钾；$(t_{2g})^3(e_g)^2$。

7. Cs，Os。

8. $2Hg(l) + 2Cl^-(aq) = Hg_2Cl_2(s) + 2e^-$；$(-)\ Hg(l), Hg_2Cl_2(s)\ |\ Cl^-(c_1)\ \|\ Fe^{2+}(c_2), Fe^{3+}(c_3)\ |\ Pt\ (+)$。

9. $3Br_2 + 6OH^- = 5Br^- + BrO_3^- + 3H_2O$。

10. 取向力、诱导力、色散力、氢键。

11. 1.2×10^{-10}。

12. 5，2，0 (或 ±1、±2)， +1/2(或 −1/2)。

13. +1 和 +3。

14. $Ti_{14}C_{13}$。

15. 16.5。

16. Π_3^4。

17. 1235。

三、是非题(每小题 1 分，共 10 分)

1. √ 2. × 3. √ 4. × 5. × 6. √ 7. √ 8. × 9. × 10. ×

四、用化学方程式解释以下情况(每小题 2 分，共 10 分)

1. $SiO_2 + 3C = SiC + 2CO$

2. $3SO_2 + 2MnO_4^- + 2H_2O = 2MnO_2 + 3SO_4^{2-} + 4H^+$；$SO_2 + MnO_2 = Mn^{2+} + SO_4^{2-}$

3. $4Ti^{3+} + O_2 + 2H_2O = 4TiO^{2+} + 4H^+$

4. $ZnCl_2 + H_2O = H[ZnCl_2(OH)]$；$FeO + 2H[ZnCl_2(OH)] = Fe[ZnCl_2(OH)]_2 + H_2O$

5. $Na_2S_2O_3 + 4Cl_2 + 5H_2O = 2H_2SO_4 + 2NaCl + 6HCl$；$Hg^{2+} + 2S_2O_3^{2-} = [Hg(S_2O_3)_2]^{2-}$

五、推断及简答题(每小题 6 分，共 24 分)

1. **答** $C_2H_6(g) \rightleftharpoons C_2H_4(g) + H_2(g)$ 是一个体积增大的气态反应。

根据勒夏特列原理，恒温恒压条件下加入水蒸气，则生成物与反应物分压均降低。反应平衡被破坏，反应向着增加产率的方向移动，即反应向正方向移动。

2. **答** 一共有四种异构体：

前两者互为顺反异构，后两者互为旋光异构。

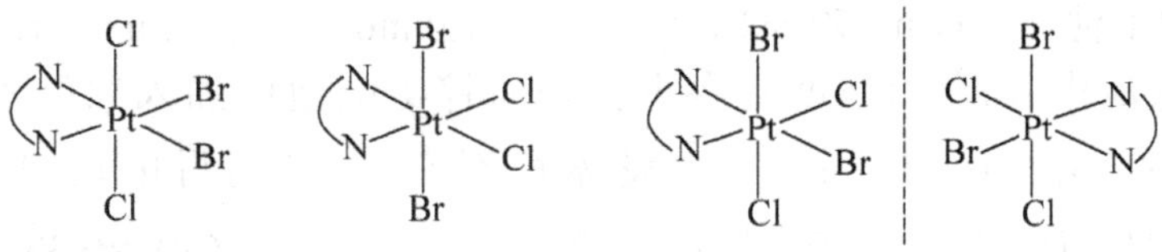

3. **答** 该同学原来计划的反应式为：$5S_2O_8^{2-} + 2Mn^{2+} + 8H_2O \xrightarrow{Ag^+} 2MnO_4^- + 10SO_4^{2-} + 16H^+$，

实际方式的反应为：$2MnO_4^- + 3Mn^{2+} + 2H_2O = 5MnO_2\downarrow + 4H^+$。

原因是体系中有过量的 Mn^{2+}，$E^\ominus(MnO_4^-/Mn^{2+}) = 1.51\ V > E^\ominus(MnO_2/Mn^{2+}) = 1.23\ V$，$S_2O_8^{2-}$ 反应完后，新生成的 MnO_4^- 将氧化剩余的 Mn^{2+}。

要使实验成功，Mn^{2+}的量要少，因此 $MnSO_4$ 溶液浓度应小一些，且缓慢加入并不停搅拌，以防止局部过浓。

4. V^{5+}：$3s^23p^6$，未成对电子数为 0；Cr^{4+}：$3d^2$，未成对电子数为 2；Sn^{4+}：$4d^{10}$，未成对电子数为 0；Fe^{3+}：$3d^5$，未成对电子数为 5；Fe^{2+}：$3d^6$，未成对电子数为 4；最合适的为 Fe_3O_4。

六、计算题(每小题 10 分，共 30 分)

1. **解** 设平衡时，Cu^{2+}的剩余浓度为 x，则

$$Cu^{2+}(aq) + [HY]^{2-}(aq) \rightleftharpoons [CuY]^{2-}(aq) + 2H^+(aq)$$

平衡浓度/$(mol \cdot L^{-1})$ $\quad x \quad x \quad 0.010 - x \approx 0.010 \quad 2(0.010 - x) \approx 0.020$

$$K^\ominus = \frac{c[CuY^{2-}]c(H^+)^2}{c(Cu^{2+})c(H_2Y^{2-})} = K_f^\ominus(CuY^{2-})K_{a_3}^\ominus(H_4Y)K_{a_4}^\ominus(H_4Y)$$

$$\frac{0.010\times0.020^2}{x^2}=5.0\times10^{18}\times6.9\times10^{-7}\times5.9\times10^{-11}=204.0$$

解得

$$x=1.4\times10^{-4}$$

$$c(H^+)\approx0.020\ mol\cdot L^{-1}$$

$$pH=-\lg0.020=1.70$$

$$\Delta pH=4.46-1.70=2.76$$

2. 解 (1)

$$E_{MF}=E(Cu^{2+}/Cu)-E(Zn^{2+}/Zn)=E^{\ominus}(Cu^{2+}/Cu)-E(Zn^{2+}/Zn)$$

$$1.22=0.337-E(Zn^{2+}/Zn)$$

$$E(Zn^{2+}/Zn)=-0.883=E^{\ominus}(Zn^{2+}/Zn)+\frac{0.0592}{2}\lg c(Zn^{2+})$$

$$-0.883=-0.763+\frac{0.0592}{2}\lg c(Zn^{2+})$$

$$\lg c(Zn^{2+})=-4.05\qquad c(Zn^{2+})=8.9\times10^{-5}\ mol\cdot L^{-1}$$

(2)

$$E_{MF}=E(Cu^{2+}/Cu)-E(Zn^{2+}/Zn)=E^{\ominus}(Cu^{2+}/Cu)-E^{\ominus}([Zn(NH_3)_4]^{2+}/Zn)$$

$$1.50=0.337-E^{\ominus}([Zn(NH_3)_4]^{2+}/Zn)$$

$$E^{\ominus}([Zn(NH_3)_4]^{2+}/Zn)=-1.163=E^{\ominus}(Zn^{2+}/Zn)+\frac{0.0592}{2}\lg c(Zn^{2+})$$

$$=-0.763+\frac{0.0592}{2}\lg\frac{1}{K_f^{\ominus}([Zn(NH_3)_4]^{2+})}$$

$$\lg\frac{1}{K_f^{\ominus}([Zn(NH_3)_4]^{2+})}=-13.51$$

$$\frac{1}{K_f^{\ominus}([Zn(NH_3)_4]^{2+})}=3.09\times10^{-14}$$

$$K_f^{\ominus}=3.23\times10^{13}$$

3. 解 Cu 为面心立方晶体，1 个晶胞中 Cu 原子个数 = 8 × (1/8) + 6 × (1/2) = 4。

(1)

$$\rho=\frac{m}{V}=\frac{4\times63.54}{N_A\times(3.165)^3\times10^{-24}}=8.936$$

解得

$$N_A=8.971\times10^{23}$$

(2)

$$4r_{Cu}=\sqrt{2}a\qquad r=\sqrt{2}a/4=1.119\ Å$$

附录八 中南大学攻读硕士学位研究生入学考试模拟题(二)

一、选择题(每小题 2 分，共 40 分)

1．真实气体对理想气体方程产生偏差的主要原因是(　　)。

A. 分子有能量　　B. 分子有体积

C. 分子间有作用力　　D. 分子有体积和分子间有作用力

2．某化学反应可表示为 $A(g) + 2B(s) \rightleftharpoons 2C(g)$。已知 $\Delta_r H_m^{\ominus} < 0$，下列判断正确的是(　　)。

A. 仅常温下反应可以自发进行　　B. 仅高温下反应可以自发进行

C. 任何温度下均可以自发进行　　D. 任何温度下均难以自发进行

3．已知①$A + B \rightleftharpoons C + D$，$\Delta_r H_{m,1}^{\ominus} = -40.0\ kJ \cdot mol^{-1}$，②$2C + 2D \rightleftharpoons E$，$\Delta_r H_{m,2}^{\ominus} = 60.0\ kJ \cdot mol^{-1}$，则反应③$E \rightleftharpoons 2A + 2B$ 的 $\Delta_r H_{m,3}^{\ominus}$ 为(　　)$kJ \cdot mol^{-1}$。

A. −20　　B. 20　　C. −140　　D. 140

4．化学反应 $CO(g) + Cl_2(g) \rightleftharpoons COCl_2(g)$，实验测得速率方程为 $r = k[c(Cl_2)]^n \cdot c(CO)$，维持温度和 CO 的浓度不变，$Cl_2$ 的浓度增大到原来的 3 倍，反应速率增大到原来的 5.2 倍，则该反应对 Cl_2 的级数 n 为(　　)。

A. 1　　B. 1.5　　C. 2　　D. 2.5

5．800℃时，反应 $CaO(s) + CO_2(g) \rightleftharpoons CaCO_3(s)$的 $K^{\ominus} = 277\ p^{\ominus}$，则此时 CO_2 的分压 $p(CO_2)$为(　　)。

A. 277　　B. $\sqrt{277}$　　C. 1/277　　D. 277^2

6．在含有 $Mg(OH)_2$ 沉淀的饱和溶液中加入 NH_4Cl 固体后，$Mg(OH)_2$ 沉淀将(　　)。

A. 溶解　　B. 增多　　C. 不变　　D. 难以确定

7．下列叙述错误的是(　　)。

A. 金属越活泼，其还原性越强，电极电势的数值越负

B. 能组成原电池的反应均为氧化还原反应

C. 盐桥的作用是沟通两个半电池，维持溶液中电荷的平衡

D. 在标准铜锌原电池中，若向铜半电池内加入一定量的 NaOH，则原电池的 E 将变小

8．下列电对中 $E^{\ominus}$值最大的是(　　)。

A. $E^{\ominus}(Ag^+/Ag)$　　B. $E^{\ominus}(AgBr/Ag)$

C. $E^{\ominus}([Ag(S_2O_3)_2]^{3-}/Ag)$　　D. $E^{\ominus}([Ag(NH_3)_2]^+/Ag)$

9．下列量子数的亚层中含有最多电子的是(　　)。

A. $n = 2$，$l = 1$　　B. $n = 3$，$l = 2$　　C. $n = 4$，$l = 3$　　D. $n = 5$，$l = 0$

10. 下列叙述正确的是(　　)。

A. 非极性分子均由非极性键组成

B. 极性分子均由极性键组成

C. 两原子之间形成共价键时，首先形成的一定是 σ 型共价键

D. 当分子的中心原子以 sp^3 杂化成键时，分子的空间构型为四面体

11. 下列液态物质中只需克服色散力就能使之沸腾的是(　　)。

A. Xe　　B. NO　　C. SO_2　　D. H_2O

12. 关于 Ni^{2+}的两种配合物$[NiCl_4]^{2-}$和$[Ni(CN)_4]^{2-}$的叙述正确的是(　　)。

A. $[NiCl_4]^{2-}$为反磁性，$[Ni(CN)_4]^{2-}$为顺磁性

B. $[NiCl_4]^{2-}$为平面四边形构型，$[Ni(CN)_4]^{2-}$为四面体构型

C. $[NiCl_4]^{2-}$中 Ni^{2+}为 dsp^2 杂化，$[Ni(CN)_4]^{2-}$中 Ni^{2+}为 sp^3 杂化

D. 相同浓度的$[NiCl_4]^{2-}$与$[Ni(CN)_4]^{2-}$的水溶液中，前者 Ni^{2+}浓度大于后者

13. 下列物质的稳定性比较错误的是(　　)。

A. $[Cu(NH_3)_4]^{2+} < [Cu(en)_2]^{2+}$　　B. $[Co(NH_3)_6]^{3+} > [Co(NH_3)_6]^{2+}$

C. $MgCO_3 < CaCO_3$　　D. $SiH_4 > PH_3$

14. $[Cr(NH_3)_4(H_2O)_2]^{3+}$存在的几何异构体的数目是(　　)。

A. 1　　B. 2　　C. 3　　D. 4

15. 已知 N_2F_2 以顺式和反式两种形式存在，可推测两个氮原子之间的化学键是(　　)。

A. 仅一个 σ 键　　B. 仅一个 π 键

C. 一个 σ 键和两个 π 键　　D. 一个 σ 键和一个 π 键

16. 高氯酸及其盐在室温下，虽然动力学上是惰性的，但在热力学上不稳定，无水高氯酸在储存或有杂质存在下都会自动爆炸分解，下列盐中最容易发生爆炸的是(　　)。

A. NH_4ClO_4　　B. $NaClO_4$　　C. $Mg(ClO_4)_2$　　D. $Al(ClO_4)_3$

17. 含有下列离子的各组溶液中，加入少量氨水，三种离子均沉淀，但加入过量的氨水后，沉淀均消失的是(　　)。

A. Hg^{2+}、Al^{3+}、Mn^{2+}　　B. Cr^{3+}、Fe^{3+}、Co^{3+}

C. Zn^{2+}、Ag^{+}、Cu^{2+}　　D. Cu^{2+}、Mg^{2+}、Fe^{3+}

18. 将新生成的下列化合物在空气中放置，颜色最不易发生变化的是(　　)。

A. $Fe(OH)_2$　　B. $Ni(OH)_2$　　C. $Mn(OH)_2$　　D. $Co(OH)_2$

19. 人体缺硒将引起的疾病是(　　)。

A. 大脖子病　　B. 克山病　　C. 骨痛病　　D. 营养性贫血

20. 下列有关物质性质或用途的描述正确的是(　　)。

A. 炼钢时加入少量锰铁主要是起脱硫作用，从而改善钢的机械性能

B. 由于 s 区元素的电负性小，因此都形成典型的离子型化合物

C. 记忆合金的主要成分是钛和铬

D. 俗话说“真金不怕火来炼”，是因为金的熔点高，不易熔化

二、填空题(每空 2 分，共 40 分)

1. 根据国际文传电讯社报道，第 116 号化学元素是设在莫斯科郊区的杜布纳联合原子核研究所的科学家合成的，新发现的 116 号元素属于周期表中的＿＿＿＿＿族元素。

2. 某反应的反应速率常数 $k = 4.20 \times 10^{-2}\ s^{-1}$，初始浓度为 0.1 $mol \cdot L^{-1}$，该反应的半衰

期 $t_{1/2}$ 为________。

3. 一定温度下，反应 $PCl_5(g) \rightleftharpoons PCl_3(g) + Cl_2(g)$达平衡后，维持温度和体积不变，向容器中加入一定量的惰性气体，平衡将________移动。

4. 现有浓度相同的四种溶液 HCl、HAc($K_a^\ominus = 1.8 \times 10^{-5}$)、NaOH 和 NaAc，欲配制 pH = 4.44 的缓冲溶液，可有三种配法，每种配法所用的两种溶液及其体积比分别为________；________；________。

5. 四氯合铂(Ⅱ)四氨合铂(Ⅱ)的结构简式为：________。

6. 将 100℃、101.325 kPa 下的 1 mol 水向真空完全蒸发为同温同压下的水蒸气，已知水的气化热为 41 $kJ \cdot mol^{-1}$，则 $\Delta_r G_m^\ominus$ 为________$kJ \cdot mol^{-1}$，$\Delta_r S_m^\ominus$ 为________$J \cdot mol^{-1} \cdot K^{-1}$。

7. 反应 $N_2O_4(g) \rightleftharpoons 2NO_2(g)$中，因为 NO_2 是红褐色而 N_2O_4 无色，NO_2 分压可利用光吸收来测定。如果 35℃平衡体系总压为 202 kPa，$p(NO_2) = 66$ kPa，则该温度下反应的 $K^\ominus$ 为________。

8. 插入纯水中并通入氢气(101.325 kPa)的氢电极与标准氢电极组成的原电池，其原电池符号为________。

9. C_{60} 是由 60 个碳原子构成类似足球的 32 面体，即由 12 个五边形和 20 个六边形组成的多面体，每个碳原子以________轨道杂化与相邻的________个碳原子相连，碳原子上剩余的 p 轨道形成大π键。

10. 由于热力学能的变化值只与________有关，与途径无关，因此热力学能是状态函数。

11. 写出下列物质的化学式：甘汞________，刚玉________。

12. 某元素 A 能直接与ⅦA 族中某元素 B 反应时生成 A 的最高氧化值的化合物 AB_n，在此化合物中 B 的含量为 83.5%，而在相应的氧化物中，氧的质量占 53.3%。AB_n 为无色透明液体，沸点为 57.6℃，对空气的相对密度约为 5.9。则元素 A 为________元素，B 为________元素。

13. 如果 CHe_3^{3+}、CHe_4^{4+} 存在，CHe_3^{3+} 中的 C—He 键键长________(填大于、小于或等于) CHe_4^{4+} 中的 C—He 键键长。

14. 在 Fe^{3+}溶液中加入过量 $NH_3 \cdot H_2O$，生成的物质是________。

三、判断题(每题 1 分，共 10 分)

(　) 1. 已知反应 $aA + bB \rightleftharpoons cC + dD$，其速率方程式为 $r = k\,c(A)^a\,c(B)^b$，则可推测该反应为基元反应。

(　) 2. 查表或计算求出某反应的 $\Delta_r G_m^\ominus > 0$，可以推断该反应不能自发进行。

(　) 3. 某一反应物的转化率越大，则该反应的平衡常数也越大。

(　) 4. 酸碱质子理论认为 NH_3 是两性物质；而酸碱电子理论认为 NH_3 是路易斯碱，BF_3 是路易斯酸。

(　) 5. 因为 $BaSO_4$ 的 $K_{sp}^\ominus$ 比 $BaCO_3$ 的 $K_{sp}^\ominus$ 小，所以不能通过与 Na_2CO_3 溶液作用将 $BaSO_4$ 转化成 $BaCO_3$。

(　) 6. 在 N_2 的分子轨道能级顺序中 $E(\sigma_{2p}) > E(\pi_{2p})$，因此 N_2 参加反应时，首先打开 σ 键。

(　) 7. 一级反应的反应物浓度随反应时间的增加呈直线下降。

(　) 8. 金刚石硬度最大，而热力学稳定性却小于石墨。

(　) 9. 乙硼烷 B_2H_6 分子中含有 B—H σ 键、H 桥键和 B—B σ 键 3 种键。

(　) 10. B_5H_{11} 的立体结构为巢穴型。

四、用化学方程式(或离子方程式)表示下列实验原理(每题 2 分，共 10 分)

1. 当 SO_2 通入 $CuSO_4$ 与 NaCl 浓溶液中时析出白色沉淀。

2. $Na_2S_2O_3$ 在分析化学上常用于碘量法的滴定。

3. 铬铁矿的主要成分是 $FeCr_2O_4$，铬铁矿制备重铬酸钾经过以下几个过程，写出下述过程中的反应方程式。

反应(1)：煅烧，将矿粉与碳酸钠混合均匀后鼓空气煅烧，煅烧温度 800℃。

反应(2)：用水浸取，过滤除杂；硫酸酸化。

反应(3)：加入氯化钾，冷却结晶。

五、简答题(每题 5 分，共 20 分)

1. 试解释：AlF_3 不溶于液态 HF 中，但在 NaF 存在时，AlF_3 就能溶解在液态 HF 中；当 BF_3 通入该液体中，AlF_3 就会沉淀出来。

2. 已知：$HClO \xrightarrow{1.63\ V} Cl_2 \xrightarrow{1.358\ V} Cl^-$。

(1) 指出题中哪些电对的电极电势受 pH 影响？

(2) 如果其他条件与标准态相同，只考虑 pH 对电极电势的影响，当 pH 增大一个单位电极电势的减小值代表线性关系式的斜率，按斜率大小的顺序排列这些电对。

3. 根据 VSEPR 理论预言下列各无机化合物的空间结构：(1) $SnCl_2$；(2) IF_5；(3) BrF_3。

4. 试比较 CH_3Cl、$CH_2=CHCl$ 和 $CH\equiv CCl$ 中 C—Cl 键键长的大小顺序，并说明理由。

六、计算题(每题 10 分，共 30 分)

1. 已知：$K_a^\ominus(HCOOH) = 1.8\times10^{-4}$，$K_a^\ominus(HAc) = 1.8\times10^{-5}$，$K_b^\ominus(NH_3) = 1.8\times10^{-5}$，$K_{sp}^\ominus[Mn(OH_2)] = 4.0\times10^{-14}$。请回答下列问题。

(1) 欲配制 pH = 3.00 的缓冲溶液，选用哪一缓冲对最好？

(2) 缓冲对的浓度比值为多少？

(3) 若有一含有 $c(Mn^{2+}) = 0.10\ mol\cdot L^{-1}$ 的中性溶液 10 mL，在其中加入 10 mL 上述缓冲溶液，通过计算说明是否有 $Mn(OH)_2$ 沉淀生成。

2. 光合作用可以由 CO_2 和 H_2O 合成葡萄糖，同时放出 O_2。

(1) 写出这个方程式。

(2) 若将上述反应的逆反应设计成一个原电池，产生电流。这样就可以实现由太阳能转化为电能。写出此原电池的正极反应和负极反应。

(3) 经热力学计算该电池的标准电动势为 1.24 V。已知 $E^\ominus(O_2/H_2O) = 1.23$ V，求 $E^\ominus(CO_2/C_6H_{12}O_6)$。

3. 已知$[Zn(NH_3)_4]^{2+}$和$[Zn(OH)_4]^{2-}$的解离常数分别为 1.0×10^{-9} 和 3.3×10^{-16}，$NH_3\cdot H_2O$ 的 $K_b^\ominus$ 为 1.8×10^{-5}，求：

(1) $[Zn(NH_3)_4]^{2+} + 4OH^- \rightleftharpoons [Zn(OH)_4]^{2-} + 4NH_3$ 的反应平衡常数。

(2) $1.0\ mol\cdot L^{-1}$ 的 $NH_3\cdot H_2O$ 溶液中 $c([Zn(NH_3)_4]^{2+})/c([Zn(OH)_4]^{2-})$的值。

参考答案

一、选择题(每小题 2 分，共 40 分)

1. D 2. C 3. B 4. B 5. C 6. A 7. B 8. A 9. C 10. C 11. A 12. D 13. D 14. B 15. D 16. A 17. C 18. B 19. B 20. A

二、填空题(每空 2 分，共 40 分)

1. ⅥA。

2. 16.5 s。

3. 不。

4. HAc-NaAc 2∶1； HCl-NaAc 2∶3； HAc-NaOH 3∶1。

5. $[Pt(NH_3)_4][PtCl_4]$。

6. 0，1.1×10^2。

7. 0.32。

8. (－)Pt, $H_2(p^\ominus)$ | $H^+(10^{-7}\ mol\cdot L^{-1})$ || $H^+(1\ mol\cdot L^{-1})$ | $H_2(p^\ominus)$, Pt (＋)。

9. sp^2，3。

10. 始末态(或始态与终态)。

11. Hg_2Cl_2，Al_2O_3。

12. Si，Cl。

13. 小于。

14. $Fe(OH)_3$。

三、判断题(每题 1 分，共 10 分)

1. × 2. × 3. × 4. √ 5. × 6. × 7. × 8. √ 9. × 10. ×

四、用化学方程式(或离子方程式)表示下列实验原理(每题 2 分，共 10 分)

1. $2Cu^{2+} + 2Cl^- + SO_2 + 2H_2O === 2CuCl\downarrow + SO_4^{2-} + 4H^+$

或 $2CuSO_4 + 2NaCl + SO_2 + 2H_2O === 2CuCl\downarrow + 2H_2SO_4 + Na_2SO_4$

2. $2Na_2S_2O_3 + I_2 === Na_2S_4O_6 + 2NaI$

3. (1) $4FeCr_2O_4 + 7O_2 + 8Na_2CO_3 === 2Fe_2O_3 + 8Na_2CrO_4 + 8CO_2$

(2) $2Na_2CrO_4 + H_2SO_4 === Na_2Cr_2O_7 + Na_2SO_4 + H_2O$

(3) $Na_2Cr_2O_7 + 2KCl === K_2Cr_2O_7 + 2NaCl$

五、简答题(每题 5 分，共 20 分)

1. AlF_3是混合型化合物，在 HF(l)极性溶剂中的溶解度比离子型化合物小。加入 NaF 后，$AlF_3 + 3NaF === Na_3AlF_6$，使$AlF_3$变成离子型化合物$AlF_6^{3-}$而溶解在 HF(l)中；通$BF_3$后有可能$AlF_6^{3-} + 3BF_3 === AlF_3\downarrow + 3BF_4^-$，$AlF_3$重新析出。

2. (1) 电对：$HClO/Cl_2$、$HClO/Cl^-$的电极电势受 pH 影响。

(2)

$$2HClO + 2e^- + 2H^+ === Cl_2 + 2H_2O$$

$$E(HClO/Cl_2) = E^\ominus(HClO/Cl_2) + 0.0592\lg c(H^+) = E^\ominus(HClO/Cl_2) - 0.0592pH$$

$$HClO + 2e^- + H^+ === Cl^- + H_2O$$

$$E(HClO/Cl^-) = E^\ominus(HClO/Cl^-) + 0.0296\lg c(H^+) = E^\ominus(HClO/Cl^-) - 0.0296pH$$

$$E(HClO/Cl_2) > E(HClO/Cl^-)$$

3. (1) $SnCl_2$ V 形； (2) IF_5 四方锥形； (3) BrF_3 T 形。

4. CH_3Cl、$CH_2{=}CHCl$ 和 $CH{\equiv}CCl$ 中 C—Cl 键键长的大小顺序为：$CH_3Cl > CH{\equiv}CCl > CH_2{=}CHCl$。

原因：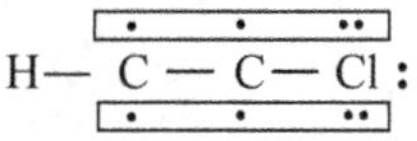 中有两个 p_3^4(p-π 共轭)；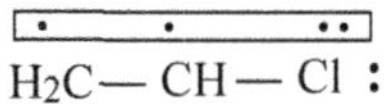 中有一个 p_3^4(p-π 共轭)；CH_3—Cl 中有相对于 p-π 共轭弱得多的 σ-p 共轭。

六、计算题(每题 10 分，共 30 分)

1. **解**　(1) 因为弱酸型缓冲溶液的缓冲范围为 $pH = pK_a^\ominus \pm 1$，所以配制 pH = 3.00 的缓冲溶液，选用 HCOOH-HCOONa 为好。

(2) 根据 $pH = pK_a^\ominus - \lg[c_{酸}/c\,p^{3}_{4\,盐}]$，

$$3.00 = [-\lg(1.8\times10^{-4})] - \lg[c(HCOOH)/c(HCOONa)]$$

故　$$c(HCOOH)/c(HCOONa) = 5.56$$

(3) 因为等体积混合后 $c(Mn^{2+}) = 0.5\times0.10 = 0.050\ (mol\cdot L^{-1})$，而缓冲溶液稀释后 pH 基本不变，则

$$c(OH^-) = 1.0\times10^{-14}/10^{-3.00} = 1.0\times10^{-11}\ (mol\cdot L^{-1})$$

$$J = c(Mn^{2+})\cdot c(OH^-)^2 = 0.050\times(1.0\times10^{-11})^2 = 5.0\times10^{-24} < K_{sp}^\ominus[Mn(OH_2)] = 4.0\times10^{-14}$$

故没有 $Mn(OH)_2$ 沉淀生成。

2. **解**　(1)　$$6CO_2 + 6H_2O = C_6H_{12}O_6 + 6O_2$$

(2) 正极反应：$$O_2 + 4H^+ + 4e^- = 2H_2O$$

负极反应：$$C_6H_{12}O_6 + 6H_2O = 6CO_2 + 24H^+ + 24e^-$$

(3)　$$E^\ominus(CO_2/C_6H_{12}O_6) = E^\ominus(O_2/H_2O) - E^\ominus = 1.23 - 1.24 = -0.01\ (V)$$

3. **解**　(1)　$$[Zn(NH_3)_4]^{2+} + 4OH^- \rightleftharpoons [Zn(OH)_4]^{2-} + 4NH_3$$

$$K^\ominus = \frac{c([Zn(OH)_4]^{2-})c(NH_3)^4}{c([Zn(NH_3)_4]^{2+})c(OH^-)^4} = \frac{K_f^\ominus([Zn(NH_3)_4]^{2+})}{K_f^\ominus([Zn(OH)_4]^{2-})} = \frac{1.0\times10^{-9}}{3.3\times10^{-16}} = 3.0\times10^6$$

(2)　$c(NH_3) = 1.0\ mol\cdot L^{-1}$，$K_b^\ominus = 1.8\times10^{-5}$，$c/K_b^\ominus > 500$，则

$$c(OH^-) = \sqrt{K_a^\ominus c(NH_3)} = \sqrt{1.8\times10^{-5}\times1.0} = 4.2\times10^{-3}(mol\cdot L^{-1})$$

$$\frac{c([Zn(OH)_4]^{2-})\times1.0^4}{c([Zn(NH_3)_4]^{2+})\times(4.2\times10^{-3})^4} = 3.0\times10^6$$

$$\frac{c([Zn(NH_3)_4]^{2+})}{c([Zn(OH)_4]^{2-})} = 1.1\times10^3$$